中国建筑卫生陶瓷年鉴

ALMANAC OF CHINA BUILDING CERAMICS & SANITARYWARE

（建筑陶瓷 · 卫生洁具 2014）

中国建筑卫生陶瓷协会　华南理工大学　中国陶瓷产业信息中心　编

中国建筑工业出版社

图书在版编目（CIP）数据

中国建筑卫生陶瓷年鉴（建筑陶瓷 ·卫生洁具 2014）/ 中
国建筑卫生陶瓷协会，华南理工大学，中国陶瓷产业信息中
心编 . —北京：中国建筑工业出版社，2015.12

ISBN 978-7-112-18703-4

Ⅰ. ①中…　Ⅱ. ①中… ②华… ③中…　Ⅲ. ①建筑陶瓷—
卫生陶瓷制品—中国—2014—年鉴　Ⅳ. ①TQ174.76-54

中国版本图书馆CIP数据核字（2015）第265902号

责任编辑：李东禧　焦　斐
责任校对：张　颖　刘梦然

中国建筑卫生陶瓷年鉴
ALMANAC OF CHINA BUILDING CERAMICS & SANITARYWARE
（建筑陶瓷 ·卫生洁具 2014）
中国建筑卫生陶瓷协会
华南理工大学　　　　　　　　编
中国陶瓷产业信息中心
*
中国建筑工业出版社出版、发行（北京西郊百万庄）
各地新华书店、建筑书店经销
北京京点图文设计有限公司制版
恒美印务（广州）有限公司印刷
*
开本：880×1230毫米　1/16　印张：20¼　插页：41　字数：782千字
2015 年 12 月第一版　2015 年 12 月第一次印刷
定价：**380.00** 元
ISBN 978-7-112-18703-4
　　　　（27978）

《中国建筑卫生陶瓷年鉴》（建筑陶瓷·卫生洁具2014）

编委会

编委会名誉主任：丁卫东　中国建筑卫生陶瓷协会　名誉会长

编委会主任：叶向阳　中国建筑卫生陶瓷协会　会长

高级顾问：陈丁荣

编委会常务副主任：缪斌　中国建筑卫生陶瓷协会　常务副会长

编委会副主任：尹虹　中国建筑卫生陶瓷协会　副秘书长

　　　　　　　刘小明　华夏陶瓷网总编辑

编委会委员：

　　　　王巍　中国建筑卫生陶瓷协会　副秘书长

　　　　宫卫　中国建筑卫生陶瓷协会　副秘书长

　　　　徐熙武　中国建筑卫生陶瓷协会　副秘书长

　　　　夏高生　中国建筑卫生陶瓷协会　副秘书长

　　　　何峰　中国建筑卫生陶瓷协会　副秘书长

　　　　徐波　中国建筑卫生陶瓷协会　副秘书长

　　　　邓贵智　中国建筑卫生陶瓷协会　淋浴房分会秘书长

　　　　朱保花　中国建筑卫生陶瓷协会　卫浴配件分会主任

　　　　刘伟艺　中洁网　总裁

　　　　陈环　广东省陶瓷协会　会长

　　　　叶少芬　福建省陶瓷协会　秘书长

　　　　刘荒　四川省夹江县陶瓷协会　秘书长

　　　　杜金立　河北省陶瓷玻璃协会　副秘书长

　　　　李利民　辽宁省法库县陶瓷协会　会长

　　　　吴全发　湖北省陶瓷工业协会　会长

　　　　刘跃进　湖北省当阳市陶瓷产业协会　会长

崔　刚　山东陶瓷工业协会　副理事长兼秘书长

侯　勇　山东淄博市建材冶金行业协会　会长

管火金　中国建筑卫生陶瓷协会　窑炉暨大节能技术装备分会秘书长

张柏清　中国硅酸盐学会陶瓷分会　副理事长

张建民　河南省长葛市科技局　副局长

张旗康　中国建筑卫生陶瓷协会　职业经理人俱乐部　秘书长

程晓勤　广东省建筑卫生陶瓷研究院　院长

王　博　全国建筑卫生陶瓷标准技术委员会　秘书长

吴建青　华南理工大学材料学院　教授

胡　飞　景德镇陶瓷学院　教授

区卓琨　国家陶瓷及水暖卫浴产品质量监督检验中心　副主任

鄢春根　景德镇陶瓷学院图书馆　副馆长

张　杨　广东省潮州市建筑卫生陶瓷行业协会　秘书长

张锦华　中国建筑卫生陶瓷协会潮州工作站　主任

主　　　　编：尹　虹　中国建筑卫生陶瓷协会　副秘书长

中国陶瓷产业信息中心　主任

全国建筑卫生陶瓷标准化技术委员会　副主任委员

《中国陶瓷》编辑部　执行主编

华南理工大学材料学院　副教授

常务副主编：刘小明　华夏陶瓷网　总编辑

副　主　编：缪　斌　中国建筑卫生陶瓷协会　常务副会长

主 编 单 位：中国建筑卫生陶瓷协会

华南理工大学

中国陶瓷产业信息中心

战略合作机构：佛山市华夏时代传媒有限公司

华夏陶瓷网

主要参编单位：中国建筑卫生陶瓷协会

中国陶瓷产业信息中心

华南理工大学材料学院

景德镇陶瓷学院材料学院

景德镇陶瓷学院图书馆

全国建筑卫生陶瓷标准化技术委员会

国家陶瓷及水暖卫浴产品质量监督检验中心

广东省陶瓷协会

福建省陶瓷协会

景德镇市建筑卫生陶瓷协会

华夏陶瓷网

中国陶瓷网

中洁网

《陶城报》报社

《陶瓷信息》报社

《创新陶业》报社

《中国陶瓷》杂志社

《陶瓷》杂志社

《佛山陶瓷》杂志社

主要参编成员:

尹　虹　刘小明　缪　斌　宫　卫　徐熙武　张柏清　乔富东

刘亚民　王　博　韩燕伟　黄　宾　胡　飞　区卓琨　吴春梅

刘　婷　杨敏媛　陈冰雪　鄢春根

ISO/TC 189 Committee Meeting, hosted by Tile Council of North America

7月9日，国际标准化组织ISO TC189陶瓷砖技术委员会年会在美国南卡罗来纳州的Clemson(克莱姆森)举行

淄博陶瓷总部新营销中心正式开启

中国陶瓷产业首个公益基金会揭牌成立

2014年中国建筑卫生陶瓷协会卫浴分会理事长会议召开

12月1日，陶瓷片密封水嘴金属污染物析出量首批获证组织发布会在北京召开

7月31日，广东中窑窑业股份有限公司上市，成首家新三板挂牌陶机企业

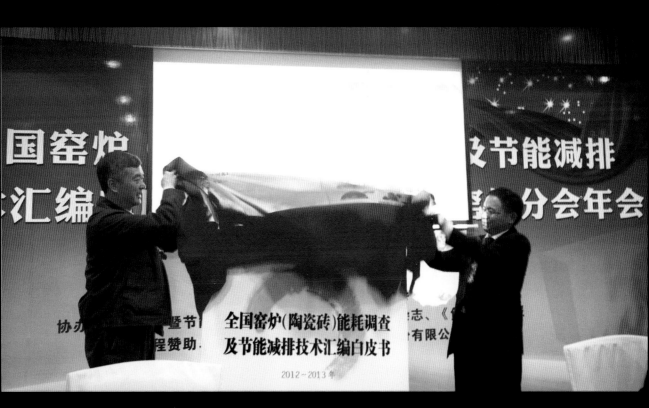

中国建筑卫生陶瓷协会窑炉暨节能技术装备分会年会现场

惠达佛山运营中心成立仪式

4月28日，湖北马可波罗职业篮球俱乐部成立

东鹏"中国美丽乡村"公益活动启动

10月25日，宏宇集团"高温大红基印花釉的研制"项目通过鉴定达到"国际先进水平"

金玉名家瓷砖石代馆开业盛典

9月22日，《陶城报》社长李新良、中国建筑卫生陶瓷协会副秘书长尹虹博士等与博德公司叶荣恒董事长、梁自好副董事长在意大利博洛尼亚陶瓷卫浴展博德展位前留影

9月22日，广东一鼎科技有限公司参展"第24届意大利里米尼陶瓷工业展"

3月30日，"恒洁节水中国行"开启2014年节水马拉松行动

新明珠集团供应商"明珠链"融资项目推介会隆重召开

"中国设计星"——新中源中国设计全球推广计划启动仪式

景德镇陶瓷学院产学研合作处高安工作站揭牌及国家建陶检验中心（宜春）、高安市陶瓷工程中心中试线点火

12月23日，汇亚磁砖全国经销商年会隆重举行

金舵陶瓷签约易建联启动篮球公益营销

7月，箭牌卫浴签约成为2015米兰世博会中国国家馆指定卫浴产品

品牌推广

品牌推广

ITTO
意特陶陶瓷
ITTO CERAMICS

Trend CERAMICS 卓远陶瓷
绿色卓远·健康生活
佛山市三水宏源陶瓷企业有限公司
电话: 0757-82728902
Http://www.trendceramics.com
地址:佛山市禅城区中国陶瓷产业总部基地中区G05

合美陶瓷
HOMEi
Health. Vogue. New life
健康·时尚·新生活
www.hmceramics.com / 电话: 82523663

大汉瓷砖
DAHAN CERAMICS
佛山市三水宏源陶瓷企业有限公司
电话: 0757-82261888
Http://www.dahancz.com
地址:佛山市禅城区中国陶瓷产业总部基地中区G05

rex
CERAMICHE ARTISTICHE
MADE IN ITALY
意大利原装进口锐思瓷砖
DPI 全球顶级建材运营商
地址:佛山市江湾 3 路 8 号东鹏大厦副楼 2 层
邮编: 528031
电话: 0757-82708083
传真: 0757-82708084
官网: http://www.dpi-rex.com

金玉名家 瓷砖
KINYOMINGA

昊博磁砖
HAOBO CERAMICS
阳西博德精工建材有限公司
YANGXI BODE FINE BUILDING MATERIAL CO.,LTD.
www.fshobo.com

B 柏戈斯陶瓷
BOGESI CERAMICS
佛山市威臣陶瓷有限公司
FOSHAN WEICHEN CERAMICS CO.,LTD
地址:佛山市中国陶瓷产业总部基地东区A座05
电话: 0757-82525888 传真: 0757-82525858
邮箱:bogesi@bogesi.com 网址: www.bogesi.com

Quality 品质生活
Living

HOPO
华鹏陶瓷
佛山石湾鹰牌华鹏陶瓷有限公司
FOSHAN SHIWAN EAGLE BRAND HUAPENG CERAMICS CO., LTD
地址: 广东省佛山陶瓷产业总部基地西区
电话 (TEL): 400-8088-168
www.huapengceramics.com

OPRAH 奥普拉陶瓷
OPRAH CERAMICS
大美风尚
佛山市金尚美陶瓷有限公司
FOSHAN JINSHANGMEI CERAMICS CO.,LTD
地址:佛山市中国陶瓷产业总部基地东区A座05
电话:0757-82525888 传真: 0757-82525858
邮箱:oprah@86oprah.com 网址:www.86oprah.com

KMY
KAMIYA CERAMICS
卡米亚陶瓷

恒福陶瓷
中国500最具价值品牌
广东恒福陶瓷有限公司
营销中心:佛山市禅城区中国陶瓷总部基地西区G06/G07
服务热线: 4000-885-995 网址: www.heng-fu.com 恒福陶瓷公众微信

CeramicsChina
中国陶瓷网
网络推广 在中国陶瓷网
400-115-2002
网址: www.ceramicschina.com
邮箱:cerchn@163.com
传真:0757-82532106

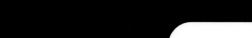
1959年创刊 中文核心期刊
中国陶瓷
中国轻工业陶瓷研究所 主办

创新陶业

品牌推广

China 中国 EXPO MILANO 2015

ARROW 箭牌卫浴

2015米兰世博会中国国家馆指定卫浴产品

佛山市顺德区乐华陶瓷洁具有限公司

地址：中国广东省佛山市顺德区乐从镇大墩工业区
电话：400-8301831 / 800-8301831 邮编：528031
电子邮件：arrow400@163.com 网址：http://www.arrowsanitary.com.cn

HUIDA 惠达

国家住宅产业化基地企业

惠达卫浴股份有限公司
HUIDA SANITARY WARE CO.,LTD

地址：河北省唐山市惠达陶瓷城

全国服务电话 **800 803 5111 / 400 803 5111**
惠达卫浴官网 www.huidagroup.com

HeGII 恒洁卫浴

中国卫浴 恒洁品质

DOFINY 杜菲尼卫浴

唐山艾尔斯卫浴有限公司
Tangshan Ayers Bath Equipment Co.,Ltd.

地址：唐山市丰南区工业园
全国服务热线：400-028-1199
网址：www.dofiny.com

大鸿制釉 T&H GLAZE

广东三水大鸿制釉有限公司

Http://www.china-glaze.com.cn
Email:service@china-glaze.com.cn
Tel:+86-757-87279999

鼎汇能科技

广东鼎汇能科技股份公司

串联式陶瓷连续球磨系统
电话：0757-82018018

科捷制釉

ISO 9001国际质量认证企业

佛山市科捷制釉有限公司

Http://www.kjzy.com.cn
0757-83838781

陶正颜料

TAO COLOR

中洁网

中国第一厨卫门户

陶城报 为世界报道中国陶瓷
Http://www.fstcb.com

国内刊号：CN44-0130 邮发代号：45-137

办中国最权威的行业报

采编中心 0757-82276288
广告中心 0757-88038613
发行中心 0757-82265959

陶瓷信息

陶城经济时报 在这里，读懂中国陶瓷

采编部：0757-82532110
广告部：0757-82532109
电子版：www.ceramic-info.com

国内统一刊号：CN44-0065
国内外公开发行

华夏陶瓷网
Chinachina.net

陶瓷卫浴行业权威资讯平台

服务热线：0757-88336371

WWW.ChinaChina.Net

地址：广东省佛山市禅城区南庄镇华夏陶瓷博览城陶博大道42座

CBD 华夏中央广场

中国陶瓷城
CHINA CERAMICS CITY

CCIH 中国陶瓷总部

CHINA CERAMICS INDUSTRY HEADQUARTERS

机

中国卫浴设备第一品牌

没有比这里更适合发呆的了

创新源于洞察

惠达发现：卫浴空间已经不再是传统意义的洗手间。我们在这里阅读、思考，甚至发上一会呆。在这个世界上最安静和私密的地方，可以放下一切，自在地做着自己喜欢的事。这种彻底的放松和自由，他处或不可求，一切产品的创新，都源自我们生活习惯的洞察。
惠达卫浴，不只[制造]高端的卫浴产品，更[缔造]空间享受。

惠达卫浴股份有限公司

服务电话：800 803 5111 400 803 5111
电子信箱：info@huidagroups.com
网　　址：www.huidagroup.com

HUIDA 惠达

源自1982

 陶瓷洁具　 五金龙头　 浴室柜　 浴缸浴房　 磁砖

像青春魔法苹果

Like a magic apple in youthful days

爱北欧　宁静致远 **Bath**

FANCY NORDIC STEADY AND THOUGHFUL MOOD
STATE CAN REALIZE GREAT AIM

 |  **100** *Years*
Hundred Inheritance
Hundred Quality ©百年品质保证

唐山艾尔斯卫浴有限公司
Tangshan Ayers Bath Equipment Co.,Ltd.

地址：唐山市丰南区工业园
电话Tel: +86 315-8191775　8191776
传真Fax: +86 315-8191770
全国服务热线Hotline: 400-028-1199
网址Websit: www.dofiny.com
电子邮箱E-mail: dofiny@dofiny.com

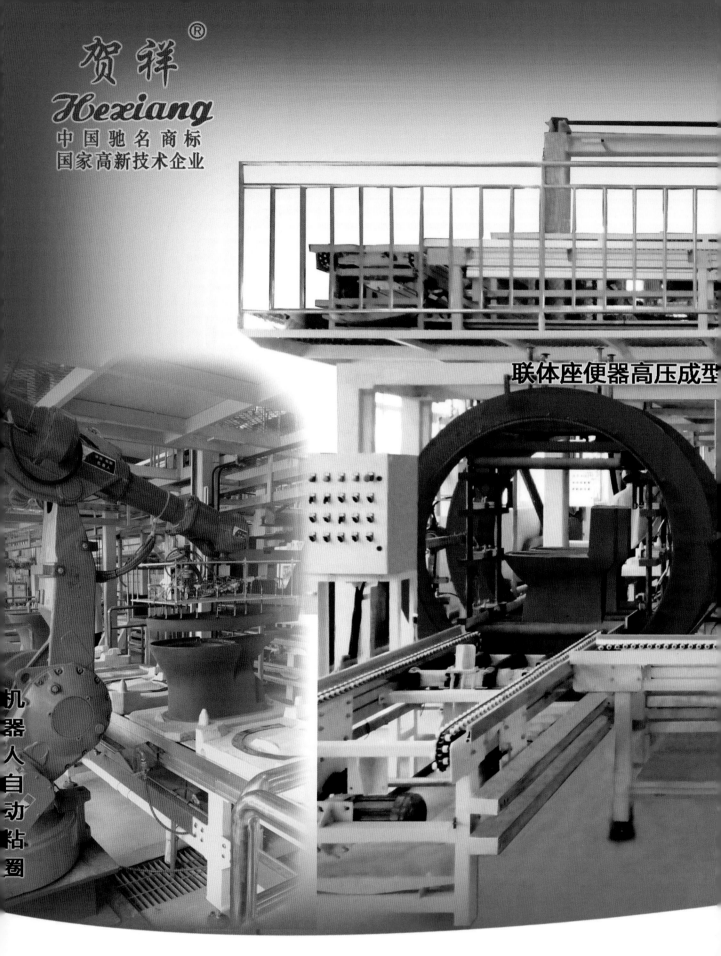

联体座便器高压成型

机器人自动钻圈

唐山贺祥集团有限公司
TANGSHAN HEXIANG GROUP CO.,LTD.

我司专业设计、制作卫生陶瓷整线交钥匙工程

TCB 陶瓷宝
全球瓷砖定制平台
新模式　新平台　新力量

陶機裝備智能化與應用
Ceramic equipment intelligent application

浩丰重工
HAOFENG

HCMM 连续磨浆系统
节能效果 23%-37%

连续球磨生产
工艺流程图

HAOFENG

27 套
已在国内外投入使用

佛山市浩丰重工有限公司
广东省佛山市南海区丹灶镇桂丹西路136号
+86 757 8541 8888　+86 757 8540 2688

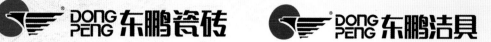

目　　　录

新明珠陶瓷集团
NEWPEARL CERAMICS GROUP
日出东方·明珠璀璨

争创中国陶瓷产业链 领跑者
跨越23年，新明珠多个产业群已然成型

天道酬勤，人道酬善，商道酬信。新明珠陶瓷集团2万同仁23年如一日，诚信、友善、平等对待每一位有缘的朋友，用一颗包容的心参与行业竞争，荣获赞誉无数：

- ·2015年中国制造业500强企业
- ·两化融合试点示范企业
- ·全国建材行业先进集体
- ·模范职工之家
- ·广东省劳动关系和谐模范企业
- ·企业信用评价AAA级企业
- ·广东省守合同重信用企业
- ·广东省清洁生产企业、高新技术企业
- ·广东省制造业100强企业
- ·冠珠陶瓷、萨米特陶瓷、格莱斯陶瓷及惠万家陶瓷上榜《中国500最具价值品牌》排行榜总价值279亿元
- ·拥有发明专利22项，实用新型专利71项
- ·拥有大量外观专利等无数荣誉

新明珠集团注册资金8亿元，拥有员工2万多人，五大生产基地，拥有数十条全自动生产线，2亿平方米的瓷砖、150万件陶瓷洁具的年产能。近年，新明珠集团全力打造以陶瓷应用展示为主体，以金融为纽带，以五星级酒店、高尔夫球场、红酒文化为载体的世界陶瓷商贸平台。

打造百年企业，
践行产业报国的新明珠梦一定会梦想成真！

总部地址：广东省佛山市禅城区南庄镇华夏陶瓷博览城新明珠大厦
网址：www.newpearl.com ／ 电子邮箱：info@newpearl.com
电话：0757-85317908 ／ 邮编：528061

14年匠心呈现

奢界
Luxury

微晶奢华玩家

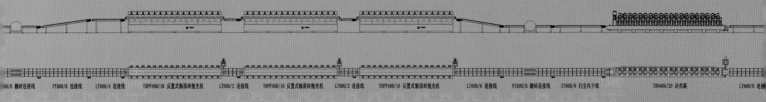

威臣陶瓷企业
WEICHEN CERAMIC ENTERPRISES

最具发展潜力创新型陶瓷企业
The Most Promising Innovative Ceramic Enterprise

柏戈斯陶瓷
BOGESI CERAMICS

寶力陶瓷
BORLI CERAMICS

奥普拉陶瓷
OPRAH CERAMICS

合富陶瓷
HEFU CERAMICS

佛山市威臣陶瓷有限公司 | 地址：佛山市中国陶瓷产业总部基地东区A座05 | 服务热线：400 114 833
FOSHAN CITY WEICHEN CERAMICS CO., LTD. | ADDRESS: FOSHAN CITY, CHINA CERAMICS INDUSTRY HEADQUARTERS EAST A BLOCK 05 | www.weichentc.com

佛山市科捷制釉有限公司
FOASHAN KEJIE GLAZE CO.,LTD

地址：佛山市港口路高新区4号综合楼3楼　　电话：0757-83838781
Http://www.kjzy.com.cn　邮编：528000　　传真：0757-83838781

KEDA 科达 KGG系列超宽体窑炉

◎ 超节能

◎ 智能控制

◎ 内宽：3850mm

地址：广东省佛山市顺德区陈村镇广隆工业园环镇西路一号　Tel：0757-23832995　http://www.kedachina.cn

ECONES 义科节能

干法制粉的领跑者

新技术 新工艺

山东义科节能科技有限公司

SHANDONG ECON ENERGY SAVING TECHNOLGY CO.,LTD.

地址：淄博市科技工业园三赢路2号

电话：0533-3585366 传真：0533-3589111

www.econes.cn

陶正颜料 TAO COLOR

但论品位 不问价钱

初来台湾，粗茶淡饭，颇想倾阮囊之所有再饮茶一端偶作豪华之享受。一日过某茶店，索上好龙井，店主将我上下打量，取八元一斤之茶叶以应，余示不满，乃更以十二元者奉上，余仍不满，店主勃然色变，厉声曰："卖东西看货色，不能专以价格定上下。提高价格，自欺欺人耳！先生奈何不察？"我爱其慧直。现在此茶店门庭若市，已成为业中之翘楚。此后我饮茶，但论品位，不问价钱。

——梁实秋

我尽心做好色料·墨水

陶瓷色料 喷墨色料 喷墨墨水

淄博陶正陶瓷颜料有限公司
ZIBO TAOZHENG CERAMIC PIGMENT Co.,Ltd.
Add: 山东省淄博市淄川区双杨镇双沟派出所东200米
Tel : +86-533-5278199/400-0533-606
Web: www.taocolor.cn
E-mail: info@taocolor.cn

专注色彩 更多精彩
focus on color color life better

Contents

天弼陶瓷
TIANBI CERAMICS

指尖下的心动
洞饰经典
尊享石尚

广东天弼陶瓷有限公司 | 400-9905-009
GUANGDONG TIANBI CERAMICS CO.,LTD
www.tianbitaoci.com

生产基地：广东省清远市源潭陶瓷工业城
营销中心：佛山禅城区季华一路智慧新城T10座6楼

官方微信号:gdtianbi

金意陶·瓷砖
2015年米兰世博会
"瓷质饰釉砖"品类
战略合作伙伴

大宇宙／大胸怀／大发展

GRAND UNIVERSE, GREAT MIND AND THE BIG DEVELOPMENT.

宏宇集团是1997年始创于"千年陶都"佛山的本土陶瓷企业，历经18年发展，成为当今中国建陶界规模最大的几家陶企之一，是国家火炬计划重点高新技术企业、国家标准及行业标准制修订企业。2015年全国建材行业技术革新奖冠名"宏宇杯"。

截止2015年7月，宏宇集团拥有专利130多项，其中发明专利18项，实用新型专利25项，有27项科技成果通过权威部门鉴定，其中1项达到国际领先水平，多项达到国际先进及国内领先水平。"高清三维釉面砖"达到"国际领先水平"，并获"中国建材科技奖科技进步一等奖"，入选科技部"国家重点新产品"；"光雕幻影釉面砖"吸引欧洲同行不远万里四度造访宏宇取经，颠覆了中国建陶长期、单方学习欧洲的近代史，使中国陶瓷人扬眉吐气；"高温大红釉面砖"突破了大红釉高温发色不鲜艳、不稳定的世界难题。

展望未来，宏宇集团将以更加优质的产品和服务回报社会，为实现伟大"中国梦"贡献激情与力量。

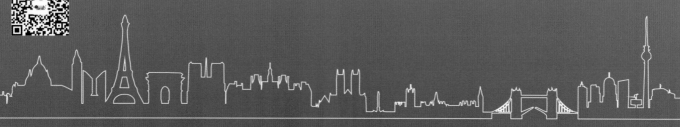

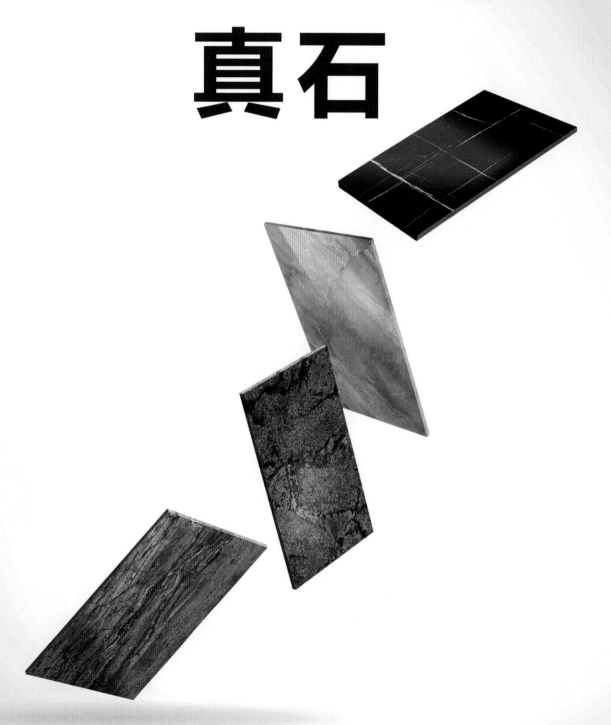

微晶石
Micro Crystal Stone
施華洛微晶石

Romantic
罗曼缔克

罗曼缔克瓷砖

电话：(0757) **82261881**

营销中心·广东省佛山市禅城区石湾东风路15号综合办公大楼　网址：www.romantic-ltd.com

Diamond 钻石陶瓷

好品质在乎天长地久

钻石陶瓷六十载辉煌历程铸就至尊品质

企业简介

■ 2015年瓷砖十大品牌　■ 2014年瓷砖十大品牌　■ 2013年瓷片、抛光砖十大品牌

　　佛山钻石瓷砖有限公司是经广东佛陶集团钻石陶瓷有限公司，及佛山钻石陶瓷有限公司先后多次深化改革而成的专业生产经营建筑陶瓷产品的大型企业。公司拥有雄厚的资金实力和规范高效的公司法人治理结构，拥有原知名企业石湾建国陶瓷厂、石湾瓷厂等主要生产制造资源。公司具有四十多年的建筑陶瓷生产经营历史，地处南国陶都佛山市禅城区石湾，具有得天独厚的交通、信息、技术等产业群体优势。

　　公司的产品主要有釉面内墙砖、通体及瓷质仿古砖、瓷质耐磨砖、抛光砖、外墙砖、休闲卫浴产品等六大系列。公司具有雄厚的科研和新产品开发实力，是省科委定点的广东建筑陶瓷工程技术研究开发中心，佛山市三高陶瓷研究开发基地。公司产品制造技术和花色品种开发均处于领先地位，拥有"利用硼镁矿制造陶瓷熔块的工艺方法"、"变转速提高粉磨效率"等国家级发明专利、实用新型专利、外观专利等20多项，以及"高抗衰变–耐龟裂釉面砖"、"超大规格织金砖"等国家级重点新产品，"高置信度正态分布优质釉面砖"、"瓷质高耐磨彩釉玉石砖"等优秀新产品。公司以"好品质在乎天长地久"为品牌口号，以创新中国绿色环保陶瓷为己任，以提升制造科技含量为突破口，成功首创钻石生态陶瓷。公司生产基地全部采用目前最先进的智能监控环保、节能、高效的宽体窑炉，高端灵活、快捷的6D通道喷墨打印机，大型精准的磨边、抛光及柔抛等设备，生产各类仿真釉面砖、全抛釉大理石、抛光砖和瓷质仿古砖等优秀产品。其中超纯平大规格釉面砖和超纯平全抛釉大理石是目前市场中极少数镜面光泽度能达到96度的新产品。

　　公司的主要品牌"钻石"、"白鹅"、"欧盟尼"和"Grandecor"产品均采用国际标准组织生产，并于1996年率先在中国建陶行业荣获ISO9002国内、国际质量体系认证，质量管理与国际标准接轨，产品质量超过同行业水平。公司"钻石牌"釉面砖多次荣获全国同行业质量评比第一名，多次被国家外经贸部、轻工业部、国家建材局评为"优质产品"，被国家科委与国家住建部列为小康住宅建设推荐使用产品，是国家权威检测达标产品。"钻石牌"陶瓷于1996年至今一直保持广东省名牌产品称号。是2003年首批荣获中国名牌产品、国家免检产品、3C认证产品的品牌。曾荣获中国建筑陶瓷知名品牌、全国用户满意产品等称号，2004年5月荣获广东省著名商标、2005年12月被评为中国陶瓷行业名牌产品，2007年6月荣获ISO14001环境管理体系证书，同时获得2014、2015中国建筑卫生陶瓷"瓷砖十大品牌"称号，"钻石牌"商标已成为行业内知名品牌。

　　未来的日子里，公司将一如既往，坚持"制造优质产品，提高优良服务"的经营宗旨，与时俱进，开拓创新，以科技造钻石生态陶瓷，为用户拓展美好的"钻石生活空间"。

佛山钻石瓷砖有限公司
FOSHAN DIAMOND CERAMICS CO.,LTD.

 AAA级信用企业　 质量管理体系认证　 环境管理体系认证　 3C认证产品　 扫入手机客户端

第一章 2014 年全国建筑卫生陶瓷发展综述

第一节 2014 年全国建筑卫生陶瓷产量

根据对全国 2724 家规模以上建筑陶瓷和卫生洁具企业的统计，全国建筑卫生陶瓷行业全年主营业务收入 6590 亿元，增长 10.19%，比 2013 年回落 7.12 个百分点，其中 1407 家建筑陶瓷企业营收 4255 亿元，增长 12.06%，回落 5.37 个百分点；310 家规模以上卫生陶瓷企业营收 572 亿元，增长 16.53%，回落 3.92 个百分点；971 家五金卫浴企业主营业务收入 1605 亿元，增长 4.24%，回落 11.83 个百分点。主要产品产量均有不同程度的增长，其中：陶瓷砖产量 102.3 亿平方米，增长 5.57%；卫生陶瓷产量超过 2.15 亿件，增长约 4.3%；各类建筑陶瓷与卫生洁具产品出口金额超过 193 亿美元，增长 8.0%，回落 14.82 个百分点[1]。

2014 年全国陶瓷砖总产量 102.3 亿平方米（1022954 万平方米），相对 2013 年 96.09 亿平方米的产量增长了 5.57%，相对 2013 年 7.8% 的增速明显回落。自 2004 年以来，继 2012 年、2013 年，再次告别两位数增长。2014 年全国陶瓷砖产量数据特征与 2013 年数据基本相似，最显眼的变化是江西省陶瓷砖产量（增长 19.76%）在全国的位置，由 2011 年的全国第五大产区，上升到 2012 年、2013 年的全国第四大产区，2014 年超过山东成为全国第三大产区。广西陶瓷砖产量 2014 年增长 45.76%，突破 4 亿平方米产量，成为全国排在四川之后的第七大陶瓷砖产区（表 1-1）。

2014年全国主要省份陶瓷砖产量（万平方米） 表1-1

排名	地方	产量	增长（%）	排名	地方	产量	增长（%）
	全国	1022954	5.57	11	河北	22315	5.75
1	广东	250380	6.98	12	湖南	13350	3.86
2	福建	222414	−2.96	13	重庆	8462	−27.53
3	山东	82184	−2.12	14	浙江	12942	11.63
4	江西	91836	19.76	15	贵州	7876	8.77
5	辽宁	68457	−1.91	16	云南	4599	10.02
6	四川	67889	5.19	17	安徽	3251	5.62
7	湖北	37680	−1.30	18	甘肃	3068	−6.18
8	河南	40230	16.73	19	新疆	2794	−8.0
9	广西	41332	45.76	20	宁夏	2778	−5.95
10	陕西	34358	34.24	21	山西	1327	24.50

续表

排名	地方	产量	增长（%）	排名	地方	产 量	增长（%）
22	上海	961	7.52	23	黑龙江	957	—

2014年全国陶瓷砖产量主要省份的排位顺序比往年有所变化，但没有动摇全国陶瓷产业的基本格局，最大的变化是江西省与广西壮族自治区的产量大幅增长。同时2014年全国31个省份陶瓷砖产量中，有10个省份陶瓷砖产量出现负增长（2013年陶瓷砖产量负增长的有10个省份），其中最引人注意的是含鄂尔多斯产区的内蒙古产量增长-36.04%（2012年：-25.7%）。2012年全国11个省份陶瓷砖产量出现负增长，2011年全国11个省份出现负增长，2010年全国仅山东、重庆、湖南3个省份出现负增长。发展明显放缓是整个行业的特征。

2014年我国的表观年人均陶瓷砖消费量[=（年产量-出口+进口）/人口总数]达到6.74平方米（产量：102.30亿平方米；出口：11.28亿平方米；进口忽略；人口13.5亿；2013年：6.325平方米），已经处于世界高位，明显超过绝大多数的世界陶瓷砖生产制造消费大国，如：巴西、印度、伊朗等国。这是我国表观年人均陶瓷砖消费量数据的历史新高。这已经表明我国的年人均陶瓷砖表观消费量明显处于高位，目前位于全球第一。历史上2005年西班牙年人均陶瓷砖消费量达6.7平方米。目前我国表观年人均陶瓷砖消费量全球第一，而且达到全球历史上第一。

2014年全国主要省份卫生陶瓷产量（万件）　　　　　　　　表1-2

排名	地区	产量	增长（%）	排名	地区	产 量	增长（%）
	全国	21508.6	4.30	7	四川	216.5	−69.62
1	河南	7016.0	9.20	8	广西	406.1	−4.30
2	广东	7265.8	16.77	9	重庆	299.2	−14.20
3	河北	2386.4	−4.62	10	山东	384.0	16.36
4	湖北	1761.9	4.35	11	北京	171.9	2.85
5	湖南	758.3	−22.20	12	上海	130.8	−28.38
6	福建	457.8	−6.94	13	江苏	66.0	−23.43

2014年全国卫生陶瓷总产量是2.15亿件（21508.6万件），相对于2013年的产量20621万件，增长4.3%。2013年增长3.3%；2012年增长4.05%；2011年增长7.71%。2014年全国各省数据统计中，广东省卫生陶瓷产量在2012年、2013年落后河南省之后，2014年再次成为全国卫生陶瓷产量第一（表1-2）。

2014年全国广东、河南、河北三省的卫生陶瓷总产量为16668万件，占全国总产量的77.49%；2013年这三省产量15149万件，占全国总产量的73.46%；2012年这三省产量15179万件，占全国总产量的76.0%；2011年这三省产量占全国总产量的76.58%，河南、广东与河北三省卫生陶瓷产量占全国比重多年持续下滑后，2014年出现回升。2010年的这个相对比重是81.04%，2009年是82.04%，2008年是80.51%。

全国31个省份的数据还表明，到目前为止，全国仍有山西、内蒙古、吉林、黑龙江、浙江、海南、西藏、陕西、甘肃、青海、宁夏、新疆等十二个省份没有卫生陶瓷生产制造，在2014年全国新增辽宁、安徽、江西、贵州、云南五省份有了卫生陶瓷生产制造。

2014年全行业总体运行情况：[1]

"稳中求进、创新发展"是2014年行业工作的重要任务。随着房地产业发展步入新常态，建筑陶瓷与卫生洁具企业不同程度都遭遇到市场需求不足、产能供给过大，库存增加、拖欠严重，融资难、融资贵，环保压力和技术改进投入加大，劳资成本快速增加，企业盈利能力减弱、经营陷入困难等问题。2014年春节过后各地陶瓷及卫浴市场需求延续2013年销售形势旺盛的好势头，进入下半年后全国各地无论是一、二线城市还是三、四线城市市场都呈现出需求快速萎缩的行情，工程市场销售下滑幅度大于零售市场，进入三季度后部分陶瓷砖生产企业开始关停生产线以减轻库存压力。全国卫生洁具市场总体供需基本趋于平衡，陶瓷洁具类生产企业的产销形势好于五金洁具类生产企业。2014年行业总体稳中有进但经济效益大幅度下滑，全行业规模以上企业实现利润422.6亿元，同比下降0.68%，全行业平均利润率为7.25%，下降0.84个百分点。其中：建筑陶瓷企业利润下降0.03%（2013年增长24.55%），平均利润率为6.74%，比上年下降0.86%；卫生陶瓷企业利润增长18.74%（2013年增长13.67%），平均利润率为7.76%，比上年提高0.06%；五金洁具企业利润下降4.94%（2013年增长19.17%），平均利润率为5.70%，比上年下降0.52%；2014年行业效益数据相当难看（进入新世纪后最差的数据），一方面是因为市场竞争过于激烈销售利润确实不高，另一方面也是缘于2013年行业整体效益较好，利润基数较高。

统计显示，2014年企业经营环境恶化，企业亏损数量大幅度增加，全行业企业亏损面为6.61%，亏损额增长46.81%，其中建筑陶瓷亏损企业数量增加27.1%，亏损额增加32.06%；卫生陶瓷亏损企业数量减少12.0%，但亏损额增长28.16%；五金洁具亏损企业数量减少17.8%，亏损额却增长88.56%。随着企业为转型升级作出的投入、节能减排要求提高增加的技术改造、劳动力成本攀升、管理费用增加等因素，2014年企业运营成本继续大幅度攀升，全行业主营业务成本平均增长11.7%，其中建筑陶瓷企业提高13.6%，卫生陶瓷企业达到16.9%，五金洁具企业为5.3%。

根据中国建筑卫生陶瓷协会联合陶瓷信息报社等单位对全国各建筑陶瓷产区再次进行的调查和测算，2014年全国实际保有陶瓷砖生产线3400余条（另有180余条西式瓦生产线，年产量超过2亿平方米），实际有效产能超过130亿平方米。2013年市场需求意外好转的刺激，导致2014年10多亿平方米的新增产能冲击市场，加剧了市场份额的竞争和价格战的形成，全国建筑陶瓷产能供给超过需求增长的矛盾更加突出。

2014年卫生洁具产品（包括卫生陶瓷及其配件、五金卫浴产品等）市场销售基本保持平稳势态，但整体运行环境与2013年相比没有明显变化，企业产量和销售额都有"温和"增长，其中卫生陶瓷企业的产销和效益好于其他洁具类企业。2014年全国卫生陶瓷产量超过2.15亿件，同比增长4.3%；主要产区广东与河南两省产量有较大幅度增长，河北省产量略有减少；其他产区，山东、湖北、北京产量有不同程度增长，四川、上海、湖南、重庆等地产量明显下降。

2014年全国规模以上建筑卫生陶瓷企业完成固定资产投资916.4亿元，同比增长8.96%，增幅回落17.93个百分点。全国建筑陶瓷企业完成固定资产投资794.8亿元，增长10.81%，回落24.48个百分点。东部沿海地区的建筑陶瓷固定资产投资今年反超中部地区，增长17.15%，中部地区下降16.14%，西部地区固定资产投资总量创造历史之最，增幅达到66.86%。广东、河南、广西、江西、山东和河北六省份投资额超过60亿元，河北、辽宁、福建、四川和湖北五省超过30亿元；其中，广西、四川、福建和山东增幅超过30%，辽宁与河北增幅超过10%；江西产区完成固定资产投资同比下降24.27%。

2014年全国卫生陶瓷完成固定资产投资121.6亿元，比上年下降1.76%，仅广东产区完成卫生陶瓷固定资产投资额超过30亿元，增长75.13%；河南、河北和福建三地投资超过10亿元，但增速都大幅度回落。

第二节　2014年全国建筑卫生陶瓷产品质量

关于我国建筑卫生陶瓷产品的质量，无论是产品的制造商还是消费者，还是主管产品质量的官方或行业其他方面的专业或非专业的人士，都可以直接或间接地感觉到我国建筑卫生陶瓷产品的质量越来越好，随着我国建筑卫生陶瓷产业的不断扩大，产品质量也随之而不断提升进步。但是我国一直缺乏整体建筑卫生陶瓷产品质量的全面定量描述与统计数据分析。每年例行的"国抽"（陶瓷砖、卫生陶瓷、陶瓷片密封水嘴产品质量国家监督抽查）从整体上对建筑卫生陶瓷产品质量有所反映。

一、2014年全国建筑卫生陶瓷"国抽"报告

2014年由于"陶瓷片密封水嘴"国家标准的修订与发布，2014年建筑卫生陶瓷的"国抽"仅陶瓷砖与陶瓷坐便器两项。

2015年1月30日，国家质检总局发布了2014年第四季度陶瓷砖产品质量"国抽报告"——《陶瓷砖产品质量国家监督抽查结果》，2014年第四季度，陶瓷砖产品"国抽"共抽查了河北、山西、辽宁、上海、江苏、浙江、安徽、福建、江西、山东、河南、湖北、湖南、广东、广西、四川、陕西17个省份180家企业生产的180批次陶瓷砖产品。抽查发现，19批次产品不符合标准的规定。产品合格率89.44%。2014年陶瓷砖产品"国抽"依据《陶瓷砖》GB/T 4100—2006、《建筑材料放射性核素限量》（GB 6566—2010）等标准的要求，对陶瓷砖产品的尺寸、吸水率、破坏强度、断裂模数、无釉砖耐磨性、耐污染性、耐化学腐蚀性、抗釉裂性、放射性核素共9个项目进行了检验。抽查发现有19批次产品不符合标准的规定，涉及破坏强度、断裂模数、尺寸、吸水率项目。过去几年我国陶瓷砖产品"国抽"结果为：2013年产品合格率为93.89%；2012年为86.59%；2011年为86.1%；2010年为81.62%；2009年为73.35%。连续六年的"国抽"合格率数据，从侧面多少反映了一些我国陶瓷砖产品质量的状况。

2015年1月30日，国家质检总局发布了2014年第四季度陶瓷坐便器产品质量国家监督抽查结果，经检验，有13批次产品不合格，主要问题是洗净功能、坐便器水封回复、安全水位技术要求和水箱安全水位不达标。按抽查产品类型，抽查的陶瓷坐便器产品包括70批次节水型坐便器和108批次普通型坐便器，产品抽样合格率分别为94.3%和91.7%。2014年第四季度，"国抽"共抽查了北京、天津、河北、上海、江苏、福建、江西、山东、河南、湖北、湖南、广东、重庆、四川14个省份178家企业生产的178批次陶瓷坐便器产品。此次"国抽"抽查依据《卫生陶瓷》（GB 6952—2005）、《坐便器用水效率限定值及用水效率等级》（GB 25502—2010）、《卫生洁具便器用重力式冲水装置及洁具机架》（GB 26730—2011）等标准的要求，对陶瓷坐便器产品的水封深度、水封表面面积、吸水率、便器用水量、洗净功能、固体排放功能、污水置换功能、坐便器水封回复、便器配套要求、安全水位技术要求、坐便器用水效率等级、坐便器用水效率限定值、管道输送特性、驱动方式、进水阀密封性、进水阀耐压性、进水阀CL标记、防虹吸功能、水箱安全水位、排水阀自闭密封性共20个项目进行了检验。抽查发现有13批次产品不符合标准的规定，涉及水封深度、吸水率、便器用水量、洗净功能、坐便器水封回复、安全水位技术要求、水箱安全水位、进水阀CL标记、防虹吸功能、进水阀密封性、坐便器用水效率等级项目。此次"国抽"重点抽查了广东省佛山市、潮州市和河南省许昌市等主要生产基地，抽查企业数占本次抽查企业总数的84.1%，其中，广东省佛山市抽查了23家企业，全部合格；潮州市抽查了88家企业，6家企业的产品质量不合格；河南省许昌市抽查了29家企业，4家企业的产品质量不合格。2013年陶瓷坐便器"国抽"160批次产品，10种产品不合格；2012年"国抽"160批次产品，12种产品不合格。

二、2014年全国建筑卫生陶瓷"省抽"报告

2014年陕西省质量技术监督局第二季度陶瓷坐便器产品质量监督"省抽"报告表明：抽查样品在西安、宝鸡、榆林、汉中、安康地区陶瓷坐便器的经销企业中抽取，共抽查企业40家，抽取样品40批次，依据《卫生陶瓷》（GB 6952—2005）、《卫生洁具便器用重力式冲水装置及洁具机架》（GB 26730—2011）等相关标准和经备案现行有效的企业标准及产品明示质量要求，对陶瓷坐便器产品的水封深度、水封表面面积、便器用水量、洗净功能、固体排放功能、污水置换功能、坐便器水封回复、便器配套要求、安全水位技术要求、管道输送特性、进水阀CL标记、防虹吸功能、安全水位、进水阀密封性、排水阀密封性、进水阀耐压性等16个项目进行了检验。

经检验，综合判定合格样品35批次，抽查产品不合格率为12.5%。有5个批次样品不符合标准要求，涉及陶瓷坐便器产品的水封深度及水封回复、便器用水量、水箱安全水位、洗净功能项目不达标。"省抽"报告结果显示：希尔敦、恒箭、海景卫浴、丽驰、SHKL心海伽蓝等品牌产品上不合格名单。陕西省质量技术监督局表示，已责成相关市质量技术监督部门按照有关法律法规规定，对本次抽查中不合格的产品及其企业依法进行处理。

陕西省质量技术监督局公布2014年第二季度陶瓷片密封水嘴产品质量监督抽查结果，有6个批次样品不符合标准要求，涉及申雷达、山全、特塔、丽驰、赛朗、ZHENG GUO等品牌，抽查样品在西安、宝鸡、榆林、汉中、安康地区陶瓷片密封水嘴的经销企业中抽取，共抽查企业40家，抽取样品40批次，依据《陶瓷片密封水嘴》（GB 18145—2003）等相关标准和经备案现行有效的企业标准及产品明示质量要求，对陶瓷片密封水嘴产品的管螺纹精度、冷热水标志、流量（不带附件）、流量（带附件）、密封性能、阀体强度、冷热疲劳试验、酸性盐雾试验等8个项目进行了检验。经检验，综合判定合格样品34批次，抽查产品不合格率为15%，不合格项目涉及陶瓷片密封水嘴产品的流量、阀芯密封性能、酸性盐雾试验等。

上海市质量技术监督局公布2014年上海市水嘴产品质量监督抽查结果，62批次受检产品中，有23批次不合格。上海市质量技术监督局依据《陶瓷片密封水嘴》（GB 18145—2003）、《水嘴通用技术条件》（QB 1334—2004）、《生活饮用水输配水设备及防护材料的安全性评价标准》（GB/T 17219—1998）等国家标准及相关标准要求，对产品的下列项目进行了检验：陶瓷片密封水嘴：管螺纹精度、手柄扭力矩、流量（不带附件）、流量（带附件）、密封性能（连接件）、密封性能（阀芯）、密封性能（冷热水隔墙）、密封性能（上密封）、密封性能（转换开关）、阀体强度、冷热疲劳试验、盐雾试验、安装长度、流量均匀性、水嘴用水效率等级，其中洗涤水嘴和其他适用于饮用水的水嘴还进行了浸泡水铅析出量、浸泡水砷析出量、浸泡水铬（六价）析出量、浸泡水锰析出量、浸泡水汞析出量检验。

经检验，有23批次产品不符合标准的规定，涉及盐雾试验、管螺纹精度、流量、浸泡水铅析出量、浸泡水铬（六价铬）析出量、浸泡锰析出量。如，在上海红星美凯龙家居市场经营管理有限公司发现，标称阿波罗（中国）有限公司生产的一款"阿波罗"面盆龙头管螺纹精度项目不合格。在百安居（中国）家居有限公司上海闸北店发现，标称鹏威（厦门）工业有限公司生产的一款"B & Q"厨房龙头，盐雾试验、管螺纹精度、铅项目不合格，质量问题严重。

2014年第二季度，河南省质量技术监督局对卫生陶瓷产品质量进行了省监督检查，共抽取了30家企业生产的74批次卫生陶瓷产品，有1批次产品不符合标准要求。"省抽"检查依据《卫生陶瓷》（GB 6952—2005）、《卫生洁具便器用重力式冲水装置及洁具机架》（GB 26730—2011）等国家标准及相关企业标准，按照《2014年第二季度卫生陶瓷产品质量河南省定检实施方案》的要求，对卫生陶瓷产品的水封深度、水封表面面积、吸水率、便器用水量、洗净功能、固体排放功能、污水置换功能、坐便器水封回复、便器配套要求、管道输送特性、安全水位技术要求、驱动方式、进水阀CL标记、防虹吸功能、水箱安全水位、进水阀密封性、排水阀自闭密封性、进水阀耐压性、溢流功能、防溅污性、抗裂性等21个项目进行了检验。经抽样检验，长葛市庆安陶瓷厂一批次"ao Hua"陶瓷柱盆（含柱）吸水率、

溢流功能项目不合格。河南省质量技术监督局表示，已责成相关省辖市、直管县（市）质量技术监督部门按照有关法律法规，对本次检查中不合格的产品及其生产企业依法进行处理。

2014年第三季度，山东省质量技术监督局组织抽查了全省40家企业生产的40批次陶瓷砖产品，其中3家企业的3批次产品不符合相关标准的要求。抽查依据《陶瓷砖》（GB/T 4100—2006）、《陶瓷砖试验方法》（GB/T 3810.1 ~ 3810.16—2006）、《建筑材料放射性核素限量》（GB 6566—2010）等标准的要求，对陶瓷砖产品的尺寸、吸水率、断裂模数、破坏强度、无釉砖耐磨深度、抗釉裂性、耐化学腐蚀性、耐污染性、放射性核素9个项目进行了检验。

"省抽"结果表明：临沂市罗庄区双信建陶有限公司、邹平县北极星建陶有限公司、临沂东森建陶有限公司等3家企业的3批次产品不符合相关标准的要求，不合格项目涉及吸水率、破坏强度、断裂模数。

广东省质监局公布2014年广东省水嘴产品质量专项监督抽查结果，不合格产品发现率为25%。"省抽"抽查了广州、深圳、珠海、佛山、东莞、江门、顺德7个地方66家企业生产的水嘴产品80批次，依据《陶瓷片密封水嘴》（GB 18145—2003）、《水嘴用水效率限定值及用水效率等级》（GB 25501—2010）及经备案现行有效的企业标准或产品明示质量要求，对水嘴的管螺纹精度、冷热水标志、流量（带附件）、流量（不带附件）、密封性能、阀体强度、流量均匀性、用水效率等级、酸性盐雾试验等9个项目进行了检验。"省抽"结果发现20批次水嘴产品不合格，包括嘉宝罗、Sunbolo、didao、家家乐、朝升、东鹏、WALRUS、西亚斯、心海伽蓝、Yingna、Kamon等品牌产品。不合格项目涉及水嘴的管螺纹精度、冷热水标志、流量（带附件）、流量（不带附件）、流量均匀性、用水效率等级、酸性盐雾试验等。

广东省质监局公布2014年广东省卫生陶瓷产品质量专项监督抽查结果，不合格产品发现率为6.5%。"省抽"共抽查了广州、珠海、佛山、江门、东莞、潮州、清远、顺德8个地方152家企业生产的卫生陶瓷产品200批次，依据GB 6952—2005《卫生陶瓷》、GB 26730—2011《卫生洁具便器用重力式冲水装置及洁具机架》、GB/T 26750—2011《卫生洁具便器用压力冲水装置》、GB 25502—2010《坐便器用水效率限定值及用水效率等级》、GB 28377—2012《小便器用水效率限定值及用水效率等级》及经备案现行有效的企业标准或产品明示质量要求，对坐便器的水封深度、水封表面面积、吸水率、便器用水量、洗净功能、固体排放功能、污水置换功能、坐便器水封回复、便器配套要求、坐便器用水效率等级、坐便器用水效率限定值、管道输送特性、驱动方式、进水阀密封性、进水阀耐压性、进水阀CL标记、防虹吸功能、水箱安全水位、排水阀自闭密封性等19个项目进行了检验；对蹲便器的水封深度、吸水率、便器用水量、洗净功能、排放功能、防溅污性、便器配套要求、安全水位技术要求、驱动方式、进水阀密封性、进水阀耐压性、进水阀CL标记、防虹吸功能、水箱安全水位、排水阀自闭密封性等15个项目进行了检验；对小便器的水封深度、吸水率、便器用水量、洗净功能、污水置换功能、便器配套要求、密封性能、强度性能、断电保护、小便器用水效率等级、小便器用水效率限定值等11个项目进行了检验；对洗面器的最大允许变形、重要尺寸、吸水率、抗裂性、溢流功能、耐荷重性等6个项目进行了检验。

"省抽"结果表明，13家企业的13批次卫生陶瓷产品不合格，其中12家为潮安县企业，包括潮安县古巷镇威士达卫生瓷厂、潮安县古巷镇马德利陶瓷加工厂、潮安县古巷镇福庆建筑陶瓷厂、潮安县凤塘镇能厦陶瓷厂、潮安县丽威陶瓷洁具有限公司、潮安县古巷镇朗格陶瓷制作厂、潮安县古巷镇雄兴陶瓷厂、潮安县古巷镇大立陶瓷厂、潮安县古巷镇升格陶瓷厂、潮安县凤塘镇金汇洁具厂、潮安县佳泓陶瓷洁具有限公司、潮安县恒生陶瓷有限公司。不合格项目涉及卫生陶瓷的水箱安全水位、便器用水量、坐便器用水效率等级、坐便器用水效率限定值、水封深度、坐便器水封回复、安全水位技术要求、洗净功能、吸水率和重要尺寸等。另外，标称珠海铂鸥卫浴用品有限公司生产的一批次"BRAVAT"卫生陶瓷（坐便器），被检出坐便器水封回复项目不合格。

陕西省质量技术监督局公布2014年第三季度陶瓷砖产品质量监督抽查结果，共抽查企业37家，抽取样品40批次。经检验，综合判定合格样品36批次，抽查产品不合格率为10%。抽查样品在西安、咸阳、宝鸡、渭南、铜川、安康地区的生产及经销企业中抽取。依据（《陶瓷砖》GB/T 4100—2006）、《陶瓷砖试验方法》（GB/T 3810.1—16-2006）、《建筑材料放射性核素限量》（GB 6566—2010）等相关标准和经备案现行有效的企业标准及产品明示质量要求，对陶瓷砖产品的尺寸、吸水率、断裂模数和破坏强度、无釉砖耐磨深度、抗釉裂性、耐化学腐蚀性、耐污染性、放射性核素项目进行了检验。

"省抽"结果发现有4批次样品不符合标准要求。其中，三原西源陶瓷有限公司的飞尔凡陶瓷砖（生产日期或代号2014.06.28，规格型号600毫米×600毫米×9.6毫米）和宝鸡市泰荣瓷业有限公司的博威雅陶瓷砖（生产日期或代号2013.04.23，规格型号600毫米×600毫米×9.5毫米）被检出吸水率项目不合格；千阳县嘉禾陶瓷有限公司的爱利嘉陶瓷砖（生产日期或代号2014.06.10，规格型号248毫米×328毫米×7.0毫米）被检出尺寸项目不合格；陕西中特陶瓷有限公司的雅士德陶瓷砖（生产日期或代号2014.06.10，规格型号299毫米×199毫米×6.1毫米）被检出破坏强度项目不合格。

第三节　2014年全国建筑卫生陶瓷产品国内市场与营销

一、概况

关于我国建筑卫生陶瓷产品国内市场的销售，可以说长期缺少完整的数据，且不说全年的份额、销值，就是全年的销量、每年产品的产销率都缺乏完整的统计数据或相对的权威数据。中国建筑卫生陶瓷协会的数据有：根据对全国2724家规模以上建筑陶瓷和卫生洁具企业的统计，全国建筑卫生陶瓷行业全年主营业务收入6590亿元，增长10.19%，比2013年回落7.12个百分点，其中1407家建筑陶瓷企业营收4255亿元，增长12.06%，回落5.37个百分点；310家规模以上卫生陶瓷企业营收572亿元，增长16.53%，回落3.92个百分点；971家五金卫浴企业主营业务收入1605亿元，增长4.24%，回落11.83个百分点。

二、营销新动向

品牌集中度提高与渠道下沉：2013年瓷砖行业大部分知名品牌销售额大幅增加，普遍在30%左右。而2014年虽然瓷砖品牌集中度仍在继续提升，全国性的知名品牌正在不断地形成，特别在高端市场，越来越凸显品牌的作用。但是2014年也看到一些体量大的瓷砖品牌其销量增长乏力，甚至出现小幅的下滑或仅在2013年的基础上徘徊。三、四线城市市场全面发展，经销商扁平化扩大，县、镇级的分销商纷纷独立扁平，新农村建设与城镇化进程进一步繁荣了三、四线城市市场的建筑卫生陶瓷产品销售。高端市场建筑卫生陶瓷产品品牌化，终端市场品牌建设运营的成本越来越高，低端市场产品价格战越来越激烈。

工程比例加大：销售终端工程比例加大。随着精装房在商品房中的比率不断上升，全国不少大型房地产开发商大幅提高精装房的比率，同时不少大中型城市的中心范围禁建毛坯房。

"整体家居"全面推进：整体家居、厨卫一体化、设计师走进终端等一系列集设计、配件为一体的整体空间解决方案，在终端消费市场不断扩大，全面推进。

促销活动充满终端营销：2014年各种促销活动充满终端，不仅所有的节假日有促销活动，而且平时也是促销活动不断，几乎无促不销，甚至有促也难销。演艺明星、体育明星代言签售、音乐营销、微电影营销、设计师营销、泛家居联盟、团购等终端促销活动层出不穷、长年不断。

新品类战略：继大理石瓷砖、K-金砖、木纹砖等品类成熟后，水泥砖、玉石等多种品类涌现，这一过程中一些品类被市场广泛接受，一些品类出现没有多久又逐渐淡出人们的视野。

建筑卫生陶瓷营销整体战略的调整与各种方法的尝试主要都是围绕着品牌、渠道、终端的建设。

三、建材大卖场及陶瓷产品展会

2014年建材大卖场的扩张仍在继续，具有坚实建筑卫生陶瓷背景的华美立家，加入了大型建材卖场的建设与扩张，无疑加剧了建材大卖场的竞争局面，由于整体经济增长速度放缓，建材家居市场疲软，建材大卖场出现过剩局面，2014年在终端很多建材家居卖场都出现了经销商撤店的现象，甚至有许多曾经较为火爆的卖场店面空置率超过了30%。这种情况的出现有经济大环境的影响，更直接的原因是销售量降低、利润率降低、场地租金及管理成本的提升所导致。

全国各地建材大卖场遍地开花，有局部连锁的，也有单打独斗的，建材家居卖场在全国快速扩张导致了同质化竞争严重，推高了卖场的空置率，过度膨胀在不少地方还造成卖场脆弱、盈利能力下降、卖场租金不断上涨，供应商还要"被扩张"，经销商成本压力越来越大，卖场与销售商之间的利益、矛盾将决定建材大卖场的下一步发展。

2014年5月21～24日，与广州陶瓷工业展同期举行了首届"2014年中国国际陶瓷产品展览会"，是第一次中国主办国际级的陶瓷产品展，号称是打造东方博洛尼亚的开始，是中国陶瓷人的梦想。展会背后的主办方是相关行业的五大协会——中国建筑材料联合会、中国陶瓷工业协会、中国建筑卫生陶瓷协会、中国国际贸易促进委员会建筑材料行业分会、广东陶瓷协会，展会的承办方是20多家知名大型陶企联合出资组成的展览公司。但是这次首届产品展，无论是参展商、观众、国际性及影响力应该说都没有达到预期的效果。中国国际陶瓷产品展览会的发展方向主要以品牌标杆、新品推介、还是营销招商为以后的发展方向，备受业内关注。

一年两度的佛山陶博会，经过20多届（2014年23届、24届）成功举办与发展，已经发展成为陶瓷行业的重要展会，目前已经成为新品牌建设与招商的最重要展会。

四、电商

2014年"双十一"以总成交额571亿元大大超过2013年"双十一"的350亿元。各项电商相关数据几乎都被刷新。"双十一"自2009年以来，覆盖范围逐渐由淘宝、天猫扩散到整个电商行业。2014年京东、苏宁等各大电商平台强势分流，线上交易额成倍增长。

2008～2012年，行业内电商仅有10余家。2012年卫浴行业在"双十一"期间狂进4.1亿元，引发行业对电商的关注。多数的陶瓷卫浴品牌选择在2013年和2014年年初进驻天猫和京东等电商平台。据不完全统计，到2014年年底，天猫共引入东鹏、马可波罗、蒙娜丽莎、玖玖鱼、哈德逊等共计206个品牌陶瓷，38家陶瓷厂商在天猫设立了品牌旗舰店；卫浴行业271家旗舰店在天猫进驻。京东进驻陶瓷品牌56家，进驻卫浴品牌555家。单从进驻厂商和旗舰店数量上来说，卫浴行业的电商促销热情和品牌电商建设进度要领先于陶瓷行业。

2014年卫浴类和瓷砖类"双十一"当天搜索点击量分别达到了最高的3309944、289265。从家装建材的子行业排行来看，卫浴类产品和灯饰类产品最为畅销，卫浴类产品占据排行榜的半壁江山。瓷砖在子行业排行中最高，排在第19位，成交占比为3.42%。尽管陶瓷和卫浴在淘宝、天猫进驻的品牌数量相差不大，但在销售量方面，卫浴类的电商业务明显超过陶瓷类。

在陶瓷方面，仿古砖（包含文化石）和玻化砖在榜单上长期占据前两名，成交比合计占据55%左右。在"双十一"当天，玻化砖占据第一，其与仿古砖的成交比分别为33.00%、27.02%。

龙头和花洒等配件仍是卫浴类销售的主流。但是，在2013年，大件卫浴产品如浴室柜等在"双十一"开始占据了不少的市场份额。2014年，卫浴家具和浴室柜组合开始进入卫浴子行业的前十名，分别以13.04%和10.39%占据榜单的第5和6名。

尽管如此，2014年建筑卫生陶瓷行业大部分知名陶企都不同程度地投入电子商务的建设，不同的企业收效也不尽相同。很多陶企对于电商的态度仍处于观望之中，瓷砖企业尤为突出。

第四节 2014年全国建筑卫生陶瓷产品进出口

一、全国建筑卫生陶瓷产品出口数据

2014年全年陶瓷砖产品出口11.28亿平方米（112810万平方米），占全年总产量的11.03%，出口额78.14亿美元。较2013年全年出口量11.48亿平方米减少2.0%，较2013年全年出口额78.93亿美元减少1.0%。2014年陶瓷砖出口平均单价6.92美元/平方米，较2012年陶瓷砖出口平均单价6.88美元/平方米，略有增加，增长0.58%。2014年是我国陶瓷砖出口量、价同时出现下滑的一年（表1-3）。

2006～2014年中国陶瓷砖产品出口数据　　　　　　表1-3

年份	出口量（万平方米）	增长	出口金额（亿美元）	增长
2006年	54373	29.2%	17.09	44.8%
2007年	59007	8.62%	21.31	24.7%
2008年	67090	13.7%	27.11	27.2%
2009年	68547	2.15%	28.62	5.54%
2010年	86720	20.96%	38.51	25.68%
2011年	101528	17.07%	47.64	23.72%
2012年	108621	6.99%	63.52	33.33%
2013年	114778	5.71%	78.93	24.26%
2014年	112810	−2.0%	78.14	−1.0%

数据显示2014年是中国陶瓷砖出口，在连续十多年持续增长之后，出现量、价负增长。

其中沙特、美国、尼日利亚继2013年之后继续成为我国陶瓷砖出口的三大目的国，2014年韩国、菲律宾替代泰国、巴西成为我国陶瓷砖出口的第四、五大目的国。在全国陶瓷砖产品出口方面，广东省仍是最大的陶瓷砖出口省份，出口量占全国的77.10%（2013年：67.264%），出口额占全国的65.27%（2012年：75.89%）。这些数据的巨大变化，至少表明广东省陶瓷砖出口平均单价的剧烈震荡（图1-1～图1-3）。

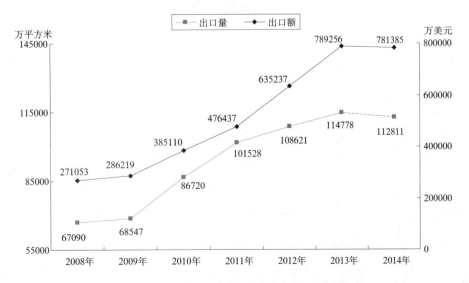

图1-1　2008～2014年全国建筑陶瓷出口量与出口额

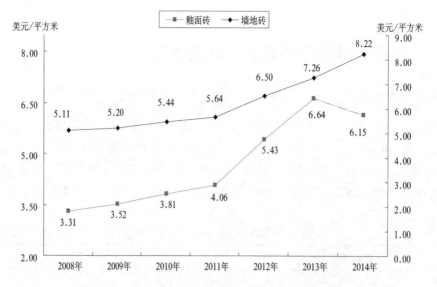

图1-2　2008～2014年建筑陶瓷砖出口平均价格

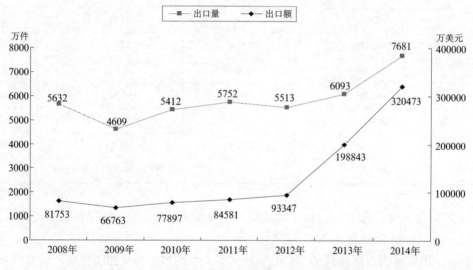

图1-3　2008～2014年卫生陶瓷出口量与出口额

2008～2014年中国卫生陶瓷产品出口数据　　　　　　　表1-4

年份	出口量（万件）	增长	出口额（亿美元）	增长	平均单价（美元/件）
2008年	5632	1.92%	8.18	11.29%	14.51
2009年	4609	−18.16%	6.68	−18.34%	14.49
2010年	5412	17.42%	7.79	16.62%	14.39
2011年	5752	6.28%	8.46	8.60%	14.71
2012年	5513	−4.16%	9.33	10.28%	16.93
2013年	6093	10.52%	19.88	113.08%	32.63
2014年	7681	26.06%	32.05	61.22%	41.73

　　2013年、2014年是我国卫生陶瓷出口快速增长的年份，量、价、平均单价同时大幅度增长。2014年我国卫生陶瓷产品出口第一次突破7000万件，达到7681万件，占全国总产量21508万件的35.71%，相

对2013年出口比重29.55%大幅提高；出口额32.05亿美元，相对2013年出口19.88亿美元增长61.22%；出口产品平均单价41.73美元/件，相对2013年出口平均单价（32.63美元/件）增长27.89%（表1-4）。

二、2014年全国各省市出口比例（图1-4～图1-7）

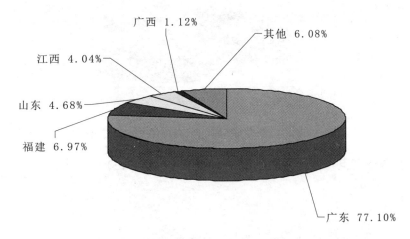

图1-4 2014年建筑陶瓷砖（出口量）各省份所占比例

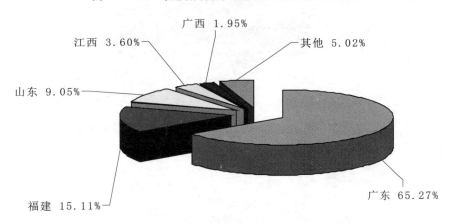

图1-5 2014年建筑陶瓷砖（出口额）各省份所占比例

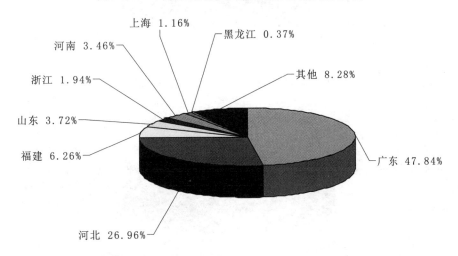

图1-6 2014年卫生陶瓷（出口量）各省份所占比例

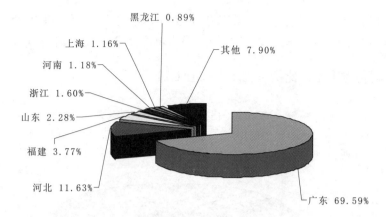

图1-7　2013年卫生陶瓷（出口额）各省份所占比例

三、2014年全国建筑卫生陶瓷出口目的国（图1-8~图1-13）

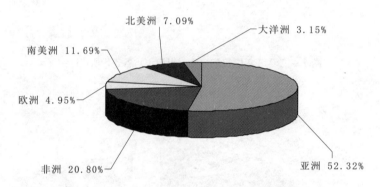

图1-8　2014年建筑陶瓷（出口量）流向各大洲所占比例

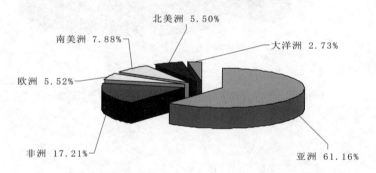

图1-9　2014年建筑陶瓷砖（出口额）流向各大洲所占比例

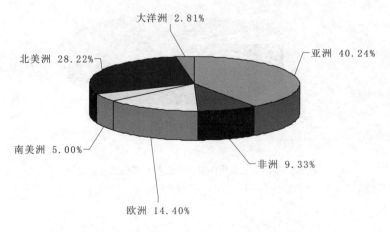

图1-10　2014年卫生陶瓷（出口量）流向各大洲所占比例

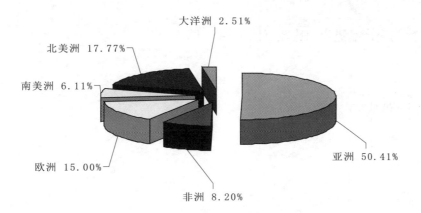

图 1-11 2014 年卫生陶瓷（出口额）流向各大洲所占比例

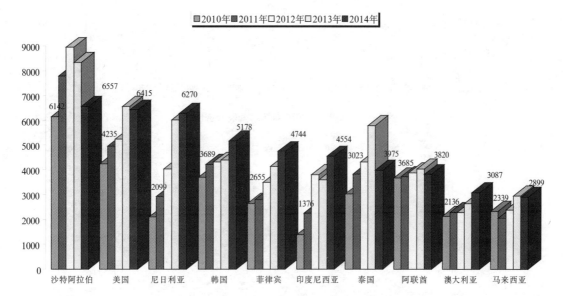

图 1-12　2010 ～ 2014 年建筑陶瓷砖出口主要流向

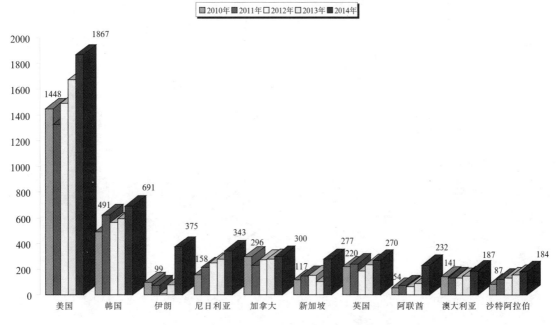

图 1-13　2010 ～ 2014 年卫生陶瓷出口主要流向

四、建筑卫生陶瓷产品进出口比较（图1-14～图1-18）

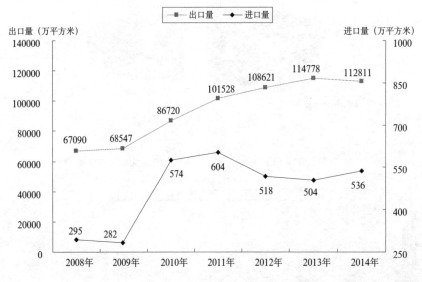

图1-14　2008～2014年建筑陶瓷砖进出口量

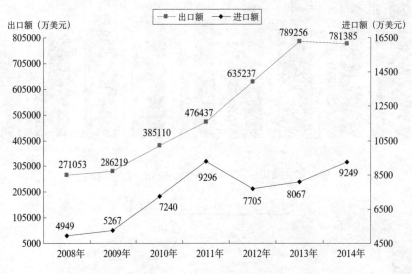

图1-15　2008～2014年建筑陶瓷砖进出口额

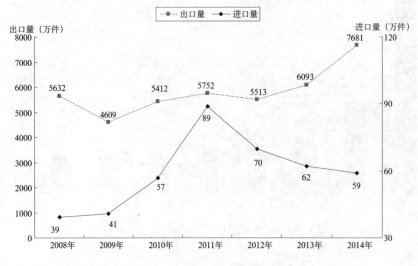

图1-16　2008～2014年卫生陶瓷进出口量

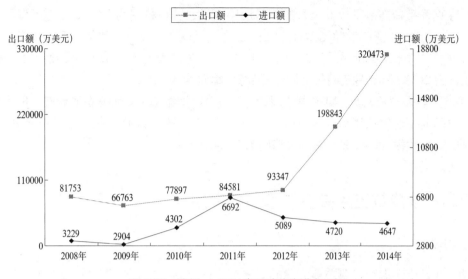

图 1-17　2008～2014 年卫生陶瓷进出口额

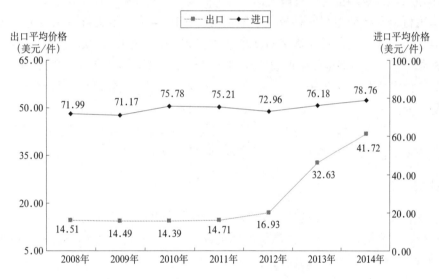

图 1-18　2008～2014 年卫生陶瓷进出口平均价格

五、建筑卫生陶瓷行业频发反倾销事件

2014 年，中国建筑卫生陶瓷行业在国际上像前几年一样，到处面临着反倾销的危机。

2014 年 2 月 28 日，韩国贸易委员会决定对来自中国的瓷砖产品发起反倾销"日落复审"调查，调查期从 2013 年 1 月 1 日至 2013 年 12 月 31 日。根据我国海关统计，此次韩国对华瓷砖反倾销案涉案金额为 1.96 亿美元。此次的对华瓷砖反倾销案源于韩国大同产业等四家企业于 2011 年 4 月向韩国贸易委员会（KTC）提出的申请。贸易委员会在同年向财经部提出建议案，向 12 家中国瓷砖企业征收 2.76%～29.41% 的反倾销关税,并将此前征收的中国瓷砖反倾销税延长 3 年。贸易委员会提出的依据是，2011 年中国企业的瓷砖出口量比 2001 年增长 380%，在韩国市场的占有率达到 39.5%，给韩国相关产业造成实质性损害。有关资料显示，早在 2005 年，中国瓷砖就开始遭受韩国反倾销，此次中国瓷砖再遭受韩国反倾销调查，反倾销最高税率比 2005 年反倾销高出 4 倍多。

2014 年 4 月 5 日，巴基斯坦关税委员会发布公告，对进口瓷砖（该国海关税则号为 6907.1000、6907.9000、6908.1000、6908.9010 和 6908.9090）反倾销调查案作出初裁，决定自 2014 年 4 月 5 日起对自中国进口的瓷砖征收为期 4 个月的临时反倾销税，税率为 0～40.49%。

2014 年 7 月 3 日巴西发布第 53 号令，对华瓷砖反倾销案件正式立案，决定对进口自中国的未上釉瓷砖、陶瓷马赛克及类似产品征收 6 个月的临时反倾销税，征税税率为 3.01~5.73 美元 / 平方米。12 月 19 日巴西官方发布了对华瓷砖反倾销案件终裁的公告，接受包括东鹏、鹰牌、新中源在内的 133 家企业的价格承诺申请，对未提出价格承诺的企业征收 3.34 ~ 6.42 美元 / 平方米的反倾销税，征税期限为 5 年，正式到期日为 2019 年 12 月 19 日，涉案产品海关编码为 69079000。

2014 年 3 月，澳大利亚对原产于中国的不锈钢拉制深水槽进行反倾销立案调查。8 月 13 日，澳大利亚对原产于中国的不锈钢拉制深水槽作出反倾销初裁：自中国进口的涉案产品存在倾销，且对澳大利亚国内产业造成实质性损害，涉案产品海关编码为 7324.10.00。

第五节　2014 年建筑卫生陶瓷技术装备发展

一、干法制粉

继 2013 年 10 月山东淄博义科节能完成的"陶瓷干法制粉工艺及装备"通过省级科技成果鉴定会，2014 年 6 月佛山市溶洲建筑陶瓷二厂有限公司主持的"陶瓷粉料高效节能干法制备技术及成套设备"项目，通过中国建筑材料联合会组织的科技成果鉴定会。2014 年下半年义科节能与金卡陶瓷联合建成一条干法制粉墙地砖生产线，生产最大规格 600 毫米的地砖，600 毫米的木纹砖，150 毫米 × 150 毫米的小砖厚度仅 3 毫米。干法制粉墙地砖生产线的成功投产对于节能减排具有重大意义。

随着干法制粉技术的诞生及成熟，将有望改变这一现状。干法制粉环保效益突出，具有生产工艺简单连续，所需设备少、占地少、投资少、产量大、生产效率高，用电不用任何燃料，可做到零废气、零粉尘排放等特性。以生产 1 吨陶瓷粉料为准，干法制粉比湿法制粉节能 35% 左右、节水 70% 左右、二氧化碳减排 36% 左右、节电 12% 左右，综合能耗减少 45% 以上。

二、连续球磨

国际上连续球磨技术的应用已经超过 20 年历史，但在国内一直没有成功应用。2014 年清远豪邦引进安装萨克米连续式球磨机投入应用；湘潭亿达机电设备生产的组合式连续球磨机在恩平晶鹏陶瓷调试运转成功；淄博唯能陶瓷原料粉碎开始使用连续式球磨机。

三、分类粉碎球磨

所谓分类粉碎球磨技术，实际上就是将脊性料与塑性料分别粉碎球磨，一般就是干磨与湿法球磨相结合应用。目前国内最具代表的有博晖机电出品的神工快磨装备，这是一种使用干法立磨再结合球磨的工艺，比传统湿法球磨节能 25% 以上；而淄博唯能陶瓷则采用滚压干法破碎脊性料结合连续球磨技术，理论上这是一种更高效节能的原料加工技术组合。

四、压机

相比 2013 年的建陶行业形势回暖，陶企纷纷扩线增产，压机等陶机设备销售火爆，2014 年呈现的是形势急转而下的巨大变化，建陶行业产销遇冷，国内新建生产线大量减少。相对 2013 年陶瓷压机国内市场出货量达 1100 台左右，2014 年陶瓷压机国内市场同比下滑幅度近 30%，出口总量大增，超过 100 台。

五、喷墨印花

国内喷墨印花技术应用发展经历了 2010 年的起步期，2011 ~ 2012 年的成长期，2013 年的高速增长之后，2014 年发展放缓，步入成熟期。根据陶业产能调查数据，2014 年年底，我国墙地砖行业在线喷墨印花机达 2636 台，如果涵盖实验室的试验机及三度烧产品等特殊应用的喷墨印花机，估计接近 3000 台。到 2014 年年底，在线应用的国产喷墨印花机已经超过 80%。国产喷墨印花机已经开始进入国际市场。

随着陶瓷墨水技术日趋成熟，产品品质逐步稳定，国内墨水企业数量不断增多，国产墨水的市场占有率不断增加。初步估计 2014 年国产墨水市场占有率已远超过 50%。2014 年国产墨水的销售量大幅增长，利润空间同步缩小，也使喷墨印花更加普及，成为目前墙地砖生产制造的主流装饰技术。随着陶瓷墨水价格的不断走低，应用不断扩大，传统色料行业进一步萎缩。

六、烧成窑炉

国内墙地砖生产线越建越长，2014 年 9 月，广西壮族自治区贺州市陶瓷产区建成内墙砖生产线窑炉长度达 680 米，投产日产量高达 6 万平方米，刷新了建陶行业的一项新纪录。

2014 年，陶瓷窑炉整体状况与压机类似，由于新增生产线的大幅下降，新增窑炉相对 2013 年也出现大幅下降。窑炉技术主要围绕宽体窑炉与节能减排。使用燃料方面一方面各地政府纷纷要求陶瓷烧成天然气化（煤改气），另一方面燃煤价格大幅下滑，南方产区的价格已经达到每吨 700 元左右，仅有前几年最高峰时的一半价格。

七、陶瓷装备化工企业纷纷上市

继 2013 年东鹏陶瓷在香港上市后，2014 年陶瓷行业掀起一股陶机化工企业上市小高潮。2014 年年初，山东国瓷功能材料公司与佛山三水康立泰无机合成材料有限公司正式合作。7 月 31 日，广东中窑窑业股份有限公司正式在北京的全国中小企业股份转让中心挂牌。10 月 27 日，广东摩德纳科技股份有限公司在全国股份转让系统挂牌公开转让。12 月 3 日，广东道氏技术股份有限公司正式登录深交所创业板，并出现开盘连续十多个涨停板。借助资本市场完善企业资金链，扩大企业生产规模与效益，越来越受到陶机化工企业的重视。

第六节　建筑卫生陶瓷生产节能减排与环境保护

2014 年陶瓷行业的新年开局似乎就是处理广东清远清城区环保局局长陈柏和事件，一个典型的与陶瓷行业关系密切的环保腐败案件。这几乎直接预示着 2014 年对于陶瓷行业来讲，节能减排、环境保护成为一个重头戏。农历新年之后的第二季度，被陶瓷行业称为环保风暴季度，广东省肇庆市政府突然要求从 4 月 15 日起全市陶瓷企业不能稳定达标排放的要限产 50%；4 月 15 日，中国建筑材料联合会和中国建筑卫生陶瓷协会联合在杭州组织召开了《建筑卫生陶瓷工业污染物排放标准》协会标准审查会，6 月 30 日正式发布协会标准《建筑卫生陶瓷生产企业污染物排放控制技术要求》，9 月 1 日开始实施；5 月 9 日，佛山环境保护局召开重点行业大气污染治理工作会议，所有的陶企都被摆上台，佛山市市长提出了"要像抓计划生育一样来抓治理污染"的口号；5 月 20 日，佛山市陶瓷行业协会代表 42 家会员企业，向广东省质量技术监督局及国家标准化管理委员会上书，提交《关于〈陶瓷工业污染物排放标准〉执行等情况的报告》；6 月 4 日，中国环境标准网上发布了"《陶瓷工业污染物排放标准》（GB 25464—2010）修订（实际上是 5 月 29 日环保部的公告）"的消息，并明确提出了完成时限为 2016 年。所有这些几乎都与国家标准《陶瓷工业污染物排放标准》（GB 25464—2010）相关。

2014 年陶瓷行业最引人注目的环境保护事件是《陶瓷工业污染物排放标准》提前修订，2014 年 3 月，全国人大代表、唯美陶瓷董事长黄建平在"两会"期间代表行业提出了"对国标《陶瓷工业污染物排放标准》（GB 25464—2010）进行修订"的提案，人大常委会将提案转至环保部，环保部在限定的时间内作出了回应与整改建议。6月4日，中国环境标准网上发布了"《陶瓷工业污染物排放标准》（GB 25464—2010）修订（实际上是5月29日环保部的公告）"的消息，并明确提出了完成时限为2016年。9月19日，环境保护部在其官网公布了由其组织起草的《陶瓷工业污染物排放标准》（GB 25464—2010）修改单（征求意见稿），并限定陶瓷企业及相关单位于10月15日前将书面意见提交。12月12日，环保部对《陶瓷工业污染物排放标准》（GB 25464—2010）的部分条款进行了修改，并宣称《中华人民共和国环境保护部公告（2014年第83号）》附件《陶瓷工业污染物排放标准》（GB 25464—2010）修改单已下发到各省、自治区、直辖市环境保护厅。该标准修改单由环保部与国家质量监督检验检疫总局联合发布，并自发布之日起实施。修改单将基准含氧量从原来的8.6%（基准过量空气系数为1.7），调整放宽至18%，但大部分污染物限值也相应作了调整，虽说总体有所放宽，修改后的标准依然苛刻。若全面严格执行，仍将对大部分瓷砖生产制造企业形成巨大压力。

由于2014年第一季度广东省21个地级市加顺德区的空气质量排名中，肇庆市环境空气综合质量指数再次排名倒数第一，2014年4月肇庆市环境综合治理领导小组下发通知，要求肇庆市未完成"煤改气"或环保达标治理的陶瓷企业，须在4月15日后减产50%。为加大力度治理工业污染，肇庆高要市采用自动控制管理，对废气排放口实施24小时监控。推进高要全市33家陶瓷企业改用天然气，未完成"煤改气"或未达到环保达标治理的陶瓷企业一律限产50%，并进一步强化企业排污监管，采取集中检查与日常巡查，明查与暗查、夜查、节假日检查相结合的方式，加大检查力度，对违法生产、违法经营的企业该处罚的处罚，该关停的关停。

福建晋江地区陶企在2013年9月底率先在全国全面实现"煤改气"。为避免超负荷运行导致安全事故或突然停气造成重大经济损失和社会影响，2014年5月18日，晋江新奥燃气有限公司向晋江市政府提交"关于分片区停供天然气的紧急报告"。要求5月21日零时立即采用分片区停供措施，将晋江建陶用户分为6个片区进行轮流停供，每个片区停供时间为15天，以此类推。这样晋江陶瓷产区便面临限制用气量、停部分窑炉的尴尬。5月29日上午，晋江、南安两地陶瓷企业近200人自发来到新奥燃气公司讨说法、协调解决良策。发酵数日的"限气风波"企业终于集体站了出来。为此，晋江、南安两地陶瓷企业反应激烈，纷纷要求新奥满足企业用气量的供应，或者减量部分政府允许用"水煤气"补充至供气正常。时至2014年下半年，福建省晋江市已有近40家建筑陶瓷生产企业（约占当地生产企业总数的1/3）恢复使用水煤气。这些陶企要根据水煤气发生炉的使用情况，每月缴纳20万~45万元不等的煤气发生炉调剂金，用来补贴给使用天然气的建陶企业，以此来平衡企业成本。

节能减排、环境保护，在陶瓷行业的发展中成为越来越重要的内容。由于各地对节能减排的尺度要求不一，随着经济的发展，地方政府在中央的带领下，将节能减排的要求越提越高。节能减排的压力一方面迫使不少陶瓷企业不断转移，前往一些经济欠发达地区，另一方面，增加陶瓷企业的直接生产成本，也迫使一些低档企业淘汰出局。

参考文献：
[1] 缪斌. 适应新常态，迎接新挑战——2014年建筑陶瓷与卫生洁具行业发展形势分析及2015年展望 [J]. 陶瓷信息.

第二章 2014 年中国建筑卫生陶瓷大事记

第一节 2014 年建筑陶瓷十大事件 [注1]

1.《陶瓷工业污染物排放标准》提前修订

2014 年 3 月，全国人大代表、唯美陶瓷董事长黄建平在"两会"期间代表行业提出了"对国标《陶瓷工业污染物排放标准》（GB 25464—2010）进行修订"的提案，人大常委会将提案转至环保部，环保部在限定的时间内作出了回应与整改建议。6 月 4 日，中国环境标准网上发布了"《陶瓷工业污染物排放标准》（GB 25464—2010）修订（实际上是 5 月 29 日环保部的公告）"的消息，并明确提出了完成时限为 2016 年。9 月 19 日，环境保护部在其官网公布了由其组织起草的《陶瓷工业污染物排放标准》（GB25464—2010）修改单（征求意见稿），并限定陶瓷企业及相关单位于 10 月 15 日前将书面意见提交。12 月 12 日，环保部对《陶瓷工业污染物排放标准》（GB 25464—2010）的部分条款进行了修改，并宣称"中华人民共和国环境保护部公告（2014 年第 83 号）"附件"《陶瓷工业污染物排放标准》（GB 25464—2010）修改单"已下发到各省、自治区、直辖市环境保护厅。该标准修改单由环保部与国家质量监督检验检疫总局联合发布，并自发布之日起实施。

【评论】《陶瓷工业污染物排放标准》是一个要求过严、不符合实际的强制性国家标准。虽然迫于各方压力，被迫提前修订，虽然修改单将基准含氧量从原来的 8.6%（基准过量空气系数为 1.7），调整放宽至 18%，但大部分污染物限值也相应作了调整，虽说总体有所放宽，修改后的标准依然苛刻。若全面严格执行，将淘汰绝大部分的瓷砖生产制造企业。某种意义上来讲，《陶瓷工业污染物排放标准》仍然是一把悬在瓷砖行业头顶上的利剑。

2. 三季度停窑潮

2014 年瓷砖行业的基本走势是：一季度普遍形势较好，二季度开始下行，陶企感到销售与生产的压力，三季度开始出现停窑潮，并向四季度延续。7 月 31 日江西省高安市经济形势调研座谈会已经透露：高安产区现有生产线 119 条，目前停产 37 条（停窑达 31%）；因为环保的压力，广东省肇庆市政府要求绝大部分陶企在 4 月 15 日之后减产 50%，广东省恩平地区 8 月份停窑约 20%；第三季度，四川省夹江产区停窑 30% 以上；山东、河南、河北、辽宁等产区第三季度都有一定程度的停窑。

【评论】三季度的停窑潮备受关注，不仅是瓷砖行业十年来最大的一次停窑潮，还在于它与国家、协会的统计数据相差较大。如：统计数据表明以高安产区为主力的江西省 1 ~ 9 月份瓷砖产量 7.79 亿平方米，增长 25.31%。全国各产区大面积停窑，而全国前三个季度的产量统计整体增长 7.5%。这些结果一直在考量业内人士是应该相信数据，还是相信感觉呢？

3. 瓷砖出口出现负增长

2014 年前三季度瓷砖出口量 8.25 亿平方米，同比下降 1.1%；瓷砖出口金额 54.10 亿美元，同比下降 2.7%。2014 年前 11 个月瓷砖出口量 10.21 亿平方米，同比下降 1.8%；瓷砖出口金额 68.27 亿美元，

[注1] 尹虹：2014 年瓷砖行业十大事件，原载《陶瓷信息》2015 年 1 月 2 日

同比下降2.8%。这两组数据说明今年瓷砖出口平均单价同时下降，这是近20多年来瓷砖出口第一次出现负增长，而且是量、价、平均单价同时下降。这与世界各地瓷砖生产国持续不断的反倾销不无关系，与国家对瓷砖出口的政策与态度也有一些关联。《国家建筑卫生陶瓷工业"十二五"发展规划》（2011年11月发布）拟控制我国瓷砖产品年出口5亿平方米，基本可以认为在"十二五"期间这个目标不可能实现。但可见相关主管部门对瓷砖出口的态度。

【评论】最近的中央经济工作会议针对进出口及国际收支，再次强调出口对经济发展的支撑作用。同时指出，必须加紧培育新的比较优势，使出口继续对经济发展发挥支撑作用。国家建筑卫生陶瓷工业"十二五"规划显然没有鼓励瓷砖出口。即将出台的《国家建筑卫生陶瓷工业"十三五"规划》是否会改变态度，鼓励瓷砖出口？

4. 肇庆事件

由于2014年第一季度广东省21个地级市加顺德区的空气质量排名中，肇庆市环境空气综合质量指数再次排名倒数第一。2014年4月肇庆市环境综合治理领导小组下发通知，要求肇庆市未完成"煤改气"或环保达标治理的陶瓷企业，须在4月15日后减产50%。为加大力度治理工业污染，肇庆高要市采用自动控制管理，对废气排放口实施24小时监控。推进高要全市33家陶瓷企业改用天然气，未完成"煤改气"或未达到环保达标治理要求的陶瓷企业一律限产50%，并进一步强化企业排污监管，采取集中检查与日常巡查、明查与暗查、夜查、节假日检查相结合的方式，加大检查力度，对违法生产、违法经营的企业该处罚的处罚，该关停的关停。

【评论】因为环保的压力，在没有量化陶瓷工业对雾霾、PM2.5等"贡献"的前提下，各地政府，凡遇环保问题，几乎必拿陶瓷产业开刀。陶企的生存空间越来越小，生存成本越来越贵。但在不同地区，这些"待遇"又是不一致的。

5. 晋江天然气事件

福建晋江地区陶企在2013年9月底率先在全国全面实现"煤改气"。为避免超负荷运行导致安全事故或突然停气造成重大经济损失和社会影响，2014年5月18日，晋江新奥燃气有限公司向晋江市政府提交"关于分片区停供天然气的紧急报告"。要求5月21日零时立即采用分片区停供措施，将晋江建陶用户分为6个片区进行轮流停供，每个片区停供时间为15天，以此类推。这样晋江陶瓷产区，面临限制用气量、停部分窑炉的尴尬。5月29日上午，晋江、南安两地陶瓷企业近200人自发来到新奥燃气公司讨说法、协调解决良策。发酵数日的"限气风波"企业终于集体站了出来。为此，晋江、南安两地陶瓷企业反应激烈，纷纷要求新奥满足企业用气量的供应，或者减量部分政府允许用"水煤气"补充至供气正常。时至2014年下半年，福建省晋江市已有近40家建筑陶瓷生产企业（约占当地生产企业总数的1/3）恢复使用水煤气。这些陶企要根据水煤气发生炉的使用情况，每月缴纳20万～45万元不等的煤气发生炉调剂金，用来补贴给使用天然气的建陶企业，以此来平衡企业成本。

【评论】全面强制陶企实行"煤改气"，对陶企用气量调查、理解有严重偏差，导致陶企连续生产受到严重威胁，而且没有任何一方愿意承担因此而造成的损失。强制陶企"煤改气"一方面几乎不可能在全国范围全面实行，另一方面又不能保证供气量，对于天然气的垄断价格陶企没有任何选择权与话语权。

6. 陶业长征IV

9月16日，由陶瓷信息报社和中国建筑卫生陶瓷协会共同联手，正式启动"全国陶瓷砖产能及产区发展大型实地调研活动——陶业长征IV"，重走长征路，还原中国陶瓷砖产能的最新数据。12月29日，在全国陶瓷人大会上，组织方公布了调研结果，调查结果显示：全国瓷砖生产线3621条，产能高达140亿平方米（以每年310天生产计）。其中广东1062条瓷砖生产线，是全国瓷砖生产线最多的省份，排在第二的是福建省，有554条瓷砖生产线，但是这几年全国瓷砖产量的统计数据显示广东、福建两省的瓷砖产量几乎不相上下，今年前三个季度的瓷砖产量福建省统计显示已经超过广东省，从生产线数量的对比来看，几乎没有可能。

【评论】陶业长征活动之所以得到不少陶企及陶瓷上游企业（装备、化工等）的关注，是因为这些直接来自第一手的数据资料非常难得。是对很多宏观统计数据辅助判断的好帮手。一个仅有554条生产线的福建省，很难想象其瓷砖产量数年来与广东省（1062条生产线）产量不分伯仲，甚至超过广东省的瓷砖产量。

7. 喷墨打印技术

2014年喷墨打印技术已经发展成为瓷砖印花装饰主流技术，喷墨打印技术已经在全国各个瓷砖产区普及应用，根据"陶业长征IV"调查数据，目前全国上线喷墨花机达到2636台，加上其他陶企使用的试验机、砖坯再装饰使用的喷墨花机，全国估计达到近2800台。但2014年喷墨花机的增加速度明显大幅度下降，可以认为，我国瓷砖生产所应用的喷墨花机总量已经接近平衡点，以后喷墨花机的发展应用主要表现在更新换代方面，喷墨花机的生产制造国产装备已经占据了绝对优势。与喷墨印花相对应的陶瓷墨水，国产化的比例2014年已经明显快速上升，至2014年国产墨水市场份额估计已经大大超过50%，也因此陶瓷墨水价格2014年出现全面跳水，特别是进口墨水价格已下降逼近国产墨水的同等价格。陶瓷墨水功能化，喷釉技术在2014年也有了一定的发展。

【评论】喷墨打印技术已经成为瓷砖装饰主流技术，2014年中国瓷砖行业的喷墨打印技术已经步入成熟阶段，最显著的标志就是国产装备与墨水都已经占据了半壁以上的江山，并展示了性价比的绝对优势。走向世界将是中国喷墨打印技术持续发展的重要方向之一。

8. 首届"2014年中国国际陶瓷产品展览会"

5月21～24日，与广州陶瓷工业展同期举行了首届"2014年中国国际陶瓷产品展览会"，是第一次中国主办国际级的陶瓷产品展，号称是打造东方博洛尼亚的开始，是中国陶瓷人的梦想。展会背后的主办方是相关行业的五大协会——中国建筑材料联合会、中国陶瓷工业协会、中国建筑卫生陶瓷协会、中国国际贸易促进委员会建筑材料行业分会、广东陶瓷协会，展会的承办方是20多家知名大型陶企联合出资组成的展览公司。但是这次首届产品展，无论是参展商、观众、国际性及影响力应该说都没有达到预期的效果。

【评论】因为打造东方的"博洛尼亚"几乎就是陶瓷人的中国梦，但是梦想是一回事，怎样实现梦想又是另一回事。要实现梦想至少要有全面的顶层设计、详细的精打细算、各个细节的考量、全方位的推进、实实在在的运作等，也就是说很多问题都是无法回避的，特别是在展会的培育期。据说第二届2015年中国国际陶瓷产品展览会在时间上已经调整到11月份。2015年的实际情况是否能够有所改变，大家都在关注着。

9. 道氏技术创业板挂牌上市

2014年12月初创业板上市的"道氏技术"，表现卓越，开盘即涨20%，接着连续10个涨停板。道氏技术是陶瓷行业第一家挂牌上市的色釉料企业，开始了陶瓷色釉料企业上市进入资本市场的新篇章。2014年还有中窑窑业、摩德娜机械等陶瓷装备企业在新三板成功挂牌。使得进军资本市场将为越来越多的瓷砖生产制造企业所关注。

【评论】将陶企做到挂牌上市，是很多陶企老板的中国梦。道氏技术在资本市场的优良表现，以及这两年在新三板成功挂牌中窑窑业、摩德娜机械、华泰陶瓷、欧神诺陶瓷及2013年年底在香港主板挂牌上市的东鹏控股，到目前为止，这些陶企在资本市场的表现良好，再次燃起了陶企对资本市场的渴望。

10. 中国建筑卫生陶瓷协会年会

12 月 8~9 日，中国建筑卫生陶瓷协会第七次会员代表大会在厦门召开。是近几年规模最大的一次协会年会，年会期间，各种大小会议交叉重叠。根据中国建筑卫生陶瓷协会章程的有关规定及国家法规政策，480 名与会会员现场选举产生了第七届理事会，叶向阳连任中国建筑卫生陶瓷协会会长，最大的"人事变动"是：新任秘书长吕琴上任，前任秘书长缪斌出任常务副会长兼协会法人代表。此外，两位前任副秘书长何峰、夏高生当选驻会专职副会长。陈丁荣、宁刚、孟树锋被聘为第七届理事会高级顾问。丁卫东继续被聘请为中国建筑卫生陶瓷协会名誉会长。

【评论】这届中国建筑卫生陶瓷年会是一届换届年会，其内容应该是在去年年会完成的，据说是为了等协会的改革方案出台（如：去行政化等），才延迟到今年。结果今年的换届大会如期举行，大会进行了一系列的选举投票，产生了新一届的理事会。这届年会没有看到太多的改革出现，也没有发现很多的去行政化内容。人们也没有见到新任秘书长的履新述职报告演说。总体来说，年会协会换届顺利完成，没有出现一些换届大会剑拔弩张的气氛，或者也可以说没有什么换届的气氛，年会气氛平和、热闹、顺利。

第二节　2014 年卫浴行业十大事件 [注1]

事件一：央视曝光温州海城"毒"水龙头

2014 年 3 月 21 日晚，央视二套《经济半小时》"3·15"特别节目以"水龙头里的秘密"为题，就温州家庭作坊生产的水龙头作了调查。报道中称，温州家庭作坊生产的水龙头锌含量超出国家标准 10 倍，铅含量超出国家标准 81 倍，对人体健康构成巨大危害。在废旧电器中拆除的铜，连带诸多不能确定的金属，经过粗糙的加工，便进入了千家万户……报道引发广泛关注。

事件二：安蒙倒闭事件

2014 年 4 月 28 日，家居业界传开了安蒙卫浴倒闭，老板安晖失联的消息，随后的安蒙员工讨薪，媒体与行业人士对此的反思以及安蒙倒闭原因分析等各方报道纷纷涌来。就在众多业内人士还沉浸在一片唏嘘之中时，安蒙卫浴总部基地恢复正常营业了。那么，安蒙卫浴究竟前路如何？未来将走向何方？现在仍然是一个迷局，但时间终将证明这一切。同时，我们期待着安蒙渡过难关，走向复活，并逐步复兴。

事件三：IPO 遇阻 14 家家居企业全部被中止审查

7 月 4 日，证监会发布了《首次公开发行股票中止审查和终止审查企业基本信息情况表》。数据显示，截至 7 月 3 日，已受理且预先披露首发企业共 637 家，含已过会企业 40 家以及 8 家正常审核企业，其余 589 家均被列入"中止审查"名单，另有 129 家企业已经被"终止审查"，其中包括大连万达、狗不理集团、东莞银行等数家知名企业。让家居业颇为尴尬的是，被列入"中止审查"名单的 589 家企业中，囊括了所有泛家居行业的企业，分别是永艺家具、好莱客、松发陶瓷、曲美家具、红星美凯龙、欧普照明、亚振家具、顾家家居、恒康家居、富森美、瑞尔特卫浴、多喜爱家纺、帝王洁具、南兴家具装备制造。

事件四：澳大利亚对华不锈钢拉制深水槽作出反倾销初裁

8 月 13 日，澳大利亚对原产于中国的不锈钢拉制深水槽作出反倾销初裁：自中国进口的涉案产品存在倾销，且对澳国内产业造成实质性损害。涉案产品海关编码为 7324.10.00。

事件五：浙江中捷厨卫破产

10 月 22 日，国内缝纫机设备行业首家上市企业中捷股份发布公告，称其第一大股东浙江中捷环洲

[注1]　林津：说说 2014 年卫浴行业的十大事件。2014 年 12 月 25 日中洁网。

供应链集团股份有限公司，因不能清偿到期债务，且资产明显不足以清偿全部债务。而早在今年9月，旗下拥有中捷厨卫股份有限公司的中捷集团负债26亿，也被法院裁定为资不抵债，宣告破产清算。

事件六：骊住集团成立骊住水科技集团

2014年11月4日，总部位于东京的骊住集团宣布采用新型全球经营模式，拥有四大核心科技业务部门，以进一步推进业务全球化进程。该新的经营模式中最值得注意的变化是创建骊住水科技集团，该集团将整合骊住集团旗下全球卫生洁具业务，包括高仪集团和美标集团，该经营模式目前正处于相关行政部门和公司内部流程审批之中，将于2015年4月1日开始生效。此举措将在国际卫生洁具市场上打造出一个新的市场领导者和最大的市场平台，带来约60亿美元销售额，实现约10%的营业利润，全球约30000名员工，销售遍布全球150个市场，以及拥有50家生产工厂。高仪集团主席兼CEO David J.Haines将兼任骊住水科技集团CEO一职，并将有一支具有丰富全球管理经验的团队为其提供支持。高仪、美标、中宇和骊住/伊奈品牌将保留其在骊住水科技集团旗下的独立品牌地位，继续由其各自管理团队执行行业业务与运营工作。接下来，骊住水科技集团将在日本、EMEA（欧洲、中东和非洲）、美洲和亚洲建立四大销售区域，并由四大品牌负责人分别负责。

事件七：齐家网战略投资海鸥卫浴

11月11日晚间，海鸥卫浴（002084.SZ）公布定增预案，拟以5.79元/股的价格，非公开发行合计不超过5000万股，募集资金总额不超过2.895亿元，拟全部用于补充公司流动资金。值得注意的是，国内电商企业齐家网此次也悄然潜入，并一举成为第二大股东。海鸥卫浴表示，为了把握卫浴及智能家居的电子商务时代机会，公司拟引入齐家网作为战略投资者，为卫浴及智能家居寻求有力的电子商务家装平台支持，实现业务的电子商务化。一方面，公司将借鉴齐家网在电商网络平台的运营经验进行互联网方向的业务拓展。另一方面，根据卫浴及家居品牌企业的需求提供有效的互联网整合营销方案，帮助传统卫浴及智能家居企业快速进入电子商务领域，实现OTO（线上/线下整合营销）运营模式。

事件八：淘宝双十一卫浴销售理性增长

万众瞩目的2014淘宝双十一购物节落下帷幕，今年淘宝以571亿元的销售额再次刷新了2013年的350亿元销售成绩，增幅达50%。相比之下，2014年卫浴产品双十一当天的销售额稳定中有微量下降。业内人士表示，目前卫浴企业电商销售已经进入理性增长阶段，销售额只作为目标之一，如何让电商消费者同样享受到品牌企业的服务，是他们更为关注的目标。数据显示，今年双十一九牧、箭牌延续2013年的销售成绩，继续蝉联卫浴行业排行榜的冠、亚军。其中，九牧以7015万元的成交金额排名第一，同比去年7363万元的销售成绩略有下降。而箭牌今年双十一当天销售成绩则为4250万元，同比去年的4438万元一样也是有小幅下降。而科勒、TOTO、摩恩则名列前五名。美标、法恩莎、中宇、卡贝、摩普五个品牌则排名第六到第十名。

事件九：九牧近2亿元"砸"央视标版广告

11月18日，经过数百家企业激烈的竞标角逐，九牧卫浴以近2亿元一举拿下央视《新闻联播后10秒标版》等3个黄金标段及其他认购资源，成为建材卫浴行业首家中标央视标版广告的企业。国产高端厨房电器成为家居类中标主体，累计超过4亿元，而前几年热门的卖场及家居龙头品牌难觅踪影。

事件十："史上最严"水龙头标准实施

被称为"史上最严水龙头国标"的《陶瓷密封片水嘴》（GB 18145—2014）于12月1日正式执行，新标准较原标准最大的变化是增加了对铅、铬、砷、锰、汞等17种金属污染物析出的规定限值，且作为强制性条款。中宇、优达、九牧、乐家、华艺、恒洁、雅鼎、贝朗、申鹭达、丰华、兴达等29家单位首批获得陶瓷片密封水嘴金属污染物析出量认证。

第三节 行业大事记

1月

1月，由国家建筑卫生陶瓷检验中心（宜春）主办，佛山市华夏时代传媒有限公司承建的高安陶瓷网（www.gataoci.com）正式上线试运行。

1月，福建南安被国家质检总局批准筹建"全国水暖卫浴知名品牌创建示范区"。南安市聚集了超过500家以上的水暖卫浴产品生产企业，产品品种多达3000多种、2万个规格，涌现出了辉煌、申鹭达、九牧、中宇等知名水暖企业。

1月3日，《全国窑炉（陶瓷砖）能耗调查及节能减排技术汇编白皮书》发布会暨窑炉分会年会在佛山市皇冠假日酒店明辉楼三楼会议室召开。中国建筑卫生陶瓷协会秘书长缪斌、中国建筑卫生陶瓷协会窑炉分会秘书长、广东摩德娜科技股份有限公司总经理管火金，广东省陶瓷行业协会、佛山市陶瓷行业协会等领导嘉宾，窑炉分会的会员企业代表及来自各媒体的代表等70余人出席了会议。

1月11日，《石湾陶瓷史》编纂工作推进会议在国际卫浴水暖城蓝堡佳品酒文化公馆召开，佛山市陶瓷美术学会秘书长刘孟涵、广州艺术博物馆陈列研究部黎丽明博士、《石湾陶瓷史》编委办霍达炎、中国陶瓷工业协会建卫专业委员会顾问卢敦穆、华夏陶瓷网总编辑刘小明、广东石湾陶瓷博物馆副馆长李燕娟、中国陶瓷工业协会专委会执行秘书长杨晓明、原佛陶集团董事长周棣华、原佛陶集团党委副书记霍锐锦、石湾书画协会副会长何汝文等出席会议。

1月11日，由佛山市陶瓷学会、佛山市陶瓷行业协会共同主办，佛山市新景泰陶瓷机械设备有限公司协办的《陶瓷墙地砖喷墨印刷技术应用大全》首发仪式暨喷墨技术微论坛，在佛山陶瓷总部基地总部剧场三楼会议一室举行。

1月13日，国家工商行政管理总局商标局正式公布了陶瓷卫浴企业驰名商标名单。他们分别是：英皇卫浴的"英皇CRW及图"商标、东鹏陶瓷股份的"东鹏DONGPENG及图"商标、宏陶陶瓷的"宏陶WIN TO"商标、金意陶的"金意陶KITO及图"商标、俊怡陶瓷的"威登堡WEI-DENGBAO及图"商标、新明珠陶瓷的"格莱斯GELAISI"商标、汇亚陶瓷的"汇亚HUIYA"商标、宏源陶瓷的"卓远"商标、能强陶瓷的"能强NENGQIANG"商标、新中源陶瓷的"巴丹"商标。

1月23日，2014年德国iF设计大奖获奖名单出炉，众多获奖作品中，科勒Moxie音乐魔雨花洒，松霖卫浴Smart Turn手持花洒，duravit卫浴Happy D.2系列、Inipi B桑拿房、SensoWash i智能坐便器、Starck浴缸，九牧厨卫M-shower花洒、Mus-shower花洒、Beginning水龙头、Combination PIE、Journey水龙头、Magic Sink水槽等产品颇受关注。

2月

2月，广东省科技厅公布广东省2013年第一批高新技术企业复审结果，广东萨米特陶瓷有限公司、潮州市三元陶瓷（集团）有限公司和广东恒洁卫浴有限公司成为这批高新技术企业中仅有入围的三家陶瓷卫浴企业。此外，佛山市南海万兴材料科技有限公司，广东摩德娜科技股份有限公司榜上有名。

2月，西班牙标准化和认证协会（Asociación Española de Normalización y Certificación, AENOR）正式认可佛山出入境检验检疫局检验检疫综合技术中心出具的检验证书，双方签署了战略合作协议。AENOR在中国大陆地区建筑卫生陶瓷产品的抽样、检验、验货业务均授权该技术中心执行。

2月，韩国贸易委员会决定对来自中国的瓷砖产品发起反倾销"日落复审"调查，调查期从2013年1月1日至2013年12月31日。根据我国海关统计，涉案金额为1.96亿美元。

2月20日，佛山市石湾泛家居产业联盟成立大会在佛山（国际）家居博览城隆重举行，佛山市人民政府副市长宋德平、中国建筑卫生陶瓷协会会长叶向阳、中国陶瓷工业协会常务副理事长傅维杰、中国家具协会副理事长陈宝光、中国建筑卫生陶瓷协会常务副会长兼秘书长缪斌、中国陶瓷工业协会秘书长吴跃飞、中国陶瓷工业协会马赛克专业委员会会长黄芯红以及佛山市禅城区和石湾街道办的多位领导莅临。

2月25日，潮州市潮安区古巷陶瓷协会与中山市淋浴房协会签署协议，双方决定缔结友好协会，加强两地协会之间的合作交流，增进会员单位的互动、协作，以求达到共赢的目的。

3月

3月，央视《经济半小时》节目曝光了"中国五金洁具之乡"温州龙湾批量生产不合格龙头。水龙头制造厂采集到的铜样本送到核工业北京地质研究院进行检测的结果显示，在样品做完12小时浸泡试验后，锌、铅等有害金属元素也严重超过饮用水安全标准，其中锌含量超标10倍，铅含量超标竟达到81倍。

3月，高安市政府与中节能工业节能有限公司在北京举行清洁工业燃气项目投资合作协议签订仪式。江西省副省长李贻煌、中国节能环保集团公司董事长王小康、高安市市长袁和庚、江西省建筑陶瓷产业基地管委会书记胡江峰等领导出席签约仪式。此次签约的清洁工业燃气项目总投资达30亿元，占地面积约1300亩，日产热值2300千卡/标立方米、清洁工业燃气1152万方，项目建设期限为3年，分两期建设。

3月，佛山市外经贸局召开韩国对华瓷砖反倾销应诉协调会。近年来对华陶瓷反倾销的事件屡有发生，为了应对反倾销，佛山众多陶瓷企业纷纷抱团到海外建设生产基地。然而，前几年一直在筹备的泰国生产基地最终以失败告终。佛山陶瓷行业对海外投资会持更谨慎的态度。

3月，湖北首家高档抛光砖生产企业——天冠陶瓷因经营不善、资金链断裂等原因宣告破产，中国拍卖行业协会网络拍卖平台和宜昌国华商品拍卖有限公司官网发布公告，称天冠陶瓷将于3月19日在湖北宜昌进行公开拍卖。

3月7日，淄博市环保部门的资料显示，淄博市共有173家建陶企业通过环保限期治理设施验收。今后，淄博市各级环保部门将继续加强对建陶企业的督导检查，凡未通过验收和未申请的一律不得开工生产。3月20日，2014北京—米兰姊妹设计周互访活动发布会在意大利驻华大使馆举办。意大利驻华大使白达宁，北京国际设计周组委会办公室副主任曾辉，北京家居行业协会会长、居然之家总裁汪林朋，北京家居行业协会进口品牌委员会会长、北京蓝色早晨家居饰品有限公司总经理刘万友等领导出席，北京国际设计周正式宣布，将与居然之家、蓝色早晨，共同组建"国际家居品牌中心"。

3月20日，江西省委组织部、省委教育工委在景德镇陶瓷学院召开干部大会，宣布江伟辉同志任景德镇陶瓷学院党委副书记、院长。

3月24日，中山市阜沙镇党委陈书记带领党政领导和中山市淋浴房行业协会企业家一行20多人莅临潮州中国卫生陶瓷第一镇——古巷镇进行对接交流活动，并与古巷陶协参观考察古巷镇的"牧野、梦佳、尚磁、唯雅妮、欧贝尔、统用卫浴"等多家卫浴企业。

3月28日，南庄镇中小微企业融资服务平台启动暨签约仪式在佛山市华夏建筑陶瓷研发中心举行。禅城区财政局副局长李源章、南庄镇镇长梁梓熙、广发银行佛山分行副行长潘智、广发银行佛山分行中小企业金融部总经理傅盛匡、中国陶瓷工业协会秘书长吴跃飞等领导嘉宾，以及南庄镇村委代表、企业代表等50多人出席了本次活动。

4月

4月，肇庆市空气质量综合治理领导小组发出通知，从4月15日起全市陶瓷企业不能稳定达标排放的要限产50%。肇庆市白土镇、禄步镇、金利镇、四会市等地陶瓷企业先后接到相关文件，开始着手停窑整改。

4月2日，江西建陶产业基地召开陶瓷企业废气、废水、粉尘整治动员会，并安排部署2014年高安产区陶瓷企业废气、废水、粉尘污染治理工作，会议通报了高安建陶基地和新世纪工业园内企业的环境检查情况，并对2014年淘汰链排炉和窑炉尾气除尘脱硫设施建设先进企业进行了表彰。

4月11日，《石湾陶瓷史》（当代卷）编撰大纲研讨会成功召开。佛山市人民政府地方志办公室副主任黄国杨、中国建筑卫生陶瓷协会副秘书长尹虹、广东陶瓷协会会长陈环、佛山市陶瓷行业协会副会长黄希然、中国工艺美术大师梅文鼎、中国工艺美术大师钟汝荣、红树林陶瓷董事长罗新家、佛陶集团原董事长周棣华等领导嘉宾出席了会议。

4月15日，中国建筑材料联合会和中国建筑卫生陶瓷协会联合在杭州组织召开了《建筑卫生陶瓷工业污染物排放标准》协会标准审查会。会议审查了由中国建筑卫生陶瓷协会牵头起草制定的《建筑卫生陶瓷工业污染物排放标准》（协会标准）送审稿。

5月

5月，新浪家居公布荣获"2014年度厨卫好品牌"称号的十家企业分别是：东鹏洁具、美标、航标卫浴、X-TIME、TOTO、箭牌卫浴、欧路莎卫浴、和成卫浴、德国唯宝、惠达卫浴等。

5月，中国陶瓷产业总部基地获得由南方报业传媒集团颁发的荣誉证书，中国陶瓷总部喜获"2013年金陶奖暨全球华人最喜爱的陶瓷品牌"评选活动中"2013年度建陶采购基地"荣誉称号。

5月9日，景德镇陶瓷学院"研究生校企联合培养"基地授牌仪式在华夏陶瓷研发中心二楼会议室举行。

6月

6月，陶瓷产业转型升级人才孵化中心（CCHR）正式成立并落户中国陶瓷城集团旗下的华夏中央广场，CCHR是一个专门为佛山陶瓷产业转型升级提供人才服务支持的非营利公益机构。

6月，江西产区主营西瓦产品的伟鹏陶瓷倒闭。

6月4日，环境保护部在中国环境标准网上发布了《关于征集2015年度国家环境保护标准计划项目承担单位的通知》，在附件《2015年度国家环境保护标准计划项目指南》中，《陶瓷工业污染物排放标准（修订）》（GB 25464—2010）列于标准制修订第三行，并明确提出了完成时限为2016年。

6月9日，沈阳市环保局下发了《关于通报落实环保部东北督查中心有关要求的工作安排》的文件，文件明确要求沈阳法库陶瓷工业园区限期关停水煤气炉、全面改造管道煤气。该文件是基于环保部东北督查中心在2014年2月至3月集中现场检查了一批重点工业企业，并对一些核心问题以书面形式反馈了各相关政府后研究制定的。

6月17日，环保部开出史上最大罚单，19家企业因脱硫设施存在突出问题，被罚脱硫电价款或追缴排污费合计4.1亿元。除了罚款，环保部还要求这些企业在30个工作日之内，编制完成烟气脱硫设施整改方案，并在今年年底之前完成整改任务，逾期没有完成的还将依法从重处罚。

6月18日，佛山市泛家居电商创意园改造动工仪式在禅城区三友南路的原园林陶瓷厂旧址举行，北京中陶科技发展有限公司董事吴跃飞，禅城区委常委徐航，鹰牌集团总裁林伟，和石湾镇相关领导，以及广东省电子商务协会、广东省青年创业就业基金会、佛山市电子商务协会、石湾泛家居产业联盟领导和负责人，还有约40家媒体代表共同出席了本次启动仪式。

6月19日，《建材工业"十三五"规划前期重大问题研究》启动会在北京召开。宏宇、新明珠、新中源、嘉俊、唯美、蒙娜丽莎等广东企业，以及山东统一陶瓷、唐山惠达卫浴等企业均派代表参加。

6月20日，佛山市政府常务会议上审议通过或原则通过的《佛山市委、市政府关于开展严厉打击环境违法排污工作的实施意见》、《佛山市人民政府环境保护行政过错责任追究实施办法》等文件，释放了佛山市环保工作高压执法、高压问责的信号。《佛山市陶瓷、铝型材和玻璃制造行业及VOCs排放企业整治方案》提出了多个行业的大气污染整治目标：涉及整治的63家陶瓷企业，要求在2014年11月1日前完成烟气治理。

6月21日，"陶瓷粉料高效节能干法制备技术及成套设备"科技成果鉴定会在佛山市溶洲建筑陶瓷二厂2号楼2楼会议室成功举行。该项目由佛山市溶洲建筑陶瓷二厂有限公司、华南理工大学、合肥水泥研究设计院、佛山绿岛环保科技有限公司共同完成，拥有十余项技术专利。

6月24日，由《石湾陶瓷史》编委办组织的《石湾陶瓷史》及《南国陶都——石湾》大型画册编撰工作座谈会在广东宏陶陶瓷营销中心展厅三楼会议室召开。

7月

7月，佛山市环保局出台陶瓷行业综合整治方案，要求2014年11月1日前，全市63家陶瓷企业须达到新国标排放标准，其中二氧化硫等主要污染物都要全面达标。此外，还要求所有的陶瓷企业必须使用清洁能源，并在2014年12月31日之前安装在线检测和监控系统。

7月，据相关部门统计2014年上半年河南已签约落地并开工建设18个建陶、卫浴及陶瓷配套项目，预计总投资52亿元。建陶类项目8个，总投资42亿元。卫浴类项目2个，总投资5.7亿元。配套类项目8个，总投资4.8亿元。

7月，厦门市消保委和厦门市工商局2014年第二季度对陶瓷砖进行商品质量比较试验，杭州诺贝尔集团有限公司生产的150毫米×150毫米×8.5毫米（有釉墙砖）炻瓷砖，以及和信益陶瓷（中国）有限公司生产的300毫米×300毫米×8毫米（有釉地砖）冠军瓷砖，因吸水率未达到国家标准，被判不合格。国家建筑卫生陶瓷质量监督检验中心副主任张卫星表示：如果被检验方有可靠证据表明检测机构存在不规范操作，可以按照CNAS-R03《申诉、投诉和争议处理规则》向CNAS（中国合格评定国家认可委员会）秘书处以书面形式提出投诉。或按照《认证认可申诉投诉处理办法》的有关规定，向中国国家认证认可监督管理委员会政策与法律事务部提出投诉。

7月，国家工商总局公示了2012～2013年度全国"守合同重信用"企业名单，潮州市10家企业上榜，其中陶瓷企业5家。分别为：广东松发陶瓷股份有限公司、广东宝莲陶瓷有限公司、广东恒洁卫浴有限公司、广东四通集团股份有限公司、伟业陶瓷有限公司。

7月1日，淄博市环境保护局博山分局与淄博市公安局等多部门联合行动，对环境污染治理要求未达标，未实施停产治理的11家陶瓷熔块企业实施了强制性停产停电措施。

7月9～11日，国际标准化组织ISO/TC189陶瓷砖技术委员会年会在美国南卡罗来纳州的Clemson（克莱姆森）举行，这是ISO/TC189第24届年会。会议由ISO/TC189秘书处主办，TCNA（北美瓷砖协会，Tile Council of North America）承办，来自澳大利亚、巴西、加拿大、中国、德国、以色列、意大利、西班牙、日本、墨西哥、土耳其、英国、美国、哥伦比亚等14个国家的60多名代表参加了会议。中国代表团由全国建筑卫生陶瓷标准化技术委员会秘书长王博，标委会副主任委员尹虹，标委会委员欧神诺陶瓷的郑树龙、宏宇陶瓷集团的卢广坚四人组成。

7月14日，浙江省质量技术监督局网站公布了2014年浙江省电热水龙头产品监督抽查结果。抽查结果显示，杭州、金华、温州、台州、湖州5个地区8家企业的8批次电热水龙头产品，不合格4批次，批次不合格率为50%。

7月15日，法国驻华大使白林女士在驻武汉总领事马天宁先生等一行6人陪同下，首次专程赴景德镇市进行了访问。景德镇市副市长熊皓会见白林大使一行，并介绍了近年来景德镇市与法国城市之间的交流与合作。

7月15日，淄博市政府召开新闻发布会，公开发布《淄博市煤炭清洁利用监督管理办法》。据了解，这是我国第一部煤炭清洁利用方面的地方规章，意味着淄博市即将进入煤炭清洁利用法制化监管的新阶段，该办法将于2014年8月15日起实施。

7月31日，高安市经济形势调研座谈会，在江西省建筑陶瓷产业基地实训中心召开。江西省建筑陶瓷产业基地管委会书记胡江峰介绍，基地现有生产线119条，目前停产37条，高安陶瓷1～6月完成工业总产值107.8亿元，同比去年增长18%。高安陶瓷企业大部分企业产销比为1:0.8，少部分企业产销比为1:0.6，产品价格下降10%～15%。

8月

8月，江西高安产区的江西新澳陶瓷有限公司倒闭。

8月，广东佛山检验检疫局在对一批进口陶瓷砖进行现场查验时，发现该批陶瓷砖中部分产品存在不符合强制性认证要求的情况。佛山检验检疫局依法监督该企业在规定的限期内对该批货物的涉案产品分别进行了标签整改和销毁处理。经调查，该批陶瓷砖原产自西班牙，共868箱，分10种不同规格。

8月，据粗略统计2011年、2013年3月31日、2014年6月1日、2014年7月1日，清远中石油昆仑天然气利用项目的通气日期已经有上述4个版本。到目前为止这一项目仍未能正式为清远陶瓷企业供给天然气。早在2012年10月清远就下发《推进陶瓷企业"煤改气"工作实施方案》，2013年3月《清远市陶瓷行业综合整治工作方案》又适时出台。但目前，清远陶瓷企业没有一家使用天然气作为能源，而影响管道通天然气最重要的原因是没有客户。

8月，景德镇陶瓷学院与台湾艺术大学联合承办的第5届海峡两岸陶瓷艺术家交流笔会暨缔结友好院校签约仪式在台湾艺术大学艺文中心举行。江西省委常委、统战部部长蔡晓明，省委副秘书长钟金根，景德镇市委书记刘昌林，景德镇市委常委、副市长黄康明等出席。

8月，山东省临沂市罗庄区启动300亿元专项资金全面推动工业结构转型升级三年行动计划，在淘汰落后产能、拆除关停土小企业的基础上，全面推进钢铁、煤、化工、陶瓷、铸造行业的改造提升。

8月，根据广东省知识产权局提供的案件线索，广西、广东、海南三省（区）开展了一次跨省（区）查处"带有过滤功能的花洒"假冒专利商品统一执法行动，在这次执法行动中广西13个地市参与了统一行动，其中在南宁市共查获涉嫌假冒专利产品近600件。另外，广东深圳、湛江都分别查获多个涉嫌假冒专利产品。

8月6日，国内首片粉煤灰制高档陶瓷地砖在淄博淄川成功下线。这标志着山东统一陶瓷科技有限公司已经成功把粉煤灰综合利用制造新型建材产品核心专利技术运用到了生产中。

8月15日，中国质量认证中心、质量管理评价与研究中心专家组沈烽主任、副主任彭凯等领导到新明珠陶瓷集团总部调研，重点了解企业在产品研发、品牌建设、节能减排、产业升级方面的相关情况。

8月18日，全国第一个以泛家居为主题的园区——佛山泛家居电商创意园正式开园。

8月20日，阿里巴巴·佛山产业带（foshan.1688.com）正式上线，目前已有首批100多家佛山企业入驻，涵盖童装、内衣、家居家电、陶瓷卫浴、照明、五金等佛山优势行业。

9月

9月，由建筑卫生陶瓷及卫浴产品国家中小企业公共服务示范平台主办、工信部建筑卫生陶瓷及卫浴产品质量控制技术评价实验室承办的2014年建筑卫生陶瓷卫浴行业"质量突出贡献奖"、"质量产品奖"、"绿色陶瓷砖"、"绿色卫生陶瓷"和"健康绿色卫浴产品"评选活动正式启动。

9月，中国建筑材料联合会、中国建筑卫生陶瓷协会联合公告：《建筑卫生陶瓷生产企业污染物排放标准》协会标准9月1日起实施。其中，将基准废气氧含量定为17%。按此要求，我国目前能够达标的建筑卫生陶瓷企业不超过2%。

9月3日，国家质量监督检验检疫总局网上发布《陶瓷砖产品质量监督抽查实施规范（2014版）》的修订已完成了初审和复审工作，征求意见的公示期也在7月21日完成，该规范现已进入排版校稿阶段，预计年底将颁布。

9月12日，第三届能源基金会建筑项目交流会上，相关与会专家透露，建筑领域的一项新国标《建筑能耗标准》有望年内实施。随着《建筑能耗标准》等绿色建筑计划的落实，以及中央部委的相关政策扶持，建筑卫生陶瓷行业会迎来新一轮的发展机遇。

9月12日，在佛山举办的巴西对华瓷砖反倾销案价格承诺谈判工作情况通报会上，中国五矿化工进出口商会副会长于毅呼吁"佛山陶瓷企业要共同维护国家和行业的利益，打破囚徒困境"，积极应对海外对华反倾销调查。

9月16日，《卫生洁具 智能坐便器》国家标准研讨座谈会走进了浙江台州，咸阳陶瓷研究设计院院长闫开放、副院长白战英、全国建筑卫生陶瓷标准化技术委员会副秘书长段先湖、台州市装饰建材行业协会会长蒋仙红以及便洁宝、欧路莎、英士利、澳帝、西马、特洁尔、维卫等智能坐便器企业代表出席了当天在台州市装饰建材行业协会会议室举行的座谈会。

9月19日，环境保护部在其官网公布了由其组织起草的《陶瓷工业污染物排放标准》（GB 25464—2010）修改单（征求意见稿），并限定陶瓷企业及相关单位于10月15日前将书面意见提交。据了解，在此次公布的修改单中，对两处行业较为关注的重要参数作出了修改：将原有标准4.2.7条修改为喷雾干燥塔、陶瓷窑烟气基准含氧量为18%，实测喷雾干燥塔、陶瓷窑的大气污染物排放浓度，应换算为基准含氧量条件下的排放浓度，并以此作为判定排放是否达标的依据；将原标准表5中喷雾干燥塔、陶瓷窑的颗粒物限值调整为30毫克/立方米、二氧化硫限值调整为30毫克/立方米、氮氧化物限值调整为150毫克/立方米。

10 月

10月8日，由佛山市卫浴洁具行业协会和鹤山水暖卫浴五金行业协会共同组织的"鹤山水暖五金卫浴行业佛山考察团"走进佛山，与佛山卫浴企业进行沟通与交流。

10月10日，由中国陶瓷总部与ICC瓷砖联合主办的"2015国际瓷砖趋势发布——意大利博洛尼亚建材展报告暨瓷砖创新设计对话"活动在中国陶瓷剧场三楼多功能会议室举行。墨西哥驻广州总领馆领事何塞·卡德纳斯（Jose Cardenas），意大利设计公司、釉料公司代表，西班牙商会、中国建筑卫生陶瓷协会常务副会长兼秘书长缪斌、副秘书长尹虹，中国陶瓷总部营运总经理汤洁明，ICC瓷砖总经理汉贝托（Humberto Valles）、副总经理兼营销总经理区波成，以及400多名行业人士和50余家媒体代表出席了本次活动。

11 月

11月8日，位于佛山禅城区绿景西路与雾岗路交会处的美居国际建材博览中心举行试营业活动。

11月14日，国家质量监督检验检疫总局初步批复佛山陶瓷创建示范区，佛山陶瓷成功申报全国知名品牌示范区。

12 月

12月，中俄重大项目合作联合体和佛山市中小企业发展促进会联合举办的俄罗斯保障房建设及相关配套采购洽谈会在佛山顺利举行，近200家佛山相关企业达成10亿元合作意向，给佛山建材行业注入了活力和生机。

12月，山东德州市检察院对三名涉嫌一宗特大卫浴假冒注册商标案的重要犯罪嫌疑人依法批准逮捕。而山东德州的这宗假冒卫浴注册商标案还牵扯出远在千里之外的假冒"ARROW"卫浴制售窝点，这宗假冒卫浴案件总涉案金额超过400万元。

12月，"中国美丽乡村"项目启动仪式在佛山南庄镇隆重举行，"中国美丽乡村"公益计划开始对首批乡村进行"五化"改造。东鹏瓷砖成为此次公益计划的重要战略合作伙伴。

12月1日，水龙头新国标《陶瓷片密封水嘴》（GB 18145—2014）正式施行。首日，九牧、恒洁、和成、雅鼎、欧泰、苏泊尔等29家国内外卫浴企业率先获得了首批陶瓷片密封水嘴金属污染物析出量认证。

12月3日，广州市质量技术监督局对本市生产领域陶瓷片密封水嘴产品质量进行了监督抽查，本次抽查4家企业生产的4批次产品，经检验全部符合标准要求。这也是新国标《陶瓷片密封水嘴》（GB 18145—2014）在12月1日实施后，首个公布的地方水龙头质量抽检结果。

12月8日，中国建筑卫生陶瓷协会第七次会员代表大会在厦门成功召开。480名与会会员现场选举产生了第七届理事会，叶向阳连任中国建筑卫生陶瓷协会会长，缪斌当选常务副会长（兼法人代表），吕琴当选协会秘书长。此外，何峰、夏高生当选驻会专职副会长。丁卫东继续被聘请为中国建筑卫生陶瓷协会名誉会长，陈丁荣、宁刚、孟树锋被聘为第七届理事会高级顾问。

12月9日，中国建筑卫生陶瓷协会第七次会员代表大会上中国陶瓷产业发展基金会揭牌成立。欧神诺陶瓷股份有限公司董事长、中国建筑卫生陶瓷协会副会长鲍杰军履职该基金会第一届理事会理事长，中国建筑卫生陶瓷协会常务副会长缪斌担任常务副理事长，尹虹、王思平、庞建国、宫卫、黄雪芬为常务理事，基金会秘书长由宫卫兼任。

12月17日，佛山市消费者委员会消费指导部和佛山出入境检验检疫局检验检疫综合技术中心国家建筑卫生陶瓷检测重点实验室联合公布了从佛山市面上随机抽检的32家陶瓷企业的抛光砖样品的比较试验分析结果。产品在吸水率、抗折强度、断裂模数、放射性核素4项指标上全部达标。

第四节　会展大事记

1月

1月3日，由中国建筑材料联合会、中国建筑卫生陶瓷协会、中国国际贸易促进委员会建筑材料行业分会共同举办的2014广州陶瓷工业展新年团拜会在佛山皇冠假日酒店举行。

1月6日，由华夏陶瓷网、《中国建筑卫生陶瓷年鉴》主办、华夏银行佛山分行联合主办、嘉俊陶瓷特别协办的第三届中国陶瓷50人论坛年会暨2013陶瓷卫浴行业网络风云榜颁奖典礼在佛山市南庄镇的桃园一品宴会厅举行，中国室内装饰协会装饰材料用品委员会主任金戟，中国建筑卫生陶瓷行业协会副秘书长尹虹、佛山市建材行业协会、佛山市卫浴洁具行业协会，以及嘉俊陶瓷董事长叶荣崧、简一陶瓷董事长李志林、摩德娜董事总经理管火金、蒙娜丽莎董事张旗康等领导嘉宾出席了本次活动。

1月9日，佛山市浴室柜联盟年会在南庄桃园一品酒楼一楼宴会厅举行，年会中进行了新一届领导班子改选，心海伽蓝洁具有限公司总经理张爱民连任会长，儒家诺威卫浴总经理李俊辉、唐彩卫浴家私总经理李林明、南希卫浴总经理蔡勇等六人当选副会长，中洁网副总经理李天燕连任秘书长。

1月19日，居然之家2013年度表彰大会在京举行。张学武董事长、汪林朋总裁及其他集团领导、分店、分公司负责人出席了本次大会。

1月21日，广州陶瓷工业展及首届中国国际陶瓷产品展首次海外发布会在斯里兰卡首都科伦坡华美达酒店隆重举行。斯里兰卡国家商会副总裁苏吉姆先生，斯里兰卡陶瓷技术中心主席马亨德拉先生，中国驻斯里兰卡大使馆参赞王颖琦先生，中国贸促会建材分会副会长、北京建展科技发展有限公司副总经理刁敏攸先生，MIDAYA陶瓷公司总经理阿努拉先生，佛山方略机电刘慕蓉经理，广州精陶斯里兰卡地区销售负责人Samatha先生，以及斯里兰卡陶瓷生产商、相关协会负责人、新闻媒体共60余位嘉宾出席了此次新闻发布会。

2月

2月2日，第十届中国（南安）水暖泵阀交易会在位于南安市仑苍镇的"中国水暖城"拉开序幕，香港巨星王杰、台湾歌手卓依婷亲临现场助阵。

2月9～11日，为期3天的中国（台州）水暖阀门卫浴博览会在台州国际会展中心开展。

台州先后被评选授予"中国水龙头生产基地"、"中国阀门之都"、"中国五金建材（阀门）出口基地"、"中国水暖卫浴产品出口基地"等荣誉称号。

2月11～14日，西班牙瓦伦西亚陶瓷卫浴展览会在西班牙举行。本届展览面积为10万平方米，参展企业来自40个国家，共计673家，其中70%为西班牙企业，30%为海外企业。

2月16日，开平"亚洲厨卫城"一期开盘盛典在开平隆重举行。亚洲厨卫城位于中国厨卫三大产业基地之一——开平水口与鹤山址山的交界处，此项目规划用地1530亩，建筑体量超百万立方米，总投资高达50亿元人民币。一期规划用地165亩，建筑面积19.8万平方米，商铺539间。

2月25日，中国建陶一线专家咨询部筹备会议在江西省建筑陶瓷产业基地实训中心宜春陶瓷国检中心三楼会议室召开。由陶瓷企业生产一线技术专家组成的中国建陶行业首个咨询服务机构有望在高安成立。

2月26～28日，由慕尼黑展览集团主办的第九届印度陶瓷工业展在印度古吉拉特邦艾哈迈达巴德举行。2014广州陶瓷工业展及首届陶瓷产品展主办方中国贸促会建材分会代表团来到本届印度陶瓷工业展现场，并举办了一系列宣传推广活动。

2月27日，佛山卫浴洁具协会秘书处2014年第一次会议在意美家卫浴陶瓷世界15栋二楼协会秘书处会议室召开。协会会长歌纳洁具董事长朱云峰、协会名誉会长箭牌卫浴事业部总经理严邦平、协会副会长佛山伽蓝洁具董事长张爱民、协会秘书长奥尔氏总经理刘文贵等领导以及秘书处成员出席了会议。

2月28日，由陶城报社、四川省轻工业设计师联合会主办的"100度终端"成都站——2014四川陶商大会暨"走进定制时代"中意设计沙龙在成都博瑞花园酒店举办。

3 月

3月2日，由铜陵市人民政府主办的"中国泛家居行业发展高峰会"，在安徽环球家居项目展示厅隆重举行。中国建筑材料流通协会会长孟国强、中国建筑卫生陶瓷协会副秘书长尹虹、铜陵市委常委、副市长信思金等领导及嘉宾出席了峰会。

3月6日，由佛山网易房产主办的"2014中国房地产（佛山）新春峰会暨2014佛山房产网络盛典"在佛山佳宁娜大酒店隆重举办。华夏中央广场南庄200米高度地标综合体，荣获"2014年度期待楼盘金奖"。

3月8日，福建"首届国际陶瓷卫浴购物节"盛大启动。

3月8日，由淄博市人民政府、中国建筑卫生陶瓷协会、陶城报社、淄博金狮王科技陶瓷有限公司联合主办，淄博市冶金建材协会、淄博高端新型建陶产业技术创新联盟协办的"首届淄博建陶产业品牌赢未来高峰论坛"，在淄博市齐盛国际宾馆会议中心举行。

3月11日，中国贸促会建材分会工作人员一行抵达了西班牙陶丽西陶瓷釉色料有限公司位于苏州工业园区的总部，中国贸促会建材分会的工作人员和陶丽西工作人员就展会搭建、广告宣传等具体问题进行了沟通，双方最后达成了一致共识，携手打造一个更大、更强、更丰富的广州陶瓷工业展。

3月16日，高安市陶瓷行业协会2014年首次常务会议召开。高安市陶瓷行业协会会长、江西太阳陶瓷集团董事长胡毅恒主持会议。会议就做强陶瓷品牌、做好工商理赔、园区企业与各乡镇车辆合理配置、深入佛山参观学习、人才培养与引进等2014年政府重视、协会成员企业关注的相关问题进行了讨论。

3月17日，内蒙古阿拉善盟盟委、行署联合中国陶瓷工业协会营销分会、佛山市陶瓷行业协会和佛山市陶瓷学会举办的"2014年陶业走势研判高峰论坛"在佛山市新中源大酒店成功举行。论坛邀请党的十八大宣讲团专家之一、北京大学张春晓教授、中国建筑卫生陶瓷协会副秘书长、华南理工大学教授尹虹博士分别作主题演讲。阿拉善盟相关领导、佛山市陶瓷协会和佛山市陶瓷学会相关领导、佛山市陶瓷卫浴企业代表，以及媒体代表等出席本次论坛。

3月20日，由北京陶瓷商会主办，闽龙集团承办的2014年陶瓷行业发展论坛在闽龙广场举办。中国建筑卫生陶瓷协会秘书长缪斌，北京陶瓷商会会长、闽龙集团董事长陈进林，法恩莎卫浴总裁杨占江，新中源陶瓷总经理沈骐，长谷瓷砖总经理刘国海，马可波罗瓷砖总经理时锋等嘉宾参会。

3月21日，河南省建筑卫生陶瓷协会在郑州金玉名家二楼会议室召开会长扩大会议，来自内黄、鹤壁、新安、新郑、舞阳、禹州、长葛等副会长单位代表及部分特邀代表参加了会议。会议决定把2014年作为协会服务提升年，全面提升协会服务能力，刷新行业形象。

3月22日，佛山卫浴洁具行业协会为了提升企业家的经营管理水平，联合北京大学民营经济研究院为行业进行国学培训。箭牌卫浴总经理严邦平先生主持开班仪式，欧神诺董事长鲍杰军博士到场祝贺并致辞。中央电视台百家讲坛《商贾传奇》主讲人李晓教授作了精彩的演讲。

3月22日，佛山淋浴房专题会议在佛山卫浴洁具行业协会办公室成功召开。会议讨论了关于佛山淋浴房企业集体参展第十六届中国（广州）国际建筑装饰博览会的相关事宜。

3月25日，首届"泛高安"产区技术峰会暨"中国建陶产业一线专家咨询部"揭牌仪式在江西高安举办。本次活动由景德镇陶瓷学院、宜春陶瓷国检中心、高安市陶瓷行业协会、陶城报社主办。

3月28日，第十届中国陶瓷行业新锐榜颁奖典礼在佛山市新媒体产业园举行。相关协会、企业代表、媒体代表等300多人出席了盛典。新锐榜最高奖项"金土奖"，由佛山市简一陶瓷有限公司、广东嘉俊陶瓷有限公司、佛山石湾鹰牌陶瓷有限公司和佛山市远泰陶瓷化工有限公司4家企业摘得。

3月28日，由意大利对外贸易委员会、意大利陶瓷机械及设备制造商协会（ACIMAC）和陶城报社联合主办的中国意大利陶瓷设计大奖活动正式启动，意大利对外贸易委员会（ICE）广州办事处首席代表保罗·考特洛奇（Paolo Quat-trocchi）及陶城报社管委会主任、总经理李新良，中国陶瓷工业协会常务副理事长傅维杰，中国建筑卫生陶瓷协会副秘书长尹虹，佛山市贝恩特先锋陶瓷机械有限公司总经理路易（Luigi Cormaci）以及淄博金狮王陶瓷科技有限公司总经理袁东峰参加了启动仪式。

3月29日，由安徽省马鞍山市人民政府主办，马鞍山市和县人民政府、广东科达机电股份有限公司联合承办，佛山市建材行业协会、陶瓷信息报社支持的"安徽省马鞍山（和县）绿色建材产业园区招商推介会"在佛山华夏新中源大酒店二楼第五会议室举行。

4月

4月12日，中国陶瓷家居网、中国建筑材料流通协会共同举办的第四届中国房地产与泛家居行业跨界峰会暨"2014年度中国建筑卫生陶瓷十大品牌榜"颁奖典礼在北京人民大会堂举行。

4月14日，2014年第二届南丰·广州精品卫浴展（简称BAS Fair）在广州·琶洲·南丰国际会展中心盛大开幕。

4月15日，由华夏陶瓷网、网罗天下主办，佛山市电子商务协会等单位支持，嘉俊陶瓷独家赞助的2014首届中国陶瓷卫浴电子商务论坛在佛山禅城区南庄中国陶瓷总部基地总部大楼三楼陶瓷剧场隆重举行。腾讯网·亚太家居、尚品宅配·新居网、九牧卫浴、天猫家装e站等高管、操盘手，上台跟佛山几百家陶瓷卫浴企业代表分享电商经验和理念。

4月17日，以"中国陶 世界展"为主题的2014中国国际陶瓷产品展览会新闻发布盛大举行。新闻发布会对外宣布：首届中国国际陶瓷产品展览会将于2014年5月21～24日在广州中国进出口商品交易会琶洲展馆盛大启幕。此次展会由中国建筑材料联合会、中国陶瓷工业协会、中国建筑卫生陶瓷协会、中国贸促会建筑材料行业分会、广东陶瓷协会联合主办，30余家中国建筑卫生陶瓷产品骨干企业合办。

4月19日，由第23届佛山陶博会打造的首届"国际采购节·欧美采购节"顺利举行。来自西班牙、荷兰、俄罗斯、法国、加拿大、德国等欧美地区的20多家公司采购代表与近70名国内陶企厂家代表直面交流。

4月18日，第23届佛山陶博会开展首日，由中国陶瓷产业总部基地与联通公司携手打造的陶瓷行业首款手机应用软件——"微陶"正式上线，中国建筑装饰协会秘书长王岳飞、中国建筑卫生陶瓷协会副秘书长尹虹、中国联合网络通信有限公司佛山市分公司副总经理许荣彬、中国陶瓷产业总部基地营运总经理汤洁明等领导嘉宾，和陶瓷参展商以及行业媒体记者参加了启动仪式。

4月18日，第23届中国(佛山)国际陶瓷及卫浴博览交易会隆重拉开序幕。佛山陶博会的承办方——佛山中国陶瓷城集团有限公司携旗下五大项目以特装的形式首次在中国陶瓷城展馆和佛山国际会议展览中心（华夏）展馆亮相。

4月18日，第九届中国艺术瓷砖节于瓷海国际商务中心举行盛大的开幕仪式。广东省陶瓷协会秘书长陈振广、瓷海国际·佛山陶瓷交易中心董事副总经理林莹以及中国加拿大商会华南区办事处代表、巴基斯坦贸易协会代表出席了开幕仪式。

4月18日，"'正版正货 诚销天下'国家诚信示范市场及正版正货承诺授牌仪式"在瓷海国际商务中心五楼国际中华厅举行。佛山市工商行政管理局、市知识产权局、市版权局领导向佛山市康拓陶瓷有限公司、佛山市日月陶陶瓷有限公司、佛山市逸品时代陶瓷有限公司、佛山市寰田陶瓷有限公司、佛山市鹰田陶瓷有限公司等16家通过三局审核的企业颁发"正版正货"荣誉牌匾。

4月18日，佛山市陶瓷行业协会、佛山市陶瓷学会主办，《佛山陶瓷》杂志、《创新陶业》报承办的以"探秘陶瓷喷墨印刷中高科技技术"为主题的第四届陶瓷喷墨印刷高峰论坛，在中国陶瓷城五楼会议厅隆重举行。

4月20日，以"融合、创新、共赢"为主题的全国建筑家居卖场走进佛山陶瓷高峰论坛在中国陶瓷总部基地中心剧场举行。中国建筑材料流通协会常务副会长秦占学、中国建筑卫生陶瓷协会副会长兼秘书长缪斌、中国建筑卫生陶瓷协会副秘书长尹虹、中国陶瓷城集团副总裁兼营运中心总经理余敏等领导嘉宾、企业代表、媒体代表200余人出席了本次论坛。

4月20日，由中国建筑卫生陶瓷协会、第23届佛山陶博会组委会、陶瓷信息报社共同主办的主题为"绿色制造，健康产业链"的2014中国建陶产业绿色制造高峰论坛在广东佛山中国陶瓷产业总部基地内的中国陶瓷剧场三楼多功能会议厅举行。中国建筑卫生陶瓷协会专职副会长兼秘书长缪斌、副秘书长尹虹、宫卫、徐熙武，广州设计师协会秘书长胡小梅、中国陶瓷产业总部基地营运总经理汤洁明、金海达瓷业董事长金红英、威臣企业总经理罗志健、蒙娜丽莎集团板材事业部总经理蒙政强、BOBO陶瓷薄板总经理唐硕度、广东摩德娜科技股份有限公司总经理管火金、山东义科节能科技有限公司董事长姚长青等行业专家、陶瓷产业链上下游企业负责人、设计师们和媒体代表200多人出席了本次论坛。

4月21日，由成都星俞置业有限公司主办，大煌宫·国际陶瓷产品展贸中心承办的"2014西部首届陶瓷博览会新闻发布暨大煌宫之夜客户答谢晚宴"于成都市金牛宾馆隆重举行。

5月

5月8日，潮州市陶瓷原料行业协会成立大会在宝华酒店隆重举行，潮州市民政局、经济和信息化局等相关部门领导、协会会员、潮州市各大主要行业协会代表等100多人出席了会议。

5月15日，佛山市陶瓷学会第十三次会员代表大会在华夏新中源酒楼隆重召开。佛山市科协主席黄文，佛山市科协学会部部长陈锋登，中国建筑卫生陶瓷协会副秘书长、华南理工大学教授尹虹博士等领导嘉宾，陶瓷学会的理事会成员、团体会员代表、个人会员共300多人参加了大会。

5月16日，以"O2O模式下的渠道变革"为主题的2014中国陶卫行业电商论坛在佛山陶瓷总部基地三楼多功能会议室举行。

5月20日，由中国建筑材料联合会、中国建筑卫生陶瓷行业协会、中国国际贸易促进委员会建材分会主办，《中国建筑卫生陶瓷年鉴》承办的2014第三届陶瓷卫浴产区科学发展论坛在广州朗豪酒店举行。

5月21日，由佛山市盛明添传动件厂主办的"传输高品质 稳定掌未来"2014中国佛山首届国际陶瓷技术传动件装备高峰论坛在广州琶洲展览馆举行。中国建筑卫生陶瓷行业副秘书长尹虹博士、中鹏窑炉董事长万鹏、金钢辊棒总经理王志良、佛山盛明添传动件厂董事长冯灿明、华夏陶瓷网总编辑刘小明、简一陶瓷生产厂厂长杨君之、《创新陶业》社长乔富东等领导嘉宾、企业代表出席了活动，十多位媒体代表见证了此次论坛。

5月21日，首届中国国际陶瓷产品展览会在广州琶洲举行。广东知识产权局派出工作人员进驻大会开展专利保护工作。

5月28日，第19界中国国际厨房、卫浴设施展览会在上海新国际博览中心盛大举行。东鹏卫浴、箭牌卫浴、浪鲸卫浴等各大卫浴企业参展，佛山市芝麻开门公司还包馆亮相上海展。

6月

6月5日，清远市清新区招商推介会在佛山市南海区桂城米纳意酒店举行，佛山市梦特丽尔卫浴有限公司、佛山市威珀卫浴有限公司、佛山市安纳奇卫浴有限公司现场意向签约。

6月26日，由佛山市商务局主办、佛山中国陶瓷城集团有限公司和佛山建材行业协会承办的佛山建材行业应对反倾销培训班在陶瓷总部基地三楼会议室开讲。

6月27日，中国建材品牌（东北亚）发展论坛在哈尔滨隆重举行，本届论坛由中国建筑卫生陶瓷协会和哈尔滨松北区政府、哈尔滨市贸促会共同主办。

7月

7月3日，佛山市陶瓷行业协会、广东金意陶陶瓷有限公司党代表工作室共同邀请市党代表、佛山出入境检验检疫局火车站办事处主任黎永钦，带领该局业务团队，在中国陶瓷城五楼商务会议室举办"陶瓷出口输非政策及国外认证要求"讲座。出席此次讲座的有金意陶、东鹏、卓远等20余家陶瓷企业的出口部负责人及行业媒体记者。

7月8日，第十六届（广州）国际建筑装饰博览会在广州琶洲会展中心隆重举行。由佛山市卫浴洁具行业协会以及淋浴房专委会组织的"佛山淋浴房展区"首次集体亮相本次建博会。7月11日，"淄博陶瓷总部首期交付暨营销中心开放盛典"在淄博陶瓷总部营销中心东广场盛大启幕。

7月12日，北京天坛艺术馆与景德镇陶瓷学院共同主办的"瓷华正茂——景德镇陶瓷学院研究生作品展"，在北京天坛艺术馆拉开帷幕。同日"景德镇大学生首届进京创意集市"也在北京天坛古玩城开市。

7月18日，中国硅酸盐学会陶瓷分会建筑卫生陶瓷专业委员会2014学术年会暨西部瓷都建陶产业发展研讨会在夹江峨眉山月花园酒店隆重举行。

7月23日，2014中国西部国际陶瓷卫浴展览会新闻发布会在佛山市新媒体产业园云空间隆重召开。本届展会由国家工业和信息化部原材料工业司、陕西省工业和信息化厅、中国建筑材料集团有限公司、咸阳陶瓷研究设计院和陶城报社联合主办，陕西西陶会展有限公司承办。

7月24日，由佛山市陶瓷学会与禅城区科协联合举办、佛山市科学技术协会支持的第六期（2014）佛山陶瓷高层人才培训班在广东省（佛山）软件产业园7号楼二楼会议室正式开班，来自佛山近30家陶瓷企业的120多名高层人才参加了为期两天的脱产培训。

7月25日，第二届中国建筑卫生陶瓷文艺汇演新闻发布会在瓷海国际商务中心举行。

8月

8月，佛山市卫浴洁具行业协会淋浴房专委会组织60多名会员到三水大塘工业园以及佛山海洋卫浴进行考察。佛山市卫浴洁具行业协会淋浴房专委会会长王建平、协会秘书长刘文贵以及60多名会员企业成员参加了佛山市三水淋浴房产业园研讨会，共同商讨佛山淋浴房产业园的选址和建设问题。

8月8日，2014首届广东省装饰行业年度总评榜正式启动。本次总评榜由广东省装饰行业协会主办、华夏时代传媒承办，嘉俊陶瓷全程赞助。

8月8日，"挺进中西部市场"座谈会暨2014中国西部国际陶瓷卫浴展览会潮州交流会在潮州市迎宾馆举办，潮州市建筑卫生陶瓷行业协会秘书长张扬在会上表示将组织潮州卫浴品牌以组团的方式参展2014西陶展。

8月26日，由潮州市建筑卫生陶瓷行业协会协办，广东梦佳陶瓷实业有限公司赞助的全国第三次《卫生洁具 智能坐便器》标准工作会议在潮州迎宾馆会议厅举行。全国建筑卫生陶瓷标准化技术委员会委员、潮州市建筑卫生陶瓷行业协会会员以及来自全国各地的智能坐便器专家、学者、企业代表等共100多人出席了这次会议。

9月

9月3日，广东陶瓷协会主办的2014广东陶瓷创新暨环保节能评选活动启动新闻发布会在佛山陶瓷研究所三楼会议厅举行。

9月5日，以"新格局·新未来"为主题的中国（淄博）陶瓷总部一期开启暨2014国际商贸周在中国（淄博）陶瓷总部西广场耀世盛启，与此同时，2014绿色装饰材料"美丽中国行"山东站也拉开序幕。

9月16日，第十七届唐山中国陶瓷博览会在唐山国际会展中心隆重举行。全国人大常委会原副委员长何鲁丽，中国国际贸易促进委员会副会长于平，中国轻工业联合会副会长杜同和，中国建筑材料联合会副会长陈国庆，中国建筑卫生陶瓷协会会长叶向阳，商务部原副部长孙广相，河北省人大常委会原副主任韩葆珍、侯志奎等出席开幕式。

9月17日，由广东省装饰行业协会、《居无忧》杂志社联合主办，嘉俊陶瓷全程独家赞助，华夏时代传媒承办的2014设计新势力成长分享论坛暨广东省装饰行业总评榜（东莞站）、第六届迪赛恩奖空间设计大赛启动礼在东莞隆重举行。

9月22日，意大利里米尼陶瓷机械展（Tecnargilla）和意大利博洛尼亚国际陶瓷卫浴展览会（Cersaie Bologna）同期开展。广东鹰牌陶瓷集团有限公司、上海斯米克控股股份有限公司、佛山市简一陶瓷有限公司、广东东鹏控股股份有限公司、冠军建材股份有限公司和广东博德精工建材有限公司前往意大利博洛尼亚参展。

10月

10月12日，东星家居广场营销中心开放暨品牌客户签约盛典在湖南常德东星家居广场隆重举行。

10月18日，由广东陶瓷协会、佛山陶瓷学会主办，中国陶瓷城·中国陶瓷总部基地有限公司协办，《创新陶业》报社、新陶网和《佛山陶瓷》杂志社联合承办的主题为"寻找环保难点 探寻应对策略"的2014陶业节能环保技术高峰论坛在佛山中国陶瓷城五楼会议室召开。

10月19日，绿色国际建材研讨会在中国陶瓷城五楼商务会议室内举行。马来西亚驻广州总领事馆投资领事鲁立山，马来西亚驻广州总领事馆投资官员程晨，国际知名建筑师、百瑞隽恩公司创始人巴瑞·威尔逊，中国能源管理体系专家杜伟萍，中国国际电子商务中心、广东省小微企业服务联合会的代表以及众多行业媒体共同出席了该研讨会。

10月19日，以"产业联动 共塑未来"为主题的"房地产与陶瓷卫浴行业合作峰会"在中国陶瓷总部举行。包括绿地集团、奥园地产、颐和地产、高德置地、嘉裕地产、侨鑫地产、美的地产、方圆地产、复星集团、保利置业、海伦堡地产、海印集团、敏捷地产、建华置地、四海城等房地产企业的代表，以及道格拉斯瓷砖、惠达企业、浪鲸卫浴、蓝珀瓷砖、全友卫浴、凯文玛索、亚细亚陶瓷、丹拿卫浴等陶瓷卫浴企业代表百余人共同与会。

10月20日，由佛山市陶瓷学会、佛山市金刚文化传播有限公司主办的2015陶瓷流行色彩发布暨陶瓷用甲基（CMC）专题研讨高技术论坛在佛山陶瓷研究所三楼举行。华南理工大学教授、中国建筑卫生陶瓷协会副秘书长尹虹博士和佛山市陶瓷学会副秘书长、佛山市玻尔材料科技有限公司总经理蔡飞虎分别作了主题演讲。

10月22日，由中国陶瓷总部牵手广州国际设计周组委会共同举办的2015中国陶瓷新品汇新品发布会暨中国陶瓷总部＆广州国际设计周战略合作签约仪式在广东佛山中国陶瓷总部三楼会议室隆重举行。广州国际设计周秘书长、广州市城博展览有限公司董事长张卫平，中国陶瓷总部营运总经理汤洁明，广州国际设计周项目总监贺文广，中国陶瓷总部营销总经理龙清玉出席此次发布会。

10月23日，"中国建筑卫生陶瓷行业大会暨2014第七届中国建筑卫生陶瓷工业发展高层论坛"在广西桂林大公馆隆重举行。来自住建部、中国建筑卫生陶瓷行业协会、建筑卫生陶瓷科研机构的专家学者、国内建筑陶瓷及卫生洁具生产企业负责人及代表、陶瓷墨水供应商、陶瓷设备供应商、环保技术与治理专家等350多人参加了行业大会。

10月25日，"产业与城市"陶瓷产业与城市发展高峰论坛暨华夏中央广场全球招商盛典大型活动在华夏中央广场隆重举行。

10月25日，厦门市卫厨行业协会第一届第五次会员大会暨第二届第一次会员大会在厦门举行，厦门建霖工业总经理陈岱桦任新一届会长，许传凯为创会会长，原秘书长徐海明、副秘书长刘伟艺连任，福建元谷卫浴等38家企业被选为新一届理事会成员。

10月29日，由华夏陶瓷网携手上海联势科技举办的"华夏引领·联势出击"2014陶瓷卫浴全渠道移动O2O电商产品发布会暨战略对话活动在佛山顺德财神酒店二楼宴会厅举行。

10月30日，中国建筑装饰协会厨卫工程委员会二届一次委员全体会议在安徽召开。乐华集团董事长谢岳荣、华耐家居集团总裁贾锋、博洛尼家居董事长蔡明、惠达集团总经理王彦庆、志邦橱柜董事长孙志勇当选为新一届会长，谢岳荣和贾锋为连任会长。澳斯曼董事长庞湛高、大新厨房董事长庞学元、佳居乐厨房董事长李向阳、日升卫浴董事长练武、家家卫浴董事长霍成基、恒洁卫浴董事长谢旭藩、中宇建材集团总裁蔡吉林、鼎美电器总经理张轲、荣事达总经理马靖、路达工业总经理许传凯等十位当选为常务副会长。

11 月

11月13日，由佛山市政府主办，北京中陶科技发展有限公司、佛山泛家居电商创意园、传神（中国）网络科技有限公司共同承办的"全球跨境电商论坛佛山峰会"在佛山马可波罗酒店举行。同期，北京中陶科技发展有限公司董事总经理吴跃飞宣布"中陶建卫进出口俱乐部"正式启动。

11月17日，第八届中国卫生洁具行业高峰论坛将在厦门国际会展中心举行。

11月23日，佛山市卫浴洁具行业协会设计专委会秘书处成立并召开新闻发布会，会议在佛山国际水暖城蓝堡嘉品酒文化公馆举行。

11月26日，由佛山市科学技术协会主办，佛山市陶瓷学会承办，中国硅酸盐学会陶瓷分会机械装备专业委员会与中国陶瓷城集团有限公司共同协办的2014陶瓷行业原料制备新技术论坛在中国陶瓷城五楼会议室举行，佛山科协学会部部长陈锋登，佛山科协副主席、佛山市陶瓷学会理事长冯斌，中国硅酸盐学会陶瓷分会机械装备专业委员会主任张柏清，中国建筑卫生陶瓷协会副秘书长尹虹等领导出席。

12 月

12月6日，广东省卫浴材料委员会成立大会于广东省卫浴商会会议室召开。箭牌卫浴、浪鲸卫浴、吉美卫浴、登宇洁具、歌纳卫浴等十数家卫浴品牌采购代表，与商会秘书长张书儒，副会长谢永坚、简伟权，副秘书长关志航等商会领导共同出席了此次大会。

12月12日，"中国硅酸盐学会陶瓷分会2014学术年会暨全国陶瓷新技术、新材料、新装备论坛"在德化县举行。

12月26日，由陶卫网、《陶瓷资讯》报社联合主办的以"市场变局下建陶供应商大转变"为主题的第五届陶瓷上游供应企业研讨会在肇庆市松涛宾馆会议室举行。

12月26日，广东潮州市成立陶瓷行业工会联合会并召开第一次会员代表大会，潮州市人大常委会副主任、市总工会主席黄潮标为工联会揭牌。柳茂春当选为第一届陶瓷行业工联会主席。

12月29日，中国建筑卫生陶瓷协会和陶瓷信息报社联合主办的第四届全国陶瓷人大会在陶瓷总部剧场三楼会议室举行。中国建筑卫生陶瓷协会常务副会长缪斌、副秘书长尹虹、宫卫，以及行业知名人士欧家瑞、管火金、王常德、张念超等出席了本次活动。

12月30日，由《陶城》报社、陶瓷云商主办的"大石代 大潮流 大讨论"2014大理石瓷砖发展高峰论坛佛山站在佛山新媒体产业园隆重举行。

第五节　企业大事记

1月

1月，宏宇陶瓷墙地砖再次通过中国质量检验协会的产品合格检验，各类产品在2010～2013年调查汇总中无不合格记录，被授予"全国质量检验稳定合格产品"的牌匾和证书。

1月，金意陶陶瓷被国家工商总局认定为"中国驰名商标"。

1月，和美企业15周年庆在佛山隆重举行，来自全国的经销商朋友以及公司员工共同回顾并庆祝和美的辉煌发展。

1月，中国建筑材料联合会公示了2013年度全国建材行业技术革新奖项目，宏宇集团"超耐磨高硬度全抛釉制备技术及产品开发"项目荣获"技术开发类一等奖"。

1月5日，广东博德精工建材有限公司在"携手·共创·大未来——2014博德经销商年会"上隆重推出精工玉石·帝王玉系列，精工砖·世纪龙系列，以及精工原石·石代印象系列等数十款新产品。

1月6日，在"第三届中国陶瓷50人论坛年会暨2013陶瓷卫浴行业网络风云颁奖典礼"上，宏宇陶瓷凭借"云多拉石"摘获2013年最受网络关注产品大奖。

1月9日，博晖机电在佛山皇冠假日酒店举办神工快磨系统新品新闻发布会。

1月10日，国家发改委公布了第六批国家重点节能技术推广目录，广东科达洁能股份有限公司推荐的"建筑陶瓷薄型化节能技术"以技术先进、节能明显、应用前景广阔等优势入选该目录。

1月15日，宏宇集团"一种国旗大红色釉面砖的配方及其制备方法"发明专利获授权。

1月16日，箭牌卫浴在北京华彬歌剧院隆重召开代言发布会。著名钢琴家郎朗为箭牌卫浴按上"手模"，正式成为品牌形象代言人。

1月16日，宏宇集团在佛山石湾宾馆召开"一辊多色多图立体印花技术开发及应用"项目荣获"中国建材联合会科技进步奖二等奖"新闻发布会。

1月24日，"同攀登 致未来"华耐家居集团2013年度集团年会盛典在北京北发大酒店隆重举行。

2月

2月，卓远陶瓷"聚晶微粉瓷质砖"、"微晶玉石瓷砖"、"微晶理石"分别荣获"广东省高新技术产品"称号。同期，荣获"高新科技企业"、"自主创新优秀企业"等称号。

2月4日，欧神诺品牌营运中心年度总结大会在佛山禅城区召开。2014年，欧神诺公司总体业绩同比增长了36%，比2013年度高出4个百分点。

2月7日，夹江县委书记廖克全率队来到新万兴碳纤维复合材料有限公司、奥斯堡陶瓷公司开展调研。县委副书记袁月，县委常委、常务副县长朱璋陪同调研。

2月18日，"意大利蜜蜂瓷砖品牌回归国际化"暨更名"IMOLA"仪式在北京意大利驻中国大使馆隆重举行。意大利驻华大使白达宁、意大利 IMOLA 集团主席斯蒂法诺、意大利伊莫拉集团中国区总裁张有利共同揭示了全新的"IMOLA"品牌标识。

2月21日，宏宇陶瓷作为唯一一家建筑建陶企业受邀出席全国质量监管重点产品检验方法标准化技术委员会换届大会暨第二届第一次全体会员会议。

2月26日，广东博德精工建材有限公司自主研发的"高逼真度仿玉微晶玻璃陶瓷复合板技术"、"3D超大晶相微晶玻璃陶瓷复合板技术"双双通过佛山市科学技术局组织的科技成果鉴定，前者达到国内领先水平，后者水平亦处于国内先进水平。

3月

3月，马可波罗瓷砖董事长黄建平先生第二次参加两会，作为广东代表团代表，先后接受 CCTV-2、CCTV-4 采访，其议案在《新闻联播》中同步播出。

3月，南安市纳税大户榜单隆重揭晓，辉煌水暖集团以高达 1.9812 亿元的纳税总额位居南安市第一。接近 2 亿元的纳税总额，打破了辉煌集团 26 年来的纳税纪录。

3月，唐山市恒瑞瓷业有限公司的"恒瑞骊澧 HENGRUI&LEFO"商标在马来西亚成功注册。

唐山企业还在多个国家注册了"盾石"、"马牌"、"晶品"、"海格雷"、"红玫瑰"、"贺祥"等商标。

3月，继江西瑞源陶瓷有限公司"八机一线"最大产能抛光线投产后，江西忠朋陶瓷有限公司日设计产能 2.2 万平方米的全抛釉仿古砖生产线点火成功，生产 3D 喷墨全抛釉。据了解，这是高安产区目前全抛釉领域产能最大的生产线，该线设备来自科达机电整线。

3月，卓远陶瓷首家独创"健康石材 2 代"系列产品，在第十一届中国陶瓷行业新锐榜评选活动中，荣获"年度最受设计师喜爱产品"称号；同期，荣获中国陶瓷城集团颁发的"2014 年度明星商户"称号。

3月，佛山市奥特玛陶瓷荣获第十届中国陶瓷行业新锐榜"年度海外品牌大使"。

3月，第十届中国陶瓷行业新锐榜颁奖典礼，金意陶获新锐榜六大奖项，居行业单品牌之冠。

3月，博晖公司搬迁到肇庆大旺新厂房，标志着博晖公司的基础建设迈向一个新的台阶。同期，荣获肇庆高新区管理委员会评选的"优秀企业"称号。

3月，广东博德精工建材有限公司长沙旗舰店"奢瓷馆"开业。该馆面积达 3000 平方米，装修样板间超 300 个，展示了精工玉石、精工珍石、精工原石、木纹砖、精工内墙砖等上千款瓷砖珍品。

3月5日，宏宇集团"一种煤气专用除焦油器"发明专利获授权。

3月8日，中国建材联合会以及全国总工会相关领导莅临宏宇集团视察并指导工作，深入探讨佛山瓷砖产品生产研发情况，进一步了解企业科技创新能力。

3月9日，欧神诺作为恒大地产的优秀供应商，公司连续四年助力恒大足球中超主场，全程见证"四连冠"的诞生。

3月12日，广东博德精工建材有限公司自主研发的"一种熔窑自动加料装置"知识产权成果获得国家实用新型专利授权。

3月12日，宏宇集团"一种能同时淋多种釉种的钟罩式淋釉装置"发明专利获授权。

3月14～16日，广东博德精工建材有限公司合肥旗舰店携 200 余款全产品亮相 2014 年第九届家装博览交易会。展会 3 天时间，共接待业主 3000 多户、过万人，现场接受意向订金 300 余万元。

3月15日，居然之家正式在北京 6 店推出"旧房装修，建材以旧换新"活动。经认证为旧房装修的消费者在居然之家北京 6 店购买建材类产品，均可享受 5% 的现金补贴，单个消费者享受的补贴不超过 5000 元。

3月19日，宏宇集团"一种用于多工件的排列输送装置"发明专利获授权。

3月24日，统一陶瓷正式进驻中国（淄博）陶瓷产业总部基地签约仪式在山东统一陶瓷科技有限公司会议室隆重举行，统一陶瓷董事长袁国梁、佛山中国陶瓷城集团执行董事兼总裁周军、常务副总裁兼商业运营中心总经理余敏共同出席。

3月27日，东鹏控股股份有限公司（东鹏控股03386.HK）公布截至2013年12月31日全年业绩，这是东鹏在香港挂牌上市之后的首份年度报告。报告显示,2013年东鹏纯利约3.39亿元，与2012年的1.67亿元相比上升103.1%，经调整纯利约3.81亿元，升120.5%。报告期内，其营业额约33.68亿元，增长34.8%，毛利约12.48亿元，按年升40.5%。

3月27日，佛山市市长刘悦伦率城市升级巡查团到新明珠集团三水工业园考察，集团常务副总裁叶永楷，副总裁简耀康、洪卫、冼金河等陪同。

3月28日，淄博陶正陶瓷颜料有限公司青花钴蓝系列产品获得第十届中国陶瓷行业新锐榜年度优秀产品。

3月28日,"第十届中国陶瓷行业新锐榜"上，广东博德精工建材"精工玉石·帝王玉"系列产品荣获"年度最佳产品"称号,"精工砖·帝龙壁"系列产品荣获"年度最受工程用户喜爱产品"称号。

3月28日，宏宇集团荣获第十届中国陶瓷行业新锐榜"年度社会责任奖"。

3月28日，在"第十届中国陶瓷行业新锐榜"上，懋隆瓷砖一举获得"年度最佳产品"和"年度优秀展厅"两项荣誉。

3月30日"恒洁节水中国行"全国大型节水推广活动——河南郑州站圆满落地，节水大使濮存昕、河南省节水办公室副主任焦建林、恒洁总经理谢伟藩、营销总经理谢旭藩等嘉宾出席。

3月31日，中国建材行业领袖峰会暨品牌联盟产业高峰论坛在江西抚州隆重举行，广东宏宇集团副总经理欧家瑞作为特邀嘉宾出席，共同探讨城镇化给建材企业带来的机遇、建材品牌提升与渠道变革等话题。

4月

4月，佛山钻石瓷砖获得中国国际贸易促进委员会颁发的"质量品牌优秀示范企业"牌匾，同期还获得"2014年度中国建筑卫生陶瓷十大品牌榜"瓷砖称号。

4月,金意陶董事长何乾荣获"佛山市第二届创新领军人才"称号;金意陶获"仿古砖十大品牌"称号。

4月，广东摩德娜科技股份有限公司的"MODENA"品牌已通过了"广东省著名商标"认定。

4月，东鹏参展第二十五届美国拉斯维加斯石材展及瓷砖展Coverings 2014，携十余款创新产品惊艳亮相L2056展位。

4月，广东摩德娜科技股份有限公司的"MODENA"品牌通过了"广东省著名商标"认定。

4月2日，高德瓷砖连续2年举办主题为"厉兵秣马·迎战2015"全国巡回培训，从品牌介绍、产品知识、营销技巧等多方面辅助经销商打造精英团队，实现厂商共赢。

4月4日，广东一鼎科技有限公司董事长冯竞浩当选禅城区第三届政协委员兼提案委副主任。

4月7日，中国（淄博）陶瓷产业总部基地一期一阶段封顶仪式盛大举行。

4月7日,欧神诺上榜"万科集团2014年度合格供应商名录",连续三年成为万科房地产龙头供应商，是中国建陶业内的唯一"材料设备（A级）供应商"。

4月9日,广东博德精工建材有限公司自主研发的"一次烧成透明玻璃与釉上彩陶瓷复合板生产方法"知识产权成果获得国家发明专利授权。

4月14日，广东博德精工建材有限公司自主研发的"利用废弃铁尾矿渣生产微晶玻璃的绿色环保节能技术"，被广东省科技厅评定为"广东省高新技术产品"。

4月15～18日，广东博德精工建材有限公司参加第二十届俄罗斯莫斯科国际建材展览会（MOSBUILD 2014）。

4月15日，广东博德精工建材有限公司参加第一百一十六届中国进出口商品交易会（广交会）。

4月17日，广东一鼎科技有限公司参展"第三届印度尼西亚雅加达国际陶瓷建筑展览会"。

4月18日，宏宇集团参加在佛山瓷海国际商务中心举行的"国家诚信示范市场及正版正货承诺授牌仪式"。

4月19日，"裸价团购·全省疯抢"高德瓷砖广东省九城联动团购活动在佛山总部成功举办，厂商联手，打造非凡家装盛宴。

4月19日，证监会发布28家公司的招股说明书，暂停一年半的IPO预披露重新启动。这28家公司中包括四川帝王洁具。2013年，帝王洁具营收超过3.86亿元，净利润达5262万元。招股说明书显示，帝王洁具拟登陆深交所中小板上市，本次拟发行2160万股，每股面值1元。本次募集资金将用于产能扩建项目和优化产品营销网络。

4月22日，由科达洁能和沈阳燃气共同投资的沈阳法库陶瓷工业园区集中供气项目，在经过一年多试运行后，其一期工程正式进入商业化运营，该项目为目前国内最大的商用煤气清洁项目，投资8.9亿元的一期项目已经完成，可实现每小时为园区企业提供20万立方米清洁煤气。

4月25日，来自全国18个省份的共86位装饰企业精英代表团到箭牌卫浴·瓷砖展厅进行参观交流。乐华集团总经理谢岳荣先生携箭牌卫浴、瓷砖各相关部门负责人迎接参观团。

4月26日，2014中国陶瓷家居与房地产峰会暨第三届中国陶瓷卫浴年度十大品牌榜颁奖盛典在世纪金源大酒店隆重举行。在此次盛典上，宏宇陶瓷一举摘得2014年度中国陶瓷卫浴"十大"品牌榜"陶瓷十强企业"、"十大创新企业"、"陶瓷十大品牌"和"抛光砖十大品牌"四大奖项。

4月26日，"抱团抄底·畅享盛惠"——卓远陶瓷东莞站工厂团购会在佛山总部举行，在短短3小时的团购疯抢时间里，卓远陶瓷成功创下成交率高达98%的销售佳绩，刷新了销售纪录。

4月28日，湖北马可波罗职业篮球俱乐部挂牌成立，并在武汉举行成立仪式新闻发布会。同时，马可波罗瓷砖也是2014年度中国篮球国青国奥队首席赞助商。

5月

5月，东鹏牵头并参与首届中国国际陶瓷产品展，隆重发布智能喷墨技术，宣告喷墨技术在玻化砖上的应用取得突破性成功。

5月，广东一鼎科技有限公司产品"瓷质抛光砖表面光泽处理机"摘得"中国陶瓷行业名牌产品"称号。

5月，金意陶抛光砖、瓷片新品全球发布，标志着金意陶成功迈向以仿古砖为核心的大众化精品品牌。

5月，"金丝玉玛产品铺贴后实现品牌元素植入"新闻发布会成功召开，宣告"金丝玉玛已通过独特的设计，成功将品牌标识元素植入产品外观"。5月，懋隆瓷砖凭借"花语·印象"系列精品木纹砖获得第二届中国·意大利陶瓷设计大赛"金奖"和"先进技术奖"。

5月3日，淄博陶正陶瓷颜料有限公司陶瓷喷墨墨水正式上机，连续打印效果良好。

5月5日，佛山市恒力泰机械有限公司正式控股佛山市卓达豪机械有限公司，填补了科达、恒力泰在原料车间整线设备的空白。

5月15日，广东博德精工建材荣获佛山市陶瓷学会评选的"2012～2013年科技创新优秀企业"称号。

5月18日，主题为"见证转型路 共叙科达情"的广东科达洁能股份有限公司揭牌仪式在科达总部举行。

5月19日，"博德·对话设计界高峰论坛"系列活动正式拉开帷幕，中南大学建筑与艺术学院副院长朱力、《ID+C》杂志副主编孔新民、国内知名实力新锐设计师琚宾等嘉宾出席。

5月21～24日，广东博德精工建材有限公司携近400平方米的高端奢华展位惊艳亮相首届"中国国际陶瓷产品展览会"。

5月21日，箭牌卫浴参加在广州琶洲展馆举行的首届中国国际陶瓷产品展览会。

5月21日，博晖公司参加广州中国国际陶瓷技术装备及建筑陶瓷卫生洁具产品展览会，展示了博晖节能环保类新产品。

5月21日，广东博德精工建材"精工玉石·帝王玉"系列产品，荣获《陶城》报社、意大利对外贸易委员会、意大利陶瓷机械及设备制造商协会联合颁发的"第二届中国意大利陶瓷设计大赛优秀奖"荣誉。

5月26日，华耐家居集团"我们的时代"21周年盛典活动在北京居庸关长城隆重举行。集团总裁贾锋及集团董事、顾问、副总裁出席了本次庆典，与2004～2014年的106名10年员工共同见证与分享了集团21年走过的风雨和收获的喜悦。

5月28日，恒洁卫浴升级亮相第十九届上海国际厨卫展，通过"超旋风"坐便器T\D\K系列、"雨沐"花洒第二季、第三代智能坐便器展现恒洁领先技术。

5月28日，上海厨卫展暨第十九届中国（上海）国际厨房、卫浴设施展览会在上海新国际博览中心盛大开幕。箭牌卫浴携手知名钢琴家郎朗，以"舒适体验 箭牌时刻"为主题，携"雅·云"系列、"雅·画"系列、"尊·白金瀚"系列、音乐系列及多款智能坐便器等产品参展。

6 月

6月，佛山钻石瓷砖获得广东省工商局颁发的"连续三年重合同守信用企业"牌匾。

6月，百和陶瓷获"全抛釉十大品牌"、大理石全抛釉系列产品荣获"中意设计大赛优秀奖"。

6月，懋隆瓷砖第六代木纹新品盛典暨邓紫棋长沙签售会在长沙懋隆瓷砖经销店盛大举办。

6月，在第三届中国品牌年会上，金意陶被评为"中国陶瓷行业领军品牌"。

6月，广东一鼎科技有限公司携新品"瓷片抛釉机"亮相第二十二届伊朗国际建筑陶瓷展览会。

6月，广东一鼎科技有限公司再获"2013年度建材机械行业标准化先进集体"荣誉。

6月，东鹏与中央电视台强强联手，启动"携手央视 席卷终端"全国联动活动。

6月，东鹏湖南基地二期工程盛大奠基，首个世界仿古砖设计研究中心落户澧县。

6月1日，高德瓷砖"晶花玉石·彩晶系列"产品，荣获《陶城》报社、意大利对外贸易委员会、意大利陶瓷机械及设备制造商协会联合颁发的"第三届中意陶设计大赛优秀奖"荣誉。

6月7日，广东一鼎科技有限公司举行"瓷片自动包装机"首发仪式。

6月10日，第四届"宏宇奖助学金颁奖仪式"在景德镇陶瓷学院（湘湖校区）图书馆三楼报告厅举行。广东宏宇集团副总经理欧家瑞、市场总监王勇等数位领导出席了颁奖仪式。

6月19日，由工信部原材料工业司委托召开的国家建材工业"十三五"规划前期重大问题研究启动会在北京举行。广东宏宇集团副总经理欧家瑞出席该会议并代表企业就我国建陶行业的现状与未来发展问题发言。

6月20日，恒力泰YPR2500耐火砖压机成功压制出第一批符合要求的耐火砖，标志着恒力泰第一台耐材压砖机研制成功，YPR2500耐火砖压机主要用于高温耐火材料行业耐火砖的压制成型，最大可以压制1200毫米×100毫米×100毫米的大型耐火砖，是耐火砖生产线中最关键的核心设备。该机最大压制力为25000千牛，最大填料深度为600毫米，最大成型砖坯厚度为250毫米，可以在40秒内完成6次压制（3次轻压3次重压），2次排气，保压2秒，整体性能达到国际领先水平。

6月23日，广东博德精工建材有限公司携手北京大学共同举办的"博德北京大学工商管理高级研修班"正式开班。据悉，该研修班为期10个月，课程涵盖宏观经济、营销战略、现代企业管理、商业领袖智慧等多方面内容，旨在借助北京大学完善的理论体系，为博德营销团队和经销商提供先进的管理理论和实践经验。

6月25日，广东博德精工建材五度荣登由世界品牌实验室发布的"2014年（第十一届）《中国500强最具价值品牌》排行榜"，品牌价值89.61亿元，品牌价值同比上涨15.57%。

7 月

7月，"东鹏之道 财富之道"新、小经销商会议隆重举行，董事长何新明，总裁蔡初阳，副总裁梁慧才、施宇峰等公司领导出席了此次会议，来自全国各地的 500 多名经销商相聚一堂。

7 月，东鹏斥巨资收购德国艺耐子公司，将继续秉承德国精益求精的专业精神，致力于高端优质的卫浴产品，以满足市场对节能环保产品不断上升的需求。

7 月 6 日，"箭牌之夜——2014 郎朗钢琴音乐会"新闻发布会暨百名琴童选拔启动仪式在郑州启幕，朗朗的父亲郎国任（郎朗中国区总裁 郎朗深圳音乐世界校长）先生亲临现场助阵。

7 月 14 日，高德瓷砖重磅推出第七大品类新品"九号原木"，成为国内首家引进意大利进口的西斯特姆 8 通道超清喷墨设备，通过现代工艺与人文气息的融合，从心定义时尚的生活态度。

7 月 16 日，宏宇集团"一种陶瓷喷墨印花机墨水磁力搅拌装置"实用新型专利获授权。

7 月，广东科达洁能股份有限公司被海关总署核准为 AA 类管理企业，标志着科达洁能进出口业务的规范化管理获得了海关的高度认可。

7 月 20 日，箭牌卫浴在云南昆明举行了"2015 年意大利米兰世博会中国国家馆全球合作伙伴"签约仪式，宣告箭牌卫浴将正式入驻 2015 年意大利米兰世博会，成为中国展馆唯一指定品牌。

7 月 23 日，广东省常委、副书记马兴瑞、副省长邓海光等省、市领导莅临广东摩德娜科技股份有限公司云浮市新兴县窑炉制造基地考察。摩德娜公司除了在佛山市南海区建有 3 万多平方米的厂房外，又在云浮市购地 165 亩，并已建成 4 万多平方米的厂房，为公司做大做强奠定了坚实的基础。

7 月 26 日，广东博德精工建材有限公司"'全城迎接丁俊晖 签动合肥'暨'博德瓷砖世界巡回展启动仪式'"在合肥红星美凯龙隆重举行。

7 月 31 日，广东中窑窑业股份有限公司（股票代码 830949）在京隆重挂牌敲钟，中国建筑卫生陶瓷协会叶向阳会长，秘书长缪斌先生，黄芯红秘书长，南海区及镇政府领导，及中窑窑业高管团队，三大中介机构和各界朋友们共同见证了这一时刻！

7 月 31 日，"佛山市陶瓷行业协会第三届第二次理事会议"在中国陶瓷城五楼会议厅举行。广东宏宇集团荣获佛山市陶瓷行业协会颁发的"爱国拥军先进单位"牌匾。

8 月

8 月，由中国机械工业企业管理协会主办的 2014 年《中国机械 500 强》研究报告在北京发布，科达洁能连续 10 年入选榜单，在入围环保机械装备制造企业中排名第 1 位，同时在全国非汽车民营机械制造企业中排名第 55 位，广东省非汽车民营机械制造企业中排位第 5 名。

8 月 7 日，淄博陶正陶瓷颜料有限公司申请国家发明专利《一种墨水专用锆黄色料的配方及生产方法》通过。

8 月 8 日，宏宇集团作为主要参与编制单位受邀参与在北京建设大厦召开的中华人民共和国行业标准《建筑地面工程防滑技术规程》（JGJ/T 331—2014）发布实施细则及推广总结大会。

8 月 12 日，箭牌之夜郎朗钢琴音乐会在中原名城郑州盛大举行。

8 月 12 日，广东一鼎科技有限公司隆重召开了知识产权贯标启动大会，贯彻实施国标《企业知识产权管理规范》和省标《创新知识企业知识产权管理通用规范》。

8 月 24 日，"宏宇陶瓷携手 2014 珠江形象大使秀魅佛山"活动在宏宇陶瓷总部展厅拉开序幕。宏宇陶瓷与 12 位珠江形象大使联手为佛山市民奉献了一场公益环保的魅力盛宴。广东宏宇集团副总经理欧家瑞、市场总监王勇等领导出席了此次活动。

9 月

9 月，东鹏平安基金会成立，旨在打造员工爱心互助平台，让员工身患重大疾病或非因工伤亡时，即可得到来自基金会的援助。成立之际，董事长何新明个人向基金会捐出 100 万元，副总裁陈昆列个人捐款 30 万元，东鹏股东及高管慷慨解囊，合计募得 200 余万元作为启动资金。

9月，金意陶常务副总经理张念超问鼎 2014 中国营销界最高荣誉——金鼎奖。

9月2日，马可波罗瓷砖再次携手姚基金慈善赛，竞拍捐赠 70 万元，用于山区青少年篮球教育。

9月9日，高德瓷砖 900 毫米 ×900 毫米大规格全抛釉新品震撼面世，成为行业首批大批量生产并主推大规格瓷砖的陶瓷品牌。

9月10日，以"梦想·体验"为题的 2014 年恒洁卫浴·清华大学 Workshop 实训营启动。

9月15日，广东一鼎科技有限公司举办《信息化和工业化融合管理体系》贯标启动大会，全国仅有 508 家成功申请第一批两化融合贯标项目，一鼎科技是广东省第二家、佛山市首家启动贯标的单位。

9月22日，广东一鼎科技有限公司营销团队首赴第二十四届意大利陶瓷工业展参展，为一鼎科技最新战略定位"窑后整线工程解决方案"走向国际打开了新通道。

9月22～26日，广东博德精工建材有限公司首次参加意大利博洛尼亚陶瓷卫浴展览会，成为中国仅有的五家参展企业之一，亦是 2014 年新增的唯一一家陶瓷参展企业。

9月22日，东鹏再获邀请参加意大利博洛尼亚展，实现了中国民族陶瓷品牌从"走出去"到"走进去"的跨越。

9月25日，以"挥师终端 雄霸陶业"为主题的金丝玉玛 712 营销战略军团成立启动仪式暨两大事业部特惠产品发布会隆重举行。此次大会集中展示了旷世彩晶系列、一代名瓷系列等新装模拟间，同时，大会举行金丝玉玛商学院、金丝玉玛电商部、金丝玉玛 712 营销战略军团成立启动仪式。

10 月

10月，从佛山金意陶陶瓷获悉，一批由意大利企业生产、贴着金意陶牌子的"缪斯"系列仿古砖已于国庆前走进全球各地的专卖店。这是中国建陶行业首次让意大利厂商为自己代工贴牌。

10月，东鹏率先发布了行业首个系统定制服务方案——东鹏 TCS"阳光天使"定制服务，开创了建陶行业服务标准新高峰。

10月，和美企业全面进行产品技术革新，投资 6000 万元进行设备改造，成功推出纯平全抛釉系列产品。

10月，在泉州经贸文化项目对接推介会上，辉煌水暖集团董事长王建业与泉州市功夫动漫设计有限公司正式签约。辉煌水暖集团将斥资 3000 万元打造业内首部 3D 动漫广告大片《卫浴也疯狂》。南安卫浴行业竞相聘请明星代言人的热潮有所减退，采用动漫形象的方式让人耳目一新。

10月，第七届"中国厨卫百强"颁奖典礼，金意陶荣获"瓷砖影响力 5 强"奖项。

10月10日，由中国建筑材料工业规划研究院主办的建材工业"十三五"规划前期重大问题研究成员单位研讨会在北京召开。宏宇集团入选"建材工业十三五规划前期重大问题研究的成员单位"。

10月10日，广东博德精工建材有限公司连续第十一年通过国家高新技术企业认定。

10月18日，景德镇陶瓷学院材料学院第四届"宏宇杯"田径运动会隆重开幕，宏宇集团市场部总监王勇出席开幕式并致辞。

10月18日，懋隆"皇木"系列财富趋势发布会在佛山营销总部展厅盛大召开，中国建筑卫生陶瓷协会副秘书长尹虹博士、懋隆台湾知名设计师许正章先生、懋隆陶瓷董事长张军等众多高层及全国经销商共同出席。

10月21日，由中国陶瓷工业协会及《陶瓷资讯》主办的主题为"绿色陶业 贴心服务"的"2014中国陶瓷砖行业高峰论坛"在中国陶瓷总部基地三楼会议室召开。宏宇陶瓷作为全抛釉实力代表参加了此次论坛。

10月22日，宏宇集团参加第七届中国建筑卫生陶瓷工业发展高层论坛。

10月25日，宏宇集团"高温大红基印花釉的研制"科技成果鉴定会在佛山石湾宾馆举行。该项技术革命性地解决了瓷砖产品表面花色黯淡、立体感稍差的固有问题，大大提升了瓷砖产品的色彩明艳度与立体感，将瓷砖产品装饰效果带入了一个新纪元，被权威专家一致认定达到"国际先进水平"。

10月27日，广东摩德娜科技股份有限公司股票在新三板挂牌（证券简称：摩德娜，证券代码：831202），从10月27日起在全国股份转让系统挂牌公开转让。作为佛山市内第八家成功挂牌新三板市场的企业，意味着摩德娜的发展又迈入了一个新的阶段，陶瓷装备行业又增加了一家上市企业。

11月

11月，马可波罗瓷砖董事长黄建平先生当选"2014年东莞十大慈善人物"。

11月，佛山钻石瓷砖第三次获得中国建筑卫生陶瓷协会的企业信用等级"AAA"级证书。

11月，广东一鼎科技有限公司荣获科技部火炬中心颁发的"2014年国家火炬计划重点高新技术企业"称号。

11月，金意陶荣获2014年度建筑卫生陶瓷"产品创新奖"荣誉称号。

11月，博晖公司与意大利LB公司合作推广的节能环保工程"干法制粉系统"正式在山东东鹏动工。

11月，东鹏携手绿行者同盟开展的"中国美丽乡村"项目正式启动。东鹏董事长何新明担任绿行者同盟主席，在其带领下东鹏成为此次公益计划的重要战略合作伙伴。

11月7日，懋隆瓷砖携手新品"皇木"亮相2014中国西部国际陶瓷卫浴展览会，并被授予年度"绿色陶瓷砖"称号。

11月12～15日，广东博德精工建材有限公司参加在上海举行的世界瓷砖论坛，并在论坛期间携手主办方在黄浦江畔举行了"博德之夜"。

11月16日，恒洁卫浴佛山陶瓷生产基地新梭式窑成功点火，优化生产结构，大大提高了陶瓷产品质量；同时，恒洁卫浴凯乐德工厂引入全自动化UV喷涂生产线，大大提升了生产效率，进一步提升了浴柜产品品质。

11月18日，广东博德精工建材有限公司连续三次被中国建筑卫生陶瓷协会评定为"企业信用评价AAA信用企业"。

11月18日，广东一鼎科技有限公司举办了"釉面砖抛光生产线出口伊朗首发仪式"，其作为从单机产品转变为"全抛釉整线工程"的核心纽带产品备受行业关注。

11月23日，宏宇集团赞助的"佛山市武术协会太极拳会21周年暨鹰爪拳会2周年庆典"在佛山石湾隆重举行。

11月29日，东鹏董事长何新明荣获"广东十大经济风云人物"、"中国建筑卫生陶瓷行业杰出贡献个人奖"、"2014年全国建材行业优秀企业家"等荣誉。

12月

12月，东鹏控股荣膺"香港杰出企业"殊荣，成为行业首个"香港杰出企业"。

12月，东鹏家居成立，迅速推出一站式家居服务，标志着东鹏整合"泛家居"产业链迈出坚实的一步。同时，互联网事业部成立，首次整合瓷砖、洁具、线上线下资源，将互联网打造成东鹏的战略发展平台。

12月，金意陶公司荣获"企业信用评价AAA级信用企业"、"年度突出贡献企业"、国内营销领域最高奖项"中国企业营销创新奖"和"2014中国最具创新营销企业单项奖"，荣获"十大建陶风云企业"、"中国陶瓷十大公信力品牌"、"中国陶瓷十大品牌"。

12月，根据中国环境保护产业协会《关于发布2014年国家重点环保实用技术及示范工程名录（第二批）的通知》（中环协[2014]78号），广东科达洁能股份有限公司控股子公司安徽科达洁能股份有限公司申报的沈阳20×10千牛·立方米/小时NewPower清洁燃煤气化系统建设工程被列入《2014年国家重点环境保护实用技术示范工程名录（第二批）》。

12月，广东一鼎科技有限公司新品"釉面砖抛光机"获选由佛山总商会颁发的"优秀创新陶机装备"

称号。

12月，广东省名牌产品评价中心正式发布"2014年广东省名牌产品（工业类）名单公告"，宏宇陶瓷地砖、内墙砖荣获"广东省名牌产品"荣誉称号。

12月，宏宇集团"一辊多色多图立体印花技术开发及应用"项目荣获"佛山市南海区2013年度科学技术进步二等奖"。

12月，广东摩德娜科技股份有限公司通过了"广东省标准化良好行为AAAA级企业"认定。同时公司辊道式干燥器获得了"广东省名牌产品"证书和牌匾。

12月，佛山钻石瓷砖再次获得中国建筑卫生陶瓷协会颁发的"中国建筑陶瓷知名品牌"。

12月，佛山市奥特玛陶瓷"皇家韵石"系列荣获"2014年度优秀建陶新产品"。

12月，2014年广东博德精工建材有限公司先后有"瓷砖（BBY1173K）"等14项知识产权成果获国家外观设计专利授权。

12月，广东一鼎科技有限公司"干法磨边倒角机"被授予"广东省名牌产品"称号。

12月，广东博德精工建材有限公司荣获恒大集团广州恒大材料设备有限公司授予的"2014年度恒大集团综合砖类优秀供应商"称号。

12月，佛山市奥特玛陶瓷先后引入两台世界先进的陶瓷喷墨打印机，应用数码彩喷技术对企业仿古地砖生产过程中的印花工艺进行技术改造，替代现有落后的印花产能，建设高效环保的仿古瓷砖印花作业线。

12月，广东博德精工建材有限公司被全国博士后管委会办公室认定为"佛山企业博士后工作站分站"。

12月，广东博德精工建材有限公司自主研发的"3D超大晶相微晶玻璃陶瓷复合板"、"高逼真度仿玉微晶玻璃陶瓷复合板"产品一致被认定为"广东省高新技术产品"。

12月1日，恒洁卫浴"净源"龙头率先通过史上最严龙头新国标，成为国家首批安全认证产品。

12月3日，位于广州红星美凯龙的国内首个浴室柜博物馆正式开馆。佛山浴室柜联盟会长、佛山伽蓝洁具董事长张爱民，佛山市卫浴洁具行业协会秘书长刘文贵，富兰克卫浴董事长丁卫，品卫洁具董事长庞联斌等行业人士，以及媒体共同见证了浴室柜博物馆揭牌仪式。

12月4日，博晖机电参加印度举行的亚洲国际陶瓷工业展览会，展示了博晖新的料车产品和节能环保类新产品。

12月4日，广东一鼎科技有限公司举行了"员工互助基金揭牌仪式"，成立"员工互助基金会"，该基金得到了上级工会的扶持，含员工捐款合计共累积了14万元的爱心善款。

12月5日，"2014inguangzhou世界室内设计大会"在广州国际设计周华丽开场，箭牌卫浴应邀成为世界设计大会战略伙伴，将共同积极参与设计发展议题。

12月7日，恒洁"雨洁"恒温淋浴器摘下国内工业设计权威奖项——红棉设计大奖，同期，恒洁卫浴"懂空间，更安全"360度安全淋浴房，研发成功，将于2015年震撼上市。

12月8～10日，中国建筑卫生陶瓷协会第七次会员代表大会在厦门国际会展中心酒店盛大举行。宏宇陶瓷荣获"中国建筑卫生陶瓷行业突出贡献企业奖"及"中国建筑陶瓷知名品牌奖"。

12月9日，广东博德精工建材有限公司连续五次被认定为"中国建筑陶瓷知名品牌"。

12月9日，广东博德精工建材有限公司董事长、总经理叶荣恒先生被中国建筑卫生陶瓷协会评为"中国建筑卫生陶瓷行业杰出贡献个人"，全国仅15人。

12月15日，恒力泰公司成功入选广东省经济和信息化委认定的2014年广东省战略性新兴产业骨干企业（智能制造领域），跻身广东省10家骨干企业之列，成为佛山市2014年获得该称号的两家企业之一，也是三水区首个智能制造类省级战略性新兴产业企业。

12月17日，中共佛山市金丝玉玛装饰材料有限公司党支部正式挂牌成立，此举标志着金丝玉玛党建工作又上了一个新台阶，也标志着金丝玉玛加快了向规范化经营迈进的步伐。

12月19日，中国液气密行业理事会及技术进步奖颁奖大会在北京金莘酒店（山西大厦）举行。科达液压"KD-A4VS（L）O250/355重载（高转速增压）变量柱塞泵"荣获行业唯一一个技术进步一等奖。

12月20日，博晖公司荣获佛山工商业联合会"2014年度优秀陶机装备品牌企业"称号。

12月20日，第十三届中国（佛山）民营陶瓷卫浴企业家年会在佛山宾馆盛大举行，宏宇集团荣获"十大建陶风云企业"。

12月21日，金丝玉玛瓷砖全国金牌导购培训会隆重举行。培训会期间，金丝玉玛特邀中国时尚礼仪教母周思敏莅临现场进行大师级商务礼仪培训。

12月23日，宏宇集团创新研发的"利用抛光废渣生产广场砖新技术"在清远市银盏酒店二楼2号会议室举行了新产品新技术鉴定会。与会专家一致认定该项技术成果为建陶行业抛光废渣的循环利用和节能减排提供了新的途径，实现了良好的经济、社会及环境效益，达到"国际先进水平"。

12月23日，广东博德精工建材有限公司旗下"博德"连续第四次荣获"广东省名牌产品"称号。同期，"昊博瓷砖"首次荣获"广东省名牌产品"称号。

12月27日，"新经济时期的房产趋势与泛家居行业营销高端论坛暨第五届中国家居十大品牌风尚榜颁奖典礼"在佛山华夏明珠大酒店举行。宏宇陶瓷一举夺得"中国陶瓷十大品牌"、"中国家居十大创新品牌"两项大奖。

第六节　协会工作大事记

1月

1月6～9日，卫浴分会在安徽省合肥市组织开展了首批卫生洁具安装维修工（初级）职业技能考核鉴定工作。参加此次考核鉴定的60名学员全部为来自九牧厨卫股份有限公司服务商的安装维修工及其签约的第三方服务机构的安装维修工。考核鉴定前由九牧厨卫股份有限公司对学员进行了系统的培训。培训结束后由国家建筑材料行业职业技能鉴定009站负责对学员进行考核鉴定。考核鉴定分为理论知识考试和实操技能考核两部分。其中理论知识考试包括卫生陶瓷安装维修工（初级）、浴缸及淋浴房安装维修工（初级）、卫浴家具安装维修工（初级）和卫浴五金及附属配件安装维修工（初级）四个工种。考试统一采用闭卷的方式，时间为每个工种120分钟。实操技能考核要求学员能够正确熟练地对坐便器、蹲便器、浴室柜、淋浴房、浴缸、地漏、淋浴龙头、面盆龙头、挂件单杆和冲洗阀等十余个卫生洁具产品进行安装维修。由三名考评员共同为同一考生打分，最终采用平均分的方式保证考核工作的公平公正。通过考核鉴定，最终有55人通过考核并取得由人力资源和社会保障部颁发的职业资格证书。

2月

2月，工信部下达了《建筑陶瓷企业安全生产技术规范》、《卫生陶瓷企业安全生产技术规范》、《五金卫生洁具安全生产技术规范》和《塑料卫生洁具安全生产技术规范》四项行业标准制定任务，由中国建筑卫生陶瓷协会负责起草编制。

3月

3月，根据在制定《建筑卫生陶瓷生产企业污染物排放控制技术要求》过程中得到的准确数据，中国建筑卫生陶瓷协会诚请全国人大代表——广东唯美陶瓷公司黄建平董事长在"两会"上通过人大提案，建议环保部和工信部重审和修订《陶瓷工业污染物排放标准》。

3月1日，中国建筑卫生陶瓷协会部署开展了第七批诚信企业评比和第四批诚信企业复评申报工作。通过企业社会信用等级评价，激励企业努力履行自身职责，生产出令市场及消费者喜爱的产品，创立拥有良好信用的民族品牌,提高行业整体发展水平。

3月15日,协会启动了2014年"中国建筑陶瓷知名品牌"和"中国卫生洁具知名品牌"的评审推荐工作,经过现场考核、产品抽检、专家评审,共有53家企业获得2014年度行业知名品牌称号,在12月份向行业公告并为这些企业举行授牌仪式。

4月

4月2日,由中国建筑卫生陶瓷协会陶瓷板、建筑琉璃制品分会主办、上海博华展览公司、咸阳陶瓷研究设计院承办的"2014中国国际陶瓷板研讨会"在上海举行。来自全国各地的领导、嘉宾以及企业和媒体代表等150多人出席研讨会,会议及论坛由陈丁荣大师主持,闫开放院长作了致辞,王维成、张千里及多个设计师作了演讲,陶瓷板的企业代表参加了对话,缪斌常务副会长兼秘书长作了重要讲话,会议取得圆满成功。

4月9~10日,中国建筑卫生陶瓷协会卫浴分会召开了《卫生洁具安装维修工培训教材》定稿会议。路达厦门有限公司的廖荣华、和成(中国)有限公司的邵则亮、理想卫浴有限公司的孙远俊、北京东陶有限公司的吕新海、宁波埃美柯铜阀门有限公司的郑雪珍、广东朝阳卫浴有限公司的李双全、广东地中海卫浴有限公司的董文新等7位专家参加了会议。经过各位专家的讨论,整理出教材需要修改的部分,并安排大家在规定时间内将修改好的教材反馈至协会秘书处。

4月11日,中国建筑卫生陶瓷协会卫浴分会在北京海特饭店组织召开了《塑料卫生洁具安全生产规范》和《五金卫生洁具安全生产规范》标准启动会议。来自国内外权威卫浴生产企业及设备制造企业的16名专家参加了会议。中国建筑卫生陶瓷协会卫浴分会理事长缪斌、卫浴分会秘书长王巍出席会议并发表重要讲话。大会由王巍秘书长主持。经大会讨论决定在4月底之前将各企业的相关资料反馈至协会,6月底前形成初稿,年底之前形成标准讨论稿。

4月15日,由协会牵头组织杭州诺贝尔陶瓷有限公司、广东蒙娜丽莎公司、九牧洁具公司、珠海旭日和唐山惠达等单位,经过近7个月的辛勤努力,完成的《建筑卫生陶瓷生产企业污染物排放控制技术要求》(协会标准)在杭州诺贝尔公司召开现场评估和审议会。

5月

5月15日,由协会承担制定的《厨房水嘴加工贸易单耗标准》和《塑料花洒加工贸易单耗标准》两项标准和《钛白粉在建筑卫生陶瓷加工贸易单耗管理方法的研究》课题顺利通过国家海关组织的专家评审验收。协会又承接国家发改委和海关总署下达的《铜质机械便器冲洗阀》和《铜质卫生洁具及暖气管道用直角阀》两项标准加工贸易单耗标准的制定任务。

5月20~22日,在广州国际陶瓷装备及产品展期间,协会与中国建材联合会和建展公司密切合作,安排组织各项活动。协会秘书处召开了"2014年中国建筑卫生陶瓷行业工作座谈会";窑炉分会举办了"2014年雾霾背景下的窑炉暨节能技术"高峰论坛。与会领导、专家及企业代表对全国窑炉能耗调查数据进行深度的剖析,详细分析了影响窑炉节能的主要因素,并提出解决窑炉节能的最佳措施。同时,分析了陶瓷行业大量使用清洁能源的可行性和存在的主要问题。通过此次活动,对陶瓷行业今后的健康发展将具有重要的意义。陶瓷板分会组织召开了"2014中国建筑卫生陶瓷发展趋势研讨及高峰论坛会";杂志编辑部召开了"中国建陶卫浴行业第五次行业精英头脑风暴座谈会";年鉴编辑部召开了"第三届陶瓷产区科学发展论坛"。共有来自行业各方面的300多名学者、专家、管理人员参加了这些活动。

6月

6月,在佛山启动了第四届世纪金陶杯大奖赛的评选,编印大奖赛画册3000册,陶瓷城与陈丁荣老师分别到清华美院、景德镇陶瓷学院进行演讲,并对20所艺术院校及100家企业发出了邀请。在广东组织举行了第五次行业职业经理人头脑风暴，邀请40多位策划人、企业家就共同关心的节能环保、网络营销等热点问题进行讨论和风暴。

在上海组织召开第八次外商企业家联谊会，就行业新标准、市场形势发展、国家产业政策等问题进行讨论，邀请了标委会质检刘幼红、赵钢专家到会解读。

6月，中国建筑卫生陶瓷协会装饰艺术陶瓷专委会启动了第二届中国陶瓷设计艺术大师的评选工作，提出评选管理办法和实施细则，申请报名人数达268人，资料审查入围达170名。

6月1～4日，缪斌秘书长和宫卫副秘书长参加了在新加坡召开的2014年世界水暖卫浴理事会，中外同行齐聚一堂共同交流探讨当今世界卫浴最前沿的行业生产和应用以及节水技术与产品设计的发展趋势。

6月27～28日，中国建筑卫生陶瓷协会第六届理事会第六次会长扩大会议在哈尔滨华旗饭店举行。会议研究了中国建筑卫生陶瓷协会第七届理事会换届选举事宜；研讨当前行业运行和节能减排形势以及"十三五"行业发展建议；讨论协会下半年的重要工作和未来改革发展之路；同时介绍"中国建筑卫生陶瓷产业发展基金"筹备事宜。由协会挂名主办的"中国建材品牌（东北亚）发展论坛"同期举行。

6月29日，由中国建筑卫生陶瓷协会卫浴分会、国家建筑材料工业建筑五金水暖产品质量监督检验测试中心和全国建筑卫生陶瓷标准化技术委员会联合举办的第一期《陶瓷片密封水嘴》（GB 18145—2014）宣贯会在厦门召开。来自全国各地的水龙头生产企业及质检认证等机构的近百位代表参加了本次宣贯会。本次宣贯会由新标准的主要起草人、国家建筑材料工业建筑五金水暖产品质量监督检验测试中心副主任、中国建筑卫生陶瓷协会卫浴分会副秘书长史红卫和全国建筑卫生陶瓷标准化委员会副秘书长段先湖为学员作了新标准的解析。

7 月

7月，协调外商欧洲品牌企业及时解决欧盟卫浴反倾销事件，在第一时间消除了影响。

7月1日，中国建筑材料联合会和中国建筑卫生陶瓷协会正式发布了由中国建筑卫生陶瓷协会组织起草制定的《建筑卫生陶瓷生产企业污染物排放控制技术要求》（协会标准）。

7月11日，中国建筑卫生陶瓷协会卫浴分会与全国建筑卫生陶瓷标准化技术委员会、国家建筑材料工业建筑五金水暖产品质量监督检验测试中心、浙江省水暖阀门行业协会在浙江省玉环县联合举办了第二批《陶瓷片密封水嘴》（GB 18145—2014）标准宣贯班。

7月26日，中国建筑卫生陶瓷协会卫浴分会2014年理事长会议在浙江温州顺利召开，出席此次大会的领导嘉宾有温州市副市长陈浩，温州经济技术开发区书记徐蓬勃等政府领导以及其他产区及协会领导和所有卫浴分会的副理事长。会议由温州五金卫浴行业协会会长、温州鸿升集团有限公司董事长管鸿升主持。温州市副市长陈浩、温州市经济技术开发区书记徐蓬勃首先代表温州市政府向大会致欢迎词。作为此次大会的协办单位温州五金卫浴行业协会会长管鸿升代表地方协会向大会致欢迎词。卫浴分会王巍秘书长向大会作了2014年上半年卫浴分会的工作总结及下半年工作计划。会议同时邀请水利部综合事业局机械管理处处长李文明对国家相关节水政策进行了详细解读，并呼吁在座企业加强节水意识，生产节水产品，开展节水认证。在会议自由讨论阶段，各参会代表积极发言，共同探讨行业热点和难点问题，并针对提升产品质量，加快产业转型升级方面进行了深入探讨。对新修订的《陶瓷片密封水嘴》（GB 18145—2014）的实施进行了的全面讨论。大会最后由中国建筑卫生陶瓷协会秘书长缪斌作总结发言，缪斌主要针对协会工作、行业形势和行业下一步的发展三方面内容进行了总结。会后所有参会代表参观了温州鸿升集团有限公司、温州海霸洁具有限公司和温州精艺洁具有限公司。

7月31日，广东中窑窑业股份有限公司正式在北京的全国中小企业股份转让中心挂牌（新三板）。

9 月

9 月 2 日，卫浴分会与北京新华节水产品认证有限公司、国家建筑材料工业建筑五金水暖产品质量监督检验测试中心在广东佛山联合举办了第三批《陶瓷片密封水嘴》（GB 18145—2014）标准宣贯班。

9 月，中国建筑卫生陶瓷协会组团前往意大利等国参观博洛尼亚陶瓷展、里米尼陶瓷装备展和维罗纳石材展，并参观考察相关企业和陶瓷市场。在此期间，还参加了 2014 年世界卫生洁具论坛筹备会议，并与世界各主要卫生洁具生产国协会代表进行交流。

9 月，2014 年北京市节约用水管理中心开展了"北京市 2014 年节水器具质量提升行动"，对市场上部分坐便器、淋浴器（含淋浴花洒等配套件）、水嘴流量调节器等三样洁具器具进行检测，为普及使用节水器具奠定技术基础。卫浴分会协同北京建筑材料检验研究院有限公司对北京市主要建材市场以及部分节水器具专业市场和专卖店进行样品购置。由北京市建筑材料检验研究院有限公司负责产品的检测，并提供相应的检测数据，上报北京市节约用水管理中心制定相应的政府补贴标准。

10 月

10 月，组织召开第五次青年企业家联谊会，邀请中装协标专家就行业新标准、网络营销新模式进行了研讨和座谈。在协会艺术专委会的支持下，大师联盟组织邀请法国文化（中国）之旅，并在上海举行 54 位法国艺术家创新作品展进行文化交流，为庆祝中法友好 50 年，加强国际交流合作创造了新里程。

10 月 27 日，广东摩德娜科技股份有限公司在全国股份转让系统挂牌上市（新三板）。

10 月 31 日，开平市水暖卫浴行业协会第三次换届选举大会暨就职典礼在开平市假日酒店隆重举行。大会选举产生了新一届理事会，华艺卫浴集团董事长冯松展先生连任会长。中国建筑卫生陶瓷协会卫浴分会理事长缪斌、秘书长王巍出席活动并发表祝贺词。

11 月

11 月，为了有效推动《陶瓷片密封水嘴》（GB 18145—2014）贯彻实施，保护消费者人体健康安全，中国建筑卫生陶瓷协会卫浴分会和国家建筑材料工业建筑五金水暖产品质量监督检验测试中心及国建联信认证中心联合对陶瓷片密封水嘴实施"陶瓷片密封水嘴金属污染物析出限值认证"工作。积极配合 11 月西部陶瓷会展工作及配合企业所需要的推介活动，为行业发展尽了一份力。紧密与国际有关陶瓷企业合作，加强与国内企业的交流，推动陶瓷企业向高端、品牌方向发展，争取早日达到世界领先企业。

11 月，在协会艺术专委会的支持下，大师联盟组织中国陶瓷艺术希腊之旅，获得巨大成功，受到希腊总统的官邸接见，制作的《新丝绸之路—中国陶瓷文化希腊之旅》纪录片在中央电视台《看中国》栏目连续四集联播，产生国际影响力。协会联络部组织相关企业和院校赴意大利、法国考察学习，促成了米兰理工大学、希腊艺术大学战略合作，考察参观了世界知名卫浴企业。

11 月 13 ~ 15 日，2014 年世界陶瓷砖论坛会议于在浦江之畔的上海威斯汀大饭店隆重举行。来自澳大利亚、比利时、巴西、中国、德国、印度、印度尼西亚、意大利、日本、马来西亚、西班牙、土耳其、乌克兰以及欧洲瓷砖制造商协会等占全球总量九成以上的陶瓷砖生产国家行业协会及大企业代表出席会议。本次会议由来自西班牙的 Jose Luis Lanuza Quilez 轮值主席主持。作为东道主的中国建筑卫生陶瓷协会领导叶向阳会长，缪斌秘书长，陈丁荣高级顾问，宫卫副秘书长，夏高生副秘书长，徐熙武副秘书长全程参加会议，杭州诺贝尔、广东金意陶、广东宏宇、广东博德、冠军瓷砖以及唯美陶瓷等国内骨干企业代表也参加了论坛。

12 月

12 月 1 日，中国建筑卫生陶瓷协会卫浴分会、国家建筑材料工业建筑五金水暖产品质量监督检验测试中心和国建联信认证中心在北京联合举办新闻发布会，共同为首批获得"陶瓷片密封水嘴金属污染物析出限值认证"的企业授予了认证通过的牌匾。首批通过认证的企业有TOTO、乐家、科勒、路达、摩恩、中宇、九牧、辉煌等29个品牌。

12月3日，广东道氏技术股份有限公司正式登录深交所创业板。借助资本市场完善企业资金链，扩大企业生产规模与效益，引进先进的管理生产经验，为企业进一步发展壮大夯实基石，同时也对企业的良性发展提出更高要求。

12月8～10日，建材行业标准《建筑陶瓷企业安全生产技术规范（送审稿）》、《卫生陶瓷企业安全生产技术规范（送审稿）》、《塑料卫生洁具安全生产规范（送审稿）》以及《五金卫生洁具安全生产规范（送审稿）》标准审定会在厦门国家会议中心酒店召开，100多位来自生产企业、设备制造厂、高等院校、科研院所、行业主管部门的专家代表参加了会议。标准由中国建筑卫生陶瓷协会负责起草与制定，标准的主要起草人向与会代表介绍了标准的编制过程及征求意见汇总情况，与会代表评审了标准送审稿，对标准内容进行了逐条细致的推敲讨论，提出了审定意见和建议。

12月9日，中国建筑卫生陶瓷协会第七次会员大会在厦门顺利召开，来自全国各地的500余名会员代表参加了会议，会上通过民主选举产生第七届理事会（包括会长、副会长、常务理事、理事、秘书长等）领导成员。叶向阳继续担任第七届理事会会长，缪斌任常务副会长，吕琴任秘书长。

12月9日，"中国陶瓷产业发展基金会"正式宣告成立，广东欧神诺陶瓷有限公司董事长鲍杰军当选为基金会第一届理事长，中陶投资发展有限公司董事长贾锋代表中陶瓷公司向基金会捐赠第一笔200万元的发展基金。为表彰丁卫东、岳邦仁、萧华数十年为行业默默工作的奉献精神，肯定他们为促进中国建筑卫生陶瓷行业发展作出的重要贡献，经过单位推荐、行业评选和专家评审委员会审核，协会特授予丁卫东、岳邦仁、萧华等三位同志"中国建筑陶瓷、卫生洁具行业终身成就奖"。12月9日，授予王彦庆、冯斌、叶荣恒、叶德林、危五祥、何乾、何新明、吴志雄、沈国强、肖智勇、林孝发、徐胜昔、黄英明、谢伟藩、鲍杰军等15位同志"中国建筑陶瓷、卫生洁具行业杰出贡献个人奖"。授予九牧厨卫股份有限公司等26家企业"中国建筑陶瓷、卫生洁具行业突出贡献企业奖"。

12月10日，陶瓷板分会和琉璃制品分会年会同期召开，来自全国各地的会员代表150多人参加了会议，参加会议的有：景德镇陶院江伟辉院长、协会高级顾问陈丁荣、协会副会长吴声团、分会执行理事长王维成、金红英、白战英等人。会议由徐波秘书长主持，会议增选了汤利群、李世建为建筑琉璃制品分会副理事长，吴声团作了热情洋溢的致辞，白战英副院长作了《再谈建筑陶瓷制品的创新》报告，卡巴乔公司董事长作了新技术发展的演讲，陈丁荣大师作了重要演讲，刘继武执行秘书长代表分会作了有关服务的汇报。刘小云副秘书长主持了2014建陶高峰论坛，气氛激烈、场面动人，最后，景德镇陶院江伟辉院长作了重要演讲。

12月8～10日，卫浴分会年会暨2014中国卫浴企业家论坛同期召开，出席此次会议的主要是卫浴生产企业代表、业内专家、学者、行业协会领导等共计150多人。会议由中国建筑卫生陶瓷协会卫浴分会秘书长王巍主持，卫浴分会技术部主任赵钢代表秘书处作了题为"创新引领、加强服务，努力促进行业持续健康稳定发展"的工作报告。会议邀请到国建联信认证中心总经理武庆涛对陶瓷片密封水嘴金属污染物析出量认证作了相关介绍；中国标准化研究资源与环境分院节能室副主任白雪博士针对水效标示制度向大家作了介绍；北京新华节水产品认证有限公司市场部刘志烽经理对生活节水器具推广试点工作方案编制课题情况作了介绍；国际铜业协会铜合金合作项目经理刘正针对"无铅铜项目研究的推进情况"作了介绍；广东伟祥卫浴实业有限公司常务副总曹宏州就无铅产品生产经验向大家进行了分享；上海易匠阀芯有限公司陈绿林总经理从灵敏度方面对龙头的舒适性进行了讲解。

12月12日，环保部根据中国建筑卫生陶瓷协会调研报告，以及《建筑卫生陶瓷生产企业污染物排放控制技术要求》（协会标准）的技术参数，经过组织专家评估认证后，正式公告发布《陶瓷工业污染物排放标准》修订单。

第三章　政策与法规

第一节　环保部：陶瓷工业污染物排放标准修订单（2014 年 12 月发布实施）

1. 中华人民共和国环境保护部公告（公告 [2014] 年 第 83 号）

为贯彻《中华人民共和国环境保护法》和《中华人民共和国大气污染防治法》，防治污染，保护和改善生态环境，保障人体健康，完善国家环保标准体系，我部决定对国家污染物排放标准《陶瓷工业污染物排放标准》（GB 25464—2010）进行修改完善，制定了标准修改单，并由我部与国家质量监督检验检疫总局联合发布。

该标准修改单自发布之日起实施。

特此公告。

（此公告业经国家质量监督检验检疫总局田世宏会签）

环境保护部 2014 年 12 月 12 日

2. 修改单

《陶瓷工业污染物排放标准》（GB 25464—2010）修改单

为进一步完善国家污染物排放标准，我部决定修改国家污染物排放标准《陶瓷工业污染物排放标准》（GB 25464—2010），修改内容如下：

一、将 4.2.7 条修改为：喷雾干燥塔、陶瓷窑烟气基准含氧量为 18%，实测喷雾干燥塔、陶瓷窑的大气污染物排放浓度，应换算为基准含氧量条件下的排放浓度，并以此作为判定排放是否达标的依据。

二、将表 5 中喷雾干燥塔、陶瓷窑的颗粒物限值调整为 30 毫克／立方米、二氧化硫限值调整为 50 毫克／立方米、氮氧化物限值调整为 180 毫克／立方米。

3. 修改单（征求意见稿）编制说明

近期，我部先后收到全国人大代表建议以及陶瓷生产企业的来函，反映《陶瓷工业污染物排放标准》（GB 25464—2010）在实施中的困难和问题。为了进一步完善国家污染物排放标准，提高标准的科学、合理和可操作性，我部组织有关单位和专家对《陶瓷工业污染物排放标准》（GB 25464—2010）的实施情况进行了实地调研，并对国内外相关标准进行了深入研究。

一、关于陶瓷工业烟气含氧量

陶瓷生产中的喷雾干燥塔、陶瓷窑（辊道窑、隧道窑、梭式窑）是典型的热工设备。喷雾干燥塔使用热风炉产生的热风对浆料进行干燥，连续生产的陶瓷窑后段需要混入冷风对产品进行冷却。无论是热风炉的热风，还是陶瓷窑的冷却风，都混合了大量空气，因此烟气含氧量急剧升高。根据监测，含氧量一般在 16% ~ 19% 之间，不同的操作条件会有波动，表 3-1。

喷雾干燥塔、陶瓷窑烟气含氧量统计　　　　　　　　　　　　表3-1

生产设备	烟气含氧量平均值（%）	烟气含氧量最小值（%）	烟气含氧量最大值（%）
喷雾干燥塔	18.01	16.36	19.55

续表

生产设备	烟气含氧量平均值（%）	烟气含氧量最小值（%）	烟气含氧量最大值（%）
陶瓷窑（连续）	16.28	15.49	17.03
喷雾干燥塔与陶瓷窑混合烟气	17.86	16.81	18.75
陶瓷窑（间歇）	10.34	10.18	10.66

对于间歇生产的陶瓷窑（如梭式窑），烧成阶段烟气直排，烟气中含氧量低，约10%-12%。

在国外以及我国台湾、香港的标准中，对陶瓷工业规定的含氧量为17%或18%，以18%居多，也有个别国家为实测值（不需含氧量折算），见表3-2。美国标准因使用的是单位产品排放量指标（磅／吨产品），无须含氧量折算。

陶瓷工业相关标准对含氧量的规定 表3-2

	欧盟	德国	意大利	日本	我国台湾	我国香港
换算基准含氧量	18%	17%	实测	18%	18%	18%

《陶瓷工业污染物排放标准》（GB 25464-2010）规定过量空气系数1.7，相当于烟气含氧量8.6%。综合考虑我国陶瓷工业经济技术条件和污染治理水平，参考国内外相关标准，将喷雾干燥塔、陶瓷窑烟气基准含氧量调整为18%，实测喷雾干燥塔、陶瓷窑的大气污染物排放浓度，应换算为基准含氧量条件下的排放浓度，并以此作为判定排放是否达标的依据。

二、关于污染物排放限值

（一）国内外相关标准

国内外陶瓷工业相关标准要求如表3-3。

陶瓷工业相关排放标准要求 表3-3

标准 污染物	欧盟IPPC指南——陶瓷工业	德国TA Luft	意大利	我国台湾	我国香港
颗粒物	1～30（喷雾干燥）、1～5（陶瓷窑）	40	30（喷雾干燥）、5（陶瓷窑）	100（喷雾干燥）	50
SO$_2$	500	500	35（喷雾干燥）、500（陶瓷窑）	—	—
NO$_x$	500（＞1300摄氏度）、250（＜1300摄氏度）	500	350（喷雾干燥）、200（陶瓷窑）	—	200
		500		—	200
Pb	—	0.5	0.5	—	金属合计5
HF	1～5	5	5	—	10
HCl	1～30	—	—	—	50
基准含氧量	18%	17%	实测	18%	18%

（二）污染物排放控制水平

污染物排放限值既与烟气含氧量折算基准有关，也与采取的可行控制措施有关。我们对典型的采取了控制措施的 9 家生产企业进行了调研和监测，下面分别对喷雾干燥塔和陶瓷窑进行说明（按照我国现行标准要求，监测数据均是折算到含氧量 8.6% 的数值）。

1. 喷雾干燥塔

喷雾干燥塔大多使用水煤浆作燃料，受工艺影响，颗粒物和 NO_x 排放浓度高。颗粒物初始排放水平为 10000 ~ 30000 毫克 / 立方米，经布袋除尘及喷淋洗涤后，排放浓度可控制在 100 毫克 / 立方米以下，除尘效率 99% 以上。NO_x 初始排放浓度 300 ~ 1100 毫克 / 立方米，目前没有很好的办法，个别企业在喷雾塔热风炉的高温区正在进行 SNCR 脱硝试验，大约有 50% 的效率。SO_2 通过简单的水洗或碱溶液吸收后，排放浓度均可控制在标准要求的 300 毫克 / 立方米以下，由于初始浓度不高，有进一步脱硫降低排放浓度的潜力。

喷雾干燥塔的大气污染物排放状况见表 3-4。

喷雾干燥塔大气污染物排放状况　　　　表3-4

污染物	初始浓度（毫克/立方米）	处理技术	排放浓度（毫克/立方米）		
			平均值	最低值	最高值
颗粒物	10000~30000	布袋除尘	53	11	109
SO_2	50~300	喷淋洗涤	145	5	269
NO_x	300~1100	—	560	254	1100

2. 陶瓷窑

陶瓷窑燃料以煤制气为主，部分使用了天然气和柴油，从污染物排放情况看，不同燃料的差别不大。陶瓷窑的颗粒物初始排放浓度不高（约 100 ~ 1600 毫克 / 立方米），通常采用湿法脱硫、除氟工艺一并去除烟气中的颗粒物，由于湿法除尘效率低，造成目前颗粒物超标比较普遍，这也与脱硫、除氟的碱颗粒二次污染有关。为达到标准要求，一些企业已尝试采用高温布袋除尘器处理窑炉废气。

SO_2 初始排放浓度较高（约 500 ~ 2300 毫克 / 立方米），采用湿法脱硫，效率 90% 以上，排放浓度低于毫克 / 立方米。NO_x 目前没有可行的控制措施（SNCR 喷氨会污染陶瓷，SCR 没有适宜的温度窗口），NO_x 直排，浓度一般在 600 毫克 / 立方米以下。

陶瓷窑的大气污染物排放状况见表 3-5。

陶瓷窑大气污染物排放状况　　　　表3-5

污染物	初始浓度（毫克/立方米）	处理技术	排放浓度（毫克/立方米）		
			平均值	最低值	最高值
颗粒物	100~1600	湿法除尘	52	13	105
SO_2	500~2300	湿法脱硫	40	0	95
NO_x	100~700	—	325	120	665

基于典型企业排放状况（表 3-4、表 3-5）和采取的可行控制措施，确定颗粒物、SO_2、NO_x 排放控制水平如表 3-6 所示（按我国现行标准，为含氧量 8.6% 条件下的数值）。如折算为含氧量 18%，则在限值基础上降低 4 倍左右。

陶瓷工业大气污染物排放控制水平　　　　　　　　　　　　表3-6

污染物项目	采取的措施		排放控制水平（毫克/立方米）	
	喷雾干燥塔	陶瓷窑	含氧量8.6%	含氧量18%
颗粒物	布袋除尘	湿法除尘、布袋除尘	100	25
SO₂	湿法脱硫	湿法脱硫	100	25
NO$_x$	SNCR	—	600	150

三、限值修改方案

综合考虑含氧量折算基准（18%）、可行控制措施可达到的排放水平（表6），确定对大气污染物排放限值作如下修改（表3-7）：

1. 国外陶瓷工业采取了严格的颗粒物控制措施，如布袋除尘技术，我国要求采取的控制措施与之相同，控制水平亦相同，限值30毫克/立方米。

2. 国外陶瓷工业并未要求脱硫、脱硝。根据总量减排要求，我国陶瓷工业在工艺可行条件下，需要考虑脱硫、脱硝，因此在排放控制水平上SO₂、NO$_x$将严于国外标准要求。SO₂要求湿法脱硫，达到90%以上的脱硝效率，限值30毫克/立方米。喷雾干燥塔NO$_x$浓度较高，采取SNCR措施；陶瓷窑无可行控制措施，基于现状排放水平，限值150毫克/立方米。

3. 重金属与颗粒物协同去除，因此控制水平上原则与国外最严格标准相当。但考虑到我国铅排放控制一向严格，限值仍保持我国最严格的控制水平0.1毫克/立方米。虽然含氧量调整了，限值仍然只有国际最严格标准的1/5。一般认为铅主要来源于含铅釉料，目前国际上普遍要求采用无铅釉料，排放可控。

4. 个别企业可能氟化物排放浓度较高，需要采取干、湿法除氟措施（除氟效率90%以上），达到3毫克/立方米，略严于国际要求。由于我国桑蚕业发达，水泥等行业标准一般也要求控制到3毫克/立方米。

陶瓷工业大气污染物排放限值修改方案　（毫克/立方米）　　　　表3-7

污染物项目	采取的措施		修改后排放限值（含氧量18%）	国际最严格标准（含氧量18%）
	喷雾干燥塔	陶瓷窑		
颗粒物	布袋除尘	湿法除尘 布袋除尘	30	30（喷雾干燥）、 5（陶瓷窑）
SO₂	湿法脱硫（脱硫90%以上）		30	500
NO$_x$	SNCR	—	150	350（喷雾干燥）、 200（陶瓷窑）
烟气黑度	燃料控制、除尘		1级	—
Pb	除尘协同去除		0.1	0.5
Cd			0.1	—
Ni			0.2	—
氟化物	干、湿法除氟		3.0	5
氯化物（以HCl计）	—		25	30

以上限值修改，对喷雾干燥塔和陶瓷窑统一了颗粒物、SO₂、NO$_x$排放浓度要求，且不再区分燃料类型。

第二节　中国建筑材料联合会、中国建筑卫生陶瓷协会：建筑卫生陶瓷生产企业污染物排放控制技术要求（2014 年 8 月发布、9 月实施）

前言

本标准化指导性技术文件为建筑卫生陶瓷企业如何实现工业污染物排放治理要求提供了指南，旨在帮助企业切实有效地实施《陶瓷工业污染物排放标准》（GB 25464—2010）中对建筑卫生陶瓷企业的技术要求。《陶瓷工业污染物排放标准》（GB 25464 - 2010）正在修订，在新版标准发布之前，各地环保主管部门对建筑卫生陶瓷生产企业污染物排放进行监控和环保治理时可参照执行。

本标准化指导性技术文件参照德国、意大利、韩国、日本等国家和地区的相关标准，在《陶瓷工业污染物排放标准》（GB 25464—2010）的基础上结合建筑卫生陶瓷行业的生产工艺特点及当前我国先进的工业污染物排放治理应用技术，专门对建筑卫生陶瓷工业企业的水和大气污染物排放限值、监测和控制要求进行了规定。本标准中的污染物排放浓度均为质量浓度。

本标准化指导性技术文件适用于建筑卫生陶瓷企业生产过程的污染物排放状况自我监测和控制。为便于理解和执行，编制组编制了本标准的条文说明，但本条文说明仅供使用者作为理解和把握本标准化指导性技术文件有关规定的参考。

本标准化指导性技术文件按照 GB/T 1.1—2009 给出的规则起草。

本标准化指导性技术文件由中国建筑材料联合会负责管理，中国建筑卫生陶瓷协会负责具体技术内容的解释。本标准化指导性技术文件在执行过程中，如发现需要修改或补充之处，请将意见和建议寄交中国建筑材料联合会标准质量部（地址：北京市海淀区三里河路 11 号，邮政编码：100831）。

本标准化指导性技术文件由中国建筑材料联合会和中国建筑卫生陶瓷协会提出并归口。

本标准化指导性技术文件负责起草单位：杭州诺贝尔集团有限公司、广东蒙娜丽莎新型材料集团有限公司、九牧厨卫股份有限公司、珠海市斗门区旭日陶瓷有限公司、惠达卫浴股份有限公司、咸阳陶瓷设计研究院、国家日用及建筑陶瓷工程研究中心。

本标准化指导性技术文件参加起草单位：广东新明珠陶瓷集团有限公司、上海斯米克控股股份有限公司、信益陶瓷（蓬莱）有限公司、和成（中国）有限公司、广东兴辉陶瓷集团有限公司、广东新润成陶瓷有限公司、广东清远蒙娜丽莎建陶有限公司、佛山市和美陶瓷有限公司、佛山市新联发陶瓷有限公司、佛山市利华陶瓷有限公司。

本标准化指导性技术文件主要起草人：徐熙武、缪斌、　先华、张旗康、林孝发、王彦庆、王化能、张新仁、李转、冯青、吴萍。

本标准化指导性技术文件主要审查人：王博、苑克兴、徐胜昔、张柏清、李振中、吕殿杰、万杏波、熊亮、邵丽鸿。

本标准化指导性技术文件为首次发布。

建筑卫生陶瓷工业污染物排放控制技术要求

1. 范围

本标准规定了建筑卫生陶瓷工业污染物排放控制技术要求的术语和定义、污染物排放控制要求、污染物监测要求及实施与监督。

本标准适用于建筑卫生陶瓷生产企业的水污染物和大气污染物排放管理，以及建筑卫生陶瓷生产企业建设项目的环境影响评价、环境保护设施设计、竣工环境保护验收及其投产后的水污染物和大气污染物排放管理。不适用于建筑卫生陶瓷原辅材料的开采及初加工过程的水污染物和大气污染物排放管理。

2. 规范性引用文件

下列文件对于本文件的应用是必不可少的。凡是注日期的引用文件，仅注日期的版本适用于本文件。凡是不注日期的引用文件，其最新版本（包括所有的修改单）适用于本文件。

GB/T 6920—1986 水质 pH 值的测定 玻璃电极法

GB/T 7466—1987 水质 总铬的测定 高锰酸钾氧化 - 二苯碳酰二肼分光光度法

GB/T 7470—1987 水质 铅的测定 双硫腙分光光度法

GB/T 7475—1987 水质 铜、锌、铅、镉的测定 原子吸收分光光度法

GB/T 7484—1987 水质 氟化物的测定 离子选择电极法

GB/T 9195—2011 建筑卫生陶瓷分类及术语

GB/T 11893—1989 水质 总磷的测定 钼酸铵分光光度法

GB/T 11901—1989 水质 悬浮物的测定 重量法

GB/T 11912—1989 水质 镍的测定 火焰原子吸收分光光度法

GB/T 11914—1989 水质 化学需氧量的测定 重铬酸盐法

GB/T 13896—1992 水质 铅的测定 示波极谱法

GB/T 14671—1993 水质 钡的测定 电位滴定法

GB/T 15432—1995 环境空气 总悬浮颗粒物的测定 重量法

GB/T 15959—1995 水质 可吸附有机卤素（AOX）的测定 微库仑法

GB/T 16157—1996 固定污染源排气中颗粒物测定与气态污染物采样方法

GB/T 16489—1996 水质 硫化物的测定 亚甲蓝分光光度法

GB 25464—2010 陶瓷工业污染物排放标准

HJ/T 27—1999 固定污染源排气中氯化氢的测定 硫氰酸汞分光光度法

HJ/T 42—1999 固定污染源排气中氮氧化物的测定 紫外分光光度法

HJ/T 43—1999 固定污染源排气中氮氧化物的测定 盐酸萘乙二胺分光光度法

HJ/T 55—2000 大气污染物无组织排放监测技术导则

HJ/T 56—2000 固定污染源排气中二氧化硫的测定 碘量法

HJ/T 57—2000 固定污染源排气中二氧化硫的测定 定电位电解法

HJ/T 58—2000 水质 铍的测定 铬菁 R 分光光度法

HJ/T 59—2000 水质 铍的测定 石墨炉原子吸收分光光度法

HJ/T 60—2000 水质 硫化物的测定 碘量法

HJ/T 63.1—2001 大气固定污染源 镍的测定 火焰原子吸收分光光度法

HJ/T 63.2—2001 大气固定污染源 镍的测定 石墨炉原子吸收分光光度法

HJ/T 63.3—2001 大气固定污染源 镍的测定 丁二酮肟 - 正丁醇萃取分光光度法

HJ/T 64.1—2001 大气固定污染源 镉的测定 火焰原子吸收分光光度法

HJ/T 64.2—2001 大气固定污染源 镉的测定 石墨炉原子吸收分光光度法

HJ/T 64.3—2001 大气固定污染源 镉的测定 对 - 偶氮苯重氮氨基偶氮苯磺酸吸收分光光度法

HJ/T 67—2001 大气固定污染源 氟化物的测定 离子选择电极法

HJ/T 76—2007 固定污染源烟气排放连续监测系统技术要求及检测方法（试行）

HJ/T 83—2001 水质 可吸附有机卤素（AOX）的测定 离子色谱法

HJ/T 195—2005 水质 氨氮的测定 气相分子吸收光谱法

HJ/T 199—2005 水质 总氮的测定 气相分子吸收光谱法

HJ/T 355—2007　水污染源在线监测系统运行与考核技术规范

HJ/T 397—2007　固定源废气监测技术规范

HJ/T 398—2007　固定污染源排放烟气黑度的测定　林格曼烟气黑度图法

HJ/T 399—2007　水质　化学需氧量的测定　快速消解分光光度法

HJ 485—2009　水质　铜的测定　二乙基二硫代氨基甲酸钠分光光度法

HJ 487—2009　水质　氟化物的测定　茜素磺酸锆目视比色法

HJ 488—2009　水质　氟化物的测定　氟试剂分光光度法

HJ 505—2009　水质　五日生化需氧量（BOD$_5$）的测定　稀释与接种法

HJ 535—2009　水质　氨氮的测定　纳氏试剂分光光度法

HJ 536—2009　水质　氨氮的测定　水杨酸分光光度法

HJ 537—2009　水质　氨氮的测定　蒸馏 - 中和滴定法

HJ 538—2009　固定污染源废气　铅的测定　火焰原子吸收分光光度法（暂行）

HJ 550—2009　水质　总钴的测定 5- 氯 -2-（吡啶偶氮）-1,3- 二氨基苯分光光度法（暂行）

HJ 636—2012　水质　总氮的测定　碱性过硫酸钾消解紫外分光光度法

HJ 637—2012　水质　石油类和动植物油类的测定 红外分光光度法

《环境监测管理办法》

《污染源自动监控管理办法》

3. 术语和定义

《建筑卫生陶瓷分类及术语》（GB/T 9195—2011）界定的以及下列术语和定义适用于本文件。

3.1

建筑卫生陶瓷生产企业 building ceramics and sanitary ware factories

从事建筑陶瓷、卫生陶瓷生产制造的企业。

3.2

建筑陶瓷 building ceramic

由黏土、长石和石英为主要原料，经成型、烧成等工艺处理，用于装饰、构建与保护建筑物、构筑物的板状或块状陶瓷制品。

[GB/T 9195—2011，定义 3.1]

3.3

卫生陶瓷 ceramic sanitary ware

由黏土、长石和石英为主要原料，经混炼、成型、高温烧制而成，用作卫生设施的有釉陶瓷制品。

[GB/T 9195—2011，定义 3.4]

3.4

标准状态 standard condition

温度 273.15 K，压力为 101 325 Pa 时的状态。本标准规定的大气污染物排放浓度限值均以标准状态下的干气体为基准。

[GB 25464—2010，定义 3.6]

3.5

排气筒高度 stack height

自排气筒（或其主体建筑构造）所在的地平面至排气筒出口的高度。

3.6

工业排水量 industry effluent volume

生产设施或企业向企业法定边界以外排放的生产活动产生的废水量，包括与生产有直接或间接关系的各种外排废水。

3.7

工业废水排放口 industry effluent discharge outlet

企业向企业法定边界以外排放的生产活动产生的废水口。

3.8

单位产品基准排水量 benchmark effluent volume per unit product

用于核定水污染物排放浓度而规定的生产单位陶瓷产品的废水排放量上限值。

[GB 25464—2010，定义 3.11]

3.9

氧含量 O_2 content

燃料燃烧后，废气中含有的多余的自由氧，通常以干基容积百分数来表示。

3.10

企业边界 enterprise boundary

陶瓷工业企业的法定边界。若无法定边界，则指实际边界。

[GB 25464—2010，定义 3.13]

3.11

直接排放 direct discharge

排污单位直接向环境水体排放污染物的行为。

[GB 25464—2010，定义 3.15]

3.12

间接排放 indirect discharge

排污单位向公共污水处理系统排放污染物的行为。

[GB 25464—2010，定义 3.16]

4．污染物排放控制要求

4.1 水污染物排放控制要求

4.1.1 建筑卫生陶瓷生产企业水污染物排放限值应符合表3-8的规定。

企业水污染物排放浓度限值　　　　　　　　　　　　表3-8

序号	污染物项目	限 值		污染物排放监控位置
		直接排放	间接排放	
1	pH 值	6~9	6~9	
2	悬浮物（SS）（毫克/升）	50	120	
3	化学需氧量（COD_{Cr}）（毫克/升）	50	110	
4	五日生化需氧量（BOD_5）（毫克/升）	10	40	企业生产废水总排放口
5	氨氮（毫克/升）	3.0	10	
6	总磷（毫克/升）	1.0	3.0	
7	总氮（毫克/升）	15	40	

续表

序号	污染物项目	限 值		污染物排放监控位置
		直接排放	间接排放	
8	石油类（毫克/升）	3.0	10	企业生产废水总排放口
9	硫化物（毫克/升）	1.0	2.0	
10	氟化物（毫克/升）	8.0	20	
11	总铜（毫克/升）	0.1	1.0	
12	总锌（毫克/升）	1.0	4.0	
13	总钡（毫克/升）	0.7	0.7	
14	总镉（毫克/升）	0.07		车间或车间处理设施排放口
15	总铬（毫克/升）	0.1		
16	总铅（毫克/是）	0.3		
17	总镍（毫克/升）	0.1		
18	总钴（毫克/升）	0.1		
19	总铍（毫克/升）	0.005		
20	可吸附有机卤化物（AOX）（毫克/升）	0.1		

4.1.2 根据环境保护工作的要求，在国土开发密度已经较高、环境承载能力开始减弱，或环境容量较小、生态环境脆弱，容易发生严重环境污染问题而需要采取特别保护措施的地区，应严格控制企业的污染物排放行为，在上述地区的企业应符合《陶瓷工业污染物排放标准》（GB 25464—2010），4.1.4 中规定的水污染物特别排放限值。

4.1.3 水污染物排放浓度限值适用于单位产品实际排水量不高于单位产品基准排水量的情况，企业单位产品基准排水量的规定见表3-9。

单位产品基准排水量规定值 表3-9

产品类型		单位产品基准排水量（立方米/吨）
建筑陶瓷	抛光	0.3
	非抛光	0.1
卫生陶瓷		4.0

注：排水量计量位置与污染物排放监控位置一致。

若单位产品实际排水量超过单位产品基准排水量，应按公式（1）将实测水污染物浓度换算为水污染物基准水量排放浓度，并以水污染物基准水量排放浓度作为判定排放是否达标的依据。产品产量和排水量统计周期为一个工作日。

在企业的生产设施同时生产两种以上产品、可适用不同排放控制要求或不同行业国家污染物排放标准，且生产设施产生的污水混合处理排放的情况下，应执行排放标准中规定的最严格的浓度限值，并按公式（1）换算水污染物基准水量排放浓度。

$$\rho_{基} = \frac{Q_{总}}{\sum Y_i \times Q_{i基}} \times \rho_{实} \quad \cdots\cdots\cdots\cdots\cdots\cdots\cdots\cdots\cdots\cdots\cdots \quad (1)$$

式中　$\rho_{基}$——水污染物基准水量排放浓度（毫克/升）；

$Q_{总}$——排水总量（立方米）；

Y_i——第 i 种产品的产量（吨）；

$Q_{i基}$——第 i 种产品的单位产品基准排水量（立方米/吨）；

$\rho_{实}$——实测水污染物浓度（毫克/升）。

若 $Q_{总}$ 与 $\sum Y_i \times Q_{i基}$ 的比值小于 1，则以水污染物实测浓度作为判定排放是否达标的依据。

4.2 大气污染物排放控制要求

4.2.1 建筑卫生陶瓷生产企业大气污染物排放限值应符合表 3-10 的规定。监控位置为车间或生产设施排气筒。

企业大气污染物排放浓度限值（毫克/立方米）　表3-10

序号	排放物项目	生产工序、设备及燃料类型排放浓度限值			
		工序原料制备、干燥工序		烧成、烤花工序	
		喷雾干燥塔设备		辊道窑、隧道窑、梭式窑[b]设备	
		水煤浆	油、气	水煤浆	油、气
1	颗粒物	50	30	30	30
2	二氧化硫	200	100	200	100
3	氮氧化物（以 NO_2 计）	240	240	300	300
4	烟气黑度（林格曼黑度，级）	1			
5	铅及其化合物	—		0.1	
6	镉及其化合物	—		0.1	
7	镍及其化合物	—		0.2	
8	氟化物	—		3.0	
9	氯化物（以HCl计）	—		25	

注：a. 生坯及产品烘干窑排放标准采用喷雾干燥塔中相关规定。
　　b. 梭式窑类间歇式窑炉设备，以一个烧成周期的平均计算值计。

4.2.2 企业边界大气污染物 1 小时平均浓度限值应符合表 3-11 的规定。

企业厂界无组织排放限值　表3-11

污染物项目	最高浓度限度值（毫克/立方米）
颗粒物	1.0

4.2.3 在企业生产、建设项目竣工环保验收后的生产过程中，应对周围居住、教学、医疗等用途的敏感区域环境质量进行监测，应采取措施确保环境状况符合环境质量标准要求。

4.2.4　产生大气污染物的生产工艺和装置应设立局部或整体气体收集系统和集中净化处理装置。所有排气筒高度应不低于 15 米。排气筒周围半径 200 米 范围内有建筑物时，排气筒高度还应高出最高建筑物 3 米 以上。

4.2.5　对于喷雾干燥塔、炉窑系统排气，应同时对排气中氧含量进行监测，实测大气污染物排放浓度应按公式（2）换算为基准含氧量状态下的基准排放浓度，并以此作为判定排放是否达标的依据。

$$\overline{c} = c' \frac{21-O_2}{21-O_2'} \quad \cdots\cdots\cdots\cdots\cdots\cdots\cdots\cdots\cdots\cdots\cdots\cdots\cdots\cdots\cdots\cdots\cdots\cdots\cdots\cdots \quad (2)$$

式中　$\overline{c}$——大气污染物基准排放浓度（毫克 / 立方米）；

　　　c'——实测大气污染物排放浓度（毫克 / 立方米）；

　　　O_2'——实测的废气氧含量，用百分数表示（%）；

　　　O_2——基准废气氧含量，用百分数表示（%）。喷雾干燥塔、炉窑基准废气氧含量为 17%。

如果实测的废气氧含量小于 17%，直接使用实测的污染物排放浓度，不应进行折算。电烧窑炉不用折算，以实测数值计。

5. 污染物监测要求

5.1　污染物监测的一般要求

5.1.1　对企业废水和废气采样应根据监测污染物的种类，在规定的污染物排放监控位置进行。在污染物排放监控位置应设置永久性排污口标志。

5.1.2　企业安装污染物排放自动监控设备，应按有关法律和《污染源自动监控管理办法》的规定。

5.1.3　对企业污染物排放情况进行监测的频次、采样时间等，应按国家有关污染源监测技术规范的规定。

5.1.4　企业产品产量的核定，以法定报表为依据。

5.1.5　企业应按有关法律和《环境监测管理办法》的规定，对排污状况进行监测，并保存原始监测记录。

5.2　水污染物监测要求

企业排放水污染物浓度的测定方法按表3-12 的规定进行。

水污染物浓度测定方法　　　　　　　　　　　　　　表3-12

序号	污染物项目	测定方法
1	pH 值	GB/T 6920—1986
2	悬浮物（SS）	GB 11901—1989
3	化学需氧量（COD_{Cr}）	GB/T 11914—1989
		HJ/T 399—2007
4	五日生化需氧量（BOD_5）	HJ 505—2009
5	氨氮	HJ/T 195—2005
		HJ 535—2009
		HJ 536—2009
		HJ 537—2009
6	总磷	GB 11893—1989

续表

序号	污染物项目	测定方法
7	总氮	HJ/T 199—2005
		HJ 636—2012
8	石油类	HJ 637—2012
9	硫化物	GB/T 16489—1996
		HJ/T 60—2000
10	氟化物	GB/T 7484—1987
		HJ 487—2009
		HJ 488—2009
11	总铜	GB/T 7475—1987
		HJ 485—2009
12	总锌	GB/T 7475—1987
13	总钡	GB/T 14671—1993
14	总镉	GB/T 7475—1987
15	总铬	GB/T 7466—1987
16	总铅	GB/T 7475—1987
		GB/T 7470—1987
		GB/T 13896—1992
17	总镍	GB/T 11912—1989
18	总钴	HJ 550—2009
19	总铍	HJ 58—2000
		HJ 59—2000
20	可吸附有机卤化物（AOX）	HJ 83—2001
		GB/T 15959—1995

5.3 大气污染物监测要求

5.3.1 采样点的设置与采样方法按《固定污染源排气中颗粒物测定与气态污染物采样方法》（GB/T 16157—1996）的规定。

5.3.2 在有敏感建筑物方位、必要的情况下按《大气污染物无组织排放监测技术导则》（HJ/T 55—2000）进行无组织排放监控、监测。

5.3.3 企业排放大气污染物浓度的测定方法按表3-13的规定进行。

大气污染物浓度测定方法　　　　　　表3-13

序号	污染物项目	测定方法
1	颗粒物	GB/T 16157—1996
		GB/T 15432—1995
2	二氧化硫	HJ/T 56—2000
		HJ/T 57—2000
		HJ/T 76—2007
3	氮氧化物	HJ/T 42—1999
		HJ/T 43—1999
		HJ/T 76—2007
4	烟气黑度	HJ/T 398—2007
5	铅及其化合物	HJ 538—2009
6	镉及其化合物	HJ/T 64.1—2001
		HJ/T 64.2—2001
		HJ/T 64.3—2001
7	镍及其化合物	HJ/T 63.3—2001
		HJ/T 63.2—2001
		HJ/T 63.1—2001
8	氟化物	HJ/T 67—2001
9	氯化物（以 HCl 计）	HJ/T 27—1999

6. 实施与监督

6.1　在任何情况下，企业均应遵守本标准规定的污染物排放控制要求，采取必要措施保证污染防治设施正常运行。

6.2　各级环保部门在对企业进行监督性检查时，可以现场即时采样或监测结果，作为判定排污是否符合排放标准以及实施相关环境保护管理措施的依据。在发现企业耗水或排水量有异常变化时，应核定企业的实际产品产量和排水量，按本标准的规定，换算水污染物基准水量排放浓度。

第三节　佛山：佛山市开展严厉打击环境违法排污工作的实施意见（2014 年 9 月印发执行）

中共佛山市委办公室文件

佛办发 [2014]8 号

中共佛山市委办公室　佛山市人民政府办公室

关于印发《佛山市开展严厉打击环境违法排污工作的实施意见》的通知

各区党委和人民政府，市委各部委、市直副局以上单位、市各人民团体、各授权经营公司、中央和省驻禅各单位：

《佛山市开展严厉打击环境违法排污工作的实施意见》已经市委、市政府同意，现印发给你们，请认真贯彻执行。

中共佛山市委办公室

佛山市人民政府办公室

2014 年 9 月 5 日

佛山市开展严厉打击环境违法排污工作的 实施意见

为加大环境保护力度，严厉打击违法排污，坚决向污染宣战，持续改善环境质量，现结合我市实际提出如下实施意见。

一、指导思想和工作目标

（一）指导思想。以邓小平理论、"三个代表"重要思想、科学发展观为指导，全面贯彻落实党的十八届三中全会精神和市委十一届五次全会精神，牢固树立保护生态环境就是保护生产力、改善生态环境就是发展生产力的理念，坚持源头严防、过程严管、后果严惩，以改革创新促监管方式转变，健全部门监管、企业自律、社会监督"三位一体"的环境执法新机制，遏制违法排污行为高发态势。

（二）工作目标。构建起纵向到底、横向到边的环境监管网络，落实监管责任，确保监管到位；依法从快从严从重打击环境违法行为，加大环境污染犯罪司法打击力度，依法查处不符合环境保护要求的企业，在案件查处率、执行结案率、责任追究等方面达到全省先进水平，努力建设人民满意的生产和生活环境。

二、主要措施

（一）严格环境监管。

1. 构建"大监管"体系。理顺市、区、镇（街）环境监管职责，建立市督查、区检查、镇（街）巡查、村（居）协查的"环境大监管"体系，编织纵向到底、横向到边的监管网络，实行监管责任层层覆盖,实现"零死角"监控。深入推进环境监察网格化管理工作,明确监管责任,做到"三定四清五统一",即定网格、定企业、定责任人，清楚生产工艺、清楚污染物治理工艺、清楚污染物排放情况、清楚企业环境风险环节，统一执法责任、统一执法规范、统一执法频次、统一执法文书、统一处罚标准。

2. 推行"全覆盖"模式。组织市、区、镇（街）三级违法排污巡查队，实施独立、快速、全天候的巡查，推行"三不三直五结合"方式，即不定时间、不打招呼、不听汇报，直奔现场、直接督查、直接曝光，明查与暗查相结合、日常巡查与突击检查相结合、昼查与夜查相结合、工作日查与节假日查相结合、晴天查与雨天查相结合，实现时间和空间上的"全覆盖"。

3．实行"严监控"管理。扩大污染源自动监控系统建设，将陶瓷、玻璃、铝型材等重点行业、列为重点扬尘污染源的建设工地、未改燃清洁能源的10蒸吨／时以上工业锅炉等纳入自动监控，建立全天候监控网络。强化污染源自动监测数据执法应用，依法对超标排污立案处理处罚；加强自动监控社会化运营单位监管，对存在协助排污单位弄虚作假、人为原因造成自动监控设施不正常运行等行为的单位，依法进行处理，并在全市范围内通报。

4．推行"智能化"执法。建设市、区、镇（街）三级联网的环境监控信息体系，以信息平台数据库为支撑，依托环境感知和物联网技术，构建监督有力、高效运转的环境管理数字网格体系，依靠信息手段提高执法效率和强度。建设佛山市环境监察一体化的移动执法系统，实现环境执法业务的规范化和智能化。

（二）依法严惩违法排污。

1．坚持"零容忍"查处。建立完善执行有力、独立高效的查处体系，解放思想、开拓创新、千方百计，从多方面入手，应对环保严峻挑战。依法从严从重查处违法排污，强化行政处罚结果应用，实行"九个一律"：对环境严重违法行为依法处以罚款的，一律依法从严实施行政处罚。对存在私设暗管排污的，闲置污染治理设施导致超标排污的，采取其他规避监管的方式排污的，故意或放任偷排乱倒污泥、危险化学品或危险废物的，在实施处罚的同时，一律依法实行停产整顿。对连续两次超标排污的企业，在实施处罚的同时，符合限期治理规定的一律实行限期治理；经限期治理仍未能符合要求的，一律依法实行关停。对因环境违法行为被处以处罚的，一律每季度将违法事实、处罚内容等抄告佛山银监分局，由其告知市内各金融机构，严格授信或发放金融贷款；一律每季度将企业违法事实和处罚内容在媒体上公开；一律自处罚决定书下发之日起三年内不再出具涉及企业上市、名牌产品、著名商标资格申领、认证或经营过程中所需的相关环境保护守法证明。对存在环境污染犯罪的，一律不推荐企业和法定代表人（实际经营者）参评各类先进荣誉。对不符合产业政策和环境保护准入要求的，采用国家明令淘汰的落后生产工艺的，无牌无证且造成环境污染的，一律依法取缔关闭。

2．强化环境执法刚性措施。属地环境保护部门要充分行使法律、法规赋予的行政强制手段，依法及时制止环境违法行为、避免环境污染继续。对违法向水体排放污染物，经责令限期采取治理措施但逾期未采取治理措施的，依法指定有关单位代为治理，并由违法者承担治理费用；对违法设置排污口或私设暗管的，经限期拆除而逾期未拆除的，依法强制拆除，由违法者承担拆除费用；未按规定处置危险废物，经限期处置但逾期不处置或处置不符合规定的，依法指定有相关资质的单位代为处置，由危险废物产生单位承担处置费用。

3．化解"执行难"。加大行政执行力，对依法作出停产整顿、停产停业、关闭等行政处罚或者停止建设、停止生产等行政命令的，在送达决定书的同时要函告供水、供电和经济信息部门，相关部门予以配合。对环境保护部门依法申请强制执行生效的行政命令或行政处罚决定的，人民法院应及时审查，对准予强制执行的，要安排专职责任人执行，确保执行到位。

4．严查"黑烟车"。公安、环境保护部门在全市范围内广泛开展高污染排放车辆专项整治行动，安排专项工作人员，加大对黄标车闯限行区的执法力度，重点整治黄标车、"黑烟车"等高污染排放车辆，全面减少中心城区主要道路高污染排放违法行为。

5．推行"黑名单"管理。对存在私设暗管排污的，闲置污染治理设施导致超标排污的，采取其他规避监管的方式排污的，故意或放任偷排乱倒污泥、危险化学品或危险废物的，无证（照）经营等故意排放污染物的，各级环境保护部门要将其业主身份信息记入"黑名单"，建立和共享数据库，各有关部门依法采取有针对性的信用约束措施，建立联动响应机制。

6．严格村级工业区环境管理。全面摸底调查辖区内村级工业区现状，制定淘汰改造方案，整治和提升一批村级工业区。村委会要严格把好引入工业和出租物业的准入关，不得引入不符合产业政策和环境保护准入要求的、采用国家明令淘汰的落后生产工艺的企业，不得为无牌无证企业提供生产经营场所。如明知属前述情形的企业，仍予以引入或提供生产经营场所，出现违法排污后果的，村委会或物业出租人应承担相应的法律责任。要鼓励村民以各种方式主动监督村级工业区企业的排污，对违法排污情况应及时主动向上级政府和环保部门报告。

（三）依法严厉司法打击。

1．快侦快破环境污染犯罪案件。市、区、镇（街）三级公安部门各指定2名骨干力量协助环保工作联络室工作，负责与环境保护部门联系、沟通和移交案件等工作。对环境保护部门提供的污染犯罪线索，公安部门要提前介入、加强协作，联合开展调查取证，防止证据灭失。对达到《关于办理环境污染刑事案件适用法律若干问题的解释》认定标准的，环境保护部门要收集、固定相关证据材料，移交公安部门及时立案侦查，快侦快破。

2．从快提起环境污染犯罪案件诉讼。人民检察机关对人民群众反映强烈、损害后果严重、社会影响恶劣的环境污染犯罪案件，要提前介入，在移送标准、证据收集审查、犯罪数额认定、法律适用、案件管辖等方面予以明确、支持，依法从快提起诉讼。对违法排污造成公共环境利益受到损害的，鼓励提起环境公益诉讼。

3．依法从严审理环境污染犯罪案件。人民法院要充分发挥刑事审判打击职能，快立、快审、快执、快结，依法从严审理一批环境污染、环境监管失职渎职等犯罪行为，进一步加大罚金等财产刑适用力度，提高环境违法成本。

4．建立工作会议制度。各级政法委与环境保护委员会要不定期召开工作会议，通报移送环境污染犯罪案件的办理情况，研究解决存在的问题，制定查处环境污染犯罪的措施。

（四）严肃责任追究。

1．建立环境违法行政问责制。出台我市环境保护行政过错责任追究的有关实施办法，从严追究相关责任人员的责任。

2．深入查办环境污染犯罪背后的职务犯罪。积极从资源和环境遭破坏的现象背后挖掘职务犯罪线索，立案查处监管中存在严重不履行或者不正确履行职责的失职、渎职行为。

3．建立查处违法排污通报制度。每季度在全市范围内通报上级查处违法排污情况，对被群众举报、被上级查处违法排污较多的镇（街），对镇（街）主要领导实行问责。

（五）推进企业自律。

1．引导企业环保自律。落实企业污染治理的主体责任，引导企业全面推行污染治理承诺制度，加强对国家重点监控企业自行监测管理，真实客观地公开环境信息。

2．促进企业环保诚信。全面开展环境保护信用管理，对环保诚信企业，优先办理各项环保手续，对环保警示、环保严管企业，发改、经信、国土规划、工商、银监、供电、水务等部门要按照职能加强管理，从用地、融资、评优等方面加以限制，畅通企业信用信息通报机制，逐步建立"守信激励、失信惩戒"的监督机制。

（六）推动社会监督。

1．强化信息公开。主动、及时向社会公开污染源环境监管信息，保障公众的环境知情权和监督权。建立环保执法情况新闻通报制度，市、区环境保护部门每季度向当地主要媒体通报环保执法情况、违法行为查处结果以及挂牌督办案件整改等情况。

2．完善公众参与监督机制。畅通违法排污举报渠道，继续实施违法排放工业废水和违法处置工业固体废物有奖举报，调动公众参与监督积极性。建立"两代表一委员"参与监督机制，结合重点提案、议案组织党代表、人大代表、政协委员参与执法行动，推动一批环境问题解决。推动环境公益诉讼，引导公众参与环境污染侵权诉讼，保障公共环境利益。

3．充分发挥新闻媒体监督作用。每月至少一次主动邀请新闻媒体曝光一批环境违法行为；重视新闻媒体提供的违法排污线索，5 个工作日内反馈调查情况；奖励一批新闻媒体、新闻工作者，调动报道环保工作的积极性。

（七）加强队伍建设。

加强环境执法队伍能力建设。加强市、区、镇（街）环境监察机构的建设，市、区两级政府要主动创造有利于环境监察工作的条件，增强市、区、镇（街）执法力量，定期组织开展人员编制使用情况专项检查,确保各级环境执法人员在编在岗,专门从事环境执法。加强信息化建设,着力建设市、区、镇（街）环境监控信息体系。各级财政部门要加大经费投入，将人员工作经费、执法设备、服装装备建设等纳入财政预算，予以重点保障，改善执法条件。

三、保障措施

（一）提高认识，加强领导。环境保护严厉执法是党委、政府向全市人民的庄严承诺，也是全面落实"向污染宣战"的具体措施，更是建设生态文明的具体实践，全市各级党委、政府要统一思想，提高认识，履行职责，强化措施，确保各项工作有序开展、取得实效。

（二）强化考核，落实责任。修订环境执法考核体系，细化考核指标，量化考核标准，促进环境执法目标到位、监管到位、责任到位；监察、环境保护、人力资源社会保障等部门要加强联动，强化责任追究，确保严厉打击环境违法排污各项工作落实到位。

2014 年 9 月 9 日印发

第四节　佛山：佛山市环境保护行政过错责任追究实施办法（2014 年 8 月印发执行）

各区人民政府，市政府各部门、直属各机构：

《佛山市环境保护行政过错责任追究实施办法》业经市人民政府同意，现予印发，请遵照执行。

佛山市人民政府办公室
2014 年 8 月 11 日

佛山市环境保护行政过错责任追究实施办法

第一章　总　则

第一条　为进一步强化环境保护政府责任意识，明确领导干部的环境保护责任，提高环境执法效能，深入贯彻落实科学发展观，切实改善我市环境质量，根据《中华人民共和国行政监察法》、《中共中央办公厅国务院办公厅关于实行党政领导干部问责的暂行规定》、《环境保护违法违纪行为处分暂行规定》、《广东省〈关于实行党政领导干部问责的暂行规定〉实施办法》、《广东省行政过错责任追究暂行办法》、《佛山市实行党政领导干部问责的实施意见》、《佛山市行政过错责任追究实施细则》等有关规定,制定本办法。

第二条　本办法适用于本市市、区、镇（街道）各级人民政府（办事处）及其工作部门的领导成员，以及上列工作部门内设机构的领导成员。

村党组织、村民委员会、村民小组领导成员及相关责任人、受益人、委托管理人的责任追究参照本办法执行。

第三条　环境保护工作严格实行属地管理和"一把手"负责制。属地政府（办事处）相关负责人对本行政区域内、各级政府工作部门相关负责人对本单位职能范围内的环境保护工作负有领导责任。其中行业主管部门对本行业的环境保护工作负有直接管理责任，环境保护行政主管部门对环境保护工作负有监督管理责任。

第四条 本办法所称的环境保护行政过错责任追究，是指对有环境保护职责的本市各级人民政府（办事处）及其工作部门的领导成员不履行或不正确履行工作职责的行为，依照本办法由任免机关或监察机关予以追究责任。

前款所指的不履行职责，包括拒绝、放弃、推诿、不完全履行职责等情形；不正确履行职责，包括无合法依据或不依照规定程序、规定权限和规定时限履行职责等情形。

第五条 对环境保护责任的追究坚持严格要求、实事求是，权责一致、公平公正，层级负责、责任到人的原则。

各级政府要明确环境保护的责任分工，对因分工不明确、管理不到位而造成环境污染事件的，按政府负总责，责任部门各负其责的原则分别追究责任。

第二章 追责情形

第六条 各区人民政府有下列情形之一的，应当追究区政府主要领导的责任：

（一）未能按要求完成与市政府签订的相关环境保护责任书中目标任务的；

（二）制定或者采取与环境保护法律、法规、规章及其国家环境保护政策相抵触的政策规定或者措施，经指出仍不改正的；

（三）采取地方保护措施，不执行国家产业调整政策，经济发展与环境保护综合决策失误，导致本辖区环境质量下降、造成环境污染或者生态破坏，引发环境纠纷的；

（四）不倾听、不采纳正确的建议和意见，不深入调查研究，不按照规范程序、不依法论证等违反决策议事规则，导致环保决策出现重大失误并带来严重后果的；

（五）审议通过未依法开展环境影响评价的规划，造成产业布局、产业定位等与区域资源环境承载力严重不符的；

（六）违反国家和地方产业政策，引进高污染、高能耗的建设项目造成环境污染或者生态破坏的；

（七）指使、授意或者放任有关部门对不符合环境保护规定的建设项目批准立项、建设或者投产使用的；

（八）干预、限制、阻碍环境保护行政主管部门和有关部门依法履行环境保护监管职责的；

（九）不按照国家规定制定环境污染与生态破坏突发事件应急预案，或者在处置突发环境事件过程中有责任配合处置但不予配合的；

（十）不按要求配备环境保护人员编制，保障环境保护专项资金的；

（十一）其他与环境保护工作相关的失职、渎职行为。

第七条 各区人民政府有下列情形之一的，应当追究相关工作分管区领导的责任：

（一）无正当理由，未按要求完成上级政府下达的主要污染物总量减排年度目标、环保民生实事等任务，影响工作大局或造成不良后果的。

（二）无正当理由，本辖区内电厂"超洁净"排放、黄标车淘汰、黑烟车治理达不到年度考核目标要求，辖区内存在劣 V 类考核水体，影响工作大局或造成不良后果的。

（三）因工作失职、监管不力导致发生较大以上环境污染事件，或者对辖区内发生突发环境污染事件（事故）隐瞒不报、拖延迟报、虚报、谎报，以及因处置不当导致后果进一步恶化的。

（四）无正当理由，未能按照佛山市环境保护责任制考核要求完成目标任务或工作质量差，被责成限期整改但未能按时完成整改，或者在规定期限内未完成挂牌督办环境问题摘牌任务，影响工作大局或造成不良后果的。

（五）无正当理由，对上级政府及其有关部门发文要求处理的环境问题，未在规定期限内完成，以及对未完成的工作在整改期限内没有完成整改，影响工作大局或造成不良后果的。

（六）在饮用水源保护区违法审批、建设违规工程项目的。

（七）辖区内企业存在私设暗管、故意直排、恶意偷排等严重环境违法行为，被群众投诉、举报、媒体曝光后未及时依法处理，且符合以下情形之一的：一年内同一企业被市级环保部门查处累计达3次及以上的；一年内同一企业被省级以上环保部门查处累计达2次及以上的，或辖区内企业因上述严重环境违法行为被省级以上环保部门查处累计达5次及以上的；一年内，辖区内企业因上述严重环境违法行为，被国家环保部直接通报或指定挂牌督办1起及以上，或被省环保厅直接查处并指定挂牌督办达2起及以上的。

（八）对环境违法企业应当依法作出停产整顿或关停决定而未作出，或支持、放任已停产或关闭的环境违法企业恢复生产、经营，造成恶劣影响的。

（九）对辖区内发生因损害群众环境权益而引发的涉环境保护社会不稳定问题、群众越级上访等群体性、突发性环境事件，未及时处理和有效控制，导致事态恶化，造成恶劣影响的。

（十）对群众反映强烈或者上级督办的环境污染与破坏问题不依法采取有效措施，导致环境质量严重恶化等后果的。

（十一）其他与环境保护工作相关的失职、渎职行为。

第八条 各镇人民政府、街道办事处有下列情形之一的，应当追究镇人民政府（街道办事处）主要领导及相关人员的责任：

（一）无正当理由，未在规定期限内完成河涌整治任务，达不到佛山市环境保护责任制考核要求，影响工作大局或造成不良后果的；

（二）对辖区内村级工业园的整治不力，对无牌无证且造成环境污染的企业在发现后未及时采取有效措施实施取缔的；

（三）对辖区内发生突发环境事件，未在规定时间按照职责积极应对，采取措施不力、延误处理时机、造成较大以上环境污染事件的；

（四）为被检查对象充当保护伞、干扰环保执法、弄虚作假、隐瞒事实、包庇纵容环境违法的；

（五）拒不执行环境保护法律、法规以及上级政府关于环境保护的决定、命令，采取地方保护主义，擅自制定或采取与环境保护法律、法规、规章以及国家环境保护政策相抵触的规定或措施，经指出仍不改正的；

（六）引入或未按国家规定清理、淘汰和取缔不符合产业政策和环保准入条件、采用国家明令淘汰的严重污染环境的落后生产技术、工艺、设备或者产品的项目，造成环境污染或者生态破坏的；

（七）对辖区内出现的"十五小"以及"新六小"等国家明令禁止建设项目，在发现后未及时有效制止，导致环境污染或生态破坏，造成严重后果或不良影响的；

（八）辖区内企业违法排污行为频发，屡次被上级执法部门查处后未按要求整改的，或对群众反映强烈，反复投诉、举报被查实的环境污染纠纷未及时妥善处理，致使矛盾激化的；

（九）被上级通过暗访、检查等方式发现，或者被媒体曝光并查证属实排污单位存在严重环境违法行为，未依法履行法定监管职责的；

（十）其他与环境保护工作相关的失职、渎职行为。

第九条 各区人民政府根据本办法，制定对村党组织、村民委员会、村民小组领导成员及相关责任人、受益人、委托管理人的问责办法，将责任落实到人。

对村党组织、村民委员会、村民小组自行引入或将村属土地出租予不符合产业政策和环境保护准入要求、采用国家明令淘汰的落后生产工艺或者无牌无证且造成环境污染的企业，其违法行为涉嫌刑事犯罪的，以共同犯罪追究村党组织、村民委员会、村民小组领导成员及相关责任人、受益人、委托管理人的责任。

第十条　各级人民政府环境保护行政主管部门有下列情形之一的，应当追究环保部门主要负责人及相关人员的责任：

（一）辖区内发生环境污染或者生态破坏事件，不按照规定报告或者在报告中弄虚作假，不依法采取必要措施或者拖延、推诿采取措施，致使事故扩大或者延误事故处理的。

（二）接受被检查对象礼品、礼金、宴请的，向被检查对象通风报信、徇私舞弊、疏通说情、吃拿卡要的，充当违法企业保护伞、干涉干扰执法、包庇纵容违法的。

（三）因未落实网格化管理和检查要求，对发现的环境违法行为未依法履行监管职责予以查处，导致出现较大以上突发环境污染事件的。

（四）违法、违规批准建设项目环境影响评价文件等环保审批内容，或不按照规定核发排污许可证、严控废物经营许可证、医疗废物集中处置单位经营许可证、核与辐射安全许可证以及其他环境保护许可证的。

（五）对不符合竣工验收条件或者未完成限期治理任务的项目予以验收通过，造成环境污染或生态破坏的。

（六）未按规定征收、上缴排污费或者擅自违规挪用排污费的。

（七）越权、滥用职权或违反法定程序实施审批（审查）、许可、检查、验收、收费、处罚等环保行政行为的。

（八）对群众反映属实的环境问题，不及时依法处理，引起矛盾激化或较大以上突发环境事件的。

（九）对环境违法行为不及时依法调查处理、应当依法给予行政处罚或作出限期治理决定而未给予或作出、应当依法申请人民法院强制执行而未申请，造成严重不良影响或较大以上环境污染事件的；对于涉嫌环境犯罪行为，应当移送司法审查而未按要求及时移送的。

（十）未按"两高"司法解释要求及时移交涉嫌环境犯罪案件，造成证据流失和执行不到位的。

（十一）谎报、瞒报、拒报环境监测数据的。

（十二）其他与环境保护工作相关的失职、渎职行为。

第十一条　各级发改、经信、国土、规划、建设、水务、卫生、农业、安监、工商、质监、消防等相关行政主管部门应当按照各自职责，密切配合，共同协助做好环境保护工作。有下列情形之一的，应当追究相关部门主要负责人及相关人员的责任：

（一）对依法需经环境保护审批（作为前置条件）、可能对环境造成重大影响及对人民群众生命健康有直接危害的项目，违规为其办理有关审批、审核、核准、验收、登记等手续，直接导致该项目开工、开业或投产运行，造成环境污染或生态破坏的；各许可审批部门或行业主管部门对发现的未经许可审批擅自从事相关经营活动的项目，未依法履行监管职责予以查处，造成环境污染或生态破坏的。

（二）违反国家产业政策及有关规划，对不符合国家环境保护相关规定的项目（事项）作出准予许可的决定，违规颁发行政许可证件的。

（三）对职责管辖范围内发现的生产经营单位存在违法建设、违法经营和违法排放、处理污染物等严重违反环境保护法规的行为后，不依法制止和查处，或者放任、袒护、纵容，以及在本部门无权管辖情况下未及时向有法定管辖权的行政机关报告或者移送处理，造成严重的环境污染或生态破坏的。

（四）对环保部门查处的严重污染环境行为，商请相关部门配合协助查处，相关部门未在职责范围内依法予以查处的。

（五）对使用国家明文淘汰的落后生产技术、工艺、设备、产品的单位、个人及行为，不依法履行本部门职责予以制止和查处，造成环境污染或生态破坏的。

（六）需经环境保护部门前置审批许可的事项，工商部门在企业未取得有效环境保护相关许可证或批准文件的情形下核准涉及环境保护前置许可经营范围的；环保部门在发现企业存在依法应当取得环境保护相关许可证或批准文件而未取得，擅自从事经营活动行为后，商请工商或其他许可部门予以配合协助查处，但工商或其他许可部门未予以配合的；工商部门对发现的无须许可审批的无照经营，未依法履行监管职责予以查处，造成环境污染或生态破坏的。

（七）对于利用非法建筑、擅自改变房屋用途从事经营活动的，相关行政主管部门未依法履行监管职责予以查处，造成环境污染或生态破坏的。

（八）规划部门未依法履行职责，导致因规划问题而引发群众反映强烈、反复投诉的环境污染纠纷，或涉环境保护社会不稳定问题、群众越级（上京、上省）上访等群体性、突发性环境事件，造成恶劣影响的。

（九）国土部门对存在用地方面违法行为的企业，职业卫生监管部门对存在职业卫生方面违法行为的企业，安监部门对存在安全生产方面违法行为的企业，质监部门对存在特种设备安全方面违法行为的企业，消防部门对存在消防方面违法行为的企业，未依法履行监管职责予以查处，造成环境污染或生态破坏的。

（十）供电和供水部门未按照国家环保法律、法规规定，擅自为国家明令禁止的和未经环保审批的建设项目安装供电供水设备及输送电力和用水，为因严重污染环境、按环保部门意见应停电停水的落后淘汰生产线和停产治理等违法企业输送电力和用水的。

（十一）其他与环境保护工作相关的失职、渎职行为。

第三章 追责 方式和结果运用

第十二条 各级人民政府（办事处）及其工作部门的领导成员有第六条至第十条所列情形之一的，根据不同情节，予以责任追究。责任追究的方式包括责令作出书面检查、诫勉谈话、通报批评，责令公开道歉、停职检查、引咎辞职、责令辞职、免职，给予纪律处分。其中，未造成重大损失或者恶劣影响的，给予诫勉谈话、责令作出书面检查、通报批评处理；造成重大损失或者恶劣影响的，给予责令公开道歉、停职检查、引咎辞职、责令辞职、免职处理。

具有第七条第（一）、（二）、（三）项，第八条第（一）、（二）、（三）、（四）项，第十条第（一）、（二）项，第十一条第（一）项所列情形之一的，对相关责任人先免职后处理（处分）。

第十三条 具有本办法第六条至第十条所列情形，并且具有下列情节之一的，应当从重追究责任：

（一）干扰、阻碍调查，隐瞒事实真相的；

（二）对检举人、控告人打击、报复、陷害的；

（三）一年内出现两次或以上被追责的；

（四）强迫、唆使他人违纪违法的；

（五）隐匿、伪造、销毁证据的；

（六）法律、法规、规章规定的其他从重情节。

第十四条 有下列情形之一的，可从轻、减轻或免予处理：

（一）主动交代本人应当受到追究处理问题的；

（二）主动采取措施，有效避免或者阻止严重危害结果发生的；

（三）检举同案人或其他应当受到追究处理的问题，情况属实的；

（四）违法违纪行为情节轻微，经过批评教育后改正的；

（五）具有其他从轻、减轻或免予处理的情节。

第十五条 领导干部调离原工作单位后，在原工作单位任职期间发生责任追究情形且应予负责的，仍可以追究。

第十六条 责任追究的结果作为组织人事部门考核、任用干部和评优评先的重要参考。被追责人被采取责令作出书面检查、诫勉谈话、通报批评、责令公开道歉、停职检查等措施的，一年内应不得提拔使用；被追责人被采取引咎辞职、责令辞职、免职等措施的，一年内应不得重新担任与其原任职务相当的领导职务；被追责的党政领导干部，取消当年参加各类考核评优、评先活动的资格。

第四章　追责程序

第十七条　有环境保护违法违纪问题的单位，其负有责任的领导人员，由任免机关、监察机关或者有关部门按照干部管理权限依法作出处理决定。

第十八条　对涉嫌违法违纪的区、镇人民政府，街道办事处，环境保护工作相关行政部门及其工作人员的调查处理，由监察机关进行的，依照《中华人民共和国行政监察法》规定的程序办理；由其他部门进行的，依照《中华人民共和国公务员法》、《行政机关公务员处分条例》、《环境保护违法违纪行为处分暂行规定》和《广东省行政过错责任追究暂行办法》的程序办理。

第十九条　有环境保护违法违纪行为，需要对领导干部进行责令公开道歉、停职检查、引咎辞职、责令辞职、免职处理的，依照《中共中央办公厅国务院办公厅关于实行党政领导干部问责的暂行规定》、《广东省〈关于实行党政领导干部问责的暂行规定〉实施办法》及《佛山市实行党政领导干部问责的实施意见》执行。

第二十条　有环境保护违法违纪行为，应当给予党纪处分的，移送党的纪律检察机关处理；涉嫌犯罪的，移送司法机关依法追究刑事责任。

第五章　附　则

第二十一条　本办法所指的环境污染事件（事故）的定义和分级标准按照《佛山市突发环境事件应急预案》规定执行。

第二十二条　本办法由市环境保护局会同市监察局等相关部门负责解释。

第二十三条　本办法自发布之日起施行。

第五节　淄博：淄博市煤炭清洁利用监督管理办法（2014年7月发布8月施行）

第一条　为了规范全市煤炭清洁利用和监督管理，改善环境空气质量，根据《中华人民共和国煤炭法》、《中华人民共和国大气污染防治法》等法律法规，结合本市实际，制定本办法。

第二条　本市行政区域内煤炭清洁利用和监督管理适用本办法。

第三条　煤炭清洁利用应当坚持优化经济结构、合理规划产业布局、严管煤质、排放达标、源头防治、强化监管的原则。

第四条　本市采取有利于煤炭清洁利用的经济、技术政策和措施，支持使用低硫分、低灰分的优质煤炭，支持清洁燃料技术的开发和推广。

第五条　区县政府是煤炭清洁利用监督管理的责任主体，负责统筹做好本行政区域煤炭清洁利用监督管理工作。

市、区县煤炭管理部门具体负责煤炭清洁利用监督管理工作。

发改、经信、公安、交通、环保、规划、城管、工商、质监等部门应当按照各自职责，依法做好煤炭清洁利用监督管理的相关工作。

第六条　市煤炭管理部门应当依据本市城乡规划，编制储煤场地布点规划，报市政府批准后公布实施。本市行政区域内的储煤场地应当符合布点规划要求。

第七条　已经建成并投入运营的储煤场地，应当设置挡风抑尘墙或防风抑尘网，安装固定式或者移动式抑尘自动喷淋装置，设置运输车辆进出清洗设施，防止煤粉尘污染。

储煤场地的防尘、抑尘设施和车辆清洗设施应当加强维护和管理，保证其正常使用。

第八条 煤炭管理部门应当依法加强储煤场地监督管理，依法规范储煤场地建设和运营。

本办法所称储煤场地包括经营性储煤场地、煤矿企业储煤场地、燃煤单位储煤场地、洗选加工企业储煤场地以及企业自有的铁路专用线储煤场地和铁路转运站储煤场地等。

储煤场地管理办法由市政府另行制定。

不符合规定要求的储煤场地由区县政府依法予以取缔。

第九条 在本市落地经营的煤炭，应当在经营性储煤场地集中存放和销售。鼓励支持煤炭经营企业入驻经营性储煤场地集中开展煤炭经营性活动。

禁止在储煤场地外乱堆、乱放和销售煤炭。

第十条 煤矿企业、煤炭经营企业和燃煤单位装卸、储存、加工煤炭时应当采取有效降尘、抑尘措施。

机动车运输煤炭应当采取密闭措施，铁路运输煤炭应当喷洒抑尘剂进行覆盖。

第十一条 煤矿企业、煤炭经营企业和燃煤单位是煤炭质量的责任主体，对其生产加工、经营、使用的煤炭质量负责。

煤炭经营企业和燃煤单位应当建立煤炭购销台账，载明煤炭购销数量、购销渠道及煤质检测信息，并保留两年。

第十二条 在本市经营和燃用煤炭必须符合规定的质量指标要求。煤炭质量指标要求由市煤炭管理部门会同有关部门根据国家标准或者行业标准和本市实际分类确定，经市政府批准后公布执行。

鼓励煤矿企业、煤炭经营企业、燃煤单位对煤炭进行洗选加工，提高煤炭质量和清洁利用效率。

第十三条 煤炭经营企业和燃煤单位应当逐批次检测煤质，并向所在地的区县煤炭管理部门报送煤质检测真实信息。

第十四条 燃煤单位应当配套建设污染物治理设施，并保证其正常使用。燃煤产生的污染物不得超标排放、超总量排放。

燃煤单位应当采用先进的脱硫、脱硝、除尘技术和设备，对煤炭燃烧产生的二氧化硫、氮氧化物、烟尘等污染物采取控制性措施，实现达标排放。

第十五条 禁止高硫分、高灰分劣质煤炭在本市经营和燃用。

本市高污染燃料禁燃区禁止销售、使用原（散）煤、煤矸石、粉煤、煤泥。

第十六条 煤炭管理部门应当会同经信、公安、交通、环保、城管、工商、质监等相关部门建立煤炭清洁利用联合执法、应急处置和管理信息共享机制。相关部门应当依法履行下列职责：

经信部门负责组织、协调、指导清洁生产促进工作，依法督导企业节约利用煤炭资源。

公安机关负责对阻碍行政机关工作人员执行职务行为依法予以处罚；公安机关交通管理部门负责煤炭车辆道路交通安全管理工作。

环保部门负责对燃煤单位污染物治理设施运行情况和污染物排放情况依法实施监察监测。

工商部门负责依法查处或取缔无照经营煤炭及其制品的行为。

质监部门负责对煤炭检测化验机构的检测化验设备依法监督管理，负责对计量器具依法实施强制检定。

交通、城管等部门负责对煤炭道路运输行为依法实施监督管理。

第十七条 煤炭管理部门可以委托有资质的第三方实施煤炭抽样检测。抽样检测煤质不收取检测费用，所需费用由本级财政预算保障。

区县煤炭管理部门应当于每月10日前向市煤炭管理部门报送本行政区域上一月的煤质检测报告。

第十八条 煤炭管理部门及相关部门应当依法对煤炭电子交易平台、煤炭交易市场、煤炭物流、煤炭期货进行监督管理。

第十九条 违反本办法第六条第二款规定，储煤场地不符合本市布点规划要求的，由煤炭管理部门责令限期改正，逾期不改正的，处一万元以上三万元以下罚款。

第二十条 违反本办法第七条规定，储煤场地未设置防尘、抑尘设施和车辆清洗设施或者已设置但不能正常使用的，由煤炭管理部门责令限期改正，逾期不改正的，处一万元以上两万元以下罚款；造成煤粉尘污染的，由煤炭管理部门处一万元以上三万元以下罚款。

第二十一条 违反本办法第十条规定，煤矿企业、煤炭经营企业和燃煤单位装卸、储存、加工煤炭时未采取降尘、抑尘措施的，由煤炭管理部门责令限期改正，逾期不改正的，处一万元以上两万元以下罚款。

机动车运输煤炭未采取密闭措施，造成撒漏的，由公安、交通、城管部门依据各自职责，依法对煤炭运输企业或个人予以处罚。

第二十二条 违反本办法第十一条第二款规定，煤炭经营企业和燃煤单位未建立煤炭购销台账或者购销台账及煤质检测信息保留不到两年的，由煤炭管理部门责令改正，可处一千元以上一万元以下罚款。

第二十三条 违反本办法第十二条规定，在本市经营、燃用煤炭不符合煤炭质量指标要求的，由煤炭管理部门责令改正，并处两万元以上三万元以下罚款。

第二十四条 违反本办法第十三条规定，煤炭经营企业和燃煤单位未逐批次检测煤质或者未按规定及时报送煤质检测信息的，由煤炭管理部门责令改正，并处一千元以上一万元以下罚款。煤质检测信息不真实或者弄虚作假的，由煤炭管理部门责令改正，并处一千元以上一万元以下罚款。

第二十五条 煤炭管理部门和其他行政机关及其工作人员在煤炭清洁利用监督管理中玩忽职守、滥用职权、徇私舞弊的，依法给予行政处分；构成犯罪的，依法追究刑事责任。

第二十六条 本办法自 2014 年 8 月 15 日起施行。

第四章　建筑卫生陶瓷产品质量与标准

第一节　建筑卫生陶瓷产品质量

一、陶瓷砖产品质量国家监督抽查结果（2015年1月30日发布）

2015年1月30日，国家质检总局发布2014年第四季度陶瓷砖产品质量国家监督抽查结果，抽查发现，19批次产品不符合标准的规定。

本次抽查依据《陶瓷砖》（GB/T 4100—2006）、《建筑材料放射性核素限量》（GB 6566—2010）等标准的要求，对陶瓷砖产品的尺寸、吸水率、破坏强度、断裂模数、无釉砖耐磨性、耐污染性、耐化学腐蚀性、抗釉裂性、放射性核素共9个项目进行了检验。抽查了河北、山西、辽宁、上海、江苏、浙江、安徽、福建、江西、山东、河南、湖北、湖南、广东、广西、四川、陕西等17个省份180家企业生产的180批次陶瓷砖产品。抽查发现有19批次产品不符合标准的规定，涉及破坏强度、断裂模数、尺寸、吸水率项目（表4-1）。

陶瓷砖产品质量国家监督抽查产品及不合格企业名单　　表4-1

序号	企业名称	所在地	产品名称	商标	规格型号	产品等级	生产日期/批号	抽查结果	主要不合格项目	承检机构
1	建平正新陶瓷有限责任公司	辽宁省	内墙砖	—	200毫米×300毫米×7.0毫米	合格品	2014-08-11	不合格	破坏强度、断裂模数	国家建材产品质量监督检验中心（南京）
2	淮北市惠尔普建筑陶瓷有限公司	安徽省	瓷质砖	—	600毫米×600毫米×9.5毫米	合格品	2014-05-25/140525	不合格	断裂模数	国家建材产品质量监督检验中心（南京）
3	福建力生陶瓷有限公司	福建省	彩码砖	豪绅	45毫米×95毫米	合格品	2014-05-20	不合格	吸水率	国家陶瓷及水暖卫浴产品质量监督检验中心
4	福建省晋江市小虎陶瓷有限公司	福建省	通体砖（炻瓷砖）	小虎	45毫米×95毫米	合格品	2014-07-26	不合格	吸水率	国家陶瓷及水暖卫浴产品质量监督检验中心
5	晋江市国邦建材有限公司	福建省	施釉瓷砖	国邦	112毫米×255毫米	合格品	2014-08-05	不合格	吸水率	国家陶瓷及水暖卫浴产品质量监督检验中心
6	晋江前兴陶瓷有限公司	福建省	通体砖	阔兴	45毫米×95毫米	合格品	2013-08	不合格	破坏强度	国家陶瓷及水暖卫浴产品质量监督检验中心
7	晋江协顺陶瓷有限公司	福建省	劈开砖	豪鑫	60毫米×240毫米	合格品	2014-08	不合格	吸水率	国家陶瓷及水暖卫浴产品质量监督检验中心
8	福建省晋江市豪田瓷砖有限公司	福建省	彩码砖	豪田	45毫米×45毫米	合格品	2014-06-13	不合格	破坏强度	国家陶瓷及水暖卫浴产品质量监督检验中心
9	晋江市仙梅建陶有限公司	福建省	岗岩砖	仙梅	60毫米×240毫米	合格品	2014-02	不合格	吸水率、破坏强度	国家陶瓷及水暖卫浴产品质量监督检验中心

续表

序号	企业名称	所在地	产品名称	商标	规格型号	产品等级	生产日期/批号	抽查结果	主要不合格项目	承检机构
10	福建省晋江豪万陶瓷有限公司	福建省	通体砖	豪万	60毫米×108毫米	合格品	2014-08-06	不合格	破坏强度	国家陶瓷及水暖卫浴产品质量监督检验中心
11	福建省南安市协辉陶瓷有限公司	福建省	自然石（陶瓷砖）	丰彩	112毫米×255毫米	合格品	2014-05	不合格	尺寸、破坏强度	国家陶瓷及水暖卫浴产品质量监督检验中心
12	福建省南安市鹰山陶瓷有限公司	福建省	通体砖（干压陶瓷炻瓷砖）	鹰山	45毫米×95毫米	合格品	2014-06-28	不合格	吸水率	国家陶瓷及水暖卫浴产品质量监督检验中心
13	晋江市树林陶瓷实业有限公司	福建省	通体砖	泰宝山	45毫米×145毫米	合格品	2014-06	不合格	吸水率	国家陶瓷及水暖卫浴产品质量监督检验中心
14	晋江市金盛陶瓷有限公司	福建省	通体砖	泰山	95毫米×95毫米	合格品	2012-08	不合格	吸水率、破坏强度	国家陶瓷及水暖卫浴产品质量监督检验中心
15	制造商：佛山龙德陶瓷有限公司，生产厂：淄博北方兄弟陶瓷有限公司	山东省	陶瓷砖（地砖）	陶匠世家	800毫米×800毫米	优等品	2014-08-03	不合格	吸水率	安徽省产品质量监督检验研究院
16	清远市天域陶瓷有限公司	广东省	瓷质抛光砖	天骏	800毫米×800毫米×9.7毫米	优等品	2014-06-06/2HB8310	不合格	断裂模数	国家建筑装修材料质量监督检验中心
17	制造商：佛山市伊南娜陶瓷有限公司，生产厂：四川夹江宏发瓷业有限公司	四川省	陶瓷砖	—	600毫米×600毫米×9.8毫米、6LP601	合格品	2014-05-30	不合格	尺寸	国家建筑装饰装修产品质量监督检验中心（福建）
18	四川省丹棱县恒发陶瓷厂	四川省	陶瓷砖	—	250毫米×330毫米×7.4毫米、4514	合格品	2014-07-30	不合格	破坏强度、断裂模数	国家建筑装饰装修产品质量监督检验中心（福建）
19	制造商：佛山市三水区粤荣陶瓷有限公司，生产厂：四川华雄陶瓷有限公司	四川省	陶瓷砖	唐乐坊	600毫米×600毫米、TA6121	合格品	2014-05-08	不合格	吸水率	国家建筑装饰装修产品质量监督检验中心（福建）

二、陶瓷坐便器产品质量国家监督抽查结果（2015 年 1 月 30 日发布）

2015 年 1 月 30 日，国家质检总局发布 2014 年第四季度陶瓷坐便器产品质量国家监督抽查结果，经检验，有 13 批次产品不合格，主要问题是洗净功能、坐便器水封回复、安全水位技术要求和水箱安全水位不达标。按抽查产品类型，抽查的陶瓷坐便器产品包括 70 批次节水型坐便器和 108 批次普通型坐便器，产品抽样合格率分别为 94.3% 和 91.7%。

本次抽查依据《卫生陶瓷》（GB 6952—2005）、《坐便器用水效率限定值及用水效率等级》（GB 25502—2010）、《卫生洁具便器用重力式冲水装置及洁具机架》（GB 26730—2011）等标准的要求，对陶瓷坐便器产品的水封深度、水封表面面积、吸水率、便器用水量、洗净功能、固体排放功能、污水置换功能、坐便器水封回复、便器配套要求、安全水位技术要求、坐便器用水效率等级、坐便器用水效率限定值、管道输送特性、驱动方式、进水阀密封性、进水阀耐压性、进水阀 CL 标记、防虹吸功能、水箱安全水位、排水阀自闭密封性共 20 个项目进行了检验。共抽查了北京、天津、河北、上海、江苏、福建、江西、山东、河南、湖北、湖南、广东、重庆、四川等 14 个省份 178 家企业生产的 178 批次陶瓷坐便器产品。

抽查发现有 13 批次产品不符合标准的规定，涉及水封深度、吸水率、便器用水量、洗净功能、坐便器水封回复、安全水位技术要求、水箱安全水位、进水阀 CL 标记、防虹吸功能、进水阀密封性、坐便器用水效率等级项目（表 4-2）。

本次重点抽查了广东省佛山市、潮州市和河南省许昌市等主要生产基地，抽查企业数占本次抽查企业总数的 84.1%，其中，广东省佛山市抽查了 23 家企业，全部合格；广东省潮州市抽查了 88 家企业，6 家企业的产品质量不合格；河南省许昌市抽查了 29 家企业，4 家企业的产品质量不合格。

陶瓷坐便器产品质量国家监督抽查产品及不合格企业名单 表4-2

序号	企业名称	所在地	产品名称	商标	规格型号	生产日期/批号	抽查结果	主要不合格项目	承检机构
1	制造商：唐山中陶实业有限公司，生产厂：唐山中陶洁具制造有限公司	河北省	连体坐便器	IMEX	CA1031-30	2013-08-26	不合格	安全水位技术要求、水箱安全水位	国家建筑卫生陶瓷质量监督检验中心
2	制造商：潮安县古巷镇虎仔陶瓷厂，生产厂：河南峰景陶瓷科技有限公司	河南省	坐便器	虎仔	825	2014-07-25	不合格	洗净功能、安全水位技术要求、防虹吸功能、水箱安全水位	国家建筑卫生陶瓷质量监督检验中心
3	禹州富田瓷业有限公司	河南省	坐便器	富田	FT-318D	2014-07-24	不合格	坐便器水封回复	国家建筑卫生陶瓷质量监督检验中心
4	制造商：佛山仟纳卫浴有限公司，生产厂：河南日美卫浴有限公司	河南省	卫生陶瓷（坐便器）	CNE	CN11006	2014-08	不合格	便器用水量、水箱安全水位	国家陶瓷及水暖卫浴产品质量监督检验中心
5	新郑市恒益陶瓷厂	河南省	卫生陶瓷（坐便器）	欧瑞	6810（普通型）	2014-07-29	不合格	便器用水量	国家陶瓷及水暖卫浴产品质量监督检验中心
6	宜都市鑫圣陶瓷有限公司	湖北省	连体坐便器	XIN SHENG（鑫圣）	6002	2014-07-29	不合格	坐便器水封回复、安全水位技术要求、进水阀CL标记、防虹吸功能、水箱安全水位、进水阀密封性	国家建筑卫生陶瓷质量监督检验中心
7	乔登卫浴（江门）有限公司	广东省	连体坐便器	JODEN（乔登）	TC10053W-4	2014-07-14	不合格	坐便器用水效率等级	国家排灌及节水设备产品质量监督检验中心
8	潮安县海森陶瓷有限公司	广东省	卫生陶瓷（连体坐便器）	MEIJIESI	MJS-214	2014-07-15	不合格	安全水位技术要求、水箱安全水位	国家建筑装修材料质量监督检验中心

续表

序号	企业名称	所在地	产品名称	商标	规格型号	生产日期/批号	抽查结果	主要不合格项目	承检机构
9	潮安县古巷镇汇州陶瓷厂	广东省	卫生陶瓷（坐便器）	碧维（Biwei）	BW-267	2014-08-02	不合格	洗净功能	国家建筑装修材料质量监督检验中心
10	潮安县豪特陶瓷有限公司	广东省	卫生陶瓷（坐便器）	豪特	8037	2014-08-01	不合格	水封深度、坐便器水封回复	国家陶瓷与耐火材料产品质量监督检验中心
11	潮安县洁厦瓷业有限公司	广东省	卫生陶瓷（坐便器）	洁厦卫浴	JX-5576	2014-04-19	不合格	安全水位技术要求、水箱安全水位	国家陶瓷产品质量监督检验中心（江西）
12	潮安县凤塘海纳卫生洁具厂	广东省	卫生陶瓷（坐便器）	畅佳牌	8802	2014-07	不合格	吸水率	国家陶瓷产品质量监督检验中心（江西）
13	潮安县凤塘镇明辉陶瓷洁具厂	广东省	坐便器	TEKSA	T71	2014-06	不合格	洗净功能	国家陶瓷产品质量监督检验中心（江西）

三、建筑卫生陶瓷产品质量地方监督抽查结果

1. 2014年陕西省第二季度陶瓷坐便器抽查结果（2014年7月7日发布）

陕西省质量技术监督局7月7日公布的2014年第二季度陶瓷坐便器产品质量监督抽查结果显示，希尔敦、恒箭、海景卫浴、丽驰、SHKL心海伽蓝等品牌产品上不合格名单。

据悉，本次抽查样品在西安、宝鸡、榆林、汉中、安康地区陶瓷坐便器的经销企业中抽取，共抽查企业40家，抽取样品40批次，依据《卫生陶瓷》（GB 6952—2005）、《卫生洁具便器用重力式冲水装置及洁具机架》（GB 26730—2011）等相关标准和经备案现行有效的企业标准及产品明示质量要求，对陶瓷坐便器产品的水封深度、水封表面面积、便器用水量、洗净功能、固体排放功能、污水置换功能、坐便器水封回复、便器配套要求、安全水位技术要求、管道输送特性、进水阀CL标记、防虹吸功能、安全水位、进水阀密封性性、排水阀密封性、进水阀耐压性等16个项目进行了检验。

经检验，综合判定合格样品35批次，抽查产品不合格率为12.5%。有5个批次的样品不符合标准要求，涉及陶瓷坐便器产品的水封深度及水封回复、便器用水量、水箱安全水位、洗净功能项目不达标（表4-3）。

陕西省质量技术监督局表示，已责成相关市质量技术监督部门按照有关法律法规规定，对本次抽查中不合格的产品及其企业依法进行处理。

2014年陕西省第二季度陶瓷坐便器产品质量监督抽查不合格产品及 生产企业名单　　表4-3

序号	产品名称	生产日期	抽查企业名称	生产企业名称	商标	规格型号	抽查结果	主要不合格项目	承检机构
1	陶瓷坐便器	2012-08	安康市汉滨区银亭洁具批发部	佛山市王氏卫浴有限公司	希尔敦	H-127	不合格	水箱安全水位	国家建筑卫生陶瓷质检中心
2	陶瓷坐便器	—	安康市汉滨区顺新建材经营部	潮安县美艺陶瓷有限公司	恒箭	2035	不合格	水封深度及水封回复、便器用水量、水箱安全水位	国家建筑卫生陶瓷质检中心
3	陶瓷坐便器	—	安康市汉滨区昌金装饰材料销售部	福建南安市海景卫浴有限公司	海景卫浴	HJ-10165	不合格	水封回复、便器用水量	国家建筑卫生陶瓷质检中心
4	陶瓷坐便器	2013-07	安康市汉滨区诚杰水暖器材批发部	泉州丽驰科技有限公司	丽驰	6026	不合格	洗净功能、水箱安全水位	国家建筑卫生陶瓷质检中心
5	陶瓷坐便器	2013-04-11	心海伽蓝卫浴汉中店	佛山市伽蓝洁具有限公司	SHKL 心海伽蓝	KL269840	不合格	便器用水量	国家建筑卫生陶瓷质检中心

2. 2014 年陕西省第二季度陶瓷片密封水嘴抽查结果（2014 年 7 月 7 日发布）

陕西省质量技术监督局 7 月 7 日公布 2014 年第二季度陶瓷片密封水嘴产品质量监督抽查结果，有 6 个批次样品不符合标准要求，涉及申雷达、山全、特塔、丽驰、赛朗、ZHENG GUO 等品牌。

本次抽查，样品在西安、宝鸡、榆林、汉中、安康地区陶瓷片密封水嘴的经销企业中抽取，共抽查企业 40 家，抽取样品 40 批次，依据《陶瓷片密封水嘴》（GB 18145—2003）等相关标准和经备案现行有效的企业标准及产品明示质量要求，对陶瓷片密封水嘴产品的管螺纹精度、冷热水标志、流量（不带附件）、流量（带附件）、密封性能、阀体强度、冷热疲劳试验、酸性盐雾试验等 8 个项目进行了检验。

经检验，综合判定合格样品 34 批次，抽查产品不合格率为 15%，不合格项目涉及陶瓷片密封水嘴产品的流量、阀芯密封性能、酸性盐雾试验等。

据了解，酸性盐雾试验不合格的水嘴在使用一段时间后，表面会产生"铜绿"、黑色斑点或腐蚀，不仅影响了水嘴的外观，更重要的是腐蚀后可能会带有剧毒成分，如铜绿就具有毒性，严重危害身体健康。本次抽查中，6 个批次不合格样品的酸性盐雾试验项目均不达标（表 4-4）。

陕西省质量技术监督局表示，已责成相关市质量技术监督部门按照有关法律法规规定，对本次抽查中不合格的产品及其企业依法进行处理。

2014年陕西省第二季度陶瓷片密封水嘴产品质量监督抽查不合格产品及生产企业名单　　表4-4

序号	产品名称	生产日期	抽查企业名称	生产企业名称	商标	规格型号	抽查结果	主要不合格项目	承检机构
1	陶瓷片密封水嘴	2011-03	安康市汉滨区青山卫浴经营部	福建省申雷达卫浴洁具有限公司	申雷达	SW-1203-204	不合格	酸性盐雾试验	国家建筑卫生陶瓷质检中心
2	陶瓷片密封水嘴	—	安康市汉滨区顺新建材经营部	南安市山全卫浴洁具厂	山全	3518	不合格	流量（带附件）、阀芯密封性能、酸性盐雾试验	国家建筑卫生陶瓷质检中心

续表

序号	产品名称	生产日期	抽查企业名称	生产企业名称	商标	规格型号	抽查结果	主要不合格项目	承检机构
3	陶瓷片密封水嘴	—	澳新曼卫浴	泉州特塔卫浴有限公司	特塔	明珠单孔	不合格	流量（不带附件）、酸性盐雾试验	国家建筑卫生陶瓷质检中心
4	陶瓷片密封水嘴	—	安康市汉滨区诚杰水暖器材批发部	泉州丽驰科技有限公司	丽驰	LC-85307	不合格	酸性盐雾试验	国家建筑卫生陶瓷质检中心
5	陶瓷片密封水嘴	2008-11-23	赛朗卫浴经销部	赛朗卫浴实业有限公司	赛朗	WH8022	不合格	流量（不带附件）、酸性盐雾试验	国家建筑卫生陶瓷质检中心
6	陶瓷片密封水嘴	—	摩恩卫浴居然之家店	浙江卡洛特水暖器材制造有限公司	ZHENG GUO	D9	不合格	酸性盐雾试验	国家建筑卫生陶瓷质检中心

3. 2014年上海市水嘴产品质量监督抽查结果（2014年8月18日发布）

上海市质量技术监督局8月18日公布2014年上海市水嘴产品质量监督抽查结果，62批次受检产品中，有23批次不合格。其中不乏来自知名卖场的商品。

本次监督抽查依据《陶瓷片密封水嘴》（GB 18145—2003）、《水嘴通用技术条件》（QB 1334—2004）、《生活饮用水输配水设备及防护材料的安全性评价标准》（GB/T 17219—1998）等国家标准及相关标准要求,对产品的下列项目进行了检验:陶瓷片密封水嘴:管螺纹精度、手柄扭力矩、流量（不带附件）、流量（带附件）、密封性能（连接件）、密封性能（阀芯）、密封性能（冷热水隔墙）、密封性能（上密封）、密封性能（转换开关）、阀体强度、冷热疲劳试验、盐雾试验、安装长度、流量均匀性、水嘴用水效率等级,其中洗涤水嘴和其他适用于饮用水的水嘴还进行了浸泡水铅析出量、浸泡水砷析出量、浸泡水铬（六价）析出量、浸泡水锰析出量、浸泡水汞析出量检验。

经检验,有23批次产品不符合标准的规定,涉及盐雾试验、管螺纹精度、流量、浸泡水铅析出量、浸泡水铬（六价铬）析出量、浸泡水锰析出量。如,在上海红星美凯龙家居市场经营管理有限公司发现,标称阿波罗（中国）有限公司生产的一款"阿波罗"面盆龙头管螺纹精度项目不合格。在百安居（中国）家居有限公司上海闸北店发现,标称鹏威（厦门）工业有限公司生产的一款"B & Q"厨房龙头,盐雾试验、管螺纹精度、铅项目不合格,质量问题严重（表4-5）。

2014年上海市水嘴产品质量监督抽查不合格产品及生产企业名单　　　　　表4-5

序号	受检产品	商标	规格型号	生产日期/批号	生产企业（标称）	受检企业	不合格项目	备注
1	面盆龙头	宝路	DN15，BS1112	2013-12-06	上海宝路卫浴陶瓷有限公司	上海宝路卫浴陶瓷有限公司	盐雾试验；管螺纹精度	—
2	洗涤龙头	科马	DN15，2151117	2013-11-15	科马（上海）卫生间产品开发有限公司	科马（上海）卫生间产品开发有限公司	管螺纹精度	—
3	面盆龙头	阿波罗	DN15，单柄双控，LT169	2014-03-03	阿波罗（中国）有限公司	上海红星美凯龙家居市场经营管理有限公司	管螺纹精度	—
4	面盆水嘴	惠达	DN15，HDA0761M，单柄双控	2013-11-14	惠达卫浴股份有限公司	上海润忠贸易有限公司	管螺纹精度	—

FLORA
Digital Printing System
www.floradigital.com.cn

彩神

彩神C8系列陶瓷数字喷墨喷釉一体机
FLORA C8 Series Ceramic Ink/Glaze Digital Printer

彩神Cjet200高速陶瓷数码喷墨印刷机
FLORA Cjet200 High Speed Ceramic Digital Printer

商务热线:
陈先生15989872298
钟先生15989874668

深圳市润天智数字设备股份有限公司
佛山服务中心:佛山中国陶瓷总部基地－陶瓷机械原材料配套中心A108-A109
公司地址:中国深圳市宝安区环观南路观澜高新技术产业园区
电话:＋86-755-27521666   传真:＋86-755-27521866
e-mail:sales@floradigital.com.cn   www.floradigital.com.cn

MONGA® 梦佳

中韩科技　尖端卫浴

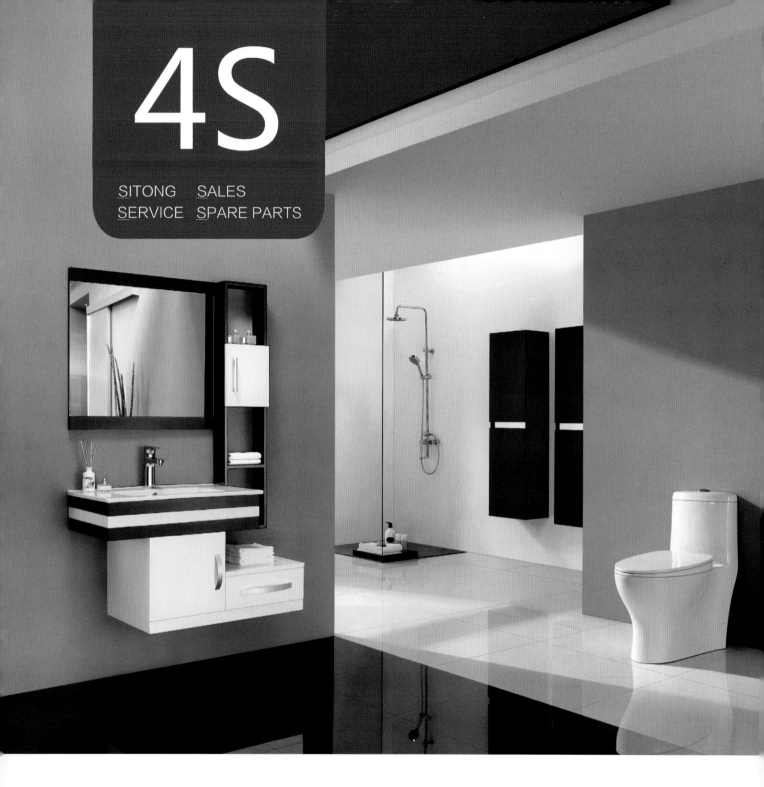

4S

SITONG SALES
SERVICE SPARE PARTS

中国名牌产品

中国厨卫百强企业

中国节水认证

广东四通集团股份有限公司

地　址：广东省潮州市潮州火车站区南片B11-4-1地块

电话：0768-2971986　　传真：0768-2971228

Http://www.sitong.net　E-mail:yixun_cai@sitong.net

SITONG
四 通 卫 浴

陶瓷信息

粤经济时报   在这里,读懂中国陶瓷

微信号：tcxx_2013

欢迎关注陶瓷信息报官方微信！

一报风行，传递价值！

《陶瓷信息》报是一份专注建筑卫生陶瓷及卫浴行业的行业性周报，现有山东淄博、山东临沂、四川夹江、江西高安、河南内黄、河北高邑、湖南岳阳、福建晋江八大产区记者站，发行网点覆盖全国28个省会、直辖市及重要地级城市，常规发行量5万份。

每届春、秋陶博会及工业展等大型展会期间，随展出版精品特刊，配合上下游企业宣传，立足行业高度，报道总结过往、分析趋势、预测走向 为整个陶瓷行业发声。除纸媒以外，另有网站、移动客户端等多方位公众平台，为行业提供及时精准的原创信息。

订阅热线：0757-82532110   全年订价：300元（包邮）
官方网站：www.ceramic-info.com
地址：广东省佛山市禅城区欧洲工业园C区赣商大厦12楼

续表

序号	受检产品	商标	规格型号	生产日期/批号	生产企业（标称）	受检企业	不合格项目	备注
5	台盆龙头	摩玛利	DN15，M11004-520C，单柄双控	2013-11-27	美国独资美孚洁具有限公司	上海好美家共江装潢建材有限公司	盐雾试验；管螺纹精度	—
6	面盆水嘴	蓝鸟	DN15，单柄双控，型号：2170	2013-11-30	潮安县金石镇蓝鸟不锈钢制品厂	上海韩江商贸有限公司	管螺纹精度	—
7	面盆龙头	帝莎	DN15，单柄双控	—	上海帝莎卫浴设备有限公司	上海市浦东新区三林镇暄雨卫生洁具经营部	盐雾试验	—
8	面盆龙头	索赛特	DN15，SST10021B，单柄双控	2013-08-18	江苏华达洁具有限公司	上海好美家共江装潢建材有限公司	盐雾试验；管螺纹精度	—
9	普通快开龙头	德力	DN15，TG16	—	上海欧脉建材有限公司	上海好美家共江装潢建材有限公司	盐雾试验	—
10	洗衣机龙头	总司令	DN15	2014-04-11	文鸣建材（上海）有限公司	上海市浦东新区三林镇永凯利五金经营部	盐雾试验	—
11	面盆龙头	卡恩诺	8509，DN15，单柄双控	2013-09-02	上海卡恩瓷业有限公司	上海市浦东新区北蔡镇沈月红陶瓷制品经营部	管螺纹精度	—
12	洗衣机龙头	埃飞灵	DN15，3202	—	埃飞灵卫浴科技有限公司	上海市闵行区为民卫浴商行	盐雾试验；管螺纹精度	—
13	淋浴龙头	太平洋	DN15，8093，单柄双控	2014-04-08	上海方远洁具有限公司	上海城大建材市场经营管理有限公司	流量（不带附件）	—
14	厨房龙头	—	C003BC，DN15，单孔单柄	2013-10-18	上海宝杨水暖洁具有限公司	上海闵行百安居装饰建材超市有限公司	盐雾试验；铅	质量问题严重
15	厨房龙头	墨林	DN15，FA-30，单柄双控	2014-03	温思特（福州）厨卫设备有限公司	上海市松江区岳阳街道领秀奇美建材经营部	管螺纹精度；铬（六价铬）	质量问题严重
16	台盆水嘴	露意莎	DN15	—	上海伯朗卫浴设备有限公司	上海伯朗卫浴设备有限公司	管螺纹精度；铅	质量问题严重
17	厨房水嘴	帕布洛	DN15，单柄双控，KFCL213C	2014-02-28	上海帕布洛厨卫有限公司	上海帕布洛厨卫有限公司	管螺纹精度；铅	质量问题严重
18	厨房龙头	B&Q	DN15，907021，单柄双控	—	鹏威（厦门）工业有限公司	百安居（中国）家居有限公司上海闸北店	盐雾试验；管螺纹精度；铅	质量问题严重
19	面盆龙头	圣杰	DN15，221105，单把单孔	2013-03-09	上海华傲卫浴洁具有限公司	上海九百家居大华装饰商城有限公司	盐雾试验；铅	质量问题严重
20	厨房双联水嘴	东方	YL-105，DN15	2014-01-06	上海锦世卫浴有限公司	上海九百家居大华装饰商城有限公司	盐雾试验；管螺纹精度；铅	质量问题严重
21	高档厨房龙头	欧琳	OL-8101，DN15，单柄双控	2014-02-17	宁波欧琳实业有限公司	上海闵行百安居装饰建材超市有限公司	铅	质量问题严重
22	厨房龙头	百鸟	DN15，513，单柄双控	—	上海康立源洁具有限公司	上海城大建材市场经营管理有限公司	管螺纹精度；锰	质量问题严重
23	厨房龙头	普乐美	DN15，70118A	2013-11-15	珠海普乐美厨卫有限公司	上海易家丽家居市场经营管理有限公司	铬（六价铬）	质量问题严重

4. 2014 年山东省第三季度陶瓷砖产品抽查结果（2014 年 10 月 8 日发布）

山东省质量技术监督局组织抽查了全省 40 家企业生产的 40 批次陶瓷砖产品，其中 3 家企业的 3 批次产品不符合相关标准的要求。

本次抽查依据《陶瓷砖》(GB/T 4100—2006)、《陶瓷砖试验方法》(GB/T 3810.1 ~ 3810.16—2006)、《建筑材料放射性核素限量》(GB 6566—2010) 等标准的要求，对陶瓷砖产品的尺寸、吸水率、断裂模数、破坏强度、无釉砖耐磨深度、抗釉裂性、耐化学腐蚀性、耐污染性、放射性核素 9 个项目进行了检验。

抽查发现，临沂市罗庄区双信建陶有限公司、邹平县北极星建陶有限公司、临沂东森建陶有限公司等 3 家企业的 3 批次产品不符合相关标准的要求，不合格项目涉及吸水率、破坏强度、断裂模数（表 4-6）。

2014年山东省第三季度陶瓷砖产品质量监督抽查不合格产品及企业名单 表4-6

序号	产品名称	企业名称	生产日期	规格型号	商标	抽查结果	不合格项目	承检机构
1	陶瓷砖	临沂市罗庄区双信建陶有限公司	2014-07	600×600×9-6（毫米）BⅡb类	—	不合格	吸水率；破坏强度	国家陶瓷与耐火材料产品质量监督检验中心
2	陶瓷砖	邹平县北极星建陶有限公司	2014-07-01	500×500×8-0（毫米）BⅡb类	北极星	不合格	吸水率；破坏强度；断裂模数	国家陶瓷与耐火材料产品质量监督检验中心
3	陶瓷砖	临沂东森建陶有限公司	2014-07-22	800×800×11-6（毫米）BⅠa类	—	不合格	吸水率；断裂模数	国家陶瓷与耐火材料产品质量监督检验中心

5. 2014 年 河南省第二季度卫生陶瓷产品抽查结果（2014 年 10 月 10 日发布）

河南省质量技术监督局对卫生陶瓷产品质量进行了监督检查，共抽取了 30 家企业生产的 74 批次卫生陶瓷产品，有 1 批次产品不符合标准要求（表 4-7）。

本次检查依据《卫生陶瓷》(GB 6952—2005)、《卫生洁具便器用重力式冲水装置及洁具机架》(GB 26730—2011) 国家标准及相关企业标准，按照《2014 年第二季度卫生陶瓷产品质量河南省定检实施方案》的要求，对卫生陶瓷产品的水封深度、水封表面面积、吸水率、便器用水量、洗净功能、固体排放功能、污水置换功能、坐便器水封回复、便器配套要求、管道输送特性、安全水位技术要求、驱动方式、进水阀 CL 标记、防虹吸功能、水箱安全水位、进水阀密封性、排水阀自闭密封性、进水阀耐压性、溢流功能、防溅污性、抗裂性等 21 个项目进行了检验。

经抽样检验，长葛市庆安陶瓷厂一批次"ao Hua"陶瓷柱盆（含柱）吸水率、溢流功能项目不合格。河南省质量技术监督局表示，已责成相关省辖市、直管县（市）质量技术监督部门按照有关法律法规，对本次检查中不合格的产品及其生产企业依法进行处理。

2014年河南省第二季度卫生陶瓷产品质量监督抽查不合格产品及企业名单 表4-7

序号	企业名称	所在地	产品名称	商标	规格型号	生产日期	抽查结果	主要不合格项目	承检机构
1	长葛市庆安陶瓷厂	许昌市长葛市	陶瓷柱盆（含柱）	ao Hua	18吋	2014-05-06	不合格	吸水率；溢流功能	国家建筑装修材料质量监督检验中心

6. 2014 年广东省水嘴产品质量专项监督抽查结果（2014 年 10 月 11 日发布）

广东省质监局日前公布 2014 年广东省水嘴产品质量专项监督抽查结果，不合格产品发现率为 25%。

　　本次抽查了广州、深圳、珠海、佛山、东莞、江门、顺德 7 个地市（区）66 家企业生产的水嘴产品 80 批次，依据《陶瓷片密封水嘴》（GB 18145—2003）、《水嘴用水效率限定值及用水效率等级》（GB 25501—2010）及经备案现行有效的企业标准或产品明示质量要求，对水嘴的管螺纹精度、冷热水标志、流量（带附件）、流量（不带附件）、密封性能、阀体强度、流量均匀性、用水效率等级、酸性盐雾试验等 9 个项目进行了检验。

　　抽查共发现 20 批次水嘴产品不合格，包括嘉宝罗、Sunbolo、didao、家家乐、朝升、东鹏、WALRUS、西亚斯、心海伽蓝、Yingna、Kamon 等品牌产品。不合格项目涉及水嘴的管螺纹精度、冷热水标志、流量（带附件）、流量（不带附件）、流量均匀性、用水效率等级、酸性盐雾试验等（表4-8）。

　　广东省质监局表示，已责成相关部门依照有关法律法规规定，对本次专项监督抽查中发现的不合格产品及其生产企业进行处理。

2014年广东省水嘴产品质量专项监督抽查不合格产品及生产企业名单　　表4-8

序号	生产企业名称（标称）	产品名称	商标	型号规格	生产日期或批号	不合格项目	承检机构
1	鹤山泰林卫浴实业有限公司	陶瓷片密封水嘴	嘉宝罗	2490	2014-06-04	1.流量（带附件）；2.用水效率等级；3.流量均匀性	国家陶瓷及水暖卫浴产品质量监督检验中心
2	鹤山市兰华科技发展有限公司	陶瓷片密封水嘴	Sunbolo	30199	2013-07-31	酸性盐雾试验	国家陶瓷及水暖卫浴产品质量监督检验中心
3	鹤山市沃泰卫浴有限公司	陶瓷片密封水嘴（单把摇摆菜盆龙头）	—	wt-1040	2014-06-03	管螺纹精度	国家陶瓷及水暖卫浴产品质量监督检验中心
4	鹤山市帝道卫浴有限公司	陶瓷片密封水嘴	didao	D7018	2014-05	酸性盐雾试验	国家陶瓷及水暖卫浴产品质量监督检验中心
5	鹤山市佳好家卫浴实业有限公司	陶瓷片密封水嘴	家家乐	G11112	2014-05-14	1.流量（不带附件）；2.酸性盐雾试验	国家陶瓷及水暖卫浴产品质量监督检验中心
6	鹤山市弘艺卫浴实业有限公司	陶瓷片密封水嘴	—	7501C1	2014-06-01	流量均匀性	国家陶瓷及水暖卫浴产品质量监督检验中心
7	开平市朝升卫浴有限公司	面盆龙头	朝升	2571	2014-06	流量均匀性	国家陶瓷及水暖卫浴产品质量监督检验中心
8	开平市东鹏卫浴实业有限公司	单柄面盆龙头	东鹏	DP1308	2013-11-14	酸性盐雾试验	国家陶瓷及水暖卫浴产品质量监督检验中心
9	开平市利澳金属制品有限公司	面盆龙头	—	PR-116	2014-05-03	流量均匀性	国家陶瓷及水暖卫浴产品质量监督检验中心
10	开平市华乐诗卫浴实业有限公司	明墙单把淋浴龙头	WALRUS	WR-501108	2014-03-30	管螺纹精度	国家陶瓷及水暖卫浴产品质量监督检验中心
11	佛山市顺德区容桂鸿秀水暖器材厂	水龙头	西亚斯	1115A	2014-05	管螺纹精度	国家陶瓷及水暖卫浴产品质量监督检验中心
12	珠海威锦卫浴设备有限公司	单柄双控面盆水嘴	—	F10002-301	2014-05-30	1.冷热水标志；2.流量均匀性	广东省江门市质量计量监督检测所
13	佛山市伽蓝洁具有限公司	单柄面盆龙头	心海伽蓝	KL111163	2014-04-07	1.管螺纹精度；2.酸性盐雾试验	广东省江门市质量计量监督检测所

续表

序号	生产企业名称（标称）	产品名称	商标	型号规格	生产日期或批号	不合格项目	承检机构
14	佛山市伽蓝洁具有限公司	铬色龙头（单把单孔面盆龙头）	心海伽蓝	KL111165	2014-05-21	管螺纹精度	广东省江门市质量计量监督检测所
15	广东佛山市鹰纳洁具有限公司	普通水嘴	Yingna	5115	—	1.管螺纹精度；2.酸性盐雾试验	广东省江门市质量计量监督检测所
16	广东佛山市鹰纳洁具有限公司	单柄单控面盆水嘴	Yingna	5320	—	1.管螺纹精度；2.酸性盐雾试验	广东省江门市质量计量监督检测所
17	佛山市全友卫浴有限公司	面盆龙头	—	QY-T1859	2013-08-15	酸性盐雾试验	广东省江门市质量计量监督检测所
18	东莞市龙邦卫浴有限公司	单柄双控面盆水嘴	Kamon	KAM-41075	2014-04-25	酸性盐雾试验	广东省江门市质量计量监督检测所
19	东莞市龙邦卫浴有限公司	单柄双控面盆水嘴	Kamon	KAM-41008	2014-05-17	酸性盐雾试验	广东省江门市质量计量监督检测所
20	开平市汉玛克卫浴有限公司	单把面盆龙头	—	1117400	2013-11-04	流量均匀性	广东省江门市质量计量监督检测所

7. 2014年广东省卫生陶瓷产品质量专项监督抽查结果（2014年10月11日发布）

广东省质监局日前公布2014年广东省卫生陶瓷产品质量专项监督抽查结果，不合格产品发现率为6.5%。

本次共抽查了广州、珠海、佛山、江门、东莞、潮州、清远、顺德8个地方152家企业生产的卫生陶瓷产品200批次，依据《卫生陶瓷》（GB 6952—2005）、《卫生洁具便器用重力式冲水装置及洁具机架》（GB 26730—2011）、《卫生洁具便器用压力冲水装置》（GB/T 26750—2011）、《坐便器用水效率限定值及用水效率等级》（GB 25502—2010）、《小便器用水效率限定值及用水效率等级》（GB 28377—2012）及经备案现行有效的企业标准或产品明示质量要求，对坐便器的水封深度、水封表面面积、吸水率、便器用水量、洗净功能、固体排放功能、污水置换功能、坐便器水封回复、便器配套要求、坐便器用水效率等级、坐便器用水效率限定值、管道输送特性、驱动方式、进水阀密封性、进水阀耐压性、进水阀CL标记、防虹吸功能、水箱安全水位、排水阀自闭密封性等19个项目进行了检验；对蹲便器的水封深度、吸水率、便器用水量、洗净功能、排放功能、防溅污性、便器配套要求、安全水位技术要求、驱动方式、进水阀密封性、进水阀耐压性、进水阀CL标记、防虹吸功能、水箱安全水位、排水阀自闭密封性等15个项目进行了检验；对小便器的水封深度、吸水率、便器用水量、洗净功能、污水置换功能、便器配套要求、密封性能、强度性能、断电保护、小便器用水效率等级、小便器用水效率限定值等11个项目进行了检验；对洗面器的最大允许变形、重要尺寸、吸水率、抗裂性、溢流功能、耐荷重性等6个项目进行了检验。

抽查发现，13家企业的13批次卫生陶瓷产品不合格，其中12家为潮安县企业，包括潮安县古巷镇威士达卫生瓷厂、潮安县古巷镇马德利陶瓷加工厂、潮安县古巷福庆建筑陶瓷厂、潮安县凤塘能厦陶瓷厂、潮安县丽威陶瓷洁具有限公司、潮安县古巷镇朗格陶瓷制作厂、潮安县古巷镇雄兴陶瓷厂、潮安县古巷大立陶瓷厂、潮安县古巷镇升格陶瓷厂、潮安县凤塘镇金汇洁具厂、潮安县佳泓陶瓷洁具有限公司、潮安县恒生陶瓷有限公司。不合格项目涉及卫生陶瓷的水箱安全水位、便器用水量、坐便器用水效率等级、坐便器用水效率限定值、水封深度、坐便器水封回复、安全水位技术要求、洗净功能、吸水率和重要尺寸等（表4-9）。

另外，标称珠海铂鸥卫浴用品有限公司生产的一批次"BRAVAT"卫生陶瓷（坐便器），被检出坐便器水封回复项目不合格。

广东省质监局表示，已责成相关部门依照有关法律法规规定，对本次专项监督抽查中发现的不合格产品及其生产企业进行处理。

2014年广东省卫生陶瓷产品质量专项监督抽查不合格产品及生产企业名单 表4-9

序号	生产企业名称（标称）	产品名称	商标	型号规格	生产日期或批号	不合格项目名称	承检单位
1	珠海铂鸥卫浴用品有限公司	卫生陶瓷（坐便器）	BRAVAT	C2194W-3、节水型	2014-07-10	坐便器水封回复	国家陶瓷产品质量监督检验中心（潮州）
2	潮安县古巷镇威士达卫生瓷厂	卫生陶瓷（坐便器）	—	2048、普通型	2014-06	水封深度、坐便器水封回复	国家陶瓷产品质量监督检验中心（潮州）
3	潮安县古巷镇马德利陶瓷加工厂	卫生陶瓷（坐便器）	MaKce Bole	851、普通型	2014-06	便器用水量、坐便器用水效率等级、坐便器用水效率限定值、水箱安全水位	国家陶瓷产品质量监督检验中心（潮州）
4	潮安县古巷福庆建筑陶瓷厂	卫生陶瓷（坐便器）	顺通	8006、普通型	2014-06	水箱安全水位	国家陶瓷产品质量监督检验中心（潮州）
5	潮安县凤塘能厦陶瓷厂	蹲便器	—	109	2014-06	安全水位技术要求、水箱安全水位	国家陶瓷产品质量监督检验中心（潮州）
6	潮安县丽威陶瓷洁具有限公司	卫生陶瓷（坐便器）	—	RM612、普通型	2014-06	水封深度、便器用水量、坐便器水封回复、坐便器用水效率等级、坐便器用水效率限定值、水箱安全水位	国家陶瓷产品质量监督检验中心（潮州）
7	潮安县古巷镇朗格陶瓷制作厂	卫生陶瓷（坐便器）	—	817、普通型	2014-06	便器用水量、坐便器用水效率等级、坐便器用水效率限定值、水箱安全水位	国家陶瓷产品质量监督检验中心（潮州）
8	潮安县古巷镇雄兴陶瓷厂	卫生陶瓷（坐便器）	—	812、普通型	2014-07	便器用水量、坐便器用水效率等级、坐便器用水效率限定值、水箱安全水位	国家陶瓷产品质量监督检验中心（潮州）
9	潮安县古巷大立陶瓷厂	卫生陶瓷（坐便器）	—	809、普通型	2014-06	水箱安全水位	国家陶瓷产品质量监督检验中心（潮州）
10	潮安县古巷镇升格陶瓷厂	卫生陶瓷（坐便器）	—	0813、普通型	2014-06	水箱安全水位	国家陶瓷产品质量监督检验中心（潮州）
11	潮安县凤塘镇金汇洁具厂	柜盆	—	300	2014-06	重要尺寸	国家陶瓷产品质量监督检验中心（潮州）
12	潮安县佳泓陶瓷洁具有限公司	卫生陶瓷（坐便器）	—	A-8130、普通型	2014-06	洗净功能	国家陶瓷产品质量监督检验中心（潮州）
13	潮安县恒生陶瓷有限公司	卫生陶瓷（坐便器）	—	897、普通型	2014-06	吸水率	国家陶瓷产品质量监督检验中心（潮州）

8. 2014年陕西省第三季度陶瓷砖产品质量监督抽查结果（2014年10月15日发布）

陕西省质量技术监督局10月15日公布2014年第三季度陶瓷砖产品质量监督抽查结果，共抽查企业37家，抽取样品40批次。经检验，综合判定合格样品36批次，抽查产品不合格率为10%。

本次抽查，样品在西安、咸阳、宝鸡、渭南、铜川、安康地区的生产及经销企业中抽取。依据《陶瓷砖》（GB/T 4100—2006）、《陶瓷砖试验方法》（GB/T 3810.1～16—2006）、《建筑材料放射性核素限量》GB 6566—2010 等相关标准和经备案现行有效的企业标准及产品明示质量要求,对陶瓷砖产品的尺寸、吸水率、断裂模数和破坏强度、无釉砖耐磨深度、抗釉裂性、耐化学腐蚀性、耐污染性、放射性核素项目进行了检验。

抽查发现有 4 批次样品不符合标准要求。其中，三原西源陶瓷有限公司的飞尔凡陶瓷砖和宝鸡市泰荣瓷业有限公司的博威雅陶瓷砖被检出吸水率项目不合格；千阳县嘉禾陶瓷有限公司的爱利嘉陶瓷砖被检出尺寸项目不合格；陕西中特陶瓷有限公司的雅士德陶瓷砖被检出破坏强度项目不合格（表4-10）。

陕西省质量技术监督局表示，已责成相关市质量技术监督部门按照有关法律法规规定，对本次抽查中不合格的产品及其企业依法进行处理。

2014年陕西省第三季度陶瓷砖产品质量监督抽查不合格产品及生产企业名单　　　　　　　表4-10

序号	产品名称	生产日期或代号	抽查企业名称	生产企业名称	商标	规格型号	抽查结果	主要不合格项目	承检机构
1	陶瓷砖	2014-06-28	三原西源陶瓷有限公司	三原西源陶瓷有限公司	飞尔凡	600毫米×600毫米×9.6毫米	不合格	吸水率	国家建筑卫生陶瓷质量监督检验中心
2	陶瓷砖	2013-04-23	宝鸡市泰荣瓷业有限公司	宝鸡市泰荣瓷业有限公司	博威雅	600毫米×600毫米×9.5毫米	不合格	吸水率	国家建筑卫生陶瓷质量监督检验中心
3	陶瓷砖	2014-06-10	千阳县嘉禾陶瓷有限公司	千阳县嘉禾陶瓷有限公司	爱利嘉	248毫米×328毫米×7.0毫米	不合格	尺寸	国家建筑卫生陶瓷质量监督检验中心
4	陶瓷砖	2014-06-10	陕西中特陶瓷有限公司	陕西中特陶瓷有限公司	雅士德	299毫米×199毫米×6.1毫米	不合格	破坏强度	国家建筑卫生陶瓷质量监督检验中心

四、2014 年度佛山市消费者委员会开展陶瓷地板砖商品比较试验的结果分析

陶瓷是佛山市的龙头、支柱产业之一，为全面了解在佛山市市场上销售的陶瓷地板砖的质量、安全、价格等情况，佛山市消费者委员会委托佛山检验检疫局国家建筑卫生陶瓷检测重点实验室，对佛山市市场上销售的陶瓷地板砖进行比较试验，为消费者提供真实有用的消费信息，指导消费者科学、合理地选购。

1. 基本情况

每年的第四季度都是家装最旺的季节，佛山市消委会为了帮助消费者能选购合适的陶瓷地板砖，工作人员以消费者的身份在佛山市各个陶瓷建材市场、集散地随机购买了32家陶瓷企业生产的瓷质抛光砖，规格为80厘米×80厘米。委托佛山出入境检验检疫局检验检疫综合技术中心国家建筑卫生陶瓷检测重点实验室，依据《陶瓷砖》（GB/T 4100—2006）、《建筑材料放射性核素限量》（GB 6566—2010）标准的要求，对此次购买的瓷质抛光砖样品进行了吸水率、抗折强度、断裂模式、放射性核素（内照射指数 I_{Ra}、外照射指数 I_γ）项目的检验。

本次比较试验所购买的80厘米×80厘米瓷质抛光砖32个样品,检测的4个项目全部符合《陶瓷砖》（GB 4100—2006）、《建筑材料放射性核素限量》（GB 6566—2010）标准的要求，具体指标对比如下。

2. 检测指标的分析和对比

1）吸水率
吸水率的大小是陶瓷地板砖的主要质量指标参数，与压机、烧成温度、烧成时间等工艺有关。《陶

瓷砖》（GB/T 4100—2006）要求瓷质抛光砖的吸水率必须不大于 0.5%，吸水率平均值越小就表示质量越好。本次比较试验的 32 个样品，吸水率检验结果全部达标，但从检测数据来看，各样品间的吸水率还是存在一定的差距（表 4-11）。

样品吸水率的检验结果（80厘米×80厘米瓷质抛光砖）　　　表4-11

序号	公司名称	样品标记	单价（元）	吸水率平均值	结果
1	佛山市方圆陶瓷有限公司（楼兰）	W7E8075	65	0.05%	合格
2	佛山市南海区士丹利陶瓷有限公司	8BJ8112	28	0.05%	合格
3	佛山市宏博陶瓷有限公司（自由立方陶瓷）	8FA005A	32	0.05%	合格
4	佛山市几何陶瓷有限公司	8GDD023	38	0.05%	合格
5	广东唯美陶瓷有限公司（马可波罗）	PG8022C	135	0.05%	合格
6	佛山市瑞星陶瓷有限公司（迎福来）	X4P8003	21	0.05%	合格
7	佛山市南海区小塘海威宝抛光装饰厂（喜家居陶瓷）	XP8P02	78	0.05%	合格
8	广东博德精工建材有限公司	—	156	0.05%	合格
9	广东蒙娜丽莎新型材料集团有限公司	640505	80	0.05%	合格
10	广东宏威陶瓷实业有限公司（威尔斯）	VPW8007	75	0.06%	合格
11	佛山市加西亚瓷砖有限公司	GT8003N	68	0.06%	合格
12	上海荣联建筑陶瓷有限公司（罗马瓷砖）	IUT2702ZXA2	70	0.06%	合格
13	佛山市合莱建材有限公司（合拓陶瓷）	GBS1	28	0.06%	合格
14	佛山市新华陶瓷业有限公司	Z8AF018T	70	0.06%	合格
15	佛山市英基陶瓷有限公司	YJX8R02	78	0.06%	合格
16	广东嘉俊陶瓷有限公司	PS8003	202	0.06%	合格
17	佛山市南海嘉鹰建材有限公司	A8237	23	0.06%	合格
18	佛山市祥龙陶瓷有限公司	A98164	38	0.06%	合格
19	广东博华陶瓷有限公司	LAJ838	109	0.06%	合格
20	广东新明珠集团有限公司（冠珠陶瓷）	GW79801	97	0.06%	合格
21	佛山石湾鹰牌陶瓷有限公司	EOMO-020EA	113	0.07%	合格
22	佛山市金满堂建材有限公司（新壹代陶瓷）	JK72-80N	40	0.07%	合格
23	佛山市南海豪盛抛光砖有限公司（多蒙特陶瓷）	SPB8131	35	0.07%	合格
24	佛山市马德盈陶瓷有限公司（丹尼斯陶瓷）	—	31	0.07%	合格
25	杭州诺贝尔集团有限公司	JF8002K	79	0.07%	合格
26	广东欧雅陶瓷有限公司（欧美陶瓷）	EPK80Q102	78	0.08%	合格
27	广东新中源陶瓷有限公司	CMPJ8002	69	0.09%	合格
28	广东东鹏控股股份有限公司	G802073	106	0.09%	合格

续表

序号	公司名称	样品标记	单价（元）	吸水率平均值	结果
29	高要广福陶瓷有限公司（好家园陶瓷）	88H102	45	0.09%	合格
30	广东金科陶瓷有限公司	Q8LV803	107	0.09%	合格
31	清远市冠星王陶瓷有限公司	JP8808	119	0.09%	合格
32	广东中盛陶瓷有限公司	8AA038T	31	0.12%	合格

2）抗折强度

抗折强度是陶瓷地板砖的主要质量指标参数，它以适当的速率向砖的表面正中心部位施加压力，测定砖的破坏荷载、破坏强度。《陶瓷砖》（GB/T 4100—2006）要求瓷质抛光砖（厚度不小于7.5毫米）的抗折强度不小于1300牛，抗折强度的数据越大就表示质量越好，所有32个样品的检测结果全部达标，但各个品牌的检测数据相差较大（表4-12）。

样品抗折强度的检验结果（80厘米×80厘米瓷质抛光砖） 表4-12

序号	公司名称	样品标记	单价（元）	抗折强度（牛）	结果
1	广东唯美陶瓷有限公司（马可波罗）	PG8022C	135	3254	合格
2	广东新明珠集团有限公司（冠珠陶瓷）	GW79801	97	3206	合格
3	广东金科陶瓷有限公司	Q8LV803	107	2925	合格
4	高要广福陶瓷有限公司（好家园陶瓷）	88H102	45	2901	合格
5	杭州诺贝尔集团有限公司	JF8002K	79	2862	合格
6	广东嘉俊陶瓷有限公司	PS8003	202	2826	合格
7	佛山市几何陶瓷有限公司	8GDD023	38	2816	合格
8	上海荣联建筑陶瓷有限公司（罗马瓷砖）	IUT2702ZXA2	70	2746	合格
9	佛山市方圆陶瓷有限公司（楼兰）	W7E8075	65	2735	合格
10	广东新中源陶瓷有限公司	CMPJ8002	69	2725	合格
11	广东宏威陶瓷实业有限公司（威尔斯）	VPW8007	75	2681	合格
12	广东欧雅陶瓷有限公司（欧美瓷砖）	EPK80Q102	78	2681	合格
13	佛山市加西亚瓷砖有限公司	GT8003N	68	2655	合格
14	广东东鹏控股股份有限公司	G802073	106	2650	合格
15	佛山市南海嘉鹰建材有限公司	A8237	23	2602	合格
16	广东博华陶瓷有限公司	LAJ838	109	2594	合格
17	清远市冠星王陶瓷有限公司	JP8808	119	2577	合格
18	佛山市马德盈陶瓷有限公司（丹尼斯陶瓷）	—	31	2533	合格
19	广东蒙娜丽莎新型材料集团有限公司	640505	80	2533	合格
20	佛山市瑞星陶瓷有限公司（迎福来）	X4P8003	21	2510	合格
21	佛山市英基陶瓷有限公司	YJX8R02	78	2458	合格
22	广东博德精工建材有限公司	—	156	2453	合格

序号	公司名称	样品标记	单价（元）	抗折强度（牛）	结果
23	佛山石湾鹰牌陶瓷有限公司	EOMO-020EA	113	2445	合格
24	佛山市新华陶瓷业有限公司	Z8AF018T	70	2444	合格
25	佛山市南海区士丹利陶瓷有限公司	8BJ8112	28	2424	合格
26	广东中盛陶瓷有限公司	8AA038T	31	2417	合格
27	佛山市南海豪盛抛光砖有限公司（多蒙特陶瓷）	SPB8131	35	2346	合格
28	佛山市金满堂建材有限公司（新壹代陶瓷）	JK72-80N	40	2260	合格
29	佛山市南海区小塘海威宝抛光装饰厂（喜家居陶瓷）	XP8P02	78	2176	合格
30	佛山市合莱建材有限公司（合拓陶瓷）	GBS1	28	2013	合格
31	佛山市宏博陶瓷有限公司（自由立方陶瓷）	8FA005A	32	1919	合格
32	佛山市祥龙陶瓷有限公司	A98164	38	1893	合格

3）断裂模数

断裂模数是陶瓷地板砖的主要质量指标参数之一，《陶瓷砖》（GB/T 4100—2006）要求瓷质抛光砖（厚度不小于 7.5 毫米）的断裂模数不小于 35 兆帕，断裂模数检测数据越大表示质量越好。本次检测的 32 个样品全部达标（表4-13）。

样品断裂模数的检验结果（80厘米×80厘米瓷质抛光砖）　　　　表4-13

序号	公司名称	样品标记	单价（元）	断裂模数（兆帕）	结果
1	广东唯美陶瓷有限公司（马可波罗）	PG8022C	135	57.6	合格
2	佛山市南海嘉鹰建材有限公司	A8237	23	51.4	合格
3	广东东鹏控股股份有限公司	G802073	106	48.8	合格
4	广东新明珠集团有限公司（冠珠陶瓷）	GW79801	97	48.7	合格
5	佛山市加西亚瓷砖有限公司	GT8003N	68	48.4	合格
6	佛山市南海区士丹利陶瓷有限公司	8BJ8112	28	47.4	合格
7	佛山市方圆陶瓷有限公司（楼兰）	W7E8075	65	46.1	合格
8	上海荣联建筑陶瓷有限公司（罗马瓷砖）	IUT2702ZXA2	70	45.9	合格
9	广东欧雅陶瓷有限公司（欧美陶瓷）	EPK80Q102	78	45.3	合格
10	广东新中源陶瓷有限公司	CMPJ8002	69	45.1	合格
11	佛山市瑞星陶瓷有限公司（迎福来）	X4P8003	21	45.1	合格
12	杭州诺贝尔集团有限公司	JF8002K	79	44.9	合格
13	佛山市南海区小塘海威宝抛光装饰厂（喜家居陶瓷）	XP8P02	78	44.4	合格
14	广东宏威陶瓷实业有限公司（威尔斯）	VPW8007	75	43.8	合格
15	佛山市几何陶瓷有限公司	8GDD023	38	43.8	合格
16	高要广福陶瓷有限公司（好家园陶瓷）	88H102	45	43.5	合格

续表

序号	公司名称	样品标记	单价（元）	断裂模数（兆帕）	结果
17	佛山市英基陶瓷有限公司	YJX8R02	78	43.3	合格
18	佛山市马德盈陶瓷有限公司（丹尼斯陶瓷）	—	31	43.3	合格
19	清远市冠星王陶瓷有限公司	JP8808	109	43.2	合格
20	佛山市南海豪盛抛光砖有限公司（多蒙特陶瓷）	SPB8131	35	42.5	合格
21	广东金科陶瓷有限公司	Q8LV803	107	42.2	合格
22	广东蒙娜丽莎新型材料集团有限公司	640505	80	42.2	合格
23	佛山市金满堂建材有限公司（新壹代陶瓷）	JK72-80N	40	41.9	合格
24	广东嘉俊陶瓷有限公司	PS8003	202	41.5	合格
25	佛山市祥龙陶瓷有限公司	A98164	38	41.3	合格
26	佛山市新华陶瓷业有限公司	Z8AF018T	70	41.2	合格
27	佛山石湾鹰牌陶瓷有限公司	EOMO-020EA	113	40.8	合格
28	广东博华陶瓷有限公司	LAJ838	109	40.8	合格
29	广东中盛陶瓷有限公司	8AA038T	31	40.6	合格
30	佛山市合莱建材有限公司（合拓陶瓷）	GBS1	28	39.5	合格
31	佛山市宏博陶瓷有限公司（自由立方陶瓷）	8FA005A	32	38.6	合格
32	广东博德精工建材有限公司	—	156	38.0	合格

4）放射性核素限量

放射性是一项安全指标，地板砖使用的原料包括黏土、砂石等天然原料、矿渣或工业废渣以及锆英砂等化工原料，所使用的原料因地质条件、形成条件或加工过程的不同影响放射性指标的高低，人体对放射性的承受能力有一定限度，过度了则有可能引起不适和病变。研究表明，建筑陶瓷放射性超标，会直接影响消费者特别是儿童、老人和孕妇的身体健康，使人体免疫系统受损害，并诱发类似白血病的慢性放射性疾病。按照放射类型划分，可以将放射性对人体的危害分为内照射和外照射两类。

（1）内照射指数（I_{Ra}）

内照射危害是指放射性物质进入人体内而造成人体细胞分子结构破坏。体内辐射主要来自于放射性辐射在空气中的衰变，而形成的一种放射性物质氡及其子体。氡是自然界唯一的天然放射性气体，氡在作用于人体的同时会很快衰退变成人体能吸收的核素，进入人的呼吸系统造成辐射损伤，诱发肺癌。另外，氡还对人体脂肪有很高的亲和力，从而影响人的神经系统，使人精神不振，昏昏欲睡。《建筑材料放射性核素限量》（GB 6566—2010）对于产销和使用范围不受限制的A类装饰装修材料要求内照射指数（I_{Ra}）不大于1.0。内照射指数越低表示对人体危害越少，本次检测的32个样品全部达标，但各样品的检测数据存在很大区别（表4-14）。

样品内照射指数（I_{Ra}）的检验结果（80厘米×80厘米瓷质抛光砖）　　　　　表4-14

序号	公司名称	样品标记	单价（元）	内照射指数（I_{Ra}）	结果
1	广东新明珠集团有限公司（冠珠陶瓷）	GW79801	97	0.3	合格

续表

序号	公司名称	样品标记	单价（元）	内照射指数（I_{Ra}）	结果
2	佛山市宏博陶瓷有限公司（自由立方陶瓷）	8FA005A	32	0.4	合格
3	佛山市几何陶瓷有限公司	8GDD023	38	0.4	合格
4	广东唯美陶瓷有限公司（马可波罗）	PG8022C	135	0.4	合格
5	佛山市马德盈陶瓷有限公司（丹尼斯陶瓷）	—	31	0.4	合格
6	广东金科陶瓷有限公司	Q8LV803	107	0.4	合格
7	广东宏威陶瓷实业有限公司（威尔斯）	VPW8007	75	0.5	合格
8	佛山市加西亚瓷砖有限公司	GT8003N	68	0.5	合格
9	佛山市瑞星陶瓷有限公司（迎福来）	X4P8003	21	0.5	合格
10	高要广福陶瓷有限公司（好家园陶瓷）	88H102	45	0.5	合格
11	广东博德精工建材有限公司	—	156	0.5	合格
12	清远市冠星王陶瓷有限公司	JP8808	119	0.5	合格
13	佛山石湾鹰牌陶瓷有限公司	EOMO-020EA	113	0.6	合格
14	上海荣联建筑陶瓷有限公司（罗马瓷砖）	IUT2702ZXA2	70	0.6	合格
15	佛山市金满堂建材有限公司（新壹代陶瓷）	JK72-80N	40	0.6	合格
16	佛山市新华陶瓷业有限公司	Z8AF018T	70	0.6	合格
17	佛山市英基陶瓷有限公司	YJX8R02	78	0.6	合格
18	广东东鹏控股股份有限公司	G802073	106	0.6	合格
19	佛山市南海豪盛抛光砖有限公司（多蒙特陶瓷）	SPB8131	35	0.6	合格
20	佛山市祥龙陶瓷有限公司	A98164	38	0.6	合格
21	杭州诺贝尔集团有限公司	JF8002K	79	0.6	合格
22	佛山市南海区士丹利陶瓷有限公司	8BJ8112	28	0.7	合格
23	佛山市合莱建材有限公司（合拓陶瓷）	GBS1	28	0.7	合格
24	广东新中源陶瓷有限公司	CMPJ8002	69	0.7	合格
25	广东嘉俊陶瓷有限公司	PS8003	202	0.7	合格
26	广东欧雅陶瓷有限公司（欧美陶瓷）	EPK80Q102	78	0.7	合格
27	广东中盛陶瓷有限公司	8AA038T	31	0.7	合格
28	广东蒙娜丽莎新型材料集团有限公司	640505	80	0.7	合格
29	佛山市方圆陶瓷有限公司（楼兰）	W7E8075	65	0.8	合格
30	佛山市南海区小塘海威宝抛光装饰厂（喜家居陶瓷）	XP8P02	78	0.8	合格
31	佛山市南海嘉鹰建材有限公司	A8237	23	0.8	合格
32	广东博华陶瓷有限公司	LAJ838	109	0.8	合格

（2）外照射指数（I_γ）

外照射危害是指放射性物质从外部对人体进行辐射而造成人体细胞分子结构电离、破坏。放射性物质放射的射线主要有3种：α射线、β射线和γ射线。γ射线在空气中电离小、射程短，可以从建筑材料中放射出来，会从外部对人体构成严重危害。因而造成外照射危害的主要是指γ射线。外照射会对人体内的造血器官、神经系统、生殖系统和消化系统造成损伤。《建筑材料放射性核素限量》（GB 6566—2010）对于产销和使用范围不受限制的A类装饰装修材料要求外照射指数（I_γ）不大于1.3。外照射指数越低表示对人体危害越少，本次检测的样品全部达标，但各样品的检测数据存在很大区别（表4-15）。

样品外照射指数（I_γ）的检验结果（80厘米×80厘米瓷质抛光砖） 表4-15

序号	公司名称	样品标记	单价（元）	外照射指数（I_γ）	结果
1	广东唯美陶瓷有限公司（马可波罗）	PG8022C	135	0.6	合格
2	广东新明珠集团有限公司（冠珠陶瓷）	GW79801	97	0.6	合格
3	佛山市宏博陶瓷有限公司（自由立方陶瓷）	8FA005A	32	0.7	合格
4	佛山市马德盈陶瓷有限公司（丹尼斯陶瓷）	—	31	0.7	合格
5	广东金科陶瓷有限公司	Q8LV803	107	0.7	合格
6	佛山市几何陶瓷有限公司	8GDD023	38	0.8	合格
7	佛山市瑞星陶瓷有限公司（迎福来）	X4P8003	21	0.8	合格
8	清远市冠星王陶瓷有限公司	JP8808	119	0.8	合格
9	佛山市加西亚瓷砖有限公司	GT8003N	68	0.9	合格
10	佛山市金满堂建材有限公司（新壹代陶瓷）	JK72-80N	40	0.9	合格
11	广东嘉俊陶瓷有限公司	PS8003	202	0.9	合格
12	广东东鹏控股股份有限公司	G802073	106	0.9	合格
13	佛山市南海豪盛抛光砖有限公司（多蒙特陶瓷）	SPB8131	78	0.9	合格
14	佛山市祥龙陶瓷有限公司	A98164	38	0.9	合格
15	广东中盛陶瓷有限公司	8AA038T	31	0.9	合格
16	高要广福陶瓷有限公司（好家园陶瓷）	88H102	45	0.9	合格
17	广东博德精工建材有限公司	—	156	0.9	合格
18	佛山石湾鹰牌陶瓷有限公司	EOMO-020EA	113	1	合格
19	广东宏威陶瓷实业有限公司（威尔斯）	VPW8007	75	1	合格
20	上海荣联建筑陶瓷有限公司（罗马瓷砖）	IUT2702ZXA2	70	1	合格
21	佛山市合莱建材有限公司（合拓陶瓷）	GBS1	28	1	合格
22	佛山市新华陶瓷业有限公司	Z8AF018T	70	1	合格
23	佛山市英基陶瓷有限公司	YJX8R02	78	1	合格
24	杭州诺贝尔集团有限公司	JF8002K	79	1	合格
25	佛山市南海区士丹利陶瓷有限公司	8BJ8112	28	1.1	合格

续表

序号	公司名称	样品标记	单价（元）	外照射指数（I_γ）	结果
26	广东新中源陶瓷有限公司	CMPJ8002	69	1.1	合格
27	广东欧雅陶瓷有限公司（欧美陶瓷）	EPK80Q102	78	1.1	合格
28	佛山市南海嘉鹰建材有限公司	A8237	23	1.1	合格
29	广东博华陶瓷有限公司	LAJ838	109	1.1	合格
30	广东蒙娜丽莎新型材料集团有限公司	640505	80	1.1	合格
31	佛山市方圆陶瓷有限公司（楼兰）	W7E8075	65	1.2	合格
32	佛山市南海区小塘海威宝抛光装饰厂（喜家居陶瓷）	XP8P02	78	1.2	合格

3. 存在的问题

本次比较试验对 32 个样品的 4 项指标进行检测，虽然按照国家标准全部达标，但仍然存在一些问题：一是从检测数据看，所有样品都达标，但样品之间的检测数据相差较大，质量还是有一定的差别，消费者应根据需求选择适合自己的商品。二是价格问题，单价与检测数据也不能成正比，价格贵的样品检测数据未必表现就好。购买样品时，所有的经营者都有"明码标价"，但没有一家是"明码实价"的，都是根据购买数量、个人"砍价"、社会关系"批价"等来定价。特别说明，本次购买样品是工作人员以普通消费者的身份购买私用进行，由于数量较少，折扣有高有低，所以公布的单价与市场价格可能有点出入。另外，本次试验没有对包装标识方面进行判定，但是从购买的样品包装标识来看，也存在一些问题：一是样品包装上有"优等品"标识，根据《陶瓷砖》（GB/T 4100—2006）要求产品不分等级，所有出厂产品质量标志为合格。二是对砖的名义尺寸、工作尺寸，模数或非模数砖等信息描述还不规范。三是标准要求对于地面的陶瓷砖，应报告依据《陶瓷砖》（GB/T 4100—2006）附录 M 规定所测得的摩擦系数，大多数的样品包装上没有这个信息。

4. 消费建议

首先，应确定购买的陶瓷砖使用在什么地方，家用比如阳台、客厅、卧室、厨房、卫生间，卫生间地面、厨房地面应选防滑性能比较好的陶瓷砖，欧美、澳洲等发达国家和地区非常关注地面使用的陶瓷砖防滑性能，并且通过多种测试方法确认地面陶瓷砖的防滑性能。

第二，对于地面使用的陶瓷砖，应选择吸水率比较低的墙面使用的陶瓷砖可以选用吸水率高的。一般来说，同一品牌的陶瓷砖，吸水率越低，质量就越好，价格也相对贵。

第三，对于选购釉面砖使用于地面时，应查看包装上的釉面砖表面耐磨等级，分别是 0、1、2、3、4、5 级。

0 级：该级有釉砖不适用于铺贴地面。

1 级：该级有釉砖适用于柔软的鞋袜或不带有划痕灰尘的、光脚使用的地面（例如：没有直接通向室外通道的卫生间或卧室使用的地面）。

2 级：该级有釉砖适用于柔软的鞋袜或普通鞋袜使用的地面。大多数情况下，偶尔有少量划痕灰尘（例如：家中起居室，但不包括厨房、入口处或其他有较多人来往的房间），该等级的砖不能用特殊的鞋，例如带平头钉的鞋。

3 级：该级有釉砖适用于平常的鞋袜，带有少量划痕灰尘的地面（例如：家庭的厨房、客厅、走廊、阳台、凉廊和平台）。该等级的砖不能用特殊的鞋，例如带平头钉的鞋。

4级：该级有釉砖适用于有划痕灰尘，来往行人频繁的地面，使用条件比3级地砖恶劣（例如：入口处、饭店的厨房、旅店、展览馆和商店等）。

5级：该级有釉砖适用于行人来往非常频繁并能经受划痕灰尘的地面，甚至于在使用环境较恶劣的场所（例如：公共场所如商务中心、机场大厅、旅馆门厅、公共过道和工业应用场所等）。

第四，根据使用的场所和环境，应考虑并通过一些简单的方法试验陶瓷砖的耐污性和耐化学腐蚀性，这一点是很多消费者在购买陶瓷砖时根本没有考虑的。

第五，随机打开几箱陶瓷砖包装，在光线比较充足的地方铺贴在地面上，一是观察有无明显的色差，二是观察有无表面缺陷（比如：斑点、裂纹、砖碰、波纹、剥皮、缺釉等），三是看陶瓷砖的表面变形情况。

最后，应认真计算好使用的数量，建议尽量一次性购买和提货，因为陶瓷砖工艺的特殊性，不同批次的陶瓷砖可能会存在一定的色差。

第二节　2014年国家建筑卫生陶瓷标准化工作

一、建筑卫生陶瓷行业现状

2014年，我国建筑陶瓷生产102亿平方米，卫生陶瓷生产2.1亿件。2015年1～4月，陶瓷砖产量29.2973亿平方米，增长18.83%。2015年1～4月，陶瓷砖出口3.25亿平方米，增长1.5%，出口额25.98亿美元，增长26%。近20年来，中国建筑卫生陶瓷生产量居于世界首位。

建材工业"十二五"发展规划、建筑卫生陶瓷行业"十二五"发展规划都明确提出了建筑卫生陶瓷行业的重点目标，指出了建筑卫生陶瓷发展的趋势，要求着力提升建筑卫生陶瓷标准化发展的整体质量效益，创新和提升标准，通过标准的制修订，实现建筑卫生陶瓷行业向轻量化、薄型化、节水型、功能化的新型产品方向发展，产业结构明显优化，资源综合利用和节能减排取得明显进展。

2015年，建筑卫生陶瓷行业仍然围绕着陶瓷砖的薄型化、卫生陶瓷轻量化、功能化、智能制造等热点稳步发展。建筑卫生陶瓷的发展也遇到了前所未有的困难，建筑卫生陶瓷行业面临的压力依然是经济大环境、房地产疲软，同时，节能减排的紧箍咒继续存在。虽然环保部出台了《陶瓷工作污染物排放标准》（GB 25464—2010）标准修改单，但这并不意味着环保压力有丝毫减小。建筑卫生陶瓷生产企业，仍然需要投入大量的人力、财力、物力，进一步做好环保工作。

二、建筑卫生陶瓷标准现状

1.国内标准现状

1）现行的标准

截至2015年7月，由全国建筑卫生陶瓷标准化技术委员会归口的现行标准63个。其中国家标准36个，行业标准27个；强制性标准4个，推荐性标准59个；基础标准1个，产品标准41个，方法标准21个。

2）标准现状分析

（1）强制性标准和推荐性标准现状分析

强制性标准共4个，其中国家标准4个，行业标准0个；推荐性标准共59个，其中国家标准32个，行业标准27个。

（2）标准体系结构和布局分析

基础标准1个；产品标准41个，占65%；方法标准21个，占33.3%。

国家标准36个，占总数的57.1%，其中，基础标准1个，产品标准15个（强制性标准4个），方法标准 20 个；行业标准 27 个，占总数的 42.9%，其中产品标准 26 个，方法标准 1 个。

（3）标准数量和质量分析（表 4-16）

各类标准占总量的比例　　　　　　　　　　　　　　表4-16

	国家标准	行业标准	强制性标准	推荐性准标	基础标准	管理标准	产品标准	方法标准
数量	36	27	4	59	1	0	41	21
比例	57.1%	42.9%	6.0%	92.0%	1.6%	0.0	65.0%	33.3%

（4）标准质量水平分析

建筑陶瓷：我国现行陶瓷砖产品标准在技术内容上全面采用 ISO13006 国际标准，并根据我国国情，增加了干压陶瓷砖厚度的限定，增加了抛光砖光泽度要求，增加了对大规格产品尺寸偏差的要求，增加了对地砖摩擦系数的要求；陶瓷砖系列方法标准等同采用 ISO 10545 系列标准，共 16 个，其中根据我国国情，增加了大规格产品的变形测试方法和有关项目的制样方法，另外抛光砖光泽度试验方法引用了我国制定的通用试验方法，与国际标准相比，增加了摩擦系数试验方法，采用 ISO 方法标准草案中的一种方法。

综上所述，我国陶瓷砖标准已与国际标准全面接轨，达到国际水平。

卫生陶瓷及卫浴制品：目前我国卫生陶瓷的产品标准的技术要求基本上与国外先进标准接轨，产品内在技术要求和功能要求的指标等同或接近美国、欧盟等先进国家标准，在个别指标上严于国外标准。坐便器用水量，修订后的《卫生陶瓷》标准要求最大用水量不大于 8 升水。

由于卫生陶瓷需要与各国建筑设计规范相适应，所以各国在对产品的安装尺寸上要求有差异。

2014 年我国发布了《陶瓷片密封水嘴》（GB 18145—2014）强制性国家标准，号称是史上最严的水嘴标准。新标准参考了《卫生洁具——机械混合龙头（PN10）—— 通用技术要求》（EN 817：2008）、《卫生洁具—适用于供水系统 1 类和 2 类的单把手和组合龙头（PN10）—— 通用技术要求》（EN 200：2008）、《供水管道部件》（ASME A112.18.1—2012/CSA B125.1—2012）等国外先进标准，防回流性能、抗水压机械性能、密封性能、抗安装负载、抗使用负载等技术指标不同程度地采用了国外标准。重金属对人体健康的危害极大，国外标准对水嘴中金属污染物析出限量分别有不同的规定。《陶瓷片密封水嘴》（GB 18145—2014）规定了铅等 17 种金属污染物的析出限量。标准分别规定每升水中铅的析出量不大于 5 微克，其他 16 种金属每升水的析出限量分别为：锑（0.6 微克）、砷（1.0 微克）、钡（200.0 微克）、铍（0.4 微克）、硼（500.0 微克）、镉（0.5 微克）、铬（10.0 微克）、六价铬（2.0 微克）、铜（130.0 微克）、汞（0.2 微克）、硒（5.0 微克）、铊（0.2 微克）、铋（50.0 微克）、镍（20.0 微克）、锰（30.0 微克）、钼（4.0 微克）。这一要求与美国标准《饮用水系统组件——对健康的影响》（NSF/ANSI 61—2012）相同。

可以说我国卫生陶瓷及卫浴产品的标准目前已全面与国外先进国家标准接轨，达到了国外先进水平。

我国自主知识产权的相关标准：有些标准为我国自主知识产权的新产品，无国外先进国家标准，有些是我国首创，所制定的标准均达国内先进水平。如《陶瓷板》（GB/T 23266—2009）、《轻质陶瓷砖》（JC/T 1095—2009）、《薄型陶瓷砖》（JC/T 2195—2013）、《陶瓷太阳能集热板》（JC/T 2194—2013）。

2. 国际标准转化情况

全国建筑卫生陶瓷标准化技术委员会与国际标准化组织 ISO/TC189 对口，国际标准化组织 ISO/TC189 共发布国际标准 21 项。1998 年发布了《陶瓷砖——定义、分类、性能和标记》（ISO 13006:1998）国际标准，2012 年又发布了修订后的 ISO 13006:2012。1994 ~ 1999 年间，该组织陆续发布了《陶瓷砖试验方法》（ISO 10545—1 ~ 16）系列标准，近年来又进行了部分修订。目前，世界先进国家大部分都采用了陶瓷砖国际标准，ISO/TC189 秘书处设在美国，英国、德国、西班牙、意大利、法国等欧盟国家，都采用了国际标准，EN14411：2006 修改采用 ISO 13006。日本、巴西也不同程度地采用了陶瓷砖国际标准，我国早在 1999 年就全面等同采用了陶瓷砖国际标准，2006 年，根据我国的实际情况，对陶瓷砖国家标准进行了修订，不同程度地采同了陶瓷砖国际标准，2015 年，发布实施了修订后的《陶瓷砖》（GB/T 4100—2015）国家标准。

陶瓷马赛克也是建筑陶瓷的一个产品，我国的《陶瓷马赛克》（JC/T 456—2005）采用了日本《陶瓷锦砖》（JIS A 5209—1994）。

琉璃制品方面，日本、美国、澳大利亚、英国等，均有相应的产品标准：

《黏土瓦》（JIS A 5208：1996）；

《黏土屋面瓦标准规范》（ASTM C 1167—03）；

《屋面瓦》（AS 2049—1992）；

《不连续敷用黏土屋面瓦——结构尺寸》（BS EN 1024:1997）；

我国的《建筑琉璃制品》（JC/T 765—2006）主要参照日本的（JIS A 5208—1996）标准，达到了国际先进水平。

卫生陶瓷方面：美国、加拿大、欧洲、澳洲都有卫生陶瓷标准，而且很注重配套性，我国的《卫生陶瓷》（GB 6952—2005）综合了各先进国家的相关标准，参照了美国的《陶瓷卫生洁具》（ASME A112.19.2—2008/CSA B45.1—08）标准，达到了国际先进水平。

《陶瓷片密封水嘴》（GB 18145—2014）参考了《卫生洁具—机械混合龙头（PN10）——通用技术要求》（EN 817：2008）、《卫生洁具—适用于供水系统 1 类和 2 类的单把手和组合龙头（PN10）——通用技术要求》（EN200：2008）、《供水管道部件》（ASME A112.18.1—2012/CSA B125.1—2012）、《饮用水系统组件——对健康的影响》（NSF/ANSI 61—2012）等国外先进标准，达到了国际先进水平。

与之相关的卫生洁具产品，世界先进国家也都有很严格的要求，均有各自的标准，在我国，卫生洁具方面的标准主要有如表 4-17 所示。

我国卫生洁具方面的标准   表4-17

序号	标准号	标准名称	采标情况
1	GB 18145—2013	陶瓷片密封水嘴	EN817：2008、EN200：2008、ASME A112.18.1—2012/CSA B125.1—2012、NSF/ANSI 61—2012
2	GB/T 31436—2015	节水型卫生洁具	ASME A 112.19.2/CSA B45.1—08、EN817—2008
3	GB 26730—2011	卫生洁具：便器用重力式冲水装置	ASSE 1002-2008、EN 141242005、EN 14055—2007、AS 1172.2—2005、NF D12-208—2001
4	GB/T 26750—2011	卫生洁具：便器用压力式冲水装置	ASSE1037、EN12541
5	JC/T 764—2001	坐便器塑料坐圈和盖	ANSI Z 124—1997
6	JC/T 1043—2007	水嘴铅析出限量	NSF/ANSI 61—2003
7	JC/T 1044—2007	金属波纹连接水管	ASSE

可以看出，美国、欧盟、澳大利亚对卫生洁具配件都有标准要求，我国的卫生陶瓷配件产品标准，大都参考了这些标准，达到了国际先进水平。

3. 标准的实施情况

薄型陶瓷砖是《建材工业"十二五"发展规划》和《建筑卫生陶瓷工业"十二五"发展规划》中

的重点发展产品。《薄型陶瓷砖》（JC/T 2195—2012）的实施，对引领行业向节能减排的方向发展，以市场为导向实行结构调整以及优化升级、节能减排、降耗利废、大力发展低碳经济和循环经济，切实加强持续自主创新具有重要意义。制定薄型陶瓷砖的行业标准，是引领行业正确发展的技术保障，也是落实国家节能减排、科学发展的具体体现，符合国家的战略要求，也是行业发展的需要。标准制定后，陶瓷外墙砖的厚度从原来的 8 毫米减少到 6 毫米以下，可以节约 25% 以上的原料消耗，降低能量消耗达12% 以上。

《薄型陶瓷砖》行业标准的制定，填补了我国薄型陶瓷砖产品标准的空白，走在了世界的前列，对我国陶瓷砖产品的减薄提供了技术支撑。在 2012 年 11 月召开的 ISO/TC189 会议上，我国的《薄型陶瓷砖》标准引起了与会各国的高度关注，ISO/TC189、WG4 在制定《薄型陶瓷砖和板》国际标准时，将充分考虑我国的《薄型陶瓷砖》标准。

新《陶瓷砖》标准对干压陶瓷砖厚度作出限定：表面积小于 3600 平方厘米的厚度要小于 10 毫米；表面积在 3600 ~ 6400 平方厘米之间的厚度要小于 11 毫米；表面积大于 6400 平方厘米的厚度不能超过13.5 毫米。此规定在保证陶瓷砖强度、吸水率等方面技术指标不变的前提下，大大降低了陶瓷砖厚度，促进陶瓷砖向薄型化发展。据测算，仅此一项就可节约大量黏土矿产资源，降低 10% 以上的能耗，每年将节约 1700 万吨标准煤。对进一步优化调整产业结构，节约土地资源，更好地保护环境，将发挥出十分重要的促进作用。

卫生陶瓷的节水与减重也被列入了《建材工业“十二五”发展规划》和《建筑卫生陶瓷工业“十二五”发展规划》中。《卫生陶瓷》（GB 6952—2005）国家标准修订重点在节水和减重两个方面，坐便器的冲洗用水量由 6 升降低到 5 升，每个家庭每天坐便器的使用次数按 12 次计算，则可节约用水 12 升，如果全国按 3 亿个家庭算，则每年可节水约 130 万吨。另外，每件产品减重约 5 千克，按 2012 年年产量 1.9亿件计算，则可节约原料 95 万吨，节约能耗 66 万吨标准煤。

《节水型卫生洁具》（GB/T 31436—2015）国家标准首次对高效节水卫生洁具给出定义，并明确了高效节水型产品的技术要求和试验方法。标准对节水型坐便器、蹲便器、小便器、陶瓷片密封水嘴、机械式压力冲洗阀、非接触式给水器具、延时自闭水嘴、淋浴用花洒等 8 类常用产品提出了具体的技术要求。

节水型坐便器分为节水型和高效节水型两类。标准规定节水型坐便器应不大于 5.0 升；高效节水型坐便器单挡或双挡的大挡用水量不大于 4.0 升。

节水型蹲便器分为节水型和高效节水型两类。节水型单挡蹲便器或节水型双挡蹲便器的大挡蹲便器用水量不大于 6.0 升，节水型蹲便器的小挡冲洗用水量不大于标称大挡用水量的 70%；高效节水型蹲便器单挡或双挡的大挡冲洗用水量不大于 5.0 升。

节水型小便器的平均用水量应不大于 3.0 升，高效节水型小便器平均用水量应不大于 1.9 升。

标准还对节水型淋浴用花洒进行了分级，共分为三级，Ⅰ级为节水性能最好，Ⅱ级次之，Ⅲ级为基本要求。并要求将流量等级在产品明显部位标明。

此外，标准对其他节水型机械式压力冲洗阀和高效节水型机械式压力冲洗阀的冲洗水量要求，与对应的节水型或高效节水型便器的用水量要求相一致。

《节水型卫生洁具》标准的颁布实施，将更加有效地推进居民生活节水进程，将节约厨卫用水量30% 以上。对缓解城市生活水资源短缺和水环境污染、推动建设节水型社会更好更快发展将发挥出十分重要的作用。

三、2014 年度标准项目工作情况

1. 2014 年承担的标准项目情况

2014 年，本标委会共承担了国家标准制修订项目 11 项，行业标准制修订项目 3 项。2014 年承担的

标准项目如表 4-18 所示。

<table>
<tr><td colspan="3" style="text-align:center">2014年承担的标准项目</td><td>表4-18</td></tr>
<tr><th>序号</th><th>项目编号</th><th colspan="2">项目名称</th></tr>
<tr><td>1</td><td>20120892-T-609</td><td colspan="2">外墙外保温泡沫陶瓷</td></tr>
<tr><td>2</td><td>20120893-T-609</td><td colspan="2">陶瓷砖试验方法第10部分:湿膨胀的测定</td></tr>
<tr><td>3</td><td>20120894-T-609</td><td colspan="2">陶瓷砖试验方法第11部分:有釉砖抗釉裂性的测定</td></tr>
<tr><td>4</td><td>20120895-T-609</td><td colspan="2">陶瓷砖试验方法第15部分:有釉砖铅和镉溶出量的测定</td></tr>
<tr><td>5</td><td>20120896-T-609</td><td colspan="2">陶瓷砖试验方法第1部分:抽样和接收条件</td></tr>
<tr><td>6</td><td>20120897-T-609</td><td colspan="2">陶瓷砖试验方法第2部分:尺寸和表面质量的检验</td></tr>
<tr><td>7</td><td>20120898-T-609</td><td colspan="2">陶瓷砖试验方法第4部分:断裂模数和破坏强度的测定</td></tr>
<tr><td>8</td><td>20120899-T-609</td><td colspan="2">陶瓷砖试验方法第5部分:用测恢复系数确定砖的抗冲击性</td></tr>
<tr><td>9</td><td>20120900-T-609</td><td colspan="2">陶瓷砖试验方法第8部分:线性热膨胀的测定</td></tr>
<tr><td>10</td><td>20120901-T-609</td><td colspan="2">陶瓷砖试验方法第9部分:抗热震性的测定</td></tr>
<tr><td>11</td><td>20130882-T-609</td><td colspan="2">卫生洁具智能坐便器</td></tr>
<tr><td>12</td><td>2014-0143T-JC</td><td colspan="2">微晶玻璃陶瓷复合砖</td></tr>
<tr><td>13</td><td>2014-0144T-JC</td><td colspan="2">霞石正长岩粉（砂）</td></tr>
<tr><td>14</td><td>2014-0462T-AH</td><td colspan="2">坐便器安装规范</td></tr>
</table>

2. 2014 年度标准计划项目立项情况

2014 年申报国家标准项目 5 项:《卫生陶瓷统计规则与方法》、《陶瓷砖防滑性等级评价指南》、《防滑陶瓷砖》、《陶瓷砖填缝剂试验方法》、《卫生洁具便器用除臭冲水装置》,已下达计划 3 项。

共申报行业标准计划项目 1 项《陶瓷砖硬度试验方法》,计划已下达。

3. 标准复审

2014 年共完成行业标准 14 项;复审情况如表 4-19 所示。

<table>
<tr><td colspan="3" style="text-align:center">2014年行业标准复审情况</td><td>表4-19</td></tr>
<tr><th>序号</th><th>标准号</th><th colspan="2">标准名称</th></tr>
<tr><td>1</td><td>JC/T 1043—2007</td><td colspan="2">水嘴铅析出限量</td></tr>
<tr><td>2</td><td>JC/T 1046.1—2007</td><td colspan="2">建筑卫生陶瓷用色釉料第1部分：建筑卫生陶瓷用釉料</td></tr>
<tr><td>3</td><td>JC/T 1046.2—2007</td><td colspan="2">建筑卫生陶瓷用色釉料第2部分：建筑卫生陶瓷用色料</td></tr>
<tr><td>4</td><td>JC/T 1047—2007</td><td colspan="2">陶瓷色料用电熔氧化锆</td></tr>
<tr><td>5</td><td>JC/T 694—2008</td><td colspan="2">卫生陶瓷包装</td></tr>
<tr><td>6</td><td>JC/T 758—2008</td><td colspan="2">面盆水嘴</td></tr>
</table>

续表

序号	标准号	标准名称
7	JC/T 760—2008	浴盆及淋浴水嘴
8	JC/T 764—2008	坐便器塑料坐圈和盖
9	JC/T 1080—2008	干挂空心陶瓷板
10	JC/T 1093—2009	树脂装饰砖
11	JC/T 1094—2009	陶瓷用硅酸锆
12	JC/T 1095—2009	轻质陶瓷砖
13	JC/T 1096—2009	陶瓷用复合乳浊剂
14	JC/T 1097—2009	建筑卫生陶瓷用添加剂解胶剂

4. 标准报批

2014年共完成了国家标准计划19项,行业标准计划5项。完成了标准的报批工作。报批项目如表4-20所示。

2014年完成的标准报批项目 　　　　　　　　　　表4-20

序号	项目名称	类别	计划项目编号	制、修订
1	卫生陶瓷	国标	20101951-Q-609	修订
2	节水型卫生洁具	国标	20074752-T-609	制定
3	陶瓷砖	国标	20101943-T-609	修订
4	陶瓷砖试验方法 第12部分:抗冻性的测定	国标	20101944-T-609	修订
5	陶瓷砖试验方法 第13部分:耐化学腐蚀性的测定	国标	20101945-T-609	修订
6	陶瓷砖试验方法 第14部分:耐污染性的测定	国标	20101946-T-609	修订
7	陶瓷砖试验方法 第16部分:小色差的测定	国标	20101947-T-609	修订
8	陶瓷砖试验方法 第3部分:吸水率、显气孔率、表观相对密度和容重的测定	国标	20101948-T-609	修订
9	陶瓷砖试验方法 第6部分:无釉砖耐磨深度的测定	国标	20101949-T-609	修订
10	陶瓷砖试验方法 第7部分:有釉砖表面耐磨性的测定	国标	20101950-T-609	修订
11	陶瓷砖试验方法 第10部分:湿膨胀的测定	国标	20120893-T-609	修订
12	陶瓷砖试验方法 第11部分:有釉砖抗釉裂性的测定	国标	20120894-T-609	修订
13	陶瓷砖试验方法 第15部分:有釉砖铅和镉溶出量的测定	国标	20120895-T-609	修订
14	陶瓷砖试验方法 第1部分:抽样和接收条件	国标	20120896-T-609	修订
15	陶瓷砖试验方法 第2部分:尺寸和表面质量的检验	国标	20120897-T-609	修订
16	陶瓷砖试验方法 第4部分:断裂模数和破坏强度的测定	国标	20120898-T-609	修订
17	陶瓷砖试验方法 第5部分:用测恢复系数确定砖的抗冲击性	国标	20120899-T-609	修订

续表

序号	项目名称	类别	计划项目编号	制、修订
18	陶瓷砖试验方法 第8部分:线性热膨胀的测定	国标	20120900-T-609	修订
19	陶瓷砖试验方法 第9部分:抗热震性的测定	国标	20120901-T-609	修订
20	建筑琉璃制品	行标	2011-0963T-JC	修订
21	陶瓷马赛克	行标	2011-0964T-JC	修订
22	陶瓷抛光砖表面用纳米防污剂	行标	2011-0965T-JC	制定
23	坐便器移位器	行标	2011-0966T-JC	制定
24	陶瓷雕刻砖	行标	2012-0096T-JC	制定

5. 发布实施的标准

2014 年发布实施的国家标准项目共 2 项，2015 年也为 2 项（表 4-21）。

2014、2015年发布实施的国家标准　　　　　　　　表4-21

序号	标准号	标准名称	实施日期
1	GB 21252—2013	建筑卫生陶瓷单位产品能源消耗限额	2014-12-01
2	GB 18145—2014	陶瓷片密封水嘴	2014-12-01
3	GB/T 4100—2015	陶瓷砖	2015-12-01
4	GB/T 31436—2015	节水型卫生洁具	2015-12-01

四、会议情况

1. 年会情况

2014 年，标委会共组织了三次会议：

（1）2014 年 5 月 7 ~ 8 日，第三届全国建筑卫生陶瓷标准化技术委员会（以下简称标委会）第五次年会暨标准审议会在江苏省宜兴市召开。标委会委员、顾问，行业专家，科研院所、企业、质检机构、新闻媒体的代表等 150 余人参加会议。会议对 2013 年工作进行了总结，部署了 2014 年主要工作。讨论并原则通过了标委会标准制修订管理办法、标委会委员考核管理办法、标委会标准复审工作细则等文件，完成了 2014 年建筑卫生陶瓷标准复审、2014 年建筑卫生陶瓷拟立项目征求意见、标委会换届筹备等事项。

年会还对 2013 年度全国建筑卫生陶瓷行业标准化工作先进集体和先进个人进行了表彰。会议审议了《锆英砂》行业标准、《陶瓷砖》国家标准、《陶瓷砖试验方法》国家标准。同时还召开了《坐便器安装规范》行业标准启动会，《卫生洁具智能坐便器》国家标准工作会。

（2）2014 年 8 月 26 日，全国建筑卫生陶瓷标准化技术委员会在潮州组织召开了《卫生洁具智能坐便器》国家标准工作会，标委会委员，行业专家，科研院所、企业、质检机构、新闻媒体的代表等 90 余人参加会议，讨论了《卫生洁具智能坐便器》国家标准工作方案。

（3）2013 年 10 月 21 ~ 24 日，全国建筑卫生陶瓷标准化技术委员会在桂林召开工作会，标委会委员、行业专家、质检机构、认证机构、科研院所、企业代表、消费者代表及标准起草单位人员 100 人参加了会议。会议分 3 个议题:《外墙外保温泡沫陶瓷》国家标准工作会、《霞石正长岩粉（砂）》行业标准工作会、《微晶玻璃陶瓷复合砖》行业标准工作会。

2. 培训工作

2014 年 6 ~ 8 月，标委会组织分别在厦门、温州、佛山举办了三期《陶瓷片密封水嘴》(GB 18145—2014) 标准宣贯，参加人数 200 多人。

2014 年 4 月、9 月，组织标委会委员 30 多人参加了在北京举办的"第二期、第三期建材行业标准化技术委员会委员资质培训班"。

五、参与国际标准化工作情况

2014 年 7 月，全国建筑卫生陶瓷标准化技术委员会一行 4 人组成中国代表团，参加了 ISO/TC189 陶瓷砖技术委员会美国克莱姆森年会。

2014 年共完成 ISO 标准投票 10 项（表 4-22）。

2014年完成的ISO标准投票 表4-22

序号	名称	类型
1	ISO 10545-11:1994 （vers 4）	Systematic review
2	ISO/FDIS 10545-8 （Ed 2）	FDIS
3	ISO189主席任命	—
4	ISO/FDIS 10545-4 （Ed 2）	FDIS
5	ISO/DIS 10545-13 （Ed 2）	DIS
6	ISO/DIS 10545-14 （Ed 2）	DIS
7	ISO/DIS 13007-5	DIS
8	ISO/FDIS 10545-1 （Ed 2）	FDIS
9	ISO/DIS 14448	DIS
10	ISO/CD 10545-16.3CD （Committee Draft （ISO） ）	CD

六、标准化科研情况

2014 年，标委会承担了国家质检总局、国家标准委组织的消费品安全标准"筑篱"专项行动，按照要求，全国建筑卫生陶瓷标准化技术委员会组织开展了建筑卫生陶瓷国内外标准对比行动，在梳理国内外建筑卫生陶瓷标准领域的基础上，分析对比国内外建筑卫生陶瓷标准中规范的安全要素及其发展趋势。对比国内外建筑卫生陶瓷标准中的安全技术指标，找出国内外相关标准主要技术内容的差异。根据对比结果，综合分析国内外建筑卫生陶瓷领域标准技术水平差异，分析所对比领域的标准一致性问题。提出改进我国建筑卫生陶瓷领域标准化工作机制，完善标准体系建设的对策建议，提出标准制修订计划。

根据"筑篱"行动的要求，现已提交了消费品安全标准"筑篱"专项行动——建筑卫生陶瓷国内外标准对比工作报告，完成了一篇相关论文。

七、标委会建设情况

按照国家标准委关于国家标准化体系建设工程的有关精神，标委会秘书处对本标委会归口管理的国家标准、行业标准进行了认真的分析，对现有标准的结构，标准的数量和质量，以及标准之间的相互协调性，标准的适用性和时效性等进行了充分的研究分析，完成了建筑卫生陶瓷标准体系建设工作，明确了本委员会的标准体系，为今后的标准化工作提供了方向。经过多年的建设已经形成了以建筑陶瓷、卫生陶瓷、卫生洁具及配件、陶瓷原材料为主线的标准体系。

2014年标委会加强自身建设，对标委会结构进行调整，充分发挥建筑陶瓷、卫生陶瓷、卫生洁具、陶瓷原材料等各板块的工作积极性和主动性。本届标委会已经届满，秘书处积极组织了换届筹备工作，在国标委网站、标委会网站下发了换届及征集委员的通知，开始换届工作。

2014年进一步加强了标委会网站建设，对网站内容作了补充和更新，网站得到了进一步完善。

截至目前，标委会有专职工作人员3人。

八、主要成绩和存在问题

1. 本年度主要工作成绩

2014年，标委会认真落实《建材工业"十二五"发展规划》和《建筑卫生陶瓷工业"十二五"发展规划》中关于加快结构调整、大力推进陶瓷砖产品薄型化和卫生洁具节水化的指导思想和基本原则，加强重点领域的标准化工作、做好重点标准的制修订工作，完成了几个重点项目。

（1）由本标委会主导的《建筑卫生陶瓷单位产品能源消耗限额》（GB 21252—2013）国家标准发布实施，实施日期2014年12月1日。

（2）本标委会归口的《陶瓷片密封水嘴》（GB 18145—2014）国家标准发布实施，实施日期2014年12月1日。

（3）完成了《卫生陶瓷》（GB 6952）的报批工作。进一步提高了节水型坐便器用水量要求，节水工作进入新时期。

（4）完成了《陶瓷砖》（GB/T 4100）的修订、报批工作。

（5）2014年，标委会承担了国家质检总局、国家标准委组织的消费品安全标准"筑篱"专项行动——建筑卫生陶瓷国内外标准对比。

2. 存在的主要问题

2014年存在的主要问题如下。

1）标委会建设

标委会建设速度慢，管理不严。标委会的建设上，发展不平衡，建筑陶瓷、卫生陶瓷、卫浴制品三大领域的委员配备比例不当，新兴的智能卫浴方面的委员欠缺。委员管理方面，考核工作反馈不及时，委员的培训工作力度不大。

2）标准项目的有效工作时间问题

标准立项工作周期长，立项慢，影响了标准工作发展。

标准项目的终止时间基本都是年底完成。由于年底工作量大，会议集中，组织会议难度大，出席率低等，标委会一般都是下年初、春节后组织标准审议。这样一来就造成了当年的标准项目不能及时审查，造成项目延误。

九、2015年工作计划

根据国标委对专业标委会新的要求，2015年，标委会重要做好以下工作：

（1）加强标委会建设：

本标委会秘书处目前有专职工作人员3人，2015年还要进一步充实人员，提高人员业务能力，以适应标准化工作的需要。同时，也要进一步加强标委会队伍建设，调整委员结构，充分发挥建筑陶瓷、卫生陶瓷、卫生洁具、陶瓷原材料等各板块的工作积极性和主动性。

（2）做好重点标准的制修订工作：

2015 年要重点做好《卫生洁具智能坐便器》等重点标准的制修订工作。

（3）完成各项标准化工作任务，完成标准项目的立项、起草、报批、复审等工作，完成国家标准委、工信部、联合会等上级部门安排的各项工作任务。

（4）加强内部管理，提升管理水平。

（5）做好标准培训工作：

2015 年，要重点做好《陶瓷砖》（GB/T 4100）、《卫生陶瓷》（GB 6952）国家标准的宣贯和《陶瓷片密封水嘴》（GB 18145—2014）的实施。

（6）完成国家质检总局、国家标准委组织的消费品安全标准"筑篱"专项行动——建筑卫生陶瓷国内外标准对比研究工作。

第三节　国外技术性贸易措施和反倾销

一、国外技术性贸易措施

1. 马来西亚卫生部发布日用陶瓷通报

通报号：G/TBT/N/MYS/40

通报日期：2014-03-24

通报标题：1985 年的食品法规，法规 28：陶瓷器皿和打算在制备、包装、储存、输送或接触供人类食用的食品中使用的陶瓷器皿的进口指南

语言：英语

覆盖的产品：陶瓷或瓷质的餐具和厨房器具（HS:6911.10.000）和除陶瓷和瓷质之外的陶瓷餐具、厨房器具（HS:6912.00.000）。

内容简述：

（1）1985 年的食品法规，法规 28：陶瓷器皿。1985 年的食品法规，法规 28 规定了在制备、包装、储存、输送或接触供人类食用的食品中使用的陶瓷器皿的要求。这包括：

陶瓷器皿的定义，其成分和类别；

根据马来西亚标准 MS ISO 6486-1，陶瓷器皿，与食品接触的微晶玻璃和玻璃餐具制品铅镉的溶出量测试方法——第一部分：测试方法；

在第十三一览表的表 I 中铅和镉的溶出量最大允许比例；

在第十三一览表的表 II 中规定的规范；

标签要求。

（2）打算在制备、包装、储存、输送或接触供人类食用的食品中使用的陶瓷器皿的进口指南。进口到马来西亚的每批陶瓷器皿应当随附由出口国主管部门发给的卫生证明书。该卫生证明书应当包含下列证明条款或与其类似的含义：兹证明上述托运的货物无铅和镉溶出／包含不超过最大允许限量的铅和镉，符合马来西亚 1985 年的食品法规的法规 28（陶瓷器皿）规定的物理特性和标签要求。

目标与理由：保护人类健康和安全

相关文件：

（1）1985 年的食品法规，法规 28（3 页，英语和马来西亚语）；

（2）打算在制备、包装、输送或接触供人类食用的食品中使用的陶瓷器皿的进口指南（3 页，英语）；

（3）《陶瓷器皿，与食品接触的微晶玻璃和玻璃餐具制品铅镉的溶出量测试方法 - 第一部分：测试方

法》（MS ISO 6486-1）（22 页，英语）；

（4）《陶瓷器皿》（MS 1817）规范（22 页，英语）。

2. 以色列发布陶瓷马桶通报

通报号：G/TBT/N/ISR/749

通报日期：2014-04-04

通报标题：陶瓷马桶

语言：希伯来语

覆盖的产品：陶瓷马桶（HS 编码：6910.10、6910.90）

内容简述：涉及陶瓷马桶的现行强制性标准 SI 146 宣布为自愿性的。

目标与理由：减少贸易壁垒

相关文件：强制性标准 SI 146（2002 年 8 月）

3. 以色列发布陶瓷坐便器通报

通报号：G/TBT/N/ISR/776

通报日期：2014-04-07

通报标题：附带冲洗水箱的陶瓷坐便器

语言：希伯来语

覆盖的产品：陶瓷坐便器（HS 编码：691010、691090）

内容简述：涉及附带冲洗水箱的陶瓷坐便器的现行强制性标准 SI 1385 宣布为自愿性的。

目标与理由：减少贸易壁垒

相关文件：强制性标准 SI 1385（2003 年 6 月）

4. 沙特阿拉伯标准计量和质量组织发布西式马桶通报

通报号：G/TBT/N/SAU/735

通报日期：2014-04-09

通报标题：沙特王国 / 沙特标准计量和质量组织（SASO）：陶瓷卫生用具——西式马桶

语言：英语

覆盖的产品：西式马桶（HS 编码：6910）

内容简述：SASO 1473/2014 中 7.3 要求：落地式坐便器用水量不超过 3.0 升，壁挂式坐便器用水量不超过 4.0 升。沙特新标准是用水量最严格的标准，对坐便器用水量提出了超出目前生产水平的要求。

目标与理由：消费者保护和消费者信息及水消费合理化

相关文件：

（1）《陶瓷产品——西式坐便器测试方法》（SASO 1473/2014）

（2）《陶瓷产品——西式坐便器技术要求》（SASO 1474/2014）

5. 厄瓜多尔标准协会发布与食品接触的玻璃和玻璃陶瓷制品通报

通报号：G/TBT/N/ECU/230

通报日期：2014-04-22

通报标题：厄瓜多尔标准协会技术法规草案（PRTE INEN）NO.200 "与食品接触的玻璃和玻璃陶瓷制品"

语言：西班牙语

覆盖的产品：与食品接触的玻璃和玻璃陶瓷制品（HS 编码：7013、7010）

　　内容简述：通报的技术法规草案包括以下方面：目的；范围；定义；产品要求；标签要求；取样；合格评定测试；参考文件；合格评定程序；监督和检验机构；处罚制度；合格评定机构的责任；审议和更新。该法规一是要符合 ISO 7086-1、ISO 7086-2、ISO 6486-1 和 ISO 6486-2 标准要求，二是要求在外包装上必须用西班牙语描述产品的相关信息，包括产品名称、数量、产品类型（玻璃或玻璃陶瓷）、"易碎品"标记、品牌或商标、生产批号、生产或进口企业的名称和地址、原产国等信息以及在运输和储存过程中的注意事项。

　　目标与理由：通报的技术法规规定了与食品接触的玻璃或玻璃陶瓷制品释放铅和镉的允许限值及测试方法，以防止人类生命健康危险和环境危险，防止可能误导消费者的行为。适用于在厄瓜多尔销售的用于制作、供应、烹调或存储食品及饮料的国产或进口玻璃和玻璃陶瓷制品。

　　相关文件：

　　(1)《与食品接触的凹形玻璃器皿——铅和镉的释放—第 1 部分：试验方法》（ISO 7086-1-2000)

　　(2)《与食品接触的凹形玻璃器皿——铅和镉的释放—第 2 部分：容许范围》（ISO 7086-2-2000)

　　(3)《盛食品用陶瓷器皿—铅和镉的释放—第 1 部分：试验方法》（ISO 6486-1-1999)

　　(4)《盛食品用陶瓷器皿—铅和镉的释放—第 2 部分：容许范围》（ISO 6486-2-1999)

6. 厄瓜多尔标准协会发布陶瓷屋面瓦通报

　　通报号：G/TBT/N/ECU/277

　　通报日期：2014-07-11

　　通报标题：厄瓜多尔标准协会技术法规草案（PRTE INEN）NO.249"陶瓷屋面瓦"

　　语言：西班牙语

　　覆盖的产品：陶瓷屋面瓦（HS 编码 :6905)

　　内容简述：通报的技术法规草案包括以下方面：目的；范围；定义；产品要求；标签要求；取样；合格评定测试；参考文件；合格评定程序；监督和检验机构；处罚制度；合格评定机构的责任；审议和更新。对于屋顶使用的陶瓷屋面瓦，无论厄瓜多尔国内生产或进口的，都必须符合该法规的要求。该法规规定，一是陶瓷屋面瓦产品质量要符合 UNE-EN 1304 标准中相关指标的要求，二是陶瓷屋面瓦包装必须有用西班牙语描述产品的相关信息，包括制造商名称、地址，品牌或商标，制造日期，原产国，进口商名称和地址等信息。

　　目标与理由：通报的技术法规规定了陶瓷屋面瓦必须遵守的要求，以防止人类生命安全危险和环境危险，防止可能误导使用之的行为。本法规适用于在厄瓜多尔销售的国产和进口陶瓷屋面瓦。

　　相关文件：

　　(1)《非连续铺设的黏土屋面瓦产品定义和规范》（EN 1304-1998+A1-1999)

　　(2)《间断铺设用黏土制屋面瓦几何性能测定》（EN 1024-1997)

　　(3)《不连续铺设用陶土屋面瓦弯曲强度试验》（EN 538-1994)

　　(4)《不连续铺设用陶土屋面瓦物理特性测定第 1 部分：不渗透性试验》（EN 539-1-1994)

　　(5)《不连续铺设用陶土层面瓦物理特性测定第 2 部分：抗霜冻试验》（EN 539-2-1998)

二、国外反倾销调查

1. 韩国

2014 年 2 月 28 日，韩国调查机关发布公告，对我国输韩陶瓷砖发起反倾销日落复审调查。涉案产品海关编码为：6901.00.3000、6907.90.1000、6907.90.9000、6908.90.1000、6908.90.9000. 倾销调查期为 2013 年全年，损害调查期为 2010 ~ 2013 年。

韩国立案公告中列明的被调查供应商有 23 家。

Fujian Minqing Red-leaf Ceramic Building Material Co., Ltd.

福建省闽清红叶陶瓷建材有限公司

Guangdong Overland Ceramics Co., Ltd.

广东欧文莱陶瓷有限公司

Foshan Gaoming Yaju Ceramics Co., Ltd.

佛山市高明区雅居陶瓷有限公司

Guangdong Eagle Brand Ceramic Group Co., Ltd.

广东鹰牌陶瓷集团及其关联公司

Guangdong Bode Fine Building Material Co., Ltd.

广东博德精工建材有限公司

Guangdong Jiajun Ceramics Co., Ltd.

佛山市嘉俊陶瓷有限公司

Fujian Houson Building Material Co., Ltd.

福建省晋江豪山建材有限公司

Guangdong Hongyu Group Co. Ltd.

广州宏宇集团有限公司及其关联公司

Qingyuan Gani Ceramics Co., Ltd.

清远简一陶瓷有限公司及其关联公司

Jianping Jinzheng Ceramics Co., Ltd.

建平县金正陶瓷有限公司及其关联公司

Guangdong Dongpeng Ceramics Holding Co., Ltd.

广东东鹏控股股份有限公司及其关联公司

Shanghai Cimic Tile Co., Ltd.

上海斯米克建筑陶瓷股份有限公司及其关联公司

Foshan Chancheng Shangyuan Oulian Construction Ceramic Limited

佛山市禅城区上元欧联建筑陶瓷有限公司

New Zhong Yuan Ceramics Co.,Ltd.of Guangdong Foshan

广东新中源陶瓷有限公司及其关联公司

Foshan Hemei Ceramics Co., Ltd.

佛山市和美陶瓷有限公司

Foshan Shuangxi Ceramics Co., Ltd.

佛山市双喜陶瓷有限公司

Foshan Haohong Ceramics Co., Ltd.

佛山市浩宏陶瓷有限公司

Shanghai ASA Ceramic Co., Ltd.

上海亚细亚陶瓷有限公司及其关联公司

Zibo KT Ceramic Co., Ltd.

Wulian Huaxing Packaging Co., Ltd.

Dalian ZhengRen Trading Co., Ltd.

大连正仁商贸有限公司

Guangdong Nanhai Light Industrial Products Imp&Exp Co.,Ltd.

广东省南海轻工业品进出口有限公司

China National Medical Equipment&Supplies Imp&Exp Corp.

中国医疗卫生器材进出口公司

2. 巴基斯坦

2014 年 4 月 5 日，巴基斯坦关税委员会（NTC）发布公告，该委员会对从中国进口的陶瓷砖（墙砖和地砖，含 5 个海关税号：6907.1000、6907.9000、6908.1000、6908.9010 和 6908.9090）反倾销调查作出初裁，决定自 2014 年 4 月 5 日起对产自中国的涉案产品征收 4 个月的临时反倾销税，适用不同出口商的反倾销税为 0 ~ 40.49%（表 4-23）。

2014年巴基斯坦临时反倾销税税率　　　　　　　　　　表4-23

出口商名称	临时反倾销税税率
Huida Sanitary Ware Co.,Ltd. 惠达卫浴有限公司	0
Foshan Eagle Brand Ceramic Trade Co., Ltd. 佛山鹰牌陶瓷集团有限公司	26.11%
Foshan Junjing Industrial Co.,Ltd. 佛山骏景实业有限公司	19.56%
Foshan Mainland Import & Export Co.,Ltd. 佛山悦华兴业进出口有限公司	14.27%
All Others 其他	40.49%

NTC 于 2012 年 10 月 24 日对从中国进口的陶瓷砖发起反倾销调查，2012 年 12 月 11 日伊斯兰堡高等法院决定暂停调查，2013 年 11 月 21 日伊斯兰堡高等法院解除了暂停调查决定，重新启动反倾销调查。

根据巴基斯坦反倾销相关规定，参与协助调查的出口商或外国生产商可在初裁发布公告后 15 日内要求 NTC 披露详细信息，经过登记的利益相关方 30 日内可要求举行听证会，NTC 将在初裁之日起 4 个月内，作出终审裁定。

3. 巴西

2014 年 7 月 3 日，巴西外贸委员会发出第 53 号令，并于 7 月 8 日在官方公告上正式发布，决定对进口自中国的南方共同市场 NCM 税则编码 69079000 项下的瓷砖产品，自发布之日起，征收 6 个月的临时反倾销税，征税税率为 3.01 ~ 5.73 美元／平方米（表 4-24）。

2014年巴西临时反倾销税税率	表4-24
生产商/出口商	初裁税率（美元/平方米）
China Foshan Chancheng Qiangshi Building Material Ltd. Company	3.01
Guangdong Monalisa New Materials Group Co., Ltd.	3.67
Foshan Xiangyu Ceramics Co., Ltd.	5.73
Guangdong Xinruncheng Ceramics Co., Ltd.	5.00
Heyuan Nanogress Porcellanato Co., Ltd.	3.92
Guangdong Kingdom Ceramics Co., Ltd.	4.11
平均税率	4.44
其他	5.73

2014年12月19日巴西官方发布对华瓷砖反倾销案件终裁的公告，

（1）对非价格承诺参加企业的终裁税率见表4-25；对表4-25中的企业自2014年12月19日起开始执行终裁税率。

2014年巴西对非价格承诺企业的终裁税率	表4-25
生产商/出口商	终裁税率（美元/平方米）
Foshan Chancheng Qiangshi Building Materials Company Limited	3.34
平均税率	4.98（原初裁平均税率名单中的企业中，排除掉参加价格承诺的企业后，剩余的企业）
其他	6.42

（2）抽样企业及接受自愿应诉企业的终裁倾销幅度如下：

由于除 Foshan Chancheng Qiangshi Building Materials Company Limited 之外的抽样企业及接受自愿应诉的企业均已参加价格承诺，对参加价格承诺的企业不按表4-26中的终裁倾销幅度执行终裁税率，而是按价格承诺执行最低限价和数量限制。

2014年巴西对抽样企业及接受自愿应诉企业的终裁倾销幅度		表4-26
生产商/出口商	倾销幅度（美元/平方米）	倾销幅度（%）
Foshan Chancheng Qiangshi Building Materials Company Limited	3.34	46.00%
Guangdong Monalisa New Materials Group Co., Ltd.	4.19	65.40%
Foshan Xiangyu Ceramics Co., Ltd.	6.42	153.60%
Guangdong Xinruncheng Ceramics Co., Ltd.	5.55	109.90%
Heyuan Nanogress Porcellanato Co., Ltd.	4.39	70.70%
Guangdong Kingdom Ceramics Co., Ltd.	4.66	78.50%

（3）价格承诺企业：

对价格承诺参加企业，自 2015 年 1 月 8 日起，按价格承诺中最低限价和数量限制执行。对出口提单显示的日期在 2014 年 12 月 19 日至 2015 年 1 月 7 日之间的出口，不适用价格承诺，按初裁税率执行。

2015 年 1 月 8 日起至 2015 年 12 月 31 日期间的最低限价为 CIF 10.5 美元 / 平方米和 CIF 477.27 美元 / 吨，数量限制为 22000000 平方米和 484000 吨。

第五章　建筑卫生陶瓷生产制造

第一节　陶瓷原料加工技术发展

2014年陶瓷行业原料制备技术无论从原料加工设备还是从色釉料制备技术方面都有了很大的创新，取得了突破性进展。

一、干法制粉

山东义科干法制粉工艺于2014年8月23日成功投产，该干法制粉生产线采用了义科公司自主研发的干法制粉EDP系统，原料配给采用全球先进的全自动电脑配料，陶瓷粉料的研磨是用立式磨机，研磨方式发生了根本性的改变，大大提高了粉末的碾磨效率。另外，此生产线的粉末干燥线，采用多层振动流化床进行粉料干燥。它结合了陶瓷企业现有的窑炉，只要通过简单的改造，就能够使用窑炉的余热来进行加热。不需要消耗更多的燃料，这大大地降低了磨粉的成本，又提高了燃料的利用率。在造粒方面，该生产线采用了"分层振动流化干燥机"、"陶瓷干法造粒及颗粒优化一体机"、"陶瓷粉料颗粒优化机"及"优化飞刀组"等义科公司自主研发的专利设备，使得粉料的混合、造粒及颗粒优化一次性完成，粉料合格率达到95%以上。它的研发成功和运行，标志着我国的干法制粉工艺已经进入实用性量产阶段，新技术的干法制粉工艺，有望在陶瓷行业得到大面积推广应用。

溶洲二厂主持的"陶瓷粉料高效节能干法制备技术及成套设备"项目于2014年6月21日通过中国建筑材料联合会组织的科技成果鉴定。与传统的喷雾干燥制粉生产技术相比，从投资上看，干法制粉所需的生产设备较少，投资仅为喷雾干燥制粉生产技术的60%。相比喷雾干燥制粉需要将含水量约31%~35%的泥浆蒸发水后，获得含水量仅为6%~8%的粉料，干法制粉生产技术仅将含水量约12%~14%的粉料干燥成含水量6%~8%的粉料，这意味着干法制粉生产较喷雾干燥制粉生产技术节约能源35%及水资源约60%~80%。该项目自主研发了干粉增湿造粒制粉技术和GHL-2000型高速混合造粒机，属于国内首例，所制造的粉料能满足陶瓷企业自动压机成型要求；开发了由PLC控制的逐级放大均化系统、陶瓷粉料自动称量配料系统、粉料造粒、流化床干燥系统成套设备，满足了陶瓷多原料种类、多色料、多种大小批量特性的配方原料干法混合均化要求，保证了粉料的均化度；研制了两套专用控制系统，即通过陶瓷粉料自动称量配料、均化系统和干粉造粒、干燥系统，实现自动操作，极大地提高了配方的准确性，是国内陶瓷行业首例。

2014年博晖跟LB达成在亚洲地区互惠互利的合作模式，在博晖生产整套干法制粉系统。神工干法制粉系统主要原理：将各种原料单独预处理到一定粒度，然后干燥配料；预破碎后进入细磨工序，符合粒度要求的细粉被收集储存；细粉经增湿造粒成含水量约10%~12%的陶瓷粉；陶瓷粉经干燥及振动筛分，筛上料经微破碎后再次进入振动筛，筛下料送至仓陈腐，即得合格的干粉用于生产压砖。神工干法制粉系统的优点：投资少、能耗低，可显著降低产品成本，污染小、排放低，还可减少50%的人力资源。据干法制粉节能预测计算得知，按每套（30T型号）系统全年生产粉料193500吨计算，全年可以节约电量643.2万千瓦时，热能节约原煤138942吨。其中节约的电折算到煤耗为643.2万/2500=2572.8吨煤，合计节约标煤约：（2572.8+138942）×0.64=90569.5吨。减排情况：根据标煤排放系数2.631，每年可减少二氧化碳、二氧化硫及氮氧化合物排放累计约238288吨。缺点：目前还不能全面应用在陶瓷行业的制粉工艺，在国外，瓷片、仿古砖已大量应用干法制粉工艺，应用到抛光砖目前还有一些技术性的问题等待完善。

二、连续球磨

湘潭亿达机电设备生产的组合式连续球磨机 2014 年年初在恩平晶鹏陶瓷调试运转成功推向市场。三联体的组合式连续球磨机每一节承担不同的研磨任务：第一节进行粗磨，当它研磨到一定程度，进入第二节进行中磨，然后进入第三节进行精磨。不会像间歇球磨机一样，已经磨细达标的要等待粗颗粒磨，合理的研磨配比分工使研磨效果大大改善。球磨筒体内装的球石、水和原料不超过球体的中心位置，当球体转动时，把球石和原料浆带到一定高度又突然滑落下来，这样球石对物料的冲击势能比间歇球大好几倍，球石对物料的研磨效果也要提高几倍。可连续进料和出料，减少大量装料和出料的时间。达到先磨细达标的可先流走，不需要等待一起走。连续球磨机的节能降耗效果显著，相比间歇球可节能 20% 以上，而且产能高，质量稳定。占地面积小，节省场地、水泥基础，在土建基础的投资少。

2014 年清远豪邦引进安装萨克米连续式球磨机投入应用；淄博唯能陶瓷原料粉碎开始使用连续式球磨机。

三、分类粉碎球磨

目前国内最具代表性的有博晖机电出品的神工快磨装备，这是一种使用干法立磨再结合球磨的工艺，比传统湿法球磨节能 25% 以上；而淄博唯能陶瓷则采用滚压干法破碎脊性料结合连续球磨技术，理论上这是一种更高效节能的原料加工技术组合。实际上就是将脊性料与塑性料分别粉碎球磨，一般就是干磨与湿法球磨相结合应用。与传统球磨生产工艺相比较，神工快磨系统节电率在 28% 以上，节省球胆等耗材达到 35% 以上。按照该系统的生产能力，每年每套系统可以为客户带来 800 多万元的利润回报，其中节省电费 500 多万元，节省球胆等耗材 300 多万元。成功地改善了传统陶瓷生产工艺流程中球磨环节能耗巨大、磨料耗材成本高等缺点。

第二节　色釉料制备技术创新

三水大鸿制釉的耐磨止滑釉于 2014 年 10 月获国家发明专利。依据烧成温度调配相应的防滑基础釉料，再加入刚玉结构的氧化铝材料，来调整烧成釉面的黏度，使平整的砖面冷却后形成耐磨、耐污和防滑的均匀的、细小的点状凹凸釉面，使砖面既起防滑作用又不卡污而易清洁，且不影响其原有的装饰效果。通过对止滑釉的应用可提高陶瓷砖在不同烧成温度下釉面的防滑性能。大鸿制釉的止滑釉目前在国内首创，在国内色釉料行业处于先进水平。

中扬釉料的厚抛超平釉于 2014 年年中推出。厚抛砖与薄微晶相比，其工艺更简单、耐磨度更高、镜面效果更好、立体感更强。此外，在原料使用方面，以生料为主的厚抛砖与以熔块为主的薄微晶相比，其生产成本更低。所以，这种号称全抛釉升级版的新品一经推出，立即受到市场的追捧，成为继全抛釉之后又一热门产品。目前从欧神诺使用中扬制釉的厚抛超平釉产品，优等率达到 90% 以上，且产品质量良好，得到客户和市场的一致好评。

嘉博陶瓷原料推出的可替代黏土增强剂有利于快速烧成，实现节能减排和节约配方成本。嘉博增强剂可实现 0.1% 加入量替代配方中 3% 黏土的性能指标，能有效缓解建陶配方对黏土材料的依赖，拓宽建陶配方的调试思路。实践生产证明减少配方中黏土的使用后，基础配方对色料的呈色更加有利，更关键的是配方烧失量大幅下降，有利于快速烧成和节能减排。

2014 年 12 月，远大制釉自主研发的加厚超平釉与欧神诺达成合作。这个从 2013 年年底开始着手研究的技术，历时一年，终于成功面世。加厚超平釉主要解决了全抛釉砖不够厚、不够平等技术问题，而该技术的难点在于其厚一层，生产难度就会随之增加，并产生一系列问题。如因水分过高、烧成难以控制，并且排气容易产生针孔，造成防污、耐酸碱度不过关，釉层厚容易造成后期龟裂等。而这些技术难关在经过远大制釉一年的努力以及厂家的大力配合下，逐步攻克了各种"小问题"，综合找到平衡点。经过改良后的加厚超平釉硬度为三级，已经达到国家标准，可在地面上铺贴。加厚超平釉与微晶石相比，具有成本低、生产难度低的优势，而且与微晶石相似度极高，普通消费者一般难以分辨。以前由于在技术上的瓶颈难以得到突破，如今得到解决后，加厚超平釉作为在恶性竞争中的突围工具，在现有产品的基础上进一步提升，将成为远大制釉2015年重点推广的新技术。

第三节　压机与窑炉

2014年，中国陶瓷行业经历2013年的"疯狂"之后，在2014年的夏季迎来了发展的"阵痛期"，陶瓷产品终端销售遇冷、上游设备化工企业出货量骤降，整个产业链上的企业都面临着严峻的生存压力。

2014年上半年，陶瓷行业延续了2013年的发展态势，设备供应企业基本上都在"忙碌"中度过；到了下半年，形势可谓急转直下，许多设备企业产品的销售都呈现出了下降的局面。总体而言，2013年的设备销售透支了2014年的需求，使得2014年下半年开始，全行业都遭遇销售下滑的局面。

2013年，国内陶瓷设备销售取得了较大幅度的增长，且这些设备都是大产能的设备，但这种局面并不会在当年之中直接对陶瓷市场形成太大的冲击；进入2014年，上一年度建设的生产线开始直接转化成为产能，这也使得2014年，中国陶瓷最大的变化之一，就是陶瓷产能得到了巨大的增长，这对终端市场造成的冲击是难以在短期内消化掉的，这直接导致了新兴产区的陶瓷企业价格战不断上演，甚至以往不轻易参与终端促销的大企业与高端品牌，也开启了终端促销的步伐。

在设备类型上，2014年全抛釉产品成为了新建、改建生产线的主流。

2014年下半年，设备企业的订单相对有所减少，尤其是2013年建设的大产能生产线在2014年上半年相继投产，这在加剧了市场竞争的同时，更刺激了中小产能生产线企业改线的欲望。因此，在2014年下半年，新建生产线数量急剧下降，设备企业提升产量、降低能耗等方式的生产线改造业务成为了销售的主流。

2014年整体相对更加严峻的行业形势下，设备领域企业在价格上做文章的行为再度出现，甚至有设备企业为陶瓷企业提供零首付的销售方案，这直接使得设备企业承担着比以往都要高的风险。

在陶瓷领域，2014年行业中的大企业与品牌型企业，通过各种形式的调整，全年的销售都取得了不同程度的增长，无品牌与产品优势的企业都面临着巨大的库存压力，这使得品牌型的设备企业不得不放弃与后者的合作；而同样无品牌化运作，只依靠价格取胜的设备企业只能与同等定位与实力的陶瓷企业合作，中小窑炉企业往往更多地以生产线改造为主，而且为了维持生存，中小窑炉企业不得不与高风险客户合作，尤其是在2014年，许多按揭生产线被断供、在建生产线停建或延建、签约生产线合同被取消等不断被爆出，这种情况的发生，对陶瓷企业来说影响相对不大，但对设备企业来说排产混乱、项目款被拖欠等所产生的影响是致命的。

在行业形势不断严峻的趋势之下，设备领域内的格局将更加走向强者愈强、弱者愈弱的局面。

与中国陶瓷产业处于发展高位的水平相比，印度等发展中国家的陶瓷产业还处于中等发展水平，产业发展还处于上升的前期之中，整体市场的瓷砖需求量也不如中国那么大，这使得其对瓷砖生产线的单线产量的要求也没中国那么高，瓷砖单线的产能为中国的1/3左右，陶瓷企业一般都是设计产能多少，实际产能就多少，更不会有企业超负荷生产的现象出现；与此同时，印度市场由于天然气价格昂贵、政府对节能减排采取高压态势，陶瓷企业对窑炉的节能减排要求极为严格。在这样的市场环境之下，中国的设备以其稳定的性能与超高的性价比，占据了市场的主流。

在以发展中国家为代表的国际市场，虽然中国设备市场占有率高于意大利，但中意之间的差距还是比较明显的，尤其是在品牌的国际化程度、设备的稳定性、智能性、节能性、服务等整体性上都存在一定差距。2014 年，在印度、越南、孟加拉国等东南亚市场，中国的窑炉设备的销售同比 2013 年取得了一定的增长，2014 年中国窑炉占到了印度全部市场一半以上的份额。事实上，非洲、中东以及其他广大的亚洲国家和地区，陶瓷市场的发展潜力非常大。

压机销售是陶瓷行业发展形势的"温度计"，能直接反映瓷砖销售冷热。相比 2013 年的建陶行业形势回暖，陶企纷纷扩线增产，压机等陶机设备销售火爆，2014 年呈现的是形势急转而下的巨大变化，建陶行业产销遇冷，国内新建生产线大量减少。2014 年在环保重压、政策调控、产能逐步饱和等多方影响之下，低速缓慢增长，将是行业发展常态。2014 年陶瓷压机国内市场同比下滑幅度近 30%，出口总量超 100 台。

湖北金门建材 2014 年建成了内墙砖生产线，窑炉长度达 680 米，其产能高达 6 万平方米。2014 年 3 月份开始动工，到 9 月份生产线已建成投产，窑炉长度达 680 米，主要用于内墙砖的生产，刷新了建陶行业的一项纪录。在节能减排压力不断加大的趋势之下，超长辊道窑的发展会有一定局限，宽体辊道窑将成为未来建筑陶瓷窑炉的发展方向。2014 年，3.5 米宽的瓷片宽体窑已得到了陶瓷企业的普遍认可，未来玻化砖 800 毫米 ×800 毫米规格同时并行 4 片、600 毫米 ×600 毫米规格同时并行 5 片，正在积极探索中，节能减排将是窑炉企业重要的研究方向。

2014 年 7 月 31 日，广东中窑窑业股份有限公司正式在北京的全国中小企业股份转让中心新三板挂牌上市。10 月 27 日，广东摩德娜科技股份有限公司在全国股份转让系统新三板挂牌上市。

第四节　陶瓷喷墨花机装备、技术与墨水

2014 的国内陶瓷行业从年初的小高潮开始，到上半年的平淡期，再在下半年的惨淡中结束。受国家整体经济新常态的影响，建陶行业也不例外。正在瓷砖行业广泛应用的喷墨花机与墨水，2014 年的发展也同样受到影响。特别是陶瓷墨水国产化的进程也受到影响，使国内墨水企业追求提高陶瓷墨水品质、降低陶瓷墨水价格、改善陶瓷墨水技术。

一、陶瓷喷墨花机

陶瓷喷墨打印技术自 2008 年进入中国，2008 年 5 月佛山市南海区希望陶瓷机械设备有限公司研发了中国第一台陶瓷砖装饰的喷墨打印机。杭州诺贝尔集团有限公司在 2009 年下半年采用西班牙 Kerajet 喷墨打印机装饰陶瓷砖，成为国内第一个推出喷墨砖的企业。喷墨打印设备经历了 2011 ～ 2012 年的成长期，迈过 2013 年的井喷期，2014 年步入成熟期。2010 年，中国在线喷墨打印机台数是 12 台，2011 年是 100 台，2014 年年底达到了 2636 台。从各产区的喷墨机数量来看，广东、山东、福建、江西、四川位居前五，它们大约分别占据全国墨水市场份额的 20.6%、19.11%、13.51%、9.67% 以及 6.42%。中国喷墨花机的出口市场主要集中在印度和越南。到目前为止，印度总在线喷墨机约 450 台，其中中国的品牌约 200 台，其他则是欧洲的品牌如 Cretaprint、Kerajet、Tecnoferrari；越南总在线喷墨机数量约 60 台，其中中国产机器为 12 台。国产喷墨打印公司在设备的稳定性、性能完善性等方面有了很大的进步，喷墨打印机在创新中走向成熟，打印机的价格也逐步下降。

【喷墨花机制造商品牌】陶瓷喷墨机制造业经过前两年的爆炸式增长，2014 年进入了回落期，市场需求明显下降，价格竞争激烈，行业进入了洗牌阶段，某些品牌今年已经退出或者半退出了市场。在国内批量生产销售陶瓷喷墨机的品牌主要有 9 家国产公司：希望、美嘉、新景泰、泰威、彩神、精陶、赛

因迪、东海、工正等。国外在中国主推的喷墨打印机品牌主要有 7 家：意大利的 B&T、西斯特姆（System）、杜斯特（Durst）、萨克米（Scami）、天工法拉利（Tecnoferrari）和西班牙的凯拉捷特（Kerajet）、efi 快达平（Cretaprint）。

排在前 3 名的国内三大品牌继续占领着市场的大部分份额，约占到 70%。国外品牌的市场占比今年比往年有所下降，约 10%，这主要是因为国产设备的价格与服务优势。但由于国内陶瓷市场的萎缩，喷墨花机有向少数品牌集中的趋势，未来竞争将更加激烈。

【喷头品牌及市场状况】喷墨机的竞争，其实也是喷头的竞争。目前，有能力生产喷头的企业只有英国、日本、美国三个国家；而制造喷墨机的企业和国家（意、西、中）都不具备制造喷头的能力。喷头品牌有：赛尔、精工、北极星、星光、东芝、柯尼卡等。赛尔喷头的市场占有率最高，约占 80%（国际上总占有率约 70%）；价格较高；投入年限长达 10 年；在用设备多达 6000 台（2014 年年底统计数据）；独有底部循环技术，使其墨水适应性强，维护容易，不易出现大的堵塞；其八级灰度技术，也使它在打印逼真度方面领先，特别适合目前追求仿自然的市场主流。

二、陶瓷墨水

【国产墨水的发展历程】到 2014 年年底，国内陶瓷厂的墨水需求量应在 2000 ~ 2200 吨/月左右。国内自主研发并批量生产陶瓷墨水的企业是迈瑞思，他们在 2011 年 3 月份产品上市，然后是明朝科技在 2011 年 5 月份产品上市，再是道氏制釉在 2012 年 4 月份产品上市。国内企业与欧洲企业基本采用相同的原材料供货商，相近的设备、生产工艺和检测标准，使国产墨水质量与国外的非常接近。瓷砖市场也正是由于喷墨这一技术的普及应用，花色品种发生了翻天覆地的变化。

2014 年康立泰被山东国瓷上市公司成功收购并成立国瓷康立泰，继续在陶瓷墨水国产化方面借力发力，2014 年年底道氏制釉成功在创业板上市，为国产墨水的进一步延伸发展留下无限的遐想。

【陶瓷墨水的市场分布】国产陶瓷墨水生产企业有近 20 家，如：道氏、明朝、康立泰、迈瑞思、柏华、万兴、远牧、名墨、研科、陶正、金鹰、色千、三陶、汇龙（正大、大鸿、汇龙、丰霖、永坤）等，但真正在市场中使用的可见品牌只有近 10 家。道氏和明朝是　内最早批量投入市场的品牌，到目前还保持着国产品牌中较高的市场占有率，国瓷康立泰（伯陶）墨水发展之势强劲，这三家墨水企业产销可达 500 吨/月以上；另有 3 ~ 4 家墨水企业产销在 100 ~ 250 吨/月；剩下的企业产能均在 100 吨/月以下。

陶瓷墨水的进口品牌或外资企业生产的墨水有 8 家：意达加、陶丽西、福禄、卡罗比亚、司马化工、美格卡拉、美高和菲特。其中意达加和陶丽西在全国性市场上领先；其他的 6 家墨水只在区域性市场应用。

【陶瓷墨水市场占有率】国产墨水从 2013 年的约 15% 的市场份额增至 2014 年年底的 50% 以上，标志着我国陶瓷工业已进入墨水国产化时代。在服务及商务条件上，国内品牌优势明显。国产墨水企业可以建立起遍布全国的服务网络，同时立体完善的服务体系保证在最短的时间内帮客户解决问题，这也是许多陶瓷生产企业选择国产墨水的原因之一。

国外品牌的占有率方面，意达加从开始至今一直领先，而且也是国内所有品牌中的第一（目前市场占有率约 30 ~ 35%）。原因是进口墨水发展成熟；在稳定性和发色力上具有极大优势；以及具备强大的产品后续开发能力和齐全的发色配套水平；绝大部分进口墨水经过各大喷头公司认证；产品与喷头、设备都具有良好的兼容性和匹配性。这也是陶企青睐进口墨水品牌的重要原因之一。到现在为止，国内暂时还没有一家墨水品牌的质量长期稳定性比意达加墨水好。尽管几年来墨水市场价格已一落千丈，意达加价格卖得还是最高，占有率始终稳居第一。

【价格趋势】进口墨水在 2009 年刚进入国内市场时，每吨的价格高达几十万元。而在 2014 年年初进口均价已降到 13 万元/吨左右，至年末更是跌破 10 万元/吨。主要原因是国产墨水的发展壮大倒逼着进口墨水的不断下跌。国产墨水的价格也是一路下滑，2013 ~ 2014 年跌得最厉害，一年内降幅约 50%。

三、陶瓷喷墨技术

上述正在生产和销售的陶瓷墨水是一种油性产品，采用"先干法后湿法"的生产工艺制备而成。国外油性陶瓷墨水可用于瓷砖生产的品种有 8 ～ 12 种，正常生产线一般安装 4 ～ 8 种色巴，油性墨水研发的重点是提高发色力（强度）和应用稳定性，同时降低成本，重点改善的品种是 Magenta（Pink 粉红等）、Orange（Beige Ochre 黄）。油性陶瓷墨水的技术已经成熟，常规颜色的陶瓷墨水近乎通用型标准化的产品，大部分厂家的墨水可以互换替代使用。

【新色系陶瓷墨水】近年来喷墨应用没有重大的技术突破和重大的花色品种创新。司马化工新近推出了洋红和绿色等新色系产品，洋红墨水可适应不同烧成温度，弥补了红棕墨水作为红色三原色基的不足，增加了墨水产品的色域。目前新品已用于顺成、东方等大型陶企的生产线上。意大利 INCO 公司新研发的绿色（Green）墨水发色深，Beige Ochre（黄）成本低，新系统墨水称为"Easy"，为无毒、环境友好型，20 摄氏度下储存 6 个月性能稳定。

【功能墨水】为了满足企业产品多样化和个性化的需求，开发了具有亚光、亮光、金属、下陷和闪光等装饰效果的功能墨水，同时结合产品设计创新，有效利用功能墨水的特殊效果，为产品创造增值。目前陶瓷企业主要是对下陷、闪光和凹凸效果有较大的需求。功能性墨水在设备商进行使用时，其性能和普通的墨水是差不多的，甚至比常规墨水要求还要低。

不少西班牙瓷砖企业已经在应用功能性墨水进行瓷砖装饰效果的创新，且在墙砖方面尤为明显。陶丽西已经研制出下陷墨水、亚光墨水、白色墨水、贵金属墨水和保护釉墨水等产品，并应用于意大利、西班牙的陶企，以及国内 20 多家陶企。前两种墨水多用于瓷片生产，白色墨水则适用于仿古砖开发。Ferro 研发的特殊效果墨水 Inks Nova 4.0，墨水的颗粒尺寸分布为 3 微米，使用量 150 克 / 平方米。Esmalglass·itaca 的 DPM 亚微米产品系列适合于目前生产销售使用的油性功能陶瓷墨水，如下陷釉、亚光 - 亮光釉。固体颗粒尺寸在 1 微米以下，这些材料使用量一般在 100 克 / 平方米以下。

功能性墨水在仿古砖上的应用能够更好地提升装饰效果，对抛光类瓷砖的装饰作用不大。中国企业在设计、技术和研发方面的投入不多，更多的是选择跟从，这也制约了功能性墨水在国内的普及。

【研磨技术】高容量砂磨机设备在 2014 年的陶瓷展会上展出，如东莞琅菱机械展出的适合规模化墨水生产的 60 升和 120 升的大型国产砂磨机设备，为国产陶瓷墨水的稳定性和规模化生产奠定了基础。也有试验数据证明棒梢式砂磨机的研磨效率明显高于涡轮或者盘式结构的产品。Keram-INKS 4.0 陶瓷墨水采用新的研磨系统加工，这种研磨系统采用不同型号的研磨机组合，从而使陶瓷色料研磨后的颗粒尺寸分布比较均匀，研磨后尺寸小于 0.5 微米的颗粒比目前方法少很多。

【其他技术】国产墨水都是相对粗放型的，传统的陶瓷色料配方基本经过一定的工艺处理都可以用于陶瓷墨水的生产。目前针对不同的固含量和不同的黏度要求，不同墨水产品的溶剂、分散剂和陶瓷色料也有了进一步精细化调试和选择。

另外，通过提高陶瓷色料的处理工艺也可以提高国产陶瓷墨水的产品品质。陶瓷色料的配方引入原材料直接影响到发色和色料后期的导电率，特别是矿化剂的加入对于墨水的生产相对来说是不利的，但是不加入矿化剂又达不到发色要求，因此对于可以不使用矿化剂的陶瓷色料，可以通过增加烧成温度和提高原料的初始细度来达到降低烧成温度和提高反应活性的作用。

在陶瓷墨水进入砂磨机研磨前的工艺处理也是十分关键的核心技术，选择合适的预分散处理工艺也是提高陶瓷墨水品质的技术手段之一。

【水性墨水】水性墨水将是下一款热门的喷墨材料。未来的 2 ～ 3 年，陶瓷行业将努力由油性墨水向水性墨水过渡，这是由于油性墨水固含量不高、固体颗粒易沉淀、发色力弱、难干燥、黏性大、易堵喷头等一系列问题容易影响瓷砖的生产流程。水性墨水将对目前正在使用油性墨水生产的瓷砖企业及油性墨水生产企业都将带来一次巨大的冲击。水性墨水本身的盐分具有一定的腐蚀性，但不会腐蚀喷头，也不会对瓷砖原料产生破坏性。

司马水性墨水在意大利陶瓷厂家大批量使用已超过了 8 个月，发色力好，色彩范围宽，烧成温度广。大大降低了生产中出现的各种色差、拉线的缺陷，而且更方便机器的清洁保养。Ferro 公司研发的水性陶瓷墨水（实验室产品），墨水的色料颗粒尺寸从小于 1 微米增大到 3 ～ 10 微米，墨水的使用量从 60 克 / 平方米增大到 800 克 / 平方米，储存与应用很稳定，色彩稳定性高，目前已研发 10 个品种，Esmalglass·itacat 公司的 DPM 微米产品系列适合于高出墨量的打印喷头，材料使用量一般都大于 100 克 / 平方米，其中固体颗粒尺寸大于 3 微米，在 2014 年 CEVISAMA 西班牙陶瓷展上获 ALFA DE ORO 奖。

水性墨水和油性墨水的物理性能相差比较远，喷墨设备的参数调整可能也会比较大，其关键在于水性墨水和喷头的匹配度，目前还没有见到与水性墨水特别吻合的喷头。对用户而言，要使用水性墨水就要求喷墨量一定要足够大。另外，使用水性墨水意味着陶瓷企业要对生产线进行比较大的调整，带来的成本压力比较大，需要较长时间的推广、普及，但水性墨水会是未来的发展趋势。

【数字喷釉】数字釉料或数字喷釉已从概念变成现实——Ferro 公司、Esmalglass·itaca 和 Colorobbia 三家公司已研发成功用于喷射工艺的釉料，并已进入到工业性大生产，这是施釉工艺的一次革命。用喷射的方法取代淋釉、喷釉、甩釉、滚印方法，可以节省釉料、缩短釉线，可以实现不同肌理效果（不用模具）、快速开发新产品、实现柔性生产、降低成本。数字釉料和数字喷釉将给釉料公司、喷墨设备厂、陶瓷企业带来新的商机。Colorobbia 与 SACMI 公司的 INTESA 合作，2014 年上半年在数字喷釉机上试验 C-Glaze，并进行中试生产。喷釉量可达 200 ～ 1000 克 / 平方米，适合于不同的生产工艺技术（墙砖和地砖）。Ferro 研发的用于数字喷釉的 Inks Nova 4.0，其墨水的颗粒尺寸分布大于 5 微米，使用量 500 克 / 平方米。数字喷釉所用釉浆黏度低、流变性好，颗粒尺寸大，釉浆喷出量可达 300 ～ 800 克 / 平方米，在陶瓷砖表面产生新的显微结构，产生新的效果。喷釉的设备及技术都已成熟，但是现在的材料、喷头及运营成本的总和，要远远高于从喷釉瓷砖获取的利润，因此市场暂时还不能接受。

【全数码施釉线】2014 年意大利里米尼展会上展示了全数码施釉线的蓝图，让不少到会者眼前一亮，头脑一热。但瓷砖表面装饰全数码化，从技术上、成本上、市场需要上都有问题，在近期内不足以对批量生产的陶瓷产生较大的影响。

四、国内学术研究

近年来，发表了有关喷墨打印机和陶瓷墨水的论文 200 余篇；出版了佛山陶瓷增刊（论文集）2 本，分别为《陶瓷喷墨印刷实用生产技术汇编》和《陶瓷墙地砖喷墨打印技术应用大全》；制定了《陶瓷装饰用喷墨打印墨水》标准 1 个（广东省地方标准）。

五、国产陶瓷墨水的发展方向

事物具有两面性是必然的，喷墨技术同样如此。喷墨技术的发展，对于行业是迈向数码化的进步，是一个不容忽视的里程碑式的促进，但对于不少的企业来说，这也是一个致命的技术。喷墨技术让设计、生产、研发、创新变得非常容易，然而技术越是数码化、智能化，抄袭越容易，这边企业有了创新的产品花色刚刚上市，那边已经将砖拿到手进行扫描输入喷墨设备开始生产了。

其次，如果要实现更丰富的效果以及更好的颜色，就需要进行不同技术的混合应用。相比国产墨水制造商，进口墨水展商更加注重概念展示和实际体验，后者倾向于整体空间的解决方案，凸显终端产品的呈现效果，并在展示上注重拓宽陶瓷应用领域，让陶企进一步明晰相关产品在终端应用的多种途径和方法。在欧洲，像 siti B&T、萨克米之类的公司，都不会自己单纯进行技术与设备的创新研发，他们首先了解市场需求，然后通过设备企业的研发达到产品效果。根本上讲还是市场创造了需求。

最后，陶瓷墨水的现有产能或已规划产能已基本超过市场需求，市场扩大、需求量的增加、销售量的变大都不能掩盖总体销售额和总体利润额的下降。墨水企业必须进一步提高产品的质量和稳定性以及在自身产业链整合上下功夫，才能在激烈的市场中生存。近几年，功能性墨水、水性墨水、金属墨水等产品成为众多企业研发的重点，而标准化的生产也逐渐地得到推广。可以预计在 2015 年的严峻形势下，墨水行业的竞争将进入白热化，品牌认可度、品牌集中度将会越来越高。

　　由于政府、行业协会、机器制造商、喷头制造商、墨水供应商都没有全面而权威的数据及相关分析报告，以上提及的资料及数据只是本人根据我们内部的市场监测调查，再结合一些同行公司的相关数据和专家文章整理而成的，必然有疏忽错漏之处。

参考文献：
[1] 张柏清 . 喷墨打印技术发展历程回顾和展望 [Z]. 佛山陶瓷学会 .
[2] 全球瓷砖喷墨打印机分布数据 [EB/OL]. 中国陶瓷喷墨网 ,2015-01-24.
[3] 国产墨水均价约 7 万元 / 吨 , 市场份额占比已超 50%[J]. 陶瓷信息 ,2015.
[4] 彭基昌 .2014 年陶瓷行业喷墨技术应用回顾及 2015 年展望 [Z],2014-12-31.
[5] 2015 年国产墨水市场份额超过了六成 [N]. 陶城报 ,2015-06-11.
[6] 秦威 . 陶瓷墨水色素固含量与发色饱和度的调配 [N]. 陶城报 ,2015-01-24.
[7] 乔富东 . 创新陶业 , 数码打印时代下 , 墨水革命将走向何方 [Z], 2015-01-12.
[8] 特殊墨水让瓷砖更鲜艳 , 只用一种就弱爆了 [N], 陶城报 ,2014-09-25.
[9] 进口陶瓷墨水的五大攻略 [EB/OL]. 中国陶瓷喷墨网 ,2014-04-01.
[10] 功能性墨水问题讨论汇总 [N]. 陶城报 ,2015-04-25.
[11] 司马化工 : 水性墨水让瓷砖炫放异彩 [J]. 建材天地 ,2015.

第五节 规划待建的瓷砖生产线

　　根据"陶业长征 2014"调查数据，2015 年规划待建的瓷砖生产线列于表 5-1。

全国陶瓷企业生产线规划　　　　　　　　　　　　　　　　表5-1

调查区域	企业名称	所在地址	未来规划
广西	广西新中陶陶瓷有限公司	梧州市藤县新中陶建筑工业园	1条生产线待建
	广西宇豪建材有限公司	梧州市藤县中和陶瓷集中区	2条生产线待建
	藤县中意陶瓷有限公司	梧州市藤县纯平工业区	1条生产线待建
	藤县禾康陶瓷有限公司	梧州市藤县中和陶瓷集中区	3条生产线待建
	盛汉皇朝陶瓷有限公司	梧州市藤县中和陶瓷集中区	3条生产线在建
	广西金沙江陶瓷有限公司	岑溪市筋竹镇陶瓷工业管理区	5条生产线待建
	广西梧州市远方陶瓷有限公司	岑溪市筋竹镇陶瓷工业管理区	5条生产线待建
	岑溪市名爵陶瓷有限公司	岑溪市马路镇善村工业区	1条生产线待建
	广西新高盛陶瓷有限公司	北流市民安镇日用陶瓷工业园	3条生产线待建
	广西来宾市盛汉皇朝陶瓷有限公司	来宾市迁江华侨农场	1条生产线待建
	广西恒希建材有限公司	贺州市信都陶瓷工业园区	1条生产线待建
	广西金门建材有限公司	贺州市信都陶瓷工业园区	1条生产线在建 , 1条生产线待建
	广西挺进建材有限公司	贺州市信都陶瓷工业园区	2条生产线在建 , 4条生产线待建

续表

调查区域	企业名称	所在地址	未来规划
新疆	新疆伊犁恒辉陶瓷制造有限公司	新疆伊宁中亚（国际）陶瓷基地	3条生产线待建
	伊犁金牌明珠陶瓷有限责任公司	伊宁县伊东工业园	3条生产线待建
	新疆新瑞州陶瓷有限公司	伊宁县伊东工业园	3条生产线待建
	新疆鑫福祥陶瓷有限公司	伊宁市霍城县清水河开发区	3条生产线待建
	喀什远东陶瓷有限公司	喀什市中亚南亚工业园区	2条生产线待建
安徽	安徽亚欧陶瓷有限责任公司	安徽省含山县清溪镇工业园	1条生产线待建
	安徽晨曦陶瓷有限公司	安徽省宿松县凉亭镇陶瓷工业园	9条生产线待建
	冠军建材（安徽）有限公司	安徽省宿州市南关经济开发区	6条生产线待建
	安徽龙津陶瓷有限公司	安徽省宿州市萧县经济开发区	1条生产线待建
	安徽正冠陶瓷有限公司	安徽省宿州市萧县经济开发区	10条生产线待建
	安徽罗盛达陶瓷股份有限公司	安徽省宿州市萧县经济开发区	4条生产线待建
重庆	唯美（重庆）集团有限公司	重庆市荣昌县广顺工业园	4条生产线在建
贵州	亚泰陶瓷有限公司		1条瓷片线在建
	贵州欧玛陶瓷有限公司	麻江县碧波工业园区	1条西瓦线在建
	贵州福美林陶瓷有限公司	麻江县碧波工业园区	1条瓷片线在建
云南	易门鑫诺陶瓷有限公司	易门县龙泉镇大椿树工业区	1条抛光线在建
	云南远方陶瓷有限公司	易门县龙泉镇大椿树工业区	1条生产线待建
	云南易门嘉禾瓷业有限公司	易门县龙泉镇大椿树工业区	1条生产线待建
	云南易门金瑞陶瓷有限公司	易门县龙泉镇大椿树工业区	1条瓷片线在建
	金源陶瓷有限公司	易门县龙泉镇大椿树工业区	1条瓷片线在建
山西	阳城县金石陶瓷有限公司	阳城陶瓷工业园区	1条生产线待建
	阳城县龙飞陶瓷有限公司	阳城陶瓷工业园区	4条生产线待建
	阳城县金龙陶瓷有限公司	阳城陶瓷工业园区	1条生产线待建
	阳城县星光陶瓷有限公司	阳城县东冶镇	2条生产线待建
	阳城县大自然陶瓷有限公司	阳城陶瓷工业园区	3条生产线待建
	阳城县金方圆陶瓷有限公司	阳城陶瓷工业园区	1条生产线待建
	怀仁县晶屹陶瓷有限公司	金沙滩镇陶瓷园	2条生产线待建
	朔州世嘉陶瓷有限公司	金沙滩镇陶瓷园	2条生产线待建
湖北	湖北凯旋陶瓷有限公司	当阳陶瓷工业园	规划8条生产线
	湖北蝴蝶泉陶瓷实业有限公司	当阳陶瓷工业园	2条生产线待建
	当阳市鑫来利陶瓷发展有限公司	当阳陶瓷工业园	2~3条生产线待建
	湖北省九峰陶瓷工业有限公司	当阳陶瓷工业园	1条生产线在建
	湖北楚瓷陶瓷有限公司	当阳市华强工业园	2条生产线在建
	湖北润长佳工艺陶瓷有限公司	当阳陶瓷工业园	1条西瓦线待建

续表

调查区域	企业名称	所在地址	未来规划
湖北	湖北省当阳豪山建材有限公司	当阳陶瓷工业园	规划12条生产线
	湖北楚林陶瓷有限公司（含九林）	远安县建材工业园	1条西瓦线在建
	湖北杭瑞陶瓷有限公司	咸宁通城县陶瓷工业园	2条仿古线待建
	湖北金海达新型材料有限公司	咸宁市咸安区凤凰工业区	规划10条生产线
	宣恩县佛恩佳建材有限公司	宣恩县和平制造产业园	规划3条生产线
	湖北新地陶瓷有限公司	麻城工业园	2条生产线待建
	湖北兴成建陶有限公司	黄梅县建陶路173号	将迁至杉木陶瓷工业园，1条西瓦线待建
	湖北兴荣陶瓷有限公司	黄梅县杉木陶瓷工业园	1条仿古线、1条全抛釉待建
	湖北雄陶陶瓷有限公司	浠水兰溪镇陶瓷工业园	1条全抛釉线、1条抛光砖线在建
	湖北星际陶瓷有限公司	浠水兰溪镇陶瓷工业园	规划10条生产线
黑龙江	齐齐哈尔朗盛陶瓷有限公司	依安工业园	2条瓷片线待建
	齐齐哈尔百家居陶瓷有限公司	依安工业园	2条瓷片线待建
	齐齐哈尔牧龙王陶瓷有限公司	依安工业园	1条生产线待建
辽宁	沈阳兴辉陶瓷有限公司	沈阳法库经济开发区	1条生产线在建
	荣富陶瓷有限公司	喀左旗陶瓷工业园	1条生产线在建
	闽龙陶瓷有限公司	喀左旗陶瓷工业园	1条生产线待建
	赫源陶瓷有限公司	喀左旗陶瓷工业园	1条生产线待建
	顺成陶瓷有限公司	喀左旗陶瓷工业园	1条生产线待建
	龙凤沟琉璃瓦厂	凌源市四合当镇平地村	企业待租状态
山东	淄博京齐力建陶有限公司	山东省淄博市张家店区	2条生产线待建
	淄博远航建陶有限公司	周村萌水工业园	1条生产线在建
	临沂沂州建陶有限公司	罗庄区付庄	1条生产线在建
海南	海南和风建陶厂	海南省屯昌县三发开发区	1条西瓦线待建
陕西	宝鸡市国星陶瓷有限公司	千阳环保新材料工业园	2条生产线待建
	陕西博桦陶瓷有限公司	千阳环保新材料工业园	1条生产线待建
	宝鸡万宝隆陶瓷有限公司	金台区金河科技工业园	1条生产线待建
	陕西华达陶瓷有限公司	富平县庄里工业园	2条生产线待建
	咸阳三洋陶瓷有限公司	三原县西阳工业区	1条生产线在建
湖南	湖南衡利丰陶瓷有限公司	衡阳县西渡经济开发区	2条生产线待建
	湖南利德有陶瓷有限公司	衡阳县西渡经济开发区	5条生产线待建
	湖南天欣科技股份有限公司	岳阳县新墙陶瓷工业园	2条生产线待建
	湖南亚泰陶瓷有限公司	岳阳县新墙陶瓷工业园	3条生产线待建
	湖南百森陶瓷有限公司	岳阳县新墙陶瓷工业园	3条生产线待建
	湖南华雄陶瓷有限公司	岳阳县新墙陶瓷工业园	2条生产线待建

续表

调查区域	企业名称	所在地址	未来规划
湖南	湖南凯美陶瓷有限公司	临湘市三湾工业园	3条生产线待建
	湖南发达陶瓷有限公司	临湘市三湾工业园	1条生产线待建
	临湘市金牛陶瓷有限公司	临湘市三湾工业园	3条生产线待建
	茶陵县华盛建筑陶瓷有限公司	茶陵县经济开发区	4条生产线待建
	湖南浣溪沙建材科技有限公司	茶陵县经济开发区	2条外墙砖线在建
	湖南旭日陶瓷有限公司	攸县网岭循环经济园	6条生产线待建
	澧县新鹏陶瓷有限公司	澧县澧南镇	4条生产线待建
河北	河北昊龙陶瓷制品有限公司	高邑县陶瓷工业园	1条生产线待建
	河北力鑫陶瓷制品有限公司	高邑县古城	1条生产线在建，8条生产线待建
	河北煜珠陶瓷刮品有限公司	高邑县古城	1条生产线在建
	河北润玉陶瓷有限公司	赞皇县五马山工业区	1条生产线在建，1条生产线待建
	河北浩瑞陶瓷有限公司	赞皇县五马山工业区	4条生产线待建
	河北泰恒陶瓷有限公司	赞皇县五马山工业区	2条生产线待建
	河北腾宇陶瓷有限公司	赞皇县五马山工业区	2条生产线待建
河南	安阳福惠陶瓷有限公司	内黄县陶瓷产业园区	1条生产线在建，2条生产线待建
	安阳新南亚陶瓷有限公司	内黄县陶瓷产业园区	2条生产线待建
	安阳欧米兰陶瓷有限公司	内黄县陶瓷产业园区	1条生产线待建
	安阳嘉德陶瓷有限公司	内黄县陶瓷产业园区	2条生产线待建
	安阳日日顺陶瓷有限公司	内黄县陶瓷产业园区	1条生产线待建
	安阳新顺成陶瓷有限公司	内黄县陶瓷产业园区	2条生产线待建
	安阳朗格陶瓷有限公司	内黄县陶瓷产业园区	3条生产线待建
	安阳贝利泰陶瓷有限公司	内黄县陶瓷产业园区	4条生产线待建
	安阳将军陶瓷有限公司	内黄县陶瓷产业园区	规划建设10条生产线，2017年完成10条生产线建设
	河南省富来陶瓷有限公司	石林陶瓷工业集聚区	规划建设4条抛光砖、仿古砖生产线，1条生产线在建
	河南省华邦陶瓷有限公司	石林陶瓷工业集聚区	1条生产线待建
	河南金鸡山建材有限公司	石林陶瓷工业集聚区	1条生产线在建，5条生产线待建
	汝阳强盛陶瓷有限公司	汝阳县产业集聚区	1条仿古线在建
	南阳新大地陶瓷有限公司	社旗县产业集聚区	1条瓷片线在建，预计2014年年底前投产
	河南申创瓷业有限公司	上天梯产业集聚区	规划建设4条生产线，1条瓷片线在建
	汝阳国邦陶瓷有限公司	汝阳县产业集聚区	2条生产线待建
	汝阳名原陶瓷有限公司	汝阳县产业集聚区	1条生产线待建
	河南华丽美陶瓷有限公司	汝州市产业集聚区	1条生产线在建
	郏县银泰陶瓷有限公司	安良镇沟李村	1条生产线待建

续表

调查区域	企业名称	所在地址	未来规划
河南	河南洁石集团建材公司	宝丰县城东路	2条生产线待建
	南阳鸿润陶瓷有限公司	内乡闽商陶瓷园区	4条生产线待建
	南阳晋城陶瓷有限公司	内乡闽商陶瓷园区	1条生产线在建，7条生产线待建
	南阳亿瑞陶瓷有限公司	唐河县产业集聚区	2条生产线待建
	南阳新豪地陶瓷有限公司	社旗县产业集聚区	1条生产线待建
	南阳英奇陶瓷有限公司	镇平县产业集聚区	1条生产线在建，3条生产线待建
	新乡金博尔陶瓷有限公司	常村镇工业园区	1条生产线在建
	信阳海虹陶瓷有限公司	息县产业集聚区	4条生产线待建
	信阳远方陶瓷有限公司	息县产业集聚区	6条生产线待建
	襄城县兄弟陶瓷有限公司	紫云镇煤焦化工业园	1条生产线待建
吉林	桦甸市汇智陶瓷有限公司	桦甸北台子经济开发区	目前停产一年
	桦甸市全兴矿业有限公司	桦甸北台子经济开发区	1条生产线在建
福建	福建舒适陶瓷有限公司	福建晋江磁灶井边工业区	1条仿古线在建
	南安市协辉陶瓷有限公司	官桥东头忖协辉陶瓷工业园	1条外墙砖线在建
	福建省鑫德州陶瓷育限公司	福建省漳州市华安县沙建镇大洲工业园	仿古、抛釉、微晶石线待建
	福建省漳州益源陶瓷有限公司	福建省漳州市华安县沙建镇大洲工业园	正在规划中
	福建美艺陶瓷有限公司	福建省漳州市平和工业园	规划3条生产线，1条生产线在建
	福建霹雳陶瓷有限公司	福建省漳州市平和工业园	1条生产线在建
	福建鸿星陶瓷有限公司	福建省漳州市平和工业园	1条生产线在建
	福建侨丰陶瓷有限公司	福建省漳州市平和工业园	1条生产线在建
	漳州超优陶瓷有限公司	福建省漳州市平和工业园	拟建成4条陶瓷生产线和1条陶板生产线
	福建省铭盛陶瓷发展有限公司	福建省漳州市平和工业园	正在规划中
	福建豪山建材有限公司	福建省漳州市平和工业园	正在规划中
	漳州市天星陶瓷实业有限公司	福建省漳州长泰泰坤工业园	1条地砖线待建
山东	淄博京齐力建陶有限公司	山东省淄博市张家店区沣水镇	2条生产线待建
	淄博远航建陶有限公司	周村萌水工业园	1条生产线在建
	临沂沂州建陶有限公司	罗庄区付庄	1条生产线在建
四川	米兰诺陶瓷有限公司	夹江县新场镇工业区	1条仿古线待建
	广乐陶瓷有限公司	新场镇工业区	1条瓷片线在建，计划新建抛光砖生产线
	华宏瓷厂有限公司	新场镇工业区	1条全抛釉待建
	盛世东方陶瓷有限公司	新场镇工业区	1条全抛釉在建
	瑞丰瓷业	新场镇工业区	2条辊道窑卫生洁具生产线（在建中）
	华富瓷业有限公司	新场镇工业区	1条瓷片线、1条仿古砖线待建

续表

调查区域	企业名称	所在地址	未来规划
四川	建翔陶瓷有限公司	叶高山工业区	1条全抛釉、1条微晶石线待建
	佳士得新建材有限公司	叶高山工业区	1条外墙生产线待建
	荣康陶瓷有限公司	叶高山工业区	1条全抛釉线在建
	凯丰瓷业	四川省眉山市	1条仿古砖线、1条全抛釉线待建
	新科瓷业	四川省眉山市	1条瓷片线在建
	新乐雅陶瓷有限公司	洪雅工业区	1条全抛釉线、1条瓷片线待建
	亿佛陶瓷有限公司	丹棱工业区	1条全抛釉线待建
	索菲亚陶瓷有限公司	丹棱工业区	1条全抛釉线待建
	新高峰瓷业	丹棱工业区	1条全抛釉线在建
	白塔新联兴陶瓷有限公司	严陵工业区	1条全抛釉线、1条瓷片线待建
	鑫茂陶瓷有限公司	严陵工业区	1条全抛釉线待建
	三帝瓷业	严陵工业区	1条外墙砖线在建
	鼎泰瓷业有限公司	四川省大竹县	1条瓷片线在建
江西	江西斯米克陶瓷有限公司	江西丰城精品陶瓷工业园	9、10号线在安装中
	江西东鹏陶瓷有限公司	江西丰城精品陶瓷工业园	45号线计划已经出台
	江西和美陶瓷有限公司	江西丰城精品陶瓷工业园	1条生产线在建
	江西天瑞陶瓷有限公司	江西上高黄金堆工业园	1条生产线在建
	江西瑞明陶瓷有限公司	江西宜丰良岗工业园	1条全抛釉线即将投产
	江西精隆陶瓷有限公司	江西宜丰良岗工业园	1条生产线在建
	江西凯扬陶瓷有限公司	江西宜丰良岗工业园	1条生产线在建
	江西世纪新贵陶瓷有限公司	江西宜丰良岗工业园	1条生产线在建
	江西领先陶瓷有限公司	江西宜丰良岗工业园	1条生产线在建
	江西皇铭陶瓷有限公司	江西宜丰良岗工业园	2条生产线待建
	江西奥巴玛陶瓷有限公司	江西宜丰良岗工业园	新线已点火
	江西国微陶瓷有限公司	湘东区陶瓷产业基地	1条大理石线在建
	江西百纳陶瓷有限公司	湘东区陶瓷产业基地	1条生产线待建
	江西乐华陶瓷有限公司	三龙陶瓷工业园	1条生产线在建
	景德镇金意陶瓷有限公司	三龙陶瓷工业园	1条生产线待建
	江西梦特香陶瓷有限公司	景德镇市丁家洲	1条全抛釉线在建
	江西贝斯特陶瓷有限公司	江西省上饶市工业园区创业园	1条瓷片线在建
	江西新闽泰陶瓷有限公司	江西省东乡县渊山岗工业园	1条生产线待建
	江西东泰陶瓷有限公司	江西省东乡县渊山岗工业园	2条生产线待建
	江西亚细亚陶瓷有限公司	江西省东乡县渊山岗工业园	规划4条生产线，1条生产线在建
	江西修水新中英陶瓷有限公司	修水县太阳升工业园	1条生产线在建

续表

调查区域	企业名称	所在地址	未来规划
江西	江西罗斯福陶瓷有限公司	中国建陶产业基地	1条抛光砖线在建
	江西华硕陶瓷有限公司	中国建陶产业基地	1条全抛釉线在建
	江西家乐美陶瓷有限公司	高安建山镇工业园	1条生产线在建
	江西铭瑞陶瓷有限公司	中国建陶产业基地田南工业园	1条生产线在建
	江西广厦陶瓷有限公司	高安蓝坊镇	2条生产线在建
	江西新阳陶瓷有限公司	高安太阳镇	1条西瓦线在建
	江西东阳陶瓷有限公司	高安太阳镇	1条生产线在建
广东	肇庆市东辉陶瓷有限公司	德庆县中地村委会地段	5条生产线待建
	广东天脉陶瓷有限公司	广东省德庆县悦城镇新型建材基地	8条生产线待建
	云浮市新钻石陶瓷有限公司	云浮市云城区腰古镇水东村	1条仿古砖线待建
	云安县盈邦陶瓷有限公司	云浮市云安县六都镇	改建1条耐磨砖线
	新兴溶洲建筑陶瓷二厂有限公司	云浮市新兴县稔村镇稔村工业园	规划9条生产线
	广东华陶建材有限公司	云浮市新兴县水台镇良田开发区	规划6条生产线
	广东新顺景陶瓷有限公司	云浮市郁南县南江口镇南江生态建材工业园	2条抛光砖线在建，4条生产线待建
	云浮市汇得力陶瓷有限公司	云浮市郁南县南江口镇南江生态建材工业园	2条抛光砖线在建，10条生产线待建
	恩平市华昌陶瓷有限公司	恩平市横陂镇临港新型建材工业园	1条生产线在建
	河源道格拉斯陶瓷有限公司	东源县骆湖镇杨坑村新型环保基地	20条生产线待建
	阳西博德精工建材有限公司	阳西县新墟新型建材产业园	20条生产线待建
	清远天域陶瓷zt限公司	清新区禾云镇云龙陶瓷产业基地	1条生产线待建
	清远市宝仕马陶瓷有限公司	清新区禾云镇云龙陶瓷产业基地	3条生产线待建
	广东新一派陶瓷有限公司	清新区禾云镇云龙陶瓷产业基地	6条生产线待建
	广东昊晟陶瓷有限公司	清新区禾云镇云龙陶瓷产业基地	9条生产线待建
	清远市俊成陶瓷有限公司	清新区禾云镇云龙陶瓷产业基地	5条生产线待建
	广东汇翔陶瓷有限公司	清新区禾云镇云龙陶瓷产业基地	5条生产线待建
	广东贝斯特瓷业有限公司	清新区禾云镇云龙陶瓷产业基地	6条生产线待建
	清远市英超陶瓷有限公司	清新区禾云镇云龙陶瓷产业基地	5条生产线待建
	清远市顺昌陶瓷有限公司	清新区禾云镇云龙陶瓷产业基地	7条生产线待建
	清远市新金山陶瓷有限公司	清新区禾云镇云龙陶瓷产业基地	5条生产线待建
	清远市强标陶瓷有限公司	清新区禾云镇云龙陶瓷产业基地	2条生产线待建
	清远市美邦陶瓷实业有限公司	清新区禾云镇云龙陶瓷产业基地	5条生产线待建
	清远市坚瓷陶瓷有限公司	清新区禾云镇云龙陶瓷产业基地	2条生产线待建
	清远市港龙陶瓷有限公司	清新区禾云镇云龙陶瓷产业基地	10条生产线待建
	清远市蓝谷陶瓷有限公司	清城区源潭镇建材陶瓷工业城	3条生产线待建

续表

调查区域	企业名称	所在地址	未来规划
广东	东鹏陶瓷（清远）有限公司	清城区源潭镇建材陶瓷工业城	4条生产线待建
	佛山市简一陶瓷有限公司	清新区飞来峡工业园	4条生产线待建
	广东清远蒙娜丽莎建陶有限公司	清远市高新技术开发区	10条生产线待建
宁夏	宁夏科豪陶瓷有限公司	中卫常乐工业园	1条生产线待建
甘肃	平凉市房丽美建材有限公司	平凉工业园区东一路	1条生产线待建
	泾川县华润陶瓷有限公司	泾川县循环经济产业园	1条生产线待建
	泾川县家园陶瓷有限公司	泾川县循环经济产业园	1条生产线待建
	甘肃省庆华建材有限公司	华亭县石堡子工业园区	1条生产线在建，5条生产线待建
	自银山川陶瓷有限公司	白银平川经济开发区	1条生产线待建
	白银新乐雅陶瓷有限公司	白银平川经济开发区	1条生产线待建
	白银嘉鑫陶瓷有限公司	靖远县东湾镇银三角工业园	1条生产线待建
	甘肃凯斯瓷业有限公司	靖远县刘川工业集中区	3条生产线待建
	天祝中瓷陶瓷有限公司	金强工业集中区宽沟工业园	2条生产线待建
内蒙古	鄂尔多斯市陶尔斯陶瓷有限公司	鄂尔多斯市达拉特旗三响梁工业园	1条瓷片线待建
	路易华伦天奴（内蒙古）陶瓷有限公司	呼和浩特市清水河工业园	已停产2年
	双翼陶瓷有限公司	阿拉善盟阿左旗工业园	3条生产线待建

第六章 2014年建筑卫生陶瓷专利

第一节 2014年陶瓷砖专利（表6-1）

2014年陶瓷砖专利   表6-1

名称：仿大峡谷熔岩流层陶瓷砖的布料方法及其系统 申请号：2013104190354 申请（专利权）人：广东嘉俊陶瓷有限公司 发明（设计）人：叶荣崧；陈耀强 公开（公告）日：2014.01.01 公开（公告）号：CN103481358A	名称：全自动陶瓷生产系统 申请号：2012101899580 申请（专利权）人：醴陵市城区精瓷机械厂 发明（设计）人：邓建明；邹健 公开（公告）日：2014.01.01 公开（公告）号：CN103481360A
名称：一种防辐射建筑陶瓷的制造方法 申请号：2013103919403 申请（专利权）人：金正敏 发明（设计）人：金正敏；金传勇；王晓云 公开（公告）日：2014.01.01 公开（公告）号：CN103482958A	名称：一种激光透明陶瓷及其制备方法 申请号：2013104114628 申请（专利权）人：佛山市南海金刚新材料有限公司 发明（设计）人：冯斌 公开（公告）日：2014.01.01 公开（公告）号：CN103482970A
名称：一种低温烧成高强超薄陶瓷砖的制备方法 申请号：2013104157939 申请（专利权）人：华南理工大学；贵州省教育厅 发明（设计）人：吕明 公开（公告）日：2014.01.08 公开（公告）号：CN103496951A	名称：一种耐高温氧化锆蜂窝陶瓷及其制备方法 申请号：2012102005316 申请（专利权）人：苏州忠辉蜂窝陶瓷有限公司 发明（设计）人：杨忠辉 公开（公告）日：2014.01.15 公开（公告）号：CN103508724A
名称：建筑陶瓷薄板铝蜂窝复合挂装系统及其施工方法 申请号：2013105143825 申请（专利权）人：广东蒙娜丽莎新型材料集团有限公司 发明（设计）人：蒙政强；杜尔宏；黎顺谋 公开（公告）日：2014.01.15 公开（公告）号：CN103510679A	名称：建筑陶瓷薄板保温装饰一体化结构及其施工方法 申请号：2013105143524 申请（专利权）人：广东蒙娜丽莎新型材料集团有限公司 发明（设计）人：蒙政强；杜尔宏；黎顺谋 公开（公告）日：2014.01.15 公开（公告）号：CN103510677A
名称：一种表面金属化陶瓷的制造方法 申请号：2013104814911 申请（专利权）人：清华大学 发明（设计）人：宁晓山 公开（公告）日：2014.01.22 公开（公告）号：CN103524148A	名称：轻质陶瓷薄板幕墙干挂结构及其施工方法 申请号：2013105143666 申请（专利权）人：广东蒙娜丽莎新型材料集团有限公司 发明（设计）人：蒙政强；杜尔宏；黎顺谋 公开（公告）日：2014.01.29 公开（公告）号：CN103541534A

续表

名称：一种陶瓷废泥再利用方法及应用 申请号：2013104466294 申请（专利权）人：广东尚高科技有限公司 发明（设计）人：温雪锋 公开（公告）日：2014.01.29 公开（公告）号：CN103539430A	名称：陶瓷背景墙板 申请号：2013105236904 申请（专利权）人：江苏富陶科陶瓷有限公司 发明（设计）人：谢中运；曾斌 公开（公告）日：2014.02.05 公开（公告）号：CN103556802A
名称：一种陶瓷坯体防裂剂 申请号：201210283053X 申请（专利权）人：佛山红狮陶瓷有限公司 发明（设计）人：王晓燕；蔡克勤；区新权 公开（公告）日：2014.02.12 公开（公告）号：CN103570274A	名称：一种陶瓷及其制备方法 申请号：2012102804840 申请（专利权）人：曹柏林 发明（设计）人：曹柏林 公开（公告）日：2014.02.12 公开（公告）号：CN103568407A
名称：建筑陶瓷薄板挂贴结构及其施工方法 申请号：2013105075391 申请（专利权）人：广东蒙娜丽莎新型材料集团有限公司 发明（设计）人：蒙政强；杜尔宏；黎顺谋 公开（公告）日：2014.02.12 公开（公告）号：CN103572931A	名称：一种多功能轻质泡沫陶瓷板及其制备方法 申请号：2013104886638 申请（专利权）人：陕西科技大学 发明（设计）人：黄剑锋 公开（公告）日：2014.02.12 公开（公告）号：CN103570376A
名称：一种建筑陶瓷坯料干法造粒装置及其方法 申请号：2013104890686 申请（专利权）人：陕西科技大学 发明（设计）人：黄剑锋 公开（公告）日：2014.02.12 公开（公告）号：CN103566818A	名称：一种挤出成型的轻质陶瓷材料的生产方法 申请号：2012102830493 申请（专利权）人：佛山红狮陶瓷有限公司 发明（设计）人：蔡克勤；区新权；王晓燕 公开（公告）日：2014.02.12 公开（公告）号：CN103570361A
名称：一种陶瓷太阳能涂层及其制造方法 申请号：2013105980410 申请（专利权）人：佛山市东鹏陶瓷有限公司 发明（设计）人：陈昆列 公开（公告）日：2014.02.12 公开（公告）号：CN103574951A	名称：建筑陶瓷薄板蜂窝地面系统及其施工方法 申请号：2013106037378 申请（专利权）人：广东蒙娜丽莎新型材料集团有限公司 发明（设计）人：蒙政强；杜尔宏；黎顺谋 公开（公告）日：2014.02.19 公开（公告）号：CN103590574A
名称：一种超洁防污陶瓷砖的制备方法 申请号：2013105792799 申请（专利权）人：金陵科技学院 发明（设计）人：王淮庆 公开（公告）日：2014.02.19 公开（公告）号：CN103588512A	名称：陶瓷砖抛光废渣制作泡沫陶板的生产方法 申请号：2013103441389 申请（专利权）人：广东摩德娜科技股份有限公司 发明（设计）人：钟路生；管火金 公开（公告）日：2014.02.19 公开（公告）号：CN103588497A
名称：一种兰炭尾气烧制建筑陶瓷产品的低耗能生产方法与装置 申请号：2013105656385 申请（专利权）人：宁夏科豪陶瓷有限公司 发明（设计）人：程维维 公开（公告）日：2014.02.26 公开（公告）号：CN103602344A	名称：一种陶瓷太阳能涂层制造方法及其产品 申请号：2013105962817 申请（专利权）人：佛山市东鹏陶瓷有限公司 发明（设计）人：陈昆列 公开（公告）日：2014.03.05 公开（公告）号：CN103614055A

名称：一种干粒釉装饰表面的陶瓷砖及其制造方法

申请号：2013106055342

申请（专利权）人：广东金意陶陶瓷有限公司

发明（设计）人：李德英

公开（公告）日：2014.03.12

公开（公告）号：CN103626523A

名称：一种利用膨胀珍珠岩生产加工过程的固体废弃物产生的轻质保温装饰陶瓷板的生产方法

申请号：2013106339611

申请（专利权）人：信阳方浩实业有限公司

发明（设计）人：陈延东

公开（公告）日：2014.03.12

公开（公告）号：CN103626476A

名称：一种陶瓷修补方法

申请号：2013106343462

申请（专利权）人：广东尚高科技有限公司

发明（设计）人：梁泽明

公开（公告）日：2014.03.12

公开（公告）号：CN103626519A

名称：一种利用硅钙渣制备陶瓷砖的方法

申请号：2013106310524

申请（专利权）人：北京科技大学

发明（设计）人：李宇

公开（公告）日：2014.03.19

公开（公告）号：CN103641446A

名称：一种干粉布料陶瓷砖及其制备方法

申请号：2013106687060

申请（专利权）人：广东金意陶陶瓷有限公司

发明（设计）人：戴永刚

公开（公告）日：2014.03.19

公开（公告）号：CN103641514A

名称：一种光致蓄光陶瓷砖及其生产方法

申请号：2013106724318

申请（专利权）人：佛山欧神诺陶瓷股份有限公司

发明（设计）人：张缇

公开（公告）日：2014.03.19

公开（公告）号：CN103643773A

名称：一种轻质防腐陶瓷砖

申请号：2013105933481

申请（专利权）人：江苏赛宇环保科技有限公司

发明（设计）人：杨春；邵玲子

公开（公告）日：2014.03.26

公开（公告）号：CN103664225A

名称：一种湿法挤出陶瓷薄板的制造方法

申请号：2013106315532

申请（专利权）人：福建省晋江市舒适陶瓷有限公司

发明（设计）人：苏世进；冯俊锋；李根飞

公开（公告）日：2014.03.26

公开（公告）号：CN103664132A

名称：低温快速烧成陶瓷砖及生产工艺

申请号：2013106092642

申请（专利权）人：广东家美陶瓷有限公司

发明（设计）人：黄建平

公开（公告）日：2014.04.02

公开（公告）号：CN103693942A

名称：一种变色釉陶瓷及其生产方法

申请号：2013107149313

申请（专利权）人：宾阳县明翔新材料科技有限公司

发明（设计）人：倪海明

公开（公告）日：2014.04.02

公开（公告）号：CN103693992A

名称：建筑陶瓷薄板幕墙干挂结构及其施工方法

申请号：2013105075230

申请（专利权）人：广东蒙娜丽莎新型材料集团有限公司

发明（设计）人：蒙政强；杜尔宏；黎顺谋

公开（公告）日：2014.04.23

公开（公告）号：CN103741849A

名称：一种陶瓷表面仿真自然处理工艺

申请号：2012104214049

申请（专利权）人：罗祖敏

发明（设计）人：罗祖敏

公开（公告）日：2014.05.07

公开（公告）号：CN103770562A

名称：一种采用原位生成高温胶粘剂制备的陶瓷透水砖及其制备方法

申请号：2014100613655

申请（专利权）人：景德镇陶瓷学院

发明（设计）人：江伟辉

公开（公告）日：2014.05.07

公开（公告）号：CN103771864A

名称：一种陶瓷表面色泽处理工艺

申请号：2012104214000

申请（专利权）人：罗祖敏

发明（设计）人：罗祖敏

公开（公告）日：2014.05.07

公开（公告）号：CN103771901A

续表

名称：一种氧化镁泡沫陶瓷的制备方法 申请号：2014100636106 申请（专利权）人：江苏威仕结构陶瓷有限公司 发明（设计）人：骆兵；丁成进；吉小冬 公开（公告）日：2014.05.14 公开（公告）号：CN103787690A	名称：一种陶瓷及其生产工艺 申请号：2012104565581 申请（专利权）人：于沣 发明（设计）人：于沣 公开（公告）日：2014.05.21 公开（公告）号：CN103803947A
名称：一种低成本陶瓷地砖及其制造方法 申请号：2014100684190 申请（专利权）人：河南科技大学 发明（设计）人：王维 公开（公告）日：2014.05.28 公开（公告）号：CN103819175A	名称：一种干挂陶瓷板的生产方法 申请号：201310751482X 申请（专利权）人：咸阳陶瓷研究设计院 发明（设计）人：成智文 公开（公告）日：2014.05.28 公开（公告）号：CN103819216A
名称：一种低成本高强度陶瓷地砖的制备工艺 申请号：2014100691993 申请（专利权）人：河南科技大学 发明（设计）人：王维 公开（公告）日：2014.05.28 公开（公告）号：CN103819176A	名称：陶瓷生产中的除铁方法 申请号：201410010360X 申请（专利权）人：广东格莱斯陶瓷有限公司 发明（设计）人：叶德林 公开（公告）日：2014.05.28 公开（公告）号：CN103819199A
名称：一种低成本高强度陶瓷地砖的制备工艺 申请号：2014100691993 申请（专利权）人：河南科技大学 发明（设计）人：王维 公开（公告）日：2014.05.28 公开（公告）号：CN103819176A	名称：一种长余晖荧光陶瓷砖 申请号：2014100748582 申请（专利权）人：范新晖 发明（设计）人：范新晖 公开（公告）日：2014.06.04 公开（公告）号：CN103835465A
名称：一种逼真模仿天然玉石肌理的陶瓷抛光砖的制造方法 申请号：2014100130950 申请（专利权）人：广东能强陶瓷有限公司 发明（设计）人：梁其 公开（公告）日：2014.06.04 公开（公告）号：CN103833332A	名称：陶瓷配方及陶瓷产品的制备方法 申请号：2014100028990 申请（专利权）人：辰溪县华鑫陶瓷厂 发明（设计）人：刘承泽 公开（公告）日：2014.06.04 公开（公告）号：CN103833326A
名称：一种陶瓷砖制备方法及其产品 申请号：2014100167118 申请（专利权）人：佛山市东鹏陶瓷有限公司 发明（设计）人：张帆 公开（公告）日：2014.06.04 公开（公告）号：CN103833423A	名称：一种适用于湿化学法制备陶瓷粉体的粒径控制方法 申请号：2014101068622 申请（专利权）人：景德镇陶瓷学院 发明（设计）人：常启兵 公开（公告）日：2014.06.04 公开（公告）号：CN103833377A
名称：一种用陶瓷废固物制造的瓷质砖及其制备方法 申请号：2014100313330 申请（专利权）人：佛山市华科陶建材有限公司 发明（设计）人：谢志；孔宪江 公开（公告）日：2014.06.18 公开（公告）号：CN103864398A	名称：一种长余晖荧光陶瓷砖的制造方法 申请号：2014100748864 申请（专利权）人：范新晖 发明（设计）人：范新晖 公开（公告）日：2014.07.02 公开（公告）号：CN103896633A

续表

名称：陶瓷物料和陶瓷压铸方法 申请号：2014100114746 申请（专利权）人：罗伯特·博世有限公司 发明（设计）人：M·舒贝特 公开（公告）日：2014.07.16 公开（公告）号：CN103922704A	名称：一种糖果效果陶瓷砖的制造工艺 申请号：2014101149992 申请（专利权）人：广东金意陶陶瓷有限公司 发明（设计）人：李德英 公开（公告）日：2014.07.16 公开（公告）号：CN103922815A
名称：一种超轻质玻化泡沫陶瓷及其制备方法 申请号：2014101613879 申请（专利权）人：金建福；金俭 发明（设计）人：金建福；金俭 公开（公告）日：2014.07.16 公开（公告）号：CN103922791A	名称：一种耐火陶瓷砖及其制备方法 申请号：2014101377683 申请（专利权）人：安徽省亚欧陶瓷有限责任公司 发明（设计）人：徐安辉；孔德泽；郑辉 公开（公告）日：2014.07.23 公开（公告）号：CN103936444A
名称：一种可释放负氧离子的陶瓷砖及其制备方法 申请号：2014101377293 申请（专利权）人：安徽省亚欧陶瓷有限责任公司 发明（设计）人：徐安辉；孔德泽；郑辉 公开（公告）日：2014.07.23 公开（公告）号：CN103936402A	名称：一种抗菌防霉陶瓷砖及其制备方法 申请号：2014101377541 申请（专利权）人：安徽省亚欧陶瓷有限责任公司 发明（设计）人：徐安辉；孔德泽；郑辉 公开（公告）日：2014.07.30 公开（公告）号：CN103951396A
名称：一种无辐射陶瓷砖及其制备方法 申请号：2014101376619 申请（专利权）人：安徽省亚欧陶瓷有限责任公司 发明（设计）人：徐安辉；孔德泽；郑辉 公开（公告）日：2014.07.30 公开（公告）号：CN103951395A	名称：一种高强度陶瓷砖及其制备方法 申请号：2014101377310 申请（专利权）人：安徽省亚欧陶瓷有限责任公司 发明（设计）人：徐安辉；孔德泽；郑辉 公开（公告）日：2014.07.30 公开（公告）号：CN103951402A
名称：一种能产生磁力线的陶瓷砖及其制备方法 申请号：2014101377202 申请（专利权）人：安徽省亚欧陶瓷有限责任公司 发明（设计）人：徐安辉；孔德泽；郑辉 公开（公告）日：2014.07.30 公开（公告）号：CN103951401A	名称：彩色陶瓷颗粒生产方法 申请号：2014101985848 申请（专利权）人：谭宏伟 发明（设计）人：谭宏伟 公开（公告）日：2014.08.13 公开（公告）号：CN103979943A
名称：一种能循环使用的多通道陶瓷地板砖 申请号：2013100521292 申请（专利权）人：福建省乐普陶板制造有限公司 发明（设计）人：彭幸华；张谋森；吴进艺 公开（公告）日：2014.08.20 公开（公告）号：CN103992096A	名称：一种复合型轻质保温装饰陶瓷外墙砖及其制备方法 申请号：201410213875X 申请（专利权）人：陕西科技大学 发明（设计）人：陈平 公开（公告）日：2014.08.27 公开（公告）号：CN104005528A
名称：一种利用废矿渣制备环保型陶瓷玻化砖的方法 申请号：2014102139413 申请（专利权）人：陕西科技大学 发明（设计）人：陈平；殷海荣 公开（公告）日：2014.08.27 公开（公告）号：CN104003700A	名称：一种保温调湿仿洞石岩面陶瓷砖及其生产方法 申请号：2014102214768 申请（专利权）人：信阳方浩实业有限公司 发明（设计）人：陈延东 公开（公告）日：2014.09.03 公开（公告）号：CN104016702A

续表

名称：一种处理陶瓷砖抛光废水的絮凝剂 申请号：2014102683648 申请（专利权）人：佛山市东鹏陶瓷有限公司 发明（设计）人：周燕 公开（公告）日：2014.09.03 公开（公告）号：CN104016457A	名称：一种能分离陶瓷砖抛光废水中絮状树脂的絮凝剂 申请号：2014102670578 申请（专利权）人：佛山市东鹏陶瓷有限公司 发明（设计）人：周燕 公开（公告）日：2014.09.17 公开（公告）号：CN104045135A
名称：一种黑色玻璃陶瓷 申请号：2014103150227 申请（专利权）人：陈欢娟 发明（设计）人：陈欢娟 公开（公告）日：2014.09.24 公开（公告）号：CN104058593A	名称：一种环保陶瓷材料 申请号：2014102991329 申请（专利权）人：陈新棠 发明（设计）人：陈新棠 公开（公告）日：2014.09.24 公开（公告）号：CN104058721A
名称：一种陶瓷地板砖 申请号：2014103059810 申请（专利权）人：李兆源 发明（设计）人：李兆源 公开（公告）日：2014.09.24 公开（公告）号：CN104058724A	名称：一种陶瓷渗水砖 申请号：201410305422X 申请（专利权）人：谢伟杰 发明（设计）人：谢伟杰 公开（公告）日：2014.10.01 公开（公告）号：CN104072060A
名称：一种长石类陶瓷原料去除发色和挥发成分的方法 申请号：2014103380248 申请（专利权）人：阳西博德精工建材有限公司 发明（设计）人：谭红军 公开（公告）日：2014.10.01 公开（公告）号：CN104072152A	名称：一种全抛釉陶瓷制品及其制备方法 申请号：2014103307717 申请（专利权）人：江苏拜富科技有限公司；武汉理工大学 发明（设计）人：张强；范盘华 公开（公告）日：2014.10.01 公开（公告）号：CN104072205A
名称：一种抑菌除臭陶瓷砖及其制备方法 申请号：2014103341578 申请（专利权）人：任新年 发明（设计）人：任新年 公开（公告）日：2014.10.01 公开（公告）号：CN104072130A	名称：一种陶瓷泥料 申请号：2014103280663 申请（专利权）人：梁胜光 发明（设计）人：梁胜光 公开（公告）日：2014.10.08 公开（公告）号：CN104086157A
名称：一种隔热保温陶瓷板及其制备工艺 申请号：2013101086594 申请（专利权）人：佛山市溶洲建筑陶瓷二厂有限公司 发明（设计）人：罗淑芬；潘耀雄 公开（公告）日：2014.10.08 公开（公告）号：CN104086205A	名称：一种隔热保温陶瓷板的生产工艺 申请号：201310108464X 申请（专利权）人：佛山市绿岛环保科技有限公司 发明（设计）人：罗淑芬 公开（公告）日：2014.10.08 公开（公告）号：CN104086207A
名称：一种大尺寸陶瓷素坯的制备方法 申请号：2014103529125 申请（专利权）人：中国科学院上海硅酸盐研究所 发明（设计）人：彭翔 公开（公告）日：2014.10.08 公开（公告）号：CN104085041A	名称：一种用花岗石废料湿法浇筑成型制备建筑陶瓷砖的方法 申请号：2014103679391 申请（专利权）人：景德镇陶瓷学院 发明（设计）人：顾幸勇 公开（公告）日：2014.10.08 公开（公告）号：CN104086166A

续表

名称：一种装饰保温型泡沫陶瓷及生产工艺方法
申请号：201410354773X
申请（专利权）人：吉林省建筑材料工业设计研究院
发明（设计）人：邓家平
公开（公告）日：2014.10.15
公开（公告）号：CN104098342A

名称：一种陶瓷砖的制造方法及其产品
申请号：201410377960X
申请（专利权）人：佛山市东鹏陶瓷有限公司
发明（设计）人：丘云灵；周燕
公开（公告）日：2014.10.22
公开（公告）号：CN104108956A

名称：轻质陶瓷砖
申请号：2014102844175
申请（专利权）人：成都绿迪科技有限公司
发明（设计）人：梁枫
公开（公告）日：2014.10.22
公开（公告）号：CN104110114A

名称：一种微晶玻璃陶瓷复合板的制造方法及其产品
申请号：2014103779243
申请（专利权）人：佛山市东鹏陶瓷有限公司
发明（设计）人：丘云灵；周燕
公开（公告）日：2014.10.22
公开（公告）号：CN104108957A

名称：一种微晶玻璃陶瓷复合板的制造方法及其产品
申请号：2014103780039
申请（专利权）人：佛山市东鹏陶瓷有限公司
发明（设计）人：丘云灵；周燕
公开（公告）日：2014.10.22
公开（公告）号：CN104108958A

名称：金属陶瓷及其制备方法
申请号：2014103288839
申请（专利权）人：深圳市商德先进陶瓷有限公司
发明（设计）人：杨辉；谭毅成；向其军
公开（公告）日：2014.10.29
公开（公告）号：CN104120324A

名称：一种改进的陶瓷成型方法
申请号：2014103069742
申请（专利权）人：中南大学
发明（设计）人：王小锋
公开（公告）日：2014.10.29
公开（公告）号：CN104119080A

名称：透明釉的生产方法及其透明玻璃陶瓷复合板的生产方法
申请号：2014103694298
申请（专利权）人：霍镰泉
发明（设计）人：吴启章；余罗群
公开（公告）日：2014.11.05
公开（公告）号：CN104130025A

名称：陶瓷雕花设备及其微晶玻璃陶瓷复合板的生产工艺
申请号：2014103705911
申请（专利权）人：霍镰泉
发明（设计）人：吴启章；余罗群
公开（公告）日：2014.11.12
公开（公告）号：CN104140294A

名称：一种利用磷酸三钙制备高韧性陶瓷的方法
申请号：2014103713231
申请（专利权）人：华南理工大学
发明（设计）人：张志杰
公开（公告）日：2014.11.12
公开（公告）号：CN104140255A

名称：一种一次成型的荧光陶瓷砖
申请号：2014103654568
申请（专利权）人：青岛乾祥环保技术有限公司
发明（设计）人：田福祯；高伟；张劭
公开（公告）日：2014.11.12
公开（公告）号：CN104140281A

名称：一种陶瓷砖的制造方法及其产品
申请号：2014103779718
申请（专利权）人：佛山市东鹏陶瓷有限公司
发明（设计）人：丘云灵；周燕
公开（公告）日：2014.11.19
公开（公告）号：CN104150963A

名称：一种具有调湿功能的复合轻质陶瓷生态建材及其制备方法
申请号：2014103267781
申请（专利权）人：华南理工大学
发明（设计）人：李治
公开（公告）日：2014.11.19
公开（公告）号：CN104150948A

名称：一种抗菌陶瓷的制备方法
申请号：2014103713547
申请（专利权）人：华南理工大学
发明（设计）人：张志杰
公开（公告）日：2014.11.19
公开（公告）号：CN104150959A

续表

名称：一种荧光陶瓷砖 申请号：2014103586645 申请（专利权）人：青岛乾祥环保技术有限公司 发明（设计）人：田福祯；高伟；张劭 公开（公告）日：2014.11.19 公开（公告）号：CN104150877A	名称：一种制备透明发光陶瓷的方法 申请号：2013101884448 申请（专利权）人：中国科学院上海硅酸盐研究所 发明（设计）人：沈毅强 公开（公告）日：2014.12.03 公开（公告）号：CN104177092A
名称：一种陶瓷砖泥坯的制造方法 申请号：2014104367039 申请（专利权）人：佛山市东鹏陶瓷有限公司 发明（设计）人：曾权；谢穗；周燕 公开（公告）日：2014.12.10 公开（公告）号：CN104193415A	名称：一种利用陶瓷废瓷及煤渣制作陶瓷仿古砖坯用黑点的方法 申请号：201310448914X 申请（专利权）人：湖北省当阳豪山建材有限公司 发明（设计）人：苏志强 公开（公告）日：2014.12.10 公开（公告）号：CN104193298A
名称：一种抗菌陶瓷砖及其制备方法 申请号：2014104491248 申请（专利权）人：佛山市新战略知识产权文化有限公司 发明（设计）人：李志坚 公开（公告）日：2014.12.10 公开（公告）号：CN104193303A	名称：一种陶瓷砖泥坯的制造方法 申请号：2014104365264 申请（专利权）人：佛山市东鹏陶瓷有限公司 发明（设计）人：曾权 公开（公告）日：2014.12.10 公开（公告）号：CN104193407A
名称：以粉煤灰为原料微波烧结制备发泡陶瓷板的方法 申请号：2014104217239 申请（专利权）人：广东蒙娜丽莎新型材料集团有限公司 发明（设计）人：刘一军 公开（公告）日：2014.12.17 公开（公告）号：CN104211435A	名称：一种陶瓷玻化砖、其坯料及其制备方法 申请号：2014104645354 申请（专利权）人：临沂市顺弘建陶有限公司 发明（设计）人：张玉静；张丙顺 公开（公告）日：2014.12.17 公开（公告）号：CN104211376A
名称：一种图案釉面陶瓷砖的生产方法 申请号：2014104906496 申请（专利权）人：佛山市禾才科技服务有限公司 发明（设计）人：周克芳 公开（公告）日：2014.12.24 公开（公告）号：CN104230387A	名称：氧化铝陶瓷造粒粉的制备工艺 申请号：2013102366111 申请（专利权）人：上海好景新型陶瓷材料有限公司 发明（设计）人：陈友明 公开（公告）日：2014.12.24 公开（公告）号：CN104230313A
名称：一种图案釉面陶瓷砖的生产方法 申请号：2014104907836 申请（专利权）人：佛山市禾才科技服务有限公司 发明（设计）人：周克芳 公开（公告）日：2014.12.24 公开（公告）号：CN104230390A	名称：一种制造陶瓷砖泥坯的方法 申请号：2014104372944 申请（专利权）人：佛山市东鹏陶瓷有限公司 发明（设计）人：曾权；谢穗；周燕 公开（公告）日：2014.12.24 公开（公告）号：CN104230382A
名称：氧化铝陶瓷造粒粉的配方 申请号：2013102366253 申请（专利权）人：上海好景新型陶瓷材料有限公司 发明（设计）人：陈友明 公开（公告）日：2014.12.24 公开（公告）号：CN104230315A	名称：一种微晶玻璃陶瓷复合板生产工艺 申请号：2014104906212 申请（专利权）人：佛山市禾才科技服务有限公司 发明（设计）人：周克芳 公开（公告）日：2014.12.24 公开（公告）号：CN104230394A

第二节 2014年卫浴专利（表6-2）

2014年卫浴专利	表6-2
名称：一种卫生陶瓷半成品补裂泥浆及其制备方法 申请号：2013101271769 申请（专利权）人：九牧厨卫股份有限公司 发明（设计）人：林孝发 公开（公告）日：2014.01.01 公开（公告）号：CN103483003A	名称：陶瓷坐便器及制造该坐便器的方法 申请号：2012800186052 申请（专利权）人：伊莫拉SACMI机械合作公司 发明（设计）人：亚历山德罗·贝尔纳贝伊；瓦斯科·马赞蒂 公开（公告）日：2014.01.08 公开（公告）号：CN103502544A
名称：智能控制的折叠式淋浴房 申请号：2013103885337 申请（专利权）人：周裕佳 发明（设计）人：刘辉；陈蒙 公开（公告）日：2014.01.08 公开（公告）号：CN103498621A	名称：一种淋浴房的缓冲器安装结构 申请号：2013105053532 申请（专利权）人：佛山市浪鲸洁具有限公司 发明（设计）人：皮国良；刘珊莉；霍成基 公开（公告）日：2014.01.08 公开（公告）号：CN103498610A
名称：一种淋浴房的缓冲器安装结构 申请号：2013105045502 申请（专利权）人：佛山市浪鲸洁具有限公司 发明（设计）人：皮国良；刘珊莉；霍成基 公开（公告）日：2014.01.15 公开（公告）号：CN103510777A	名称：一种智能淋浴房 申请号：2012101987172 申请（专利权）人：昆山市镇晟诚机械设计有限公司 发明（设计）人：不公告发明人 公开（公告）日：2014.01.15 公开（公告）号：CN103505113A
名称：一种多功能淋浴房 申请号：2012101982874 申请（专利权）人：昆山市镇晟诚机械设计有限公司 发明（设计）人：不公告发明人 公开（公告）日：2014.01.15 公开（公告）号：CN103505111A	名称：一种新型多功能淋浴房 申请号：2012101983665 申请（专利权）人：昆山市镇晟诚机械设计有限公司 发明（设计）人：不公告发明人 公开（公告）日：2014.01.15 公开（公告）号：CN103505112A
名称：陶瓷坐便器 申请号：2012800186086 申请（专利权）人：伊莫拉SACMI机械合作公司 发明（设计）人：亚历山德罗·贝尔纳贝伊；瓦斯科·马赞蒂 公开（公告）日：2014.01.15 公开（公告）号：CN103518022A	名称：简易组装快速安装式淋浴房 申请号：2013102758851 申请（专利权）人：宁波市沃特玛洁具有限公司 发明（设计）人：俞芬波 公开（公告）日：2014.01.22 公开（公告）号：CN103519728A
名称：节水马桶 申请号：2012102359838 申请（专利权）人：韩沙日娜 发明（设计）人：韩沙日娜 公开（公告）日：2014.01.29 公开（公告）号：CN103541413A	名称：智能温水清洗马桶 申请号：2013104536526 申请（专利权）人：陆启平 发明（设计）人：陆雨 公开（公告）日：2014.02.05 公开（公告）号：CN103556692A

续表

名称：一种保温性能好的桑拿淋浴房 申请号：2012102774597 申请（专利权）人：陕西众晟建设投资管理有限公司 发明（设计）人：李孟施 公开（公告）日：2014.02.12 公开（公告）号：CN103565329A	名称：一种有折叠门的淋浴房 申请号：2013104987501 申请（专利权）人：平湖乐优卫浴有限公司 发明（设计）人：蔡建忠 公开（公告）日：2014.02.19 公开（公告）号：CN103590718A
名称：一种排水装置和虹吸马桶及其冲水方法 申请号：2013104525606 申请（专利权）人：九牧厨卫股份有限公司 发明（设计）人：林孝发；林孝山；王少堂 公开（公告）日：2014.02.19 公开（公告）号：CN103590467A	名称：一种有旋转滑门的淋浴房 申请号：2013104989013 申请（专利权）人：平湖乐优卫浴有限公司 发明（设计）人：蔡建忠 公开（公告）日：2014.02.19 公开（公告）号：CN103590627A
名称：一种新型音乐马桶套 申请号：2013105583986 申请（专利权）人：铜山县丰华工贸有限公司 发明（设计）人：王庆超 公开（公告）日：2014.02.26 公开（公告）号：CN103598854A	名称：一种多功能马桶 申请号：2013102183500 申请（专利权）人：浙江理工大学 发明（设计）人：李仁旺 公开（公告）日：2014.03.12 公开（公告）号：CN103622630A
名称：直喷前置虹吸管玲珑马桶 申请号：2012102959292 申请（专利权）人：广东恒洁卫浴有限公司 发明（设计）人：谢伟藩；段鳗珊 公开（公告）日：2014.03.12 公开（公告）号：CN103628547A	名称：马桶的排污装置 申请号：2013106113649 申请（专利权）人：周裕佳 发明（设计）人：李勇华 公开（公告）日：2014.03.12 公开（公告）号：CN103628553A
名称：一种马桶的排污装置 申请号：2013106110034 申请（专利权）人：周裕佳 发明（设计）人：李勇华 公开（公告）日：2014.03.12 公开（公告）号：CN103628545A	名称：一种除臭马桶 申请号：2013106047295 申请（专利权）人：镇江新区汇达机电科技有限公司 发明（设计）人：夏致俊 公开（公告）日：2014.03.12 公开（公告）号：CN103628544A
名称：一种陶瓷马桶 申请号：2013106124037 申请（专利权）人：王桂忠 发明（设计）人：王桂忠 公开（公告）日：2014.03.19 公开（公告）号：CN103643729A	名称：一种蹲坐两用马桶 申请号：201310576780X 申请（专利权）人：王家强 发明（设计）人：王家强 公开（公告）日：2014.03.19 公开（公告）号：CN103637740A
名称：具有水压的虹吸式马桶及其冲水方法 申请号：2013106756643 申请（专利权）人：科勒（中国）投资有限公司 发明（设计）人：沈斐；赵松原 公开（公告）日：2014.03.19 公开（公告）号：CN103643731A	名称：高清洁性能马桶及其冲水方法 申请号：201310625194X 申请（专利权）人：科勒（中国）投资有限公司 发明（设计）人：沈斐；赵松原 公开（公告）日：2014.03.19 公开（公告）号：CN103643730A

续表

名称：全自动洗澡淋浴房的洗涤力调节装置 申请号：2013106358256 申请（专利权）人：夏致俊 发明（设计）人：夏致俊 公开（公告）日：2014.03.19 公开（公告）号：CN103637728A	名称：全自动洗澡淋浴房 申请号：2013106359691 申请（专利权）人：夏致俊 发明（设计）人：夏致俊 公开（公告）日：2014.03.19 公开（公告）号：CN103637729A
名称：一种多功能马桶盖 申请号：2013102665753 申请（专利权）人：上海市航头学校 发明（设计）人：秦野；陆文龙 公开（公告）日：2014.03.26 公开（公告）号：CN103654595A	名称：在马桶上旋转的浴室柜 申请号：2012103423418 申请（专利权）人：王绍君 发明（设计）人：王绍君 公开（公告）日：2014.03.26 公开（公告）号：CN103669502A
名称：一种基于超声波技术的抽水马桶防堵塞装置 申请号：2013107471792 申请（专利权）人：天津江湾科技有限公司 发明（设计）人：不公告发明人 公开（公告）日：2014.04.02 公开（公告）号：CN103696471A	名称：节水马桶 申请号：2013107297211 申请（专利权）人：苏州市启扬商贸有限公司 发明（设计）人：姚多妹；林燕 公开（公告）日：2014.04.02 公开（公告）号：CN103696478A
名称：抽真空的虹吸式马桶及其冲水方法 申请号：2013107327749 申请（专利权）人：科勒（中国）投资有限公司 发明（设计）人：沈斐；赵松原 公开（公告）日：2014.04.09 公开（公告）号：CN103711193A	名称：抽水马桶防漏水流量控制方法 申请号：2013107558334 申请（专利权）人：卓朝旦 发明（设计）人：卓朝旦 公开（公告）日：2014.04.09 公开（公告）号：CN103713656A
名称：一种马桶盖板铰链快速拆装结构 申请号：2014100291717 申请（专利权）人：惠达卫浴股份有限公司 发明（设计）人：杨华；孙海昌 公开（公告）日：2014.04.23 公开（公告）号：CN103735217A	名称：水洗式马桶 申请号：2012800427260 申请（专利权）人：骊住株式会社 发明（设计）人：三轮浩二 公开（公告）日：2014.04.30 公开（公告）号：CN103764925A
名称：充气式马桶通塞器 申请号：2012104161802 申请（专利权）人：孙宗汉 发明（设计）人：孙宗汉 公开（公告）日：2014.05.07 公开（公告）号：CN103774727A	名称：一种卫浴用升降杆安装结构 申请号：2012104299456 申请（专利权）人：厦门凯美欧卫浴科技有限公司 发明（设计）人：余章军 公开（公告）日：2014.05.14 公开（公告）号：CN103790909A
名称：免手纸马桶 申请号：2012104175491 申请（专利权）人：谭玉波 发明（设计）人：谭玉波 公开（公告）日：2014.05.14 公开（公告）号：CN103790219A	名称：用于紧固卫浴元件的凹入式框体及其制造方法 申请号：2012800461897 申请（专利权）人：福米纳亚公司 发明（设计）人：M·冈札勒兹萨梅龙 公开（公告）日：2014.05.21 公开（公告）号：CN103814178A

续表

名称：一种自动恒温马桶 申请号：2014100420544 申请（专利权）人：嘉善爱友塑胶有限公司 发明（设计）人：金利明 公开（公告）日：2014.05.21 公开（公告）号：CN103799915A	名称：一种带有抽拉式马桶盖子的全自动蹲式马桶 申请号：2013104413456 申请（专利权）人：盐城工业职业技术学院 发明（设计）人：王超；张丽 公开（公告）日：2014.05.28 公开（公告）号：CN103821211A
名称：双水四冲洗智能抽水马桶 申请号：201210492665X 申请（专利权）人：何永 发明（设计）人：何永 公开（公告）日：2014.05.28 公开（公告）号：CN103821214A	名称：婴幼儿用马桶 申请号：2013105664748 申请（专利权）人：康贝株式会社 发明（设计）人：高水信明 公开（公告）日：2014.05.28 公开（公告）号：CN103815821A
名称：一种利用滚筒洗衣机排出水的马桶冲水装置 申请号：2014100425853 申请（专利权）人：河南科技大学 发明（设计）人：郭光立 公开（公告）日：2014.05.28 公开（公告）号：CN103821200A	名称：一种新型简易淋浴房 申请号：2014100318584 申请（专利权）人：平湖市欧文洁具有限公司 发明（设计）人：施金龙 公开（公告）日：2014.05.28 公开（公告）号：CN103821385A
名称：一种可拆卸式活动马桶 申请号：2012104678359 申请（专利权）人：叶小平 发明（设计）人：叶小平 公开（公告）日：2014.06.04 公开（公告）号：CN103829875A	名称：液压自动高效节水防臭马桶 申请号：2013107028770 申请（专利权）人：柳州市京阳节能科技研发有限公司 发明（设计）人：韦战 公开（公告）日：2014.06.04 公开（公告）号：CN103835358A
名称：马桶内置旋转式防堵装置 申请号：2012104982999 申请（专利权）人：莫桂平 发明（设计）人：莫桂平 公开（公告）日：2014.06.11 公开（公告）号：CN103850312A	名称：一种虹吸式废水回用型抽水马桶上水装置 申请号：2014101220051 申请（专利权）人：赵东顺 发明（设计）人：赵东顺 公开（公告）日：2014.06.18 公开（公告）号：CN103866832A
名称：一种马桶提运装置 申请号：2014101412935 申请（专利权）人：佛山市浪鲸洁具有限公司 发明（设计）人：霍成基；梁汉钊 公开（公告）日：2014.06.18 公开（公告）号：CN103863950A	名称：伸缩式蹲坐两用马桶 申请号：2012105713792 申请（专利权）人：重庆市北碚区教师进修学院 发明（设计）人：阳硕 公开（公告）日：2014.07.02 公开（公告）号：CN103892766A
名称：一种马桶用增压粉碎装置 申请号：2014101710440 申请（专利权）人：李江平 发明（设计）人：李江平 公开（公告）日：2014.07.09 公开（公告）号：CN103912052A	名称：一种马桶烧成顶托结构 申请号：2014101413942 申请（专利权）人：佛山市浪鲸洁具有限公司 发明（设计）人：霍成基；吴德占 公开（公告）日：2014.07.23 公开（公告）号：CN103936430A

名称：一种卫浴五金表面处理方法 申请号：2014100842832 申请（专利权）人：陈应龙 发明（设计）人：陈应龙 公开（公告）日：2014.07.23 公开（公告）号：CN103934174A	名称：无缓冲器的马桶盖 申请号：2014100258263 申请（专利权）人：科勒公司 发明（设计）人：R·W·墨菲 公开（公告）日：2014.07.23 公开（公告）号：CN103932632A
名称：横置排污入口环绕排污管马桶 申请号：2013100329692 申请（专利权）人：广东恒洁卫浴有限公司 发明（设计）人：谢伟藩；段鳗珊 公开（公告）日：2014.08.06 公开（公告）号：CN103967103A	名称：一种压力式马桶水箱的防爆方法及防爆型压力式马桶水箱 申请号：2013100343505 申请（专利权）人：李才有 发明（设计）人：李才有 公开（公告）日：2014.08.06 公开（公告）号：CN103967095A
名称：一种马桶上自动防尿溅装置 申请号：2014102272566 申请（专利权）人：宁波博帆卫浴有限公司 发明（设计）人：姜立军；佘小望；司马立建 公开（公告）日：2014.08.20 公开（公告）号：CN103993643A	名称：一种可选冲水方式的节水马桶排水装置 申请号：2014101439073 申请（专利权）人：武红星 发明（设计）人：武红星；刘太奇 公开（公告）日：2014.09.03 公开（公告）号：CN104018565A
名称：一种装饰夹胶夹丝钢化玻璃淋浴房的生产工艺 申请号：2014102678264 申请（专利权）人：杭州汇泉装饰材料制品有限公司 发明（设计）人：沈观海 公开（公告）日：2014.09.10 公开（公告）号：CN104027015A	名称：抗虹吸式马桶 申请号：2014100939880 申请（专利权）人：科勒公司 发明（设计）人：R·S·戴维斯 公开（公告）日：2014.09.17 公开（公告）号：CN104047351A
名称：具有被照亮的坐圈铰链的马桶 申请号：2014100846655 申请（专利权）人：科勒公司 发明（设计）人：R·W·墨菲 公开（公告）日：2014.09.17 公开（公告）号：CN104042158A	名称：节能节水式淋浴房 申请号：2014102893773 申请（专利权）人：德清艾希德卫浴洁具有限公司 发明（设计）人：俞人炜 公开（公告）日：2014.09.17 公开（公告）号：CN104047444A
名称：多人折叠式淋浴房 申请号：2014102828543 申请（专利权）人：德清艾希德卫浴洁具有限公司 发明（设计）人：俞人炜 公开（公告）日：2014.09.17 公开（公告）号：CN104042145A	名称：充气式淋浴房 申请号：2014103146486 申请（专利权）人：德清艾希德卫浴洁具有限公司 发明（设计）人：俞人炜 公开（公告）日：2014.09.24 公开（公告）号：CN104055446A
名称：一种按摩人体的马桶盖子 申请号：2014103151785 申请（专利权）人：宁波博帆卫浴有限公司 发明（设计）人：佘小望 公开（公告）日：2014.10.01 公开（公告）号：CN104068781A	名称：一种马桶 申请号：2014103156897 申请（专利权）人：佛山东鹏洁具股份有限公司 发明（设计）人：谭宏力；冯储；杨立鑫 公开（公告）日：2014.10.08 公开（公告）号：CN104088348A

续表

名称：一种脚踏开盖马桶 申请号：2013101398609 申请（专利权）人：李上达 发明（设计）人：李上达 公开（公告）日：2014.10.22 公开（公告）号：CN104107004A	名称：一种零空间占用的淋浴房 申请号：201410347055X 申请（专利权）人：广东尚高科技有限公司 发明（设计）人：魏国普 公开（公告）日：2014.10.29 公开（公告）号：CN104116447A
名称：一种智能清洁马桶盖 申请号：2014103493655 申请（专利权）人：南京工业职业技术学院 发明（设计）人：孙军伟 公开（公告）日：2014.11.05 公开（公告）号：CN104127153A	名称：抽吸辅助的节水马桶 申请号：2013101719597 申请（专利权）人：求晓英 发明（设计）人：求晓英 公开（公告）日：2014.11.12 公开（公告）号：CN104141338A
名称：马桶及其冲水系统 申请号：2014103932154 申请（专利权）人：深圳市博电电子技术有限公司 发明（设计）人：余鹏程 公开（公告）日：2014.11.26 公开（公告）号：CN104164914A	名称：一种紫外线杀菌马桶盖 申请号：201410408957X 申请（专利权）人：张翔 发明（设计）人：张翔 公开（公告）日：2014.12.03 公开（公告）号：CN104172980A
名称：具有溢出保护的马桶 申请号：2013800144410 申请（专利权）人：印第安纳马斯科公司 发明（设计）人：M·J·维罗斯 公开（公告）日：2014.12.03 公开（公告）号：CN104185710A	名称：一种可发光除湿的多功能马桶 申请号：2014103591446 申请（专利权）人：陈少军 发明（设计）人：陈少军 公开（公告）日：2014.12.10 公开（公告）号：CN104196100A
名称：一种可发电除湿的马桶 申请号：2014103591380 申请（专利权）人：陈少军 发明（设计）人：陈少军 公开（公告）日：2014.12.10 公开（公告）号：CN104196096A	名称：一种具备云计算能力的智能马桶 申请号：2014104374691 申请（专利权）人：黄靖时 发明（设计）人：黄靖时 公开（公告）日：2014.12.17 公开（公告）号：CN104213624A
名称：一键式马桶盖板组的快速拆装机构 申请号：2011800736170 申请（专利权）人：厦门倍恩卫浴有限公司 发明（设计）人：柳志芳 公开（公告）日：2014.12.17 公开（公告）号：CN104219984A	名称：一种自动冲水的马桶 申请号：2013102264230 申请（专利权）人：刘建锦 发明（设计）人：刘建锦 公开（公告）日：2014.12.24 公开（公告）号：CN104234156A

第三节 2014年陶瓷机械装备窑炉专利（表6-3）

2014年陶瓷机械装备窑炉专利 表6-3

名称：一种用于陶瓷辊棒表面精细喷涂保护层浆料的涂布机 申请号：2013104231176 申请（专利权）人：广东中鹏热能科技有限公司 发明（设计）人：万鹏 公开（公告）日：2014.01.08 公开（公告）号：CN103497002A	名称：陶瓷太阳能板及其制备方法以及所用打孔器和定位模块 申请号：2012102432034 申请（专利权）人：广东中鹏热能科技有限公司 发明（设计）人：万鹏 公开（公告）日：2014.01.29 公开（公告）号：CN103542556A
名称：陶瓷太阳能板制备方法及实现该方法的制备装置 申请号：2012102432161 申请（专利权）人：广东中鹏热能科技有限公司 发明（设计）人：万鹏 公开（公告）日：2014.01.29 公开（公告）号：CN103539462A	名称：陶瓷窑炉的热能利用和废气处理系统 申请号：2013104462715 申请（专利权）人：卢爱玲 发明（设计）人：卢爱玲 公开（公告）日：2014.01.29 公开（公告）号：CN103542730A
名称：一种节能的新型陶瓷浆料造粒工艺及用于该工艺的设备 申请号：2013105085641 申请（专利权）人：广东中鹏热能科技有限公司 发明（设计）人：万鹏 公开（公告）日：2014.02.05 公开（公告）号：CN103551077A	名称：一种陶瓷窑炉用热辐射涂料 申请号：2013105243170 申请（专利权）人：汤炼芳 发明（设计）人：汤炼芳 公开（公告）日：2014.02.05 公开（公告）号：CN103553549A
名称：一种低膨胀型陶瓷辊棒及其制备方法 申请号：2012102927997 申请（专利权）人：佛山市南海金刚新材料有限公司 发明（设计）人：张脉官；杨华亮；姚素媛 公开（公告）日：2014.02.19 公开（公告）号：CN103588487A	名称：一种陶瓷砖原料的布料方法 申请号：2013105659913 申请（专利权）人：佛山市博晖机电有限公司 发明（设计）人：梁海果 公开（公告）日：2014.02.26 公开（公告）号：CN103600410A
名称：一种用于陶瓷原料粉磨的立磨设备 申请号：2013105667623 申请（专利权）人：佛山市博晖机电有限公司 发明（设计）人：梁海果 公开（公告）日：2014.02.26 公开（公告）号：CN103599827A	名称：陶瓷件三维打印系统及方法 申请号：2013106278764 申请（专利权）人：珠海天威飞马打印耗材有限公司 发明（设计）人：苏健强 公开（公告）日：2014.03.05 公开（公告）号：CN103612315A
名称：一种生产陶瓷墙地砖的循环布料系统 申请号：2013106905046 申请（专利权）人：岳芙蓉 发明（设计）人：岳芙蓉；唐智能 公开（公告）日：2014.03.19 公开（公告）号：CN103640084A	名称：一种陶瓷喷釉机 申请号：2013107250287 申请（专利权）人：郭元桐 发明（设计）人：郭元桐 公开（公告）日：2014.03.26 公开（公告）号：CN103664234A

续表

名称：陶瓷原料标准化连续处理方法及其生产线 申请号：2013106439179 申请（专利权）人：广东萨米特陶瓷有限公司 发明（设计）人：叶德林 公开（公告）日：2014.03.26 公开（公告）号：CN103664195A	名称：一种陶瓷原料干燥器 申请号：2013106790682 申请（专利权）人：佛山市博晖机电有限公司 发明（设计）人：梁海果；严苏景 公开（公告）日：2014.04.02 公开（公告）号：CN103697678A
名称：一种陶瓷干压成型的制粉设备及方法 申请号：201310689870X 申请（专利权）人：游洪 发明（设计）人：游洪 公开（公告）日：2014.04.02 公开（公告）号：CN103693964A	名称：陶瓷压砖机比例控制节能结构 申请号：2014100157436 申请（专利权）人：广东新明珠陶瓷集团有限公司 发明（设计）人：叶德林；陶贤；周明俊 公开（公告）日：2014.04.09 公开（公告）号：CN103707391A
名称：一种陶瓷加工生产用干燥设备 申请号：2013106636139 申请（专利权）人：朱莉娟 发明（设计）人：朱莉娟 公开（公告）日：2014.04.09 公开（公告）号：CN103712423A	名称：一种陶瓷坯体转运装置 申请号：2013106636425 申请（专利权）人：朱莉娟 发明（设计）人：朱莉娟 公开（公告）日：2014.04.09 公开（公告）号：CN103707409A
名称：层铺陶瓷原料连续翻落叠搓式布料结构及方法 申请号：2014100216561 申请（专利权）人：广东萨米特陶瓷有限公司 发明（设计）人：叶德林 公开（公告）日：2014.04.16 公开（公告）号：CN103722616A	名称：一种用于生产轻质保温陶瓷板（砖）的辊道窑 申请号：2013106338958 申请（专利权）人：信阳方浩实业有限公司 发明（设计）人：陈延东 公开（公告）日：2014.04.23 公开（公告）号：CN103743230A
名称：一种涂有抗紫外线涂层的仿陶瓷墙板及其制备方法 申请号：2013107421562 申请（专利权）人：王东彬 发明（设计）人：程凤岐 公开（公告）日：2014.04.23 公开（公告）号：CN103741906A	名称：陶瓷窑炉燃烧器及其烧嘴 申请号：2014100407569 申请（专利权）人：上海伊德科技有限公司 发明（设计）人：张子羿；张巍 公开（公告）日：2014.04.23 公开（公告）号：CN103742914A
名称：一种陶瓷原料研磨系统 申请号：2014100278303 申请（专利权）人：范新晖 发明（设计）人：范新晖 公开（公告）日：2014.04.23 公开（公告）号：CN103736573A	名称：一种陶瓷原料研磨系统 申请号：2014100278515 申请（专利权）人：范新晖 发明（设计）人：范新晖 公开（公告）日：2014.04.30 公开（公告）号：CN103752374A
名称：一种陶瓷辊棒及其制备方法 申请号：2014100779595 申请（专利权）人：湖北工业大学 发明（设计）人：龙威 公开（公告）日：2014.05.14 公开（公告）号：CN103787683A	名称：一种陶瓷振动研磨机 申请号：2014100690399 申请（专利权）人：济南倍力粉技术工程有限公司 发明（设计）人：刘青 公开（公告）日：2014.05.14 公开（公告）号：CN103785510A

续表

名称：一种陶瓷用的激光打印布料装置 申请号：2014100185135 申请（专利权）人：佛山市博晖机电有限公司 发明（设计）人：梁海果 公开（公告）日：2014.05.14 公开（公告）号：CN103786250A	名称：用于陶瓷滚压成型生产线上的废泥料处理装置 申请号：2014100650245 申请（专利权）人：佛山市南海鑫隆机工机械有限公司 发明（设计）人：甄活强 公开（公告）日：2014.05.14 公开（公告）号：CN103786255A
名称：陶瓷喷墨印花机的墨水磁力搅拌装置 申请号：2014100888910 申请（专利权）人：广东宏陶陶瓷有限公司 发明（设计）人：梁桐灿 公开（公告）日：2014.05.21 公开（公告）号：CN103801220A	名称：蜂窝陶瓷片连续切割机械手 申请号：2014101049829 申请（专利权）人：杭州青菱自动化技术有限公司 发明（设计）人：齐军权；李哲峰 公开（公告）日：2014.05.28 公开（公告）号：CN103817783A
名称：一种陶瓷粉料造型布料方法及其布料设备 申请号：2013104160857 申请（专利权）人：梁迪源 发明（设计）人：梁迪源；喻秋良 公开（公告）日：2014.05.28 公开（公告）号：CN103817785A	名称：一种多次预压造型陶瓷布料方法及其设备 申请号：2013106436857 申请（专利权）人：梁迪源 发明（设计）人：梁迪源；谢荣清 公开（公告）日：2014.05.28 公开（公告）号：CN103817786A
名称：一种新型硅钢退火炉陶瓷辊装置 申请号：2012104627840 申请（专利权）人：黄石山力兴冶薄板有限公司 发明（设计）人：张才富；柯江军；李德才 公开（公告）日：2014.05.28 公开（公告）号：CN103820614A	名称：多层辊道式陶瓷干燥窑 申请号：2014100587345 申请（专利权）人：赵宽学 发明（设计）人：赵宽学 公开（公告）日：2014.06.04 公开（公告）号：CN103836890A
名称：制备陶瓷砖压型粉料的装置及方法 申请号：2014100048956 申请（专利权）人：咸阳陶瓷研究设计院 发明（设计）人：陶晓文 公开（公告）日：2014.06.04 公开（公告）号：CN103833376A	名称：旋转体类陶瓷坯体注浆机 申请号：2012104852069 申请（专利权）人：无锡市天宇精密陶瓷制造有限公司 发明（设计）人：朱洪卿 公开（公告）日：2014.06.04 公开（公告）号：CN103831886A
名称：陶瓷坯的干燥方法及其所用的节能快速干燥窑 申请号：2012105489034 申请（专利权）人：广东中鹏热能科技有限公司 发明（设计）人：万鹏 公开（公告）日：2014.06.18 公开（公告）号：CN103868340A	名称：以立式磨为主机的陶瓷用原料微粉的专用生产装备 申请号：2012105527318 申请（专利权）人：张志法 发明（设计）人：张志法 公开（公告）日：2014.06.25 公开（公告）号：CN103878056A
名称：一种陶瓷泥浆喷雾干燥喷枪的自清洁方法及装置 申请号：2014101497098 申请（专利权）人：广东家美陶瓷有限公司 发明（设计）人：谢悦增 公开（公告）日：2014.07.02 公开（公告）号：CN103894304A	名称：一种陶瓷窑炉燃烧器 申请号：2013101614595 申请（专利权）人：上海伊德科技有限公司 发明（设计）人：张子羿 公开（公告）日：2014.07.16 公开（公告）号：CN103925595A

名称：无污染陶瓷粉碎、分散、球形化一体机装置
申请号：201410187326X
申请（专利权）人：陆锁根
发明（设计）人：陆锁根
公开（公告）日：2014.07.23
公开（公告）号：CN103934072A

名称：以生物醇油为燃料的陶瓷窑炉燃烧系统及其燃烧控制方法
申请号：2014102048236
申请（专利权）人：中国轻工业陶瓷研究所
发明（设计）人：邓苹
公开（公告）日：2014.07.30
公开（公告）号：CN103953926A

名称：一种陶瓷墙地砖原料的粉磨工艺及其生产线
申请号：2014101568360
申请（专利权）人：湘潭市亿达机电设备制造有限公司
发明（设计）人：黄忠喜
公开（公告）日：2014.08.13
公开（公告）号：CN103977872A

名称：一种陶瓷窑炉富氧助燃节能装置
申请号：2013100622113
申请（专利权）人：唐山纳川节能设备制造有限公司
发明（设计）人：王志增
公开（公告）日：2014.08.27
公开（公告）号：CN104006405A

名称：陶瓷滚压成型机上的可自动控制更换和调整的成型头
申请号：2013100763817
申请（专利权）人：佛山市南海鑫隆机工机械有限公司
发明（设计）人：甄活强
公开（公告）日：2014.09.10
公开（公告）号：CN104029284A

名称：一种用于陶瓷滚压成型生产线干燥机上的模具驱动装置
申请号：2013100763944
申请（专利权）人：佛山市南海鑫隆机工机械有限公司
发明（设计）人：甄活强
公开（公告）日：2014.09.10
公开（公告）号：CN104034148A

名称：陶瓷泥浆流速在线检测装置及检测方法
申请号：2014103082963
申请（专利权）人：山东理工大学
发明（设计）人：马立修
公开（公告）日：2014.09.10
公开（公告）号：CN104034632A

名称：一种超声波陶瓷磨具抛光机
申请号：2014102156813
申请（专利权）人：沈棋
发明（设计）人：沈棋
公开（公告）日：2014.09.10
公开（公告）号：CN104029107A

名称：陶瓷泥浆流速检测装置及检测方法
申请号：201410308381X
申请（专利权）人：山东理工大学
发明（设计）人：魏佩瑜
公开（公告）日：2014.09.17
公开（公告）号：CN104049104A

名称：陶瓷砖无损检测设备及检测方法
申请号：2014103266242
申请（专利权）人：广州中国科学院沈阳自动化研究所分所
发明（设计）人：刘洪江
公开（公告）日：2014.10.22
公开（公告）号：CN104111260A

名称：陶瓷辊棒外支撑等静压成型方法及专用模具
申请号：2013103329088
申请（专利权）人：佛山市南海金刚新材料有限公司
发明（设计）人：杨华亮；南洋科；万婷
公开（公告）日：2014.10.29
公开（公告）号：CN104118047A

名称：一种八通道陶瓷喷墨机
申请号：2014102659314
申请（专利权）人：佛山市南海区希望陶瓷机械设备有限公司
发明（设计）人：何小燕
公开（公告）日：2014.10.29
公开（公告）号：CN104118209A

名称：一种陶瓷自动加釉机 申请号：2014103739829 申请（专利权）人：广西北流仲礼瓷业有限公司 发明（设计）人：陈向阳 公开（公告）日：2014.11.05 公开（公告）号：CN104130026A	名称：一种陶瓷窑炉烟气半干法—干法除氟工艺方法 申请号：2014103393553 申请（专利权）人：杭州诺贝尔陶瓷有限公司 发明（设计）人：王化能；张超；夏昌奎 公开（公告）日：2014.11.12 公开（公告）号：CN104138711A
名称：一种陶瓷瓷砖的自动切膜装置 申请号：2014103756078 申请（专利权）人：广西北流仲礼瓷业有限公司 发明（设计）人：陈向阳 公开（公告）日：2014.11.19 公开（公告）号：CN104149473A	名称：一种泡沫陶瓷自动化切割设备及其切割方法 申请号：2014103381804 申请（专利权）人：霍丰源 发明（设计）人：霍丰源 公开（公告）日：2014.11.19 公开（公告）号：CN104149206A
名称：一种陶瓷坯件磨削装置 申请号：2014104223901 申请（专利权）人：长兴威力窑业有限公司 发明（设计）人：董宝亮 公开（公告）日：2014.12.03 公开（公告）号：CN104175204A	名称：一种陶瓷火花塞坯件上釉装置 申请号：2014104217760 申请（专利权）人：长兴威力窑业有限公司 发明（设计）人：董宝亮 公开（公告）日：2014.12.10 公开（公告）号：CN104193413A
名称：建筑陶瓷生产线废品砖电子记录系统及检测流程 申请号：2014103494516 申请（专利权）人：刘焕中 发明（设计）人：刘焕中 公开（公告）日：2014.12.10 公开（公告）号：CN104199371A	名称：一种仿天然石材石纹的陶瓷墙地砖的布料技术 申请号：2014105343915 申请（专利权）人：佛山东承汇科技控股有限公司 发明（设计）人：杨晓东；黄汉强 公开（公告）日：2014.12.17 公开（公告）号：CN104210019A
名称：一种氧化铝陶瓷造粒粉用环保型全自动生产装置 申请号：2013102366215 申请（专利权）人：上海好景新型陶瓷材料有限公司 发明（设计）人：陈友明 公开（公告）日：2014.12.24 公开（公告）号：CN104230314A	名称：陶瓷喷墨打印机的喷嘴板及喷头 申请号：2013102299278 申请（专利权）人：佛山市南海金刚新材料有限公司 发明（设计）人：周梅 公开（公告）日：2014.12.24 公开（公告）号：CN104228336A
名称：一种新型陶瓷拉坯机 申请号：2013102382383 申请（专利权）人：苏州雅妮服务外包有限公司 发明（设计）人：朱杰 公开（公告）日：2014.12.24 公开（公告）号：CN104227824A	名称：一种陶瓷行业废热气污水循环利用处理系统 申请号：2013102386929 申请（专利权）人：佛山市高明贝斯特陶瓷有限公司 发明（设计）人：刘建新 公开（公告）日：2014.12.24 公开（公告）号：CN104230040A

第四节　2014 年陶瓷色釉料专利（表 6-4）

2014年陶瓷色釉料专利　　　　　　　　　　　　　　　　　　　　　　表6-4

名称：一种喷墨打印机用陶瓷墨水的制备方法 申请号：2012102000740 申请（专利权）人：苏州忠辉蜂窝陶瓷有限公司 发明（设计）人：杨忠辉 公开（公告）日：2014.01.15 公开（公告）号：CN103509409A	名称：一种能吸收空气污染物的环保陶瓷釉料的制备方法 申请号：2013105105541 申请（专利权）人：刘芳圃 发明（设计）人：刘芳圃 公开（公告）日：2014.01.22 公开（公告）号：CN103524146A
名称：黑底银片纹陶瓷釉的配方及其制备方法 申请号：2013104372672 申请（专利权）人：沈阳建筑大学 发明（设计）人：沈海泳 公开（公告）日：2014.02.19 公开（公告）号：CN103588506A	名称：陶瓷喷墨打印用黄色釉料油墨及其制备方法 申请号：2013106520005 申请（专利权）人：江西锦绣现代化工有限公司；景德镇陶瓷学院 发明（设计）人：赵戈 公开（公告）日：2014.03.12 公开（公告）号：CN103627254A
名称：一种低温陶瓷喷墨墨水 申请号：2013107059711 申请（专利权）人：佛山市三水区康立泰无机合成材料有限公司 发明（设计）人：王祥乾 公开（公告）日：2014.03.19 公开（公告）号：CN103642317A	名称：一种低温釉上无铅陶瓷颜料 申请号：2012103617998 申请（专利权）人：邱伟 发明（设计）人：邱伟 公开（公告）日：2014.03.26 公开（公告）号：CN103664230A
名称：陶瓷喷墨打印用色釉混合型夜光墨水及其制备方法 申请号：2013106388497 申请（专利权）人：佛山市东鹏陶瓷有限公司 发明（设计）人：周燕；丘云灵 公开（公告）日：2014.03.26 公开（公告）号：CN103666112A	名称：一种棕色纳米陶瓷喷墨墨水及其制备方法 申请号：2013106551183 申请（专利权）人：华南农业大学 发明（设计）人：周武艺 公开（公告）日：2014.04.02 公开（公告）号：CN103694797A
名称：一种陶瓷喷墨打印用色料及其制备方法 申请号：2013107121479 申请（专利权）人：佛山市三水区康立泰无机合成材料有限公司 发明（设计）人：王祥乾 公开（公告）日：2014.04.09 公开（公告）号：CN103708849A	名称：陶瓷釉的添加剂 申请号：2012800382753 申请（专利权）人：蓝宝迪有限公司 发明（设计）人：D·基亚瓦奇 公开（公告）日：2014.04.09 公开（公告）号：CN103717545A
名称：一种以红土为主要原料制备的陶瓷硅铁红色料 申请号：2014100347248 申请（专利权）人：景德镇陶瓷学院 发明（设计）人：曹春娥，卢希龙 公开（公告）日：2014.04.30 公开（公告）号：CN103755386A	名称：一种棕—黑陶瓷釉料 申请号：2012104621609 申请（专利权）人：大连捌伍捌创新工场科技服务有限公司 发明（设计）人：张子瑜 公开（公告）日：2014.05.21 公开（公告）号：CN103804026A

续表

名称：一种棕—黑陶瓷釉料的制备方法 申请号：2012104621721 申请（专利权）人：大连捌伍捌创新工场科技服务有限公司 发明（设计）人：张子瑜 公开（公告）日：2014.05.21 公开（公告）号：CN103804024A	名称：一种特白水性陶瓷喷墨油墨及其制备方法 申请号：2013106105892 申请（专利权）人：佛山市明朝科技开发有限公司 发明（设计）人：毛海燕 公开（公告）日：2014.05.21 公开（公告）号：CN103804993A
名称：一种以红土为着色剂制备的陶瓷釉上西赤颜料 申请号：2014100347290 申请（专利权）人：景德镇陶瓷学院 发明（设计）人：卢希龙；曹春娥 公开（公告）日：2014.05.28 公开（公告）号：CN103819223A	名称：一种适合高温烧制红色陶瓷颜料 申请号：2012105069254 申请（专利权）人：许志永 发明（设计）人：许志永 公开（公告）日：2014.06.11 公开（公告）号：CN103848648A
名称：一种不透水的熔块型陶瓷釉料及其制备方法 申请号：2014101358625 申请（专利权）人：司志强 发明（设计）人：司志强 公开（公告）日：2014.06.18 公开（公告）号：CN103864466A	名称：一种具有健康养生和环保功能性的陶瓷基础釉料及其使用方法 申请号：2014100825470 申请（专利权）人：朱仙炳 发明（设计）人：朱仙炳 公开（公告）日：2014.06.18 公开（公告）号：CN103864464A
名称：一种具有抗菌、除菌功能的陶瓷冷釉及其制备方法 申请号：2014101405931 申请（专利权）人：武汉工程大学 发明（设计）人：张芳 公开（公告）日：2014.06.25 公开（公告）号：CN103880476A	名称：一种陶瓷金属釉 申请号：2014101357355 申请（专利权）人：辉煌水暖集团有限公司 发明（设计）人：温海生；张向卫 公开（公告）日：2014.07.09 公开（公告）号：CN103910539A
名称：一种高强度陶瓷冷釉及其制备方法 申请号：2014101402825 申请（专利权）人：武汉工程大学 发明（设计）人：杜飞鹏 公开（公告）日：2014.07.09 公开（公告）号：CN103910540A	名称：一种二氧化硅包覆型硫化铈红色陶瓷颜料的制备方法 申请号：2014101266159 申请（专利权）人：陕西科技大学 发明（设计）人：刘辉 公开（公告）日：2014.07.16 公开（公告）号：CN103923488A
名称：陶瓷喷墨墨水及使用方法 申请号：201410094020X 申请（专利权）人：鲁继烈 发明（设计）人：鲁继烈 公开（公告）日：2014.07.23 公开（公告）号：CN103937326A	名称：一种水溶性陶瓷墨水及其制备方法 申请号：2014101301006 申请（专利权）人：闽江学院 发明（设计）人：吴华忠 公开（公告）日：2014.07.23 公开（公告）号：CN103937327A
名称：具有结晶效果的陶瓷喷绘墨水及其制备和使用方法 申请号：2014102169315 申请（专利权）人：佛山远牧数码科技有限公司 发明（设计）人：徐超；黄曦 公开（公告）日：2014.08.20 公开（公告）号：CN103992695A	名称：一种高钒陶瓷喷绘墨水及其制备和使用方法 申请号：2014102168990 申请（专利权）人：佛山远牧数码科技有限公司 发明（设计）人：徐超；黄曦 公开（公告）日：2014.08.20 公开（公告）号：CN103992694A

续表

名称：一种陶瓷喷墨打印用蓝色油墨及其制备方法 申请号：2014102642370 申请（专利权）人：上海第二工业大学 发明（设计）人：朱志刚；朱海翔；陈诚 公开（公告）日：2014.08.27 公开（公告）号：CN104004412A	名称：一种红棕色陶瓷色釉及其制备方法 申请号：2014102765385 申请（专利权）人：牛柏然 发明（设计）人：牛柏然；符文彬 公开（公告）日：2014.09.03 公开（公告）号：CN104016724A
名称：一种陶瓷专用的陶瓷金属釉 申请号：2014103058979 申请（专利权）人：谢伟杰 发明（设计）人：谢伟杰 公开（公告）日：2014.09.24 公开（公告）号：CN104058791A	名称：一种打印金属、陶瓷制品的溶剂型墨水 申请号：2013100899145 申请（专利权）人：江苏天一超细金属粉末有限公司 发明（设计）人：高为鑫；韩奎；王飞 公开（公告）日：2014.09.24 公开（公告）号：CN104059427A
名称：一种陶瓷釉料 申请号：201410322093X 申请（专利权）人：陈新棠 发明（设计）人：陈新棠 公开（公告）日：2014.09.24 公开（公告）号：CN104058793A	名称：利用制革污泥制备黑色陶瓷色料的方法及产品 申请号：2014103126463 申请（专利权）人：齐鲁工业大学 发明（设计）人：杜毅 公开（公告）日：2014.10.22 公开（公告）号：CN104108952A
名称：一种能降低生产成本的绿色陶瓷色料的生产方法 申请号：2014103126478 申请（专利权）人：齐鲁工业大学 发明（设计）人：杜毅 公开（公告）日：2014.10.22 公开（公告）号：CN104108953A	名称：木纹陶瓷釉以及用其制备的木纹陶瓷制品和工艺 申请号：2014102921063 申请（专利权）人：福建省德化友盛陶瓷有限公司 发明（设计）人：颜竞峰；颜旭东；贾贵中 公开（公告）日：2014.11.05 公开（公告）号：CN104130031A
名称：一种分离釉效果的陶瓷墨水及其制备和使用方法及瓷砖 申请号：2014104077534 申请（专利权）人：佛山市禾才科技服务有限公司 发明（设计）人：周克芳；刘咏平 公开（公告）日：2014.12.03 公开（公告）号：CN104177922A	名称：一种分离下陷的陶瓷喷绘墨水及其制备和使用方法及瓷砖 申请号：2014104071665 申请（专利权）人：佛山市禾才科技服务有限公司 发明（设计）人：周克芳；刘咏平 公开（公告）日：2014.12.10 公开（公告）号：CN104194495A
名称：一种节能环保的陶瓷透明釉及其制备方法 申请号：2014104329450 申请（专利权）人：李金盛 发明（设计）人：李金盛 公开（公告）日：2014.12.17 公开（公告）号：CN104211443A	

第七章 建筑陶瓷产品

第一节 抛光砖

抛光砖是一种将瓷砖坯体表面打磨而制成的比较光亮的砖，相对于其他砖体来说，抛光砖最大的优点就是表面光洁，并坚硬耐磨。适合室内空间和外墙装饰，还可以做出各种仿石、仿木效果。我国抛光砖的生产技术一直在不断地提高，质量处于国际先进水平，在出口市场占据很大份额。

经过20多年的发展，抛光砖经历了粗陶、仿石、仿玉三个阶段，每个阶段都因技术创新带来质的飞跃。仿石抛光砖因其良好的耐磨防污性能与仿天然石材的纹理，代替天然石材与粗陶走进了千家万户。随后，超微粉技术的出现，使抛光砖具有了玉质感强、通透性强的特点，而目前仿玉抛光砖也成为了建筑陶瓷市场的主流产品。

抛光砖素有"地砖之王"之称，尽管受全抛釉的影响，抛光砖的市场有所萎缩，但它的市场份额还是占据了瓷砖市场30%～40%的份额。加上中国的城镇化建设进程，以及陶瓷行业对三、四线市场的拓展，抛光砖的需求量还会有所增长。

不过，由于整体市场也不景气，2014年年底，各产区还是陆续传出一些企业改抛光砖线转产全抛釉和微晶石的消息。尽管转产同时存在着成本压力与市场风险，但抛光转的下行趋势还是难改。

正当抛光砖处在十字路口的时候，渗花釉墨水以及新型二次布料结合喷墨等产品和工艺的应用，为抛光转的升级换代带来了希望。

过去的经验一再证明，抛光砖确实已经走入了困境，产品的利润空间正在不断流失。但是如果通过渗花墨水等产品的突破性应用，将会引发抛光砖纹理革命，让行业对抛光砖价值进行重估，抛光砖必定又会因此重新回归。

2013年下半年，陶瓷墨水开始了国产化的进程，通过一年多左右时间的发展，国产墨水和进口墨水的市场份额可以相抗衡，市场格局也已经基本稳定。新加入的墨水企业，想要占据一席之地，必须从产品创新上做文章，才能顺利抢滩登陆，而渗花墨水就是努力的方向。

目前抛光砖基本上是在两个领域创新发展：其中一种是在传统领域的改善型创新。主要是基于材料和工艺的创新。

抛光砖领域的传统优势企业，东鹏、鹰牌、欧神诺、华鹏、汇亚等近年来都不断有新作问世。比如，2013年下半年，欧神诺推出世界玻化砖艺术典范——梵高系列，利用高端包裹色釉、超细微粉等多项独创的材料，形成了截然不同的配方体系，在施于多倍布料系统等工艺之后，再经过高温延时和玻璃体热扩散技术烧制而成。生产工艺繁多，过程极其复杂，不过产品效果臻美。

2013年，华鹏"三面四色"超白系列抛光砖问世（自然面、抛光面、凹凸面，40度、50度、60度、70度），开创行业超白砖色度及表面效果最齐全的产品品类。

以汇亚集团为代表的部分企业近年持续在仿玉石、大理石抛光砖领域耕耘。此类型抛光砖一定程度上抢回了部分微晶石、全抛釉的市场。

2014年年底，天弼陶瓷推出的"玉晶"抛光砖，是一款新产品，属于抛光砖跨界全抛釉的全新砖种，不仅具备抛光砖的硬度和耐磨度，还兼具了全抛釉细腻、温润、色彩光亮的特点。该产品独创出"嵌晶技术、彩芯技术、品相混搭技术"，通过改变玉质晶体在砖体的运用，实现瓷与玉的完美融合。

但严格来说不管抛光砖仿玉石、大理石效果如何提升，其终归还属于玻化砖，在视觉效果上是不可能达到天然石材效果的，因此从长远来说，抛光砖以仿玉石、大理石为研发方向不是长久之计。

按照传统的技术路线图，专业人士预测，未来抛光砖的方向是"一石三面"——抛面、亚面、凹凸面。即抛光砖除要继续提升现有抛面的产品外，还要发展亚光面、凹凸面的产品。

亚面抛光砖依靠其抛光砖出色的物理性能与亚面的视觉效果，可以抢占亚光仿古砖的市场；而凹凸面产品同样由于有着抛光砖的优越物理性能，其与采用喷墨印花工艺生产的釉面砖相比，耐磨性能更好，使用寿命更长。

同时，抛光砖中的这三类产品还可以两两结合，生产出亚光凹凸面抛光砖、亮光凹凸面抛光砖等。甚至可以将某些仿古砖的工艺、材质加入抛光砖的生产中，如此产品性能将更加突出，抛光砖也可以往更加高端的市场发展。

目前抛光砖领域创新发展的另一个技术路线图，就是前面提到的喷墨渗花技术。

喷墨渗花抛光砖是以传统抛光砖的坯体为主，在产品纹理的成型上采取渗花墨水渗透下陷工艺生产的新型抛光砖，与传统渗花砖概念类似，喷墨抛光砖在进行喷墨工艺后，渗花墨水渗透下陷进入砖体，烧成之后再进行抛光工艺。

传统抛光砖拥有瓷砖品类当中最为耐磨的物理性能，但在产品外观上，采取渗花、丝网工艺生产的传统抛光砖，只能印单线条，纹理的颜色与图案单一；与传统抛光砖相比，喷墨抛光砖图案更加丰富，色彩更加鲜艳，装饰性能得到极大的提升，在产品的纹理色彩和产品的整体空间效果上都可以与全抛釉产品相媲美。

从技术层面看，目前国内外企业都想用淋釉结合喷墨的工艺来解决抛光砖的花纹问题，但这种技术更接近于抛釉砖的效果，而如果用传统的布料技术作为背底，再结合渗花喷墨技术，抛光砖的花纹会更丰富，层次感也会更好。

在2013年年初，东鹏博士后工作站就开始着手攻关喷墨技术在玻化砖上的应用这一课题。历经一年试验，在2014首届中国国际陶瓷产品展上，东鹏"4G"智能喷墨技术终于面世，宣告喷墨技术在玻化砖上的应用取得突破性成功。

2013年4月份，法尼那陶瓷抢先推出"天山玉石"系列喷墨抛光砖。借此，法尼那陶瓷可能是最早宣布做出喷墨抛光砖的企业。但在媒体已知的报道中还未看到法尼那陶瓷喷墨抛光砖的技术路线图。

2011年年初，诺贝尔集团"通体质感数码喷墨渗透瓷质砖及其制造技术"项目立项，历时四年磨砺，在多个领域取得了技术突破。通过"一次通体布料"、"瓷质面层涂布"、"数码喷墨渗花"、"超低磨削量抛光"等关键技术开发、集成创新，生产出了"通体质感数码喷墨渗花瓷质砖"，在国内外开创了瓷质砖生产新工艺。

在2014年广州陶瓷工业展上，道氏、迈瑞思、明朝科技等数家企业分别展出了渗花墨水及相关瓷砖产品。主要用于抛光砖上，渗入深度达2～4毫米。在工艺上，主要是采用可溶性液体染色物作为发色体，通过喷墨打印技术，将图案打印到坯体表面，液体染色物渗入到坯体（或釉体）内部，经过高温煅烧后，从而呈现出具有色彩的装饰图案，可适用于表面强度高、耐磨性能好的抛光砖装饰。

喷墨渗花技术的成熟，最终要看机械装备及色釉料企业创新领域的进展程度。2014年，科美达陶瓷机械推出二代微粉喷墨布料系统。而精陶机电也研发出专门针对渗花砖产品的专属喷墨打印机。

而创业板上市公司道氏技术更计划投资1亿元到"功能性有机新材料"项目，作为公司下一步重要战略发展项目，主要包括渗花墨水用有机盐、渗花墨水用有机助剂和环保型功能树脂的研发、生产和销售。

除了喷墨渗花技术，目前在行业内受到关注的抛光砖革新技术还包括"二次布料＋喷墨"工艺。

二次布料结合喷墨的原理是，具有设计作用的干粒在布料中得以应用，而砖面的细节则将通过喷墨机实现。目前，意大利的主要瓷砖生产商，基本上都应用了新型二次布料结合喷墨技术进行生产。与传统技术相比，新型二次布料不仅保留了产品硬度高、耐磨性强等优点，还拓宽了纹理的变化，加以喷墨工艺设计灵活等优势。

国内目前传统的布料系统，由于采用反打工艺，纹理必须通过抛光后才能变得细腻，一般情况下瓷砖企业都会对其进行抛光处理。该类型的产品只能针对亚洲、东欧、阿拉伯等地区进行销售。而亚光产品才是欧美市场的大爱，新型的二次布料系统，采用正打工艺，不抛光也能呈现细腻纹理，因此可以拓宽传统抛光砖企业的海外市场。

新型的二次布料工艺，由于可以作不抛光的处理，后面延伸增加喷墨的工艺，不仅增加了工艺的难度，提高了仿制的难度，还让产品个性化设计更为突出，附加值自然得到提升。更重要的是，工艺更加复杂，难以复制，可以避免产品的同质化，大大延长产品的生命周期。

二次布料结合喷墨技术不仅可以生产传统的仿石类产品，还可以仿水泥、仿砂岩、仿木纹等，大大拓展了纹理空间，并且产品自然逼真。

不过，到目前为止，国内企业中热切地了解新型二次布料系统运作原理的不少，但只有少数的公司真正在推动。目前，只看到蒙娜丽莎从 LB 引进了两台新型二次布料设备 DIVARIO 和一台 EASY COLOR 系统。

第二节　瓷片

瓷片，即釉面砖，其市场份额过去七八年一直被所谓"抛光砖上墙"所挤压。最近几年又被全抛釉、微晶石等"地爬墙"继续挤压。据《2014 年全国瓷砖产能报告》公布的数据显示，目前，瓷片在国内陶瓷市场中所占比例约为 20% ～ 25%。

另一方面，现代工艺与材料的运用又在不断拓展瓷片的应用空间。瓷片在表现形式上更加多样化、个性化。新技术、新工艺还使得瓷片创新节奏更加迅疾，过去按年份更替，现在因季节不同。比如，2014 年短短几个月，陶艺家就先后推出抛晶瓷片、糖果釉瓷片等多款自然、时尚兼备的系列产品。

在产品规格上，由于喷墨印花技术迅速取代滚筒印花技术，瓷片规格向 400 毫米 ×800 毫米、600 毫米 ×900 毫米、甚至最大尺寸 1 米等大规格方向发展，400 毫米 ×800 毫米等大规格瓷片上墙已经得到广泛运用。

喷墨技术在陶瓷行业的广泛应用，使得高清环保的喷墨瓷片凭借其无可比拟的优势成为家装、工装的"主角"之一。喷墨瓷片不仅拥有抛光砖的亮光镜面效果和仿古砖的花色纹理，这从工艺上解决了全抛釉砖平整度不稳定的技术难题；而且，瓷片产品毕竟是属于陶质砖，吸水率稳定，上墙铺贴更为简单。而抛光砖、全抛釉、微晶石要作为墙砖使用，铺贴难度更大。

由于墙砖与地砖的吸水率有区别，地砖上墙容易造成空鼓和脱落的现象。为了安全起见，一些城市出台了相关规定，要求内墙墙面 2 米以上的空间铺贴地砖需要使用干挂技术。本来地砖上墙需要进行切割及使用瓷砖胶粘剂，铺贴成本已经比瓷片的要高，因此，这些规定出台后地砖上墙的施工成本再度上升。这等于抑制了"地爬墙"。

因此，喷墨瓷片从视觉效果上与微晶石、全抛釉并无太大差异，但从施工角度而言，喷墨瓷片更优。2014 年，金艾陶、和美都推出多款喷墨瓷片，包括 300 毫米 ×600 毫米、400 毫米 ×800 毫米两种规格。

尤其是金艾陶依托关联公司艾陶制釉在喷墨瓷片工艺上进行了大胆创新。2009 年，艾陶制釉在业界首推瓷片全抛釉，开启内墙釉面砖新局面。2014 年金艾陶喷墨瓷片生产走向成熟。

由于瓷片对白度要求较高的特性，大部分瓷片厂家在生产时都使用锆白熔块做面釉以增加瓷片的白度，但锆白釉面对部分颜色的墨水会产生吃色现象，令部分颜色在瓷片产品上的发色效果变浅或完全消失，不仅增加墨水用量，提高生产成本，也直接影响了喷墨瓷片花色的开发。

对此，金艾陶在原瓷片透明熔块的基础上，重新设计调整配方成分，研发出适用于喷墨瓷片的助色熔块。该产品可与锆白熔块混合使用，在瓷片白度不受大的影响的前提下，能令墨水发色纯正深沉，尤其紫色、粉色等颜色，在使用助色熔块后更鲜艳饱满。

2014年瓷片领域的一大收获是，在佛山春季陶博会上，金艾陶推出的微晶瓷片。微晶瓷片以名贵大理石和玉石为母本，将微晶熔块与瓷片底坯结合。其技术的难点在于使微晶熔块的膨胀系数与瓷片底坯的膨胀系数相匹配。为了证明微晶瓷片的性能稳定，除了原本要做的热度性能测试外，还要在零下30～40度的温度下进行抗冻测试，测试结果表明，微晶瓷片能有效弥补低温下普通瓷片容易出现脱釉、裂釉的隐患。

目前，金艾陶推出了300毫米×600毫米和400毫米×800毫米两种规格的系列瓷片，微晶瓷片将会是替代微晶石和全抛釉上墙的新生产品，牢牢吸引住中高端消费群体。

事实上，比金艾陶2013年研发微晶瓷片更早些时候，2012年下半年，淄博格伦凯陶瓷为完善产品结构，提前抢占市场先机，率先在山东地区推出微晶镜面瓷片。到2014年，该产品已经经过市场两年的检验，显示产品品质以及技术工艺均已成熟。

2014年，借助喷墨印花技术，各类仿玉石、仿石纹、仿皮纹、仿木纹等瓷片产品层出不穷，令消费者眼花缭乱。

但从瓷片市场各大品牌的产品发展脉络可以看出，大部分款式产品的发展还是有迹可循。其表现方式正逐步从"花俏"走向"素雅"，整体表现元素更加简约，在简约中显露高雅、贵气。

未来，瓷片产品的流行方向是"简约"、"素雅"，表现在以下两个方面：一是仿花草的产品偏多，但花片图案不崇尚鲜艳，而是自然朴素；二是仿石材，包括仿玉石的产品多，且性能与质感优越于石材、玉石，视觉效果也逼真。

从生产指标上看，各大品牌的产品质量定位越来越高，譬如瓷片的吸水率，普遍在下降。主要表现出几个特点：吸水率降低，釉面更加均匀，平整度系数减少，避免变形现象。有些品牌陶瓷的吸水率不仅减少，而且吸水速度慢，许多企业生产的瓷片产品，已经做到几乎不透水的程度。

2014年，瓷片抛光技术取得重要突破。6月，一鼎科技首台"瓷片抛光机"研发成功，以其"光泽度100度以上、磨削压力稳定、抛磨效率高、排屑效果好"等优点，引发行业广泛关注。首台设备则于8月交付山东客户使用。

人们常见内墙砖的普通花纹，但是在测光或者紫外线下，图像突然变为另外一种情形，大家可能没有见过。宏宇的隐形中华文化系列瓷砖，就是此例。

文化的植入使得瓷砖不再冰冷，而是有温度、有深度。瓷砖不再是单单的一类装饰材料，而更多的是承载着文化的魅力。这是在行业里产品同质化中的一抹清新。宏宇集团的"隐形中华文化系列瓷砖"便是这样一位文化使者。

中华传统文化根植于中华大地，大多数的民众或消费者对中华文化怀有浓厚的情愫。"隐形中华文化系列瓷砖"传承了几千年的中华文化，利用全球独创的"光雕幻影"的尖端技术，荟萃融入到一片瓷砖的方寸之间，在瓷片上用暗纹印刷了中华传统文化的一些图案与字符，这些图案从正面看不出，但若从侧面借着灯光的反射可看出其中的奥妙。

"隐形中华文化系列瓷砖"在工艺上，采用"光雕幻影"技术，使用比普通印花釉更高的折射率和表面张力的特殊印花釉，能够形成折射率高于其他印花釉的图案，通过采用分段保温烧成，可将特殊印花釉隐形于普通印花釉之中。

工艺上的创新，再与文化相结合，从一定意义上来说，可谓是为陶业开辟了崭新的局面；同时，也是为当前面临危机的行业提供了"创新破局"的积极启示。

而且将"光雕幻影"技术延伸运用，将瓷砖的商标和标志隐藏在普通纹理之下，能实现将瓷砖商标由"屁股"转移到"脸上"，既不会影响陶瓷砖的整体装饰效果，又有利于提高瓷砖产品的品牌识别度，从这个意义上来说，这对于行业众多品牌企业提升产品附加值、深入开展品牌文化建设等，会起到积极的推动作用。

第三节　仿古砖

关于仿古砖的定义，关注的并不是工艺，而是风格。前几年，仿古砖似乎更偏向于是一种承载着怀旧风格的产品。80后、90后的新一代消费者群体的崛起，对于仿古砖的分类更广阔地认为是一种承载着个性化风格的瓷砖。

新一代的消费者逐渐趋向于采用光亮度低的瓷砖，期望装修更加个性化，因此仿古砖的市场空间也逐渐宽阔，促使仿古砖的表现形式越来越多样化。一般而言，亚光砖和部分亮光砖都属于仿古砖的范畴。

随着喷墨打印技术的日益成熟和广泛运用，瓷砖表面的装饰效果变化几乎无所不能。这使得仿古砖能发挥既有优势，在色彩、花色、图案等方面所呈现的效果多种多样。

2014年，福建力豪集团在佛山春季陶博会上发布了多种规格的仿古砖及丰富的腰线、花片等配套产品，全方位展现了福建仿古砖企业在设计、研发及生产上的新水平。

同样，总部在佛山的孔雀瓷砖展示的是小规格的手工砖，在产品配套方面也非常丰富，而产品展示则大量地运用木材与瓷砖搭配，使整体空间充满自然和艺术气息，且兼具生活性和实用性。

除重视装饰效果和文化审美外，近年来仿古砖的实用功能越来越被强调。唯格瓷砖首推的2厘米瓷板，主要用于户外及公共空间。一些福建和山东企业则采用特殊的模具压制以及高清喷墨打印技术生产仿鹅卵石瓷砖，具有很强的凹凸感，有很好的防滑性能。

工艺创新也是破解仿古砖同质化难题的法宝之一。蓝珀把高低温的釉料进行结合，一片砖里面亮光与亚光效果的交错，就像波光粼粼的湖水，实现砖面质感的变化。同时，也推出了窑变釉仿古砖，通过特殊釉料在窑炉进行高温烧制，随着温度变化、气氛变化、砖表面的凹凸变化，显现出各种变幻的效果。

一、水泥砖

2014年，国内消费者对水泥砖的喜好增加，水泥砖市场需求越来越大，越来越多的仿古砖企业参与水泥砖生产或销售。

水泥砖已经在国内外市场出现将近十年，但是当时由于设备、技术方面的局限性，质面与纹理表现差强人意，仅被企业视为补充产品，不被重视。

但在国外，水泥砖由于其色泽朴实典雅，气质干净自然，非常符合国外消费者对简单生活、追求自然的理念的倡导，因此，近两年一直长盛不衰。

2009年10月的意大利博洛尼亚展中，推崇"简单优于复杂"的现代主义设计师凭借当时先进的喷墨打印技术，将水泥这一元素带回瓷砖设计潮流中。2010年的博洛尼亚展上，水泥元素的瓷砖产品首次亮相。

2011年，全球最大的陶瓷公司之一的Refin（莱芬）、ABK等公司相继推出水泥元素砖。水泥砖既自然又独具现代工业味道，因此在流行现代主义装修风格的欧洲悄然走热，意大利陶瓷界掀起了一阵水泥砖潮。

而在国内，2012年，费罗娜成为国内首家专业生产水泥砖的水泥砖品牌。费罗娜与意大利的设计公司合作开发水泥砖，至今已经突破多个国内研发生产瓶颈，推动了水泥砖的发展。

2014年，两届佛山陶博会期间，水泥砖都是热点之一，展会上展示水泥砖的陶企超过30家，其中包括费罗娜、卡布奇诺、统一等主打水泥砖的品牌。

当下，国内精英阶层及80、90后都崇尚回归自然，追求简朴、自然的生活，而水泥砖具备了水泥地面的灰色调和经历了长时间使用后的自然龟裂纹理，所以，非常符合这两类人群的要求。

目前，水泥仿古砖主要应用于工装市场，大多为出口销售。国内市场总体的接受程度还不高，主要在一线大城市中慢慢流行开来。

作为新兴的瓷砖装饰材料，水泥砖已经从工厂墙面应用成功转型到住宅、商业室内空间的应用。但是，仅是复制"原始"混凝土或水泥的效果始终无法让其成功进入住宅、商业室内空间等。因此，水泥砖设计必须比原来更优雅，如融入木纹、金属釉、仿大理石纹理等元素。

2013年，ICC瓷砖大胆尝试水泥砖风格类的产品CITY系列。2014年ICC瓷砖再从质面呈现、纹理设计以及规格丰富等方面升级CITY系列，以清水混凝土为灵感，融入人文思考，加入时尚元素，并进行混搭处理，引领一时潮流。再比如，多纳多陶瓷"木化石"产品结合了木纹和水泥的装饰效果。而统一陶瓷的防滑水泥瓷砖在耐磨度和防滑性上具有卓越的性能。

目前，国内生产水泥砖的陶瓷企业也越来越多，有些产品甚至可以与意大利的产品相媲美，在众多水泥砖品牌当中，费罗娜水泥砖尤为被大家推崇，该公司"蕴系列"产品选用喷墨技术作为主要生产工艺，在喷墨工艺完成之后，为了增加产品的逼真效果，特意根据蕴系列设计的纹理制作了一个网板，利用干粒熔块，在砖的表面形成凹凸不平像水泥被铲子刮过以后的层叠效果，当用手去触摸砖的表面时，手指间就能有细微的触感。"蕴系列"自2015年4月正式推出市场，后来获得第三届中意陶瓷设计大赛金奖。此外，费罗娜水泥砖一直以来注重创新和设计，该公司特别从意大利高薪聘请了两位顶级设计师，单独为产品设计，而且，还签约了我国台湾设计师邵唯晏，这些都为该公司的发展壮大奠定了基础。

伴随着人类生活水准的不断提高，人们对新的瓷砖产品品类的需求也在不断提高，水泥砖正是迎合了人类发展的需求，目前正在加速打开中国市场，成为仿古砖新品类，给予仿古砖新的生命力！

二、板岩瓷砖

板岩是自然界中天然存在的石材产品，是具有板状结构，基本没有重结晶的岩石，是一种变质岩，其独特的表面为家居装饰提供了丰富多样的设计和色彩。

但天然板岩存在一些致命的缺陷，如数量稀缺、价格昂贵，而且不可避免地具有渗水、褪色、不耐磨、不耐污、有辐射、不适宜室内使用等缺陷。

因此，同样作为仿石材产品，陶瓷行业内的仿板岩瓷砖，其推广程度要远远低于仿大理石瓷砖。

欧雅陶瓷是2014年重点推仿板岩瓷砖的品牌之一。欧雅企业最早是希望终端经销商能够利用板岩瓷砖来丰富渠道。较为大众化的产品在开拓设计师渠道上是相对较为困难的，随着板岩瓷砖作为一个独立品类的推出，凭该产品在全行业中的独特性，将使经销商在设计师群体中具有其他品类不具备的优势。

2011年，欧雅企业高层在欧洲考察期间，发现当地很多地标性建筑物内使用最多的天然石材是砂岩与板岩。随后，欧雅企业开始与Esmalglass·Itaca、Cretprint、Vetriceramici三家国际陶瓷设备巨头合力研发仿板岩瓷砖产品，并将该产品以独立品类的形式在市场上进行推广。

板岩砖属于仿古砖产品，在防滑性能上要优于抛光砖，依靠表面的两层釉层，产品的防腐蚀、防污性能都较为突出，时尚精致的花色设计，具有独特的艺术美感及个性化空间装饰效果，可广泛应用于家居空间、公共空间的内外墙装修，如客厅、书房、阳台、地下室、背景墙、高档酒店、夜总会、机场候机楼、火车站、地铁站、汽车站的地面、墙面等。可以说板岩砖是目前瓷砖品类中运用场所最为广泛的产品之一。

欧雅企业的板岩都是仿意大利板岩，产品花色逼真，与仿国内的板岩瓷砖产品有着明显的区别。推广初期，主要是450毫米×900毫米的大规格，产品的花色丰富，立体效果也更强，花色数量更是达到了20余款。

目前，国内陶瓷行业涉足板岩的陶瓷企业有很多，但绝大多数企业都只是将该产品当成旗下仿古砖产品系列的补充，极少有企业将其作为单独的品类来研发、生产与推广。

而欧雅板岩瓷砖的推广也很独特。在保持产品品质的基础上，坚持独立包装，同时为终端提供完善的空间运用与搭配方案，这样既明确了产品的定位，也提高了产品的档次。在终端的展示上，欧雅企业绝不允许经销商以简单摆样板的形式展示板岩瓷砖，而必须以实景展示的方式对外发布。

仿板岩瓷砖作为仿古砖的品类之一，其除了具备了传统仿古砖讲究空间整体搭配的优势之外，还具备了运用场所多元化的特点，因此未来不管是在设计师渠道、零售渠道还是工程渠道，都将成为经销商的利润增长点，也将弥补传统仿古砖渠道建设的局限性，开创仿古砖多渠道营运的新格局。

三、小规格仿古砖

2014 年建陶行业整体低迷，仿古砖的总体销量依然保持上涨，而表现较为抢眼的还是小规格仿古砖，其销量应超过 30% 的涨幅。小规格仿古砖无疑成了"冬季里的一把火"。

仿古砖从最早单一釉面砖开始，到如今田园、美式、法式、新文化等艺术化风格的品牌不断涌现，仿古砖在市场上呈现了裂变式扩大，国内也涌现了芒果、长谷、伊派、孔雀、蓝珀、玛拉兹等专注于小规格仿古砖的企业和品牌。

小规格仿古砖一般是 600 毫米 ×600 毫米规格以下，也有的定义为 500 毫米 ×500 毫米以下。"小规格"不应该单纯理解成"小尺寸"。小规格仿古砖是一种以多规格搭配使用为主的产品，在尺寸上没有特定的限制和标准。

所以，用规格限定仿古砖产品的类别可能是一种误区。称小规格仿古砖为田园仿古砖或许更为合适。也正是在这一理念影响下，做小规格仿古砖的芒果将品牌定义为"田园生活倡导者"。

虽然对于"小规格"的讨论存在争议，但可以肯定的是，小规格仿古砖的"多规格"已经成为了优势，并且将产品的内涵不断延伸。

小规格仿古砖的优势不光在于其规格多样，还在于它色彩纹理的丰富，能够实现许多个性化的装饰效果。

另外，小规格仿古砖拥有诸多如阴角、阳角、收边、收口、圆弧、踢脚线、框花、中心花等配件，这也使得它的装饰效果进一步增强。

如今 80、90 后正逐渐成为建筑装饰材料消费的主流群体，小规格仿古砖在这类人群中逐渐兴起，正是因为它满足了年轻一代对个性化装饰的需求。

小规格仿古砖的生产工艺与常规仿古砖基本相同，设备相近，但生产难点在于对各方面的把控要很严格、很精致，这就导致小规格仿古砖的产能不一定很大。

另外，小规格仿古砖在频繁转换产能的过程中，企业也要承担很高的成本压力。一旦转产，小规格仿古砖生产线需要空出时间来转换原材料和网版等，转换时间可能需要四五个小时，但这段时间内，窑炉在空转。而一些平时走量的产品是不需要浪费这些时间和成本的。

小规格仿古砖的发展方向是以消费者的需求为导向，因此，随着消费者需求的日益个性化，定制化就会成为一种趋势，但这种定制的常态化还需要工厂柔性生产方式的支持。

目前，从事小规格仿古砖的企业，自己普遍都看好这一品类。未来 3 ~ 5 年，随着空间应用搭配潜力的释放，这一品类的增长速度将会被进一步激发。

四、异形仿古砖

为突破产品同质化所产生的各种问题，2014 年更多的仿古砖厂家开始从瓷砖的规格入手，打造差异化和个性化的产品，导致六边形、八边形、十二边形、菱形、波浪形等各种形状的瓷砖大量出现。

也许是受意大利博洛尼亚展多边形瓷砖流行的影响，2014 年佛山秋季陶博会期间，不少厂家推出了以六边形瓷砖为主的异形砖。

异形砖无疑是对当前瓷砖主流趋势的有益补充，也是对个性化审美需求的美好尝试，但受制于生产过程中加工成本过高、现有生产线标准难以满足，以及市场推广等因素，六边形瓷砖等异形砖的前景还有待观察，短期内则不可能成为主流趋势性产品。

此外，异形砖可能还面临有产品运输与装修过程中的铺贴等新问题。规格上进行的创新，牵扯的一系列问题肯定很多。正因为如此，在目前国内的建材市场上，一般还不容易找到异形瓷砖。

五、大规格仿古砖

瓷砖规格始终是个相对的概念，缺乏明确的界定，业内一直众说纷纭。在国内，800毫米×800毫米的地砖就一度被称为大规格，但现在已被视作常规尺寸，而如600毫米×1200毫米、900毫米×1200毫米、1000毫米×1000毫米，甚至1200毫米×1200毫米的规格，一般都会被企业将大规格作为营销卖点用在活动推广宣传里。

大规格砖的流行趋势在2014年依旧没有减缓的迹象。在家装方面，小尺寸、小规格砖逐渐开始发力，而在高端应用的场所，如高级酒店、豪华会所、高档写字楼、别墅、大户型房屋等，大规格瓷砖依旧占据着统治地位，尤其是地砖，由于其铺贴损耗小，完成效果简约大气又不失典雅，因此颇受设计师及客户的宠爱。

与小规格仿古砖不同，大规格瓷砖在市场上并没有出现跟风现象，这可能跟厂家生产线改造成本巨大有关。

ICC瓷砖一直将大规格作为实现产品差异化的重要路径。比如，2014年的千岩万宇系列，1200毫米×600毫米的超大规格，细腻纹理清晰可见，带来自然的真实体验。整体空间上，也更加连贯大气，适用于工程、别墅以及户外空间。

而其中的阿玛尔菲、石代交响、四季等系列，1200毫米×200毫米、900毫米×200毫米、500毫米×500毫米、330毫米×330毫米、165毫米×165毫米、800毫米×400毫米、800毫米×200毫米等丰富的尺寸，可灵活组合应用，为空间带来无限变化。

至于瓷源代码爵士系列，更具有行业未见的独特的750毫米×250毫米，修长规格，给空间带来清丽秀雅的视觉效果。

六、配件

与常规的仿古砖相比，小规格仿古砖在工艺上更加注重细节，而细节，则离不开小规格仿古砖的一大特色——配件。

小规格仿古砖构筑的空间里配件比主材多，配件是小规格仿古砖征战市场的利器。配件主要包括阴角、阳角、收边、收口、圆弧、踢脚线、框花、中心花等。

配件的价值在于塑造人性化的完美空间。配件产品结构的合理和丰富性，是仿古砖企业竞争力的体现。

几个小规格仿古砖代表性企业中，蓝珀共有200个主砖，配件则超过500款；玛拉兹产品分为自然、印象、古典、简约4个流派，共有18个系列，产品配件有300多款；陶师傅的小规格仿古砖主材有225款，配件则有880款；孔雀瓷砖常规产品有772个单品，配件则超过1000款。芒果更是有近2000款配件，并且单独设立了一个4000多平方米的仓库。

配件主角化的趋势，也是2014年仿古砖领域一个重要的现象。

曾是衬托空间"黄金配角"的配件，在ICC瓷砖2014年的系列新品中，地位已然跃升"主角"位置。在空间中，大面积铺贴，也可匹配主砖的大气，彰显和谐之美。

其中，最值得品鉴的为ICC瓷砖传世经典的阿玛尔菲的系列配件，首先在数量上——74套个性定制，已非同寻常。在包装上，也极为讲究，如有6款不同纹理设计的混合包装，也有16款随机混合包装。

配件在整体空间里起到了画龙点睛的作用。能否将配件的创新做到极致，似乎更能够考验一个企业的专注程度。目前，小规格仿古砖配件的创新水平整体上大大超越了其他品类瓷砖。未来若要配件发挥更大作用，还需要更加专业化创新，实现主砖和配件的更加紧密、完美结合。

第四节　全抛釉

2014 年，超平釉作为全抛釉的全面升级产品越来越受到关注。超平釉，又称纯平釉、超晶石、高晶石等。从生产工艺的角度来判定，超平釉就是全抛釉的升级版。

超平釉的出现具有重要的意义。超平釉在生产上增加了透明釉的厚度，这样有利于产品表面的深度精抛，同时增强了釉层通透感，有效解决了水波纹带来的视觉缺陷。纯平釉耐磨度高于传统全抛釉，几能媲美抛光砖；硬度高于微晶石与传统全抛釉，只比抛光砖略低。

专家认为，超平釉与全抛釉的关键区别在于淋釉量。超平釉在最后一道施釉（淋透明釉）工序上比一般全抛釉要加厚，一般规格为 800 毫米 ×800 毫米的全抛釉产品最表层淋釉量为 330 ~ 380 克，而超平釉最表层淋釉量则加厚为 1050 ~ 1250 克；其淋釉量约为全抛釉的 3.3 倍。

另外，拉好釉后调釉，全抛釉釉料密度为 1.82 ~ 1.85 克/立方厘米，超平釉釉料密度为 1.85 ~ 1.88 克/立方厘米，两者淋釉时的流速也不一样，全抛釉为 35 ~ 45 秒，超平釉为 45 秒。

超平釉与全抛釉烧成温度一致，为 1150 ~ 1280 摄氏度，烧制时间全抛釉为 60 ~ 65 分钟，超平釉比全抛釉的烧成周期约长 3 ~ 5 分钟，为 65 ~ 68 分钟，出窑时光泽度也相同，约为 98—105 度。

淋釉后未抛厚度：全抛釉 0.2 ~ 0.25 毫米，超平釉 0.4 ~ 0.5 毫米；抛后厚度：全抛釉 0.1 ~ 0.15 毫米，超平釉 0.3 ~ 0.435 毫米；虽然超平釉、全抛釉都要经过"刮平—粗抛—精抛"这三道工序，但是它们抛光时选用的抛光磨具是不一样的，全抛釉抛光采用软抛磨具（弹性磨具）进行，超平釉则采用硬抛磨具为主，软抛磨具为辅进行，简称"硬抛"，硬度增高使研磨的困难增大、抛光时间增长，但抛光后的釉面更平滑，抛光过度的可能性也相应减少。

超平釉与全抛釉相比，重要的一点是水波纹少了。但水波纹的形成与否，与硬模块的排列数量有绝对性的关系，抛光磨具不同，决定了超平釉产品相对完全无水波纹，全抛釉产品则很难避免水波纹。另外，抛后的光泽度全抛釉大于等于 70 度，而超平釉（未打超洁亮）则大约在 95 ~ 102 度。抛后的超平釉折射有微晶颗粒，具有强烈的立体感和光泽感，视觉效果兼备薄微晶产品的优点。

此外，超平釉的莫氏硬度为 5 ~ 5.5，与普通全抛釉相比硬度得到显著提高，克服了全抛釉较易磨损的缺点。并且超平釉要经过三次急热急冷而不龟裂，其抗热震、抗龟裂的性能则大大优于普通全抛釉。

专家还认为，2014 年市场上普遍流行的 600 毫米 ×600 毫米、800 毫米 ×800 毫米的超平釉实际上多为淋釉 550 ~ 900 克的产品，产品本质介于全抛釉和超平釉之间，未达到超平釉的产品标准。只有超平釉的淋釉量达到了全抛釉的 3.3 倍以上，才能经得起硬抛磨具的打磨，而只有历经了硬抛磨具的打磨，才能得到相对完全平整的表面，消除水波纹。

微晶石光泽度高，能与镜面一样，铺贴使用档次高，装饰效果奢华，缺点是容易发白，硬度、耐磨度达不到，且加工工艺和用于地面时铺贴防护要求也相当高。而全抛釉产品的水波纹是致命缺陷。今后，超平釉、全抛釉等产品的研发发展方向是硬度向抛光砖的方向靠拢。

超平釉作为全抛釉的升级版，其性能及装饰效果全面超越全抛釉，但是，这并不意味着传统意义上的全抛釉会被市场淘汰。

超平釉虽然是全抛釉的升级版，但它对传统全抛釉来说，并不是一款边际明显的迭代产品，而且当前纯平釉的市场占有比例还相对较少，微晶石与传统全抛釉仍是"亮光"产品的主流。究其原因，一些企业主要基于超平釉的生产成本和技术难度的考虑，导致有的企业保持审慎的理性态度，也有的企业则不遗余力地上线、推广。

2012、2013 年，各地全抛釉生产线大规模上马，加上喷墨技术的普及，令产品严重同质化，导致市场竞争进入白热化。但另一方面，由于产品花色、工艺、技术等进入成熟阶段，加上物美价廉，全抛釉产品受到终端消费者欢迎，这大大挤压了抛光砖的生存空间。

从装饰效果来看，全抛釉色泽丰富、纹理清晰、形象逼真，工艺也优于抛光砖，因此在终端容易推广，因此，被认为是终端促销的"神器"。相比微晶石，全抛釉应用的场所多，加工更方便，更容易打理，且价格亲民。因此，全抛釉产品在家装零售的销售市场中占据了绝对的主导地位，成为陶企的标配产品。

目前，由于全抛釉丰富的装饰特点，其应用范围也越来越广，除了常规的家装渠道、零售渠道外，会所、高档写字楼等工程项目也开始选用全抛釉产品。在广东瓷砖的家装零售市场上，70%以上的终端消费者选择全抛釉。

但是，对于全抛釉来说，一方面是高居榜首的市场占有率，另一方面也要面对价格不断下滑的挑战。而迎接挑战的办法：

一是全抛釉产品细分。过去一个品类的瓷砖产品可以"通杀"多层次、大范围的消费者。但是，现在随着消费群体的细分，简单、粗放的产品研发难以打动消费者，因此，差异化的产品首先是个方向。

具体来说，可以根据消费者消费层次及能力简单划分为两大类，其一是首次购房，二是改善性购房。前者绝大部分是年轻消费者，经济能力有限，其更关注的是产品的性价比、物理属性等，而后者更讲究的是自我价值的认同、有一定消费能力的消费者。

未来，全抛釉品牌企业需要根据品牌定位的细分消费人群，研发出更多个性化、差异化、细分、会说故事的全抛釉产品。

前些年，全抛釉的产品色彩对比浓烈，或以灰黑色调为主，仿石材类的纹理夸张且引人注目，较为适用于工装空间或者出口。

而现在，全抛釉被国内消费者全面接受，继而出现了以米黄、米白为主色调的产品。仿玉全抛釉也是在此背景下出现的。以大唐合盛经典全抛釉——金龙石为例，其以意大利原石为设计蓝本，幻化出米色、深蓝色、棕咖色三种主色调金龙石系列全抛釉产品。

大唐合盛金龙石系列全抛釉产品，其之所以命名为"金龙石"是考虑到中国人的文化信仰，其极具流动性的纹理宛如水一般在流动，迎合了景观学上的"以水为财"。因此，深受二次购房，有一定消费能力者的青睐。

二是产品设计及搭配应用的深度开发。全抛釉产品不断细分为空间搭配应用的成熟打下了基础。产品固然要细分、极致，但是，其合情合理的空间应用可以使产品锦上添花。

过去讲产品的研发设计必须是取法自然，但为满足消费者不断变化的口味，全抛釉瓷砖在模仿自然的基础上，还要幻化出各种迎合市场的产品。

比如，仿玉石一直以来都是全抛釉产品研发的方向，但是仿玉石纹理，并不意味着纹丝不动地照搬玉石的所有纹理，而是融入设计师艺术性的观点，让其更符合空间装饰需求，更个性化。

比如，赛德斯邦第五代木化玉瓷砖灵感来自于缅甸国宝"木化玉"，从致力仿真的误区到对原纹理的加工再设计，赛德斯邦在木化玉瓷砖研发上投入巨大的精力，才实现了木、玉、石的完美结合。

目前，根据全抛釉的颜色、纹理、图案等方面的特色，品牌企业将其大致应用于三大空间中，包括极致奢华空间、低调奢华空间与现代个性空间。

简单而言，颜色、纹理对比夸张强烈的全抛釉产品适用于极致奢华的空间，但是其主要是作为局部的点缀。而颜色淡雅、纹理细腻柔和的全抛釉适用于低调奢华的空间里，而线条感强的则适用于个性现代的空间里。

既然传统全抛釉产品的性能和装饰效果也还有很大的提升空间，所以一些企业就认为，只要把产品的质量关管控好，企业没有必要投入过多成本去生产超平釉。因为与全抛釉相比，每平方米的超平釉在生产上须多投入6～8元，这个成本不是所有企业都能承担得起的，而这也正是超平釉生产线目前还没有泛滥的主要原因之一。

玉石瓷砖品类的兴起，基于市场需求以及文化的传承。玉石自身所拥有的装饰效果无与伦比，但因其珍稀性而变得十分昂贵，难以大面积地应用在家庭的装修中。把玉石与瓷砖相结合，开拓了既有的庞大消费群体基础，又传承了玉石文化的高端瓷砖品类。

卡布里玉石瓷砖品牌将玉石瓷砖作为一个细分品类推出市面，其玉石瓷砖以"润、透、真、平、硬、新"六大工艺特点，凸显玉石瓷砖的特点。在工艺上使用独家研发的新型釉料——晶润釉，让产品表面更有玉的润泽；采用360度纳米釉彩技术显现玉石瓷砖表面光泽度达100度，媲美微晶石；独家专利技术——多重发色技术，实现产品纹理颜色层次变幻的美感；超硬玉石分子技术大大提升产品釉面的耐磨度，实现长时间的纹理颜色的保鲜；在配套上，还实现专款专配、单款千变的效果，满足设计师不同空间风格的设计灵感。

玉石瓷砖品类作为市场的空白点，将是在微晶石、木纹砖、大理石瓷砖白热化竞争下的市场机会，将是行业新品类的重要突破口。而且玉石瓷砖在纹理、色彩、质感、手感以及视觉效果等方面有着天然玉石的逼真效果，装饰效果甚至优于天然玉石。同时，玉石瓷砖有着瓷砖吸水率低、耐磨、耐腐蚀、抗折、平整、无色差、防滑等优越性能。因此，玉石瓷砖也是越来越受到广大消费者的喜爱，成为瓷砖领域的主流产品之一。

第五节　大理石瓷砖

由简一陶瓷2009年开启的大理石瓷砖新品类，到2013年呈现井喷态势，2014年瓷砖市场萧条，大理石瓷砖成为行业救市的希望。佛山秋季陶博会期间，推"大理石瓷砖"的品牌超过20家，包括特高特、兰洛斯、威登堡、新时代、升华、御家、英超、君领、圣凡尔赛等。

大理石瓷砖，简言之就是指具有大理石表面特征的陶瓷墙地砖，且产品的主要性能优于或接近天然大理石产品性能。与天然大理石相比，大理石瓷砖具有以下明显优势：

天然大理石有裂纹、易碎，加工过程要求非常高，稍不留神就会造成碎裂，装修施工时损耗大；大理石瓷砖经过物理压制和化学烧制而成，质地坚硬，同时可以根据消费者实际装修要求加工切割。

天然大理石莫氏硬度仅3级，长时间用于地面时，表面容易磨花磨损；大理石瓷砖莫氏硬度4～5级，表面加上釉料保护，产品超级耐磨。

天然大理石易折易碎，特别是大长板，即使背胶固网，开槽加钢条，其运输搬运、安装铺贴还是极易折断；大理石瓷砖经过物理压制和化学烧制而成，质地坚硬致密，不容易碎。

天然大理石主要是由碳酸钙天然沉积而成，表面缝隙较多，易渗透，居家各种赃物极易下渗到大理石里面，表面很难清洁，专业护理价格昂贵；大理石瓷砖表面为高温烧制而成的釉层，污渍完全不能渗透，并且经过抛光处理，表面光滑，清理方便。

天然大理石是粗犷式的开采和简单加工，半成品都算不上。同时由于品相和矿山资源的不可再生性，供货不稳定，补货基本不可能，家装特别是大型工程项目的供货和工期难以把控；大理石瓷砖是标准化工业生产的成品，尺寸规格可以根据要求制作，产品即买即用，供货稳定，数量再大也能按期交货，工期有保障。

如果对天然大理石和大理石瓷砖作各种成本的分析，后者的备货成本、运输成本、施工成本、维护成本综合算下来，只是天然石材的零头。

2014年，简一作为大理石瓷砖品类首创者和领导者的地位得到进一步的确认。早在2008年，简一就开始着手大理石瓷砖的研发工作，10月份左右诞生产品初样。2009年年初，佛山市简一陶瓷有限公司推出第一代大理石瓷砖，在行业内外引起了广泛的关注。

2012年年初，简一大理石瓷砖第四代产品上市之时，正式在终端推广"大理石瓷砖"的概念。发展初期所用名"简一大理石"也正式更名为"简一大理石瓷砖"。

从2008年确定做专业大理石瓷砖品牌之后，简一就着手对产品结构进行调整，特别是2008、2009年，大刀阔斧地砍掉不符合品牌发展核心战略的品类，如羊皮砖、五度空间石等。从2009年到2011年，大理石瓷砖在简一所有产品中所占的比例从50%上涨到90%。

2014年大理石瓷砖持续火热的主要原因：一是过去大理石瓷砖的生产技术和市场都很不成熟，大多数陶企都处于观望状态，仅少数陶企在推广，但简一逆袭成功，让大理石瓷砖的市场前景被普遍看好；二是大理石瓷砖在工艺上虽与全抛釉雷同，但对比全抛釉，耐磨度提升明显，纹路更加逼真和贴近天然石材；三是大理石瓷砖抢占的是天然大理石的市场份额，这样也就避开了在全抛釉瓷砖价格战中大家短兵相接。

由于喷墨印花技术的普及与广泛应用，大理石瓷砖不仅在表面纹理上基本可以做到应有尽有，而且从开始主要集中在全抛釉产品，发展到全面拓宽产品领域，有微晶石类的、薄板型的，等等。未来，随着技术的进步，大理石瓷砖的范围将进一步拓宽，如：渗花大理石瓷砖、微粉大理石瓷砖等。

大理石瓷砖外墙干挂优势明显。石材幕墙容易加工，但重量是个大问题。天然石材物理性能不稳定，容易脱落，酸碱度明显的地区使天然石材受到侵蚀形成外墙"阴阳脸"。而大理石瓷砖幕墙有以下优势：重量轻，耐候性强，光污染可控等。

2014年，工程渠道是简一大理石瓷砖重点开拓的方向之一。而外墙干挂成为其拓展外墙工程应用的有力武器。简一专门针对大理石瓷砖开发干挂产品。目前比较成熟的一个做法是背栓式干挂，其安装和施工均非常方便。

第六节　木纹砖

近年来，木纹砖都是一个持续的热点。木纹砖是在瓷砖表面模仿木头纹理，以增加其在装饰表现上的应用范围。除了在风格纹理上能够做到近似于木质材料的装饰效果，木纹砖现在作为瓷砖耐磨、防水、防火的优点，也使它抢占了一部分实木装饰材料的市场。

随着喷墨印花技术的普及与日趋成熟，木纹砖产品日趋成熟，不管是产品规格还是纹理、色彩较以往相比都有了较大的突破，尤其是随着人们的消费意识的转变，木纹砖的市场接受度也呈上升状态。据一般估算，目前木纹砖占墙地砖的市场份额已经由原来的2%提升至8%。其占仿古砖的比例也已经上升至20%。

由于木纹砖市场增幅迅速，前景广阔，从2014年开始，有更多的厂家涌入这一领域。2014年年底不少企业相继改造生产线，投入生产木纹地板砖。预计2015年年初，光福建产区条形木纹地板砖新增生产线达10条以上。木纹砖品牌则增加20多个。随着产能的暴涨，一波低价木纹砖产品必将冲击市场。

另外，木纹砖还有区域性强、辐射范围有限的特点。木纹砖在地域不同和城乡市场差异情形下，销售状况也有很大区分，比如2014年木纹砖在福建的市场上表现比较好，而在西北一些城市，由于观念和文化的不同，大众对木纹砖的接受程度就相对较差。木纹砖在乡镇和农村市场上的表现也强过在一二线城市的表现。

正因为如此，低价定位的木纹砖的触角可以延伸到一些全国性木纹砖品牌所不能涉及的市场，它们的介入在某种程度上可以带动木纹砖的销售，提高其市场占有率。低价木纹砖直接冲击的并非是品牌木纹砖市场，而是其他一些低价位的瓷片或抛光砖产品。

2010年前，木地板在卧室、阳台等空间占有绝对优势，木纹砖无法撼动其地位。而现在，木纹砖用得最多的是在卧房里。木纹砖市场接受度的提高，具体也表现为更多经销商从最初的专卖区升级为现在的专卖店。

在规格上，2014年市场上主要流行的木纹砖规格有150毫米×600毫米、600毫米×600毫米、

200 毫米 ×900 毫米、200 毫米 ×1000 毫米、600 毫米 ×900 毫米等。客户选择最多的是 150 毫米 ×600 毫米的规格，因为木纹砖很多时候都是用在十几平方米这类空间，以卧室为主，用上述规格的木纹砖去铺贴比较美观，另一方面在施工中的损耗也相对要少。

喷墨印刷技术让瓷砖产品拥有了无限的创造性，使之在表面上色泽更加鲜艳、细腻。它使普通的木纹砖不仅拥有仿似实木般高清立体的效果，而且具备了多样化的纹理表现形式，给"爱木者"们创造了不是实木，胜似实木的家居环境。

早期的木纹砖工艺粗糙、形象冷硬而土气。2014 年 3D 喷墨木纹砖采用欧洲顶尖设计，应用三维全新图像处理技术，配合喷墨打印技术，可将每滴墨水精准地喷射到指定位置，能 100% 将自然图案还原成瓷砖图案，而通过"凌空微射"技术，木材本身丰富的自然肌理纹理也得以更好地还原，实现"不是实木，胜似实木"。本年度新中源、康拓、荣高、新状元等纷纷推出 3D 喷墨木纹砖。

可以预计，未来木纹砖肯定是一个大的品类，而专业做木纹砖的品牌也会大量涌现。

在终端，对大部分消费者来说，其在选购木纹砖的过程中，往往喜欢将木纹砖与实木地板进行比较，是否"像"实木地板，是许多零售消费者的首要诉求，其次才是对木纹砖产品质感、颜色、整体空间装饰效果的追求，甚至有初次接触木纹砖的消费者心中有"实木"情结，对木纹砖有一定的抵触心理，需要终端导购人员进行不断的引导才能达成成交，这就要求陶瓷企业未来还需要加强对木纹砖产品的宣传与推广力度，同时强化对终端导购专业能力的培养。

木纹砖除了要面临来自同质化的困扰，也一直面临渠道扩张的问题。但不管是普通零售客户，还是设计师推广，归根到底还是木纹砖产品要能够满足这些渠道所涉及的空间运用场所。

在很长一段时间内，木纹砖产品由于源自仿天然实木地板，被很多人误以为只能在书房、卧室等少数空间中使用，随着技术的进步与木纹砖所具有的瓷砖特有的物理特性给消费者熟知，越来越多的各种规格、颜色、木种的木纹砖产品出现，使得木纹砖产品从室内到户外、从私人场所到公共场所都能够得到良好的运用，产品销售也覆盖到了陶瓷产品几乎所有的销售渠道之中。

技术的进步与各种空间运用的实现，推动了木纹砖销售渠道的完善。时至今日，木纹砖可以在卧室、厨房、客厅、卫生间、书房的私人场所运用，也可在商场、超市、游泳池、会所、餐厅等的公共场所运用，可以说今天的木纹砖可以在几乎任何空间中得到运用。

当前国内木纹砖产品还处于发展的上升阶段，就市场的总体需求而言，消费者对更加接近天然实木纹理效果的木纹砖产品更加易于接受。

在过去，更多的企业往往将追求对自然木材纹理的高度模仿作为木纹砖产品的追求方向，而目前随着喷墨技术的革新与进步，木纹砖的这一特性已经被许多企业做到了极致，对实力较强的企业来说，以天然木材的纹理为元素，通过设计师的创造，融合多种材质效果与颜色运用，创造出自然界中不存在的纹理效果，成为了木纹砖的发展趋势之一。

同时，在木纹砖的研发上，企业还可以融入更多的人文的元素在其中，使得产品既有木纹砖的纹理效果，又能承载人们对文化、历史、经典等的追求，实现木纹砖自然与人文元素的高度统一。"源于自然，超越自然"，是木纹砖产品未来发展的主旋律。

2014 年的博洛尼亚展上，大规格木纹砖成为展会趋势之一，甚至薄板产品都出现了木纹纹理的产品，这些产品的出现，使得木纹砖产品的运用场所与空间被极大地拓展开来。在这种趋势下，国内木纹砖产品的前景真是无可限量。

第七节　微晶石

微晶石也是近年来行业的一个热词。从 2011 年开始，微晶石产品在业内掀起了一股快速发展的小高潮。2013年微晶石发展进入高潮。一些企业为控制成本相继推出表层微晶熔块厚度在 0.3 ~ 0.8 毫米之间的薄微晶。微晶石自此有了"厚"、"薄"之分。薄微晶的推出，不仅对全抛釉市场形成了冲击，也在一定程度上构成了对厚微晶的威胁。

2014年7月开始，瓷砖市场销量直线下滑，此前受利益驱动，贸然进军微晶石品类的厂家为套现纷纷抛售产品，微晶石热潮减退，总体价格与销售均出现大的回落。

据不完全统计，800毫米×800毫米微晶石价格最高时曾可达1000 ~ 2000元/平方米不等。然而现在除少数高端品牌能维持这一价格水平外，大部分品牌的微晶石价格已经跌至百元以下，更有甚者已跌破50元/片：广东产区800毫米×800毫米的跌至55 ~ 58元/片。四川产区微晶石处理价约为50元/片，山东产区处理价更是跌至40元/片左右。

微晶石退潮之后，进入"新常态"。生产企业的市场定位主要分为两种：一种是以规模化为竞争基础，走价格路线，面向大众化的消费者，价格约在100 ~ 200元/平方米。另一种是走高端化路线，针对高档住宅和高消费人群，价格在400元/平方米以上，高者甚至超过1000元/平方米。

微晶石产品的价格博弈正来自于坚持高端化品牌的企业与规模化生产、走价格路线的同行相争。但事实上，价格上的博弈对微晶石的高端品牌产品销售影响并不大。

一些新进入的企业，作为搅局者，老是希望微晶石从"奢侈品"的神坛上走下来，进入寻常人家。因此，价格战就成为其竞争的利器。

但事实上，微晶石价格下行也只是针对中低端企业的个别现象，很多高端品牌和大企业的微晶石产品一直保持着高价位。

作为一种高端的装饰材料，微晶石的产品调性决定其消费人群必定是中高端消费者，难以进入寻常百姓家。

品牌的定位不同，价格就永远没有可比性。微晶石作为"瓷砖中的贵族"，低价竞争注定不会长久，粗制滥造必定会被淘汰。因此，博德、嘉俊、新中源、欧神诺等一直坚持做二次烧微晶石产品，做厚微晶，走品牌高端化路线。

除了与同类微晶石产品和品牌的竞争外，微晶石还要与全抛釉、超平釉展开博弈。当全抛釉和超平釉产品表面的装饰效果越来越接近微晶石产品时，微晶石产品开始进行升级，其中一个方向是做玉石瓷砖。

2014年，欧神诺主要研发和推广第三代微晶石宝玉系列。天然玉石是中国传统文化熏陶下的消费者偏好的产品花色。所以，微晶石产品越来越趋向于追求天然玉石的逼真纹理和装饰效果。

根据《陶瓷信息》2014年"陶业长征"活动对全国瓷砖产能的调查结果，2014年年底全国建成微晶石生产线65条，其中广东35条。按一年310天的生产周期算，微晶石的年产能为13547万平方米，占中国瓷砖年总产能的0.94%。

调查表明，微晶石作为一种科技含量较高的高端装饰产品目前仍然是一种小众化产品。但或许也是小众化的原因，目前大多数陶瓷企业在微晶石产品的技术和创新上的投入度和专注度还不够，导致微晶石产品的研发、设计整体裹足不前。一个明显的例子是，微晶石自彩晶（俗称"爆米花"）系列之后，至今仍未出现突破性产品。

今后，微晶石产品的发展势必要提高耐磨度，追求纹理丰富和逼真，在环保上改善光污染的问题，让消费者使用得更加便利。

所以，要想推动微晶石领域的发展，必须专心做好微晶石产品的研发、生产、配套、空间展示、品牌推广、售后服务等工作。而这将是一个需要长期打造的系统工程。

值得注意的是，2013年国内陶瓷行业新增了大量的微晶石生产线，至2014年，由于市场容量不如预期，且生产技术门槛较高，多数企业的微晶石生产线投入产出不成正比，遂纷纷减少微晶石生产线或直接全部退出。而这或许更加有利于微晶石重新回到行业塔顶的位置。

第八节　抛晶砖

抛晶砖又称抛釉砖、釉面抛光砖。抛晶砖是在坯体表面施一层耐磨透明釉，经烧成、抛光而成的。抛晶砖具有彩釉砖装饰丰富和瓷质吸水率低、材质性能好的特点，又克服了彩釉砖釉上装饰不耐磨、抗化学腐蚀的性能差和瓷质砖装饰方法简单的弊端。抛晶砖采用釉下装饰、高温烧成，釉面细腻、高贵华丽，属高档产品。

此外，抛晶砖经过马赛克艺术造型和抛釉技术处理后，表面光泽晶莹剔透，似水晶、若玛瑙，立体感非常强，图案色彩斑斓，纹理千变万化，创作手法丰富繁多，有较浓厚的艺术价值和文化价值。

近年来，抛晶砖多以光面上镶银色或金色的线纹、点纹等各种图案出现，对工装和家装意在画龙点睛。因此，作为一个小众品类，业内称表面有电镀金、电镀银效果的抛晶砖为 K 金砖。

K 金砖的代表性企业是金丝玉玛。近年来，金丝玉玛 K 金砖在市场上热销起来后，越来越多的厂家、品牌也加入到抛晶砖的行列。目前，专注 K 金砖生产的主要品牌有金丝玉玛、金玉名家、金尊玉、施琅、金缕世家、汇美陶、高的、金砖舞国等，一些综合性品牌如金意陶、金舵、新中源等也有生产。其中金意陶推的是古金瓷语，新中源推的是金妆砖。

抛晶砖或者说 K 金砖目前在市场上主要有以下特征：

一是定位高端，价格昂贵。抛晶砖主要定位高消费人群。其产品价格在市场上明显偏高，比高端的微晶石、精工玉石这类产品还要高。常规 600 毫米 ×600 毫米和 800 毫米 ×800 毫米规格的 K 金砖一般都要大概 2500 元 / 片，常规产品单片价格也是数百元至两千元不等，比传统产品要贵 3 ～ 5 倍。

二是窄众产品，渠道单一。K 金砖碍于产品品类特殊，不是大众容易接受的，所以非专卖店店面展示基本是以主流产品为主，K 金砖放在附属位置。只有金丝玉玛等主打 K 金砖的专业品牌才要求走专卖店路线。在渠道方面，基于以上两个原因，K 金砖产品的销售就受到很多限制，大客户往往是通过设计师渠道了解产品使用的。

三是用途越来越宽泛。早期抛晶砖由于价格昂贵，主要应用到高档的酒店、会所、娱乐场所等公共空间。目前市场上 K 金砖的销售，家装占很大份额。从地砖到现在的墙砖，从卫生间到客厅、厨房，乃至卧室，家居空间中 K 金砖也可以无处不在。随着用途的广泛化，需求量的增加，K 金砖正逐步成为高端家装市场的新宠。

抛晶砖推出迄今有 10 余年，前半程不温不火，后半程火了，但仍被视为小众化品类。最初抛晶砖是从腰线加工厂进化而来的，以再加工营造丰富的砖面效果。这种属于中国特有的产品，其渠道早期也主要出口中东国家等。2012 年前后，金丝玉玛携 K 金砖在终端强势崛起，迎来了一个小高潮，同年，施琅、金尊玉、帝陶、金砖舞国等品牌加入专业抛晶砖行列。从此，抛晶砖逐渐被消费者所认知，并慢慢开始接受。

2014 年，抛晶砖终于迎来一个爆发期。施琅通过专注抛晶砖产品配套体系的研发，对经销商实行一对一帮扶培养，实现了 160% 的增长。施琅逆势增长也释放出另一个信号，就是市场对于抛晶砖的认识度提升了。

产品多样化、个性化是抛晶砖可持续发展的一个重要的前提。首先是规格的多样性，比如，无论 600毫米 ×600 毫米、800 毫米 ×800 毫米、300 毫米 ×300 毫米，还是 240 毫米 ×660 毫米、300 毫米 ×450毫米等规格的瓷片都可以开发；其次，产品配套体系完备。比如，金丝玉玛从腰线到角线到转角产品等应有尽有。

2014 年年末，抛晶砖领域 800 毫米 ×800 毫米大规格喷墨抛晶砖样板已经出现。从最初的 300 毫米 ×300 毫米演变到后来的 600 毫米 ×600 毫米，再到现在的 800 毫米 ×800 毫米，大规格产品对生产工艺要求更为严格，这表明抛晶砖生产工艺已经出现了质的飞跃。此外，手工堆釉、真空镀金、叠加丝网印刷、堆散光粉等工艺在本年度也更加成熟。

但作为一种小众产品，尽管抛晶砖在 2014 年让众多厂家、经销商看到了希望，但这一品类的定位还是决定了现阶段企业的营运模式。

抛晶砖均由 100 米左右长的窑炉生产，日产能仅在 3000 平方米左右，产能小。抛晶砖客单值高，利润率也高，这诱导了许多企业的加入，但是产能少、市场容量小且区域化（当前 70% 的抛晶砖销往东北三省）特征明显的现实，决定许多企业最终还是要仅将其作为配套产品。因为仅依靠单一的抛晶砖产品系列确实难以维持终端专卖店的正常运营。

而作为 K 金砖领域公认的领导品牌金丝玉玛，2014 年已经开始践行其产品多元化战略，推出全抛釉、微晶石等产品。金丝玉玛这样做的目的显然是为了提升终端的单店销售额，摊薄经营成本，增强盈利能力。

至于未来，行业人士认为，抛晶砖的市场份额不会发生太大的变化。其毕竟属于小众产品，消费者的接受面还是有限。因此，抛晶砖整体销量并不会出现快速提升。

抛晶砖品类一个不争的事实是，目前绝大多数品牌旗下产品都是贴牌生产。全国范围内有数百个抛晶砖品牌，但是拥有生产能力的不过 20 来家。这种现象决定更多的抛晶砖品牌需要以终端渠道的销售能力作为自己的核心竞争力。而终端销售力未来将更多体现为产品在家居空间的应用水平。

现阶段抛晶砖的空间装饰风格多以奢华为主，当消费者置身其中，时间长便会产生审美视觉疲劳。因此，针对消费者个性化、多样化的消费需求，企业需要研发更多不同风格空间的系列产品，包括适用于欧式奢华、古典韵味、朴素淡雅等空间。

家是消费者放松的场所，要营造舒适的感觉。因此抛晶砖在家装应用中，一方面营造温馨、舒适的氛围，另一方面则要凸显消费者的个性与底蕴，这极其考验设计师的功力。

所以，未来抛晶砖品牌之间的竞争，除了在产品的创新、研发领域，还将围绕厂家营销人员及经销商团队对产品空间应用感知、阐释能力的展开。

第九节　陶瓷薄板

自 2007 年蒙娜丽莎集团推出中国第一块陶瓷薄板以来，中国陶瓷薄板生产企业对产品应用、开发的探索已经走过了 7 年时间。从一开始主攻建筑工程幕墙装饰应用，到室内墙地面铺贴技术的研发，再到隔断、门板、橱柜等领域，陶瓷薄板的应用范围不断扩大。

在早期的陶瓷薄板开发中，由于生产技术不够丰富，只能生产纯色的陶瓷薄板产品，颜色单调，装饰性能较差，并不适合室内的墙地面装饰。

除此以外，由于陶瓷薄板具有"大、薄、轻"的产品特点，在产品应用中，并不能使用传统陶瓷砖的铺贴方法来进行安装施工。并且，由于薄板产品面积太大，工人在陶瓷薄板背面涂水泥砂浆时，很难涂抹均匀，也使得陶瓷薄板在铺贴中容易产生空鼓现象，从而导致产品脱落。

为了让陶瓷薄板的装饰性能更佳，改变早期只能生产纯色产品的局限，以蒙娜丽莎为代表的陶瓷薄板生产企业，进行了无数次的研发，终于解决了装饰印花的难题，产品表面从纯色发展到五颜六色，大大提升了陶瓷薄板的装饰性能。

不仅如此，通过技术创新，抛光、半抛光、施釉、微粉布料等工艺技术也开始用于陶瓷薄板的生产，并成功开发出仿木、仿石、仿玉等产品，让陶瓷薄板产品的装饰性能更强。在此基础上，作为中国陶瓷薄板的开创者，蒙娜丽莎提出了"瓷屋"的概念，产品可运用于房屋的任何地方，打造真正的陶瓷房屋，这意味着陶瓷薄板的应用空间将会大大拓宽。

除此以外，为了保证陶瓷薄板产品在应用中的安全性，蒙娜丽莎开发出薄法施工系统，成功解决了产品在安装铺贴中所存在的问题，产品铺贴后安全得到保障。

正因为在发展中解决了上述问题，今天的陶瓷薄板能广泛应用于建筑幕墙、室内装饰、隧道、地铁、机场、商业地产等领域。

尤其是在室内装饰方面，随着陶瓷薄板花色品种逐渐丰富，传统陶瓷砖所具有的装饰功能，陶瓷薄板一样具有，产品完全能满足室内装饰的要求。另一方面，在室内装饰中，陶瓷薄板"大"的优势也开始显现。产品可随意切割，且只需玻璃刀就能轻易实现不同规格、任何形状的切割，无论是大规格应用形成的大气一体化，还是小规格组合营造的花色多元化，陶瓷薄板均可实现。

而且，由于"瘦身"，陶瓷薄板还可以为消费者节余室内空间。仅以一套120平方米建筑面积、层高3米的三室一厅普通住宅为例，如果以陶瓷薄板替代普通瓷砖来装修其全部内表面，就至少能"变"出额外的5立方米空间来，产品优势十分明显。

陶瓷薄板除了在室内装饰空间、幕墙应用中不断突破，其产品应用也开始涉足地铁、机场、市政工程、商业地产等其他领域。2011年，蒙娜丽莎的陶瓷薄板成功运用于佛山海八路金融隧道后，人们对于陶瓷薄板在隧道工程的应用前景十分看好。

蒙娜丽莎规格为1800毫米×900毫米×5.5毫米的陶瓷薄板成功运用于佛山海八路金融隧道，使用量达到23000平方米，安装仅用了30天。海八路金融隧道成功后，南京市凤台南路隧道、佛山市汾江路与华宝路隧道等工程相继使用陶瓷薄板作为隧道装饰材料，这为陶瓷薄板在隧道工程中的应用开拓出一条新路。

除了在隧道工程的开拓以外，陶瓷薄板在医院项目的应用中，也逐渐开辟出新蓝海。医院装饰选材有别于其他公共建筑，不仅要考虑如何营造一个温馨和谐的内部空间环境，还要把安全、环保、洁净和节能的因素考虑进去，装饰效果也需要考虑就医者的心理和精神方面的因素。

而陶瓷薄板材料有绿色建材标签，而且具有优异的防潮、防火、防细菌、防腐蚀的产品功能；同时，施工快捷、费用低、耐用性好、使用寿命长；另外，相比其他装饰面材料，综合优势明显。

正因为有着诸多的优势，仅蒙娜丽莎一家企业，目前就已开拓100多个医院项目，蒙娜丽莎陶瓷薄板的使用量已经突破1100000多平方米。

目前，仅蒙娜丽莎一家企业，工程项目多达上千个，产品使用超500万平方米。同时，蒙娜丽莎与万科地产共同开发了薄板装饰标准化模块，已在多个城市得到应用。

而未来，陶瓷薄板除了作为现代建筑物内外墙的铺贴装饰材料外，还可以作为现代建筑物轻质薄型的间隔墙体材料、作为防腐和防酸碱环境的装饰材料、作为文化艺术载体材料使用，甚至应用于隔断、门板、橱柜、太阳能、电子印刷等领域，产品的应用范围将会变得愈加宽广。

随着陶瓷薄板在绿色节能方面优势的凸显，以及其对玻璃幕墙替代作用的加强，越来越多的企业在2014年推出了陶瓷薄板产品。

2013年6月，燊科陶瓷面向市场引入陶瓷薄板产品，正式进入薄板领域。经过近一年时间的运营，2014年5月，燊科陶瓷正式将薄板产品推向市场，主打工程市场。

与此同时，一些国外的陶瓷薄板企业也进入中国市场。比如，天艺石材代理的西班牙天炼陶瓷薄板就在佛山秋季陶博会上进行了展示；位于佛山陶瓷总部基地的西班牙德赛斯将薄板用在了厨卫空间；南京摩德娜建材代理了意大利娜米拉薄板，并参展了2014年5月的上海建材展。

2014年意大利博洛尼亚展和里米尼展上出现的新工艺、新技术也开始在薄板产品上应用，陶丽西在广东佛山的展厅就对此进行了展示。一般认为，国外陶瓷薄板进入中国市场，还将促使国内薄板产品的规格进一步扩大，厚度进一步减薄。

2014年，淄博新型功能陶瓷材料产业集聚发展试点实施方案获得国家正式批复。淄博市政府随后对本年度重点项目进行了评审并进行公示，唯能陶瓷高导热陶瓷薄板项目名列其中，或将受到中央财政资金重点扶持。

唯能陶瓷高导热陶瓷薄板项目专门针对家居地暖采暖导热陶瓷介质进行研发，旨在通过对陶瓷配体配方的设计和研究，增强瓷砖的导热功能和保温效果、减少瓷砖的热膨胀系数，从而在行业首创一款专门针对家居暖气供暖系统节能降耗的地暖瓷砖。

2015年1月1日起，《中华人民共和国环境保护法》正式实施。新环保法规定："一切单位和个人都有保护环境的义务"、"公民应当增强环保意识，采取低碳、节俭的生活方式，自觉履行环境保护的义务。"这意味着，未来绿色消费将推动绿色环保建筑快速发展，从而也将大力推动陶瓷薄板的应用。

目前，从事陶瓷薄板生产和销售的主要品牌有蒙娜丽莎、BOBO、金海达、高一点薄板等。其中蒙娜丽莎共有两条轻质新型建材生产线。

第十节　外墙砖

近年来，对外墙砖产业格局改变最大的也是喷墨打印技术的普及。2012年下半年，高安产区几乎所有外墙砖企业都搭上了3D喷墨打印发展的快车。而在外墙砖主要产区福建，2012年9月，首条外墙砖喷墨生产线在晋江市三发陶瓷正式投产。2013年，泉州产区喷墨外墙砖进入快车道。南安协进成功将喷墨技术应用于小规格外墙瓷砖生产，首条喷墨外墙砖生产线规模化生产。

到2014年，福建外墙砖喷墨生产线已有40余条。与此同时，珠海白兔、湖北蝴蝶泉以及四川夹江、山东、浙江等地的外墙砖企业纷纷引进喷墨生产线，掀起了一股喷墨热潮。

喷墨印花技术的运用，为外墙砖拓展出更为广阔的发展空间。喷墨技术可以还原出逼真的天然石材纹理、花色效果和宏伟大气的装饰效果，产品花色立体感强，纹理自然、朴实，富有变化，质地细腻。

在外墙砖产区，采用喷墨技术生产的外墙砖普遍被称为喷墨外墙砖或3D喷墨外墙砖。材质上，3D喷墨外墙砖经过1800吨的高压压制，1200摄氏度的高温烧成，相同厚度的瓷砖抗折强度远高于石材。所以，在相同的强度下，瓷砖能够做得比石材更薄、更轻，单位面积重量大约是石材的20%，更容易切割，安装时安全系数更高。

比如，协进陶瓷的3D喷墨外墙砖厚度一般在7.2毫米左右，最薄可达到6毫米，而由于石材在加工过程中要承受机械应力，因此厚度很难减薄，一般在18～25毫米之间，瓷砖显然比石材更容易降低运输成本。

从施工方面上看，由于石材比较厚重且背面平整，一般使用干挂法或灌浆法安装，施工费用高，施工周期长。而瓷砖背面多有凹槽，因此可采用薄贴法或湿贴法施工，不仅施工费用低，施工周期缩短，也更不容易脱落。

喷墨外墙砖和普通外墙砖的不同之处体现在很多方面，如：产品的品质、产品的表现张力、产品的技术要求以及产品的附加值等。其中最重要的就是产品的附加值。喷墨外墙砖比普通产品的附加值高，盈利能力也高。

从一般外墙砖到喷墨外墙砖，这对外墙砖企业来说是一个历史性的转变。此种转变不仅仅体现在产品的技术层面和产品品质方面，更重要的是一种销售理念和销售模式的变化。

广陶陶瓷一直致力于扩大外墙砖的使用范围，实现外墙砖的"内墙化"。此前，广陶陶瓷的外墙砖销售九成为工程渠道，只在部分重要城市做专卖店模式，而实现外墙砖的"内墙化"的重要途径是拓宽外墙砖的使用范围，开拓渠道，增加外墙砖在背景墙和商业家居等内墙空间的装饰应用。

2014年，外墙砖领域借助喷墨技术革命，在产品创新领域也收获频频。比如，广陶陶瓷继续加大新品研发力度，大胆创新工艺技术，先后成功研制出云木岩、艺术岩、灵川石、琇岩以及新一代秦韵石五大系列新品。

云木岩采用独有的特殊工艺，将木与陶瓷完美结合，逼真还原名贵木材的色泽和纹理，让瓷砖几乎接近木的温度，缔造一个轻松自然、温暖舒适的空间。灵川石采用磨釉工艺，特点是规格纤细，体现了砖的灵气，适用于建筑高层外墙及室内装饰。

琇岩是广陶陶瓷跨界融合其他行业的生产技术研发而成的新一代外墙砖产品，它兼具了花岗岩的质感和斑斓色彩。琇岩在工艺上大胆创新，纹理、色彩丰富且效果可控，质感更是达到了天然石材的绝佳效果，且琇岩不用干挂，可直接适用于墙面铺贴，成本低，在高层、低层和室内均可广泛使用，同时亦可替代天然石材。

在压力之下，外墙砖企业也选择转变经营思路，通过聚焦品类，专业化生产求存。比如，福建涌达陶瓷，借助数码技术，独辟新天地，专注"幻彩窑变"外墙砖细分市场，不仅避开了当前的价格战，也开创出了幻彩窑变砖市场新格局。

窑变砖，简而言之就是在烧制过程中同一片砖发生不同的颜色变化，宛如千百年风雨侵蚀风化自然形成，加上砖面凹凸深浅变化错落有致，富有强烈的自然美感。而幻彩窑变砖是在阳光照射时，砖面能够绽放七彩颜色，韵味极其独特。

幻彩窑变砖不同于常规外墙砖，它"天生"就有一副"古色古香"的面孔，不管岁月如何变迁，它依然如初。身处工业化时代，回归自然越来越成为都市人的一种普遍心理需求。幻彩窑变砖的独特韵味能够更形象地还原人居自然风貌，而逐渐推广到高档别墅、高级休闲场所以及仿古建筑的应用。

2014 年彩玛砖市场异常红火，主要因为原生产该类产品的企业多数在上一年转产，只有少数企业坚持着承接了原有市场量。经过 2014 年的大热，预计 2015 年会新上彩玛砖生产线达 30 条以上，价格战不可避免。

虽然随之建筑往高层发展，彩玛砖（23 毫米 ×48 毫米、45 毫米 ×45 毫米、45 毫米 ×95 毫米小砖）需求量也随之增长，预计 2015 年彩玛砖市场还会继续转好，但大家往一处挤紧接着价格战可能也会到来。

产品规格的改变也可以创造外墙砖新的竞争优势。2013 年协进陶瓷推出了 45 毫米 ×415 毫米、60 毫米 ×200 毫米、80 毫米 ×297 毫米、250 毫米 ×500 毫米、300 毫米 ×600 毫米等多种规格的喷墨产品。但从 2014 年开始，协进陶瓷逐步将小规格外墙砖作为主推产品。因为小规格产品更容易切割和安装，安装的安全系数也更高。公司还着手将薄型砖的生产技术与 3D 喷墨砖相结合，推出更薄、更轻的 3D 喷墨产品。

目前，喷墨外墙砖已成为发展趋势，3D 喷墨产品在外墙砖企业产品线中普遍仅占据 10% 左右的份额，未来 4 ~ 5 年，这一数字有望达到 70%。

第十一节　陶瓷幕墙

一、瓷板幕墙

2014 年，深圳规土委发布《深圳市建筑设计规则》，明确规定以下 8 个类别的建筑部位禁用玻璃幕墙，包括住宅、医院（门诊、急诊楼和病房楼）、中小学校教学楼、托儿所、幼儿园、养老院的新建、改建、扩建工程等。此次深圳对玻璃幕墙加以限制乃至禁止，是继上海、江苏等省市之后，又一城市对玻璃幕墙说"不"。

玻璃幕墙是目前国内幕墙市场占有最大份额的产品，达到 50% 的市场份额，约为 3500 万平方米。石材幕墙拥有 30% 的市场份额，约为 2200 万平方米。在部分建筑被限制或禁止后，玻璃幕墙肯定会释放一部分的市场份额，提供了机会给其他幕墙产品。

在这种情况下，瓷板幕墙产品必然逐渐进入到人们的视野中，尽管当前瓷板幕墙在幕墙产品中仅占到 4% 的市场份额，约 300 万平方米。不过，瓷板幕墙因其节能环保、保温隔热、装饰性能强、安全性能高等优势，市场份额正在逐年提高。

目前，国内的幕墙使用材料以玻璃、铝材、天然石材为主，由于陶瓷板主要是模仿天然石材的表面效果，所以瓷板幕墙的主要竞争对手是天然石材幕墙，相比其他幕墙产品，瓷板有着不小的优势。瓷板幕墙技术也是从石材幕墙演变而来，所以它的结构也基本和石材幕墙一致。随着瓷板幕墙的发展，安装工艺也有了很大的进步，从最开始的插销式，演变到开槽式、背栓式，进一步发展到背槽式，技术日益成熟。

东鹏从1998年前就涉入瓷板幕墙干挂的研究领域。从1998年至2006年是瓷板幕墙起步期。在产品的推广上，东鹏总部组建了独立的瓷板幕墙事业部来进行市场推广；同时，东鹏还将与全国的幕墙专业公司、设计公司、工程商合作进行瓷板幕墙的推广；除此之外，东鹏还将全国15个城市作为主要的推广区域，并且东鹏全国的360多个代理商，都将建立幕墙干挂事业部，推动瓷板幕墙在全国遍地开花。

早期的东鹏工作重点在推广、技术培训和设立规范及标准，是国家技术规范的参编单位之一。2007—2010年，瓷板幕墙取得突破性的进展，关于瓷板幕墙的国家标准《建筑幕墙》（GB/T 21086—2007）和《建筑幕墙用瓷板》（JG/T 217—2007）相继出台，使瓷板幕墙市场逐渐走向规范。2011年，瓷板幕墙正式进入成熟阶段。东鹏2006年的瓷板幕墙产量为20万平方米，2013年则达到了110万平方米，相当于2012年以前所有产量的总和。至今，东鹏的瓷板幕墙使用面积已逾600万平方米，累计工程达600余个，遍布全国。

瓷板幕墙产品是一种完全玻化、高强度、极低吸水率的陶瓷板材，具有远远超过天然石材的性能，抗折强度达到38兆帕，比石材的9~15兆帕高2.5~4倍，重量则比石材轻一倍。耐酸、耐碱都是A级，远高于天然石材，花岗石耐酸是B级，但不耐碱；大理石耐碱是B级，但不耐酸。陶瓷板没有色差，有各种表面肌理和颜色，可按客户要求定制。陶瓷板的另外一个优势是有极低的吸水率，抗冻性能非常好，板材因温差产生的膨胀、收缩小，适用于各种环境，装饰效果好，成本低，是外墙应用的理想材料。

瓷板通过粉料压制成型，其成分完全均匀分布，质地均匀、统一，不存在最薄弱的环节，难出现破坏应力集中等现象。另外，陶瓷板本身的强度非常高，在国家制定的相关瓷板幕墙技术标准中要求大于27兆帕，一些陶企能做到40兆帕以上，远大于石材要求的8兆帕。

由于强度高，在满足安全的条件下，瓷板可适当放小其厚度，减少重量，降低荷载和对承重的要求。这样的好处：一是减小了建筑物基础的承重要求；二是使钢件龙骨等连接件的要求减小，从而降低了成本。一般瓷板干挂的重量在每平方米25~30千克之间，不到石材干挂重量的二分之一。

虽然瓷板幕墙的技术已经成熟，但是幕墙不同于家装的安装，在生产、施工、加工、设计方案、物流协调方面都需要专业的技术支撑，这就需要不少的资金投入。例如对产品进行"风洞试验"就需要40万~50万元。瓷板幕墙巨大的市场开发成本，令许多陶瓷企业望而却步。

目前行业里有东鹏、蒙娜丽莎、冠军、唯格、斯米克、嘉俊、简一、冠珠、金意陶、环球、楼兰等企业在进行瓷板幕墙的开发、生产和销售。

还是以东鹏为例。东鹏从1998年开始就根据市场要求开发了适用于外墙的各种面板。早期一直推玻化砖，目前主打仿洞石、仿砂岩系列，在此基础上进行产品延伸，使规格更齐全，肌理更丰富。由于"世界洞石"——第三代有洞洞石在产品性能上的优异表现，产品屡获设计公司和工程师的青睐，最后成功运用于纽约帝国酒店等国内外工程项目。

冠军瓷砖是行业"绿色陶瓷"代表性企业，其瓷板干挂幕墙采用德国最新式无应力背栓式锚固系统，是一种施工便捷、安全性高、物美价廉的幕墙。打破了传统幕墙的概念，为建筑物外观带来更具创意、绿色、环保的选择。

德国无应力背栓式锚固系统，是瓷板与墙体连接的一种先进的幕墙固定方法。钻孔时通过偏心原理做底部扩孔，形成内大外小的特殊孔径。采用特制的不锈钢背栓，锚固在背栓孔中，放上柔性垫片，用防松螺母，将挂件紧固在瓷砖背面。

唯格瓷砖过去几年主要做户外用厚砖。基于对瓷砖幕墙这一蓝海市场的坚定认识，从2012年起唯格瓷砖开始进入国内幕墙市场。首先是攻破了瓷板幕墙的技术门槛，打好基础；然后在生产上下功夫，调整生产线，保证销售与供货的稳定；随后是稳定销售渠道，在一二线城市里建立网点。目前，唯格瓷砖在国外主要的市场是户外地面用砖，而在国内则把三分之二以上精力放在幕墙上面。

二、陶板幕墙

陶土板是以天然的纯净陶土为原材料，通过精细加工、专用设备挤压成型、烘干、高温窑烧等工序形成的具有相当强度、硬度和表面精度的板材。

陶土板幕墙（简称陶板幕墙）作为建筑幕墙的一种，既保持了传统风格，又表现出现代的时尚设计，更新了建筑语言。目前，国内、外幕墙面板的选材已经由以前的单一追求现代化、科技含量的势头，逐渐转向追求人文艺术气息、天然环保、节能降噪的以人为本的趋势。而陶土板所特有的人文艺术气息、天然的色彩、环保的材料及节能防噪的优势，适应了幕墙材料需求大势所趋的人本化倾向，是打造城市建筑新形象的幕墙面板理想选材。

陶土板是以天然的纯净陶土为原材料，定型烧制，是陶制品在建筑上又一个新的装饰材料，与砖瓦材料、工艺有着一定的继承与发展。

陶土板的原材料为天然陶土，不添加任何其他成分，不会对空气造成任何污染。陶土板的颜色完全是陶土的天然颜色，绿色环保，无辐射，色泽温和，不会带来光污染。

而且陶土板的可选之色多达 14 种，能够满足建筑设计师和业主对颜色的选择要求。通过专门的高精度校准设备的处理，陶土板能够达到很高的尺寸精确性，这一点保证了幕墙平面整体效果的完美表现。

陶土板的科学之处还表现在其条形中空式的完美设计，此设计不仅减轻了陶土板的重量，还提高了陶土板的透气、降噪和保温性能。

陶土板幕墙出色的接缝设计结合陶土板的材料特性确保了幕墙表面完美的水导流效果，由此可以阻止幕墙表面沉积物的形成，进而保持幕墙表面的美观。

陶土板可以根据不同的安装尺寸要求进行切割，来满足设计师的设计风格。陶土板的自洁能力和其永恒的陶质颜色极大地激起了业主和建筑设计师的兴趣。

陶土板幕墙属于非透明幕墙，与石材幕墙相似。适用范围也很广，既可做建筑外装饰幕墙，包括格栅、百叶装饰等，还可做复合式建筑幕墙，也叫双层幕墙，它由外层幕墙（玻璃幕墙）、内层幕墙（陶板幕墙）、空气循环装饰组成。陶土板也应用于建筑内装饰幕墙，比如建筑场馆、展厅、公共场所等，也多用于室内办公环境装饰。

前几年，国内还没有陶板幕墙设计、加工、安装等方面的国家标准、规范。陶土板材料只能参考生产厂家的企业标准和德国工业标准，以及金属、石材幕墙工程的技术规范等。

2014 年 8 月 1 日，由新嘉理作为主起草单位的国家标准《烧结装饰板》（GB/T 30018—2013）标准正式实施。新嘉理作为第一起草单位为此还受到该标准归口单位——全国墙体屋面及道路用建筑材料标准化技术委员会的表彰。

2014 年 3 月 31 日，中国国际陶瓷板、陶土板及相关辅料展览会在上海浦东拉开帷幕。当天下午，2014 世界陶薄板行业发展趋势高层论坛同期举办。会上，专家、企业家们针对陶土板、薄板流行趋势、应用案例分析、陶土板文化表达等话题展开了热烈讨论。

国内陶土板经过多年的发展，到 2014 年已出现较大变化，呈现出两大趋势。其中一个趋势是"由薄变厚"。结果是 30 毫米及以上的厚板更安全，具有更好的耐撞击和抗风压等性能，非常适合作为外墙装饰材料，尤其是商业、办公、住宅的裙楼及高层使用。目前国外 90% 以上的外墙陶土板均采用 30 毫米及以上的厚度，国内在前两年以 18 毫米厚的薄板为主，但随着业主安全意识的提高和厂家在干燥、烧成技术上的突破，从今年开始，厚板基本普及；二是更美观，厚板可以在表面做出更为丰富的变化，花色及立体感都会更强。

另一个趋势是"由小变大"。随着国内商业地产、高档写字楼、文化设施的蓬勃发展，陶土板的规格（长

×宽）由先前的 300 毫米 ×600 毫米 /900 毫米为主流，逐渐变为目前的 450 毫米 ×1200 毫米、600 毫米 ×1500 毫米甚至 900 毫米 ×1800 毫米等大规格越来越受青睐。大规格陶土板更能体现出建筑物的气势与档次。

2014 年 6 月 26 日，华泰集团在全国中小企业股份转让系统（俗称"新三板"）挂牌，成为泉州市辖区第一家在新三板挂牌的企业。华泰集团是全国性知名新型建材企业，主导产品为 TOB 陶土板。本年度，华泰"TOB"陶土板可谓捷报频传，凭借 3D 喷墨系列产品东方"法国木化石"的陶文化魅力，顺利签下福州火车南站西广场等大单。

3D 喷墨仿石材陶土板，是 TOB 近年来技术突破的一大创新型产品，在纹理、色彩、质感、手感以及视觉上逼近天然石材，装饰效果甚至优于天然石材，因而深受消费者信赖和推崇。

2014 年 10 月 28 日，广州珠江新城的东塔顺利封顶，高度 530 米，与西塔、广州塔形成珠江两岸"三塔鼎立"态势，共同构筑成广州城市新中轴线最为显著的地标群建筑，成为广州在建的第一高楼。

东塔是全球超高层中首个使用陶土板玻璃幕墙的建筑，而提供产品的供应商就是新嘉理。2012 年 8 月 24 日新嘉理与周大福集团正式签订了"广州东塔"的陶土板合同后曾经面临两大难题：

一是根据美国建筑师的设计，陶土板不仅规格大（1600 毫米 ×430 毫米 ×50 毫米），且表面为波浪状的异形，同时还要求覆盖一层洁白并有冰纹的釉面。新嘉理巧妙地吸收了宜兴当地传承千年的青瓷中的冰纹釉工艺，结合我们引进的全套欧洲顶级的生产设备与技术，圆满地解决了这一难题。

二是陶土板的使用高度达到 530 米，如何确保其安全性成为头等大事。新嘉理为此成立了专门的技术攻关团队，不断改进配方、烧成等工艺，以提高陶土板本身的各项理化性能。另一方面，工程部积极配合国外设计院和幕墙施工方优化龙骨系统及安装方案。经过长达一年多的努力，最终使陶土板产品通过了严格的幕墙四性测试、耐撞击测试以及风洞测试。

"广州东塔"总高度达 530 米，陶土板作为外挂幕墙的重要饰材一直运用至其顶部，乃全球运用陶土板的最高建筑，也是全球陶瓷产品运用于外墙的最高案例，一举打破了德国陶土板在日本东京创造且保持了多年的 200 多米的高度纪录。

2012 年前后，全国曾经掀起了一股陶土板生产线投资热，有 10 多个企业准备进入该领域。由于国家整体经济增长的放缓，这股热潮到 2014 年已经完全冷却。目前，陶土板生产、销售领域比较活跃的还是新嘉理、瑞高、TOB 等几个老品牌。

三、薄板幕墙

在传统的幕墙装饰材料中，按照面板材料分类主要分为石材幕墙、玻璃幕墙、金属板幕墙三大类，而陶瓷薄板则开创了第四代幕墙材料，并占据了幕墙材料市场的大半份额。

实际上，陶瓷薄板能在外墙装饰中得到广泛的应用，这得益于产品具有"大、薄、轻"的鲜明特点。

尽管陶瓷薄板有着诸多的优势，但是在早期的推广中，由于产品应用技术并不完善，产品的推广却并不顺利。直到 2009 年，由蒙娜丽莎作为主要起草人的《建筑陶瓷薄板应用技术规程》诞生，蒙娜丽莎的薄板幕墙才开始较大范围地使用。

不过，由于该规程明确规定了湿贴薄板幕墙只能应用于不超过 24 米高的建筑物之上，这也局限了陶瓷薄板在建筑幕墙领域的应用，直到杭州生物医药创业基地项目的出现。

杭州生物医药创业基地项目所属的浙江亚克药业公司的董事长楼金对建筑节能、环保有着痴迷般的追求。经过多方实地考察，最终确定了蒙娜丽莎生产的薄瓷板作为这座杭州城市建筑新节点的幕墙装饰材料，不仅用于低层建筑，130 米的主建筑楼也将使用薄板幕墙。

由于 2009 年出台的《建筑陶瓷薄板应用技术规程》并没有薄板用于高层建筑的规范，同时在 130 米高的建筑上也不可能使用湿贴的方式，没有标准、没有图集、没有技术规程，产品应用存在诸多困难。但是，由于设计师与业主对陶瓷薄板这一低碳、节能材料的厚爱与执着，一次次游说于建筑、规划、设计等相关部门，在厂家的大力支持下，终于将薄板幕墙第一次挂上了 130 米的高空。

为了扩大陶瓷薄板在建筑幕墙的应用范围，2012 年，住建部颁布了编号为 JGJ/T 172—2012 的《建筑陶瓷薄板应用技术规程》，新规程增加了陶瓷薄板应用于幕墙干挂的相关内容，且不受高度限制，实现了陶瓷薄板在幕墙应用上有据可依，为陶瓷薄板在幕墙使用上铺平了道路。

杭州生物医药创业基地项目的出现意味着超大规格建筑陶瓷薄板正式应用于超高层建筑幕墙，其轻质、色彩丰富、节能环保、施工便捷、造价低廉的特点引起了建筑界的关注，包头国际金融中心、长沙温德姆酒店、重庆地铁公司大厦等超高层项目纷纷采用陶瓷薄板作为幕墙材料，包头国际金融中心项目高度甚至达到 150 米，这也创造了陶瓷薄板在高层建筑幕墙领域创造的新高度，产品应用范围进一步得到扩大。

第十二节　马赛克

马赛克是一种使用小瓷砖或者小陶片拼接成各种图案的建筑装饰性材料。由于其体积比较小，有多种花色可供选择，加上可以自由拼接的特性，它能将设计师的造型和设计的灵感表现得淋漓尽致，尽情展现出其独特的艺术魅力和个性气质。

广义上，任何材料都可以成为马赛克的原料。从材质上，现时马赛克主要有玻璃马赛克、陶瓷马赛克、石材马赛克、金属马赛克、贝壳马赛克、椰壳马赛克、竹木马赛克、树脂马赛克、沙石马赛克、皮革马赛克等。另外近年来不断有新的马赛克品种出现，如夜光马赛克、黄金马赛克、白银马赛克、复合马赛克等。

在 2015 年佛山春季陶博会上，马赛克的新品材质更加丰富，花色品种更多，如玻璃洞石马赛克、仿石及仿熔岩纹理马赛克等都将在展会上登场。此外，节能减排及相关新技术、新工艺也不少，如贝壳不规则切割、浮雕图案、废料再加工、喷墨打印在马赛克上应用等新技术、新工艺等，带给大家全新的感受。

从产区来看，广东佛山的玻璃马赛克和陶瓷马赛克，云浮和福建水头的石材马赛克，四川成都、浙江、江苏的玻璃马赛克，山东淄博、江西景德镇的陶瓷马赛克，海南的贝壳马赛克和椰壳马赛克等都各具特色。

马赛克一直以来被主要应用于宾馆、酒吧、酒店、车站、游泳池、娱乐场所、卫生间、厨房等，离完全要进入寻常百姓家还有一段距离。这方面，铺贴麻烦造成发展马赛克的困扰。一是因为马赛克的单位面积很小，要求工人有精湛的铺贴技术；二是要整体化解决空间设计问题，以马赛克艺术价值及文化氛围引导设计师介入，设计师的理念可将马赛克的使用范围扩大，并形成整体空间一体化搭配解决方案。

第十三节　背景墙

在这几年的佛山春季、夏季的陶博会上，背景墙一直是被关注的热门品类。喷墨技术的推动，再加上个性化定制的践行，推动了背景墙行业往不同于一般建陶产品的道路发展。

背景墙行业将喷墨打印和传统的雕刻技术等融为一体，使本来冰冷单调、感情色彩匮乏的背景墙整体表现效果得到极大丰富和改变。追求个性和创意的 80 后消费者成为当前主要的家居建材消费群体，对家居装饰的要求有所提高。背景墙因为观赏性能卓越、表现形式丰富，正好契合新一代消费者心理及消费习性。

与过去背景墙生产的势单力薄相比，如今陶瓷背景墙行业已经颇具规模，而且众多陶瓷背景墙厂家已经形成完整的生产、销售及研发体系，品牌意识和欲望也愈发强烈。当然，大量的陶瓷背景墙厂家的涌现，不可避免地带来的是同行抄袭、产品同质化的现象出现。防止这方面的秘诀在于加工材料的选择。比如让石材、微晶石、全抛釉、石砖、不锈钢、水钻以及马赛克精剪画都能广泛应用到背景墙中。再比如，运用高科技技术与手工巧匠工艺结合，令模仿者模仿的难度增高。金意陶科技推出的陶瓷艺术背景墙便是使用激光雕刻技术再加上手工工艺生产的。每片砖就是一幅精美的图画，采用精选吸水率小于百分之零点五的优质仿古砖、抛光砖、全抛釉、微晶石或者薄板作为基材，通过打磨和高品质的油墨彩喷，精雕细琢出来的每一根线条、每一个原点，不管是远观还是近看，都能完美呈现出优于墙纸平面背景的精致画面效果。

背景墙更多的是发挥装饰功能，背景墙赋予瓷砖艺术生命，冷冰的瓷砖经过设计师们的精心设计，表面呈现各种绘画、书法、摄影、剪纸等艺术作品，各种线条与各种意境都栩栩如生，或梦幻、或虚拟、或纯真、或深刻、或悠远、或吉祥……家居环境充满艺术氛围。

第八章　卫浴洁具产品

第一节　从消费者需求的变化看卫浴产品的变迁

一、从浮躁到理性见证卫浴产品的变迁

随着国内外整体经济形势的发展变化，卫浴产业正在发生着深刻的变化。行业动荡和变迁已经非常明显。一方面，一些老品牌的市场在急剧退缩甚至消失；另一方面，新的面孔也在不断出现，抢占新的市场空间。而有些坚持了很多年的单品类品牌向整体卫浴过渡，它们的成绩也有了明显的体现。行业动荡和变迁接下来就是并购和整合淘汰，卫浴产品有了自己的态度，才能在闹腾的环境下，走出自己的路子。

从2015年的上海卫浴展会上可以看出：企业态度更趋理性化，展会能够反映出一个行业发展变化的方向和趋势。尤其是行业标志性展会，以往，招商与品牌宣传是企业参展的主要目的。上海厨卫展一向都有着国内厨卫行业"风向标"和"晴雨表"的作用。今年，大家普遍反映参展的企业数和观展商减少了。其实不然。实际上，参展的厂商数量没有少。卫浴行业品类比较繁杂，准入门槛较低，一些刚进入市场的生产厂家，比如说水龙头、浴室柜、淋浴房等各个品类的，其往往需要通过展会的平台进行招商和新产品的市场输出。但真正谈得上是"品牌"的参展企业数量却在减少中。有一个大的趋势是什么呢？就是这些大的品牌参展的次数在降低，有些品牌隔年参展，甚至有些品牌几年不参展。

品牌在展会上已经呈现出来一种理性的态度。这个态度可以分为两种。一种就是国内比较成熟的品牌或国外的大品牌，其每一年参展都会有新的产品展现，但企业在不断成长中所沉淀下来的品牌态度主张是永恒不变的。几个外资品牌如TOTO、科勒都是这样的。另一种是国内相对成熟的品牌，也能看得出品牌的思维转变过程。如浪鲸卫浴，其今年很明确地推出了奢华系列产品。每年参展都显示出了其对产品的不同思考，品牌的姿态在不断稳固下来，日趋稳健。

企业在成长的轨迹中，可能会遇到很多问题，但行业恰在这样的思考下走向成熟、理性的阶段。还有一个态度是，大家都在寻求适合自己的健康发展道路，反映在产品上是不再盲目跟风参展，而是根据企业战略的需求去布局参展计划。这其实也是品牌的一种理性态度。

卫浴行业，卫浴企业的品牌运作已经从之前单纯以满足市场需求和销量为核心的方式转向了以消费需求为出发点的模式，行业更趋冷静化。消费者消费行为研究和消费者消费使用研究已经成为行业发展的助推器，因此，大家正在开始理性思考自身品牌的成长路线，科学布局自身品牌满足消费需求的产品线，并合理安排这些战略的发展路径。

卫浴行业长足发展的20年，实际上是在不断充分满足消费者从"蹲"到"坐"再到"洗"到"浴"到"乐"再到"享受"的消费需求的不断满足的过程中才得以前行的，到现在应该到了慢慢冷静下来的时候了，放慢速度是行业理性的表现。行业的事件对大家思考有促进作用，前两年智能马桶和智能卫浴的呈现要比今年旺盛些，大家也在思考中，如何在智能卫浴乃至智能家居的路上走得更远。消费者的需求是有发展轨迹的，消费者的需求永远是从盲目需求走向理性需求的，那自然行业的发展也有一个从盲目到理性的过程，走向理性后企业又该如何规划自身的发展轨迹呢，卫浴大整合的时代已经到来。

二、消费者的消费需求决定卫浴产品的变迁

消费者需求的变迁，决定行业产品的供应方向。研究消费者的消费心理、使用心理和使用需求，慢

慢成为行业思考的主要因素，前文说过，我曾经根据消费者需求变迁将卫浴行业的产品成长划分为几个层次。从改革开放到现在，卫浴产品从"蹲"为主转向"坐"的过程，马桶渐渐成为行业产品主体，从此成就了目前市场上叫得响的几个大的卫浴品牌。几年后，随着消费者的消费需求在不断满足"坐得舒适"的同时，增加了"洗"的需求，这时候浴室柜出现了，浴室柜实际上就是消费者对于"洗"的需求增加满足的一种体现。还有"浴"，就是淋浴房。大家都在提健康，实际上它属于一种综合性概念。浴缸的"泡"、高端淋浴房的"蒸"都属于健康的体验概念。随着需求的改变，企业的产品主角也在不断调整和变迁，现在很明显是以"洗"和"浴"主导需求市场了。

店面是成交、满足消费者需求的最前沿的地方。很多消费者在选择卫浴产品时，已从马桶为考虑重点转为浴室柜了。代理商在店面装修的过程中，对产品摆放的次序也随之作出调整。我前两天走访市场时，有个代理商曾表示会先考虑淋浴房！他不管代理什么品牌，只要有淋浴房的，都要求摆放在店面最前面。因为淋浴房有挡水条，装修铺砖前就需要安装好。那么消费者在购买挡水条时就能了解淋浴房，从而了解到卫浴空间里其他更多的产品。挡水条走在了消费的更前端，而不是前几年大家说的那样，以马桶带动其他产品，或者大件带动小件，实际上消费需求已经在改变了。一切都在变化中，在理性消费中，对刚性需求的研究，对标准化需求的研究，对个性化需求的研究，还有对潜在需求的研究将会变得更为重要。因为我们没理由不相信消费主导市场的自然市场规律。这也正是中国卫浴产品的常态规律。

第二节　我国卫浴产品的主要地区分布以及各区域的主要产品、知名品牌

一、佛山整体卫浴浴室柜，卫浴产业集约化优势，成为中国卫浴的领头羊

目前国内没有一个产区能与佛山在产业的集约化方面相媲美。佛山卫浴主要的产品门类集中在卫生陶瓷、浴室柜、浴缸、淋浴房等，工艺精良，设计领先，是国内卫浴产业的重要风向标。拥有以心海伽蓝、富兰克、高第、安德玛索、唯可等为代表的浴室柜企业和箭牌、法恩莎、安华、金牌、奥斯曼、浪鲸、恒洁、美加华、尚高、鹰卫浴、东鹏洁具、益高等为代表的卫生陶瓷企业。洁具配套、整体卫浴等概念在佛山卫浴企业中都有最好的体现，占据国内市场中档消费市场的主要份额。卫生陶瓷辉煌延续；得天独厚的产业链；物流优势，节约时间、空间成本；人才聚集优势。随着佛山产业转型及城市化的发展需要，产销分离，产业外迁，空心化严重。

二、南安五金水暖卫浴四大家族，水暖40万营销大军遍布全国，得天独厚

仑苍镇水暖阀门企业迅猛发展，并逐步成为全国水暖阀门、卫生洁具的重要生产基地，被誉为"乡镇企业一枝花"和"水暖之乡"。经过30年的发展，南安已成为全国三大水暖产业基地之一。南安水暖卫浴企业在市场运作及品牌推广方面投入了大量的资金，明星代言加强势广告，借助本土40万营销大军，覆盖了全国主要的区域，成为中国卫浴行业不可忽视的重要力量。以中宇、辉煌、申鹭达、九牧等为代表的南安一线品牌在全国的网络覆盖至乡村集镇。以汉舍、特瓷、宏浪、乐谷、龙尔、恒通、奥美斯、申旺、爱浪、申雷达、丽驰等为代表的二线品牌发展势头强劲，除此之外，还有众多的新兴品牌如雨后春笋般诞生。行业集散的地利；不可复制的销售群体；得天独厚的商业空间；农村包围城市的战略思想，是南安五金水暖卫浴的绝对优势。

三、浙江杭州、台州、温州、萧山新秀产区各领风骚

台州、萧山、温州、嘉兴都有聚集。台州是重要的休闲卫浴、卫浴家私、智能卫浴及五金水暖制造基地，嘉兴平湖、萧山是中档浴室家私及休闲卫浴的制造基地，温州则是重要的龙头及卫浴五金重要生产基地。

温州的主要卫浴企业和品牌包括：鸿升卫浴、劳达斯卫浴、海霸卫浴、鸿威卫浴、奥爽卫浴、意得利卫浴、景岗卫浴、赛唯卫浴、千家乐卫浴、卡贝卫浴等；台州的主要卫浴企业和品牌有：VIVI、欧路莎、埃飞灵、英士利、便洁宝、丰华等。

杭州以萧山的党山镇产业最为集中，当地代表性企业有康利达、舒奇蒙等。

地处长三角华东地区，雄厚的工业基础；居民人均可支配收入和城镇化率位居全国之首，卫浴市场的消费量巨大，单品价格也较其他区域高。以外贸出口型为主，对于国内品牌的塑造并没有足够的重视；大量的代工生产小作坊的存在，直接导致产品质量参差不齐。

四、中山淋浴房订制一枝独秀

中山的德立、丽莎、莎丽、雅立、福瑞、玫瑰岛、朗斯、加枫等一批行业龙头企业在国内已十分有名，目前中山上规模的淋浴房企业有 100 多家，是名副其实的中国淋浴房制造基地。尤其是德立淋浴房的订制模式，引领了淋浴房产业的发展潮流，成为淋浴房发展的标杆。

2009 年 12 月"中国淋浴房产业制造基地"在中山市阜沙镇正式挂牌成立，中山市副市长冯煜荣出席挂牌仪式并作了重要讲话，指出淋浴房产业基地是市镇两级共建工程，是中山继 25 个产业基地之后的又一新力作。标志着淋浴房产业开始成为中山重点扶持的产业。此外，为扩大中山淋浴房产业的知名度，自 2010 年开始，每年 7 月份举办中国（中山）淋浴房产业博览会，吸引了大批客商的关注，有效提高了中山淋浴房的知名度和美誉度。优势：规模优势，经过 20 多年的发展，中山市已具有年产 280 万套淋浴房产品的能力，出口创汇 3 亿美元；品牌优势，目前，中山市拥有雅立、德立、金莎丽、莱博顿、加枫等一批上规模的淋浴房知名品牌企业。

五、江门、开平中国水龙头产业基地，全球有名

鹤山江门卫浴主要集中在开平水口镇及鹤山址山等周边地带，目前聚集了大批以五金水暖为主的卫浴企业，水口镇继 2002 年 10 月被中国五金制品协会命名为"水龙头生产基地"后，2007 年 2 月又被中国建筑卫生陶瓷协会命名为"水暖卫浴生产基地"。水口卫浴涌现出华艺、希恩、迪丽奇、胜发、彩洲等 10 多家水暖卫浴行业产值超亿元的领头企业，金牌、澳斯曼、朝阳卫浴等老字号企业也毗邻水口。目前水口及周边地区聚集了近千家卫浴制造企业，产品由原先的五金龙头向陶瓷、家私等延伸。在完成原始资本的积累后，越来越多的企业将重心转向自主品牌的销售。目前华艺卫浴的整体品牌路线颇有起色。

六、唐山卫浴，中国卫生陶瓷工业的发祥地

陶瓷，是唐山的传统特色产业。唐山陶瓷历史悠久，是中国的北方瓷都，也是我国主要陶瓷产区。据史料记载，早在战国时期就已开始生产陶壶、陶具。至明朝的永乐年间，唐山陶瓷已有一定规模。唐山素有"北方瓷都"之称，生产陶瓷的历史已有数百年，1914 年，中国历史上第一件卫生瓷就诞生在唐山，唐山因此也成为中国卫生陶瓷工业的发祥地。

2009 年唐山卫生瓷产量为 2000 多万件，唐山卫生陶瓷生产企业有 40 余家。主要品牌有惠达、梦牌、华丽、中陶、卫陶等。唐山卫浴目前的特点是以卫生陶瓷为主，配套性产品少，另外一个特点是外销依赖性强，在国内较为知名的品牌目前是惠达卫浴。

七、潮州卫浴以洁具为主，一直是工程及配套商所青睐的重要产区

恒洁卫浴是成长于潮州进而成为全国知名品牌的优秀代表，目前已经进入跨越式发展的阶段，在佛山、开平设有生产基地。梦佳陶瓷是全国最为专业的陶瓷盆生产企业，产品远销海外多个国家和地区，尤其是陶瓷薄边盆的生产制造代表了全行业的领先水平。近几年来，随着潮州卫浴的发展，已经形成了

近千家制造企业，年生产能力接近 5000 万件，主要分布于古巷、凤塘两个乡镇。并且涌现出一大批优秀的卫生陶瓷制造企业，如都龙、欧乐佳、泰陶、欧美尔等。优势：产品性价比高，陶瓷产品产量大，是工程及配套商所青睐的重要产区。

八、河南长葛卫生陶瓷，工程配套产品

2009 年 11 月中国建筑卫生陶瓷协会正式授予长葛市"中国中部卫浴产业基地"称号，这标志着首个国家级卫浴产业基地落户河南长葛。目前已涌现出以远东陶瓷、蓝鲸卫浴、浪迪卫浴、白特陶瓷、蓝健陶瓷、东宏陶瓷等为代表的大型卫生洁具制造企业，快速发展为拥有 71 家卫生陶瓷生产企业的产业集群，年产量达 5000 万件，占据国内中低档卫生陶瓷市场的大半江山。随着城镇化进程及国家廉租房的大量推出，长葛卫浴以高质低价的大众化品牌快速占领市场，进入发展的快车道。

在 2011 年 11 月举办的中部卫浴高峰论坛上，中共长葛市委常委、常务副市长刘胜利表示，为促进长葛卫浴产业的规模化发展，现地方政府已规划了约为 2000 亩的陶瓷工业园，以促进本地企业的产业升级，目前审批已经完成；另外，为促进品牌升级，中原卫浴陶瓷市场建设项目也即将启动。

优势：中部卫浴产业基地，京珠高速、京广铁路穿境而过的地理优势。政府主导卫浴产业提升，销售网络遍布全国各地。不足：市场定位以工程渠道为主，家装零售多在三、四线市场，品牌力不强。

九、四川卫浴有望成就地域性卫浴品牌

四川的家具在全国是非常有名的。成都是我国第三大家具生产基地，"成都造"家具年产值大约为 360 亿元。而浴室柜作为一种特殊的家具产品，在四川同样得到相当高的"重视"，据了解，目前，四川的浴室柜主要集中在成都生产，而成都当地大概有 100 家生产浴室柜产品的企业。但由于发展的时间较短，企业的发展缺乏长远的规划，导致四川的浴室柜在消费者眼中是"低档货"的代名词。据当地的行业人士介绍，现在四川出产的浴室柜，就像当年四川的家具一样，其产品根本进入不了一线城市，但通过进军二、三线城市，走农村包围城市的战略，相信四川的浴室柜产品将有望成就地域性卫浴品牌。

第三节　洁具类产品

一、坐便器（马桶）人类厕所文明的标志性产品

坐便器（马桶）堪称人类厕所文明的标志性产品，坐便器的诞生，完成了人类厕所文明从"蹲"到"坐"的转变，从此开启了浴室文明的舒适时代，浴室产品更多地走向功能与人文并重的新时代。

坐便器（俗称马桶），属于建筑给水排水材料领域的一种卫生器具，是使用时以人体取坐式为特点的便器。坐便器的分类标准很多，可按类型、结构、安装方式、排污方向和使用人群来分类。不同类别的马桶有各自的优缺点，适合于不同的家居情况。

按类型分为连体式和分体式，分体式马桶较为传统，生产上是后期用螺栓和密封圈连接底座和水箱两层，所占空间较大，连接缝处容易藏污垢；连体式马桶较为现代、高档，体形美观，选择丰富，一体成型。

按排污方向分为后排式和下排式，后排式也叫墙排式或横排式，是指其排污方向为横向；下排式也叫地排式或竖排式，是指排污口在地面的马桶。

按下水方式分为冲落式和虹吸式，视排污方向，如果是后排式，要选用冲落式马桶，其借助水的冲力直接将污物排出。如果是下排式，应该选用虹吸式马桶。虹吸式细分有两种，包括喷射虹吸和漩涡虹吸。虹吸式马桶的原理是借冲洗水在排污管内形成虹吸作用，将污物排出，其排污口较小，使用起来噪声小，较为安静。缺点是用水量大，一般 6 升储存量一次用完。

作为卫生间里真正的耗水大户，多数产品节水能力方面还欠缺。新国标《节水型卫生洁具》（GB/T

31436—2015），对于坐便器、沐浴花洒等 8 种产品的节水性能提出了具的体技术要求，而占卫生间耗水量近 7 成的马桶，也被重新定义，其中节水马桶又被分为节水型和高效节水型两类。根据新国标，节水型坐便器单挡用水量应不大于 5.0 升；高效节水型坐便器单挡或双挡的大挡用水量不大于 4.0 升。

《消费质量报》曾报道称，广东省质监局在一次抽查中，对佛山、江门、清远、潮州、揭阳、广州 6 地区 90 家企业生产的坐便器产品共 100 批次进行了检查。监测结果显示，产品抽样批次合格率为 78%。其中，有 11 批次安全水位技术要求不合格，12 批次安装相对位置不合格。不合格项目主要是安全水位技术要求、安装相对位置、吸水率、洗净功能、便器用水量、用水量标识以及防虹吸性能等。

质监部门解释，坐便器的主要部件是水箱配件，其质量和安装状况决定了坐便器的性能。

安全水位包括水箱水位和坑内水位，如果水箱水位不达标，那么将可能导致漏水和浪费更多的水，而坑内水位不达标则容易导致臭气反冲，卫浴间将恶臭难忍。

目前我国卫浴产品中的坐便器从造型和款型上多达几千种，风格大致可分为古典主义、现代主义两种，外资品牌和部分国内一线品牌都有各自品牌的特色款型，TOTO 的诺锐斯特间、巅峰系列、乐家酷玛（Roca Khroma）、梵立钛、凯乐玛（Keramag Flow），汉斯格雅的 Hansgrohe Massaude，科勒的 Kohler Purist，合成的中国石头系列，箭牌的 1262 系列、旗袍系列，法恩莎的飘系列，金牌的幸福玫瑰、蝶舞百合、青花琴韵系列等堪称卫浴产品的优秀代表。

智能坐便器是继陶瓷坐便器之后的又一次厕所文明的重大进步，关于智能坐便器在随后的章节里会有详细的讲解，智能坐便器的诞生开启了浴室文明的健康、人性化时代。未来的马桶节水高性能是便器发展的大趋势，另外消费者的审美观在提高，且这种追求是无止境的。这种美一般表现在款式、造型、品位上。有追求就有满足，马桶行业将为满足这种对美的追求而努力。

二、蹲便器、拖布池以陶瓷件为主，是当今都市文明生活下的公共卫生空间的主力产品

蹲便器是指使用时以人体取蹲式为特点的便器。蹲便器分为无遮挡和有遮挡；蹲便器结构分为有返水弯和无返水弯。蹲便器结构简单（尤其老式的），可以一次成型，成品率高，售价低，在 1960、1970 年代广泛使用。由于其使用的舒适性较差，尤其是年老体弱、腿脚不便者无力保持蹲姿，因而在居民的卫生间中蹲便器已逐渐被坐便器取代。蹲便器在使用中不与人体接触，较卫生，在公共卫生间中还被广泛使用。蹲便器有有挡和无挡之分，无挡的又称为平蹲器。为了方便儿童使用，除了成人型产品外，蹲便器也开发了幼儿型产品，以适合儿童的跨距。

水封隔臭，是一项卫生性要求。卫生陶瓷新标准中规定了"所有带整体存水弯卫生陶瓷的水封深度不得小于 50 毫米"，包括要求带整体存水弯的蹲便器。

另外，洁具类产品中还包括有拖布池，根据材质分为：陶瓷拖布池、不锈钢拖布池。有的拖布池可定制，有的是固定尺寸，主要功能是空间清洁工具的清洁用具。

三、洗面盆——开启卫浴空间"洗"的时代

洗面盆是人们日常生活中不可缺少的卫生洁具。洗面盆的出现将人们洗面的行为基本规范在了卫浴空间。

洗面盆的材质，使用最多的是陶瓷、搪瓷生铁、搪瓷钢板，还有水磨石等。随着建材技术的发展，国内外已相继推出玻璃钢、人造大理石、人造玛瑙、不锈钢等新材料。洗面盆的种类繁多，但对其共同的要求是表面光滑、不透水、耐腐蚀、耐冷热，易于清洗和经久耐用等。

洗脸盆的种类较多，一般有以下几个常用品种：

（1）角形洗脸盆，适用于较小的卫生间。

（2）普通型洗脸盆，适用于一般装饰的卫生间。

（3）立式洗脸盆，适用于面积不大的卫生间。

（4）有沿台式洗脸盆和无沿台式洗脸盆，俗称台上盆、台下盆，适用于空间较大的装饰较高档的卫生间，台面可采用大理石或花岗石材料。目前多用于商业卫浴空间、酒店、公共卫浴空间。

洗脸盆一般开有三种孔，即进水孔、防溢孔和排水孔。为了能将水放满洗脸盆，必须将排水孔堵起来，排水孔一般都附有专用的塞子，现在已经有成套的下水器组件，有的塞子可直接拿开或关上，有的则用水龙头上附带的拉压杆控制。

根据洗脸盆上所开进水孔的多少，洗脸盆又有无孔、单孔和三孔之分。

无孔的洗脸盆其水龙头应安装在台面上，或安装在洗脸盆后的墙面上；单孔洗脸盆的冷、热水管通过一只孔接在单柄水龙头上，水龙头底部带有丝口，用螺母固定在这只孔上；三孔洗脸盆可配单柄冷热水龙头或双柄冷热水龙头，冷、热水管分别通过两边所留的孔眼接在水龙头的两端，水龙头也用螺母旋紧与洗脸盆固定。

智能洗面盆为了配合智能水龙头会针对不同智能功能而特型定制。

洗面盆目前已经不局限在陶瓷材质了，很多的其他材质如亚克力、铝质石、不锈钢、玻璃、石材等都已经大量使用了，近几年由于浴室柜的蓬勃兴起使得洗面盆几乎成为浴室柜的配套产品，立柱盆和艺术盆作为独立的洗面盆具有广阔的市场空间。

四、小便器（小便斗）——男士的小便专属

小便斗是男士专用的便器，是一种装在卫生间墙上的固定物，由黏土或其他无机物质经混炼、成型、高温烧制而成，吸水率不大于 0.5% 的有釉瓷质产品。多用于公共建筑的卫生间。有些家庭的卫浴间也装有小便斗，但用于家庭和公共卫浴空间的款式是有区别的。

（1）按结构分为：冲落式、虹吸式。

（2）按安装方式分为：斗式、落地式、壁挂式。

（3）按用水量分为：普通型、节水型。

小便器作为男士的专用便斗，解决了男士小便的各种尴尬，使男士小便变得更加文明、卫生。

五、妇洗器——女士的卫浴卫生专属

妇洗器是专门为女性而设计的洁具产品。净身盆外形与马桶有些相似，但又如脸盆装了龙头喷嘴，有冷热水选择，共有直喷式和下喷式两大类。

妇洗器功能与加装在马桶上的洗便器不同，主要是为女士清洁私处而设。但是市场对妇洗器的认可度不高，据了解，净身盆未被广大家庭接受的原因主要有四：一是认识的人不多；二是洗手间面积不大；三是价格较高；四是净身盆的安装需要进水与出水管道的配合，旧屋重新装修想要加装比较困难，这也令到一部分有意提高生活享受的旧屋主无法实现梦想。加之由于智能坐便器的出现，妇洗器目前基本退出市场。净身盆的销售一般都集中在星级酒店装修的批量采购，零售量非常小。

第四节　浴室柜——消费者浴室活动"洗"的需求的产物

一、浴室柜的诞生与产品迭代演绎

浴室柜诞生在 17 世纪的欧洲，随着科学技术的发展和制作工艺的提升，贵族和社会上层阶级开始把一些家具的功能和盥洗盆、马桶等结合在一起，还在上面加入镜子等一些实用的功能，并且把盥洗盆做得越来越像柜子。真正意义上的浴室柜便从此诞生了。

在中国浴室柜更是伴随着人们生活水平提高以及对卫浴产品的不断需求发展起来的，是卫浴文化变迁中一个非常重要的品类。它的出现、发展到成熟的系列变迁过程都具有时间短、变化快的特征。虽然

浴室柜在中国的发展起步晚、时间短，但是它的出现却是卫浴时代推进的必然产物，而且越发重要，既有时代发展的烙印，也有消费者意识形态的转变。现在随着卫浴陶瓷、玻璃、不锈钢、人造板材、电子技术等科学技术的发展浴室柜也迎来了革命性的变革。在外观、材料、功能等方面越来越丰富，不断有高科技被运用在浴室柜上。

根据材质和功能的变迁可以将浴室柜的发展分为四个阶段，也可以称为四个品类的浴室柜。第一类型浴室柜：玻璃盆可以说是浴室柜的前生，代表品牌：莱姆森卫浴等。第二类型浴室柜：PVC浴室柜以及实木、多层实木柜，代表品牌：心海伽蓝卫浴、富兰克卫浴、高第卫浴、维麦、尚高卫浴、唯可卫浴。第三类型浴室柜：不锈钢浴室柜，代表品牌：品味卫浴、邦妮拓美卫浴、304卫浴、乐浪卫浴、澳鑫卫浴等。第四类型浴室柜：整体浴室柜，代表品牌：欧风卫浴、法勒卫浴、凯乐美卫浴等。

1. 玻璃盆浴室柜，卫浴空间浴室柜初体验

浴室产品的发展，随着陶瓷坐便器的出现，玻璃洗面盆通过材质的延伸，结合家具的设计理念，发展成为第一代浴室柜。可以这样说，卫浴行业浴室柜的最初模型是以玻璃盆为源头发展起来的。玻璃盆是卫生间引入的一种非常重要的卫浴产品，是卫浴空间的一大突破性的尝试，颜色丰富、款式多变、晶莹剔透的玻璃材质立马让玻璃盆柜在卫浴行业风靡起来，涌现出了莱姆森、格拉斯伦等优秀的玻璃盆柜生产企业，其受市场欢迎程度不可言语。虽然从浴室柜的严格意义上来讲，还不能称其是完整的浴室柜，但是，对于当时急于提高生活品质的人们来说，已经具备了浴室柜的雏形，不过后来随着玻璃盆浴室柜产品在卫生间使用越来越多，缺点也暴露得越来越明显。玻璃盆浴室柜使用时间久了以后的划痕无法消除，让产品的美观度大打折扣；玻璃盆浴室柜耐高温的程度无法和陶瓷相提并论，特别是北方，高温水倒入盆中经常导致炸裂……这一系列问题是玻璃材质无法解决的硬伤，直接导致玻璃盆浴室柜被淘汰，被后来的实木和PVC浴室柜取代。

2. PVC浴室柜以及实木、多层实木浴室柜，功能完善、品种稳定、风格多样

2003年前后，人们对卫浴消费具有了新的认识，也积累了一定程度的购买经验。玻璃盆浴室柜的弊端被市场验证后很快被淘汰。实木和PVC的明显优势很快使其成为浴室柜生产的首选材质。同期另一要素也为第二代浴室柜发展作出巨大贡献：陶瓷盆的多样变化，这些变化丰富的陶瓷盆给PVC浴室柜以及实木、多层实木浴室柜提供了丰富的搭配。实木浴室柜和PVC浴室柜几乎是同期出现，款式和功能几乎一致，唯有材质不同，所以把它们列为同品类浴室柜。实木浴室柜和PVC浴室柜在功能方面得到巨大的强化。外观设计受家具的诸多影响，以风格明显、材质突出以及品质稳定与玻璃盆浴室柜形成了巨大的区别。

(1) 理性功能思考，更加实用。实木浴室柜和PVC浴室柜不单单考虑美观，在功能方面也多了一份理性的思考，添加了更多实用功能设计。比如，增加更多抽屉和隔板以增强其置物功能，增加挂杆也让毛巾找到了一个可以放置的地方等。这些功能的考虑让实木浴室柜和PVC浴室柜更加实用。最具典型的品牌为尚高卫浴，该品牌在设计的时候考虑了更多的使用功能比如隔板的大量使用，增加了漱口杯等小物品的放置；挂杆以及大把手增强了毛巾的放置功能……类似这些功能设计在尚高的产品中随处可见，成为第二代浴室柜在功能方面的典范。

(2) 材质的不断融入以及家具设计的影响明显。实木浴室柜和PVC浴室柜在材质方面加入了很多新的元素，如陶瓷盆的运用，具有玻璃盆浴室柜没有的抗热性，完全避免高温问题；木材、PVC以及多层实木的运用增强其产品的价值感；家具里面的结构、处理工艺以及风格外观对其形成了巨大的影响。还是以尚高卫浴为例，材质上运用典型的多层实木，结合板式家具的生产工艺，让产品在生产方面非常接近家具，另外采用一些特定的玻璃台面，保持产品的个性时尚元素，多元材质运用体现得淋漓尽致。

(3) 风格明显，品质稳定。实木浴室柜和PVC浴室柜基于材质基础上面的可塑造性演绎了诸多风格，

并且个性明显和品质稳定也成为一大显著特征。实木、多层实木以及 PVC 的柜体运用，再结合家具的设计理念，让实木浴室柜和 PVC 浴室柜成为了风格变化最多元的一代浴室柜。尚高卫浴以简约时尚的风格，塑造出小资的卫浴个性，让具有小资情结的消费人群达到充分的释放。

3. 不锈钢浴室柜开启浴室柜时尚冷艳时代

人们使用实木浴室柜和 PVC 浴室柜多年，对实木浴室柜和 PVC 浴室柜优缺点的问题渐渐清晰。其中开裂、掉漆以及变形成为最主要的问题，人们也一直希望有避免这些缺陷的材料出现。不锈钢材质就在如此诉求下被发现和运用到浴室柜生产上。

虽然实木浴室柜和 PVC 浴室柜独霸市场多年地位不减，但是不锈钢浴室柜仍然在 2008 年横空出世，不断在卫浴市场强劲拓展，迅速占领市场份额，瞬间让行业目光聚焦到不锈钢浴室柜品类。当时的发展势头势不可挡，至今记忆犹新。究其根本原因还是因为实木浴室柜和 PVC 浴室柜在市场销售多年，各种材质在卫生间潮湿的环境下弊端显现，消费者定然会寻求新的产品来解决现有实木浴室柜和 PVC 浴室柜的使用问题。不锈钢本身坚固耐用的印象无须包装，直接可以给消费者形成强烈的感官冲击：不怕水、不生锈、耐用等。如果是 304 的不锈钢更是具有诸多优点，完全能够满足消费者的利益需要，瞬间占领消费者的内心。

不锈钢作为浴室柜材料，对浴室柜的发展也具有突出贡献，标志着一种全新的材质在卫浴行业的应用。玻璃、实木、多层实木、PVC 运用多年，不锈钢让浴室柜行业增加了全新的材质，而且在市场上面得到了巨大的成功。今天的不锈钢浴室柜企业遍布各地，佛山、浙江以及福建等省市都有不锈钢浴室柜的生产聚集地。不锈钢浴室柜的发展，打破了第二代浴室柜品牌的格局，成就了一批不锈钢浴室柜品牌。也产生了很多优秀的品牌，如品卫、乐浪、邦妮拓美等代表性品牌。

4. 整体浴室柜（俗称一体柜），整体实用功能主义的全新浴室柜

整体浴室柜已经成为当下最流行、发展最迅速的浴室柜。一体化的盆体和柜体让人们告别了前三个品类盆不易打理的缺点，抽拉龙头实用的洗头功能更是方便，诸多原因让整体浴室柜发展势头一片叫好。整体浴室柜是拥有高靠背一体成型的台盆，抽拉龙头镶嵌在台盆中的一体浴室柜。在使用功能上面是全新的突破，完全不同于前面三个类型浴室柜，是典型的功能使用主义产品，具有很大程度的实用风格。从功能切入角度来讲，整体浴室柜的确是浴室柜发展史上划时代的产品。

中国消费者对浴室柜十多年的使用经验，经历了从无到有，从单调到风格，从注重款式到讲究实用的变迁。人们在长期使用的过程中，慢慢积累了属于自己的经验，玻璃浴室柜的不成熟、实木浴室柜和 PVC 浴室柜的花哨款式以及不锈钢浴室柜的坚固耐用，都没有敌过整体浴室柜在实用功能方面的精心演绎。消费者最终选择了实用功能为最大的利益诉求。第四代浴室柜风靡市场便是最好的证明。每一品类浴室柜的成功，都代表了卫浴文化观念上的变迁以及消费者的认识，当然也成就了很多浴室柜品牌的传奇。

二、浴室柜风格

欧式古典风格，这种风格的浴室柜一般都是以实木为原材料，华丽的装饰、精美的雕花、古典的造型，给人一种高贵奢华的感觉。柜体大多会选用橡木、核桃木等木材，在拉手、水龙头等五金配件上多数选用黄铜之类比较有复古气质的材料，因而欧式古典风格的浴室柜价格都相对较贵，适合用在浴室空间大的家庭，更显得大气。

简约时尚风格，简约时尚风格的浴室柜不追求大，讲究的是精致和实用。它不讲求奢华，也没有精美的雕花，却有着人性化的合理设计，为使用者提供最舒适的使用体验，也为浴室腾出更多的空间。因为追求的是简单实用，这种风格的浴室柜价格相对便宜一些，适合那些同样追求简单实用的年轻一族。

中式传统风格，中式传统风格浴室柜也是以实木为主要材料，却没有欧式古典风格那种复杂的装饰，线条简单流畅，造型古朴，再配以具有中国韵味的花纹图案，很好地体现了中华文明浑厚的文化底蕴。再配合中式装修，更能体现主人儒雅、平和的气质。随着中国传统文化的逐渐兴起，中式传统风格的浴室柜越来越受到人们的青睐。

田园风格，田园风格提倡的是回归自然，在浴室柜的设计上力求表现出悠闲、自然的田园生活情趣。它通过对碎花、花纹等元素的运用，营造出一种清新的感觉。

探索浴室柜风格发展趋势，创新浴室柜的前进方向，就必须思考未来市场浴室柜的主流风格是什么？综合市场调研发现，时下浴室柜发展主流正走向后现代发展方向。后现代作为设计界公认的未来设计方向，其中个性表现、重造型立意、重创新构思等特点，不仅能丰富消费者的眼球，也能推动消费市场的发展。随着以普瑞凡为代表的众多品牌在 2013 年下半年开始进军后现代浴室柜，标志着后现代浴室柜这个产品即将进入飞速发展时期！

三、浴室柜产区遍及全国

浴室柜由于其身份比较"特殊"，所以产地不一定是我们熟悉的几个陶瓷专业产区。目前，国内已经形成了四大浴室柜产区，广东、浙江、福建、成都，而上海和北京原来做家具的工厂由于受原材料和人民币升值等不利因素的影响，生意开始大不如前，因此，它们也开始涉足浴室柜领域——浴室柜成为其扭亏为盈的最后一根稻草。浴室柜的产地分布在全国各地，各自生产的浴室柜产品特点都是不尽相同。

1. 广东省是四大产区中的老大，特点：品牌知名度高、产品质量好、产品附加功能多

广东作为我国著名的陶瓷产区，佛山和潮州都拥有上千年的陶瓷文化沉淀，其行业地位已经得到广泛认可。广东也是最早出现浴室柜的省份，最早的浴室柜企业大约在 1999 年时在佛山诞生，随着佛山浴室柜产业的蓬勃发展，广东各地的新兴产区开始雨后春笋般地拔地而起。广东产区的主要产地有佛山、广州、中山、深圳、潮州、东莞、开平等，是目前国内浴室柜产业链最完善、企业最多、知名品牌最多的省份。有关资料显示，佛山的浴室柜生产企业已经有过千家，这些企业大部分都有浴室柜生产线，一些不生产浴室柜的企业也会以 OEM 形式出产浴室柜。广东其他产地如广州、深圳、东莞，都有不少生产浴室柜的企业。

中山的浴室柜企业规模较大，企业数量在 300 ~ 400 家左右。其中中山某卫浴企业在去年推出了冰箱式的浴室柜，使浴室柜在功能扩展上又迈上了一个新台阶，引起业界的广泛关注。

潮州以生产陶瓷洁具为主。近两年来不少陶瓷洁具企业加入到浴室柜的生产，粗略统计数量有 115 家左右。薄边盆是潮州的特色产品，薄边盆的生产为浴室柜提供了较好的配套产品，使得潮州的浴室柜产品非常有特色。

2. 浙江是卫浴大省

据资料显示，目前，浙江卫浴行业已形成了杭州休闲卫浴基地、嘉兴平湖卫浴基地、温州水暖器材生产基地、台州水暖卫浴基地、宁波水暖器材和卫浴配件生产基地以及绍兴、金华、舟山、湖州一带产业基地六个具有特色的经济发展板块。近两年来，浙江浴室柜行业发展迅猛，产量以几何级增长，新建、扩建浴室柜生产线的企业越来越多。杭州的萧山是全国著名的浴室柜生产基地，杭州萧山的党山镇就有各类卫浴企业 234 家，从业人员 12500 余人，年销售额在 40 多亿元。萧山出产的浴室柜近年来主要是以 PVC 材质为主，随着市场需求的增大，萧山出产的橡木浴室柜也开始增多。浙江浴室柜虽然近年来发展迅猛，但品牌建设却是浙江企业的软肋。浙江的浴室柜产业发展多年，至今还没有一家称得上是知名品牌的企业。浴室柜企业大多数都是通过批发和贴牌走量的方式，没有形成良好的品牌操作，导致浙江出产的浴室柜市场价格比佛山出产的要低 20% 左右。

3. 福建省拥有丰富的产品线，特点：企业规模参差不齐，产品品类丰富

福建的厦门和南安都有浴室柜生产企业。南安以生产五金水暖产品为主的企业很多，都生产浴室柜，尤其是一些大品牌企业。厦门也是浴室柜的重要生产基地。福建是从事水暖卫浴行业人数最多的省份，拥有庞大的销售网络。但除了上述几家知名龙头企业外，其他的企业规模都是很小的。而这些生产企业更多的是为其他企业贴牌生产和专做批发渠道，根本没有品牌建设可言。这也导致了福建产区生产的浴室柜的质量参差不齐。据业内人士介绍，厦门有一家企业在2009年开始做人造大理石浴室柜，是国内第一家做人造大理石的企业，这款产品引起了许多业主和设计师的关注。据笔者了解，福建产区的产品品类非常丰富，有实木、PVC、不锈钢、人造大理石等，足以证明福建人对新产品开发的专注。

4. 四川省主攻二线市场，特点：品牌杂、企业多、规模小

四川的家具在全国是非常有名的。成都是我国第三大家具生产基地，"成都造"家具年产值大约为360亿元。而浴室柜作为一种特殊的家具产品，在四川同样得到相当大的"重视"，据了解，目前四川的浴室柜主要集中在成都生产，而成都当地大概有100家生产浴室柜产品的企业。但由于发展的时间较短，企业的发展缺乏长远的规划，导致四川的浴室柜在消费者眼中是"低档货"的代名词。据当地的行业人士介绍，现在四川出产的浴室柜，就像当年四川的家具一样，其产品根本进入不了一线城市，但通过进军二、三线城市，采取农村包围城市的战略，相信四川的浴室柜产品将会成就区域性品牌。

第五节　休闲卫浴——卫生间"浴"的时代产物

一、淋浴房——让卫生间进入"浴"的时代

在淋浴房产生之前，人们大部分是集中时间在公共澡堂洗澡的，随着人们生活水平的不断提高以及卫生间概念、房地产的转型，使得人们有了独立的卫生间，自然洗澡就可以单独进行了，自然也就对淋浴或与洗澡相关联的产品的需求不断增强。

淋浴房的分类：按功能分为整体淋浴房和简易淋浴房；按款式分为转角形淋浴房、一字形浴屏、圆弧形淋浴房、浴缸上浴屏等；按底盘的形状分为方形、全圆形、扇形、钻石形淋浴房等；按门结构分为移门、折叠门、开门淋浴房等。

整体淋浴房的功能较多，价格较高，一般不能定做。带蒸汽功能的整体淋浴房又叫蒸汽房，心脏病、高血压病人和小孩不能单独使用。与整体淋浴房相比，简易淋浴房没有"房顶"，款式丰富，其基本构造是底盆或人造石底坎或天然石底坎，底盆质地有陶瓷、亚克力、人造石等，底坎或底盆上安装塑料或钢化玻璃淋浴房，钢化玻璃门有普通钢化玻璃、优质钢化玻璃、水波纹钢化玻璃和布纹钢化玻璃等材质。

淋浴屏是一种最简单的淋浴房，它包括一个亚克力材料制成的底盆和铝合金、玻璃围成的屏风，主要起到干湿分离的作用，以保持卫浴间的清洁卫生。这类产品市面上既有固定的规格，也可根据自家卫生间的尺寸定做特殊的规格。

另外还有自动蓄水淋浴房、蒸汽淋浴房、隐形式淋浴房、多功能淋浴房等。

五金配件材质及功能在淋浴房中的作用是非常重要的，淋浴房的五金配件采用的多是铜和不锈钢，型号则是59号铜和304不锈钢。墙夹、铰链选用59号铜，其硬度、柔韧性最好，承载力高，能有效保障淋浴房的性能和使用寿命，尽管成本高，但是使用寿命长。铜配件的电镀层厚度为11微米，并通过24小时酸性盐雾试验，表面电镀质量达十级以上，长期使用表面无黑点、气泡、脱层等现象。

304不锈钢硬度高，承载力强，耐腐蚀性能好，同时美观、高档，易于保养，使用寿命长。而很多淋浴房的厂家，采用的是202号不锈钢，抗腐蚀能力较差，使用寿命受影响，有些工厂为了使202号不

锈钢表面不起锈点而进行表面电镀，质量完全无法与 304 号不锈钢相比。同时因 304 号不锈钢质地较硬而加工难度大，成本高，部分厂家多采用铜电镀配件。

淋浴房组件类：偏心轮 PXL、弹跳轮 TTL、摆动轮 BDL、单摆双轮 DBSL、弹跳双轮 TTSL、腰鼓轮 YGL、腰鼓双轮 YGSL；单轮、双轮、四轮吊挂、鸳鸯挂等。

淋浴房配件类：不锈钢轴承滑轮系列、钢轴承滑轮系列、防锈混合辊轮、五金及塑胶辅助配件。

铝合金框有光银、砂银、哑银、拉丝之选择，可配同色铝合金石基和底盆，玻璃有光玻和蓝玻两种。卫浴设备的造型风格不仅多元且日趋精致，各种不同的浴缸造型、材质表现、洗脸盆的形式变化、莲蓬头的造型、马桶的样式、收纳柜的丰设置等富多样。

钢化玻璃的自爆成为制约淋浴房发展的重要因素，钢化玻璃在无直接机械外力作用下发生的自动性炸裂叫做钢化玻璃的自爆。自爆是钢化玻璃固有的特性之一。合格的淋浴房均采用钢化玻璃，这是基于安全的角度考虑的。如果使用普通玻璃制作淋浴房，玻璃一旦损坏，便会呈大面积、大体积破片，对人体会造成极大的伤害，如割伤皮肤、肌肉、血管等。选用合格的钢化玻璃至关重要，钢化玻璃不论是人为碎裂还是自爆，均可以完全避免上述危害。虽然全钢化会提高自爆率，但爆裂后的碎片大小可完全控制在国家标准的范围内，如果选用半钢化，碎片过大会对人体造成严重伤害。同时，淋浴房玻璃需要五金件夹固，半钢化玻璃由于在坚固程度上明显下降，不但不能降低自爆率，反而在五金件的紧固作用下会增加自爆的可能性。

淋浴房产区分布：

淋浴房作为卫浴业细分市场的产物，发展速度尤为突出。中国五金制品协会理事长张东立给出 2010 年淋浴房全产业链的产值预计可以达到 300 亿元，在一季度出口增长 30% 的情况下，全年行业出口预计将以 20% 左右的速度增长。目前，全国淋浴房企业主要集中在"两省三山"，即广东省的中山、佛山和浙江省的萧山，全国 90% 的产品出自这些地区。可以说，中国淋浴房产业已经进入到了"三山鼎立"的格局，三个产区在产业发展上也各自走出了不同的路。

佛山雄踞中国卫浴产业基地龙头，已是业内不争的事实。依托完善的卫浴产业链和敏锐的市场触觉，佛山的淋浴房产品发展较早。但是在陶瓷卫浴、浴室家具、休闲卫浴等整体实力超强的佛山产区，淋浴房产业不仅未能"一枝独秀"，反倒被陶瓷掩盖了太多的光芒。入选中国十大淋浴房品牌的两家佛山企业，理想是专业淋浴房制造品牌，而箭牌卫浴不仅在整体卫浴产品方面是国内龙头，瓷砖产品也颇具市场影响力。

杭州萧山区的淋浴房产业集中在南阳镇，也是起步较早的一个产区。1990 年代初，南阳镇集聚了几家美容镜生产企业，原先都是从事加工和配套的生产工作。后来纷纷另起炉灶，独立从事整体的淋浴房产品生产。2007 年杭州萧山区南阳镇获得"中国淋浴房之乡"的荣誉称号，产量约占全国的 20%。

与前两者相比，中山淋浴房的发展速度令整个行业侧目。中山全市现拥有一定规模的淋浴房生产企业达 130 多家，约占全国市场的 1/3，产品份额占全国的 70%。中国十大淋浴房品牌中，中山企业占了半数。2008 年中山市阜沙镇被中国五金制品协会定为中国的"淋浴房产业制造基地"。

现代人对品质家居生活要求越来越高，许多家庭都希望能有一个单独的淋浴空间，因此淋浴房自诞生之初即面临着严格的空间限定——即充分利用洗浴空间，将淋浴房与卫生洁具置于一室。与其他卫浴产品不同的是，淋浴房诞生时间特别晚，与其说是从固有产品进化而来，倒不如说是出自一些之前未被发掘的生活需求。正是因为这一非常细微的需求，单纯地制造"玻璃屋子"成长为如今的淋浴房产业。因此，淋浴房自诞生之初即彰显出非常强烈的人文关怀，比如淋浴间的材料选择，基于不同功能的产品开发，无不都是围绕着最基本的人文关怀而展开的。淋浴房产品只是最基本的框架，具有比较大的开放潜力。无论是玻璃颜色、用料选材，或者是简单的推拉门的设计，都能导致令人耳目一新的新产品的出现。

淋浴房与其他卫浴产品最大的不同，在于其不能在流水线上标准化操作。由于不同的消费者家里的卫生间面积各不相同，其对淋浴房要求的尺寸也各异。一款淋浴房的生产，需要搜集顾客不同规格的需求，由终端市场反馈给生产厂家，再由厂家为其定做。这中间产生的流通成本与时间都是非常明显的。

另一方面，淋浴房行业的旧有情况，也使得企业更加注重产品研发的精益求精。推拉门的用户体验，玻璃材料的通透度，合金材料的耐压承重力等都成为企业需要改善的方面。如果说定制化产品将是行业发展的必然趋势，淋浴房产业如今的努力势必为日后的发展奠定坚实基础。

二、浴缸——人们真正体验"浴"的产品

浴缸的分类：

按功能分为：普通浴缸和按摩浴缸。

按外形分为：带裙边浴缸和不带裙边浴缸。

按材质分为：铸铁搪瓷浴缸、钢板搪瓷浴缸、玻璃钢浴缸、人造玛瑙以及人造大理石浴缸、水磨石浴缸、木质浴缸、陶瓷浴缸等。现常用的是铸铁搪瓷浴缸、钢板搪瓷浴缸和玻璃钢浴缸。

近年来，集沐浴与健身为一体的按摩浴缸迅速发展，多用于豪华私人住宅及高级旅馆的豪华客房。缸体较大，多用亚克力材料制作。装有单速水泵/电机、空气传动控制器，可调节喷头（装于浴缸两侧），注满热水后水循环利用，空气从入气口吸进，在喷头处与水流混合，喷头的水和气泡射流不仅有洗浴功能，还有按摩保健功能。按摩浴缸的质量应符合《喷水按摩浴缸》（QB/T 2585—2007）的要求。

由于我国消费者的卫生习惯以及生活细致程度还没有达到发达国家的水平，再加上卫生间的空间问题，人们对浴缸的认知和接受程度都还不太高，这也是浴缸产品大部分的销售还局限在工程以及酒店的主要原因。我们有理由相信，随着人们生活水平的不断提高以及卫浴空间的改善，加之卫生洗浴观念的改善，"淋"时代的进一步发展，必将迎来"浴"的时代。

第六节　智能卫浴——让卫浴进入智能时代

"智能卫浴"是指区别于传统的五金陶瓷洁具，将电控、数码、自动化等现代科技运用到卫浴产品中，实现卫浴产品功能的更加强大高效，提升卫浴体验的健康舒适性、便利性，并有利于节能环保事业建设，是构建智能家居的重要组成部分。坐便器、淋浴房、浴缸、浴室柜、五金龙头都实现了不同程度的智能化，其中以智能坐便器为典型。随着科技的迅猛发展，人们的生活变得越来越便利，家居的智能化水平也在不断提高。在一些国际卫浴品牌的引领下，我国卫浴行业也逐渐进入科技时代。

我国的卫浴产品不断更新，自动化、智能化产品不断出现在消费者眼前，但是很多卫浴企业却忽略了人性化关注这个环节。其实不管是自动化还是智能化，都是以人们的需求作为参考的，其基础也就是人性化。

智能化功能具体体现在卫浴产品中的各个领域。

智能马桶的功能主要体现在集温水洗净、按摩、暖圈、夜光、静音缓降盖板、暖风烘干、抽风及臭氧双重除臭等方面，另外还有部分产品具有娱乐影音等功能。智能浴缸将花洒、手轮、进水整合成一体，产品引入按摩养生、恒温循环、身体理疗等多种技术，让人在沐浴时体验多重享受。智能淋浴房具备蒸汽房功能，将沐浴、干蒸、湿蒸融为一体，实现电子触摸屏的一键化操作。智能浴室柜功能主要体现在：防雾镜，具有美容保健功能，温度、湿度自动检测，温度、湿度、时间、日历显示，提供音乐、视频等。智能龙头主要功能为智能节水、超时保护、方便卫生、智能省电、适应性强，可根据不同的使用环境调整感应灵敏度（范围）等。

影响未来智能卫浴行业发展的关键问题：第一是产品质量，智能电器的生产工艺涉及陶瓷塑料、电子软件应用等诸多领域，在使用上与人体亲密接触，对产品的品质安全要求很高，尤其在使用上，没有技术保障能力的产品存在一定的安全隐患，这种隐患预计会在未来两年内逐步凸显。第二是产品标准，

目前的技术规范以及产业应用，已经不能满足快速发展的消费需求，市场以及产品的研发制造、品质管控都需要一份适宜的高品质标准，以满足消费者对该类产品在舒适、安全、便利等方面的要求，引导产品的高品质、安全健康发展方向，并逐步培养行业的高端制造水平。第三是产品认证，适宜的产品标准需系统的产品检验、认证体系给予维护，给市场明确的信息，引导消费者认可、使用通过科学系统的产品标准检验认证的智能卫浴产品。第四是市场规模，厂家把智能技术作为要价的砝码，价格形成的因素有很多，比如产品的技术门槛、功能、外观设计、售后服务等。当智能坐便器价格高于大多数消费群体的购买水平时，没有市场规模做基础就没有规模效益，对于需要长时间技术沉淀的智能产品来说，实力偏弱的企业在产品开发、品质管理和售后服务上就会减少对市场的影响。

很多智能卫浴产品除了价格虚高外，售后服务质量参差不齐也是阻碍卫浴行业发展的一大不利因素。卫浴产品作为大件耐用消费品，往往需要较长时间方能暴露其存在的问题，加之受到产品库存、施工人员安排等因素的制约，卫浴产品的售后服务往往并非一劳永逸，需要商家服务具有多次性。

有业内专家表示，卫浴行业中的一些小厂商对于售后服务的认识不够，没有对员工进行系统化培训，导致消费者对售后服务满意度偏低。卫浴企业不应把售后服务当作烫手山芋，只有直面产品问题，严查各环节找出问题症结，提供令消费者满意的解决方案，这样才能增强品牌的美誉度，更会赢得消费者对企业的尊重和认可，达到双赢的效果。

1. 智能坐便器主要产区及知名品牌

目前国内高端智能坐便器厂家主要分布在厦门、佛山等地，中端智能坐便器厂家主要分布在宁波、台州、温州、杭州，以及广东的潮州、开平等地。主要生产智能坐便器的品牌有维卫、星星、便洁宝、特洁尔、西马、威斯达等。

2. 智能坐便器统一标准有望 2015 年年内出台

2015 年年初一条热点新闻《中国游客赴日本抢购马桶盖》折射出国人对智能马桶质量的莫名担忧？的确，智能马桶早已进入寻常百姓家，但超多的功能和较高的价格，让不少消费者对其"把握不准"。国内智能马桶存在着众多标准，却没有一个统一标准。

国内标准有《家用和类似用途电器的安全坐便器的特殊要求》（GB 4706.53—2008）、《电子坐便器》（GB/T 23131—2008）、《非陶瓷类卫生洁具》（JC/T 2116—2012）、《坐便器坐圈和盖》（JC/T 764—2008）、《坐便洁身器》（JG/T 285—2010）等；国际标准有《家用和类似用途电器的安全坐便器的特殊要求》（IEC 60335-2-84：2005（Ed2.0））、《坐便器淋浴装置》（JISA 4422：2011）等。

企业采用的生产标准不同，以及各标准的出台单位互相掣肘，是造成智能卫浴市场混乱的主要原因。因此，规范行业标准是智能卫浴产品发展的第一要务。中国建筑卫生陶瓷协会常务副会长缪斌曾在今年3月透露，协会将制定相关的行业标准，争取一年内做完。

据了解，正在制定的《卫生洁具 智能坐便器》标准除了参考原有陶瓷国家标准外，更重要的是融入了电子硬件产品的各项指标标准，打破了陶瓷和电器两大行业的标准壁垒，同时兼顾了智能卫浴产品在生产中的实际情况。该标准在许多技术指标的设置上进行了详细规定。智能马桶区别于普通马桶的关键，在于对智能化的应用，因此《卫生洁具 智能坐便器》标准将在产品的智能功能方面细致规定。例如，该标准要求喷嘴伸出时间应不大于 8 秒；喷嘴回收时间应不大于 10 秒。在水温稳定性方面，要求清洗用水的温度应控制在 35 ~ 45 摄氏度；坐圈的温度要不小于 35 摄氏度且不大于 45 摄氏度等。此外，《卫生洁具 智能坐便器》标准还将在消费者最为关注的安全性方面提出更高要求。例如在电源方面，智能马桶必须具备漏电保护功能，当整机对地短路或对人体漏电大于 10 毫安时，产品的交流供电插座应自动断开；要求用于固定智能马桶的板卡塑料外壳及防潮灌封胶应符合阻燃要求。对于水温过热可能造成的烫伤，该标准将要求生产企业为产品的清洗系统配备自我保护安全装置，当喷水温度达到 48 摄氏度时，产品应自动切断或关闭水流等。

由此可见，《卫生洁具 智能坐便器》将对智能马桶的技术、安全性和节能性等方面进行完善，生产厂家有了统一的标准，消费者也才能买到标准更为统一的"放心马桶"。

第七节　水龙头（水嘴）、花洒及卫浴五金挂件

一、水龙头（水嘴）

水龙头是水嘴或水阀的通俗称谓，用来控制水流的大小开关，有节水的功效。水龙头的更新换代速度非常快，从老式铸铁工艺发展到电镀旋钮式的水龙头，又发展到不锈钢单温单控水龙头、不锈钢双温双控水龙头、厨房半自动水龙头。现在，越来越多的消费者选购水龙头，都会从材质、功能、造型等多方面来综合考虑。

水龙头分类：

按材料来分：分为SUS304不锈钢、铸铁、全塑、黄铜、锌合金材料水龙头，高分子复合材料水龙头等类别。按功能来分：可分为面盆、浴缸、淋浴、厨房水槽水龙头及电热水龙头（瓷能电热水龙头），随着生活水平的提高，能迅速加热的水龙头（瓷能电热水龙头）越来越受到消费者的欢迎，有望成为引领水龙头革命的新主角。按结构来分：又可分为单联式、双联式和三联式等几种水龙头。另外，还有单手柄和双手柄之分。单联式可接冷水管或热水管；双联式可同时接冷热两根管道，多用于浴室面盆以及有热水供应的厨房洗菜盆的水龙头；三联式除接冷热水两根管道外，还可以接淋浴喷头，主要用于浴缸的水龙头。单手柄水龙头通过一个手柄即可调节冷热水的温度，双手柄则需分别调节冷水管和热水管来调节水温。按开启方式来分：可分为螺旋式、扳手式、抬启式和感应式等。螺旋式手柄打开时，要旋转很多圈；扳手式手柄一般只需旋转90度；抬启式手柄只需往上一抬即可出水；感应式水龙头只要把手伸到水龙头下，便会自动出水。另外，还有一种延时关闭的水龙头，关上开关后，水还会再流几秒钟才停，这样关水龙头时手上沾上的脏东西还可以再冲干净。按阀芯来分：可分为橡胶芯（慢开阀芯）、陶瓷阀芯（快开阀芯）和不锈钢阀芯等几种。影响水龙头质量最关键的就是阀芯。使用橡胶芯的水龙头多为螺旋式开启的铸铁水龙头，已经基本被淘汰；陶瓷阀芯水龙头是近几年出现的，质量较好，比较普遍；不锈钢阀芯更适合水质差的地区。

市场上的水龙头，大多都是铸造铜合金，其中含有4%～8%的铅等元素。铅在遇到空气后会氧化，形成一道保护膜。遇水后，这层保护膜会脱落，使铅融入水中，造成铅析出。饮用含铅过高的水会引起铅中毒，不但会影响饮用者的智力增长，还会严重影响身体健康，对儿童的影响会更大。科学数据表明，严重的铅污染，往往危及人的生殖能力、肾功能和神经系统。

随着科学技术及制造工艺的发展，利用不锈钢材质制造水龙头成为可能。不锈钢是一种国际公认的可以植入人体的健康材质，不含铅，且耐酸、耐碱、耐腐蚀、不释放有害物质，因此使用不锈钢龙头不会污染自来水水源，能确保人体健康、卫生。不锈钢水龙头安全无铅，无腐蚀和渗出物，无异味或混浊问题，不会对水质造成二次污染，保持水质纯净卫生，卫生安全性达到完全保证。实地腐蚀试验数据表明，不锈钢的使用寿命可达100年，寿命周期内几乎不需要维护，避免了水龙头更换的费用和麻烦，运行费用低，实现不锈钢水龙头与建筑同寿命。

随着不锈钢水龙头制造工艺在国内逐渐成熟起来，无论是在生产上还是在档次上，不锈钢水龙头都有很大的提升，虽然在国内市场所占份额较小，但正因为其健康、环保、耐用等特点，近几年越来越受到消费者的青睐，逐渐抢占铜质龙头的市场份额。不锈钢材质水龙头已经成为卫浴行业的发展趋势。

目前国内、国外，99%的水龙头都是采用铜材质电镀的。作为已成为世界水龙头生产大国之一，且逐步成为世界水龙头加工大国和出口大国，我国拥有广阔的市场和消费潜力。随着社会经济的发展，不

锈钢水龙头行业在新的形势下也将呈现新的趋势。在"越绿色越挣钱"的"十二五"时代，节能、智能化产品大行其道，只有敏锐洞悉行业发展趋势才能让企业走得稳固、长久。

二、花洒

花洒，指淋浴用的喷头，种类有以下几种。

1. 按形式分

手持花洒、头顶花洒和侧喷花洒。

2. 按出水方式分

(1) 一般式：即洗澡基本所需的淋浴水流，适合用于简单快捷的淋浴。

(2) 按摩式：指水花强劲有力，间断性倾注，可以刺激身体的每个穴道。

(3) 涡轮式：水流集中为一条水柱，使皮肤有微麻微痒的感觉，此种洗浴方式能很好地刺激、清醒头脑。

(4) 强束式：水流出水强劲，能通过水流之间的碰撞产生雾状效果，增加洗浴情趣。

3. 按花洒的安装高度分

(1) 暗置花洒：墙面暗埋出水口中心距与地面应为 2.1 米，淋浴开关中心距与地面最好为 1.1 米。

(2) 明装升降杆花洒：一般以花洒出水面为界定，其距离最好为 2 米。

4. 音乐花洒

随着科技的不断进步，将迷你防水音响集成到花洒之中，可以让人在沐浴中也享受到轻松悦耳的音乐。一些高端的产品还带有蓝牙通话功能。

三、卫浴五金配件

卫浴五金配件从字面上定义，指安装于卫生间的，悬挂、放置毛巾、浴巾、洗浴用品（洗浴用品如：肥皂、洗浴液、洗手液、洗发水、润肤露等美容产品，以及牙刷、牙膏、漱口杯等）的金属制品。大概包含：衣钩、毛巾架、浴巾架、纸巾架、毛巾环、马桶刷、皂网、置物架、牙刷杯、水龙头、淋浴花洒、角阀、软管、波纹管等。

卫浴五金配件产品生产材质主要是：纯铜挂件、不锈钢挂件、铝合金挂件、锌合金挂件。

随着我国在世界上地位的不断提高，全球越来越多的国家开始使用中国水龙头产品，在一定程度上刺激了我国水龙头产品的发展。近几年随着全球经济一体化进程的加快，中国不锈钢水龙头工具加工工业逐步成为世界水龙头工具产业的主力军。一些发达国家尤其非洲、中东等发展中国家对水龙头工具的需求每年以百分之十几的速度递增。水龙头工具是劳动密集型产业，作为水龙头之乡的永康，更是凭借低成本的传统竞争优势，一度成为水龙头工具的集聚之地。

卫浴洁具及水龙头的不断个性、智能化的发展也是很有突破的，目前，节水与环保已成为整个卫浴业的共识。智能卫浴的加入，更是让节水的概念深入人心，也让卫浴节水的技术趋于成熟。

中国水龙头的一个重要产区是浙江，浙江玉环是我国最大的中低压铜制阀门生产和出口基地。产品主要包括铜阀门及配件、水暖器材、柱塞阀三大类，其中铜阀门及配件类占 90% 以上。据当地政府网站披露，玉环现拥有 520 多家水龙头制造企业和 3 万人的产业大军，主要集中在楚门、清港、龙溪、坎门、城关、陈屿等地。近年来，该地区行业技改力度不断加大，产品从过去生产球阀、闸阀、水嘴等近10 个品种扩大到现在的 30 个品种 600 多个规格的系列产品及相关配件，且出口产品能根据不同国家、地区标准生产，已形成从各类模具制作到铜棒加工、锻造、电镀、抛砂、装配、包装等各个环节衔接完整的专业化分工配套协作产业链。

广东基地，大型台资水龙头制造企业是广东省水龙头出口贸易不容置疑的主角，同时另有一批活跃的中小企业聚集在广东开平市水口镇。

我国生产卫浴水龙头、花洒以及卫浴五金的主要企业有深圳成霖、广州摩恩、广州海鸥、肇庆市宝信金属实业、得而达水龙头（中国）有限公司。五家企业均为台资水龙头专业制造企业。这五家企业的出口总额占到广东省水龙头出口额的55%以上。在广东省开平市，有一个与浙江玉环县类似的水龙头制造基地——水口镇。据开平市政府披露，在水口33.1平方千米的地方，密布着468家卫浴配件生产企业，生产感应系列、延时系列、单把系列、双把系列数百个规格品种，从业人员3万多人，派生出一大批为生产性企业提供产前、产中、产后服务的服务型企业。水暖卫浴设备生产需要的任何零配件都可以在这方圆不足7千米的地方采购到。

福建基地，福建主要水龙头制造、出口企业均在厦门、南安。我国最大的水龙头出口企业——路达（厦门）工业有限公司就位于厦门。

第八节　卫浴产品的变革趋势

随着卫浴装饰的应用面逐步扩大，卫浴行业也将迎来新的发展时期，卫浴也正成为装饰行业的宠儿。相关数据显示，2013年奢侈卫浴行业有40%以上的增长，成为当下高端卫浴家装消费市场的热门。同时，人们对装饰材料环保和健康的要求也越来越高，因此，简约和环保就成为了卫浴装饰的发展趋势。在家庭装修中，舒适度与文化感逐渐成为人们越来越看重的要素。而简约风格的卫浴在更大程度上刚好符合了现代人的这些追求，特别是既时尚又奢华的简欧风格，美观又实用，正成为目前卫浴市场的新宠。其中，淋浴屏更加符合简约的特点，因此在装饰市场上备受关注，已逐渐有取代淋浴柱的趋势。

如今，消费者在装修时越来越关注家居健康，尤其是老人和小孩居室的装修，对安全健康的要求更为严苛。因此，与装修最大关联的甲醛释放量已经成为人们衡量家居环保的一个重要指标。甲醛含量低的卫浴将受到消费者的青睐，环保卫浴的选用在未来将会更为火热，相关企业应当解决产品环保系数低、深加工程度低、质量差、消耗高、效率低、集约化程度低、科技含量低、经济效益低的问题。对于卫浴制造加工企业而言，要提供品质优异、环保标准合格甚至达到更高层次的卫浴产品。

《2014—2017年中国卫浴市场调查报告》显示：简约与环保正在成为卫浴装饰的流行趋势。卫浴装饰的发展趋势，应该给相关企业以参考。经销商在选择品牌时，可以根据趋势衡量品牌的可投资性来抉择，才有可能会获得众多消费者的青睐，保障产品销量的增长。

一、整体卫浴将是未来卫浴发展的趋势之一

1964年，东京奥运会时为保证高品质、快速完成大量运动员公寓建造，日本人发明了可以现场装配的整体卫浴。时至今日，日本的SI集成建筑中，有90%以上的住宅、宾馆、医院均采用整体卫浴；在欧、美、澳等劳动力昂贵的发达国家，安装简单、节省人工的整体卫浴也占据着很大的市场份额。早在1990年人们就将整体卫浴引入中国，国内的酒店、医院、船舶、快装房已大量使用了整体卫浴。随着精装修住宅越来越普及，以及产业化、低碳环保住宅的国家政策相继出台，相信整体卫浴一定会进入中国的每一个家庭。

整体卫浴的整体主要在于它的模压底盘是整体的，具有防水防漏的功能。其高成本、可大量复制的特点使其多用于飞机和高档饭店装修之中，这种先进的工艺取代了传统泥水匠贴瓷片装修浴室的方式。这种工业化生产方式是未来浴室的发展方向，就好像十多年前出现的整体橱柜一样。工业化取代手工糊

制是社会进步的必然。

随着设计的发展和完善，整体卫浴有了新的诠释：即在有限的空间内实现洗漱、沐浴、梳妆、如厕等多种功能的独立卫生单元。它采用一体化防水底盘、壁板、顶盖构成的整体框架，并将卫浴洁具、浴室家具、浴屏、浴缸、龙头、花洒、瓷砖配件等都融入到一个的整体环境中。整体卫浴间的底盘、墙板、顶棚、浴缸、洗面台等大都采用复合材料制成，复合材料是飞机和宇宙飞船专用的材料；整体卫浴间中的卫浴设施均无死角结构而便于清洁。总体来说有省事省时、结构合理、材质优良等优点。

因为每个空间不一样，整体卫浴的概念是因境制宜把空间结合起来，密封，它有很多的美感。真正的整体卫浴作为家中最为休闲私密的卫浴空间，最忌讳因为单项卫浴产品互相拼凑而导致与整体环境格格不入。定制卫浴已不再是欧洲贵族独享的特权服务，众多追求完美的中产人士也希望通过定制家具来满足自己的独特欲望。所以说整体卫浴是现代消费新时尚，能实现从生活需求到精神愉悦的双重享受，为消费者提供集洗浴、休闲、保健、时尚、温馨、甜蜜于一体的现代新卫浴体验。由于整体卫浴的市场定位比较高，其对应的客户对产品的品牌要求非常高，可以说是卫浴奢侈品。因此，不是所有的卫浴品牌都适合做整体卫浴，任何一个单项卫浴产品的设计都必须融入一个风格统一的整体环境中，而这就是定制卫浴的根本所在。

二、注重智能健康环保

随着科技的发展进步，卫浴产品的科技含量也越来越高。智能调温的浴缸、智能马桶出现，科技改变生活，为消费者带来舒适新享受。健康和节水是卫浴革命多年来的一个主题。从浴缸到马桶，到小便斗，到浴室柜，各个能够抗菌防污和能够节水的部位和地方都在进行着科技的改变。相信这样的产品才更能迎合广大消费者的心理，兼备抗菌、节水两大功能的卫浴产品将更加出众。拿水龙头来讲，不锈钢将逐步取代铜，这主要是考虑环保与健康。

三、产品研发是卫浴品牌的核心动力

卫浴企业遭遇品牌、管理和终端三大困局之后，该如何解决？我们认为有六大动力可以助力企业发展：研发力、设计力、整合力、管理力、系统力、服务力。其中，研发是卫浴品牌前进的核心动力。

纵观中国制造业或卫浴企业，都是在摸索的过程中前进，也是从模仿到创新的过程。国内卫浴发展的时间不长，目前我们国内很多企业研发的水平和体系还不健全。现有的研发体系内，一部分企业仅仅是模仿、照抄，没有实际创新的东西，一部分则是仅对产品进行研发，缺乏空间创新。还有些企业只是在功能或外观等某一方面作研发，均没有完整的研发体系。

第一，要有市场调研机构，满足客户需求或潜在需求的研发才是有用的。一定要有市场调研的过程，调研产品和产品组合、产品配套、空间、包装、卖点，适合哪些目标群体，以及要符合公司的市场定位、战略定位。以此为前提，围绕未来至少三年的规划方向去作研发。

第二，要有真正的产品。卫浴产品品类较多，要对产品单品类进行研发，把握品牌调性，再作相应的空间风格、外观、功能等产品研发。并且要有持续的计划，使品牌形象具有可持续性。

除了基于消费者需求的研究，国际上一些先进的概念、品质、设备、空间、材料，这些元素也可以成为我们研究的参考对象。目前，国内企业非常缺乏这样的研发，也仍没有意识到研发体系的重要性。

四、卫浴行业进入新常态

中国卫浴行业经过了30多年的高速发展。2014年以来很多卫浴企业一时难以接受生意难做这个现实。虽然大家对市场变化有所预期，但是对于如此强烈的变化还是始料未及。中国卫浴行业作为中国众多制造业的一个细小分支，必然会随着中国经济的大潮，同起同落。目前，卫浴行业也进入了一种"新常态"，这种新常态至少会维持3～5年时间，甚至8～10年，卫浴行业的"新常态"表现为不会有太

大的利好，但对一些企业一定会有剧烈的危机出现。这种新常态下，人们消费回归理性，而且要求越来越高，企业感受到钱越来越难赚，市场的竞争机制相对合理。随着互联网技术的发展，带来了新的销售手段、平台的变化，目的是延长这种新常态的生命力，因为信息化发展让消费者更便利、便捷地了解企业和产品，以前糊弄、欺骗消费者的做法都不灵了，迫使企业老老实实把产品做好，把服务做到位。

2014年卫浴行业的一些企业出现了一些问题，主要表现在资金链等问题上，这些问题既在意料之外，又在意料之中。它的出现不是一两天造成的，而是一个量变到质变的过程。透过一系列的"跑路"、"失联"表面现象，表明卫浴行业出现了新的变化，发展到了转型的拐点。二三十年来，房地产高速发展，大家一哄而上，进入卫浴行业，鱼龙混杂，用俗话说："大风来了，猪都能飞起来。"在这种经济形势下，大家都自我感觉良好，企业的发展势头很不错。实际上，在中国卫浴行业往往不是我们的一些企业做得很好，而是中国的卫浴基础环境以前太好了，让这些粗放型的企业凸显出良好的发展势头。

我们现阶段统计出，中国现有43670个卫浴相关品牌。生产企业有19238家，建材市场有15000多家。按照市场发展的规律，那么我国的卫浴品牌数量可能有90%会消失，生产企业也会有90%的企业退出这个行业，80%的建材市场在未来几年也会消失。从数据上来看这是一个极度残酷的现象。但是市场规律本来就是残酷并公正的。卫浴对于我们来说都是一个新兴发展起来的产业，它必将遵守从无到有、从有到多、从多到精的发展过程。多数的企业会退出卫浴行业，这是常态化。集约化将是常态化，规模化将会常态化，机械化、智能化将会常态化，国家对于环保的高要求将是常态化，生产性企业缺少员工将会常态化，国家对高能耗行业的限制将会常态化，消费者对于品质生活的要求将会常态化，消费者对于服务越来越高将会常态化，互联网"＋"肯定会常态化。

五、把握大趋势，抓牢新机遇

这是一个转变的时代，也是一个最好的时代。新常态下，一切都可能改变。变，并不可怕，关键要看清方向，把握住经济发展的内在规律。新常态是中国经济发展进入新阶段的规律性呈现，是走向更高发展境界的必然历史过程。2015年"开局季"，中国经济增长7%——这是6年来中国经济季度增速的低点，也是遭受国际金融危机严重冲击后的最低值。其实对我们卫浴行业来说也是如此。而所谓新常态，就是今天我们认为不正常的事，在今后就是最正常不过的事了。变革的大潮会将中国卫浴的发展推向一个全新的高度，市场对于卫浴的正常需求并没有发生太多变化，但是产品同质化、供大于求的现象已经出现，低质的竞争是对于社会资源的一种极大的浪费。社会需要净化市场，市场需要净化行业，行业需要进化企业。在这个大净化过程中，一部分有先见之明的企业就成为最终的受益者，其将会得到绝对多数的市场份额。

应用更广阔、更长远的眼光审视中国卫浴行业的发展趋势，趋利避害，顺势而为，步入新常态后的中国卫浴行业前景将更为广阔。

第九章　营销与卖场

第一节　传统营销

1. 渠道困难空前，经销商业绩下滑

延续了 2013 年家居市场的寒冬，2014 年的建材市场从年初开始，就一直被各种"冷淡说"、"寒冬说"充斥着。从 2014 年 3 月份正式拉开终端促销序幕，到"五一"黄金周进入高潮，再到"金九银十"的平稳过关，2014 年的陶瓷建材市场，被一场接一场的活动搅得火热。而全年下来，线下活动已呈强弩之末，大多数厂家、经销商均现疲态。

2014 年下半年，陶瓷建材市场面临空前困难。零售渠道的人流面临断崖式下降。工程渠道因整体经济下行大为减少，但即便如此还是成为争抢的焦点。但在具体执行过程中也困难重重，一般是等工程过半，单单是第一批货行规就要 20% 的保质金，如果工期提前完成，第二批供货的保质金就继续，稍有拖欠，叠加在一起就是 40%。一个工程做下来，利润都没有保质金多也是常有的事。家装渠道，知名装饰公司准入门槛高，佣金点数高，货款月结。小公司合作风险高，不确定因素多。

据行业人士估算，2014 年接近四成的经销商业绩出现下滑。而在业绩下滑 20% 的经销商中，受地产市场低迷这一因素影响比重占到 66.67%。此外，资金影响也占到 33.33% 的比重。

市场不振，促销当道。2014 年终端促销活动的特点是，三、四线城市商场组织的活动和联盟活动依旧是主流，第三方的作用逐渐弱化，一、二线城市则开始回归"商场活动"、"单店或者多店联动爆破"，其他渠道如团购、联盟等第三方活动基本上唱"配角"。

2. 告别"门店为王"时代

"门店为王"时代。随着竞争的激烈，各大品牌纷纷在 1990 年代中后期开始加大对国内市场的开拓，这时原来的稀缺供求关系发生了本质的变化，货源不再稀缺，主要问题变成了同质化的产品如何接近消费者。

于是，终端销售竞争的焦点集中在店面。谁能拿到卖场的好位置，谁的店面大、装修豪华，谁就具备销售的优势。这一时期的营销的极致就是所谓的"大店模式"。

随着卖场的疯狂扩张，门店资源也相对不再稀缺，于是各大品牌纷纷鼓励经销商进行店面扩张，渠道下沉，"旗舰店 + 卫星店"，即"1+N"模式。这一时期的本质还是"跑马圈地"，做增量营销。

但是接下来由于租金、人力成本的不断上升，加上卖场人流的不足等，靠多开店做大蛋糕的做法已经很难持续。于是，行业进入广告促销、活动促销时代。明星签售、总裁签售、小区促销、爆破营销轮番进行。

但几乎一切手段都用尽的时候，大家发现，唯有"品质 + 品牌 + 服务"才是真正的营销利器。而差异化的品牌定位，专注某一细分市场也是品牌的一种活法，"低成本 + 规模化 + 价格战"的打法在新常态下已经行不通了。

3. 陶瓷建材连锁经营成就终端领导者

市场不景气，也正是终端经销商品牌威力彰显的时候。2014 年，陶瓷建材几个领导品牌，即北京的华耐立家建材连锁、远东美居建材连锁、广东深圳的惠泉美居建材连锁，以及杭州的东箭集团等，均

保持稳健的发展势头，继续成为行业的标杆。

到 2014 年，华耐立家的业务遍及北京、上海、广州等 12 个省市，60 多个销区，拥有 1300 多家终端店。"北华耐、南惠泉"之惠泉美居，在广州、深圳、南京、厦门等 19 个城市，拥有 300 多家连锁直营店。

远东美居旗下五家连锁型分公司，在北京、天津、太原、石家庄、包头等城市直营店面 100 多个，集团员工总数 1200 余人。

杭州东箭集团以浙江为根据地，员工近 800 名，辖区内加盟门店达到 100 余家，营业面积约 60000 平方米，是陶瓷卫浴代理商中浙江省内公认的霸主。

4. 终端渠道领导者多元化发展

经过 20 年的发展，华耐仍然势头迅猛，不仅保持了在建材代理经销商领域的绝对优势地位，而且进入到了家居卖场的投资及运营领域。预计到 2016 年，华美立家商业地产项目将扩展到全国 30 个城市，总建筑和经营面积达 1000 万平方米。

在传统的家居建材代理业务板块，华耐立家连锁终端网点覆盖了全国主要的 19 个大中城市，拥有 1300 多家终端店。其网店覆盖率和渗透率在泛家居领域都无人能出其右。在厂商一体坚定理念的支持下，华耐立家同时成为陶瓷卫浴两巨头马可波罗仿古砖和箭牌卫浴等的核心代理商。

另外，华耐在佛山建立统一的采购体系，统筹布局全国业务物流对接。此外，华耐立家还跨入品牌上游，建立"立家"和"唐彩"两大自有品牌。

惠泉美居多年坚守建材行业，业务主要在中国最富裕的华东和华南板块，旗下代理 L&D、欧神诺以及贝朗卫浴等高端品牌。但惠泉也早已涉足商业地产领域，投资运营的项目包括江苏镇江金太阳国际家居广场、惠州市惠泉山宝建材超市等。

远东神华代理的主要家居品牌有法恩莎、箭牌、维卫、欧神诺、L&D 等，多年历练成法恩莎经销商体系里的标杆。远东神华近几年也开始了多元化之路，除家居业务的远东美居建材连锁外，还成立了远东建华工程公司、北京鼎盛骏达公司、张家口煤业等。

5. 渠道下沉亟须营销体系支持

随着城镇化的发展以及市场的外迁，再加上一、二线城市市场饱和度过高，瓷砖企业向着三、四线城市市场扩张是必然的趋势，但渠道下沉，厂家首先需要面临的是如何抢占有限的经销商资源，以及开发之后如何维护好经销商利益，确保资源不流失的问题。

租金、人工等经营成本高企，市场需求锐减，是目前开发经销商最大的障碍。而且开发之后，大多数经销商都代理多个品牌的产品，因此如何维护与三、四线城市市场经销商的合作关系，让他们对产品产生一定的忠诚度，对企业在三、四线城市的发展至关重要。

首先，瓷砖企业要形成自己的品牌文化，只有品牌化经营，才是培养经销商品牌忠诚度最重要的基础。低价及规模化竞争战略，只能透支市场，难以持续。其次，如何保证三、四线城市经销商的利润空间也是关键点。所以，厂家必须通过创新，为经销商提供差异化产品，并且在产品质量、设计上追求极致。同时，严格控制成本，以使产品具有最好的性价比。再次是需要给经销商输送品牌化的经营理念，包括高效实用的销售工具。最后是为经销商开展经常性培训，通过实战培养他们搞营销活动的能力。

可见，厂家要想在三、四线城市市场有所作为，不是像经济繁荣时期那样，经销商加盟后让其定期发货就可以搞定，而是要建立一套从产品、品牌，再到渠道的营销支持体系。对经销商要做到拉上马，还要扶一程，直到其能自己奔跑起来。

6. 同质化终端活动透支市场，难以为继

无处不在的团购、联盟、砍价、明星签售、体育营销等活动反映了许多企业的迷茫与浮躁。因此，

企业在选择活动模式时须立足于品牌的实力与优势，如产品的特性、企业的文化、团队的实力等。

同时，更重要的是企业要制定贯穿全年的品牌活动，长期的坚持会成为品牌的"专属"活动，也是品牌走差异化路线的重要举措。例如，每当提及"世姐签售活动"，消费者、企业便不禁联想到新中源。这便是成功的活动选择与策划。

在终端市场"无促不销"司空见惯，当中接连不断的终端活动，致使终端市场出现"淡季不淡，旺季不旺"的情况，在某种程度上透支了市场。但是，市场需求一直存在，"透支"不是问题，经销商要在活动的不断延续中，抢占竞争对手的市场份额。

常态化的活动让其投入的成本越来越少，因为部分物料可循环利用，人员执行犯错的成本也越来越低，当然最重要的是活动效果越来越好，活动与活动之间可谓是无缝连接。

厂家与经销商不得不举办终端活动，一是为了消化库存，继而盈利；二是为了保持经销商在当地市场的活跃度，稳固其影响力。当然，举办活动可以给厂家、经销商一个引流消费者到店的噱头，一个让利的充分理由。

事实上，在2014年这样的环境下，经销商月度营业额的80%来自活动。如果经销商不举办活动，便不可能"刺激"消费者，也让团队涣散，觉得自己在此没有发展前景，继而流失团队人员。

客观地说，爆破营销之类的促销活动的效应也是综合的：一方面是为了造势，提升品牌的知名度与美誉度，一方面则是抢占更多的市场份额。而小型活动则在拉升销量的同时，磨炼经销商团队，当市场机遇一来，便能马上执行大型活动，抢占更大的份额。

2014年，陶瓷市场低迷，终端销售乏力，企业只有加大"走出去"的力度，利用一定的终端活动刺激市场，并以此拉升品牌影响力与提升销量。目前，"无促不销"成为终端市场的"常态"，但是如何选择合适的营销活动以及如何更好地执行以达到理想预期一直困扰着企业。

7. 市场倒逼业务员素质综合发展

终端市场消费需求不振，品牌竞争白热化，陶瓷企业对业务员的要求发生很大变化，总体上是从"各司其职"到"一专多能"。

以前的业务员的工作多为打款、催货、接待等，他们只要处理好与客户的关系就能完成业绩，但随着行业的变化，企业服务经销商的内容也发生变化，特别在现阶段，市场竞争激烈，业务员不单单要能卖出产品，更多的还要帮助经销商改变经营观念，根据客户的不同要求做好服务。

在变化了的环境下，业务员不仅要会培训、策划，新入职的业务员还要具备CAD、PS的设计能力。因为业务员、导购员也会设计的话，在销售促成的环节上能取得较大的优势。所以，经销商招聘设计系毕业的业务员将成为未来的一个趋势，业务员从推销员演变成家装设计顾问，用专业的知识说服消费者。

此外，业务员是厂家和经销商之间沟通的桥梁，未来的业务员还要能有效权衡厂家和代理商之间的利益，摆正厂家、经销商和个人的利益关系，成为真正的营销多面手。故而，未来厂家营销总部的市场部人员才可能成为企业更加称职的营销人员。

过去，市场部做出相应的营销策划方案，然后交给业务员去执行。现在，市场部人员既是策划者，也是终端活动的实际执行者。

8. "服务至上"理念日益深入

2014年终端渠道的竞争进入白热化。企业在拼产品、品牌，而经销商拼的是"最后10千米"的服务。

陶瓷行业经销商服务的现状是：大部分经销商只有售前，少数做到了售中，而最重要的售后服务，则很少有能按照企业标准落地执行的。导购在向消费者介绍产品优势时，鼓吹得"天下无敌"，而一旦售后出现了问题，就"勉为其难"、"无能为力"。

事实上，完整的销售服务应该包括：售前经销商会向消费者介绍产品优势；售中跟踪物流是否到位，并进行相关协助；售后在铺贴、人员配备、质量问题解决等方面去帮助消费者。

越是在市场困难的时候，经销商的服务短板越是凸显。有实力的经销商会与家装公司合作，做到送货上门，在设计、铺贴等方面做到全方位服务，但一些夫妻店由于人手不足、观念固化，就难以让服务执行到位。

严酷的竞争环境及网络信息平台的成熟，将产品价格打回原形，而品牌建设则非一日之功，投入巨大，于是，竞争的焦点自然转移到服务的增值上。尤其对于瓷砖这样的半成品，送货、设计等服务已经成为了产品销售的必备服务项目。

当前，经销商对消费者服务的强化，还应体现在降低消费门槛及服务的细节上。以往经销商会对成交额度相对较大的消费者进行送货，现在连中小成交额度的消费者也送货到家。此外，用剩退货、计算瓷砖损耗等，未来也将作为服务细节被强调。

对瓷砖品牌总部而言，加强服务的范围更为广泛，其不仅包括了引导经销商对消费者的服务意识，还包括强化厂家对经销商的服务行为。

华耐立家作为中国家居建材流通领导品牌，在服务领域也树立了标杆，包括首创以全程星级导购、设计咨询、产品配套、产品加工、产品送货、安装维护、无条件退换货为标准的7S购物服务体系。

9. 消费者习惯改变令终端促销常态化

近年来，市场的寒冬令陶瓷建材促销常态化。但频繁的促销和业主的消费意识也是相生相克的。以往一些所谓"促销"活动，往往带有一定的"欺骗性"，商家先是提高产品售价，再在此价格的基础上进行所谓的打折，时间长了，消费者对此也已经麻木了。这是上一轮促销潮走到尽头的原因之一。

而近年来，随着终端市场竞争的加剧，商家的生存环境空前严酷，诚信经营、强化服务成为众商家的共识。而网络时代也令消费者更加觉醒。网络购物平台功能完善和应用普及后，消费者在购物前一般都会在网上了解产品价格，所以，当前门店打折促销"不诚信"时，等于是在拒绝消费者了。因此，市场新常态下，商家打折促销也必须动真格，否则根本吸引不了日益稀缺的顾客进门。

以往陶瓷行业终端活动打折处理的往往是库存产品，且较少提供售后服务。现在，厂家往往直接给到消费者最低折扣，而且其中有不少市场热销的产品，且能够为消费者提供满意的服务。这种现象尤其在中高端品牌中常见。当终端促销价不再是先虚高再下降，而是直接给到消费者实惠价，消费者便对促销开始有了全新的体认，开始对打折促销有了信赖感。

10. 告别"大店时代"

新常态下靠零售来养活店面已经成为过去式。曾经在陶瓷行业风靡一时的各种"至尊店"正凸显为一种负担。陶瓷行业不得不告别所谓的"大店时代"。

2014年，因大店难以承受高昂的运营成本，经销商纷纷缩减展厅面积或者"一店多用"，以此来缓和或者转嫁经营压力。

未来随着市场需求的下降，利润的减薄，以及物流、租金、人力等各种经营成本的攀升，超过1000平方米的大店很容易因本高利薄而被拖垮。

按行业人士分析，当下，在各大城市的终端市场，抗风险能力最强的店面大多在300平方米左右，两夫妻再加上由10个左右员工组成的团队最稳定，并且10人中始终有六七个人是核心。

当然，在店面缩小之后，展示方式也要随之转变，充分利用每一块面积，力求用最小的面积，展示最齐全、最精致的产品。同时，在店面的设计上也要下足功夫，努力通过"风格"、"情怀"等人性因素吸引消费者。

11. 授信经营拖垮"私抛厂"

市场的寒冬恰恰是"授信经营"的温床。正常的"授信"经营往往发生在业务繁忙，导致流动资金紧缺的时候，而非常态的"授信"则发生在交易稀缺之际，它的目的是通过"授信"，获得市场机会。陶瓷行业"授信经营"频繁发生的当口都是在行业低谷时期，"授信"的主体多半是没有品牌和常规渠道的"私抛厂"。

也有人将陶瓷行业的"授信"戏称为"反市场行为"。因为交易双方本来应该是平等的银货两讫关系，正常竞争模式下是没有"赊账"这个概念的。但这种"反市场行为"的销售模式却多年来被陶瓷行业利益双方默认且心照不宣地执行。"授信"成为陶瓷企业吸引经销商的重要举措之一。

但是在被认为是"史上形势最严峻"的 2014 年，对于陶瓷企业来说，曾经为其培养了大客户的"授信经营"，由于市场流通不畅，使得其"造血功能"出现障碍。而伴随着陶瓷企业资金出现困局，供应商首先面临着应收账款延期或打折处理，甚至最后直接无法收回。最后引发多米诺骨牌效应，导致厂家资金链断裂。

长期以来，陶瓷厂与供应商的合作模式均是"先发货再打款"，供应商承担着资金风险，而且这种风险除了本身的业务风险，也是为陶瓷厂家分担资金压力。

分析人士认为，在短期内"授信"能帮助企业消化库存、拉升销量，但长期来看，授信无疑加重了厂家的资金压力，并不利于企业的健康发展。尤其是在当下资金压力紧迫的市场环境下，"授信"的弊端显得尤为致命。

2014 年，包括佛山、夹江、高安等多个陶瓷产区，采用授信模式的企业数量在快速增加，因大量授信而致使企业陷入资金困境现象也日益凸显。

12. "爆破营销"从疯狂到失灵

2014 年，销售形势空前紧张，陶瓷行业营销圈流行一个新名词——"爆破营销"。而"爆破营销"最出名的企业之一就是依诺瓷砖。让依诺瓷砖一战成名的就是 7 月 20 日由佛山总部牵头，在西安、大庆、长治、苏州、重庆、郑州、昆明 7 个城市同时落地的"七城联动"营销活动。

活动当日各地捷报频传，创下 7 城 1733 单的佳绩。此次"七城联动"除了保证最优惠的价格外，在服务层面还推出升级服务大礼包，包括免费上门测量、免费设计、免费铺贴指导、免费送货入户、免费上门退补货等。

而在"七城联动"之前，还在六安、苏州、昆明、青岛、重庆、郑州、天津等城市，有策略地组织起一波波单品牌"爆破营销"大战役，所取得的战果屡次刷新当地同行接单和回款记录。

自 2012 年"爆破营销"在家居建材行业兴起以来，一直受到各大企业的青睐，到 2014 年已成星火燎原之势。爆破营销就是活动方集中所有可促进成交的资源，储备大量精准客户进行定点促销。把所有"火药、雷管、引线"放在最好的时间、地点、位置进行集中引爆，通过精准市场客户定位、精准目标区域定位锁定顾客群体，并集中进行轰炸式营销。"爆破营销"最关键之处就是要做好精准客户的储备，俗称"蓄水"。

"爆破营销"等活动是基于厂家产能过剩，迫不得已走上的一条倾销路线，带来的结果是先逼停别人，再逼停自己。可以预见，长期透支明日市场、低价倾销的品牌最终会沦为底层品牌。因此，"爆破营销"难以持续，企业不宜多搞。

13. 终端慎选多元化营销渠道

2014 年，终端市场很多经销商单靠店面的销量已经无法生存。除了经营店面，业务员的精力更多地要花在接各类建筑工程，保障货源，给产品相对稳定的流向渠道。

但每一个渠道既有它的价值，也有它的弱点。所以，如何拓展产品多元化营销渠道成为很多商家要不断探索的问题。除了零售、工程渠道，陶瓷建材多元化渠道还包括小区、团购、超市、设计师、家装公司、泥水工、电商等细分化渠道。

但陶瓷经销商实行渠道细分，一定要结合自身品牌、产品的市场定位，切不可因市场困局而乱了方寸，在实力有限、精力不济的情况下，四面出击，或浅尝辄止，最后导致每一个渠道都做不好。

比如，对设计师渠道的开拓，2014年简一、嘉俊、芒果、大唐合盛、罗浮宫、锐斯等都是积极的参与者。其中尤其以简一、嘉俊为甚。这两家企业开拓设计师渠道贵在坚持，从公司创办初期就确定了走设计师路线。简一通过品牌高度的不断拉升，以及差异化的产品定位，吸引设计师成为渠道合作伙伴，而嘉俊则更多的是通过持续不断的活动在设计师群体树立品牌，以支持其占主导地位的工程渠道的销售。

因此，从这个意义上说，渠道的多元化只是对陶瓷建材整个行业而言，对于单个企业而言，渠道细分之后，还是需要根据自身企业和经销商的先天禀赋，进行差异化的选择。

14. 消费能力弱困扰分销发展

对规模化、低成本发展的企业来说，越是市场竞争激烈，渠道越要下沉，这意味着销售网点要从一、二线城市向三、四线城市，包括地级市，尤其是县市、甚至重点乡镇布局。

这么密集的网点靠厂家自己建设显然还不够，要提高渠道下沉的速度，还需要发挥总代理的优势，让总代理加速向下拓展分销渠道。分销商独立经营，总代理成为区域营运中心，负责仓储、品牌推广、营销策划等工作。

但在发展分销方面，城市总代理目前一般只能向县以下区域发展分销商，因为一些地级城市，甚至重点县市基本也是厂家直接对接，独立发展。

不过，发展县以下地区分销商目前对总代理的困扰也不小。因为县城规模比较小，经济发展方面缓慢，如果产品成本价比较高，本地区能够消费中高档瓷砖的消费者本身非常有限，品牌价值体现不出来，分销商经营就非常困难，这也是现阶段许多总代理发展县级经销商较少的原因。

对于不寄太多希望于县级分销商的城市总代理来说，更多的精力应放在中心城市上，一城多店、多渠道发展模式成为了壮大城市总代理的重要途径。

此外，伴随着高端卖场纷纷抢占三、四线城市，不少总代理在发展分销网络方面更加愿意"跟着卖场走"。卖场在圈地发展之前肯定都会进行详细的市场调查和分析，这样显然可以弥补总代理独立发展分销商对当地市场认识不足的缺憾。

15. 渠道黑马逆袭频频

越是行业整体困难的时候，对强者来说或许更加有机会。当同行胆怯、犹豫、放松的时候，那些敢于大胆投入、强化管理、服务细致入微的企业就肯定可以胜出。

武汉时尚万家家居通过代理浪鲸卫浴，把销售服务做到了极致，一跃成为渠道黑马，短短几年影响力在行业内不断攀升。公司旗下经营浪鲸、生活家·casa、道格拉斯、施朗格、贝朗卫浴等家居品牌，拥有40多家连锁店，全面覆盖武汉三镇各大建材卖场。

南京闵牧工贸有限公司是当下九牧最大的代理商，单以江苏（常州除外）以及安徽少数几个地级市区域的业绩就在九牧卫浴经销商体系中做到了第一。

闵牧工贸建立的管理体系完善，人均产出比也远远优于行业。而且，公司上述成绩是建立在只代理九牧卫浴一个品牌的基础之上的，和其他经销商代理策略截然不同。闵牧和九牧品牌之间已经完全结成"厂家一体"的关系。

16. 增补品牌资源，拓宽市场面

近年来，随着经济收入差距拉大，社会越来越阶层化。而市场的细分导致综合性大品牌需要不断补

充品牌资源，以尽量全方位覆盖市场。

乐华集团从箭牌到安华、法恩莎，通过品牌区隔，覆盖中高端市场。2008年更是代理"纯正意大利血统"的赛维亚，为自己的国际化道路作铺垫。

同样，意大利奢华瓷砖代表性品牌Rex（锐斯）2012年7月携手东鹏瓷砖，在西安设立了国内首家专卖店。这一举动再一次证明：通过获取国际中高端优质品牌来弥补现有经营品牌资源的不足，成为陶瓷卫浴企业拓展发展空间的首选策略之一。

而新近的案例包括：唐山梦牌推出宜来卫浴，贝朗推出安住卫浴，辉煌推出欧联卫浴。这些新推出的品牌均具有超高性价比，属于"逆向补充"。但中宇没有向下补充品牌资源，而是实施品牌上行策略，试图通过旗下具有深厚国际品牌背景的艾格斯顿来抗衡科勒、杜拉维特等高端国际品牌。这种策略属于"正向补充"。

代理商是实现上游厂家与消费者产品销售的重要纽带。强势的渠道代理商在厂家的战略支持下，可通过代理更加高端、齐全、专业、高性价比的品牌、产品，满足消费者更加方便、快捷的"一站式服务"需求。

17. 进口品牌涌现六大"砖家"

在终端市场，普通国产瓷砖的价格为每平方米几十元，而进口瓷砖售价动辄每平方米几百元。这中间巨大的落差，让消费者对进口瓷砖品牌充满神秘感。

早前媒体报道，进口品牌进入中国，也经历了一个"曲折"的过程。比如，一些企业购买国外品牌代理权，产品却是凭空抓来；一些企业买到国外品牌的代理权，但最后不一定卖这家的瓷砖。不少人都是拿着买来的代理权，到南方订货，再回到北方把本土产品当成进口瓷砖卖。还有些企业，虽然拥有国外品牌代理权，却在大量兜售"仿制品"。而做得好一点的也是国外品牌国内建厂，进口砖、国产砖混着卖。

除了把代理权交给中国人外，部分国外品牌也会选择自己进入中国市场。国外品牌自己进入中国市场后的产品生产系统也多种多样。有的除了卖从原产地运来的纯进口特色瓷砖外，也会在中国国内建厂，做些高质量的普通款中国产瓷砖。这样做是为了降低成本，缩短货运周期。

据不完全统计，目前在中国的进口瓷砖品牌数量已接近50个，均走高端品牌路线。进口品牌在中国市场的代理方式可以分为两种：一是由建材公司代理；二是由中国国内知名的本土品牌代理。

而其中，较知名的进口品牌在中国国内的代理商主要为以下六大"砖家"：中山市宾德建材，代理品牌包括道格拉斯、诺华贝尔、普纳尼亚、小飞人、佛罗格斯、金铂莱利、AB瓷砖等；北京世界美生，代理品牌包括美生·雅素丽、希得·美思、五星、皮切奥利瓷砖等；天津市杰富通，代理品牌包括蜘蛛、西姆瓷砖；深圳名家生活空间，代理品牌为范思哲瓷砖；上海莉开实业，代理品牌为加德尼亚瓷砖；北京众信利华，代理品牌为蜜蜂瓷砖——IMOLA陶瓷。

18. "大市场部"位置前移

随着行业发展趋向竞争化，2014年陶瓷行业的人才市场将对专业化人才产生极大需求，除了核心技术人员，需求最多的就是市场策划、创新型营销人才。

为了给经销商提供更为专业的服务，实现共赢，越来越多的市场部工作人员被推向终端，这些人的工作主要是在一线准确把握市场动向，制订本区域促销活动计划，并负责组织和监督计划的实施，媒体称这部分人为"终端推广专员"。

除此之外，为了使工作更为系统，市场部的职能范围进一步扩大，产品开发、设计部等均被纳入市场部，从而形成"大市场部"，并坚决地将其前置到市场第一线。过去市场部在老板眼中是"花钱"的参谋部，现在的市场部不仅会"花钱"，还会"赚钱"，在公司的地位空前提高。

"大市场部"开始崛起，使得市场部人员的薪资待遇"水涨船高"。据不完全统计，目前一些较大的企业市场部人员已增长至数十人到数百人。市场部的职能也从单纯的广告设计、文案策划、品牌推广扩展到终端培训和营销活动落地执行等。

19. 重心继续下移营销一线

随着中国建陶产业生产公知技术的不断成熟，尤其是喷墨打印技术的普及，陶瓷行业的产品品类不断完善，且越来越同质化，加上终端市场需求萎缩，品牌竞争残酷，导致企业开始将工作的重心进一步转向产业链下游终端市场，服务经销商、赢得消费者成为了陶瓷企业工作的主要任务。

厂家服务经销商的中心工作主要围绕以下几个方面来展开：一是强化、增加市场部的功能，将市场部作为终端全面打响促销战的总参谋部或作战部；二是全面开展终端经销商的管理及实战培训工作；三是通过提升经销商的能力，引导经销商告别夫妻店，开展公司化营运。

20. 第三方营销策划机构成气候

由于市场进入"新常态"，终端经销商培训、活动策划落地需要全面铺开，厂家市场部人员虽然迅速扩编，也难以一下子满足全部需求。所以，这便导致了第三方营销及策划培训机构的兴起。

专业的营销及策划培训机构作为活动的第三方，有着丰富的营销活动经验，能把在全国各地行之有效、切实落地的营销模式推荐给企业，并引领厂家和经销商一起策划、执行，并且带来实在的经济效益。同时，活动的执行过程，也是对经销商、厂家人员的一次实战培训。

而通过第三方的介入，可以提供新资源，激活思路，更加有利于提振厂家和经销商团队的精神状态，在目标指引、士气激励、执行细节等各方面做得更加专业。

目前，活跃在陶瓷行业的第三方营销策划及培训机构主要分为三大类，第一类是以培训为主，同时兼顾咨询及活动项目；第二类则是以咨询为主，同时协助企业制订战略，举办新品发布会、招商活动等；第三类是以活动为主，包括总部开业庆典、新闻发布会、招商会及经销商终端爆破活动等。

第三方机构最开始都是在为企业总部服务，2014年开始逐渐向市场终端延伸。现阶段，合作模式大致分为以下几种：一种是与企业总部的合作，另外一种是与市场终端的合作，其中有些终端直接由企业总部支持。但未来，第三方机构向终端渗透是一个必然趋势，因为服务企业总部的容量和空间有限，相比较而言，服务市场终端的空间更为广阔。

尽管目前第三方营销策划及培训机构处于发展的上升期，但是它们之间的竞争已经异常激烈。由于活动模式彼此接近，加上活动泛滥，导致总体成效不如从前。导致一些初学的厂家在掌握相关知识和经验后直接自己介入终端爆破活动。

21. "品类战略"受热捧

简一聚焦大理石瓷砖单一品类的成功，引发陶瓷行业广泛追捧。"品类战略"也很快成为全行业的一个热词。

里斯和特劳特在《22条商规》中首次提到了品类营销这个概念，品类就是用概念在原有的产品类别中或在它的旁边，开辟一个新的领域，然后命名这个领域；把你开辟的新领域作为一个新品类来经营，把自己的产品作为这个新品类的第一个产品来经营，首先在自己开辟的市场中独占独享，这就是"品类战略"。

"品类战略"是市场需求多样化趋势催生的结果，特别适用于中小企业切入市场时期，集中资源，搞单点突破。对于老牌企业"品类战略"的存在更多的是一种警醒作用，这些企业需要躬身自问，自己的战略规划是否符合未来专业化的发展趋势。

简一大理石瓷砖从2009年开始立足消费者需求，找准石材市场与瓷砖市场的空隙，从生产工艺上提高产品价值，将陶瓷的部分应用功能成功切入石材领域。而且，简一大理石瓷砖定位高端消费人群，确立设计师渠道，重金投入品牌推广，这个过程就是"品类战略"从制订到落实的过程。

"品类战略"是个系统工程，需要企业在产品、品牌、营销、管理、人才等五大系统的支撑，后发展企业如果盲目跟风，或仅仅是学整体战略当中的某一个部分，则往往难以奏效。

22."明星签售"逐步淡出

陶瓷行业大规模开展终端明星签售活动的是金意陶。2011 年，金意陶明星与总裁签售活动 35 场，2012 年 55 场，2013 年 70 多场，2014 年 80 多场。每一场活动金意陶均是在结合业主的消费习性、区域市场特征进行调整，不断深化。从最初集中在一、二线大城市，到后来下到县级市场做活动。

明星签售活动带来的好处，包括集聚人气、拉升销量、提高品牌知名度、培养团队等，它打消了经销商观望、怯战的态度，敦促经销商跟上企业发展步伐。金意陶明星与总裁签售活动取得成功的关键是系统化操作，在活动举办前精心布局、循序渐进地开展。

不过，由金意陶 2011 年掀起的明星签售热潮，到 2014 年下半年开始出现退潮迹象。由于邀请明星的同质化，加上费用投入大，效果却不如从前——过去做一场活动的成交量比平时要高 100% ~ 200%，而现在一场活动比正常情况的销量只高 10% ~ 20%，因此，许多经销商开始持观望态度，表现得不那么积极。预计，此后这一营销模式会逐步从陶瓷行业退出。

23. 东鹏洁具开创"高铁营销"

2014 年，东鹏洁具与华铁传媒展开合作，正式推出"东鹏洁具号"列车推广活动，车内头巾广告、海报、视频广告，全面覆盖京广、京沪、沪深、京哈等重点线路，辐射全国数百个大中小城市。"只愿回家浴上你"、"好马桶、东鹏造"、"时尚柜族、收纳幸福"等传播主题给终端留下了深刻印象。

适逢四年一度的世界杯盛会，7 月底东鹏洁具品牌形象人偶小 P 将在列车上下门外侧月台上迎接旅客的登入，旅客上车前扫一扫东鹏洁具官方微信的二维码并添加成功，即可获得东鹏洁具品牌形象人偶小 P 送出的可爱清凉礼物一份。

与此同时，东鹏洁具首开行业先河，通过多场高铁互动活动，与乘客进行现场交流。官网、微博、微信、行业媒体、大众媒体多轮报道推广，同时配合招商宣传，实现高密度、高广度、高长度的集中造势，东鹏洁具品牌知名度和影响力得到极大提升。

随着消费群体年轻态趋势的日益明显，东鹏洁具将以 young 作为品牌推广主旋律，传递青春、时尚、正能量主张。而高铁人群平均年龄为 34 岁，其中 25 ~ 35 岁占比较高，此年龄段正好吻合东鹏洁具的目标市场定位。

未来，东鹏洁具将会进一步加大"高铁营销"的力度，候车室一体机刷屏，进出站 LED 大屏，车身海报、视频、头巾等点面覆盖，重点布局一、二线城市，辐射三、四线城市，真正形成营销传播闭环，以达到品牌宣传、城市招商、终端销售等多重效益。

24."娱乐营销"热度依旧

2014 年，陶瓷行业的娱乐营销热度依旧。8 月 24 日，东鹏瓷砖·洁具携手中国陶瓷城巨星签售演唱会在佛山举行，中国台湾人气乐坛信乐团和韩国明星米娜高调助阵。

瓷砖产品在消费者心目中往往是冷冰冰的。东鹏研究发现，消费者对产品附带的情感诉求是很强烈的。娱乐营销让东鹏带上了"情感密码"，更加有温度，更容易被消费者接受。

除了举办明星演唱会，东鹏还启动了与央视等主流媒体的密切合作，前后与"黄金 100 秒"、"开门大吉"、"食尚大转盘"、"《星光大道》"等央视热播栏目开展合作，以节目结合终端做线下活动，在更高的娱乐平台上尝试瓷砖品牌传播。

本年度其他陶瓷卫浴品牌成功牵手娱乐体育节目、明星的，还包括罗马利奥瓷砖与杨威、王励勤、赵蕊蕊、仲满、李珊珊、胡妮等世界冠军的合作；金牌卫浴借助湖南卫视《爸爸去哪儿》节目的影响力，开展了"田亮中国行"活动，在终端进行产品推广，引燃消费者的狂热情绪。

25. 全系统支持大营销战略

从 2014 年开始，陶瓷行业已经进入到第二个发展阶段，也即 2.0 时代。简一大理石瓷砖认为，在新的发展阶段，企业经营在根本上要靠品牌来抢夺市场和消费者的心智，靠创新来建立自己的核心竞争力并获得附加值，要靠精细化的系统运营来提供后台保障。

2014 年，欧神诺陶瓷首次提出覆盖"大生产、大仓储、大研发、大产品、大配套、大财务、大云商、大行销、大保护"等九大方面的"大营销战略"。其核心是"大研发系统"支撑下的"全产品"体系，坚持抛光、抛釉、瓷片、抛晶、仿古多管齐下，并不断推陈出新，在巩固高端市场地位的同时，以品牌延伸拉动了中低端市场份额。

"大营销战略"正在铸就新的欧神诺。2014 年度，欧神诺陶瓷业绩增长 36%，比去年高出 4 个百分点，创下了自 2008 年以来连续 8 年增长率超过 30% 的营销神话。国内经销网点已覆盖了 90% 以上的县级市场，专卖店达到 1000 个。

在"大营销"阶段，商家也必须由"传统促销"向"系统促销"转变，才能在"促销大战"中掌握先发优势。"传统促销"的思维是建立在"经营的点"上，属于低层次的运作。在"传统促销"中，商家被厂家引导，是一种被市场形势压迫的应付之举。"系统促销"思维建立在"经营的面"上，需要站在全局的高度，结合自身的经营特点规划促销、主动促销。

26. 设计驱动营销

2014 年，简一大理石瓷砖"终端设计营销系统"日臻完善。简一成为陶瓷行业设计师渠道坚定的领导者。简一将自己定位为建筑室内设计界最具价值的伙伴之一，继续积极赞助参与全国各地设计界盛事，致力推动设计界的繁荣与发展。

2014 年 12 月 5～7 日，"简一大理石瓷砖世界珍稀石材库鉴赏暨粤派美食之旅"在广州设计周惊艳亮相。

2014 年 12 月 5 日晚，设计师年度大戏——"春晚"，简一大理石瓷砖独家冠名，通过"2014 设计师春晚"的舞台，展现了中国设计势不可挡的力量。

简一大理石瓷砖也是 2014 中国室内设计年度评选·金堂奖全球战略合作伙伴，助力设计师成长。

从 2013 年开始，嘉俊陶瓷全面深化与中国建筑学会室内设计分会（CIID）的战略合作关系，成为中国建筑学会室内设计分会 2013～2015 年瓷砖类唯一战略合作伙伴。2014 年 3 月，中国建筑学会室内设计分会特别授予嘉俊叶荣崧董事长荣誉顾问称号。

2014 年嘉俊陶瓷还与《陶城报》、华夏陶瓷网等建立了长期战略合作伙伴关系，携手在全国终端市场巡回开展多类型、多形式的设计师活动，搭建起嘉俊与设计师的交流合作平台。

27. 代工企业向品牌商转型

随着市场形势的改变，越来越多的代工企业开始意识到，代工业务很难为企业在未来赚到更多的利润，于是转变企业发展战略，创建自有品牌成了他们的新选择。而天弼陶瓷就是一个典型的案例。

天弼陶瓷是一家拥有 13 年生产经验的老企业，在自由品牌发展道路上的探索一直时断时续。2014 年年初，天弼陶瓷再次启动并加强了自有品牌的建设。

在整个制造业的产业链中，代工处于产业链的最底层，利润最低。一家代工工厂想要从代工业务中牟利，最有效的方式就是以量取胜。如果数量上不去，那么代工很可能会成为一笔赔本买卖。

随着这些年的积累，他们开始逐渐建立起了自己的渠道和资源，恰巧他们生产的个别产品又不太适合批量代工，所以他们选择创建一个属于自己的品牌，将这些不太适合做代工的产品推介出去。

尽管天弼 2014 年发展了自己的品牌，但是目前并没有放弃自己代工业务的打算，因为这项传统业务还在带来利润，而且仍占有一定的比重。天弼的想法是不要将企业的命运全部交到别人手中，而创建自有品牌，就是将一部分命运掌握在自己手中。

在天弼陶瓷品牌创建初期，代工业务的产品产量与自有品牌的产品产量的比例是 7:3，现在这组数字已经变成了 5:5。从比例上的变化可以看出，创建自有品牌这条路上，天弼陶瓷已经初见成效。

创建自有品牌以后，企业的整体氛围变得更加自信了，因为有了自己的品牌和渠道网络，未来的战略推进有了更稳健的基石。过去天弼陶瓷是乘船过河，现在试着造船过河，让自己多一种选择。

28. 国际化品牌战略启动

2014 年，简一品牌化经营战略更加坚决，成功启动了中国陶瓷企业的新一轮国际化战略。

简一大理石瓷砖"立足高端、深化运营、系统配称"。为宣传推广品牌，简一大理石瓷砖遵循"推广在前，销售在后"的原则，通过多渠道进行品牌建设，针对高端客户人群，锁定央视、机场、高铁站等传播渠道全面传播，同时进行网络媒体、地方电台、杂志等的立体宣传。

9 月 15 日起，简一大理石瓷砖品牌广告《国王驾到》即将在英、法、德、美四大国际级机场及世界金融中心纽约时代广场同步上演。成为建陶行业乃至整个泛家居领域，在国际市场进行品牌宣传最为"大手笔"的企业。

在整个国际化战略实施过程中，简一首先是从早期传统欧洲市场向全球综合性市场转型。近几年，简一在这一转型方面已经取得了比较明显的进展。欧洲市场曾经是简一最核心的市场，而最近几年亚洲市场，特别是亚洲市场中的中东、东南亚的增速是非常快的。另外，北美、澳洲、南美市场也开始布局。

其次，简一自身发展中一个很重要的使命——就是从仿古砖向大理石瓷砖转型。自 2009 年简一向大理石瓷砖领域转型以来，"大理石瓷砖"这一品类已经被国内市场所广泛认同与接受，但国际市场对于"大理石瓷砖"的了解还不够深入。

这样，在欧洲三大机场进行品牌宣传，目标指向性就很明确，简一就是要让国际客商对"大理石瓷砖"这一品类有更新的、更深入的了解。简一要实现"国内一流、国际知名"的企业愿景。

29. "全省联动"新营销模式

各地经销商的禀赋不同，承接厂家安排的终端促销活动的能力也不一样。因此，过去终端促销活动多半因地而异，难以统一进行。2014 年开始，除了火热开展总裁、明星签售、总部团购、公益营销等已有模式下的促销活动之外，冠珠陶瓷启动了"全省联动"这一新营销模式。

2014 年 10 月 18 日，山西省联动首创"冠珠疯了"模式，单场活动签单超 3000 单；2014 年 11 月 30 日，冠珠陶瓷团队全力以赴，在秦川大地逆市飘红，斩获了近 2000 个订单的优异业绩；2014 年 11 月 29 日，广西壮族自治区联动延续"冠珠辉煌"，在广西创造建材双十一的钜惠奇迹；2014 年 11 月 22 日，云南省大理单城联合分销商，单点超 500 单。

目前，冠珠陶瓷"全省联动"已经发展成为一种成熟的模式，其核心是通过最大限度的爆炸性宣传和资源整合，帮助经销商在逆境下突出重围、抢占市场。

30. 东鹏布局整体家居"三级跳"转型

无论是从用户的便利性，还是从成本和环保的角度考虑，整体家居都是大趋势。

2014 年，国内家居建材领域兴起一股"大家居"浪潮，例如，大自然、圣象等地板企业，现已开始全面布局木制品相关领域，定制木门、衣柜、橱柜等，有的甚至还通过资源整合，把触角延伸到窗帘、壁纸、灯饰等家居的各个领域。

对于家居企业来说，由于很多不同品类的家居产品面对的其实是同一群消费者，整体家居可以让家居企业在面对同一消费者时，实现销售和服务网络价值的最大化，进而提高产品的性价比和竞争力。而对于消费者来说，整体性消费带来的是协调统一的设计风格、高性价比的产品和省心的整体售后服务。

顺应"整体家居"的趋势，东鹏2014年提出转型发展的"三级跳"战略：即东鹏要实现从卖瓷砖到卖空间再到卖整体解决方案的发展，实现企业从生产制造为主到提供整体家居服务为主的转型升级。

所谓"卖瓷砖"就是东鹏此前在瓷砖领域的专业化策略，即通过优质的瓷砖产品来树立东鹏在家装领域领先的品牌形象。而"卖空间"则是通过不同产品的组合为客户营造好的空间体验。比如说，立足于东鹏现有的产品线，打造让用户满意的厨房、卫生间的空间布局。而7月25日，东鹏控股（03386.HK）旗下全资子公司东鹏洁具收购美国艺耐62%的股权，就是东鹏布局整体家居下的一步重要的棋。

东鹏下一步的战略重点，就是要实现从"卖空间"到"卖整体解决方案"的跨越。卖整体解决方案就意味着东鹏要向用户销售的不再局限于自己的产品，还包括诸如橱柜、家电、灯饰等整体家居空间可能涉及的东西，都可以通过资源整合的方式在东鹏的平台上实现一体化的销售和服务。

届时，东鹏就不再只是一个制造企业的制造品牌，更是一个提供设计、采购、装饰一条龙服务的装饰材料和装饰服务的整合者。相应地，东鹏也就从一个以制造为主的企业转型为一个以提供服务为主的企业，从家装材料品牌转型为综合的整体家居品牌。

第二节 电商

1. 经营全流程互联网化是陶瓷电商基础

2014年，陶瓷卫浴电子商务的可行性受到行业更广泛的关注。但整体上，陶瓷卫浴电商还处于尝试或试错阶段。相对而言，卫浴产品对接平台电商较容易，而陶瓷企业更加困难。目前，互联网对于对陶瓷企业来说更多的是宣传推广和品牌传播的渠道。

经过两年多实践的证明，陶瓷企业要完全实现网销还存在一定的难度，而这也是由瓷砖产品的特性决定的。瓷砖作为半成品需要设计、铺贴的二次加工。发展电商渠道首先面临的第一个问题就是物流，中国粗暴式的物流运输会使得陶瓷产品在运输过程中产生损耗。瓷砖属于超重物品，附加值不高，单件运输成本偏高，做电商毛利率低。

但是，未来陶瓷行业不排除线上线下相结合的发展模式，即通过互联网进行推广，将消费者邀约到实体店面进行体验式消费，这就是所谓的O2O模式。

电商既需要厂家和经销商在线上线下共同发力，也需要处于前端的经销商和处于后端的厂家在业务流程上完全整合。相比陶瓷行业，电器、日用品等行业ERP系统应用得更加成熟。目前很多陶瓷企业的管理系统还是比较粗犷，对产品排产、仓储、发货等均没有数据的分析，容易导致产销不平衡，库存积压。当前，90%的陶瓷企业还需要经销商通过电话到厂家查库存，在行业内也只有少数品牌的库存查询、下单排产等运营体系完全互联网化。

一个完整的ERP系统能及时、准确地掌握客户订单信息，经过对数据的加工处理和分析，可对市场前景和产品需求作出预测。同时，把产品需求结果反馈给生产部门，并及时收集、分析用户反馈，指导产品研发。而这种企业管理的互联网化，才是发展陶瓷卫浴电商的基础。

2014年，陶瓷企业中开始全面导入互联网思维、工具和方法提升经营效率的是欧神诺。过去10多年，欧神诺在品牌经营上赢得先机，这次又在产业互联网领域引领潮流，包括启动企业互联网化经营、推动营运模式变革、从产品驱动走向客户引领、从流程驱动走向数据驱动、从延时运行走向实时运行。欧神诺还加紧推出"欧神诺在线"，导入互联网大数据技术，构建全新的陶瓷建材价值业务链以及产业生态圈。

2. 自建电商平台不容回避

在陶瓷行业企业冒进电子商务领域，最致命的是"半成品"与重货的特性问题被忽略，还有就是终端服务、全国统一价、与传统经销商利益冲突等问题也被轻视。

而从逻辑上来说，陶瓷企业探索电商模式的过程就是化解道路障碍，再有针对性地解决问题的过程。面对阿里、京东等平台电商，陶瓷企业只有"对接"的份，网上开店便宜，但购买流量很贵，以致网店的运营成本可能不比实体店低。所以，通过平台电商开网店赚钱实际上也是赚辛苦钱。

在这样的背景下，自建电商平台就成为企业电商战略的必然选项之一。企业自建电商平台的具体操作思路是，总部以独立服务器的大网站和 APP 形式自建网络销售平台，销售平台功能和结构类似于淘宝和天猫。同时，网站以 IP 分流的模式分配给终端经销商自主运营、同城销售，不同区域互不影响。线上价格由各区域经销商自己定，线下服务由经销商团队自行完成。

这套模式解决了与经销商的利益冲突问题，包括全国统一价、物流和线下服务等问题。接下来，经销商可自己在线下结合微信、二维码等网络营销工具进行有效的推广活动，从而提升平台流量和关注度。

在系统分工上，总部负责网购销售平台的建设及维护管理、负责网购平台销售人员的技术培训、负责销售平台的线上推广；经销商负责销售平台的线上销售、线下服务、线上销售团队建设，以及通过本地化的推广增加平台的关注度，提升平台的流量。这样，总部与经销商密切配合，共同实现企业的商务电子化。

3. O2O 成为陶瓷建材电商关注重点

对于陶瓷建材行业来说，O2O 是 2014 年的一个热词。O2O 的优势在于将线上与线下商务完美结合，便于接单、交易、发货、全程跟踪、资源整合。

尤其是通过 PC 商城、移动端的微商城、门店导购 APP、产品二维码和消费者微信的无缝连接，消费者从搜索到发现自己有需求的商品或者服务，到交易和购买，再到交付使用商品与服务，直到最后消费、分享，形成了一个完整的端对端的体验。

开启 O2O 交易平台，不但能够实现对商品、库存、订单数据、顾客信息等全部资源的把控，同时把网店与实体店完美对接，让消费者在线上享受优惠价格的同时，又可享受线下贴身、配套的服务。

此外，对于传统的陶瓷卫浴生产商，实施 O2O 战略面临着如何将网络订单与工厂生产结合起来、如何重新规划经销网络、如何了解并服务好网购用户等诸多难题。当前，由于一些传统生产商初入网络，对于网购用户的消费习惯并不了解，所以需要在吸引流量、如何陈列产品图片、如何培养"店小二"、如何将网上订单平稳地转化为生产等方面进行密集的培训。

实施 O2O 平台战略的前提之一是，首先厂家要平衡好经销商的利益。如在品牌商城实行城市分站点产品陈列、标价，各个城市间页面信息进行区隔、屏蔽，以维护各城市区域内线上和线下相同的独立价格体系。同样，经销商也应该积极求变，跟进形势，这样才不至于沦为渠道变革的牺牲者。

传统渠道模式的缺陷已经凸显，层层代理的流通体制，加上大型卖场不断上涨的租金和劳动力成本，导致产品在终端市场的竞争力下降，而相对于互联网产品价格的不透明又让消费者失去信任。在此情形下，O2O 电商渠道就成为陶瓷经销商无法回避的战略选项。

4. 移动互联新营销模式萌芽

正当新常态下传统营销似乎走到尽头的时候，基于移动互联网兴起的 2.0 电商时代来临。

移动互联网的出现一下子抹平了消费者与品牌之间的信息鸿沟，消费者猛然间发现原来产品与他们之间隔着如此多不必要的渠道。移动互联网可以让产品信息直接便捷、低成本、快速传递到消费者手里。

2.0 电商时代有 6 亿多潜在的活跃用户，微信的分享、商业化将成为移动互联网时代"流量的入口"，用微信就可以开"微小店"，在朋友圈、微信公众号可以近乎零成本地开展品牌传播。

一方面，传统营销手段的潜力有待发掘，另一方面，新出现的移动互联营销则成为等待开垦的处女地。2014年，在泛家居行业流行的"二维码＋公众微信号＋WAP站点"的方式，让陶瓷卫浴企业更加便利地参与到移动营销热潮之中。

相比较传统的营销模式，移动网络平台的优势是显而易见的：

首先，产品展示海量化。企业销售的所有产品，包括详细的产品信息都可以置入到平台之中，不管是产品数量还是产品介绍方面，都突破了传统的营销模式，而且不用担心导致窜货问题。

其次，客户查询便捷化。在传统的营销模式中，客户如果对某款产品中意，需要带着店内的宣传册，有时候部分产品甚至连图片都没有。现在通过这一平台，再加上智能设备的普及，顾客可以随时查看相关的产品信息。

再次，信息沟通零距离。利用WAP站点展示产品信息，同时还可以通过公众微信自带功能及时发布相关的信息，例如新品、优惠产品等，摆脱了传统的电话通知，且更容易为客户所接受。

最后，电子商务全天候。移动互联时代与PC时代最大的区别，就在于其365×24小时的场景销售。只有进入移动互联网时代，全天候、全时段的资讯交流与商务才成为可能。

5. 经销商"触电"面临前后夹击

面对电商对建材家居行业的正面冲击，一些传统经销商担心可能成为厂家直营电商模式的牺牲品牌。但也有经销商面对可能的挑战选择主动出击，它们在厂家布局电子商务的时候，自己一点也没有闲着。

比如，陶瓷卫浴渠道领导品牌远东美居的计划是，以远东美居在全国的上百个品牌旗舰店为依托，以电子商务网站为支点，构建一个全新的"1+N"的商业运营模式。

目前，天猫、京东等B2C平台电商存在两种模式：一种是品牌旗舰店的直营模式，另一种为品牌专卖店的代理模式。

远东美居就是传统经销商中选择了主动上线——革自己命的那一个，他们的思路是：电商渠道乃大势所趋，既然抵挡不住，与其被动防守，不如拥抱合作，分一杯羹。2013年，远东美居分别在天猫和京东上成立法恩莎卫浴专营店。

经销商是直面终端消费者的零售商，具有一定规模的经销商熟悉行业，能体察消费者的真实诉求，对于所代理的品牌认知度高，拥有线下的门店优势，集体验与服务于一身，比起厂家直营电商，线下经销商到线上来做电商，能更有效地贯彻建材家居行业的O2O发展战略。

2014年6月上旬，昆明大商汇建材城内一个瓷砖品牌的互联网直销体验中心正式开业。其基本模式是：线下选砖、设计由经销商完成，产品价格厂家直供，订单直接线上与厂家成交打款。

2013年3月，华耐立家与京东、天猫等平台电商达成深度合作，当月销售18万元。4月，华耐立家电商销售100万元，7月增长至200万元。到"金九银十"，月销售额突破了400万元大关。紧接着的"双十一"，华耐立家卖了900多万元。

到2014年，华耐立家已建立12家专业网上官方旗舰店。为了保证第一时间送货上门，华耐立家在北京、天津、济南、广州、常州、无锡等全国12个城市建立物流中心仓，辐射全国。配套流程和服务的跟进，大大推动了电商的发展，2014年华耐立家电商的月收入已达千万元量级，全年累计销售超过1亿元。

6. 双十一卫浴销售业绩稳步提升

2014年，卫浴产品在平台电商阿里、京东等的活跃度依然好于陶瓷产品，表明作为终端产品的卫浴产品比作为半成品的瓷砖更加适合做电子商务。

11月11日当天建材类销售额前十名有4个是卫浴品牌。九牧以成交金额7015万元获得卫浴行业销售冠军。而箭牌卫浴、科勒卫浴则分别以 4250 万元和 3205 万元的成交金额分居亚军和季军。对比天猫 2013 年和 2014 年的数据，2014 年成交金额、成交商品数和成交人数均有较大的增长。其中，大数据显示，移动电商在这次"双十一购物节"中占据了半壁江山。

2014 年，卫浴企业在电商售后服务方面有了很大的提高，其中引进运费险就是一大有效创举。通过第三方保险机构的担保，让卫浴产品的换货以及退货变得更为便利，在退换货期间产生的物流费用均有补贴，从而免除了消费者网购卫浴产品的后顾之忧。

7. 电商背景下的分公司制再受关注

为探索电商模式在当下的可能性，尤其是解决电商如何平衡厂家与经销商、经销商与经销商之间的利益问题，一种观点认为，陶瓷行业或许可以重回分公司制模式，将经销商转变为分公司负责人。而这样做或许还能解决电商模式中出现的物流及售后服务等难题。

陶瓷行业最早实行分公司制的企业后来基本全部取消，但这并不意味着分公司就不能搞。在当下，分公司主要出现在某个重点市场经销商无力支撑的时候，厂家通过自建分公司以维护及发展当地品牌的影响力。

即便电商崛起，分公司也不是必然形态，也难以成为主流。电商模式中的物流和售后服务等难题也能通过代理商来解决，前提是经销商转变成服务商。厂家和商家的利益冲突一时难以解决，是电商自身模式存在的问题，分公司制也无法解决这个问题。

分公司早期曾经大量涌现，但是由于管理成本、人才输出等复杂问题，最终在陶瓷行业并没有流行起来，尽管目前依然还有个别华东台资背景企业在坚守。随着渠道的细分和快速扩张，代理制和区域管理体制被证明更为适合行业的发展，特别是完善的一级物流商、区域运营中心体制更能应对当下的市场竞争。

预计，随着行业的洗牌，日后生存下来的经销商都是企业的大客户，它们具有完善的销售渠道以及较高的市场占有率，与厂家在利益、观念方面的协调将更加容易。

第三节 卖场

1. 建材家居卖场销售额同比下降 3.7%

来自中国建材流通协会的数据显示，2014 年 12 月全国建材家居景气指数（BHI）为 105.86，环比下降 1.25 点。全国规模以上建材家居卖场去年 12 月销售额为 1092.7 亿元，2014 年全年累计销售额为 12062.1 亿元，同比下降 3.7%。

统计分析认为，虽然去年 BHI 整体不如 2013 年，但也应该看到，2014 年全年 BHI 走势相对平缓，国房指数走势趋向于与 BHI 开始一致，说明房地产泡沫没有再增加，而因存量房产再次装修需求的比例却在增加，当房地产行业下跌到一定程度时，建材家居行业的下跌会止住。

当下，国内的 80 后、90 后已经开始购房、装修并将逐渐成为行业消费的主要力量，只要选择了适合新型消费群体习惯和生活方式的经营和服务方式，行业仍会持续、稳定发展。

2. 华美立家开拓全国商业新版图

近几年，当华耐立家家居连锁在建材领域逆势发展的同时，被誉为商业地产"黑马"的华美立家也不断攻城略地。华美立家三年中投资数十亿元在江西九江、吉安、抚州、萍乡等地兴建建材家居生活广场，大举扩展全国商业版图、整合产业链，发展商业地产。

迄今，华美立家已投入运营、在建项目达 15 个，分布在河北、天津、江西、四川、广西、江苏、黑龙江、湖南等 8 个省份 15 个城市，总建筑和营业面积超过 360 万平方米，创造了建材家居行业商业地产领域以"租赁＋自购"为特征的"华美立家模式"。

物流成本、物业租金居高不下是当下建材流通领域的硬伤。华美立家采取更加尊重上游厂家和商家意愿的机制，让其自持物业也行、租赁物业也行。目的是实现卖场"规模大、租金低、自持物业成本低"的经营策略，通过降低厂家、商家的运营成本，提高产品性价比和竞争力。

2014 年，华美立家以服务泛家居产业为己任，继续致力于成为中国家居建材商贸中心领域的专业开发运营商，劈波斩浪，走向全国。

2014 年 7 月 26 日，江西抚州华美立家建材家居广场举行盛大开盘仪式，作为赣东唯一的一站式家居建材旗舰终端集群的综合商贸中心，在开盘前期就引起了抚州及赣东众多家居建材流通企业的热捧，400 多个家居建材品牌商争先入驻。

2014 年 6 月，备受瞩目的华美太古广场在哈尔滨市松北区松浦大道举行隆重的奠基盛典，此举标志着投资 150 亿元、近 200 万平方米的家居文化产业创意园正式动工建设，意味着在冰城以北一座崭新的家居建材产业旗舰基地即将拔地而起。

华美立家作为商业地产的一匹黑马纵横中国，依托的是"中陶投资"产业资本和中国家居建材品牌联盟这两大平台。通过这两个平台，华美立家携手全国 21 个家居建材领军企业、60 余个知名品牌，为泛家居行业打造全产业链互动发展新平台。

预计到 2016 年，华美立家项目将扩展到全国 30 个城市，总建筑和经营面积达 1000 万平方米，成为中国家居建材行业渠道变革的领航者。

3. 家居卖场掀起多元化转型热潮

眼见着房市的低迷，近两年，家居卖场纷纷多元化经营：闽龙广场将作为闽龙陶瓷总部基地的升级版，集陶瓷、古典家具、餐饮、金融等多业态于一体；集美家居则大力开拓养生产业，其大红门店已变身一个囊括家居建材、红酒、酒店、电器、电商、金融等多个业态的综合卖场；红星美凯龙继向阳路店开设鲜花氧吧、青少年击剑馆、儿童乐园、婚纱店等生活互动设施后，北五环店将再开办"玩·艺术儿童艺术教育基地"；居然之家除了之前打造的文玩天下外，2014 年又开始做进口食品超市，并研究上了饮食文化厨政管理。

分析认为，上述知名家居卖场转型并不意味着从此整体退出泛家居行业。某种意义上，可以看做是大体量卖场争夺市场的一个策略。面对需求锐减的家居建材市场，卖场在多年扩张之后，进行结构调整顺理成章。因为单一的陶瓷建材经营已经满足不了卖场的营收。为了捕获到更多的客户人群，很多卖场通过自身特色的细化，扩大了经营的业态，让家居卖场的经营不再单一化。

家居卖场多元化发展，首先一般必须做跟家居建材相关的产品；其次是要做能够拉动家具建材销售的相关业务；第三是不要"为了做副业而做副业"。比如，儿童艺术教育基地建成后，红星美凯龙将针对等待孩子的家长开设家居文化沙龙，同时开设家居饰品区域，打造家居文化周边产品，将家居和儿童教育两个产业有机结合起来。

4. 家居卖场 O2O 基础是数据一元化

面对电商的冲击，家居建材行业也面临巨大压力，纷纷推出线上平台试水 O2O，但无论居然之家，还是红星美凯龙，在发展 O2O 电商业务方面均不顺利。

电子商务是传统商业活动各环节的电子化、网络化。家居卖场 O2O 模式强调的是本地化服务，通过便捷的网络迅速无缝链接到消费者，推动线上与线下的协同发展，从而实现传统企业全渠道覆盖。

但是，专家认为，家居卖场 O2O 模式的基础首先是数据一元化，没有统一的数据平台，家居卖场 O2O 根本不能运行。

家居卖场一元化数据包括三个层面：一是实现所有店面的数据统一；二是实现线上和线下的数据统一；三是实现卖场和品牌商户的数据统一。

换言之，家居卖场O2O要从统一收银做起。而统一收银的第一步是建立商户档案库及管理商户租赁合同，从而掌握商户基础信息，建立商户诚信经营体系，同时建立商户结算流程，减少应缴、欠缴费用的发生。

其次，也是最重要的一步，是建立商户销售流程管理，包括对场内商户销售合同、退货、对账、销售返款的管理，目的在于让卖场和商户能从全局和自身角度随时掌握销售情况，同时由卖场方综合支持现金、银行卡、奖券等多种缴费方式，便于数据录入。

再次是建立财务账款管理，包括与商户对账的和与商户返款的管理，从而控制资金流动，降低返款风险。

但统一收银的前提是"一物一身份"。"统一收银"也不是家居卖场统一商品编码，保证相同产品在各个门店拥有相同的身份编码就可。统一身份编码的基础在生产企业。到2014年，业内实际上已达成普遍共识，家居行业O2O的症结主要在于能否打通产业链数据。具体而言，首先，企业线上线下如何统一编码；其次，业务流程能否打通以及如何重塑。

行业人士认为，实现陶瓷建材的统一编码关键在于企业资源计划（ERP）的实施，实现从陶瓷建材产品设计、生产、经营管理到销售服务等整个产品生命周期的信息集成，并建立完整的数据库系统。

5. 红星美凯龙从抵抗到"拥抱"天猫

2013年包括红星美凯龙在内的国内最大的19个家居卖场联手封杀淘宝、天猫的"双十一"购物节。就在大家还以为传统卖场与电商天猫势不两立时，2014年红星美凯龙却悄悄转变了战略思维：从抵制天猫转向入驻天猫。

3月3日，红星美凯龙天猫店正式上线，店名为"红星美凯龙星易家"，业界一片哗然。大多数人认为，这是"红星"在向天猫"投降"。这场线上与线下两大平台的世纪大战，最后以红星美凯龙的败退收场。但也有人认为，从敌对到合作，与其说是"红星"向天猫投降了，不如说"红星"正在理性地整合对自己有利的线上资源。

6. 本土超市模式继续经受考验

在全球知名的家居建材连锁巨头家得宝彻底撤出中国，百安居因经营惨淡而全面收缩的背景下，2014年6月，本土最大的建材超市东方家园建材超市总部申请破产。东方家园总欠款约2亿元，其中欠供应商约1.6亿元，欠员工与消费者约3400万元。这似乎再一次证明，家装DIY模式不适合中国国情。

东方家园建材超市从2008年开始走下坡路，这一年开始房地产政策调控收紧，建材市场的市场需求有所降低，但参与进来的竞争者还是日益增多，各大建材超市均在加速扩张。但东方家园还是逐渐在激烈的市场竞争中落了下风。因此，从这个意义上说，东方家园的问题又不是一个超市模式服不服中国水土的问题。

比如，在建材超市模式发展大势不好的情况下，重庆本土的建材超市却逆市生长。力诚建材抓住2009年洋超市退市的契机，每年保持高速增长，如今在主城区拥有美每家、龙溪建材、马家岩3家门店，并在二级市场永川铺设旗舰店，营业面积达到5000多平方米。

再比如，广州靓家居也是本土家居建材连锁超市模式的成功案例。靓家居旗下共拥有14家门店，每家门店的经营面积都在数千平方米以上。

还有，广东另一家本土建材超市代表华美乐也全面加快了扩张步伐，分别在石龙、虎门增设两家分公司，并拟在2015年全面进驻凤岗、龙岗、平湖等区域。2014年华美乐建材超市装饰连锁版块在东莞市场销售已经超过2.5亿元，服务业主遍布东莞各镇。

　　本土超市之所以也有成功的案例，还是因为企业的差异化经营战略。比如，力诚建材采用了不同于洋超市先付款买断的进货策略，主要品类都是直接和厂家合作，免除中间环节，批量进货，压低进货成本。

　　靓家居 2006 年前是依靠"品牌＋超市"的运作模式，深入开展互动营销，形成了以顾客为导向的理念，品牌化、低价、专业全程导购服务、多渠道细分运作等特点。近年来，靓家居再开行业先河，率先启动"整体家居服务商"运作新模式，服务涵盖全家居产品提供、装修设计、施工监理、售后维保等，目标是做家居装修界的 4S 店。

第十章 建筑陶瓷产区

2014 年 12 月 30 日，中国建筑卫生陶瓷协会、《陶瓷信息》报社联合发布了中国建筑陶瓷产业发展白皮书《2014 全国瓷砖产能报告》，《2014 全国瓷砖产能报告》是"陶业长征Ⅳ"历时半年的全国瓷砖产能调查最终报告。

整个调查活动途经全国 29 个省、市、自治区（京津、港澳台地区除外）70 余个建陶产地，涉及 200 多个乡镇 300 余个自然村，基本实现全部实地调研，是对 2011 年首届"陶业长征"数据时隔三年之后的全面更新与升级。第十章建筑陶瓷产区内容根据《2014 全国瓷砖产能报告》整理改写（表 10-1 ~ 表 10-10、图 10-1）。

全国各类瓷砖（含西瓦）总产能概况　　　　　　　　　表10-1

产品类别	生产线（条）	日产能 （万平方米）	年产量（万平方米）		所占比例（产能）
			310天	330天	
瓷片	786	1340.96	415697.6	442516.8	29.79%
抛光砖	837	1253.4	388554	413622	27.90%
外墙砖	589	647.65	200771.5	213724.5	14.34%
仿古砖	498	533.1	165261	175923	11.80%
全抛釉	318	325.48	100898.8	107408.4	7.23%
微晶石	65	43.7	13547	14421	0.94%
薄板	9	5.42	1680.2	1788.6	0.12%
耐磨砖	71	88.01	27283.1	29043.3	1.96%
小地砖	79	99.55	30860.5	32851.5	2.21%
其他	188	166.85	51723.5	55060.5	3.71%
总计	3440	4503.6	1396116	1486188	—
西瓦（万片）	181	1756.13	544400.3	579522.9	—

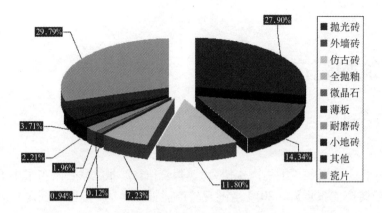

图 10-1　各类瓷砖产能占全国产能比例

抛光砖产能前十产区　　　　　　　　　　　　　　　　　　　　表10-2

序号	省市	生产线（条）	日产能（万平方米）
1	广东	485	688.6
2	江西	78	125.9
3	河北	47	94.4
4	山东	58	62.5
5	河南	27	59.5
6	湖南	24	39.4
7	湖北	20	37.7
8	广西	19	36.5
9	四川	25	32.1
10	辽宁	21	31.7

仿古砖产能前十产区　　　　　　　　　　　　　　　　　　　　表10-3

序号	省市	生产线（条）	日产能（万平方米）
1	广东	151	132.25
2	福建	105	104.9
3	江西	48	69.15
4	山东	60	51.4
5	四川	37	44.4
6	广西	17	28.3
7	湖南	14	19.7
8	湖北	13	18.3
9	云南	8	10.6
10	贵州	5	8.1

瓷片产能前十产区　　　　　　　　　　　　　　表10-4

序号	省市	生产线（条）	日产能（万平方米）
1	广东	150	253
2	山东	165	210.11
3	江西	55	113.7
4	福建	72	108.1
5	河南	39	99.7
6	四川	62	92.55
7	辽宁	49	92.4
8	广西	24	72.4
9	湖北	30	58.1
10	河北	24	36.5

外墙砖产能前十产区　　　　　　　　　　　　　　表10-5

序号	省市	生产线（条）	日产能（万平方米）
1	福建	304	308
2	江西	43	62.6
3	广东	73	60.65
4	四川	47	47.8
5	河南	17	30.6
6	湖北	18	24.2
7	云南	13	17.6
8	陕西	9	14.3
9	湖南	9	14.2
10	广西	10	12

全抛釉产能前十产区　　　　　　　　　　　　　　表10-6

序号	省市	生产线（条）	日产能（万平方米）
1	广东	118	126.3
2	山东	78	69.45
3	江西	44	41.13
4	四川	20	19.7
5	福建	10	10.7
6	河南	8	10
7	广西	7	9.6

续表

序号	省市	生产线（条）	日产能（万平方米）
8	辽宁	7	9.4
9	河北	4	7.1
10	湖北	7	6.1

其他地砖产能前十产区 表10-7

序号	省市	生产线（条）	日产能（万平方米）
1	广东	61	56.97
2	江西	29	41.41
3	山东	43	33.65
4	四川	23	20.85
5	福建	18	15.6
6	广西	9	14.9
7	河北	9	13.7
8	辽宁	8	8.2
9	河南	8	7.6
10	新疆	6	7.5

其他产品产能前十产区 表10-8

序号	省市	生产线（条）	日产能（万平方米）
1	山东	94	85.58
2	陕西	7	11.2
3	广东	11	10.85
4	福建	17	10.1
5	四川	11	9.35
6	江西	5	7
7	河南	7	6.2
8	吉林	1	4
9	山西	2	2.2
10	甘肃	1	2

西瓦产能前五产区　　　　　　　　　　　　　　　　　　　　表10-9

序号	省市	生产线（条）	日产能（万片）
1	江西	40	608
2	四川	16	198.6
3	湖北	21	192.1
4	湖南	11	130
5	江苏	11	102

全国各省份在线喷墨机数量　　　　　　　　　　　　　　　　表10-10

序号	省份	喷墨机（台）
1	广东	536
2	山东	488
3	福建	345
4	江西	290
5	四川	181
6	辽宁	143
7	河南	134
8	广西	109
9	湖北	82
10	山西	63
11	河北	49
12	湖南	36
13	浙江	31
14	云南	31
15	陕西	29
16	新疆	21
17	安徽	20
18	贵州	14
19	甘肃	11
20	黑龙江	11
21	重庆	5
22	宁夏	3

第一节 广东产区

223家陶企，1062条生产线，日产能1328.82万平方米

广东共有陶瓷企业223家，建成生产线1062条（含西瓦），日总产能1328.82万平方米。其中，全抛釉生产线118条，日产能126.3万平方米；抛光砖生产线485条，日产能688.6万平方米；外墙砖生产线73条，日产能60.65万平方米；瓷片生产线150条，日产能253万平方米；仿古砖生产线151条，日产能132.25万平方米；小地砖生产线2条，日产能0.9万平方米；微晶石生产线35条，日产能23.5万平方米；水晶砖生产线18条，日产能27万平方米；薄板生产线3条，日产能1.37万平方米；广场砖生产线5条，日产能4.4万平方米；其他生产线（包括色砖、黑砖等）11条，日产能10.85万平方米。此外，广东地区共有西瓦生产线11条，日产能42.3万片。

另据统计，至2014年年底，广东省在线使用喷墨机534台。

佛山市：环保高压下的"南国陶都"

佛山陶瓷大刀阔斧的改革，始于2000年。从这一时期开始，佛山陶企先后向四川、江西等省份及广东省内的清远、河源、肇庆等地区转移，使佛山陶瓷产业由最初的生产环节逐步向总部经济、会展经济、研发经济以及物流经济阶段发展，"转型"成为主旋律。

至2011年，佛山陶瓷经过3次转移，已经关停或外迁陶企近300家，仅剩陶企65家，生产线388条（不含西瓦）。

事实上，从2007年开始，佛山的"陶瓷产业总部"的地位越来越坚固，虽然生产厂家越来越少，但是这里汇聚的陶瓷企业及品牌却是激增。

但在这转型升级中，作为被严格控制的生产环节，受到了极大的挑战，对于佛山陶瓷生产型企业来说，"环保"就成了高悬其头顶且越来越近的"利刃"。

于是，当时间的脚步行至2014年，在环保与城市规划以及市场环境变化挤压下，佛山陶瓷生产型企业缩减至47家，生产线331条（不含西瓦）。其中，尤以禅城区受到的冲击最大，3年间，该区的数家企业外迁或倒闭。

禅城区：禁建建陶生产线

当2014年被业内人士称为"最严格环保整顿"的环保风暴掀起时，禅城区的一些陶瓷工厂因承受不起环保整治的巨额成本，选择外迁或改作仓库，仅有一些设备较新、实力较强、品牌知名度较高的企业选择深化改造治理。

其中，原本位于禅城区石湾的广东金意陶陶瓷有限公司以及佛山石湾鹰牌陶瓷有限公司生产基地分别外迁至佛山三水区与河源市，佛山市居之美陶瓷有限公司、佛山市欧宇陶瓷有限公司等本地工厂已改作仓库……剩下的14家企业基本完成深化治理并进入调试阶段。

佛山市金环球陶瓷有限公司则是"基本完成深化治理并进入调试阶段"的14家陶企的其中一员。为达到要求，该区陶瓷企业基本全部改用天然气。

另据相关人士透露，在未来，石湾陶都地区或将会把所有的陶瓷工厂搬迁至郊外，只保留工艺品的制作与生产。石湾将会以营销总部与旅游景点为主要发展方式，作为提高当地文化产业以及产品附加值的一个重要举措。

此外，佛山市相关政策表明，佛山的传统陶瓷项目建设将会受到严格控制。其中，禅城区不能再新建、扩建建筑陶瓷（包括陶瓷抛光）生产线。这意味着在未来，禅城区的陶瓷工厂若想增加生产线、扩

大产能，就只能选择外迁扩张。

南海区：环保要求严格

经过几年的连续整治，南海区只保留了 10 余家环保合格、产能较高的陶瓷企业。目前，全区保留的十余家陶瓷企业全部集中在南海西樵和官窑两地。

传统陶瓷行业发展到今天，环保指标成为重要的生死线。一些难以承受环保压力的企业，或者依旧停留在产能低、消耗大、污染高的旧式发展模式的企业，必然遭到淘汰。过去几年，佛山一直进行陶瓷产业转型升级，关停和转移了一批陶瓷企业，南海区对保留的陶企有着严格的环保要求。

为了全面实现清洁生产，南海区已经开展环保在线监控、废气管道集中等工作。环保部门在陶瓷厂内设置"烟气探头"，每个烟囱位置插一个探头，连接到企业在线监控房，数据时时传送到环保局的信息中心，实施 24 小时废水废气在线监控。

三水区：严控陶企数量，组建联盟共发展

作为较早发展陶瓷产业的地区，三水区陶瓷产业经过迅猛发展，企业数量与产能逐渐稳定，知名品牌企业集聚，产品结构不断完善。多年的积累也使得三水陶瓷产业的陶瓷配件、色釉料、机械装备等形成了较为完善的陶瓷供应体系。

有相关负责人表示，比起国内大多数产区，三水陶瓷产业产品结构在目前全国各产区中结构是较为合理的。而近年来，随着环保力度日益加大以及市场因素的影响，三水陶瓷产业和其他地区一样面临着产业发展与生态环境的矛盾。

据了解，自 2000 年左右，欧神诺、博德精工、欧文莱等知名陶瓷企业先后入驻三水区，随后又吸引一大批陶瓷企业前来入驻，奠定了三水陶瓷产业的基础。"陶业长征"调查数据显示，到 2014 年年底，三水区拥有陶瓷生产企业 16 家，生产线 111 条。

在陶瓷高速发展的同时，环境问题逐渐突出，为解决经济发展与环境之间的矛盾，三水开始全面实施淘汰落后产能措施。淘汰落后生产线，对于现存的陶瓷企业，通过推动清洁生产、推广节能技术、加大技改投入等方式，让其逐步走出粗放型发展模式。

清远市："清远现象"到"清远转型"

近年来，随着佛山建陶产业的大规模转移、外迁，清远市以其丰富的原材料资源、便利的交通、廉价的劳动力以及政府的大力扶持等优势，已经成了佛山建陶企业在佛山以外的最大规模聚集地之一。

到 2014 年年底，清远市共有 40 余家建陶企业，其中 90% 以上的企业聚集在清城区源潭镇的清远建材陶瓷工业城和清新区禾云镇的云龙陶瓷基地（佛山禅城（清新）产业转移工业园）内，已经形成了陶瓷产业集群。

承接产业转移的样板

2008 年 12 月 30 日，由佛山和清远共建的佛山（清远）产业转移工业园在与其他 5 市的竞争中胜出，获得 5 亿元的广东省第二批产业转移竞争性扶持资金，创建成为 3 个获批第二批广东省示范性产业转移园中的一员。2009 年 2 月 6 日，佛山禅城（清新）产业转移工业园经广东省政府批准并确定为省级产业转移园。

2009 年 3 月 20 日，占地 1 万多亩的佛山禅城（清新）产业转移工业园暨全国陶瓷产业转移示范基地奠基仪式隆重举行。当天，时任广东省省长的黄华华向工业园授予了"广东省产业转移工业园"牌匾，中国产业发展促进会会长刘江也向工业园授予了"全国陶瓷产业转移示范基地"牌匾。至 2014 年年底，共有 16 家规模企业、50 余条生产线聚集在此地，产业集群效应明显。

事实上，清远市从"全国三大陶瓷原料生产基地之一"到"全国陶瓷产业转移示范基地"，早在2002年便已向佛山陶瓷张开了宽广的胸怀。2002年，清远市在其辖区内的清城区源潭镇建起了全市第一个工业园——清城区源潭镇清远建材陶瓷工业城。至2014年，东鹏陶瓷、唯美陶瓷、宏宇陶瓷、欧雅陶瓷、蒙娜丽莎陶瓷、新中源陶瓷等国内建陶行业的代表企业均在此落户发展，同样形成了上规模的陶瓷产业集群，而源潭陶瓷工业城也已经成为泛佛山陶瓷产区的重要组成部分。

江门市：已经形成产业规模

江门市恩平境内蕴藏丰富的陶瓷泥、高岭土资源，因此恩平陶瓷产业在1980年代初就已略具规模。2006年前后，恩平市沿325国道、开阳高速公路边规划建设沙湖新型建材工业城。目前沙湖新型建材工业城（基地）已引进十多家大型陶瓷企业，百强陶瓷、嘉俊陶瓷、新锦成陶瓷等大型企业即落户于此。

江门产业转移工业园恩平园区"园中园"模式整体引进的佛山机械装备制造组团项目数十个，机械制造产业集群正在形成规模。陶瓷产品全业务链服务提供商广东道氏技术股份有限公司就在恩平园区内。短短几年时间，随着基础建设和产业配套完善，园区实现了从无到有，从招商引资到招商选资的转型升级。

随广东恩平陶瓷生产园区的发展壮大，这里不仅成为商贾施展拳脚的投资福地，也逐渐成为恩平市改变落后工业格局，做大实体经济总量，加快传统产业转型升级的"航母"，承载着恩平工业格局转变的新希望。

河源市：环保要求严厉，严控产业规模

河源市是粤东北部重要的交通枢纽，境内白泥资源较为丰富。从2001年前后开始，河源市陆续吸引了佛山陶瓷企业投资建厂，后来又承接了部分佛山陶瓷企业的转移。河源市的陶企分布在东源县和源城区两地。

至2014年年底，进驻河源市的6家企业分别是：鹰牌陶瓷、恒福陶瓷、罗曼缔克实业、道格拉斯陶瓷、贝嘉利陶瓷以及新中源集团的广东高微晶科技有限公司。总体而言，河源境内的陶企品牌知名度高，规模较大，实力较强，但单条生产线产能不大，日产能均在1万平上下。这与当地的政策和环境保护密切相关。

肇庆市：市场倒逼企业转型提升

肇庆作为承接珠三角产业转型的重要基地，在2003年前后陶瓷产业开始陆续在肇庆各地建成投产，2011年前后肇庆陶瓷产业体系基本成形，2014年在国内各产区掀起不同程度的改线潮之下，肇庆产区仍基本保持了原有的产品结构。

金利镇：11年建陶发展史，集聚13家陶企

2003年，金利镇开始积极承接产业转移，大规模发展陶瓷产业。当年，总投资43亿元的金陶工业园正式开门迎宾，引进陶瓷及相关配套产业20家。该园区交通便利，河运发达，到2014年年底，园区共聚集中恒、特高特、欧雅、来德利等13家建陶企业。

2006年，随着国内外新一轮产业转移和国家新一轮产业调整振兴规划的实施，高要市重新对金陶园区的产业结构和产业布局进行战略性调整，成功收回整合原用于发展陶瓷产业用地5300多亩，用于发展高新技术产业，把原来单一的陶瓷产业基地调整为以不锈钢制品、机械装备、新型建材和港口物流为主导的综合园区，并更名为"金陶工业园"。

近年来，肇庆这座曾经的"山水园林城市"大力发展制造业，环保问题凸显。出于对环境治理的考虑，压缩产能、窑炉整改、严控排放标准等针对建陶产业的综合治理措施被提上议程，环保正成为该园区当前最大的挑战之一。

白土镇：产品结构趋于稳定

作为肇庆高要市三大建筑陶瓷工业基地之一，白土镇大部分陶瓷企业均位于宋隆工业园内，产品类型以抛光砖、耐磨砖、瓷片为主。

白土镇自 2003 年率先承接了珠三角产业转移的将军陶瓷公司项目，至 2011 年陶瓷产业基本形成了如今的局面。与国内新兴产区新建生产线产能纪录被不断刷新截然不同的是，作为广东陶瓷的传统生产基地之一，白土镇的陶瓷企业从 2011 年至 2014 年，企业的生产规模几乎没有扩张，产品结构也保持了数年前的模式。

广宁县：以砖坯生产为主

作为广东省内最新锐的建筑陶瓷产区之一，肇庆广宁县的太和环保建材基地的 5 家陶瓷企业均在 2010~2011 年内投产，每条生产线产能规模均约为 2 万平方米。

记者在走访过程中了解到，基地内的企业除了富强陶瓷生产线由抛光砖改为瓷片线之外，其余 4 家企业生产线均仍在生产抛光砖，尤为需要指出的是，从本基地内的企业入驻之日起，就以生产抛光砖砖坯为主，至今仍在生产抛光砖的企业仍以砖坯生产为主。

云浮市：品牌知名度有待提升

云浮市 70% 的陶瓷企业集中在新兴县的稔村镇和水台镇。

21 世纪初，新兴县水台镇和稔村镇工业水平较落后。2007 年起，恰逢珠三角产业转移，借"双转移"的东风，水台镇和稔村镇作为新兴县最靠近珠三角的两个镇，地理位置优越，人均土地拥有量较多，成为珠三角产业转移的首选承接地，渐渐形成了大批陶瓷产业转移基地。

刚开始，新兴县的陶瓷企业没有形成完整的产业链，生产的产品以抛光砖砖坯为主，需到佛山进行再加工，处于整个陶瓷产业链利润链条的下游，盈利能力不强。而且陶企的技术有待升级，严重制约了陶瓷产业优化提升发展。

为了促进陶瓷产业转型升级，达成产销一体，许多陶企投入了几百万元配备大吨位的压机，力求提高产品质量。同时，陶企还建立了抛光线，完善生产流程，开始在周边市场销售。经过几年的发展，新兴县的陶瓷企业数量增加到 16 家，部分陶企规划建设了瓷片、仿古砖和全抛釉生产线，丰富了产品结构。

为了更好地服务陶瓷产业转型升级，地方政府也积极提供服务，经常到工厂协调和调研，营造了一个良好的氛围。

新兴县承接的陶瓷产业沿袭了佛山模式，的确存在一定的粉尘污染大、土地占有量大、高耗能等问题。政府已经从生产工艺、环境排放、税收调节等方面着手，提高陶企科技水平，引导企业自觉节能减排。

另一方面，到 2014 年年底为止，虽然新兴县的陶企都逐渐形成了自己的品牌，但品牌影响力较小，销售情况还不理想，大部分的产能都是为品牌企业进行贴牌生产。新兴县的陶企需要进行品牌建设和宣传，提高品牌知名度，从而带动销售市场的发展。

除了新兴县外，云浮市的其他陶企分布在云城区、罗定市、郁南县和云安县。至 2014 年年底，尚未形成产业集群，产业规模有待提升。

第二节　福建产区

246 家陶企，554 条生产线，日产能 559.5 万平方米

福建产区拥有建筑陶瓷企业数量 246 家，共有 554 条生产线，日总产能 559.5 万平方米（不含西瓦）。

其中，瓷片生产线 72 条，日产能 108.1 万平方米；仿古砖生产线 105 条，日产能 104.9 万平方米；外墙砖生产线 304 条，日产能 308 万平方米；小地砖生产线 6 条，日产能 10 万平方米；全抛釉生产线 10 条，日产能 10.7 万平方米；陶土板生产线 8 条，日产能 2.8 万平方米；薄板 生产线 3 条，日产能 1.7 万平方米；微晶石生产线 1 条，日产能 1.1 万平方米；抛光砖生产线 3 条，日总产能 2.1 万平方米；西瓦生产线 25 条，日总产能 74.8 万片（筒瓦：件）；其他（包括太阳能、墙地砖、劈开砖、腰线）生产线 17 条，日产能 10.1 万平方米。在线喷墨机 345 台。

泉州市：传统老产区亟需提升

泉州位于福建东南沿海，相对于内陆地区来说，泉州是海上丝绸之路的起点，自古以来就海运发达，除此之外，泉州也是陶瓷古镇，矿产资源丰富，有着宽厚的人文环境。

单从价格方面来说，泉州陶瓷相对于国内各大产区并没有绝对的优势，但是一批批的瓷砖产品还是在泉州人手中被交易到了全国各地甚至全球各地，靠的是产品的质量，以及企业出色的营销策略。

泉州陶瓷大部分企业都是以生产外墙砖为主，部分企业生产仿古砖、薄板、瓷片等。

泉州陶瓷难以在本地扩张

泉州陶瓷的发展要追溯到 1980 年代末期，彼时正处于中国改革开放初期，国内各行都处于商品短缺的时代，陶瓷产品只要能够生产出来就可以销售出去，这也催生了泉州陶瓷在以晋江市磁灶镇、内坑镇为代表的区域内遍地开花的局面。此时泉州陶瓷产业发展的特点之一就是企业数量多，规模小，每家陶瓷企业之间距离都相对较小。

泉州陶瓷企业的转型与发展始终面临着一个最为现实的挑战——土地限制问题，这直接导致了泉州陶瓷企业已经无法再在本地进行扩张。

在泉州本土制造业中，服装、鞋业、石材稳占前三的位置，建筑陶瓷在泉州居第四位，这就使得泉州政府对陶瓷产业的重视程度远不如内陆其他地区那么高，尤其是在环保的高压态势之下，政府对本地陶瓷产业的扩张更是持谨慎的态度。

正是在诸如土地受限、环保压力等影响之下，近年来一大批来自泉州的陶瓷企业老板足迹遍布内陆多个省份，这使得大部分陶瓷产区都能看到来自泉州投资的陶瓷企业。

同时，多年来，福建许多企业还属于家族式企业，靠的是相互信任，一旦金融危机爆发，这些家族式企业就会出现资金链短缺的情况。2009 年前后，泉州部分陶瓷企业或倒闭或外迁，随后政府又要求企业按批次进行"煤改气"，由于天然气的成本太高，再加上当时全国都在使用水煤气，只是福建在推行天然气，这更促使许多工厂外迁。

产品结构相对单一

泉州以生产外墙砖而闻名全国，但由于泉州大部分企业都是以生产外墙砖为主，产品附加值比较低，随着燃料、劳动力等成本的上升，再加上长期大规模生产外墙砖容易造成消费市场疲软，市场需求下降，面对这种困局，如何在众多的竞争者中脱颖而出，成为每个企业亟待解决的问题。

目前泉州许多企业开始逐渐转变观念，在生产瓷砖的过程中，并没有墨守成规，成批生产市场上已经常态化的大规格瓷砖，而是把目光投向中小规格产品，找准市场定位，走差异化路线，努力做创新的产品。

在技术革新方面，近年来最受行业人士关注的莫过于喷墨技术，企业想推广产品，需要涉及产品的提升问题，而在这种情况下，喷墨技术的加入，恰逢其时，有时候市场消费的选择，不完全是消费者主导的，企业可以引导消费者买喷墨产品。

喷墨技术在给企业带来便利化的同时，也面临许多问题，由于喷墨同质化的情况越来越严重，无差异的喷墨产品会进一步加大一些企业产品的库存压力，一些生产外墙砖的企业为了抢夺客源，大打价格战，这种以牺牲品质压缩成本的做法不仅在一定程度上打击消费者购买热情，而且也给企业在对产品的选择上造成一定的困扰，这对企业来说无疑是雪上加霜，形成了一定的挑战。

到 2014 年年底，泉州陶瓷企业在线的喷墨机已经超过 200 台，由于喷墨产品同质化情况越来越严重，再加上企业纷纷打价格战，喷墨砖的价格也是一降再降，基本与通体砖的价格持平，消费市场反应亦趋于冷淡。

企业转产面临　诸多挑战

转型与提升，完善产品结构，成为了泉州陶瓷的共同认识。

然而，并不是所有的企业都能够顺利转型成功。到 2014 年年底，泉州仅有 10 余家陶瓷企业涉及内墙砖产品的生产。许多企业进行改线，只是将目光转向了外墙砖的仿古效果，对于内墙砖的改造由于技术等原因，只是少数企业能够顺利完成。还有不容忽视的是，企业在转型的过程中会遇到产品的创新能力不强、品牌的营销能力弱、人才的缺失等许多问题，这些因素都成为了企业转型过程中的绊脚石。

政府对于陶瓷行业的发展给出了丰厚的鼓励政策，泉州有相关的政策出台，其中有一条表明，一些专业人才来到泉州陶瓷企业就业，可享受住房补贴，甚至每月补贴可达 1 万元，一人一年最高补助可达到 80 万元，这无疑对吸引人才起到积极的作用。

煤改气加速企业转型升级过程

2014 年 5 月底，率先在全国全面实现"煤改气"的泉州产区，面临限制用气量、停部分窑炉的尴尬。而限气、分片区停气的原因源于新奥公司上游"中海油晋江分输站"超负荷供气，存在安全风险。

在煤改气初期，由于如此大规模地使用天然气替代煤转气，许多陶瓷企业对于生产线能耗情况掌握得不够细致，对自身企业的天然气需求量不能清楚地认识，同时企业在天然气公司"开户"过程中，上报的需求量越大，开户费越高，这就使得大多数企业在天然气需求量的申报过程中过于保守，从而出现了企业实际需求量远高于新奥公司供气量这样的矛盾。

2014 年年底，泉州 90% 的陶瓷企业基本完成了"煤改气"改造，部分陶瓷企业已经停止生产，与此同时，由于存在供气不足的情况，政府允许部分陶瓷企业在环保达标的基础上继续使用水煤气。

在这一时期，为了解决目前暂时这种不公平的现状，有关部门已经出台相关政策规定，仍在使用水煤气设备的陶瓷企业必须为已经使用上天然气设备的陶瓷企业承担部分生产成本。

具体情况是按使用水煤气设备的陶瓷企业有多少台煤气炉来实施，陶瓷企业平均每台煤气炉需缴纳 3 万~4 万元费用，这些补贴费用先是交到泉州市新奥燃气有限公司，再由泉州市新奥燃气有限公司根据使用天然气设备的陶瓷企业的具体情况，将补贴平均分摊到使用天然气的陶瓷企业当中，以此来达到平衡企业成本的目的。

总体而言，泉州产区陶瓷企业按使用水煤气成本在 3.6 元 / 平方米左右来计算，使用天然气生产成本则至少要高出 1.2 元 / 平方米左右，对不少企业来说，燃料增加的成本部分，甚至比单位利润还要高。

泉州产区煤改气已既成事实，所有陶瓷企业亦一视同仁，在高昂的燃料成本面前，本产区龙头企业均认为，这必将加速泉州产区建陶行业优胜劣汰的过程，提升产品附加值成为了企业继续生存的唯一手段。

闽清县：陶企分布零散，产业发展近乎停滞

闽清陶瓷蓬勃发展期在 1990 年代。在闽清老一辈陶瓷人的记忆中，最高峰期曾有 250 余家陶瓷企业，生产方式以手工压制为主，后来由于陶瓷生产逐渐规模化，为适应生产发展，不少企业选择合并重组。至 2014 年，经过多轮重组，闽清县现共有陶瓷企业 41 家，主要分布在白樟镇与白中镇。

设备陈旧，产业升级受地形制约

闽清现有 40 家陶瓷厂，2010 年后，仅有 4 家企业投产，其余多兴建于 1990 年代以及 21 世纪初，这些近期投产的企业在生产规模与场地规划以及品牌建设上均属当地产区的佼佼者，除此之外的大部分企业均面临着生产设备老旧、升级无力的难题。一是近年来每况愈下的市场环境打击了企业的投资热情；另一方面，地形对于闽清陶瓷企业的规模化发展以及转型升级带来了极大的掣肘。

其他的产区或许能挖山平地，但这样的方法放在闽清，无力实施，因为本地地形、岩层差别太大，开发费用太高了。

因此，闽清陶瓷企业规模均较小，最多建有 3 条线，其余大部分均只有 1 条生产线。

资源短缺，产品类型单一

资源，也是制约闽清陶瓷发展的重要因素。闽清的矿产资源相对较为单一，很多重要资源都是从福建漳州运送。再加上地形影响，由于产区没有形成集群发展，原材料供应商以及相关的配套服务商也较少，大部分设备、原材料采购都需要到晋江寻找。

因此，闽清陶企以生产瓷片为主，本地生产地砖的企业不足 5 家，早年间有过不少企业尝试做地砖产品，最终均因为生产不稳定而被迫改产瓷片线。闽清县瓷片的产能占据了总产能的 80% 以上，这对于闽清陶企发展带来了不小的束缚。

为寻求产业转型，闽清陶企在竭尽所能争取升级之路。虽然由于土地面积限制无法扩大生产规模，但该地率先引进喷墨设备，以此丰富产品表现力，提升其附加值。在闽清，喷墨机已经成为企业的"标准配置"。据统计，闽清有 40 家陶瓷企业，喷墨机在线使用数量近百，而在墨水的使用上，进口墨水占据了大部分市场份额。

除此之外，亦有不少企业在谋求地砖产品的开发与生产，近年来，全抛釉、微晶石生产线在该产区也逐步投入生产，目前正在逐步稳定完善中。

外销为主，国内销售不足四成

在闽清，陶瓷砖出口占到了总产量的 50% 以上。

而在闽清三得利陶瓷有限公司董事长高学潇看来，这一数据应该已经突破 60%。闽清陶瓷刚开始就是以出口定位为主。由于闽清县离福州马尾港不足 100 千米，因此在出口方面拥有得天独厚的优势。据介绍，目前闽清瓷砖已经远销中东、南美。

与之相对的，是闽清陶瓷在国内市场的一再收缩。近年来，由于国内新兴陶瓷产区的不断兴起，原本在资源、生产规模等方面备受限制的闽清陶瓷受到的冲击更甚。

对外，是出口形势的每况愈下；对内，是销售区域不断缩减。产能过剩，需求下降，令当地陶瓷人对市场前景产生了担忧。在改造或是新建生产线的态度上，大多数企业都持"静待市场变化"的态度，更有甚者是"看不到未来"的消极心态。

虽然陶瓷行业俨然已经是闽清的支柱产业，但是相对而言，也面临着一系列的问题，如全国产能过剩、消费市场萎靡以及环保的诸多要求等。

闽清也在逐步推进天然气的应用，2014 年年底，已经有包括豪业陶瓷、富兴陶瓷、联兴陶瓷在内的多家企业开始使用天然气进行生产。"规定是 2015 年全部使用天然气"。相关人士介绍，除此之外，"新建生产线使用天然气"也成为硬性要求。

漳州市：承接晋江陶瓷转移，资源优势明显

漳州陶瓷产业的发展主要得益于晋江陶瓷的转移，主要集中在平和县、长泰县、华安县以及南靖县

等 4 地。到 2014 年年底为止，该市共拥有陶瓷企业 21 家，其中 17 家已经建成投产，产品类型较为丰富，包括小地砖、全抛釉、外墙砖、薄板、陶土板等。

漳州资源丰富、黏土较多，是公认的承接晋江陶瓷的主要地区之一，该地的陶瓷企业多是带着成熟的生产、运作经验的晋江陶企转移过来的，使该地的陶瓷产业在短期内得到了快速发展。

只要企业做好清洁生产工作，漳州并没有强制要求使用天然气。这一点在深受天然气高成本之苦的晋江陶瓷人看来，具有极强的吸引力。于是，近些年来，越来越多的晋江陶瓷试图转向漳州。

但在长泰县泰坤工业园，漳州市天星陶瓷实业有限公司负责人表示，长泰县已经开始推进天然气的改进工作，其公司已经在 2012 年开始使用天然气，而近年来持续上涨的天然气价格令他们头疼不已。

刚开始时天然气公司承诺天然气价格最高不会超过 3.2 元 / 立方米，到 2014 年年底已经到了 3.89 元 / 立方米，而且有再次上涨的趋势。这期间增加的生产成本，对于以生产外墙砖为主的天星陶瓷而言，无疑是很难承受的。

而除此之外必须正视的是，对于新兴产区来说，由于布局分散，漳州的陶瓷配套依然极为不方便，亦是掣肘之一。

厦门、莆田市：陶瓷产业逐步式微

至 2014 年年底，厦门有 2 家陶瓷企业，分别位于集美区灌口镇三社村和翔安区内厝镇，均以出口为主。

莆田市与陶瓷的渊源极深，在莆田市忠门镇上，有近 50% 的人是瓷砖经销商，该地的陶瓷产业也由此而来。

该地陶瓷产业发展的最高峰期曾建有 8 家陶瓷厂，均以生产瓷片为主，后来随着企业的兼并重组，留下了 3 个规模较大的陶瓷企业。但截至 2014 年，仅有 2 家陶瓷企业在艰难求存。由于市场容量下，配套资源有限以及资源匮乏，当地一直无法形成规模化的陶瓷工业区，而现存的 2 家也正酝酿转型。或许在 2~3 年后，莆田的陶瓷产业将会消亡。

第三节　江西产区

134 家陶企，342 条生产线，日产能 460.89 万平方米

江西产区共有陶瓷企业 134 家，已建成生产线 342 条（含西瓦），陶瓷砖日总产能（不含西瓦）460.89 万平方米，西瓦日总产能 608 万片。其中抛光砖生产线 78 条，日产能 125.9 万平方米；瓷片生产线 55 条，日产能 113.7 万平方米；仿古砖生产线 48 条，日产能 69.15 万平方米；全抛釉生产线 44 条，日产能 41.13 万平方米；外墙砖生产线 43 条，日产能 62.6 万平方米；小地砖生产线 18 条，日产能 31.7 万平方米；其他瓷砖产品（包括水晶砖、微晶石、陶板以及地脚线）生产线 16 条，日产能 16.71 万平方米；西瓦生产线 40 条，日产能 608 万片。上线喷墨机 290 台。

江西不仅是瓷砖生产的重要产区，日产能位居全国第四，同时也是瓷砖消费的重点省份，该产区陶瓷企业的产品销售 70% 都集中在江西及周边省份。

2007 年，在"东陶西进、南陶北上"政策的支持下，江西建陶产业获得了飞速发展，再加上当地丰富的瓷土资源、便利的物流条件，形成了高安、景德镇、丰城、萍乡四大陶瓷生产基地。根据每个生产基地现有的产业基础，其定位都有所不同，高安主要是建陶基地，作为千年瓷都、景德镇则是日用陶瓷生产基地，丰城则走精品陶瓷路线，萍乡利用当地已有的工业陶瓷而形成工业陶瓷基地。

经过 7 年的发展，江西各地方政府为了发展经济，几乎均偏离了规划初期的发展定位。建陶企业金意陶、特地和乐华分别在日用陶瓷基地景德镇落户；斯米克、东鹏、唯美等建陶企业纷纷进驻精品陶瓷基地丰城。然而，从这四大产区的发展情况看，产区之间恶性竞争还是存在，但更多的是除高安之外，

其他产区企业在这些规划的基地中并没有得到良好的发展，尤其是这些广东籍的品牌企业在当地也仅仅只是生产基地，营销中心还是在广东，并没有带动当地的品牌化发展，而且，建陶在当地也没有形成一定的规模效应。

江西建陶产业散布于省内18个县（市、区），除了当初规划的四大产业基地，上高、宜丰是继高安产区之后布局相对集中、规模较大的产区，余下大部分地区仅有1~5家陶瓷企业。而从资本构成来看，高安资本所占比例最高，如高安、上高、宜丰三地，大部分企业源自高安本土老板，另有相当数量的资本则来自广东、温州两地。其中温州籍企业多以瓷片企业为主。

高安市：江西最大陶瓷产业基地，建成生产线181条

至2014年，高安陶瓷产区共有181条生产线（含西瓦），总日产能261.64万平方米（不含西瓦），喷墨机在线使用150台。

高安的建筑陶瓷工业的起步并不比佛山晚，曾经也展现过现代建陶产业发展辉煌的历史。1978年，高安创办第一家建筑陶瓷企业瑞景，江西第一片釉面砖诞生于此。

之后，各镇纷纷开办陶瓷厂，到1980年代中期，几乎每个镇都有若干家陶瓷厂，形成规模效应。当时的高安，陶瓷成为了支柱产业，高安陶瓷产量占全国陶瓷产量的1/8，被称作"釉面砖王国"。然而，没有跟上时代发展的步伐，高安的行业地位迅速为佛山所取代。

建陶产业起步早和曾经的辉煌为高安打下了坚实的产业基础、培养了大批行业人才，在高安人的心中种下了深深的建陶情结，为后来的重新崛起埋下了厚重的伏笔。

在承接产业转移的浪潮中，高安率先接住了这个"绣球"。2007年3月，高安建筑陶瓷产业基地开始建设。同年，广东新明珠、新中源以及当地的本土企业先后落户基地，产业规模以"奇迹般"的速度发展，而相关的铁路、供气等基础设施以及机械、化工等上游配套项目也纷纷开始兴建或者成立办事处。

2008年7月14日，中国建筑材料联合会同意将高安建筑陶瓷产业基地命名为"中国建筑陶瓷产业基地"，成为首个"国"字号的建陶产区。

至2014年，高安市建陶产业企业（含在建）共有120多家，其中陶瓷生产企业67家，合同引进资金达200亿元，建成181条生产线（含西瓦），总日产能261.64万平方米（不含西瓦），上线喷墨机180多台。

陶瓷作为高安市县域经济的支柱产业，2013年高安市陶瓷产业创造的财政收入占全市财政总收入的1/6，同时也带动了物流、餐饮、酒店、房地产业等相关配套产业的发展以及解决了周边乡镇的农村人口就业，促进了乡镇经济的发展，其所带来的间接经济和社会效益是无法估算的。

控制总量的增长，推动产区产品升级

2012年，高安市人民政府根据江西省《关于加快天然气推广使用的实施意见》，印发《关于加快建陶基地天然气推广使用的实施意见》（以下简称《意见》）。《意见》提出2010年1月1日后签约落户基地的陶瓷企业及配套企业一律使用天然气；2011年10月以后，陶企新建生产线必须全部使用天然气；2012年12月底以前，现有以燃煤、燃油为主的陶瓷配套企业必须改用天然气。

高安产区在产业转移中得到了飞速发展，也加快了政府对企业环保的要求，尤其是在2010年抬高企业落户门槛后，高安产区的扩张变得缓慢，一些企业选择到周边乡镇以及上高、宜丰等周边县市进行投资，在这三年时间中，除了威臣、绿岛两家陶瓷企业落户，基本都是相关配套企业的进驻。一些资金实力雄厚的企业也在这几年规模和品牌得到了提升。

未来建陶基地管委会的工作主要是完善园区配套以及企业环保建设，按照政策准入标准，严格控制陶瓷总量的扩张，欢迎知名品牌的落户；对工艺落后、质量不高、环保不达标的企业和生产线进行整改，鼓励企业加强与高校以及国检中心的科研合作，加快产品结构调整，提升产品质量，推动产区区域品牌发展。

2014年高安产区企业已经全部淘汰炼排炉，所有陶瓷企业已经全部建有脱硫塔、污水处理池等环

保设备，大部分企业已经采用了喷墨设备，未来政府还将大力进一步淘汰落后生产工艺，降低能耗和污染物排放。2014 年 3 月，基地已经跟央企中节能签约，对基地企业集中供气，改善天然气供气不足、成本高的问题。

鼓励企业品牌化发展，树立标杆企业

一直以来，高安产区的陶企都打着"佛山品牌"、"景德镇品牌"、"福建品牌"，本土自主品牌极度缺乏，只有少数几家外墙砖和西瓦厂家在做着高安品牌。

鼓励企业打造自主品牌一直是高安当地政府的重点工作，2013 年高安市政府还出台了企业品牌需达到"高安陶瓷"的 logo。

为扩大高安建陶的知名度，高安市明确了各级政府、职能部门在推进建陶品牌创建中的具体任务，按照驰名、著名、知名商标三个层级，确定重点培育扶持企业名单，形成"培育一批、扶持一批、申报一批"的商标品牌梯度培育模式。

近年来，高安建陶产区在"中国驰名商标"的申报中持续发力，先后有太阳陶瓷的"太阳"、新明珠的"德美"、威臣的"柏戈斯"、新高峰的"新梅"、新中英的"欧卡罗"等一批本土及广东籍企业获得"中国驰名商标"，政府给予每个品牌 50 万元的奖励。

上高、宜丰县：高安资本的重要组成部分，已建成生产线 54 条

上高、宜丰两县同时与高安市交界，一直以来，业内都习惯性地把这两地与高安产区统称为"泛高安产区"，是由于这两个县的陶瓷产业发展主要受高安产区的影响，基本都由高安资本形成。

上高、宜丰县的陶瓷产业发展兴起于 2008 年，在此之前，当地只有一两家陶瓷企业，如上高的金牛、宜丰的金佛，随着高安产区规模的兴起，上高、宜丰县由于高安的招商政策吸引了一批高安本土企业家的进驻。这些企业主要分布在上高黄金堆工业园和宜丰良岗工业园。

上高、宜丰有陶瓷企业 22 家，其中 10 家在上高，因为距离高安较近，一些配套企业在高安落户可以方便、快速地服务这两个产区，因此，当地相关的配套也比较少。

上高、宜丰两地的陶瓷规模也趋于稳定，相关的环保、税收等政策相对高安要宽松，两县扩建的力度比高安要大。未来，当地的政策会陆续与高安同步，政府对环保的要求已经不断在加强。上高县则表示不再吸引陶瓷企业进驻，对企业的环保要求也更加严苛，各种政策也不再向陶瓷企业倾斜。

丰城市：能源成为困扰企业发展的瓶颈

丰城市自 2007 年承接陶瓷产业转移后，先后引进了斯米克、东鹏以及唯美的进驻，至 2014 年，已没有其他新的陶瓷企业进驻。

期间，东鹏在园区规划建设了东鹏卫浴，唯美陶瓷加大投资扩建了新的项目。而且，这些企业都是把丰城作为陶瓷生产基地，营销中心则放在上海、佛山，因此，对当地基本谈不上品牌效应。

这些企业经过 7 年的发展，与其他产区进驻的外资企业一样，规模没有向计划的那样扩张，只有唯美达到了 9 条线的规模，另有 4 条在建。上海斯米克陶瓷已经把生产基地全部搬到丰城，目前也仅有 8+1 条生产线（1 为试验窑）。

丰城的政策与上海差不多，物流、原材料并没有太大的优势，人工成本并不比上海低。

同时，丰城企业还面临着能源问题，园区的三家企业使用的都是不同的能源——天然气、瓦斯以及焦化气。瓦斯也仅仅够东鹏一家企业使用，而焦化气容易落脏，影响企业的生产，产品优等率不高。

景德镇市：千年瓷都，建陶产业发展没优势

景德镇一直以千年瓷都的美誉被世人称道，除了当地的老厂鹏飞、梦特香两家建陶企业外，其他的

都是在产业转移中兴起的，如金意陶、乐华、欧神诺、爱和陶、莱特等都落户在三龙陶瓷工业园。

2014 年，景德镇的建陶企业规模与 2011 年相比产能并没有太大变化，只有金意陶、乐华等广东企业期间增加了 1~2 条线，也没有新增加落户企业。

与其他产区一样，广东籍企业在当地也仅仅只是生产基地，营销中心则安排在佛山总部。因此，景德镇的建陶企业没有形成规模效应，当地品牌也走得非常艰难。如莱特、鹏飞陶瓷在佛山都设立了营销中心，对产品的研发、品牌推广也一直在探索，但是道路走得非常缓慢而艰难。

2014 年以来，景德镇政府对环保抓得非常严，所有广东籍企业都已改用天然气，而本土企业要求在 2015 年前要改造完。物流成本高、生产成本没有优势是当地企业的一致感受。产业规模不大，汽运、铁路等物流不发达，进货贵、出货贵，综合成本比佛山要高 7 元 / 平方米。当地的老牌企业鹏飞建陶目前采用的是焦化气，受土地制约的企业没有扩建的计划，只能通过提升产品附加值、研发新产品来获取市场。

萍乡市："中国工业陶瓷之都"

萍乡产区的建筑陶瓷主要分布在湘东区工业园，还有两家老厂分布在安源区。湘东是萍乡的一个市辖区，地处赣湘边境，西南与湖南省醴陵市、攸县交界，是江西的西大门，素有"赣西门户"、"吴楚通衢"之称。2007 年 6 月正式被江西省政府列为"江西萍乡陶瓷产业基地"；2009 年 1 月被授予"中国工业陶瓷之都"称号。

湘东区作为"中国工业陶瓷之都"的重要载体，致力于建设中国工业陶瓷产品的科技高地和成本洼地，打造国内最强的集"产品生产、教学试验、研发检测、人才培训"于一体的工业陶瓷园区。

作为以生产工业陶瓷为主的产区，萍乡市的建筑陶瓷产业规模不大，全市仅有 7 家陶瓷企业，17 条生产线，其中以广东籍企业正大陶瓷规模最大。因此，当地的相关政策也比较宽松，但是湘东区的天然气使用也是国家监控的。

近年来，萍乡当地的物流条件改善了很多，相比高安还是成本较高，但产品往湖南、湖北以及西南方向销售还是比较有优势的。产区的相关配套不够完善，相关的技术服务要从高安或者佛山找，不过随着高铁的开通，对技术交流、人才服务方便很多。

第四节　山东产区

199 家陶企，512 条生产线，日产能 521.89 万平方米

山东建陶产业散布于 7 个地级市，16 县（市、区），除淄川、张店、周村、罗庄产业布局相对较为集中，集聚效应明显之外，余下大部分地区各仅有 1~3 家陶瓷企业。整个山东产区瓷砖日产能达 521.89 万平方米，西瓦日产能 37 万片。

尤其是淄博建陶产业分布于 4 个区（县），除淄川区、张店区产业布局相对较为集中，集聚效应明显之外，余下大部分地区仅有 1~3 家陶瓷企业。

淄博产区瓷砖日产能总计 306.68 万平方米（不含西瓦），其中抛光砖生产线 32 条，日产能 29.1 万平方米；瓷片生产线 98 条，日产能 94.11 万平方米；仿古砖生产线 50 条，日产能 42.5 万平方米；外墙砖生产线 9 条，日产能 8.1 万平方米；微晶石生产线 20 条，日产能 13.05 万平方米；全抛釉生产线 65 条，日产能 55.45 万平方米；西瓦生产线 4 条，日产能 37 万片；其他瓷砖产品（包括小地砖、薄板、耐磨砖、腰线、水晶砖、K 金砖）生产线 79 条，日产能 64.37 万平方米。

淄博在线喷墨机为 300 台，无规划待建生产线。

临沂建陶产业散布于 6 个县（区），除罗庄区产业布局相对较为集中，集聚效应明显之外，余下大

部分地区仅有 1~3 家陶瓷企业。

临沂产区瓷砖（不含西瓦）日总产能 197.21 万平方米。其中，瓷片生产线 62 条，日产能 108.8 万平方米；抛光砖生产线 16 条，日产能 25.2 万平方米；仿古砖生产线 7 条，日产能 7.4 万平方米；全抛釉生产线 13 条，日产能 14 万平方米；其他瓷砖产品（包括小地砖、薄板、耐磨砖、腰线、K 金砖、水晶砖）生产线 38 条，日产能 41.81 万平方米。

临沂产区规划中无待建生产线，上线喷墨机 174 台。

临沂产区作为山东省的第二大建陶产区，也是国内重要的内墙砖生产基地，临沂建陶主要集中在罗庄区。近年来，罗庄产区发展态势迅猛。从早前的在国内名不见经传到现在的倍受行业关注，足见临沂建陶产业的发展速度。

山东其他产区（淄博、临沂以外）已建成生产线 19 条，瓷砖（不含西瓦）日总产能 18.3 万平方米。其中，瓷片生产线 5 条，日产能 7.2 万平方米；抛光砖生产线 10 条，日产能 8.2 万平方米；外墙砖生产线 1 条，日产能 1.1 万平方米；仿古砖生产线 3 条，日产能 1.5 万平方米。

山东其他产区无规划待建生产线，上线喷墨机 14 台。

淄博市：建成 357 条生产线，瓷砖日产能 306.68 万平方米（不含西瓦）

市场竞争激烈，品牌意识逐渐增强

经过 30 年，特别是近 10 年的迅猛发展，淄博建陶以稳居全国第二的产量和规模赢得了"江北瓷都"的美誉。"南有佛山，北看淄博"这句在陶瓷行业中盛传的话语，也恰说明了淄博在中国陶瓷行业中的重要地位。

淄博产区涵盖全抛釉、内墙砖、仿古砖、抛光砖、微晶石五大系列及其他线（含 K 金砖、耐磨砖、水晶砖、地脚线、地爬壁）产品。其中，全抛釉、内墙砖以及仿古砖成为淄博产区当前生产销售的主流建陶产品。

建陶市场竞争日益激烈，"产品优势去哪儿了"已成为淄博多数企业思考的问题，它或许就是淄博企业下一步的发展方向。

淄博产区多数企业在夹缝中生存已成事实，若不尽快打造企业品牌，重新树立产区优势，可能未来面临的销售压力会更大。首先要打造区域品牌，然后逐渐向国内品牌发展。走品牌发展之路，是淄博企业今后需要面对的艰难之路，将是非常痛苦的，也是企业做大做强的可行之路。

淄博与佛山相比，逊色的不是品质，而是在思想意识上，尤其是缺少品牌营销，销售环节仍是淄博陶企发展的薄弱环节。"内塑素质，外树形象"逐渐成为当前淄博优质陶企的发展理念。

自 1990 年开始至今，淄博市已举办了 14 届"中国（淄博）国际陶瓷博览会"，这对宣传淄博陶瓷，提升淄博建陶知名度，促进当地陶瓷工业及相关行业的发展起到了很大的作用，同时，以中国财富陶瓷城、中国（淄博）陶瓷总部、淄川建材城等为核心的大型专业建材展示、销售平台现已初具规模，日趋成熟，这更为淄博陶企品牌的塑造提供了有利平台。

产品创新意识提升

淄博产区喷墨印花机在线数量已达 300 台，应用范围由最初的内墙砖、全抛釉，逐渐扩大至现在的仿古砖、微晶石、抛光砖以及地脚线等产品系列。从 2011 年 7 月，淄博产区开始引入第一台喷墨印花机，到 2013 年不到 2 年时间内，淄博产区喷墨印花机数量达到 300 余台，说明淄博陶企在应用新设备、新技术方面的速度是惊人的，它为淄博陶企开辟了一条产品创新、品质提升之路。

同时，喷墨技术的广泛应用，加快了淄博陶瓷配套企业研发喷墨墨水的进程，喷墨墨水本土化成为趋势。此前，进口墨水垄断、主导市场，价格高昂，大大增加了陶瓷企业的生产成本，在很大程度上也制约着国内喷墨技术的发展步伐。

多元化发展，促进企业转型升级

在2013年11月，淄博市环保局出台了淄博市实施建陶企业环保限期治理标准。随着环保压力不断加大，企业更加注重生产环节成本的控制，也更愿意选择优质原料，选择性价比高的生产设备。整体来看，当前淄博产区多数建陶企业在减排方面已经做得相当不错，政府引导，企业重视，已然形成了一个共同的发展目标。

2014年，淄博产区仅有几家建陶企业使用天然气进行生产，多数企业仍应用煤改气进行生产。天然气供应量不足无法保障企业正常生产需求与使用天然气成本较高是主要原因。

以前，淄博多数建陶企业没有自己的研发团队，也没有相应的市场营销部门，这些弊端已成为淄博陶企在团队建设方面的短板，严重阻碍了企业在人才利用等方面的发展。

为改变这一现状，自2013年以来，已有部分企业开始组建自己的市场部或策划部。同时，淄博企业相互间"抱团取暖，资源共享"，改变了过去企业间缺乏交流沟通的现象。通过交流，大家资源共享的意识提高了，如有企业为完善产品结构，不再盲目改线，而选择与一些好企业生产合作，既保证了产品的稳定性，又降低了企业改线所带来的一系列风险。这样就出现了优质企业强强联手的合作模式。

未来淄博建陶将按照"优化结构、创新驱动、打造品牌、市场拓展、绿色制造"的总体思路实施多元化战略，促进建筑陶瓷产业转型升级发展。同时，淄博当地政府也提出了结合产业总体发展要求，对全市建筑陶瓷企业实施"扶持一批、改造提升一批和淘汰一批"的企业结构升级战略。

坚持以转变产业发展方式为主线，以自主品牌建设为突破口，创新商业模式；以淄博建筑陶瓷产品创意设计、节能环保技术等自主创新能力提高为途径，提升核心竞争力；以产业联盟建设为手段，推动企业结构、产品结构以及布局结构优化与调整；大力发展总部经济，做强专业交易市场、会展商贸、物流、技术服务、陶瓷相关装备制造等生产服务业，加快业态拓展与升级。打造技术水平一流、产品一流、竞争力一流、产业链完善、绿色生态化的中国北方陶瓷总部基地。

临沂市：建成136条生产线，瓷砖日产能197.21万平方米（不含西瓦）

"三大优势一契机"，临沂迎来发展良机

2012年4月，罗庄陶企开始使用喷墨印花机进行生产，随后由于应用喷墨技术生产所带来的巨大收益，让更多的生产企业纷纷加入应用喷墨技术大军中。截至2014年，临沂产区在线喷墨机数量为174台。

近两三年来，罗庄产区发生了较大变化，且有力地撼动了佛山、淄博两大传统产区的地位，引起了国内经销商的关注。

罗庄发展陶瓷产业具有"三大优势一契机"：优势一，罗庄独特的地理位置，赋予了罗庄具有其他产区不可比拟的竞争优势。罗庄区处于4条国道交会处，拥有几亿人的庞大消费群体。

优势二，重要的地理位置，形成了发达的物流交通。临沂有全国最大的批发市场，带动了物流的快速发展。罗庄极其发达的物流使其有其他产区无可竞争的运输成本优势，同比之下，临沂产区比其他产区物流成本低47%，大大降低了临沂产品的运输成本。

优势三，多年来，罗庄陶企以生产控制成本的能力极强。过去，"以走量为特点的罗庄生产模式"已使罗庄控制生产成本的能力在国内第一，由于大产量带来的大物流，如原料的进出等，使得企业控制生产成本的能力非常强。

除此之外，罗庄产区还有一个有利的切入点，就是喷墨印花机的迅速应用。它的应用，快速缩短了罗庄陶瓷与佛山、淄博传统产区的差距，尤其是在花色品种上，罗庄产区不再仅仅依靠自己的力量去有限开发，而是通过不断学习模仿就可以衍伸出自己的花色。这也是罗庄陶瓷能够快速发展的一个契机。

罗庄产区已经基本形成了由龙头企业带动，整个产区具有一定的研发能力，生产量巨大，在国内陶瓷行业具有一定影响力的新格局，也已跳出了过去追求大产量的生产怪圈，摒弃了过去发展的几大弊端，如企业间低水平重复建设、产品同质化严重导致的价格竞争、企业间互相挖墙脚的现象，开始步入注重品牌的建设及打造。

尤其是近年来，随着企业发展定位不同，罗庄陶企分化明显，企业重新确定了各自的发展目标，整个产区日趋成熟、完善。目前，多数企业对未来充满信心。

企业环保意识增强，暂未强推使用天然气

由于临沂政府连年力抓环保治理，企业在环保环节做得比较好。伴随国家与社会的环保标准越来越高，要求越来越严格，企业在环保方面的资金投入每年都在增长。2014 年，临沂建陶企业仅在料场封闭这一环节的资金投入，平均每家企业在 300 万元左右，加上除尘、排污在线监测等其他环节的资金投入，罗庄产区陶企 2014 年总投入约在 5 亿元。

同时，整个产区巨大的环保投入，换来了各企业对产品结构调整、品质提升以及品牌建设的重视，促使整个罗庄建陶产业得到了很大的提升。除了天然气改造，罗庄产区在环保治理方面均已走在了全国同行前列。

在环保治理问题上，临沂市政府更是不断加大力度，常抓不懈。原来是边生产边治理，但由于企业治理进度不一，所以政府从公平、公正的角度上，从促使产业稳定发展的角度上考虑，在 2014 年第一次采取了企业停产治理，足以说明政府对环保治理的严格要求及力度。虽然这次停产治理对企业的生产影响不大，但是对企业的环保意识影响巨大，企业更加重视环保，且自发提高治理标准。

品牌建设不足，营销型人才匮乏

罗庄产区发展中存在的最大的不足，就是虽然罗庄陶瓷发展犹如星星之火，有一股强大的发展动力，也具有一定的发展基础和发展愿望，但是还缺乏一些刺激，缺乏点燃，就是缺乏品牌之火，没有品牌突破。

经过长期发展，整个罗庄产区的产品品质提升了，产量也有了，但是产品附加值低，缺乏品牌对产品的有力支撑。

另外，罗庄产区的人才队伍建设不完善。虽然产区在生产型、管理型人才引进方面已经不错，但是企业普遍缺乏营销型人才，以及研发型人才。从一个建陶产业的健康发展来讲，罗庄未来将致力于以下两点，一是罗庄缺乏一个综合性的研发机构；二是罗庄产区与大中专院校、科研机构没有形成一种战略联合，这也是罗庄建陶产业发展的短板。

未来，临沂当地政府对建陶行业也提出了诸如减少企业数量、减少生产线的工作目标，鼓励企业向集团化、规模化方向发展，以龙头企业带动产业发展，加强行业自律，逐渐形成健康、持续、绿色发展的产业格局，而无须政府强制监管。

第五节　辽宁产区

55 家陶企，102 条生产线，日产能 157.55 万平方米

辽宁产区拥有建陶生产厂家 55 家，瓷砖日总产能为 157.55 万平方米（不含西瓦）。其中，瓷片生产线 49 条，日产能 92.4 万平方米；抛光砖生产线 21 条，日产能 31.7 万平方米；外墙砖生产线 5 条，日产能 8.1 万平方米；仿古砖生产线 5 条，日产能 5.9 万平方米；全抛釉生产线 7 条，日产能 9.4 万平方米；微晶石生产线 1 条，日产能 1.2 万平方米；其他瓷砖产品（包括小地砖、薄板、耐磨砖、腰线）生产线 9 条，日产能 8.85 万平方米；西瓦生产线 5 条，日产能 50 万片。在线喷墨机 143 台。

辽宁省建陶产业主要分布于沈阳及朝阳两个地级市的 4 个县（市、旗），除沈阳市法库县、朝阳市建平县产业布局相对集中，集聚效应明显之外，朝阳市喀左旗 2014 年有 4 家在建企业，朝阳市凌源市有 1 家西瓦生产企业，已长期处于停产状态。

法库县：建成 76 条生产线

法库陶瓷产业集群起步于 2002 年 5 月，规划面积 30 平方千米，是当前东北地区最大的陶瓷生产、研发、销售基地。

2002 年 6 月，山东崔军集团在法库经济开发区投资建设"沈龙瓷业"，这是落后法库产区的第一家建陶企业。该企业经过 4 个月的紧张建设便于当年 10 月份成功投产，由此拉开了法库产区建陶集群发展的大幕。

2005 年，法库产区制定了《"东北瓷都"建设总体规划》；2006 年，陶瓷产业集群不断壮大，"四大区域"建设全面铺开，产业规模与档次进一步扩大和提升；2008 年，法库进一步加快了"四区、五园"建设，同年，由闽商投资建设的建陶企业集中落户法库产区。

2010 年 8 月 26 日，法库被中国工业陶瓷协会授予"东北瓷都"称号。9 月 12 日，被中国建筑卫生陶瓷协会授予"东北亚建筑陶瓷产业基地"称号。10 月 12 日，法库荣获"中国产业百强县"称号。

2012 年 9 月，法库陶瓷产业集群被正式授予"中国陶瓷谷"荣誉称号。中国陶瓷谷大市场包括大东北陶瓷市场、中冠市场、恒大国际陶瓷市场、海特曼综合市场、中畅建筑材料市场、潮州陶瓷建材市场、天鸿基陶瓷市场七个分市场。共入驻商户 715 家，汇集了全国几百家建筑陶瓷、卫生洁具的名优产品。

多年来，陶瓷产业在拉动法库矿业、运输业、电业、建筑业和第三产业等方面卓见成效，进一步加快了法库开放和工业立县的步伐，陶瓷成为法库工业的支柱产业。

经过十余年的精心打造，法库产区完成了陶瓷产业从无到有、从小到大的历史跨越，成为全国五大陶瓷产地之一。截至 2014 年，法库产区建陶生产企业数量达 39 家，产品涵盖瓷片、抛光砖、仿古砖、全抛釉及微晶石五大系列。

据法库县有关部门提供的资料统计，2013 年年末，法库县实现工业产值 550 亿元，财政贡献 8.1 亿元，解决就业 7.5 万人。法库产区累计引进陶瓷企业 212 家，建成区 20 平方千米，形成了以建筑瓷为主，集日用瓷、艺术瓷、电瓷、卫生洁具等 12 大类 27 个品种的现代陶瓷生产体系，市场覆盖中国东北及俄、蒙、韩等国家，成为东北亚地区最大的领军型集生产、研发、销售于一体的陶瓷基地。

2014 年，法库产区有 39 家建陶生产企业，73 条生产线，日总产能 117.85 万平方米。其中仿古砖生产线 5 条，瓷片生产线 32 条，抛光砖生产线 19 条，全抛釉生产线 7 条，微晶石生产线 1 条，外墙砖生产线 4 条，其他生产线 5 条，西瓦生产线 3 条，在线喷墨机 112 台。

朝阳市：已建成 26 条生产线

朝阳市共有 15 家建陶生产企业（不含西瓦），24 条生产线，日总产能 39.7 万平方米，在线应用喷墨机 31 台。其中：建平县有 11 家建陶生产企业，19 条生产线；喀左旗现有 4 家企业，规划已建成 5 条瓷片生产线；凌源市现只有 1 家企业，2 条西瓦生产线，已处于长期停产状态。

建平县：继续加大招商引资力度，推动产业集群发展

建平县工业园区位于万寿街道，建平县城东侧，成立于 2003 年 6 月，园区总规划面积 19.19 平方千米，已开发面积 3.5 平方千米。经过十几年的建设，园区基础设施建设日趋完善，已修筑的园区公路网 14千米，其中 3.5 千米的主干路达到亮化、绿化。园区内基本实现了水、电、路、气、信、邮、有线电视等"七通一平"。总建筑面积 3200 平方米的陶瓷检测服务中心检测项目已覆盖产业集群及周边近 50多户企业。

到 2014 年，建平县新型建材（陶瓷）产业集群入驻企业已达到 39 户，从业人员 5500 人。陶瓷砖年生产能力超过 1 亿平方米。产业集群主导产业为建筑陶瓷、微晶玉装饰板材等，主导产品为内外墙砖、地板砖、红山玉系列装饰板材、新型彩钢、保温材料、耐磨铸件、矿山机械等。

凌源市：仅一家西瓦厂

凌源市仅剩龙凤沟琉璃瓦厂 1 家企业，已停产多年。其最初以生产西瓦为主，设计日总产能为 2 万片。凌源市拥有丰富的黏土资源，可以为西瓦、苯板提供优质的天然原料。

喀左旗：建陶产业初具规模

辽宁省朝阳市喀喇沁左翼蒙古族自治县，别名喀左旗。近年来，位于辽西地区的喀左县陶瓷产业发展迅速，当地依托储量丰富的紫砂土、高岭土、膨润土等陶瓷原料，及辽西地区丰厚的文化底蕴和近百年的陶瓷生产历史，大力发展陶瓷产业，形成以紫砂、辽青瓷等系列产品为代表的产业集群地。

2013 年 11 月底，朝阳荣富陶瓷有限公司落户喀左县冶金铸造工业园区，正式拉开了喀左旗建陶企业建设序幕。朝阳荣富陶瓷有限公司计划总投资 3 亿元，建设两条年产 1200 万平方米的瓷片生产线。建成后预计产品外贸出口量占总销售量的 50%，主要销往韩国、中东、北美、澳大利亚等国家和地区。

2014 年 4 月 30 日，朝阳赫源陶瓷有限公司正式签约落户喀左旗工业园区。该公司总投资 3 亿元，占地 250 亩，建设两条年产 1200 万平方米的瓷片生产线。项目达产后年可实现销售收入 5 亿元，利润 3300 万元，税金 1800 万元，解决就业人员 750 人。

到 2014 年下半年，喀左旗在建建陶生产企业 4 家，即荣富陶瓷有限公司、闽龙陶瓷有限公司、赫源陶瓷有限公司、顺成陶瓷有限公司。

第六节 四川产区

147 家陶企，241 条生产线，日产能 266.75 万平方米

四川建陶产业主要分布在乐山（夹江、沙湾、犍为、井研、峨眉）、眉山（丹棱、洪雅、仁寿）、自贡（沿滩区、荣县）、内江（威远）、宜宾（珙县）、达州（竹县）、广安（邻水）等地区，其中夹江、丹棱、威远、洪雅等地区陶瓷企业分布相对比较集中，占整个四川产区企业的约 90%。

四川产区瓷砖（不含西瓦）日总产能 266.75 万平方米。其中，瓷片生产线 62 条，日产能 92.55 万平方米；抛光砖生产线 25 条，日产能 32.1 万平方米；全抛釉生产线 20 条，日产能 19.7 万平方米；仿古砖生产线 37 条，日产能 44.4 万平方米；微晶石生产线 2 条，日产能 1.2 万平方米；外墙砖生产线 47 条，日产能 47.8 万平方米；小地砖生产线 6 条，日产能 3.95 万平方米；水晶砖（耐磨砖）生产线 15 条，日产能 15.7 万平方米；其他瓷砖产品（包括地脚线、广场砖、薄板、腰线等）生产线 11 条，日产能 9.35 万平方米；西瓦生产线 16 条，日产能 198.6 万片。上线喷墨机数量 168 台。

夹江县：四川最大的陶瓷生产基地，建成生产线 136 条

夹江位于四川省西南部，是西部最大的陶瓷生产基地，早于 2004 年 9 月 23 日，被中国建筑材料工业协会和中国建筑卫生陶瓷协会联合授予"中国西部瓷都"称号。经过几十年的发展与沉淀，夹江产区现已形成以生产、销售、展示、服务于一体的综合陶瓷生产基地。

夹江产区拥有 83 家陶瓷生产企业，建成生产线 136 条，喷墨机数量也已突破 100 台大关，是四川省乃至整个西部最大的陶瓷生产基地，陶瓷产业现已成为夹江县经济发展的重要支柱产业之一。

加快产业转型升级，淘汰落后产能

近年来，夹江产区政府制定并落实《西部瓷都陶瓷产业升级行动计划》《西部瓷都经济开发区建设保障行动计划》等一系列相关政策，并设立5000万元的"西部瓷都陶瓷产业转型升级发展基金"支持夹江陶瓷产业"脱胎换骨"，使夹江陶瓷产业成为四川产区转型升级的新典范。

在加快推进陶瓷产业转型升级，淘汰落后产能的过程中，淘汰的不仅是落后的生产线，还有经营不善的陶瓷生产企业，如：金海（夹江）、米兰、荣华、天承、华泰、美乐等。不可否认，在加快产业转型升级的几年里，夹江产区也进行了一轮新的洗牌，淘汰了一批落后的陶瓷企业和生产线，同时也诞生了盛世东方、中恒（建辉分厂）、英伦、瑞丰（在建）、华富（在建）等一批新兴的陶瓷企业。

2011年，夹江产区拥有97家陶瓷生产企业，建成陶瓷生产线180多条，日产能（不含西瓦）156.35万平方米，在全国陶瓷产区综合产能数据排名中位列第五。到了2014年，无论是陶瓷企业，还是建成生产线数量，夹江陶瓷产业的数据都在下滑。然而，值得一提的是，虽然企业数量、生产线数量、日产能总量都在下滑，但是单线的日产能却增长了不少。

营造良好环境，搭建产业平台

近年来，夹江陶瓷产业发展受到生产线产能低、设备陈旧、管理落后、园区规划混乱、人才缺失等因素制约，致使产业发展面临多重"瓶颈"。因此，打破局限，成为当务之急，应加快推进高端陶瓷产业园区建设，给夹江陶瓷产业发展提供一个良好的生产环境。

该园区规划总面积6.5平方千米，主要引进高端陶瓷企业及配套产业。园区规划分三期建设，力争到2020年，实现产值300亿元。截至2014年，对于入驻高端园区的陶企，夹江给出了"门槛"：固定资产投资强度不低于120万元/亩；单条建陶生产线总投资不低于1亿元；采用国际国内最先进陶瓷生产线，单条生产线年产值达到3亿元以上。

设备陈旧，智能化程度低

"巧妇难为无米之炊"，没有好的生产设备就很难产出优质的产品，没有好品质的产品又如何在激烈的市场竞争中占据主导。夹江陶瓷产业的转型升级不单单是产品和品牌的升级，还需要生产设备的更新升级。

陶瓷机械设备技术水平的不断提高推动了陶瓷行业的生产变革。近年来，陶瓷行业发生了翻天覆地的变化，主要表现在压机的吨位从原来的600吨发展到如今的10000吨；窑炉从原来的100多米发展到400多米宽体窑；印花技术从辊筒到丝网，再到行业最流行的喷墨印刷。一次又一次的技术变革在陶瓷生产企业中转换成直接生产力，为推动整个产业转型升级作出了巨大贡献。

夹江产区内的生产线几乎都是人在工作，只有在自动包装、尺寸监测、平整度监测极少几个生产环节采用自动化。因此，在夹江加快陶瓷产业转型升级，全面推进智能自动化将是必然。

夹江陶瓷生产企业中有相当多的一部分生产线依然是十几年前建线时候的设备，均已陈旧老化，在生产过程中容易出现故障，影响企业正常生产，同时也严重制约了整个夹江陶瓷产区的转型升级。

然而，值得一提的是，在喷墨印刷技术上，夹江陶瓷企业还算是走在其他产区的前面，整个产区内有喷墨打印机177台，涵盖瓷片、微晶石、全抛釉、仿古砖、外墙、地脚线、花片、拼花等领域。

资源枯竭，生产成本暴涨

近年来，夹江以及周边陶瓷生产所需的原料资源越来越紧缺，而新建的陶瓷生产线数量却在不断地增加，以至于原材料价格飞涨，瓷砖生产成本居高不下，企业生存空间不断被压缩。

2014年上半年夹江产区曾爆发过小规模的原料供应危机，产区内多家高档砖生产企业所需的优质白泥出现断货现象。对此，产区内米兰诺、广乐、新中源等企业多次派生产技术人员到各地采集样品。

虽然此次供应危机在广西、云南、贵州等原料大量进入中得以暂时化解，但是最根本的问题却依然没有得到有效的解决。

夹江企业瓷砖生产成本居高不下的主要原因是陶瓷原料资源匮乏，需要大量从外地购买。在瓷砖的生产成本中原料要占48.5%，几乎占了总成本的一半，而佛山地区占20%，潮州占25%，淄博占32%。由此可见，夹江瓷砖在生产成本上跟外产区相比根本无任何优势可言。

除原料资源短缺外，能源不足也是制约产区企业发展的一大重要障碍，四川的天然气自2006年10月以来开始出现供应缺口，给企业的生产造成一定的影响。当地95%左右的陶瓷生产企业都自主修建了水煤气发生炉，用水煤气作补充能源来解决天然气短缺的问题。

品牌抗险能力差

自1987年夹江第一家陶瓷厂成立到2014年，已经有24年。夹江已经发展成为"中国西部瓷都"，拥有陶企100多家，品牌1000多个，然而不足的是这么多的企业与品牌却鲜有一个真正的强势品牌。因此，往往每逢销售淡季，都会出现仓库爆满的现象。品牌抗风险能力差已经成为夹江产区陶瓷企业们心中最大的"痛"。

夹江陶瓷品牌的销售区域主要集中在川渝两地，极少数品牌在云南、贵州、陕西、甘肃等地销售。然而，根据瓷砖500千米的销售半径划分，夹江陶瓷的销售范围则应该可以覆盖西南、西北市场，但事实上这些市场却一直被山东、广东等陶瓷品牌所占据。

采用水煤气生产，环保压力巨大

夹江陶瓷产业的发展是从一根根的煤烧窑黑烟囱发展起来的，后来慢慢过渡到天然气和水煤气生产，但是煤烧窑直到2012年，当地政府为了保障净空行动顺利开展，才对煤烧窑企业进行了进一步的整治。

与烧煤为企业提供能源相比，使用水煤气将更环保、更实惠。然而，随着人们对环境质量的要求越来越高，水煤气也已经开始被不少产区当地政府列为禁止能源。

水煤气在煤转气的过程会排放大量固体废气、废水、废渣，对环境还是存在很大的危害。佛山、淄博、高安等产区都相继出现过大规模环保整顿行动，要求企业采用清洁的天然气生产，禁止再使用污染物超标的水煤气。

沙湾区：陶瓷产业逐渐萎缩

沙湾陶瓷产业兴起时间较早，是川内为数不多引进过广东企业的产区之一。

2011年，沙湾还有中盛、方大、宇佳等三家陶瓷生产企业。然而，到2014年却只剩下中盛陶瓷企业依然健在，不仅如此，中盛还是整个四川产区中唯一一家专业生产抛光砖的企业。但是由于四川缺乏生产抛光砖所需要的各种原材料资源，因此，企业在发展中也遇到了不少的阻力。

峨眉山市：环保制约陶瓷产业发展

峨眉山市隶属乐山，以发展旅游业为主，对高污染的陶瓷产业不是非常热衷。为此，截至2014年只有金陶瓷业一家陶瓷生产企业存在。

环保一直是制约峨眉山市陶瓷产业发展的主要阻碍。金陶瓷业的生产能源主要来自科达的清洁能源和高昂的天然气，所以导致企业生产成本居高不下。然而，在如此艰难的环境下，金陶瓷业却以其独特的魅力在整个四川产区中大放异彩，无论是企业旗下品牌还是产品都享有很高的知名度。

犍为县：以西瓦生产为主

犍为县隶属四川省乐山市，当地能源资源丰富，以煤、水、天然气为主，其中煤储量丰富，被称为

"全国重点产煤县"。当地陶瓷产业也出现锐减的趋势，截至2014年，只剩下两家西瓦企业仍然在运作。

犍为陶瓷产业的衰败不是因为原材料不足，而是因为在技术、经验、人才、产品创新等各方后续力量不足所致。犍为除拥有陶瓷生产所需要的能源资源外，还具有储量丰富、品质较好的黏土、红页岩、石英砂等资源。

井研县：陶瓷产业发展平稳

井研隶属于乐山市，是整个泛夹江产区陶瓷产业发展的延伸与扩展，截至2014年，当地有3家陶瓷生产企业，已建成6条生产线。

由于受夹江产区与周边其他大产区的影响，陶瓷产业的发展受到了严重的限制，经过多年的发展，产区仍然保持固有的生产规模。原本已经入驻的企业在发展中也没有计划新线的想法，都是在原来生产线的基础上修修补补。

在产品方面，当地企业以生产低档釉面砖为主，然而，随着喷墨技术的兴起，井研佳泉、欧鹏等企业也先后引进喷墨技术，在产品品质、花色、款式等方面有了巨大的提升。

丹棱县：四川成长最快的陶瓷生产基地，建成生产线39条

丹棱隶属眉山市，紧邻夹江县，同时也是夹江陶瓷转移的主要承接地。近年来，在夹江陶瓷产业快速发展的氛围带动下，周边丹棱（眉山）、洪雅（眉山）、威远（内江）、仁寿（眉山）、沙湾（乐山）、珙县（宜宾）、达州（竹县）等地区陶瓷产业发展也随之兴起。其中丹棱产区作为后起之秀近年来在四川产区中发展的步伐也非常迅速，建成生产线39条，上线喷墨机数量35台。

地域优势突出

丹棱建陶瓷厂的老板大部分都是夹江人。丹棱产区正是借助邻近夹江产区的地域优势，在原料供给、技术、人才、经验等各方面享有四川其他产区无法比拟的优势，这也是丹棱能成为四川成长最快的陶瓷生产基地的重要原因。

不仅如此，在陶瓷成品销售上，丹棱企业依托西部瓷都汇聚全国客商的能力，纷纷在夹江陶瓷市场上设立展厅和仓储，使其能够迅速掌握瓷砖市场的走势和消费者喜好，生产出迎合市场口味的产品。

未来潜力巨大

不可否认，丹棱陶瓷产业的崛起得益于夹江产区，但是丹棱产区自身的优势条件也至关重要。之所以大批夹江老板转战丹棱建厂，其主要原因是当时夹江陶瓷产业迅速发展，造成土地紧张，而丹棱土地辽阔，能为夹江陶瓷产业转移提供充足的土地。

2011～2014年，短短3年时间里，丹棱产区新建了5条大型陶瓷生产线，并涌现了新高峰、索菲亚、联发、天际、华天等一大批优秀的陶瓷生产企业。与此同时，在这一批优秀企业的带领下，逐渐缩小了丹棱产区在生产技术、产品创新、人才培养方面与夹江产区之间的差距。

洪雅县：产业规模小，专业化程度高

洪雅隶属于眉山市，产区内有4家企业，建成生产线8条。

虽然洪雅地区陶瓷企业少，但是其专业程度却比较高。洪雅的8条生产线中就有6条生产抛光砖，其他2条是瓷片生产线。然而，依据川内的抛光砖生产线总量来算，洪雅就占了整个产区的三分之一。

在洪雅当地，新乐雅陶瓷企业的影响力巨大，该公司早在2010年就投资新建了欧冠陶瓷厂，拥有4条抛光砖生产线。虽然洪雅当前陶瓷产业发展规模小，但是在未来四川陶瓷产业的发展布局中将占据举足轻重的地位。或许夹江陶瓷向丹棱产区转移的场景，在不久后会在丹棱与洪雅之间上演。

威远县：陶瓷产业转型步伐稳健

威远隶属于内江市，位于四川省东南部，是传统的老工业强县。威远陶瓷产业的起步较早，发展步伐稳健。全国各大产区都在轰轰烈烈地进行产业转型升级的行动时，威远陶瓷产业也搭上这趟转型升级的列车。

白塔新联兴陶瓷有限公司（简称白塔集团）就是威远当地陶瓷企业的"黄埔军校"，多年以来为当地陶瓷企业培养了不少的技术、销售、管理人才。白塔集团经过36年的发展历程，在整个国企改制，市场化经营等多重变迁中屹立不倒，并且依靠企业的自身实力连续多年晋升"中国品牌价值500"的行列，成为享誉行业的"西南王"。

威远陶瓷产业的转型主要表现在：第一，白塔集团的搬迁，使威远在淘汰落后产能，实现产业转型升级方面作出了巨大贡献；第二，严陵工业园的打造，为陶瓷企业营造了一个良好的生产环境。

威远陶瓷产业规模在整个四川陶瓷产业中排位第三，拥有8家陶瓷生产企业，18条生产线。

宜宾珙县、达州竹县：陶瓷产业开始起步，未来潜力巨大

宜宾珙县和达州竹县在发展陶瓷产业方面都有一个共同的特点，那就是当地高岭土、白泥、石英砂等陶瓷生产资源异常丰富，也有一个共同的不足是距离西部陶瓷生产基地夹江产区太远，各种生产技术交流不畅。对此业内人士给予两地的评价是，虽然产业发展起步晚，但是未来发展潜力巨大。

两地生产企业和生产线数量不多，但是随着陶瓷生产环境的不断改善，陶瓷资源的不断开采，将会吸引越来越多的陶瓷企业入驻。

第七节　广西产区

47家陶企，86条生产线，日产能173.7万平方米

到2014年，广西共有47家陶瓷企业，其中38家企业建成投产，3家企业在建，6家企业签约待建（其中来宾市迁江镇华侨农场两家企业已签约入驻）。

整个广西产区已建成投产86条生产线，6条生产线在建，规划待建28条生产线。86条瓷砖生产线日总产能达到173.7万平方米，其中，瓷片生产线24条，日产能72.4万平方米；抛光砖生产线19条，日产能36.5万平方米；仿古砖生产线17条，日产能28.3万平方米；外墙砖生产线10条，日产能12万平方米；全抛釉生产线7条，日产能9.6万平方米；耐磨砖生产线6条，日产能12.5万平方米；薄板生产线2条，日产能1.6万平方米；微晶石生产线1条，日产能0.8万平方米。喷墨机在线使用数量达109台。

2006年以来，广东省内众多陶瓷企业迫于环境压力和生存竞争，急于向中西部地区进行产业转移。江西、四川、山东等地纷纷向佛山陶企伸出了橄榄枝，成功吸引了一些陶企，从而逐渐发展成新兴的建陶产区。

而广西拥有便捷的水运优势和丰富的陶瓷原料，还有"两广"地缘的优势，却在承接广东建陶产业转移的大潮中，仅有南宁武鸣县抓住了发展机遇，引进了数家陶企，其他地区则错失了一轮重要的发展机会。

但不可否认的是，虽然我国陶瓷产业的转移高峰期已过，但远未接近尾声。尤其是在节能环保的大背景下，地方政府对陶瓷企业的要求在提高，而由于第一轮企业迁移所产生的系列问题也使得陶瓷企业的迁徙开始变得理性。与此同时，广西北部湾经济区异军突起，成为了我国发展最快、最有活力的区域板块之一。坐拥西江黄金水道和贮量丰盈的陶土原料，再加上当地政府的鼓励政策及进军东盟桥头堡的地利，广西西江黄金水道陶瓷产业带有望快速形成。

从2008年开始，梧州市藤县依靠资源优势和交通优势开始发力，陆续引进了近20家陶瓷企业，梧州陶瓷产业园岑溪市大业集中区、贵港桂平市龙门陶瓷工业区、贺州市信都陶瓷工业园区等陶瓷园区也是方兴未艾。

梧州市：广西最大的建陶产业集聚地

藤县：产业集群效应好

梧州市陶瓷产业园中和集中区（以下简称中和集中区）位于藤县县城东部，由于工业发展和承接东部产业转移以及开发高岭土资源的需要，结合陶瓷产业发展趋势，藤县建设了中和集中区，总体规划面积达21000亩。藤县陶瓷生产资源丰富，经初步勘探证实，县内高岭土覆盖区面积达23平方千米，储存量超过6.7亿吨，深度在100米左右，可供园区200条窑炉生产线连续生产150年以上。矿区距离陶瓷园区约6千米，陶瓷园区可就地取材，减少原料运输成本，实现"前厂后矿"的发展模式。

2009年，梧州市出台《关于加快陶瓷产业发展的意见》，要求加快陶瓷产业基地化和集群化发展，努力把梧州陶瓷产业园区打造成为广西规模最大、在国内有较大影响力的特色产业园区，成为承接东部产业转移的示范园区及泛珠三角区域重要的陶瓷产业基地。同年8月，藤县政府来到广东佛山招商引资，巨大的优势引起了众多企业的浓厚兴趣，纷纷前往藤县进行实地考察。

中和集中区最大的优势在于地理位置和交通运输。藤县处于泛珠三角经济圈和泛北部湾经济区的交汇节点，承东启西，交通便捷，区位优势明显。除水电、土地等成本优势外，水运亦优势较为突出。中和集中区距梧州港赤水圩作业区码头15千米，距规划中的新港码头5千米，西江全年可通航，上行可达南宁、柳州等广西各大城市，下行可达粤港澳。

到2014年，中和集中区共有9家陶瓷企业建成投产，拥有29条生产线，产品涵盖抛光砖、瓷片、仿古砖、全抛釉、微晶石、耐磨砖六大类。另有盛汉皇朝、名盈建材、信达陶瓷、帝豪建材、鑫诺陶瓷、五星瓷业6家陶企签约进驻。

岑溪市：产业规模较小

2009年7月，梧州陶瓷产业园岑溪市大业集中区正式设立，是岑溪市抢抓广东陶瓷产业转移机遇，推进具有资源优势的陶瓷产业发展战略构想，充分开发利用本地丰富的高岭土、钾长石资源而规划设立的专业性陶瓷产业园区。大业集中区规划总面积18710亩，包括大业、筋竹、归义、马路、糯垌、安平等六个片区，规划总投资60亿元。

在承接广东陶瓷产业转移的热潮中，岑溪的陶瓷企业主要分布在下辖的大业、筋竹、归义、马路四个乡镇。集中区有新建球、新动力、新鸿基、金沙江、远方、名爵6家企业建成投产，拥有15条瓷砖生产线，日产能达22.5万平方米，产品销往全国各地，甚至出口。

岑溪市的陶瓷企业市场销路广，竞争压力小，但是也有一定的不足。主要存在以下问题：一是用地指标不够，影响企业扩大规模；二是供电质量不好、生活用水紧张，影响企业的日常生产运作；三是资金短缺，部分企业后续投资跟不上；四是陶瓷产品和原料运输主要靠公路，火车运输优势发挥不了，物流成本较高等。

玉林市：建陶产业发展相对落后

玉林市的陶瓷企业除了一家在容县的老牌耐磨砖生产企业长城建筑陶瓷外，其余的企业都集中在下辖的北流市。北流市有陶瓷之乡（日用陶瓷）的美称，北流的白泥资源丰富，而且烧出来的产品白度很高，是优质的陶瓷原料。

北流有四家工业陶瓷生产厂家，分别是智鹏陶瓷、永达陶瓷、悦兴陶瓷和新高盛陶瓷，其中，智鹏陶瓷有限公司设立的时间最早，在 2008 年就开始生产；新高盛陶瓷是 2012 年建成投产的，是生产薄板砖的新型企业。

成本加上大规模建设生产线的发展模式的确促进了陶瓷行业的发展，但也是导致市场一片红海的原因，核心技术与品牌价值才是陶瓷行业赖以生存的根本。对玉林陶瓷来说，企业必须增强品牌意识，紧密结合企业的实际，制订出品牌发展战略，确立不同阶段的目标规划及可行性的实施步骤，抓好品牌的培育，争创陶瓷品牌。

贵港市：集约式发展推动产业壮大

贵港市下属的桂平市拥有丰富而优质的陶瓷原料、土地资源和劳动力资源，随着西江黄金水道和众多高速公路的开工建设及通车，桂平的水陆交通变得更加便捷，发展工业的条件更加优越。依托优势，桂平市积极响应自治区建材工业调整和振兴规划，建立龙门陶瓷工业集中区，加大园区招商和以商招商力度，大力促进陶瓷产业集群发展。

桂平市计划把龙门陶瓷工业集中区建成国家级陶瓷研发中心、培训中心、建陶产品展览中心和商贸市场。目前，龙门陶瓷工业集中区已建成贯穿园区，长 7 千米、宽 60 米的通途，码头、水电设施、污水处理厂、标准厂房、生计设施、商业区、金融区等基础设施建设都紧紧环绕陶瓷企业的入驻而日臻完备。

龙门陶瓷工业集中区内有高贵陶瓷、新金盛陶瓷、灵海陶瓷、大成陶瓷、新权业陶瓷等五家陶瓷企业。龙门陶瓷工业集中区有地理优势和原材料优势，可以就地取材，集聚原料供应商和设备供应商，避免了陶瓷企业单打独斗的情况。同时，集中区成立了专门为企业服务的园区管委会，沟通政府，相互支持。此外，集中区还在积极培育发展生物化工、环保材料、新能源等战略性新兴产业，完善产业配套，加快形成现代产业体系。

贺州市：内强外引的发展策略

2010 年，贺州市八步区为了承接东部沿海产业转移特别是陶瓷产业转移，采取内强外进的发展策略，加快东靠步伐，充分利用资源优势，创新体制，构建平台，出台政策，有针对性地进行招商引资。按照高起点规划、高质量建设、高效能管理理念建设一个布局合理、功能配套先进、生态环境优美的陶瓷产业园。

贺州市八桂建材工业基地，位于贺州市八步区东南部的仁义镇、信都镇和八桂木材集散中心，计划发展为高标准、高起点的以陶瓷工业项目为主，其他新型建材为辅的工业园区。享有水路、高速、国道、省道等便利的交通运输条件，且陶土贮藏量非常大，为发展陶瓷生产提供了优越的条件。

八桂建材工业基地引进了恒希建材、金门建材、挺进建材三家陶瓷企业。工业基地的水路、陆路交通方便，靠近广东，拥有原材料和劳动力资源，当地政府的支持力度也很大，这是企业进驻的原因。

工业基地对陶瓷企业的环保要求严格，工业用水要达到零排放，脱硫除尘等设备也要按要求安装，企业的投入较大。八桂建材工业基地将走可持续发展的路子，坚持环境保护与陶瓷产业可持续发展相协调。依靠增加资源的大量投入和扩张实现的粗放型生产方式将加速陶瓷资源的消耗进程。

南宁市：陶瓷产业集聚发展

伊岭工业集中区位于南宁市武鸣县，是一个典型的农业大县，工业基础十分薄弱。2006 年，南宁市伊岭工业发管委按照集约化、规模化、簇群化以及培育主导产业群带的发展思路，以集中区发展为目标，以产业发展为目的，进行招商引资工作。一是重新做好招商工作的思路定位，根据武鸣县的区位优势和资源优势，以陶瓷产业为重点，派分队到福建、广东、云南等地开展招商活动；二是利用武鸣县丰富的陶瓷原料资源，开辟陶瓷工业园；三是全面实施零距离、零收费、零时段"三零"服务，加快招商进程。

在 2006 年下半年，伊岭工业集中区成功引进了亚欧瓷业等 6 个陶瓷项目。至 2014 年，集中区内一共有 10 家陶瓷企业，生产的产品包括瓷片、全抛釉、耐磨砖和仿古砖，初步形成了陶瓷产业的集聚发展，在武鸣县经济结构中具有举足轻重的地位。

武鸣县对伊岭工业集中区内的环保工作十分重视，早在2011年，县环保局就组织召开过陶瓷企业环境综合整治专题座谈会，如今更是会不定时地对企业的环保设备进行检查，确保不出现环保问题。

武鸣县政府对陶瓷企业的情况保持了高度关注，服务工作到位。伊岭工业集中区内的瓷砖生产企业面临的一个突出问题是，检测能力无法满足产品出厂检验的要求，若将产品送至县外检验机构检测成本又太高。为帮助企业严把质量关，有效提高陶瓷砖产品质量，增强产品竞争力，武鸣县质监局以促进企业健康发展为出发点，以武鸣县质检所公共检测服务平台为依托，与陶瓷企业负责人进行了深入的探讨，利用公共检测服务平台的技术优势，提高质监部门的服务能力和水平。

来宾市：建陶产业处于起步阶段

2011年，来宾市迁江镇华侨农场计划建立陶瓷园区，规划用地面积5000亩，项目总投资50亿元以上。陶瓷园区注重建筑陶瓷产业链的延伸与发展，充分利用来宾市及周边陶瓷的原料供应优势，形成建筑陶瓷、原料配送、包装等系列陶瓷产业集群。

园区内，汉皇朝陶瓷2011年开工建设，2012年正式投产，最终经营不善在2014年由另外一个投资人接手，更名为盛汉皇朝。到2014年，盛汉皇朝有一条仿古砖生产线，并规划再建一条生产线。至2014年下半年，整个陶瓷园区与三家陶瓷企业签了约，其余两家企业正在平整土地。

陶瓷园区的发展虽然处于起步阶段，但园区已经确定坚持走陶瓷产业特色化发展的路子，按照"大项目—产业链—产业集群—产业基地"的发展思路，辐射、带动、聚合同类企业、上下游配套企业，引导企业差异化、特色化错位发展，加快壮大产业集群。

第八节　河南产区

68家陶企，112条生产线，日产能222万平方米

截至2014年，河南产区有建陶企业68家，瓷砖日总产能222万平方米。其中，瓷片生产线39条，日产能99.7万平方米；抛光砖生产线27条，日产能59.5万平方米；外墙砖生产线17条，日产能30.6万平方米；仿古砖生产线6条，日产能8.4万平方米；全抛釉生产线8条，日产能10万平方米；其他瓷砖（小地砖、马赛克、抛金砖、地脚线、耐磨砖、微晶石、劈开砖）生产线15条，日产能13.8万平方米。上线喷墨机134台。

河南省陶瓷业发展历史悠久，而建陶产业的崛起是在进入新世纪以后。特别是2007年以来，借势国内建陶业战略转移的浪潮，河南省以地处中原的有利区位、超亿人口的巨大市场、蕴藏丰富的原料资源等不可比拟的优势，吸引福建、广东、山东、浙江等地一批建陶企业进驻中原，河南建陶业得到飞速发展。

河南建陶业特点较为鲜明。首先，企业分布较为分散。到2014年，河南省有21个县（市、区）分布有建陶企业，占河南省县（市、区）总数的近七分之一。其中，成规模的建陶基地有内黄、鹤壁、襄城、汝阳、禹州等地，其他地方仅散落有1~3家建陶企业。

其次，发展势头较为迅猛。与2011年相比，三年间河南省建陶企业产能增加了54.6%。至2014年，日产能超过5万平方米的企业有12家，超过10万平方米的企业有3家；2014年新增生产线设计日产能均在3万平方米以上。

再次，新设备应用较为广泛。宽体窑、喷墨机等新设备得到广泛应用，特别是喷墨机持续"井喷式"增长。到2014年，河南省上线喷墨机已达134台，不但提升了产品品质、优化了产品结构，也加速了河南省建陶产业的升级发展。

内黄县：河南最大的建陶基地，引领中原陶业发展

内黄县是近些年华北地区成长最快、最具影响力的陶瓷生产基地。内黄县与陶瓷结缘始于 2007 年，而真正实现规模化发展则是在两年后。2009 年，内黄县政府确立了承接沿海地区陶瓷产业转移的政策指向。当年，投资 8 亿元的日日升陶瓷、投资 8 亿元的新明珠陶瓷、投资 5 亿元的福惠陶瓷等一批建陶项目签约落地，揭开了内黄县建陶企业集群集聚发展的序幕。

到 2014 年，内黄县有陶瓷卫浴企业 23 家（含在建），其中瓷砖生产企业 14 家。全县规划建设 96 条生产线（含瓷砖、卫浴、日用瓷、艺术瓷），已建成瓷砖生产线 28 条，瓷砖日产能达 66.4 万平方米，占河南省瓷砖日产能的 30%。2012 年 11 月，内黄县被中国建筑卫生陶瓷协会授予"中原陶瓷产业基地"称号。

引进创新型企业，加速产业提档升级

作为新兴陶瓷产业基地，内黄县一直在引领中原陶瓷产业发展。近年来，内黄县在不断扩大陶瓷产业规模的同时，一直致力于推进产业的提档升级，特别是鼓励支持企业进行技术设备改造和新产品研发，优化产业结构，提升产品的科技含量和市场竞争力。2014 年，内黄县对招商政策进行了修改完善，调整了招商方向，重点引进清洁能源大型知名企业及采用新技术的创新型企业，借此推动内黄县陶瓷产业升级。

2014 年，内黄县与天津宏辉工贸有限公司达成协议，投资 5 亿元建设贝利泰陶瓷有限公司。该企业采用自主研发的国内独创光触镁技术，生产小规格高新技术自洁釉艺术瓷砖和光触镁马赛克，产品全部出口北美、欧洲、澳大利亚、日本等地，该项目的建设，意味着内黄县在陶瓷产业转型升级上迈出了坚实的一步。

另外，新设备的广泛使用也在助力内黄县建陶产业的转型升级。2014 年年底，内黄县 80% 的企业都上了喷墨机，上线喷墨机达 45 台，占河南省喷墨机总数的 36%。

天然气进入园区，配套设施日趋完善

内黄县不仅投入资金实施了园区路网、给水排水、绿化亮化等工程，而且把天然气管道铺进园区，让企业可以使用清洁能源。2014 年又实施了天然气调压站建设工程，确保企业用气得到充分保障。

另外，陶瓷配套产业也在快速发展，丰源新型材料、伟峰包装、安琦物流园等一批配套项目建成运行。特别是 2012 年，河南省唯一一家省级陶瓷产品质量监督检验中心在内黄县挂牌开检，形成了涵盖质量检测、原料加工、包装装饰、机械磨具、信息物流、产品展示完善的产业体系，为陶瓷产业的发展奠定了坚实基础。

加强品牌建设，打造"中原瓷都"

为加快"中原瓷都"建设进程，内黄县明确提出，加强品牌建设是陶瓷产业今后工作的重点，要在全国叫响"内黄陶瓷"区域品牌。

内黄县通过各种展会、论坛，持续加大对内黄陶瓷的推介、宣传力度，力图在全国形成一定知名度和竞争力的区域品牌，推动内黄县陶瓷产业跨越发展。

鹤壁市：河南重要建陶基地，产区规模趋于稳定

鹤壁陶瓷业兴于唐，鼎盛于北宋。鹤壁市古瓷窑一直为国内考古迄今发现最早、规模最大的瓷窑遗址，烧制的白瓷、钧瓷、黑花瓷蜚声海内外。1970 年代，鹤壁陶瓷产业再度兴起，10 多家陶瓷企业在鹤壁市陆续投产，生产陶瓷产品达 20 余种。

但由于受多种因素影响，一些陶瓷企业未能适应市场经济发展，出现了亏损且相继破产。

进入新世纪以来，依托丰富的原料资源和历史沉淀，鹤壁再次把目光瞄准陶瓷，并作为招商引资的重点。

2006 年年初，鹤壁在全国最大的陶瓷企业集聚地广东佛山建立招商基地，并长期驻扎，在不懈努力下，新中源、富得、御盛、华邦、金鸡山等一批建陶项目陆续落户鹤壁，建成了河南省第二大建陶产业集群。

鹤壁市建陶企业主要集中在山城区石林镇，共有 10 家建陶企业，主要生产抛光砖、瓷片、外墙砖等。鹤壁陶瓷企业在产品更新上稍显滞后，至 2014 年下半年，10 家企业中仅有 2 家企业采用了喷墨机，且均是瓷片生产企业，尚没有全抛釉生产线，一条仿古砖生产线也长期处于停产状态，喷墨机数量仅占全省的 14%，与河南省第二大建陶产区的规模有些不符。

汝阳县：原料资源优势突出，建陶产业发展缓慢

汝阳建陶产业起步于 2009 年，当年 9 月，汝阳县引进投资 8 亿元的强盛陶瓷项目开工建设，规划建设 8 条生产线。同年 11 月，汝阳县名原陶瓷有限公司第一条生产线点火投产，开启了汝阳县建陶产业发展的征程。

汝阳县地处豫西伏牛山区，陶瓷产业发展所需的石英砂、黏土等原材料极为丰富，但资源优势并没有加速当地建陶产业发展。在名原、强盛、国邦、中州等建陶企业投产后，虽然经常看到项目签约的消息，但一直没有新项目建设投产。

至 2014 年，汝阳县有 4 家建陶企业以生产瓷片、抛光砖为主，日产瓷砖 16.3 万平方米，上线喷墨机 15 台。刚开始发展建陶产业的 2009 年，汝阳县曾提出 3 年后建成河南省最大的建筑陶瓷生产基地，但从取得的成绩来看，这与当初的目标相去甚远。

襄城县：瓷片生产企业集聚地，能源优势较为明显

襄城县隶属于河南省许昌市，处于伏牛山脉东段，西接黄淮平原东缘。襄城是一个煤炭生产大县，境内煤炭主要分布在南部和西南部山区。远景储量约为 20 亿吨，保有储量为 14.1 亿吨，约占平顶山煤田总储量的 17.2%。

襄城县陶瓷产业发展始于 2007 年左右，是河南中部最大的建陶企业集群。襄城县建陶企业主要集中在紫云镇煤焦化产业园，有兄弟陶瓷、创意陶瓷、欧力堡陶瓷、粤泰陶瓷、家得福陶瓷、豪贝莱陶瓷等 6 家建陶企业，以生产瓷片为主，日产能 18.1 万平方米，上线喷墨机 10 台。

襄城县在发展建陶产业上有自身的独特优势，在紫云镇煤焦化产业园分布着煤焦化企业，当地建陶企业正是利用煤焦化废气作焙烧燃料，不但能够节省生产成本，而且有利于环保。

禹州市：中小建陶企业集聚地，以"钧带瓷"协调发展

禹州市是一个有着悠久历史的陶瓷大市，也是著名的"中国陶瓷文化之乡"，禹州钧瓷更是闻名天下。禹州市拥有钧陶瓷生产企业 536 家，年产量突破 10 亿件。其中，卫生瓷企业 14 家，年产量 900 万件，占河南卫生瓷企业年销售收入的 18.3%，占全国卫生瓷企业年销售收入的 4.94%；园林陈设艺术瓷企业 67 家，年产量 1.1 亿件，占全国园林陈设艺术瓷企业年销售收入的 1.3%；陶瓷砖生产企业 7 家，2013 年，瓷砖产量为 8300 万平方米。

禹州市建陶企业主要分布在梁北镇，现有西联、联丰、亿宝、申特、佳美、大禹、恒泰 7 家陶瓷砖厂，主要生产瓷片、仿古砖、外墙砖等，日产瓷砖 19 万平方米。相比而言，禹州市的建陶企业规模相对较小，一般都是 1 条生产线，最多不超过 2 条生产线，单线日产能都不超过 2.5 万平方米，上线喷墨机仅 4 台。

为促进陶瓷产业发展提升，2014 年，禹州市出台了《钧陶瓷产业提升工作方案》，明确了"以钧带瓷、名企名牌"的发展战略。在建陶产业发展上，以佳美陶瓷、恒泰瓷业、大禹陶瓷、西联陶瓷、亿宝陶瓷等企业为重点，加快培育一批自主品牌龙头企业，推动建陶产业发展提升。

第九节　湖北产区

49家陶企，114条生产线，日产能149.05万平方米

湖北产区瓷砖（不含西瓦）日总产能149.05万平方米。其中，瓷片生产线30条，日产能58.1万平方米；抛光砖生产线20条，日产能37.7万平方米；外墙砖生产线18条，日产能24.2万平方米；仿古砖生产线13条，日产能18.3万平方米；全抛釉生产线7条，日产能6.1平方米；其他瓷砖产品（包括小地砖、薄板、耐磨砖、腰线）生产线5条，日产能4.65万平方米；西瓦生产线23条，日产能192.1万片。上线喷墨机82台。

湖北是陶瓷砖生产和需求大省，总产量连续多年位居全国第七。自2007年以来，湖北当阳、南漳、蕲春、浠水、通城等多个县（市、区）积极承接沿海产业转移，并相继喊出打造"瓷都"的口号，一时间湖北建陶产业遍地开花，蓬勃发展。

湖北建陶产业散布于16个县（市、区），除当阳、蕲春、黄梅产业布局相对较为集中，集聚效应明显之外，余下大部分地区仅有1~3家陶瓷企业。而从资本构成来看，以福建资本为最，如当阳、蕲春，大部分企业源自福建晋江、闽清等地，另有相当数量资本来自广东、浙江、山东、四川等传统建陶大省或经济大省，而土生土长的本土陶企则并不多见。

泛当阳：湖北最大陶瓷产业集聚地，建成生产线61条

当阳市大力发展陶瓷产业的时间最早可以追溯到2007年10月。大地陶瓷与当阳市政府签订协议，投资3.3亿元，拟建设7条中高档陶瓷生产线。同年11月，新中源集团决定在当阳市建设生产基地，组建宝加利陶瓷有限公司。

至2014年，当阳市建筑卫生陶瓷产业集群内企业（含在建）达67家，陶瓷砖（瓦）生产企业13家，全市拟建陶瓷生产线总计99条（含卫生洁具、腰线配套），已建成陶瓷砖（瓦）生产线46条，加之临近的远安县、枝江市，泛当阳产区共建成陶瓷砖（瓦）生产线61条。

2013年，当阳共生产瓷砖2.95亿平方米，预计占湖北省陶瓷砖生产产能的70%以上。集群内采矿、陶瓷原料加工、陶瓷产品二次加工、机械模具、物流运输、印刷包装等配套企业达51家。67家陶瓷及配套生产企业，在册职工达14222人，2013年共实现营业收入107亿元，占当阳工业比重的17.4%。

严控总量不超100条，促进产品提档升级

当阳市经济商务局透露，未来当阳将进一步出台和完善相关政策，按照陶瓷行业准入标准，严格控制陶瓷生产线不超过100条总量限制，择优汰劣，对工艺落后、质量不高、附加值低的生产线坚决抵制，鼓励现有企业加强与高校的科研合作或自建企业研发中心，加快产品结构调整，提高产品质量档次。经济商务局称，当阳未来不再引进陶瓷企业，但对于国际或国内知名企业品牌，仍会考虑引进。

天然气已纳入规划，斥重资打造绿色园区

当阳陶瓷工业园绿树成荫，工厂被隐藏于树林之中。当阳市经济商务局介绍，近几年当阳市政府每年投入3000余万元资金用于园区绿化工程，效果显著。"现在车行园区主干道，已很难看到厂"。

此外，当阳在近两年大力引进行业内的新技术、新设备，淘汰落后生产工艺，降低能耗和污染物排放。对于天然气使用，经济商务局称，已纳入规划。

抓好品牌建设，树立标杆企业

鼓励企业打造自主品牌，是当阳政府部门未来的重点工作。一直以来，当阳大多数陶企都打着"福建品牌"或"佛山品牌"，本土自主品牌极度缺乏，正因如此，还曾遭工商查处、遭武汉经销商集体抵制。

而另一方面，打造自主品牌的重要性已被越来越多的陶企认可。总体而言，当阳陶瓷产业尚处于发展的初级阶段，没有龙头和标杆企业作参照，让企业在品牌建设的道路上很迷茫。

虽然近些年当阳在品牌建设上略有成效——已获"湖北省名牌产品"10个，但还远远不够。未来政府将鼓励企业参加各种陶瓷展会和行业论坛，在各种媒体进行企业形象和品牌宣传，政府对于获湖北省著名商标的企业奖励8万~10万元，对于获中国驰名商标的企业奖励80万~100万元。

蕲春县：产区规模趋稳

蕲春县陶瓷产业起步于2006年，已发展成为蕲春县工业经济主导产业和新的经济增长点。陶瓷企业全部集中在该县赤东镇陶瓷工业园内，园区位于县城以西5千米处，交通便利，物流通畅。

陶瓷产业园共有企业14家，其中陶瓷生产企业7家，模具企业3家，包装企业3家，釉料企业1家。蕲春陶瓷产业规模已趋稳，与2011年相比，除中陶实业新建1条瓷片生产线，其余企业并无新建生产线。

黄梅县：湖北"西瓦之都"

黄梅县陶瓷企业主要集中于该县杉木工业园内，陶土资源丰富。近年来，该县依托当地交通区位和自然资源优势，着力推进陶瓷工业园区建设，园区规划面积2600亩，重点发展陶瓷产业及其附属产业。

黄梅的陶瓷产品逾9成为西瓦，这与当地蕴藏的原料资源有着密切关联。由于缺乏优质的原料资源，黄梅陶企只能因地制宜，运用当地原材料生产对坯体要求并不高的西瓦。

至2014年，黄梅共有上规模的西瓦生产企业7家，生产线8条，日产能48.6万片，形成了西瓦与配件完整搭配的产业链。

浠水县：交通物流优势凸出，尚未形成产业规模

2010年7月28日，湖北省浠水县在佛山召开了规模盛大的陶瓷产业园推介会，随着首批企业签约投资意向合作，正式拉开了浠水陶瓷产业发展的序幕。

当年8月30日，总投资60亿元的浠水陶瓷产业园在该县兰溪工业集中区奠基并计划用6年时间建成占地6000亩、拥有60条现代化生产线的中部地区最大陶瓷生产基地。

2014年，该园区仅有两家陶瓷企业，共建成生产线7条，且全部生产抛光砖。当地业内人士透露，因多方原因，多家与浠水签约的广东陶企后来并未入驻园区。

浠水发展建陶产业拥有原材料、窑炉配套、交通物流等多方面优势。园区濒临长江黄金水道，紧依黄黄高速和大广高速，形成便捷的物流运输网络格局。

通城县：曾规划打造"华中小瓷都"，目前仅2家陶企建成投产

早在1980年代，通城陶瓷业发展迅速，仅国有瓷厂就有8家之多，大小陶瓷厂近百家，生活、建筑、工艺用瓷等声名远播。一时间，"通城造"陶瓷产品在市场上热销。由于一哄而起，产品技术含量不高，人才缺乏，陶瓷业好景不长，逐渐衰落，最终全部关门大吉。近年来，随着通城工业经济的快速发展，陶瓷业的复兴又被作为振兴通城经济的主导产业提上议程。

通城县陶瓷产业园位于县城西部8千米处的大坪乡沙口村，总规划面积为8平方千米，分两期建设，环境承受能力可容纳100条生产线的正常生产需要。

该县曾规划，将陶瓷业建设成为全县又一支柱产业和工业系统的主导产业，将通城打造成华中地区

集陶瓷原料加工基地、陶瓷产品生产及出口基地于一体的"小瓷都"。至2014年，进驻园区的陶瓷企业有杭瑞和亚细亚两家。

第十节　陕西产区

31家陶企，48条生产线，日产能80.5万平方米

陕西产区瓷砖日总产能80.5万平方米。其中，瓷片生产线16条，日产能32.8万平方米；抛光砖生产线6条，日产能10.2万平方米；外墙砖生产线9条，日产能14.3万平方米；仿古砖生产线5条，日产能6.1万平方米；全抛釉生产线2条，日产能2.5万平方米；其他瓷砖（釉面砖、小地砖、地脚线、劈开砖）生产线9条，日产能14.6万平方米；西瓦生产线1条，日产能10万片。上线喷墨机29台。

陕西省建陶产业发展历史悠久，而真正崛起是在2006年以后，温州、福建等地企业进入，引领和带动了陕西省建陶产业链式发展，进而形成了千阳、富平、三原等一批建陶生产基地。2011年以后，陕西省建陶产业发展放缓，产业规模总体趋于稳定。

近三年陕西省建陶产业出现了一些新的变化。一方面，产品结构日趋完善，已涵盖瓷片、抛光砖、外墙砖、仿古砖、全抛釉、釉面砖等多个品类，其中，瓷片占绝对主流，约占生产线总数的1/3，瓷片日产能占陕西省日总产能的40%。另一方面，新设备、新技术得到广泛应用，宽体窑已不鲜见，陶瓷企业上线喷墨机已达29台。

近年来，受市场挤压、原料限制、交通物流等多重因素影响，陕西省建陶产业发展遇到了一些瓶颈和挫折，但凭借横贯东西的有利地理区位，该区域在建陶产业发展上仍有较大空间。

千阳县：陕西最大建陶基地，建成15条生产线

千阳县位于陕西省西部，隶属于宝鸡市，是近年来新兴的建陶生产基地。千阳县及周边地区陶土、铝土、高岭土、长石、石英等矿产资源十分丰富，适合陶瓷产业发展。2006年，当地政府在充分调查论证的基础上，确立了大力发展陶瓷产业的决策部署，并规划了占地6平方千米的陶瓷园区，为承接东部沿海地区陶瓷产业转移奠定了坚实基础。

"异"军突起，建成"西北陶瓷之都"

千阳县发展陶瓷产业属于"异"军突起。早在2006年，宝鸡市在规划陶瓷产业布局时，只规划了金台金河、渭滨姜谭、凤翔长青三个建陶园区，千阳县并没有列入规划范围，至2014年，却仅有千阳县陶瓷企业形成了集聚态势，成就了宝鸡市建陶产业。

2006年，由温州商人投资的申博陶瓷在千阳县开工建设，随之，温州模式的联动效应逐渐显现，短短一年多时间，先后有中特陶瓷、玺宝陶瓷、锦泰陶瓷、千禾陶瓷、嘉禾陶瓷、隆达陶瓷等6家建陶企业落地建设，吸引投资5.4亿元，揭开了千阳县陶瓷产业崛起的序幕。

在随后的几年间，又先后有粤特陶瓷、博桦陶瓷、国星陶瓷、宏鑫陶瓷等项目建成投产，初步形成了具有一定规模的陶瓷产业集群。

千阳县陶瓷产业园区已入驻陶瓷企业12家，建成15条生产线，日产瓷砖29.3万平方米，占陕西省瓷砖日总产能的37%，成为陕西乃至西北五省最大的建陶生产基地，闻名全国的"西北陶瓷之都"。

产品单一，转型升级持续加快

千阳县陶瓷产业最为明显的特点就是以瓷片为主导，产品结构过于单一。千阳县已有的15条生产线中，除1条仿古砖生产线、1条外墙砖生产线、1条抛光砖生产线外，瓷片生产线有12条之多，瓷片

日产能 24.5 万平方米，占千阳县瓷砖日总产能的 84%。

由于受经济发展和消费水平等因素的限制和影响，以往千阳县陶瓷企业对新设备、新技术使用上相对滞后，但 2013 年以来已有明显改观。

宽体窑、喷墨技术在千阳县已推广开来，千阳县陶瓷企业上线喷墨机达到 14 台，占陕西省陶瓷喷墨机总数的近一半。

另外，在日益严格的环保压力下，千阳县也加快了"煤改气"步伐，当地政府已在 2014 年将天然气门站及输送管道建设项目列为重点工程，建成后年可实现输气 4.5 亿立方米。

多重限制，产业发展面临挑战

2014 年，在市场持续低迷、行业竞争加剧的形势下，千阳县陶瓷企业受到了严重冲击，销售不畅，库存猛增，10 月份部分企业就已经停线限产。

千阳县陶瓷产业发展面临诸多挑战。

市场竞争更加激烈。千阳县地处宝鸡西部，与甘肃相距不远，当地陶瓷企业大多以西北五省作为主要销区，但随着甘肃、新疆等地陶瓷产业崛起，产能大幅增长，定然会对千阳县陶瓷企业造成冲击。市场被挤压，销售半径不断缩小，竞争愈加激烈，是千阳县陶瓷企业销售不畅的主要原因之一。

物流产业发展严重滞后。运输问题是制约陶瓷企业发展的"死穴"。由于当地铁路货运计划有限，瓷砖运输主要依靠汽运，但西北地区路况复杂，配送距离远，加之沿途破损率高，不但使运输成本增加，也严重影响了销售。四川夹江和千阳县到西安市运输成本几乎一样，极大地损害了千阳陶瓷企业的市场竞争力。

品牌意识亟需提升。一直以来，千阳县政府都鼓励和引导陶瓷企业要注重品牌建设，加大新技术和新产品的研发和推广，提高产品市场竞争力，打造知名品牌。而事实上，当地大多企业只关注产销，以低档产品为主，靠走量生存，对品牌建设不重视、也不关注，长远来看，非常不利于千阳县陶瓷产业的发展。

富平县：陕西重要建陶基地，产区规模趋于稳定

富平县位于关中平原中北部，是关中通往陕北的要冲，连接渭北东西的枢纽。富平县是陕西省第一人口大县，高岭土、石灰石、煤等矿产资源丰富。

富平县建陶产业起步于 2007 年，当年，投资 1 亿元的华冠陶瓷在富平县庄里镇建成投产，在随后的 2009 年，华达陶瓷、奥派陶瓷、金鹏陶瓷、彩美陶瓷、闽泰陶瓷等一批建陶企业蜂拥而至，富平县建陶产业形成了集聚集群态势。

富平县拥有建陶企业 7 家，生产线 15 条，日产瓷砖 25 万平方米、西瓦 10 万片。其中，抛光砖生产线 4 条，外墙砖生产线 3 条，瓷片生产线 2 条，釉面砖生产线 3 条，地脚线生产线 2 条，西瓦生产线 1 条。

与陕西其他产区类似，富平县建陶产业也是在形成一定规模后即进入停滞状态。近年来富平县没有一家新企业进入，扩建的生产线也寥寥无几，产区规模已基本稳定。受土地、市场、环保等诸多因素影响，在富平县新建陶瓷厂和扩建生产线都较为困难。

值得注意的是，近年来，随着行业的发展和市场形势的变化，当地陶瓷企业也在不断通过升级改造设备、采用新技术，提升产品品质和市场竞争力，富平县陶瓷企业上线喷墨机已达 6 台。

三原县：建陶业规模较小，发展较为缓慢

三原县是西咸国际化大都市建设的八个"卫星新城"之一，陕西关中"一线两带"建设的经济腹地和省会西安的北大门，县域面积 576.9 平方千米，人口 42 万人。

三原县建陶产业形成于 2007~2009 年间。2007 年，新奇陶瓷在西阳工业区建成投产，成为落户三原县的第一家建陶企业，在随后的三年间，三洋陶瓷、西源陶瓷、康美特陶瓷等一批企业陆续建成投产，奠定了三原县建陶产业发展基础。三原县共有4家建陶企业，建成8条生产线，日产瓷砖13.8万平方米。

三原县建陶产业虽然与千阳、富平等产区几乎同时起步，但目前产业规模差距比较大。特别是在2010~2014年的近5年间，三原县没有新建一家陶瓷企业，也没有增加一条生产线，建陶产业发展一直处于停滞状态。

三原县建陶产业没有发展起来，固然有资源缺乏等方方面面的原因，但更重要的原因是在这个以食品加工、装备制造、医药化工等产业为主的城市，当地政府对建陶产业的漠视，致使建陶产业发展缓慢、踯躅不前。

铜川市：知名的陶瓷故都，仅建成2条生产线

陶瓷是铜川市的传统产业之一，铜川素有"陶瓷故都"之称。驰名中外的耀州窑窑场烧造史长达1200年，形成了影响海内外的庞大耀州窑系，与"官、哥、汝、定、钧"五大名窑齐名。

铜川市高岭土、陶瓷黏土、焦宝石、紫砂土等陶瓷原料极为丰富，而且品位高、杂质少、工业利用率高，成就了艺术陶瓷、日用陶瓷的辉煌，却未能拉动建陶产业的发展。

铜川市仅有天博陶瓷、陶宏陶瓷2家建瓷企业，建成2条瓷砖生产线，日产能21万平方米。铜川市也曾大力发展建陶业，规划了工业园区、制定了优惠的招商政策，大力开展陶瓷企业招商，但由于诸多原因，建陶产业始终未能实现大的发展。

第十一节　河北产区

51家陶企，89条生产线，日产能154.8万平方米

河北产区瓷砖（不含西瓦）日总产能154.8万平方米。其中，抛光砖生产线47条，日产能94.4万平方米；瓷片生产线24条，日总产能36.5万平方米；地砖生产线5条，日产能8.8万平方米；全抛釉生产线4条，日产能7.1万平方米；外墙砖生产线2条，日产能1.9万平方米；仿古砖1条，日产能1.2万平方米；耐磨砖生产线4条，日产能4.9万平方米；西瓦生产线2条，日产能15.4万片。上线喷墨机49台。

赞皇县：起点高，建陶产业方兴未艾

赞皇与高邑是相邻的两个县，其建陶产区亦是相距不过20千米，但与赞皇相比，高邑所占土地面积却要小很多，一些企业想要扩建或新建生产线受到限制，所以高邑建陶企业的规模小与此不无关系。与此同时，赞皇的工业相对比较少，矿产资源丰富，石英砂岩储量约10亿吨，品位高达98%以上，自该县加大招商引资的力度，并建立五马山工业园区，最终引来众多建陶企业落户。

赞皇县政府对建陶产业支持力度很大，尤其是围绕五马山工业园区先后修建多条道路，极大地方便了园区内企业的交通运输。既有优惠的政策进行引导，又有良好的基础设施建设，尤其是水、电、路"三通"在短时间内就得到了实现，为企业良好较快地发展奠定了基础。

在赞皇的8家建陶企业，5家为2013年新建成企业，并运用最新的生产技术与设备，建成后生产规模比较大；2家进行全抛釉产品的生产，且各自有1条生产线的日产能达到了1.8万平方米，改变了当地单一的产品结构。此外，还有玻尔陶瓷的抛光砖以11万平方米的日产能，为河北建陶企业日产能之最。

"煤改气"受限于地形

赞皇建陶企业主要燃料为水煤气，且河北建陶企业中唯有力马陶瓷所用燃料为焦化煤气，当地政府亦未有强制法令让企业使用天然气。

当地"煤改气"进程主要受困于地形与气源。其一是受地形限制，由北京通往邯郸的天然气过高邑，但赞皇位于高邑以西，距离较远且地形复杂，管道铺设困难；其二依旧是气源问题，工业用气气量较大，气源供应不足。

永年县、沙河市：交通运输优势明显，走差异化路线发展

永年、沙河的建陶产业基地紧邻沙河玻璃产业基地，而沙河玻璃在全国发挥着极为重要的角色作用，有句话是"世界玻璃看中国，中国玻璃看沙河"，由此可见，沙河在全国玻璃行业中的地位。多年来，作为中国最大的玻璃集散基地，沙河对交通设施、物流运输的建设越来越完善，因此，当地的建陶企业交通运输方面优势极为明显。

永年、沙河虽然分属于邯郸市与邢台市，但两地建陶企业产业基地相距却不足5千米。因此，所接受的政策法令，或是享受的地理优势、交通运输都可以说是相差无几。此外，当地建陶企业多为2011年之前建立，新建企业少之又少。与此同时，当地的建陶企业生产规模则在不断扩大。

在地理位置上，永年南连河南内黄建陶产区，沙河北接河北高邑建陶产区，可谓是生存于两大建陶产区的夹缝之中。尤其是近两年，河南内黄新成立了一大批建陶企业，生产规模大、产量高，而高邑产区的转型升级，对产区也造成很大压力。因此，当地的建陶企业选择了走差异化路线，如河北鸿基陶瓷以通体超白砖为主打产品，而河北万隆陶瓷选择抛光、瓷片、全抛釉等多元化发展的方针。

第十二节　湖南产区

27家陶企，74条生产线，日产能99.2万平方米

湖南省共有27家企业，74条生产线（瓷砖生产线63条、西瓦生产线11条），瓷砖日总产能99.2万平方米，西瓦日总产能130万片，在线使用喷墨机36台。

其中，抛光砖生产线24条，日总产能39.4万平方米；仿古砖生产线14条，日总产能19.7万平方米；外墙砖生产线9条，日总产能14.2万平方米；瓷片生产线8条，日总产能19.5万平方米；全抛釉生产线3条，日总产能3.9万平方米；广场砖生产线3条，日总产能2.5万平方米；西瓦生产线11条，日总产能130万片。

湖南省积极承接广东陶瓷产业转移的时间可以追溯到2006年下半年，以广东新中源集团落户衡阳，斥巨资打造湖南衡利丰陶瓷有限公司为起点。

此后的几年间，建陶产业逐渐在湖南省发展壮大，岳阳、衡阳、株洲、永州、怀化、常德等地逐渐成为建筑陶瓷生产基地和佛山建陶企业外迁的热土。

岳阳市：建陶产业初具规模

岳阳市的建陶产业主要集中在岳阳县新墙农业工业化园、岳阳县周边和临湘市三湾工业园。

早在1999年，由湖南天欣集团控股的金达雅陶瓷有限公司就开始在岳阳市生产仿古砖。

不过，正式拉开岳阳县大规模发展陶瓷产业序幕的，还是2006年6月16日湖南华雄陶瓷有限公司的正式签约入驻，这家企业的第一条生产线于2007年3月正式投产。

自2006年到2014年，园区共引进了华雄、金城、天欣、宏康、百森、亚泰6家陶企。在毗邻岳阳县的临湘市三湾工业园，自2006年12月27日新美陶瓷有限公司签约入驻，也拉开了继岳阳县之后发展陶瓷产业的序幕。

在临湘市三湾工业园主要聚集了兆邦、新美、发达、凯美4家建陶企业。

岳阳市的建陶企业主要有11家。这些进驻岳阳市的建陶企业，其产品市场主要分为三种情况：第一，为广东企业生产贴牌产品；第二，形成自己完善的销售渠道，如天欣科技已在全国范围内建立起自己的

销售网络；第三，产品销售本地市场、辐射湖南省内及周边省区。

就湖南产区而言，岳阳市的建陶产业已具备一定的规模，产业集群效应也已初步显现，在为地方县域经济作出突出贡献的同时，也促进了当地的就业、物流、餐饮、娱乐、楼市等行业的繁荣发展。

但是，岳阳产区在取得发展成绩的同时，也存在着一些问题，如：企业大多生产中低端产品、资金实力不足、融资能力差、市场定位不清晰、缺乏品牌意识和渠道优化能力等。这导致一些企业在整体经济大环境不理想和外围产区的冲击下，其弊端极易凸显。如 2014 年下半年关门倒闭的岳阳县华雄陶瓷，数次易主、更名的悦华陶瓷（此前的企业名为"岳阳弘泰陶瓷有限公司"、"岳阳鑫春风建材有限公司"），因经营不善于 2013 年承包给金牛陶瓷集团的新美（临湘）陶瓷有限公司以及转作房地产的辉煌陶瓷有限公司。

有业内人士认为，未来，岳阳的陶瓷产业一方面应加强政府引导，建立完善的行业管理体系，如：信息发布、资源统筹、产品开发和环境保护等；另一方面，利用当地丰富的高岭土资源和长石资源等优势，引进战略投资者，做大建筑陶瓷特色，做响中高档陶瓷品牌，做强岳阳县、临湘市两大陶瓷集群产业。

永州市：仅建成一家陶企

宁远县地处永州南部，2005 年湖南省政府批准成立宁远县工业园区。建材陶瓷工业产业园位于园区临永连公路十里铺一带，规划面积为 5000 亩，规划引进 10 家以上规模企业。2008 年，广东佛山新美雅陶瓷有限公司投资 2.6 亿元建设的宁远新美雅陶瓷有限公司落户宁远县。至 2014 年，该企业已建成 3 条外墙砖生产线。

2008 年至今，永州市仅建成宁远新美雅陶瓷有限公司一家建陶企业，陶瓷产业发展缓慢，效应不明显。为了加大建陶产业的发展步伐，作为永州市发展陶瓷产业的桥头堡，宁远县政府近年来也一直在加大招商引资力度，并不断出台一系列发展陶瓷产业的奖励政策，力争推动当地建陶产业的发展壮大。

衡阳市：优势明显，配套发达

衡阳市的建筑陶瓷企业，如湖南衡利丰陶瓷有限公司、湖南利德有陶瓷有限公司等企业主要聚集在衡阳县西渡经济开发区。

衡阳县界牌镇位于衡山县与衡阳县交界处，瓷泥资源丰富，与江苏苏州、四川叙永、广东飞天堰合称全国四大瓷土基地。除此之外，界牌还蕴藏丰富的钠长石、钾长石和石英石资源，储量都在亿吨以上。

同时，衡阳市为湖南省的大城市，一直是中原各省和两广商贾南来北往的咽喉通道，具有强大的市场辐射力。

自 2006 年下半年广东新中源集团斥巨资进军湖南衡阳打造湖南衡利丰陶瓷有限公司以来，一批产业链上的企业、项目也开始纷纷入驻。如 2009 年投资 5000 万元兴建的衡阳金利丰陶瓷原料有限公司、2010 年投资 5000 万元的衡阳业美纸业制品有限公司、2007 年投资 2000 万元的衡利达塑料制品有限公司、投资 800 万美元的侨峰矿业等，均为当地的陶瓷产业提供了丰富的原材料保障和设备供应。此外，近年来衡阳县还先后引进其他陶瓷矿山开发、深精加工等项目 40 余个。

2010 年年初，衡阳县又承接了投资 7 亿元的利德有建筑陶瓷生产项目，并在衡利丰陶瓷有限公司对面征地 1000 亩，新建 8 条建筑陶瓷生产线及与之相配套的生产和生活服务设施。2012 年，利德有陶瓷前期 3 条抛光砖生产线已成功投产。同年，主营西瓦产品、位于衡阳县界牌镇陶瓷园区的衡阳县阳光陶瓷有限公司 2 条西瓦生产线也成功投产，到 2014 年，阳光陶瓷日产西瓦 36 万片。

常德市：未来发展潜力极大

澧县位于常德市北部，以澧县为中心的 300 千米范围内有武汉、长沙 2 个省会城市、21 个地级市、近 200 个区县市，墙地砖等建陶产品需求量巨大。2008 年，广东东鹏陶瓷开始进军澧县，建成投产了第一条生产线；2009 年 4 月，第二条生产线也建成投产，已形成年产陶瓷墙地砖 1000 万平方米的生产能力。

由广东籍企业投资兴建的湖南卡普吉诺建材有限公司前期首条仿古砖生产线也于 2013 年在与澧县相隔仅 20 千米、同为常德下辖县级市的津市正式投产。该企业位于津市嘉山工业区，拟建设 6 条高档陶瓷釉面砖及配套产品生产线，全部建成投产后年总产量可达 1800 万平方米。

株洲市：基础深厚，资源丰富

近年来，随着陶土资源的充分开发和交通基础设施的快速建设以及消费市场的扩张，加上积极承接珠三角产业转移，株洲市茶陵县、攸县借助其丰富的陶土等原材料资源，也逐渐成为佛山建陶企业外迁的热土。

茶陵县在其辖区内的 14 个乡镇发现了钾长石、高岭土、瓷泥等陶瓷原材料，初步估计储量达 7 亿吨以上，且表浅易于采掘、品质优良。2010 年开始，茶陵县先后引进了华盛陶瓷、强强陶瓷、浣溪沙建材。2010 年 5 月，茶陵县被中国陶瓷工业协会授予"中国陶瓷产业转移承接示范基地"称号。

茶陵县计划将当地打造成 100 条生产线、年产值达 100 亿元以上、年创税收 2 亿元、安置劳动力 1 万人左右的建筑陶瓷生产基地。

同为株洲市下辖县、与茶陵县相隔不足 50 千米的攸县也同样利用其辖区内丰富的原材料资源，于 2013 年开始发展建陶产业。

2013 年 3 月 6 日，广东省珠海市旭日陶瓷有限公司正式破土动工。作为旭日陶瓷在广东省外的首个生产基地，湖南旭日陶瓷有限公司落户攸县网岭循环经济园，项目占地 608 亩，总投资 10 亿元，设计生产线 8 条，年产能达 4500 万平方米，整个项目全面竣工投产后，年产值将达 12 亿元。该企业前期建设的 2 条外墙砖生产线已于 2013 年年底正式投产。

第十三节　苏浙沪产区

26 家陶企，64 条生产线，日总产能 35.55 万平方米

江苏、浙江、上海三地共有生产线 64 条，其中西瓦生产线 16 条，日总产能 166.5 万片；陶瓷砖生产线 48 条，日总产能 35.55 万平方米。陶土板生产线 7 条，日总产能 1.4 万平方米；外墙砖生产线 1 条，日总产能 1 万平方米；仿古砖生产线 11 条，日总产能 7.4 万平方米；抛光砖生产线 3 条，日总产能 3 万平方米；瓷片生产线 15 条，日总产能 15 万平方米；全抛釉生产线 6 条，日总产能 4.6 万平方米；微晶石生产线 2 条，日总产能 0.7 万平方米；耐磨砖生产线 1 条，日总产能 0.45 万平方米；其他生产线 2 条，日总产能 2 万平方米。在线使用喷墨机共 33 台。

江苏省：西瓦停滞，瓷砖缩减，陶板"沃土"

江苏省陶瓷砖生产企业已经十分罕见，多为西瓦和陶土板，以及些许劈开砖等建筑材料，分散于宜兴、溧阳、常熟、苏州四地。

江苏地区涉及陶瓷砖生产的仅有位于苏州的伊奈陶瓷和信益陶瓷，前者仅有外墙砖 1 条和仿古砖 1 条生产线，后者建有 3 条地砖生产线，属于冠军陶瓷的生产基地之一，该基地已停止生产。

宜兴的紫砂壶闻名世界，最重要的原因之一便是当地丰富的陶土资源。凭借这一优势，宜兴市曾发展起来大大小小的西瓦企业几百家，多以手工作坊为主。2009 年前后，政府出于保护当地陶土资源及环境，强制关停、迁出了一大批手工作坊小型陶土企业。一时间，宜兴市至少减少了近 300 家西瓦企业，总日产能缩减了近 200 万平方米。在那一场"大清洗"中，仅有 5 家规模生产的西瓦企业得以生存，用以满足当地市场对西瓦的需求。

江苏现存的西瓦企业中最早的一家可追溯至 1998 年，其他多兴建于 2004~2009 年间，除宜兴外，

溧阳、常熟等地也散布着 4 家西瓦企业，这些企业生产线普遍较为老旧，因此产能不大，16 条西瓦生产线，日总产能仅为 166.5 万片。

面对全国西瓦产能的不断膨胀，以及各地陶瓷产区的遍地开花，江苏西瓦企业的市场空间逐渐收缩。此外，由于环保要求日益严格，企业每年为应对环保抽查，必须不断投入，生产成本一再提高。因此，宜兴的西瓦规模近年来一直维持着原有的企业数量与产量，即使有企业有意扩大产能，也因为无法承担"新建生产线必须使用天然气"这一规定带来的成本压力而却步，企业要做的，就是努力提升自身产品质量与稳定性，同时提升安全生产系数和升级环保设备。

纵然各方面形势不容乐观，但凭借着当地的资源优势以及企业自身的努力，江苏的西瓦企业也因此形成了自己的特色——产量不大、样式多的陶制红坯瓦。立足于此，江苏的西瓦企业不仅守住当地市场，也逐渐尝试着将触角探到了更远的市场。

陶土板在江苏找到了发展的"沃土"。江苏省拥有 3 家陶土板生产经营企业，共有 5 条生产线，日总产能达 1 万平方米，已成为国内最大的陶土板生产基地之一。

浙江省：缺乏生产优势，以品牌谋发展

浙江省陶瓷企业分布于杭州、金华、湖州、衢州、诸暨、温州等 6 地。其中杭州、金华与诸暨分别只有 1 家陶瓷企业，湖州 3 家，衢州 4 家，温州则拥有 6 家。其中，生产瓷砖的有 10 家，其余多为西瓦，另有 1 家为陶土板生产经营企业。

随着斯米克陶瓷和冠军陶瓷生产基地相继撤离华东地区，以前该区域的三大巨头之一便只剩诺贝尔集团还坚守在此。

诺贝尔集团共有三大生产基地，其中除九江诺贝尔之外，该集团还在杭州市临平区以及湖州市德清县建有两大基地。其中，临平生产基地拥有仿古砖生产线 3 条，日产能 1.8 万平方米；全抛釉生产线 1 条，日产能 0.6 万平方米；瓷片生产线 4 条，日产能 2.2 万平方米；耐磨砖生产线 1 条，日产能 0.45 万平方米；微晶石生产线 2 条，日产能 0.7 万平方米。而德清生产基地从 2011 年开始建设，至 2014 年已基本完成规划，建有抛光砖生产线 3 条，日总产能 3 万平方米；瓷片生产线 3 条，日总产能 1.8 万平方米；仿古砖生产线 1 条，日总产能 0.8 万平方米；全抛釉生产线 5 条，日总产能 4 万平方米。

作为素有"人间天堂"美称的旅游城市杭州市的唯一一家陶瓷企业，诺贝尔陶瓷所面临的生产成本以及环保压力毋庸置疑，不仅必须使用天然气，生产控制要求也极为严格。

事实上，在苏浙沪等沿海地区发展陶瓷完全没有优势，人工、资源和环保要求等面临的问题都较内地严峻，但对于诺贝尔而言，杭州当地的人文、政治和文化氛围以及其多年的沉淀和经营则是让他们始终坚守于此的原因。

除诺贝尔陶瓷外，浙江还有两家企业在生产经营陶瓷砖，分别为根根陶瓷和莎贝尔陶瓷，各拥有 1 条瓷片生产线，均位于浙江衢州柯城区航埠工业园。

衢州位于浙江省西部，自古有"四省通衢"之称，区位优势极为明显，因此，航埠工业园也是浙江地区唯一拥有 3 家陶企以上的工业园，是一个以包装材料、纺织、家具、光伏材料为主导的综合性工业园。2009~2012 年，浙江根根陶瓷有限公司、浙江常山荣盛陶瓷有限公司、衢州市圣宝建材有限公司、浙江莎贝尔陶瓷有限公司先后进驻该工业园。

航埠工业园陶瓷产业基本成形，不会再有新的陶企入驻。工业园规划格局已成是原因之一，新建生产线必须使用天然气也让企业望而却步。

上海市：仅剩两家陶企，长谷瓷砖生产基地抑或撤离

作为"中国第一大城市"，上海实在不是一个发展陶瓷产业的好地方。上海仅有长谷陶瓷（上海）有限公司和金兴陶瓷（上海）有限公司两家陶瓷企业，主要生产仿古砖的瓷片，均以订单式生产为主。

前者位于松江区，较为靠近上海市中心，已有搬迁计划；后者位于金山区，截至2014年，暂未传出搬迁计划。

松江区偏向于发展高科技和文化产业，对于能耗大的产业并不支持。在上海发展陶瓷，人工费用太高，环保要求极为严格，在松江区的城市规划中，也极不利于陶瓷产业发展。

上海发展陶瓷面临"两高"——人工成本高和生产成本高，因此陶企每年都在寻找新的利润点，主要是挖潜力，从管理上想办法。

第十四节　云贵渝产区

33家陶企，70条生产线，日产能96.7万平方米

云南、贵州、重庆三地有33家建陶企业，建成建陶生产线70条（含2条西瓦线），瓷砖日总产能达到96.7万平方米（不含西瓦）。其中，外墙砖生产线25条，日产能30.3万平方米；瓷片生产线19条，日产能32.6万平方米；仿古砖生产线15条，日产能23.2万平方米；全抛釉生产线2条，日产能2.3万平方米；抛光砖生产线2条，日产能2.4万平方米；水晶砖生产线2条，日产能2.6万平方米；小地砖生产线2条，日产能2.8万平方米；腰线生产线1条，日产能0.5万平方米；西瓦生产线2条，日产能21万片。

此外，云贵渝地区喷墨机上线使用数量达到50台，其中云南31台，贵州14台，重庆5台。

云贵渝三地的陶瓷砖产能处在快速增长期，按已建成的建陶生产线算，相比2011年，三年内云贵渝地区净增生产线18条，瓷砖日总产能（不含西瓦）增加42.2万平方米。

云南建陶产业已初具规模

经过多年发展，云南的陶瓷产业发展已形成一定的规模。截至2014年11月，云南已有建陶企业15家，已建成陶瓷砖生产线39条，瓷砖日总产能达到52.1万平方米。

云南的陶瓷产业主要集中在玉溪市易门县，曲靖市、楚雄市和昆明市安宁也有部分陶瓷企业，大部分陶瓷企业均为福建和浙江的老板前来投资。此外，云南地区的日用陶瓷生产主要在曲靖市。

虽然云南市场广阔，区位优势独特，当地原料资源丰富，但云南省陶瓷行业的发展水平还处于比较低级的阶段。这与当地政府的政策、工作重心有一定关系，陶瓷产业并非当地政府所重点扶持的行业。

因为当地陶瓷原料分布不集中，矿产量小，云南地区的陶瓷原料矿多为"鸡窝矿"式，难以持续稳定地供应企业生产。云南地区以生产外墙、瓷片、仿古砖为主，抛釉砖也是从2014年才开始有企业生产，其主要原因是陶瓷原料的品质与稳定性达不到生产高档砖的标准。

云南省内有4000多万人口，瓷砖消费市场广阔。然而，随着近年全国多地陶瓷产区快速发展，云南地区的瓷砖销售市场越来越受到外地产区的冲击。云南本土的瓷砖产品销售范围绝大部分局限在云南省内，受产品定位所限，云南的瓷砖销售通常只是在三、四线城市市场和农村地区。

易门县：西南地区最大的瓷砖生产基地

易门县地处滇中西部，在玉溪市西北，距离昆明90多千米，地理区位优异。目前易门县的第一经济产业为农业，在第二经济产业的工业领域中，水泥陶瓷建材业次于矿冶业。

易门陶瓷工业发展历史悠久，产业底蕴深厚。易门的日用陶瓷发展可以追溯到明代，易门陶瓷产业的发展历史可谓源远流长。随着近些年的快速发展，易门逐渐成为我国西南地区最大的瓷砖生产基地。

建成于1995年的意达陶瓷是易门县第一家陶瓷企业，2003年之后的几年是易门陶瓷蓬勃发展、迅速壮大的黄金时期，当时一批福建、浙江的老板纷纷到易门投资建厂。

距离易门县城不远的龙泉镇大椿树工业区聚集了10多家陶瓷生产企业，规模较大的有鑫诺陶瓷、

国星瓷业、远方陶瓷、南鹰瓷业等。

易门瓷土资源丰富，已探明可供开采的储量达 1300 万吨以上，瓷土资源保有量位居全省第一。

易门县生产的瓷砖产品以瓷片和仿古砖为主，还有一部分外墙砖，2014 年才出现全抛釉产品。这主要由当地的陶瓷原料资源所决定。易门的陶土资源丰富，完全可支撑现有建陶产业的生产，但由于当地的陶瓷原料资源多为"鸡窝矿"式的矿产，产量和质量多不稳定，对产品的质量有一定的影响；而且当地缺少黏土，导致高档的产品"难产"。不过这种情况在 2014 年得到改善，以鑫诺陶瓷为代表的新型企业于 2014 年成功生产出全抛釉产品后，加强了易门陶瓷企业提升产品档次的信心。

易门陶瓷产业发展过程中存在一些普遍的问题：第一，大多陶瓷企业的产品单一或产品结构不合理，产区内产品同质化严重，同行之间的价格战颇为严重；第二，产业配套较差，相关的陶机设备和高端的原料（如墨水）的销售和服务点不完善，不利于陶企高效稳定生产；第三，企业规模小，融资方式单一，资金实力较弱，流动资金和固定投资不足，严重制约着企业的发展和壮大。也因此造成企业抗风险能力差，一旦遇上销售行情不好，出现库存积压，企业容易面临生存困境。

安宁市：云南规模最大陶企谋求升级

安宁市位于滇中高原的东部边缘，距昆明 32 千米，是昆明通往滇西 8 个地州、并经畹町直接与缅甸相连的交通重镇。

安宁只有和盛陶瓷一家陶瓷企业。由于政府对建陶产业重新规划，未来和盛陶瓷或将搬迁到安宁市草铺工业园区。和盛陶瓷也将借此机会淘汰部分落后设备和产能，完成生产设备的更新换代，提升企业环保生产和节能减排水平。

贵州：陶瓷产业集群雏形渐现

贵州有建陶企业 11 家，陶瓷砖生产线 14 条，瓷砖日总产能 23.2 万平方米。贵州省的陶瓷企业主要集中于清镇市和遵义市两地，凯里市有 1 家陶瓷企业。2005 年前后，多家福建和浙江的陶瓷企业到贵州投资办厂，此后从 2007 年到 2013 年，贵州的陶瓷产业得到了快速发展，贵州陶瓷产业集群的雏形渐渐显现。

贵州本地陶瓷企业生产的瓷砖主要市场定位在县、镇一级，省、市一级市场份额则被广东、江西、四川等陶瓷品牌占据。贵州生产的瓷砖只能在贵州境内销售，并且供需关系已经失去平衡，产大于销。销售市场难以突破是制约贵州陶企做大做强的瓶颈。

贵州当地缺乏原料资源生产高档次的产品，无疑是产区发展的"软肋"。贵州欠缺钾、钠长石资源。与此同时，贵州原本就是陶瓷原料匮乏的省份，但部分优质的原料却外运到四川，而本地企业使用的却是品质不高的原料。由于优质的原材料匮乏，影响了贵州瓷砖的品质。

清镇市：陶瓷企业发展仍处于初级阶段

清镇市地处黔中腹地，是贵州省中部重要的工业基地、能源基地和交通枢纽。清镇市是贵阳市重要的卫星城市，处于"黔中产业带"重要经济地段，有较好的地理区位条件，沪昆高速、贵黄高速、贵昆铁路湖林支线穿境而过，是贵州省重要的工业产业集聚地。

清镇市在原料方面最大的优势是铝矾土矿石资源丰富。清镇的陶瓷企业主要集中在清镇市中八工业园区，该工业园区是清镇工业园区的东区部分。清镇市中八工业园区位于黔中经济带核心部位，是贵安新区的产业支撑地，定位于贵阳生态文明城市规划建设的重要能源基地和资源深加工基地。有六家陶瓷企业落户于此，清镇市的陶瓷企业以生产仿古砖、瓷片和外墙砖为主，绝大多数企业都只有一条生产线，规模较小。

清镇的陶瓷产业仍处在刚起步的阶段，清镇的陶瓷企业大多都存在规模不大、产品单一、资源利用率不高等问题。企业大多缺乏规范的生产和管理制度，没有像样的陶瓷展厅，甚至没有正规的办公区域。

遵义市：陶企在夹缝中生存和发展

在2011年遵义原有五家陶瓷企业，由于交通道路建设和城市产业重新规划的原因，其中两家先后关闭。由于打造绿色旅游城市和政府加强城市建设的规划布局，当地对陶企的环保生产的要求非常严格，严格控制排气排废，遵义的陶瓷产业和陶瓷企业处在边缘地区求生存和发展。

遵义市境内有行远陶瓷、亚溪陶瓷、华夏陶瓷三家陶瓷企业，生产的产品是瓷片、仿古砖、外墙砖和腰线。其中，遵义县的行远陶瓷是贵州境内规模最大的陶瓷企业，公司在生产规模、企业文化和管理等方面都比较成熟。

遵义的陶瓷企业受困于原材料价格高涨和开采难等问题，当地陶瓷原料来源主要是当地的"鸡窝矿"，具有小而散的特点，且质量不够稳定，无法生产高档的产品。这决定了遵义的瓷砖产品只能以当地市场为中心，销售半径多局限在周边的300千米之内。

制约遵义陶瓷发展的主要原因有几点：一是贵州的经济水平和瓷砖消费能力有限；二是缺乏优质稳定的原材料，不能生产高档的瓷砖产品；三是政府的政策引导和扶持力度小，对环保的要求非常高。

重庆陶瓷产业布局分散，本土品牌亟待提升

重庆境内建成7家建陶企业，共有17条生产线，瓷砖日总产能21.4万平方米，西瓦日产能21万片。产品主要是外墙砖、瓷片和仿古砖。重庆的陶瓷企业分布较为分散，陶瓷产业集群较弱。开县和梁平县各有2家陶企，丰都县、巴南区、大足县各有1家外墙砖生产企业。

重庆作为内陆地区最具发展潜力的城市之一，近年正处在高速发展建设的时期，瓷砖消费市场广阔，因此众多国内的知名陶瓷企业争相占领重庆的瓷砖销售市场，纷纷在重庆发展经销商以及在主要的建材市场建立形象专卖店。

但遗憾的是，重庆的中高端市场全被外地陶企和品牌占领，重庆本土陶企的产品大部分销售到重庆周边农村市场。唯美集团进驻重庆或将打破这一局面，带动重庆建陶产业发展和升级。

重庆本土陶瓷及品牌无法快速发展的原因主要有：首先，重庆地貌复杂，以山地为主，陶瓷原料不易开采，长石、高岭土等在当地的储量并不突出，无法支撑生产高档的瓷砖产品；其次，重庆一直都是重工业相对发达的城市，特别是军工企业、汽车制造业，另外近年来的高新技术产业也得到长足的发展，陶瓷行业作为传统的"三高"行业在重庆一直缺乏发展壮大的土壤；再者，当地政府没有明显的政策扶持重庆本土的陶瓷企业发展。

开县：陶瓷建材等工业快速发展

近年来，在政府有关单位大力支持下，开县的工业得到长足的发展，开县政府提出了打造东部产业转移承接基地的发展目标。重点打造以陶瓷、门业为主的建材基地，以天然气、煤电为主的能源基地。开县工业已初具规模，形成了以煤炭、电力、建材、轻化工、食品、丝绸等行业为主、门类齐全、综合配套的生产体系。

开县有新美陶瓷和欧华陶瓷两家陶瓷企业，均在开县白鹤镇白鹤工业园区内，产品涵盖瓷片、仿古砖、外墙砖、西瓦，主要覆盖重庆当地及周边300千米左右的市场。

开县发展陶瓷产业的优势主要在于：第一，供应陶瓷砖生产的石英砂、铝矿、黏土等原材料充足，可以满足陶企生产要求；第二，区位优势明显，周边陶瓷厂不多；第三，劳动力资源充足等。

梁平县：劳动力资源丰富

梁平县建有好兄弟陶瓷和宏发陶瓷两家陶瓷企业，生产的产品为仿古砖、瓷片和西瓦。全县约有2

万人有在外或在当地从事陶瓷行业的经验，因此当地陶瓷行业的劳动力资源具有优势。当地政府对陶瓷行业的鼓励和支持力度也比较大。

此外，由于梁平距离四川夹江陶瓷产区较近，因此相关的设备和技术配套，以及原材料可以便利地从夹江获得。

荣昌县：唯美集团投资 30 亿元入驻

2014 年年初，广东唯美陶瓷有限公司与重庆市荣昌县签订投资协议。根据协议，广东唯美陶瓷有限公司将在荣昌县投资 30 亿元建设陶瓷产业基地，预计建成后年产值将达 30 亿元。据报道，唯美（重庆）集团有限公司生产经营范围为抛釉砖、抛光砖、仿古砖、瓷片等，该项目有望在 2016 年 3 月底前正式投产，项目余下的生产线将在 2019 年年底前全部建成，2020 年 3 月底前正式投产。

第十五节 安徽产区

22 家陶企，26 条生产线，日产能 28.5 万平方米

安徽省共有 22 家陶瓷企业，2014 年已投产的企业有 18 家，3 家在建，1 家已签约，建成 26 条生产线，9 条生产线在建。除 7 条西瓦生产线日产量达到 66.5 万片外，19 条瓷砖生产线日产量 28.5 万平方米，其中，瓷片生产线 9 条，日产量达 15 万平方米；仿古砖生产线 4 条，日产量达 2 万平方米；抛光砖生产线 6 条，日产量达 11.5 万平方米。喷墨机使用数量 16 台。

淮北市烈山区：亟待进行设备升级

自 2004 年开始，淮北市烈山区一直致力于发展建筑陶瓷产业。淮北及其周边地区蕴藏着丰富的陶瓷原料，适合大规模发展中低档陶瓷产品，吸引了一批陶瓷企业入驻。

陶瓷产业的形成需要大量的陶瓷企业及配套厂家的介入，随着入驻企业的增多，该区在积极引导当地协作资本投入陶瓷服务业的同时，加快引进异地协作力量，并使其本土化。先后与温州金泰尔公司等企业签订了高岭土开发项目，与佛山华信窑炉、中冠色釉料公司等建立了配套服务关系，在烈山陶瓷基地内形成了较为完善的产业链条，为进一步提高产品档次夯实了基础。

在发展的过程中，淮北烈山陶瓷工业园也存在着诸多问题，一是煤电价格偏高，没有彰显淮北市的优势。陶瓷产业系高耗能产业，虽然淮北是能源基地，但电价比山东高，煤价则比山西高，园区五家企业的煤气发生炉全部使用山西煤。二是物流业发展相对滞后，交通运输成本偏高，陶瓷生产成本加大。陶瓷产业是一个大进大出的产业，需要发达的物流业协作。三是陶瓷原料开发有待进一步加快，烈山陶瓷生产需用的原料来自山东，外调陶瓷原料不利运输成本的降低。陶瓷原料矿产开发滞后，本地陶瓷产业原料资源情况不清，不能与陶瓷工业发展相配套。四是陶瓷产业规模弱小，相关产业不匹配。陶瓷产品档次偏低，产品只适合城乡结合部及边远农村低档消费，规模偏小，经济实力差，相关产业不匹配，没有形成规模生产。

从总体上看，烈山陶瓷工业园中的陶瓷企业设备陈旧，工艺落后，耗煤、耗电量大，生产效率低，品牌影响力弱，产品知名度不高，在市场上缺乏竞争力，很难与国内外陶瓷品牌抗衡，不利于市场拓展和竞争。

芜湖市：发展陷入困境

2010 年，芜湖市繁昌县筹建了一个省级重点工业园区——荻港新型建材工业园，这个工业园位于荻港镇南部，濒临长江黄金水道，紧靠万吨级荻港长江货运码头，规划面积 5 平方千米，重点发展水泥

建材制品及装备制造，已经进驻的陶瓷企业有大象陶瓷和唯美陶瓷两家。

在区域划分调整后，原属于巢湖市的沈巷镇划归芜湖市鸠江区，鸠江区位于芜湖市东北部，西临长江，占据了芜湖市的最西、最东、最北端，区域面积232平方千米。鸠江区是芜湖市最重要的工业区，区域内有国家级经济技术开发区、出口加工区、外贸码头。以芜湖为中心的400千米范围内，人口400万以上的城市有15座，其中包括上海、杭州、宁波、苏州、无锡、常州等重要工业和商业城市。

随着国家支持中部经济崛起导向政策的出台以及长江三角洲和珠江三角洲地区投资成本的不断攀升，越来越多的陶瓷企业将生产基地迁往内地，鸠江区优越的地理位置使其成为企业内迁的首选地之一。

鸠江区沈巷镇沈巷工业园拥有卡利隆陶瓷、利华陶瓷和陶锦天瓷业三家陶瓷企业，生产的是瓷片和抛光砖产品，定位中低端，依靠批发、零售和工程进行销售。近年来，建材市场萧条，陶瓷产量供大于求，产销情况不好，园区内的企业库存积压大，再加上政府对环保的严格要求，园区内已经不允许高能耗企业进驻，芜湖市的陶瓷产业发展陷入困境。

宿州市：发展潜力大

宿州市萧县经济开发区位于连霍、合徐两条高速公路交会处，陇海铁路、京沪铁路、徐阜铁路等干线贯穿全境，同时周边有徐州、合肥、南京等机场，交通网络四通八达，交通便利。该区资源丰富，厂区生产所需80%的原材料可就地取材。

此外，宿州市萧县拥有得天独厚的瓷土、瓷石资源，储量达40多亿吨，可满足200条建筑陶瓷生产线连续生产100年以上。其地处四省交界，紧靠淮海经济圈，建筑陶瓷市场潜力巨大，预计未来5～10年内，市场对建筑陶瓷产品需求的递增速度将超过15%。

截至2014年，萧县经济开发区总投资近50亿元的陶瓷产业园基地，已建成投产、在建和规划建设的陶瓷生产线达32条。正冠陶瓷、龙津陶瓷、华凯瓦业、罗盛达陶瓷等国内大型企业已入驻，福建万兴也已经签约。

过去萧县由于没有加工企业，大量的资源被廉价卖到了山东、江苏等周边地区，效益低下。近年来，该县主动承接陶瓷产业集群转移，加快转变生产方式，发展陶瓷产业，由出售原料转为销售产品。

安庆市：未形成聚集效应

2011年以前，宿松县仅在长铺乡有一家陶瓷企业，宜佳陶瓷拥有一条西瓦生产线，日产量7万片。

2011年，宿松县实施工业强县战略，充分发挥当地质优量多的瓷土资源优势，决定在交通便捷的凉亭镇重点打造建设陶瓷工业园区。陶瓷工业产业园区规划总面积3000亩，首期开发面积1000亩。

宿松及周边的太湖县、黄梅县拥有的优质瓷土资源储量达5000万吨，辅助原料滑石、硅灰石资源丰富，便于配套发展。凉亭镇园区周边的陶瓷产区各类资源配置完备，兴建陶瓷专业园区有利于形成特色工业"聚集"效应和"龙头"带动效应。

在规划中，产业园区主要发展中高档地砖、内外墙面砖以及日用、建筑、卫生、工艺、包装及特种陶瓷生产企业和配套服务厂商，共规划建设50条陶瓷生产线，打造上、下游产业配套齐全的新型陶瓷工业园区。

晨曦陶瓷是首个进驻凉亭镇陶瓷工业园的企业，但这家2011年开始建设的企业尚未建成投产，只有搭建好的厂房钢架。

由于投资方在资金筹集方面遇到了困难，工厂的建设时断时续，一直没完成一期的建设工程。

第十六节 甘肃产区

15家陶企，17条生产线，日产能20.9万平方米

甘肃产区瓷砖日总产能20.9万平方米。其中，瓷片生产线4条，日产能7.8万平方米；抛光砖生产线2条，日产能3.3万平方米；外墙砖生产线1条，日产能3万平方米；仿古砖生产线2条，日产能3.8万平方米；全抛釉生产线1条，日产能1万平方米；釉面砖生产线1条，日产能2万平方米；西瓦生产线6条，日产能66万片。上线喷墨机11台。

甘肃发展建陶产业始于新中国成立初期，在1990年代达到巅峰，并迅速走向衰落。直至2009年，伴随着国内建陶产业转移的浪潮，福建、温州等地资本大量涌入、投资建厂，甘肃建陶产业才开始复兴，并逐步发展壮大。

2012~2014年期间，甘肃相对发展较快，新建企业较多，慢慢形成了集聚态势。

甘肃建陶产业的勃兴始于2009年，在此后的几年间，每年都有一批企业落地建设或建成投产，逐步集聚，形成了平凉、白银两个较为集中的生产基地。特别是在2013年后，在当地政府大力度招商的背景下，嘉华陶瓷、嘉鑫陶瓷、凯斯陶瓷、恒大陶瓷等一批投资规模大、设备较为先进的企业进驻，提升了甘肃建陶产业的发展层次，也奠定了甘肃建陶产业在西北地区的领先优势。

甘肃6个县（区）分布有15家建陶企业，建成瓷砖、西瓦生产线16条，日产瓷砖20.9万平方米、西瓦66万片，是西北地区第二大建陶产业大省。

白银市：资源能源优势突出，建陶产业持续扩张

白银市位于甘肃省中部，地处黄土高原和腾格里沙漠过渡地带，煤炭、黏土、石灰石、石膏等矿产资源丰富。白银市建陶企业主要分布在平川区、靖远县两地，建成10条瓷砖、西瓦生产线，日产瓷砖15.4万平方米、西瓦33万片，是甘肃省最为集中的建陶生产基地。

平川区陶瓷文化历史悠久，陶瓷烧造史可追溯到3000年前，而建陶产业则在1990年代初开始兴起，并迅速成长壮大，但好景不长，1990年代末，由于机制不活、技术和管理水平落后，产品严重滞销，企业相继停产倒闭，一度兴盛的建陶业跌入了萧条期。

近年来，平川区煤炭等主导资源步入衰减期，培育接续替代产业成为当务之急。在此形势下，当地政府再次将目光聚焦建陶产业，制定出台了全力扶持建陶产业发展的政策举措，力图复兴建陶产业。平川区在发展建陶产业上具有明显的优势，陶土和煤炭资源都比较丰富。

作为陶瓷故都，平川区复兴陶瓷产业的愿望十分迫切，当地政府不但规划了7平方千米的陶瓷产业园区，并成立了平川陶瓷研究中心，为陶瓷企业发展提供技术开发、信息推广、电子商务、质检认证、知识产权保护、区域营销等公共服务。同时，为培养陶瓷专业人才，2014年8月，平川陶瓷研究中心与白银矿冶职业技术学院达成陶瓷人才培养合作协议。在宣传推广上当地政府也不遗余力，2009年以来，已成功举行了两届中国西部陶瓷峰会暨平川陶瓷文化节，提升了平川区陶瓷产业的知名度和吸引力。

平川区陶瓷产业已初具规模，年产瓷砖2000万平方米、西瓦2400万片、日用陶瓷700万件、艺术陶瓷100万件，陶瓷产业年总产值近5亿元。

靖远县与平川区毗邻，是甘肃省最早发展建陶产业的县区。建于1952年的靖远陶瓷厂靠租赁1座小土窑、2头毛驴搞运输起家，在1980年代成为甘肃省规模最大的建陶企业，最多时下设8个分厂，年产瓷砖180万平方米、卫生陶瓷15万件、日用瓷60万件，产品畅销全国，获得荣誉无数，盛极一时。

1990年代，外地资本开始涌入，又遭遇国有企业改制，加上自身经营管理不善、工艺落后、负担过重等原因，靖远陶瓷开始走下坡路，逐步走向衰落。虽然后来又经多次改制也始终未能摆脱困境，

2004年向法院申请破产，经历了半个多世纪、承载了几代人梦想的靖远陶瓷厂彻底画上了一个句号。

近年来，靖远县发展陶瓷产业的脚步没有停止，当地政府曾多次到佛山等建陶主产区考察招商。2013年，嘉华集团公司落户靖远，开启了靖远陶瓷产业的复兴之路。2014年，随着佳鑫陶瓷、凯斯陶瓷、恒大陶瓷等一批陶瓷企业建成投产，逐步形成了陶瓷产业集群。

靖远县拥有陶瓷企业5家，建成5条瓷砖、西瓦生产线，日产瓷砖8.3万平方米、西瓦25万片。

平凉市：建陶企业较为分散，西瓦产业蓬勃兴起

平凉市建陶企业主要分布在崆峒区、泾川县和华亭县，拥有5家建陶企业，建成瓷砖、西瓦生产线6条，日产瓷砖6万平方米、西瓦33万片。

总体来看，平凉市建陶产业呈现企业分散、规模较小、发展缓慢等特点，虽然有三个县（区）分布有建陶企业，但每个县（区）仅有1~2家企业，均没有形成产业集群。同时，企业规模比较小，最大的企业也仅有2条生产线。

崆峒区2家建陶企业均建成于2009年，其中房丽美建材有限公司是甘肃省规模较大的建陶企业之一，有2条瓷砖生产线。2014年，房丽美建材有限公司建成了甘肃省第一条也是唯一一条全抛釉生产线。泾川县也拥有2家建陶企业，其中，华润陶瓷建成于2010年，拥有1条瓷片生产线，日产能为3万平方米，是甘肃省产能较大的生产线之一。

华亭县是甘肃省产煤大县，拥有丰富的陶瓷资源。2012年，总投资21亿元的庆华建材公司落户华亭县安口镇，该企业规划建设9条瓷砖、西瓦生产线，2013年5月建成了第一条西瓦生产线，一条瓷片生产线正在建设。

近些年，平凉西瓦产业发展比较快，5家建陶企业中，有3家是以生产西瓦为主。西瓦在平凉有悠久的发展历史，西北地区市场需求也比较大，拉动了西瓦产业快速发展，但近两年市场有逐步萎缩的趋势，更大规模发展的可能性不大。

第十七节　新疆产区

19家陶企，29条生产线，日产能37.5万平方米

新疆有建筑瓷砖生产厂家19家（含1家无窑炉的腰线加工厂），生产线27条，其中瓷砖生产线26条，日总产能35.12万平方米；西瓦生产线1条，日总产能10.83万片。

在所有生产线中（不同产品混烧生产线，生产线数量与总产能量各对半计算），地砖生产线5条，日总产能5.7万平方米；瓷片生产线14.5条，日总产能22.4万平方米；外墙砖生产线3.5条，日总产能4万平方米；抛光砖生产线2条，日总产能2万平方米；耐磨砖生产线1条，日总产能1.8万平方米；仿古砖生产线1条，日产能1.6万平方米；西瓦生产线1条，日总产能10.83万片。在线使用喷墨机为21台。

新疆建陶：多种因素衍生下的特殊产业

新疆地处中国西北边陲，低温严寒时间较长，每年建筑瓷砖生产周期不足8个月，一般都是3月下旬、4月上旬开工，10月底停产检修。

新疆作为维吾尔、回族等少数民族聚集地，在产品花色上，也与内地主流消费需求有着一定的差异性，每个民族喜欢的产品花色不一，这也使得新疆的瓷砖产品与内地有着一定的差别。

对新疆陶瓷产业来说，最大的优势就是本地陶瓷企业少、产品的市场竞争相对较小，产品本地产、本地销。新疆面积166万平方千米，占中国国土总面积的六分之一，是中国陆地面积最大的省级行政区，相对内地而来的产品来说，物流成本的节约是本地产品在价格上的最大优势。

在能源消耗上，新疆有着低廉的煤炭与电力资源，内地优质煤炭资源价格为 600~800 元 / 吨，而新疆则为 200~300 元 / 吨。

在产能规模上来说，新疆的陶瓷企业普遍产能较低，这不仅使得企业的市场风险较小，还可以使企业自由地转换产品。

新疆陶瓷不仅与广东陶瓷差距巨大，与内地其他产区相比，也存在着一定的差距，本地不管是人员素质、机械设备、原材料还是政府政策等都与内地存在差距。

新疆生产建筑瓷砖，不足之处在于该地区远离瓷砖产业集群，不管是生产设备，还是技术人才都较为缺乏，在产品原材料上，釉面原材料主要依靠内地运输而来，而瓷砖坯体则就地取材，这就决定了本地瓷砖企业生产的产品是以中低端市场为主。

尤其是在人工成本上，新疆地区流动人口相对较少，本地员工的流动性较大，企业往往要面临招工难的问题，所以企业的用工成本要高于内地。

在企业的生产周期上，新疆每年的生产时间仅为 8 个月，这在市场行情好的时候，对企业来说就意味着损失的加剧，尤其是新疆陶瓷企业每年从点火开工到正常生产，所需的时间与资金成本都要远高于内地。

在设备的维护上，新疆冬季最低气温可达零下三十几摄氏度，夏季最高气温可达 40 摄氏度左右，这对设备的维护保养就提出了更高的要求，企业也必须为此付出更高的成本。仅设备维护一项，新疆陶瓷企业就可能要比内地企业高出 50% 的成本。

在产品定位上，新疆陶瓷产业受制于陶瓷原料、设备、人才因素，只能生产中低端产品，尤为重要的是，新疆地广人稀，所以在消费群体中人口基数最大的中低端消费尚且市场空间有限，中高端消费更加无法支撑本地企业的正常运营，因此，新疆本地陶瓷企业几乎都以中低端定位为主。

总体而言，新疆陶瓷产业受制于客观条件，企业不管如何发展，产品只能面向疆内中低端市场，产品出疆的可能性小之又小。

乌鲁木齐：建陶产业进入调整期

乌鲁木齐大规模开始建设陶瓷生产线始于 2002 年前后，在当时当地政府对陶瓷产业非常支持，对进驻工业园的陶瓷企业采取了前几年免税的政策，极大地提高了企业的投资热情。

到 2004 年基本形成了今天的产业局面，乌鲁木齐有瓷砖生产厂家 10 家，瓷砖生产线 11 条，瓷砖日产能 13 万平方米。

提早停产清理库存

2011 年春节后，国家对新疆进行了经济上的补贴，每户家庭可领取到 4 万元左右的补贴金，这使得新疆建筑陶瓷产业迎来了近年来发展的高潮期，截至 2013 年年底，新疆陶瓷企业的产销基本比较平稳。

新疆的市场可以勉强支撑现有企业的生存与发展，但由于受地理区域、企业定位、本地市场特性等多方面因素制约与影响，本地陶瓷企业要想获得较大发展空间也较为困难。新疆瓷砖生产与市场都受到多方面限制，企业要想获得较大的发展不太现实，对企业来说，做好眼前的事情才是最实在的。

不管是土质、设备、技术还是人才，新疆陶瓷与内地都存在一定的差距。目前新疆陶瓷企业的产品主要市场是在新疆本地，定位中低端，充分利用价格优势，是新疆本地陶瓷企业赢得市场竞争的最重要手段。由于新疆地处西北边疆地带，与内地路途遥远，因此本地产品输出疆外与内地几乎遍布各地的陶瓷企业相比，就会丢失价格优势，因此新疆陶瓷鲜有产品输出疆外销往内地；同样，依托新疆的区位优势，新疆陶瓷虽然难以进入内地市场，但其可以成功出口到中亚市场。

2014 年以来，新疆陶瓷企业与内地企业一样，都遭遇了前所未有的销售危机，面对库存压力，限产成为了企业的无奈之举。

总体而言，新疆陶瓷企业依托煤炭、电力等资源的价格优势和物流优势，立足疆内市场，虽然会面临用工成本高、原材料运输成本高的问题，但总体而言，企业的产品在疆内的销售与内地同等定位的企业相比，产品的利润相对还要高，这也是新疆陶瓷企业能够吸引资金的重要原因。

未来具有不确定性

乌鲁木齐米东区陶瓷企业聚集的区域则可能会被政府规划成为以旅游、农业为主的特色农业示范区，未来乌鲁木齐将对辖区内的企业进行集中整治，对污染高的企业将强制关停，而排放能够达标的企业也要集中搬迁至乌鲁木齐市米东区铁厂沟镇的工业区。

乌鲁木齐10家建陶企业中，有6家企业安装了喷墨打印设备，新华天成陶瓷原本打算在2014年6月安装喷墨设备，此时乌鲁木齐政府对企业下发了《关于环保整治与搬迁的通知》，此计划只好作罢。

2015年米东区的陶瓷企业还可能继续生产一年，2016年很有可能政府的政策会具体化，陶瓷企业将进行集中搬迁，环保能达标的集中搬迁至铁厂沟镇，不能达标的则要关停。

政府在各行各业都要求淘汰落后产能，对不达标的企业要求一律整改。环保标准过于严苛使得乌鲁木齐的陶瓷企业几乎都不能达标，在现有技术条件下，即使有部分企业设备改造后达到了政府要求的环保标准，从企业经营与市场竞争的角度来看，这种企业也不可能生存下去。

对于企业的搬迁，政府还没有给出具体的时间表，作为企业也只能说是做好眼前的事，只有等政府的政策明确时才会考虑下一步的打算。

随着乌鲁木齐政府对陶瓷产业政策的逐渐清晰，大部分陶瓷企业可能无法继续在此发展下去，如果这些企业还想继续在新疆发展，相对来说有着疆内最优质陶瓷原料的伊宁地区是最好的选择之一。

但是，伊宁已有2家大产能的陶瓷厂的2条生产线建成，同时新疆相对脆弱的生态环境与狭小的市场空间，使得伊宁全部接纳乌鲁木齐现有的企业搬迁至此，也不太现实，因此许多乌鲁木齐的陶瓷企业还在思考如果要继续从事陶瓷生产，哪里才是最好的归宿。

国内瓷砖行业与意大利等瓷砖制造业发达地区的流行趋势已经越来越接近，在市场相对萧条的时候，乌鲁木齐的企业也在思考如何提升产品的竞争力，也曾有过改造设备、丰富产品花色，但随着乌鲁木齐政府对陶瓷产业政策的下达，大多数企业则不敢继续加大投入，只是选择观望，以待政策明细之后再作打算。

伊宁：产业规模趋饱和，科学规划是根本

伊宁建筑陶瓷产业最早源于2007年左右，企业选择到伊宁投资建厂，最大的原因就在于新疆资源、煤电能源价格低廉，产品价格合理，这也是陶瓷企业获得发展的最核心因素。

2008年前后，当内地优质煤炭价格在800元/吨左右的时候，伊宁煤炭价格低至142元/吨，电价最高也在0.46元/度，而内地则在0.75元/度左右；产品的出厂价则比内地要高，因为新疆本地的企业本地产本地销，可以省去大量的物流费用，在终端售价相当的前提下，新疆的产品即使给到经销商的出厂价格要高于内地的厂家，产品在终端的售价仍然要低于内地，终端竞争的优势也更加明显。

伊宁投资在土地成本上是要高于内地的，以企业在江西高安和伊宁对比，伊宁的地价大约比高安要高出一倍，但土地成本作为一次性投入，对企业后续的影响不大。

生产与消费均提升困难

人工成本相对较高，新疆作为少数民族聚集地，地广人稀，并不像内地那样少数民族融入汉族生活圈，而是汉族融入少数民族生活圈，本地区少数民族生活节奏较慢，人口素质受历史、教育、经济发展水平、地域等因素影响，也相对不如内地那么高，这也使得企业的生产效率不如内地企业高；同样因为本地地广人稀，企业招工相对较为困难，为了顺利招工，企业在工人薪酬上要相对高于内地；尤其即使现有员工体系建设完毕，人员的流动性也要大于内地，企业不得不随时面临老员工的流失与新员工的培训，在这些多重因素影响之下，企业的用工成本要远高于内地企业。

在设备的配件与维护上，伊宁地区的费用也要高于内地，相关人士表示，本地设备维护费用要高于内地一倍左右。

在产业规模上，同样是受制于以上多重因素，伊宁的陶瓷企业产能普遍都不大，中小规模的产能更加便于企业转产。

科学规划是根本

伊宁是新疆地区除乌鲁木齐外最大的陶瓷产区，但由于乌鲁木齐政府已经下达了对陶瓷企业进行整改与搬迁的通知，许多企业可能无法达到政府规定的要求而必须关停，加之目前伊宁政府对陶瓷产业采取的是积极鼓励的政策，因此未来伊宁将成为新疆最大的陶瓷产区。

新疆的消费人口、独特的自然环境、偏远的地理位置决定了本区域的陶瓷产业一定要科学、合理，不可搞产业集群，企业规模与产能规模都必须控制在一定的范围之内，否则所有陶瓷企业只能在恶性竞争中走向衰亡。

新疆陶瓷企业要想做大做强就目前来说太困难。新疆陶瓷产业受限制的因素太多，对现有的企业来说，做好现有的事情才是根本。

第十八节　宁夏产区

3 家陶企，8 条生产线，日产能 9 万平方米

宁夏产区瓷砖日总产能 9 万平方米。其中，瓷片生产线 2 条，日产能 2.9 万平方米；外墙砖生产线 3 条，日产能 4.7 万平方米；釉面砖生产线 1 条，日产能 1.4 万平方米；西瓦生产线 2 条，日产能 18 万片。上线喷墨机 3 台。

宁夏建陶产业新中国成立后经历了由盛到衰的过程，进入新世纪后才又有企业陆续进驻。宁夏建陶业发展极为缓慢，2012~2014 年间没有一家新建企业，产业规模止步不前。

宁夏回族自治区虽然拥有原料、区位、能源等多方面的优势，但近年来却未能拉动建陶产业快速发展。与 2011 年相比，到 2014 年，宁夏建陶业无论是企业、生产线、产品结构几乎没有变化，处于停滞不前的状态。

宁夏回族自治区建陶企业主要集中在中卫市，有建陶企业 3 家，建成 8 条瓷砖、西瓦生产线，日产瓷砖 9 万平方米、西瓦 18 万片。

中卫市位于宁夏回族自治区中西部，拥有丰富的陶土、黏土资源，仅常乐镇就探明陶土储量 1 亿吨、黏土储量 4280 万吨、白砂储量 2600 万吨，且辅助资源煤炭、石膏、石灰石等围绕其间，分布集中，容易开采，运输方便，发展陶瓷产业具有先天优势。

进入新世纪以来，当地政府依托资源优势，将承接沿海地区陶瓷企业转移作为产业培育重点，规划了占地 5000 亩的陶瓷工业园，制定了诸多优惠政策，试图吸引外资陶瓷项目入驻。中卫市当初制定的陶瓷产业发展目标相当宏伟，计划用 10 年时间，建成 80 条生产线，瓷砖年产达到 3 亿平方米，实现产值 50 亿元。

2001 年，科豪陶瓷整体购买破产的中卫陶瓷厂，成立宁夏科豪陶瓷有限公司，并迅速发展壮大。科豪陶瓷建成了 5 条瓷砖、西瓦生产线，成为宁夏乃至西北地区最大的建陶企业。2004 年和 2007 年，新美亚陶瓷、美康陶瓷等陶瓷企业先后在中卫市建成投产，虽然建陶产业形成了一定规模，但与当初的发展目标相距甚远。

宁夏没有建设大规模建陶产业集群的市场支撑，全区仅有人口 630 万人，还不及一个规模较大的城市，同时，甘肃、内蒙古、陕西等周边产区的挤压，注定了宁夏建陶产业只能小规模发展。

2014 年，市场持续低迷也给宁夏建陶企业造成了冲击，销售不畅、库存增加。

总体而言，宁夏建陶产业在市场低迷及周边产区的冲击下，经历着严峻考验，发展前景不容乐观。

第十九节　山西产区

31 家陶企，46 条生产线，日产能 67.8 万平方米

山西产区有建陶企业 31 家，瓷砖日总产能 67.8 万平方米。其中，瓷片生产线 21 条，日产能 43.7 万平方米；抛光砖生产线 3 条，日产能 3.4 万平方米；外墙砖生产线 6 条，日产能 8.9 万平方米；仿古砖生产线 2 条，日产能 3.9 万平方米；全抛釉生产线 1 条，日产能 1.7 万平方米；其他瓷砖产品（小地砖、水晶砖、腰线、地脚线）生产线 5 条，日产能 6.2 万平方米；西瓦生产线 8 条，日产能 12.1 万片。上线喷墨机 63 台。

近年来，山西省依托丰富的资源和能源优势，大力引进福建、广东、浙江等地陶瓷企业入晋建厂，形成了阳城、怀仁等建陶产业基地，拉动了山西省建陶产业的快速发展。

山西建陶产业发展特点比较明显。一方面，建陶企业分布较为集中。山西省有阳城、清徐、怀仁、河津、新绛 5 个县（市）分布有建陶企业，其中 23 家建陶企业集中在阳城县，其他 4 个县（市）仅有 8 家企业。

另一方面，近年来，个别产区建陶企业由于多种原因逐渐消亡，最为明显的是阳泉市，该市原有 2 家建陶企业，日产陶瓷砖 4.5 万平方米，一家企业厂址已盖成民居，另一家企业在变卖设备。

在陶瓷行业洗牌加剧的形势下，山西建陶产业正在经历磨砺和蜕变，逐步走向由"散"到"聚"的规模化、集群化发展之路。

阳城县：山西最大的建陶基地，建成 35 条生产线

在山西陶瓷行业内一直有着"山西建陶看阳城"的共识。2003 年，阳城县围绕打造陶瓷产业基地、培育非煤主导产业的目标，把陶瓷产业作为工业转型的主攻方向，推动了陶瓷产业呈现集群化发展态势，瓷砖日产能已占到山西瓷砖日总产能的 87.3%。

阳城县已初步建成安阳陶瓷园区、芦苇河工业走廊、东冶陶瓷基地、演礼日用陶瓷基地 4 个产业园区，有陶瓷企业 30 多家，年产值 26 亿元，利税 2.6 亿元，就业 1.2 万人。其中，建陶产业规模占到全县陶瓷的 96%，成为阳城县重要的经济支柱。

转型升级，建设瓷片加工基地

通过近年来的发展，阳城县已成为北方地区成长最快的建陶生产基地之一。阳城县拥有 23 家建陶企业，建成瓷砖、瓦生产线 35 条；2013 年，全县瓷砖产量达到 7500 万平方米，同比增长 15%。

而其中，瓷片是阳城县建陶企业绝对的主导产品。阳城拥有瓷片生产线 20 条，日产能 42.7 万平方米，分别占阳城生产线总数、日总产能的 65% 和 74%。而且当地瓷片生产企业不断加快产业升级，一方面，采用最为先进的宽体窑炉，产能大幅增加，如 2014 年金龙陶瓷新建的 2 条宽体窑瓷片生产线日总产能超过 7 万平方米。另一方面，喷墨设备得到广泛应用，喷墨机总数达到 61 台，占山西省喷墨机总数的 97%。

气源不足，"煤改气"进程缓慢

2013 年，阳城县围绕"突出特色、优势互动、错位突破、集群发展"的产业转型新要求，倾力构筑陶瓷产业集群，打造精品陶瓷产业链。先后实施了产业配套"十大基础设施"工程，完成了交通道路、给水排水管网、铁路集装箱货运站、供气站、污水处理厂等"五大工程"，园区基础设施日趋完善。

在各产区"煤改气"浪潮的推动下，晋城市制定了《大气污染防治重点目标任务项目》，明确阳城县建陶园区为"煤改气"范围，并规定必须在 2014 年年底前完成。

事实上，除了气源问题，使用煤层气导致生产成本增加，也是阻碍阳城县"煤改气"的重要因素，特别是 2014 年煤价下跌对企业"煤改气"的积极性产生了负面影响。

多重限制，陶瓷产业发展面临挑战

阳城陶瓷产业发展面临诸多挑战。首先，阳城地势崎岖不平，平整的土地很少，阳城建陶园区就建在山坡上，一定程度上制约了陶瓷产业的规模化发展。一方面，企业占地面积都比较小，继续扩大规模、建设新线受到限制；另一方面，交通极为不便，物流成本增加，企业产品市场竞争力受到影响。

其次，产品结构不够完善，阳城县大多企业只单一生产内墙砖产品，缺乏完善的产品配套，对规模化运作的经销商缺乏吸引力。同时，随着河南内黄、河北高邑等周边产区瓷片生产企业的快速崛起，对于当地瓷片生产企业形成了很大的压力，个别瓷片生产企业库存不堪重负。

再次，缺乏品牌意识，营销手段单一。阳城县积极鼓励和引导建陶企业实施品牌战略，加大中高端产品研发生产，提高产品档次和知名度，而事实上，当地大多数企业只关注产销，对品牌建设关注不够、投入不足，限制了产业转型升级发展。

清徐县：建陶产业式微，仅剩 4 条生产线

清徐县位于山西省中部，是太原市的南大门，全县总面积 609 平方千米，人口 34 万，素有"文化名城、醋都葡乡"的美誉。

作为以"醋"闻名全国的清徐县，在陶瓷产业发展上也拥有一定的原料优势，但是近年来陶瓷产业规模不但没有扩大，而且呈现萎缩态势。2011 年，清徐县尚有 8 条瓷砖生产线，到 2014 年仅剩 4 条生产线，主要生产外墙砖、内墙砖、抛光砖三个品类，日产能 4.8 万平方米。

怀仁县：原料优势突出，建陶产业刚起步

怀仁县铝矾土、石英、长石、稀土等陶瓷原料资源丰富。近年来，该县把陶瓷产业作为煤炭资源发展的延续和补充，大力实施"以煤扶瓷"政策，陶瓷产业得到迅猛发展。全县拥有陶瓷企业达 45 家，生产线 90 条，产品包括日用瓷、包装瓷、琉璃瓷、工艺瓷、工业瓷、建筑瓷等多个品类。

依托丰富的陶瓷原料，近年来当地大力发展建筑陶瓷产业，建成晶屹陶瓷、世嘉陶瓷、福鑫琉璃瓷、佳龙琉璃瓦等 4 家建陶企业，建成陶瓷砖、瓦生产线 4 条，主要生产抛光砖、通体砖、西瓦、琉璃瓦等产品。

同时，该县出台了《振兴陶瓷产业政策实施意见》，每年安排 3000 万元用于陶瓷发展专项资金，作为新上项目或现有企业扩大生产、技术改造的扶持，以及对技术创新、新产品开发的奖励，并从技术、人才、劳动力、服务等方面加大扶持力度，这些措施都将为怀仁建陶产业发展提供强有力的支撑。

河津市：建成山西第一条全抛釉生产线

河津市位于山西省西南部，隶属于运城市，县域面积 593 平方千米，人口 37.2 万人。河津市矿产资源较为丰富，主要矿藏有煤、硫铁矿、石灰石、石英砂岩、耐火黏土等。

2010 年，山西中达铝业有限公司建成了晋南第一家建陶企业中达陶瓷有限公司，主要生产渗花砖。2013 年，该公司投入 1000 多万元对原有生产线进行了升级改造，转产全抛釉产品，年产能 500 万平方米，成为山西省第一条、也是唯一一条全抛釉生产线，加速了山西建陶产业的优化升级。

第二十节　吉林、黑龙江产区

9家陶企，9条生产线，日产能13万平方米

吉林省、黑龙江省共有建陶企业9家，建成9条生产线（不含西瓦）。在线喷墨机11台。其中，吉林省建陶产业主要集中于桦甸市，黑龙江省建陶产业主要集中于齐齐哈尔市依安县。

吉林省桦甸市共建成4条生产线（不含西瓦），日总产能6.4万平方米。其中，劈开砖生产线1条，日总产能4万平方米；地砖生产线2条，日总产能2.4万平方米；西瓦生产线2条，日总产能35万片。在建微晶玉石生产线1条，设计年总产能70万平方米。

黑龙江省依安县共建成生产线3条，总日产能6.6万平方米。其中，瓷片生产线2条，日总产能6万平方米；步道砖生产线1条，日总产能0.6万平方米，在线喷墨机11台。

吉林省桦甸市：陶瓷产业发展优势

吉林省吉林市陶瓷工业园区位于桦甸市城东，建于2006年4月。据吉林市陶瓷工业园区总体发展规划资料显示，园区规划面积5平方千米，其中生产区4平方千米，物流区及批发市场1平方千米。分三期建设：一期起步区2平方千米，建设25条生产线；二期建设2平方千米，新建生产线15条，建设有铁路专用线及站台、货场的批发市场和专业物流中心；三期建设1平方千米，新建20条生产线及相关配套设施工程。

黑龙江省依安县：依安陶瓷产业示范基地概况

依安陶瓷产业示范基地成立于2005年，位于依安县城南5千米、依明公路与碾北公路交会处，总规划面积28平方千米。其中工业区10.84平方千米，启动区3.82平方千米，依托境内丰富的高岭土资源，集中发展陶瓷产业。

2007年4月，依安陶瓷产业示范基地被省"哈大齐"工业走廊建设领导小组调整列入"哈大齐"工业走廊产业布局总体规划。2012年5月，经黑龙江省政府批准，依安陶瓷产业示范基地享受省级开发区政策。

近年来，依安县委、县政府大打招商会战牌，组建专业招商队伍，综合运用定点定向招商、委托招商和以商招商等各种方法，先后引来数百批次客商考察洽谈，已有10个陶瓷及配套项目进驻依安陶瓷产业示范基地。

园区已落地陶瓷生产企业5户、配套企业5户，这些项目全部投产达效后，年可实现利税3.54亿元，陶瓷产业已经逐渐发展为依安县的支柱产业，成为依安县在招商引资和项目建设过程中必出的"底牌"和"硬牌"。

依安县委、县政府非常重视陶瓷产业发展，已形成倾全县之力打造陶瓷产业基地建设的共识，计划利用5~10年时间，引进并建成陶瓷生产线60条，并使非金属新材料品种涵盖建筑、卫生、日用、工艺美术、特种陶瓷等各领域。预计年可实现产值62亿元，利税13亿元。

第二十一节　内蒙古产区

10家陶企，14条生产线，日产能16.7万平方米

内蒙古产区瓷砖日总产能16.7万平方米。其中，抛光砖生产线6条，日总产能7.2万平方米；瓷片

生产线 3 条，日总产能 4.6 万平方米；外墙砖生产线 2 条，日总产能 2.2 万平方米；耐磨砖生产线 2 条，日总产能 1.5 万平方米；仿古砖生产线 1 条，日总产能 1.2 万平方米。上线喷墨机 2 台。

内蒙古建陶产业散布于 5 个县（市、区），除达拉特旗、清水河各有 2 家建陶生产企业外，余下大部分地区仅有 1 家陶瓷企业。

内蒙古陶瓷产区零星分布在包头、鄂尔多斯、乌海、呼和浩特、阿拉善盟等地市。此前，内蒙古赤峰市也曾有几家建陶企业，然而，随着市场竞争日益激烈，该地区建陶企业均已退出舞台。

早在 1990 年代，仅包头市就有鹿峰、绿茵、欧艺、西湖、大华等十几家建陶企业，后因种种原因，包头市仅剩鹿峰一家建陶生产企业仍在坚持。除此之外，鄂尔多斯、乌海等地的一批建于 1980、1990 年代的建陶企业现多已倒闭、破产。

内蒙古产区有 5 家建陶企业，其中海美斯陶瓷、兴辉陶瓷、陶尔斯陶瓷等 4 家企业保持着生产状态，而另外 1 家企业处于停产状态近 2 年；另有 3 家在建企业（自 2011 年开建至 2014 年），一直未投产。从整个产区产品结构来看，内蒙古产区产品涵盖抛光砖、内墙砖、仿古砖、外墙砖及其他（含耐磨砖）。

此前，内蒙古自治区政府为发展壮大建陶产业，曾确定了承接产业转移的六项重点，其中之一就是利用呼伦贝尔市、包头市、鄂尔多斯市等地区丰富的陶瓷原料资源，重点引进广东佛山、河北唐山等地著名陶瓷企业的先进技术、工艺和装备，建设北方重要的陶瓷生产基地。但目前随着内蒙古周边产区的快速崛起，以及市场竞争压力渐大，内蒙古建陶产业发展未达预期规划。

资源丰富成陶瓷产业发展利器

从建陶发展所需的生产原材料以及能源方面来看，内蒙古地区发展陶瓷产业具有许多天然、优越的条件。除鄂尔多斯具有"羊煤土气"四大资源优势外，其他地区还有丰富的风力发电资源、水资源、土地资源等，这为内蒙古产区建陶产业的发展提供了非常大的竞争优势。

内蒙古陶企天然气用气价格非常低廉，每立方米价格为 1.8 元左右，远远低于其他产区的用气价格，这是其他产区不可比拟的，仅此一项就可以大大降低陶瓷企业的生产成本，有效提高企业效益。同时，由于内蒙古地区煤炭资源的丰富储量，推动了内蒙古的煤化工业发达。煤化工企业不仅可以为陶瓷厂提供廉价的气源和热源，还可以提供粉煤灰（新型墙体原料）等产品。

为给产业承接转移项目提供强有力的保障，内蒙古曾出台了一系列优惠措施，督促各地积极将工业园区打造成为承接产业转移的主要载体和龙头，执行优惠政策，构建绿色通道。同时，对符合国家产业政策的产业转移项目在银行贷款、财政贴息上给予倾斜，并提供优质的融资服务，将资源优先向加工型转移项目配置，完善物流以及专业市场的建设。

外地品牌主导市场，销售格局单一

在内蒙古各区均有规模不一的建材市场，冠珠、萨米特、新中源、阿波罗、东鹏、欧神诺、能强等广东一线品牌都有入驻。内蒙古消费者品牌意识较强，像东鹏、冠珠、新中源、欧神诺、萨米特、宏远等一大批广东品牌早已入驻内蒙古各大建材市场，其他不乏区县级市场，而却难发现内蒙古本地品牌的身影，外来品牌严重冲击着当地市场。

当前多数企业品牌意识淡薄，缺乏营销观念，多数企业仅在企业内设有简单展厅，未在建材市场设立产品展厅等，同时产品销售方式单一，缺乏有力的市场竞争。

内蒙古发展陶瓷产业同时存在着几方面的"软肋"：首先是内蒙古周边陶瓷产区发展迅速，"划地销售"已形成定局，内蒙古陶瓷产品销售很难外延，致使内蒙古陶瓷销售市场狭窄；其次，鄂尔多斯市是一个资源富足的城市，包头市是一个较发达的移民、工业城市，用工成本高；再次，生产工期较内地要短，致使用工方面存在弊端，且漫长的冬季作业对工厂基础建设、设备的护养等方面如何适应恶劣的气候条件也是一个问题；另外，物流成本偏高，也是困扰内蒙古产品销售的最大瓶颈。

产业分散，制约企业发展

内蒙古陶瓷产区分布较散，某些产区之间相隔近千千米，且每个产区企业数量较少，无法形成强有力的集聚效应。因此，陶瓷配套辅助行业很难在此设立分公司或办事处，致使生产、维修或保养存在一定的缺陷。

由于产业不集中，部分配套企业无法为其提供及时、完善的售后服务，即使是一件小小的配件，也需要从广东、山东或者厂家所在地邮寄，且有时候无人上门服务，只能自己动手解决，这在一定程度上也制约了更多的陶企入驻。

内蒙古部分陶企生产线存在设备老化，甚至严重落后于其他产区，致使产品品质也在一定程度上不稳定，部分企业的产品品质难以保证。

内蒙古产区多数企业受多种因素影响，产品品质不过硬，且在企业管理方面也存在着一定的问题，更让极不景气的建陶企业生产雪上加霜，阻碍了内蒙古产区建陶产业的健康发展。

发展前景良好

此前，按照国家产业政策和鄂尔多斯产业发展规划，"十二五"期间，准格尔旗将完善已开工的陶瓷产业园区基础设施配套，加快推进已经入驻园区的国礼陶瓷二期高档日用瓷、伊东蒙粤日用细瓷（含年产500万平方米陶瓷广场砖项目）、永丰源高档日用瓷、瑞高陶板等项目，打造呼、包、鄂地区陶瓷产业的重要板块，到"十二五"末，把陶瓷产业培育为准格尔旗的第二大支柱产业，力争建成我国北方的"瓷都"。

市场竞争更加激烈，能够保持正常生产的企业在当地来说已经是相对不错了。内蒙古产区在生产成本方面存在着许多产区不可比拟的天然优势，但是在建陶行业竞争日益激烈的环境之下，仅凭这些外在优势去参与市场竞争是不可取的，也是软弱无力的一种竞争形势，这需要企业把长远发展作为企业未来工作的重中之重，提高品质，塑造品牌，提高服务质量，踏踏实实走出一条适合当地建陶产业发展的健康大道，那时候才算得上是一个具有强劲竞争力的建陶产区。

第二十二节 海南产区

1家陶企，仅存1条西瓦线，生存压力大

海南省仅有一家陶瓷企业——海南和风建陶厂，主要生产特色西瓦产品，日产能在2万片左右，相对国内很多西瓦生产线来说，这个产能显得微不足道。但即使是这样的小规模生产线，在海南依然不能全年满负荷生产，基本一年中只有约2个月的时间在生产该类产品。

资源匮乏，几无优势

海南和风建陶厂位于海南省海口市屯昌县三发开发区，距离海口市200千米左右。其公司的生产线是根据海南省生产实际情况要求改良设计的，主要生产罗曼瓦、西班牙瓦等带爪的西瓦。

该公司在2001年正式投产，初始使用辊道窑生产，结果因为无法正常生产改成隧道窑生产。几经波折，才改成设计改良过后的窑炉。优点是适应海南生产环境，缺点是生产成本比辊道窑要高。

受制于原材料、运输以及生产环境和配套服务等多方面因素，海南省的陶瓷产业没有形成一定的规模。在海南，相关的产业配套极其不完善。而一些陶瓷生产线专用的配件，如磨具的简单加工、耐火材料等都要从佛山那边发过来。由于海南省所处的地理位置，其物流也不方便，因此在海南做陶瓷没有任何优势。

同时，海南省当地的瓷土资源也极为短缺，瓷土品质不高，基本不具备做一些高品质陶瓷制品的矿产资源。此外，生产工艺、生产线的一些技术人员的缺乏，也极大地限制了该产业的发展。

除了配套不完善、原材料匮乏，在海南，生产陶瓷的步骤也是极其繁琐的。受当地瓷土土质的影响，在该地生产陶瓷，无法采用宜兴产区的干法制粉技术，湿法制粉也不适用。和风建陶厂钻研出一套方法：将涂料磨成粉—黏土做成砖坯—晒干—跟瓷石混合—磨粉。然而即使这样，由于当地的瓷土矿杂质很多，生产出来的产品品质依然不高。

观念制约，市场局限

整个海南省只有和风建陶厂在生产西瓦，其他周边县城分散着一些土瓦生产线。受海南省居民的消费习惯影响，当地老百姓对西瓦的接受度不高，仅有一些别墅会选择使用颜色比较鲜艳的琉璃瓦；同时，由于海南当地政府提倡兴建平顶房，因此西瓦的市场较小。在海南，西瓦所占据的屋顶市场不足一成。

第二十三节　青海、西藏产区

各 1 家陶企，瓷砖生产线 2 条，日总产能 3.3 万平方米，亏损、易主成常态

2700 米和 3600 米，是西宁雅美亚陶瓷和拉萨青达陶瓷所处的海拔高度。

说起"这两家陶瓷厂"，难免会有人瞪着眼睛，满脸惊愕地问道："那么高的地方也能搞陶瓷？"

其实，这两家全国甚至全球"最有高度"的陶瓷厂存在已久。只不过，闭塞的交通与信息将它们屏蔽于行业关注的目光之外，以至于很少有人知道它们的真实存在。

在这个有违"陶企布局逻辑"的高原地带，每一天都在与恶劣的生产环境顽强地抗争着——漫长的冬季、短暂的生产周期、稀缺的原料与稀薄的氧气……很多时候，外界更多地获知或联想这里创造了多少生存奇迹，却并不能真切地感受到，在陶瓷砖产能极度饱和的当下，这里的一切是多么的艰难。

亏损、易主、更名、停产等关乎企业生死存亡的事件，宛如一个个难以摆脱和破解的魔咒，一直缠绕着它们。

但饶是如此，它们的掌舵者一直在坚守。

高原"魔咒"

在连续亏损 10 年后，不堪重负的拉萨青达陶瓷能作出的最佳选择是：遣散工人，停止生产。

这是生存环境极度脆弱和恶劣的陶瓷厂，为了更好地存活的无奈之举。

交通不畅、信息闭塞、各种资源稀缺，促使青藏高原俨然成为中国建陶版图上的"孤岛"。有人开玩笑说："在这里搞陶瓷呀，比上月球还难。"

作为以身试水者，拉萨青达陶瓷在这片"孤岛"艰难地苦撑 10 年。

2014 年 9 月 28 日下午 15 时，记者几经辗转来到位于拉萨市堆龙德庆县工业园的这家"海拔全国最高"的陶瓷厂，看到的是一片死寂与落败——大白天，工厂大门敞开着，厂区里荒草丛生，很难看到人影。几只麻雀从半空中飞过，也无法吵醒如同沉睡中的工厂。

"厂子已经停了快一年了。"在青达陶瓷四层楼高的办公大楼里，记者在一间挂牌为"办公室主任"的房间里找到了老杨，他是这栋空荡的办公楼里，唯一在值班的人。

老杨热心地介绍，拉萨青达陶瓷由来已久。2004 年 5 月，借助于西部大开发的政策机遇，西藏首家建陶企业——总投资 4 亿元的西藏圣兰迪建陶有限公司正式投产，填补了西藏自治区无建陶企业的空白，亦刷新了中国陶瓷企业所处海拔的最高纪录。

然而，这家西藏唯一的建陶企业投产后，并未在这片雪域高原上谱写辉煌的发展篇章——不但未能

垄断西藏市场，反而处处受到广东、四川等陶瓷品牌的打压。

由于原辅材料、气温、人工、物流等多方因素制约，圣兰迪建陶有限公司一直处于严重的亏损状态。

两年后的2006年，经营乏力的圣兰迪建陶被转让给川籍企业家投资的拉萨青达建筑工程有限公司，并更名为"拉萨青达陶瓷有限公司"。

"我们接手的时候，听很多人说搞陶瓷很赚钱，但接手后才发现完全是两码子事。"老杨摇了摇头，愤愤不平地说，在当时的背景下，内地搞陶瓷的确很赚钱，但拉萨因为多方限制，却是个特例。

易主后的青达陶瓷努力汲取圣兰迪建陶的失败教训，对设备进行了更新换代、对市场进行了重新定位。但亏损的噩梦一直延续，仅2007年就亏损了逾1000万元，尔后每年的亏损都在百万元以上。

2014年年初，由于难以支撑长期而持续的亏损，青达陶瓷的生产车间彻底停止了轰鸣，等待遥遥无期的重开之日。"开是亏，不开也是亏，干脆停了算述。"带着浓浓的四川腔，老杨有些激动地说道。

事实上，深陷"亏损、易主、更名"高原魔咒的，不唯拉萨青达陶瓷，海拔2700米的青海鸿洲陶瓷（现为西宁雅美亚陶瓷）亦遭受着同样的境遇。

位于西宁大通县的青海鸿洲陶瓷，由福建人于2007年创立，三经易主，成为今日的西宁雅美亚陶瓷。

因为更名次数过多，还给外界造成了误判。佛山一位曾到西宁销售墨水的供应商告诉记者，他曾一度认为西宁拥有青海鸿洲陶瓷、青海金茂陶瓷、西宁雅美亚陶瓷三家陶瓷厂，但到了西宁后才发现：原来是一家厂，更换了三次名字。

艰难的守望

西宁雅美亚陶瓷于2013年在青海金茂陶瓷的基础上更名而来，过去的鸿洲和金茂一直以生产地砖为主，但受多方条件制约，产品合格率一直很低，企业也长期处于亏损状态。

有了前车之鉴，雅美亚陶瓷将生产线改成瓷片。不过，幸运之神并未因此而降临——在改线后的首年里，因为一直处于磨合期，雅美亚的瓷片合格率非常之低，到了2014年，产品合格率已大幅提升，但市场却变得糟糕。

"今年的库存压力很大，但我们一直在坚持生产，反正也只有一条线，9个月的生产周期。"9月26日，西宁雅美亚陶瓷销售总经理黄健对记者说，真想不出，在西宁设厂搞陶瓷有什么特别的优势。今年的销售形势急转而下，雅美亚亦受到较大冲击。

实际上，西宁大通县发展建陶产业并非一无可取。据勘探，大通县境内石英、软质黏土、长石等原料储量丰富、品位较高。该县曾规划，立足于本地丰富的原料资源，在"十一五"期间以招商引资的方式，建成100条陶瓷生产线，使大通县成为青海省的陶瓷生产基地。

不过，这一宏伟目标最终未能实现。

除了部分原材料能够就地取材，具备一定优势外，与大部分内地产区相比，大通县其他方面的优势并不突出。黄健说，因为缺乏集聚效应，当地没有任何与陶瓷生产相关的配套产业：釉料需从山东引进，甚至连包装箱亦要从福建购取，其间产生的高昂生产成本，是企业难以承受之重。

青海省地广人稀、招工难度大、人力成本过高、冬季过于漫长、生产周期过短等外部环境亦为掣肘陶企发展的短板。黄健告诉记者，陶瓷生产所需的技术、营销人才都得从内地高薪挖请，因为只有9个月的生产周期，工人与管理层只能工作9个月，为了保证员工的稳定性，必须给出远高于内地和青海省平均水平的薪资，"以防流失"。

另一个较大的问题是，经济欠发达的青海、西藏、新疆、甘肃四省份，消费能力十分有限，整个青海省仅有500多万人口，而西藏亦只有200余万，"还不及内地的一座城市。"有一次，黄健出差去青海省下属的一座县城，全县仅有3000余人，不及内地的一座村庄，这远超出了这位福建人的预料，而且其中的很多牧民住的还是毡房、帐篷，"根本就不需要消费瓷砖"。

"好在青海省只有一家陶瓷厂，没有竞争。"这是为数不多、被黄健津津乐道的优势。

除此之外，这里坐拥全国最廉价的天然气——1.73 元 / 立方米，远低于广东、福建、江西等地，"用气比用煤更为便宜"。不过，这一优势正面临着丧失，"因为每立方米天然气价格即将上涨 1 元"，届时，雅美亚陶瓷仍将考虑改用块煤，以减轻生产成本上升带来的压力。这里的煤价是 400 余元 / 吨，亦远低于内地。

工业薄弱、生活资源极度匮乏的青海，是个典型的资源输入省，每年需要从外地引进大量物资，但能够输出的资源却十分有限，这为雅美亚陶瓷跨省销售提供了便利。利用运费低廉、空跑折回的铁路货运，雅美亚陶瓷能够轻易破除物流瓶颈，远销甘肃、青海、新疆、西藏各地。

"例如利用折回的铁路货运专线，我们进入甘肃河西走廊一带，运费是 120 元 / 吨，而陕西的企业至少要 200 元 / 吨。"黄健说，在部分市场，雅美亚陶瓷具有绝对的物流优势。

青达陶瓷所处的艰难环境，比起雅美亚陶瓷有过之而无不及。用老杨的话概括："它们经历的，我们都经历了，它们没经历的，我们也经历了。"

位于拉萨市郊的青达陶瓷更像一个偏远的原料"合成"基地——生产陶瓷所需的各种原料、燃料、釉料都要从夹江拉来，然后在这里合成、制造出一片片精美的瓷砖。

这些环节所产生的高昂物流成本，让青达陶瓷在与来自全国各地的瓷砖品牌的竞争中处于弱势地位。"生产成本太高了，甚至和四川相比都没优势，如果有的话，就不会一直亏损了。"老杨的语气中有些委屈。

地域面积的广博、交通与信息的闭塞、天气的变幻莫测，给川藏公路的运输带来了诸多不确定性。从四川拉原料经川藏公路到拉萨，一路上因各种气候、堵车等原因，导致原料供应很不及时。

"我们生产线的设计产能是 15000 平方米 / 天，但实际日产量只有 8000 平方米，原因就是经常性的原料短缺"。

恶劣的地理环境给陶瓷生产带来的困扰，还远不止这些。

昼夜温差大，从内地引进的技术人才大多需要长达一两个月的适应期，才能步入工作正轨；漫长而酷寒的冬季，使得这里的生产周期一年仅为 8 个月；在氧气稀缺、气压过低的拉萨，开水 85 摄氏度就已沸腾，煮碗面条都得用上高压锅，而这在陶瓷生产过程中所造成的燃烧不足，只能投入更多的燃料去弥补……

有时候，机器设备坏了，要从夹江找人修理，甚至小到一个螺栓损坏，也要大老远地跑到内地购买。

难以改写的命运

当然，青达陶瓷也考虑过突围，并试图扭亏为盈，但每次的结果都是铩羽而归。

2007 ~ 2011 年，由青达公司生产的地砖曾多次出口到邻近的尼泊尔，但即便如此，出口南亚的这条路也并不好走。"出口手续太麻烦了，又是海关，又是税务和商务厅，基本上没有利润。"老杨顿了顿说："而且尼泊尔的用量也不大，加之公司在尼泊尔没有办事处，只能依靠中间商。"

厂子连续亏损，是不是经营方式有问题？青达陶瓷也反思过，并试过将厂子转租、承包的法子，但还是失败了。

2012 年，青达公司与川籍商人签订了 5 年承包协议，承包费是"利润三七开"，但到最后，四川商人也没能力挽狂澜，仅承包 2 年就毁约、撤走。"他们的经营效益比我们要好，一年只亏了 100 多万元，而我们最好的时候也亏了 200 多万元。"老杨说，承包人亏得血本无归，他们也没好意思再索要承包费。

到了 2014 年，青达陶瓷彻底停止了脉动。

西藏真的就不适合搞陶瓷吗？显然不是，在老杨看来，如果能解决一些现实问题，还是很适合的。"前提是，生产原料供应稳定，经营效益要好"。

事实上，仅拥有一条生产线的青达陶瓷，销售一直很顺畅，这主要得益于其远低于同行的低价销售模式。

"内地卖三块的，我们卖两块五，内地卖一块八的，我们就卖一块三。"老杨说，不比别人便宜，就卖不动。但如果能够满负荷生产，以这个价格是不会亏损的。

但因为多方原因，还是难逃连续亏损的噩运。"产品结构太单一了，就一条生产线，很多产品都做不了，而且产量很不稳定。"老杨抱怨，这是青达亏损的主要原因，"正因如此，有时候即便接到客户订单，也只能忍痛推掉"。

今年来，陆续有三四拨夹江老板来青达考察，希望寻求承包合作，但因为各有各的标准，很多条件没法谈拢，其中的好几拨都"吹了"。

"我们现在已经无所谓了，自己搞是亏，承包给别人，机件磨损、地皮损耗，还是亏。"老杨皱了皱眉，向记者强调青达陶瓷面临的两难境地。

回望命运多舛的过往，这位嘴角密布皱纹的四川老人感叹："亏了这么多年，现在也没心情再做陶瓷了。"

"这样下去也不是办法，未来有什么打算呢？"记者问。

他想了一会儿回复道，已经将陶瓷厂的部分地块，腾出生产砌块，并成立了拉萨堆龙永坤建材有限公司；而对于陶瓷厂，则是听天由命吧，有人愿意租就租出去，"但租金不能太低"。

第十一章　卫生洁具产区

第一节　佛山

一、箭牌卫浴携手郎朗进军国际市场

2014 年 1 月 16 日，箭牌卫浴在北京华彬歌剧院隆重召开代言发布会。会上，国际著名钢琴家郎朗为箭牌卫浴按上手模，正式成为品牌形象代言人。此举意味着箭牌欲借助郎朗的知名度进军国际市场。

郎朗，国际著名钢琴家，曾经在白宫演出，是受聘于世界顶级的柏林爱乐乐团和美国五大交响乐团的第一位中国钢琴家。《纽约时报》称郎朗为"古典音乐界中最闪亮的明星之一"，德国《世界报》称他为"当今世界最成功的钢琴家"。在国际音乐界郎朗被誉为"中国腾飞的符号"，是"世界的郎朗，华人的骄傲"，影响力十分广泛。

箭牌卫浴，一直以来秉承"人文·科技·艺术"的理念不断创新、发展，是第一个在国内卫浴界提出"三年免费维修，终身维护"的服务企业，第一个提出卫浴配套概念的智慧企业，第一个与清华大学美术学院共同研究卫浴产品的人体工程学的文艺企业，第一款会唱歌的全自动化坐便器的研发企业。

所以，分析人士认为，箭牌签约郎朗是强强携手，是"1+1"的联合。

二、东鹏收购艺耐卫浴布局整体家居

2014 年 7 月 25 日，东鹏控股股份有限公司（03386.HK）旗下全资子公司佛山东鹏洁具股份有限公司与美国艺耐就收购广州艺耐卫浴用品有限公司 62% 的股权签订合作协议。分析认为，在这一收购行动的背后，是东鹏布局整体家居，实现三级跳式战略转型的前奏。

根据合作协议，东鹏洁具出资人民币 15000000 元收购广州艺耐 62% 的股权，并购完成后，广州艺耐注册资本将由 200 万美元增至 348.63 万美元，东鹏控股将成为广州艺耐的控股股东。

Innoci（艺耐）为德国卫浴品牌，于 1972 年在杜塞尔多夫成立，专业聚焦产品设计，一直与许多国际知名品牌合作，提供风格化设计兼个性化创新产品。2011 年开始，艺耐开始正式进入中国市场，产品定位于中高端市场，主打中高端浴室用品设计、订制及销售，受到中国高端消费人群青睐。

2012 年，为结合优势的生产资源、高效地服务客户，艺耐在中国广东设立生产、物流服务中心，成立广州艺耐卫浴用品有限公司。广州艺耐的销售服务网络辐射中国大陆、德国、新加坡、中国台湾、马来西亚、日本、韩国等近 20 个国家和地区。

收购艺耐将充实东鹏在卫浴洁具方面的产品线，今后艺耐将继续定位于国际高端品牌，主打高端市场，而东鹏洁具则继续定位于国产高端品牌，主打中端市场，二者将形成有效互补和错位竞争的格局。

同时，艺耐将和东鹏瓷砖形成整体配套能力。在高端工程项目上，艺耐卫浴与东鹏瓷砖会互相配套，从而产生真正的"协同效益"。

三、搭建工业设计服务平台

2014 年 7 月 9 日，第十六届（广州）国际建筑装饰博览会期间，由佛山市卫浴洁具行业协会、广东职业技术学院联合主办的"佛山市卫浴洁具行业协会携手高校打造产业人才新闻发布会"在广州国际会展中心 1 号会议室召开。

会议宣布，佛山市卫浴洁具行业协会抱团打造工业设计服务平台，将联手广东职业技术学院，开设全国首个卫浴设计专业，首期招生近40人，由学院招生，并开设理论知识等课程。卫浴企业则提供实训、见习机会。

广东职业技术学院是广东省高素质技术技能人才培养的重要基地。学院两个校区分别坐落于佛山市禅城区和高明区，总占地面积1127亩。现禅城区校区划为艺术设计系，占地100多亩。艺术设计系主张教学与实际相结合，以就业市场为动向，培养市场型人才。本次增开的"卫浴设计专业"主要针对佛山的卫浴企业输送针对性人才，做到人才实地培养，再实地输出。

2014年11月23日，佛山市卫浴洁具行业协会设计专委会成立秘书处，宣布设计专委会正式运作。专委会成员多是第三方服务商，包括品牌推广、VI设计、视频服务、网络推广、电商运营等领域，比如丰品设计、象尚品牌设计等。

四、佛山淋浴房产业园将落户三水区

2014年7月31日，佛山市卫浴洁具行业协会淋浴房专委会组织60多名会员到三水大塘工业园以及佛山海洋卫浴进行考察，商讨佛山淋浴房产业园的选址和建设问题。

在当天举行的淋浴房产业园研讨会上，原三水县县长何志明就整个三水的发展情况作了分析，并详细介绍了计划打造淋浴房园区地块的详细信息。

淋浴房专委会早在去年年底就已经开始筹划佛山淋浴房产业园的建设，并走访了高明、清远、云浮等地，实地考察选址规划。各地对于佛山淋浴房产业园落户当地都表示欢迎，纷纷抛出了橄榄枝。

经专委会讨论，会员普遍认为，佛山三水区大塘工业园的园区环境、周边配套等更有优势，因此，佛山淋浴房产业园基本确定落户三水大塘。而且，佛山淋浴房产业园将建成园中园的模式，在大塘工业园里专门选址建设淋浴房产业园。该产业园第一期规划200多亩，计划分三期，总规划面积1000亩。

在当天的研讨会上，各淋浴房企业积极发言，对淋浴房产业园区表现出很浓烈的兴趣，当场有17家企业报名参加第一期园区的进驻。

2014年8月23日，佛山卫浴洁具行业协会淋浴房专会十几家企业主，前往佛山市三水大塘工业园区正式签订首批进入园区合同。本次签约品牌有：海洋、格林斯顿、奥尔氏、伊丽莎白、卡玛瑞、伊米特、德弗尼、紫光阁、雅利斯、金伟纳、英伦、欣东。

2014年，佛山淋浴房企业还抱团参展广州建博会。号称"亚洲建材第一展"的广州建博会7月8～11日举行，参展企业达2200家。佛山市卫浴洁具行业协会淋浴房专委会组织了包括奥尔氏、海洋、圣安娜等20家在内的佛山淋浴房企业首次抱团参展。

五、佛山浴室柜联盟抱团投资清远

2014年6月5日下午，清远市清新区招商推介会在佛山举行。会上，佛山浴室柜联盟企业与清新基地举行签约仪式，佛山梦特丽尔卫浴、威珀卫浴、安纳奇卫浴三个意向企业也分别签订了协议。佛山市伽蓝洁具有限公司董事长、佛山浴室柜联盟会长张爱民参加了签约仪式。

清新生产基地从2013年开始就与佛山浴室柜联盟建立了战略合作，并有多家企业先期进驻。按规划，佛山浴室柜联盟在清新区生产基地项目总投资共计60亿元。项目建成投产后，预计年产销卫浴等产品300万台（套），预计年产值约70亿元。其中首期进驻投资项目共8家企业，分别为佛山伽蓝洁具有限公司、佛山市南海诺威卫浴有限公司、中山市理想家卫浴洁具有限公司、佛山市顺德区伽恩卫浴有限公司、佛山市南海区鑫铜冠装饰材料有限公司等。

六、新明珠集团力推智能卫浴新品牌

2014年11月19日晚，国内最大的陶瓷企业新明珠集团在佛山召开丽珀卫浴品牌全球发布会峰会，

推出全新整体智能卫浴品牌"丽珀"。

与智能家居概念的火爆一样，发布会现场以一种时尚炫酷的形象呈现。12 米超宽 LED 显示屏、二维码互动科技、3D 全息影像数字科技、立体感互动技术展示、互动发光手环等创新应用充分展现了丽珀品牌力求突破传统，在智能卫浴创新方面领先的企图。

随着 80 后主导消费群体的崛起，卫浴行业的发展开始贴上年轻化的标签，重设计感、功能性、体验性和个性化。新明珠集团重金打造的全新智能卫浴品牌丽珀，正是迎合了当下消费者所追求的生活方式和态度。

丽珀卫浴定位中高端，以"超凡·新生"为核心理念，产品布局上以智能马桶为核心，全面覆盖浴室柜、坐便器、浴缸、五金挂件等整个卫浴产品线，力求提供整体卫浴空间解决方案。

为了最好地为消费者提供智能卫浴消费体验，丽珀全新打造了 1600 平方米形象展厅，于 2014 年 11 月 20 日后全面启幕。展厅内结合现代多媒体展示工具以及大量的高科技互动元素，让技术、产品、理念完美地融合。

七、鹰卫浴研发国内首条卫浴成型全自动化设备

2014 年，鹰卫浴全力研制国内首条全自动高压成型生产线的定型、投产。预计生产线将比传统生产线生产效率提高一倍，可以节省 50% 的工人，产出率和优品率均有大幅提高。

由于陶瓷洁具内部结构复杂，自动化生产技术的研发一直无法得到突破，无论是国际品牌还是国内企业，成型工序普遍都是靠手工操作，导致行业的整体生产效率难以得到大的提升。

鹰卫浴全新全自动高压生产线设备的研发，汇集了鹰卫浴及其母公司、西班牙乐家集团等国际上最优秀的科研团队，公司前后投入研发资金逾千万元。新设备将大大减轻制约成型工序的工人劳动强度，同时，对于生产线模具使用寿命、产量及质量控制等方面都有大幅提升，鹰卫浴整体的生产效率未来将会得到数十倍的提高。

专家表示，该设备的研发具备非常重要的意义，一来可改变国内卫浴自动化设备长期依赖进口的局面；二来将会全面改变国内陶瓷洁具工厂的生产效率和品质格局。

第二节　潮州

一、潮州卫浴产业发展现状

"中国卫生陶瓷重镇"潮州是目前国内陶瓷卫浴产值最大的生产基地，占全国产量的 40%，出口占 55%。

到 2012 年，潮州共有中国驰名商标共 8 件，广东省著名商标 120 件，地理标志注册商标 2 件，集体商标 2 件，有效注册商标数量达到 20000 多件，中国驰名商标及省著名商标分别居广东全省第 9 位和第 7 位。

潮州卫浴在发展初期，企业少、实力有限，主体也大多集中在出口业务和贴牌生产方面，其中出口海外市场的数量就占到了总产量的一半以上。2008 年在全球金融危机爆发后，潮州卫浴企业加大了国内市场的开拓力度。一批企业投入重金招商，在各个城市建专卖店。2012 年，由于在渠道建设上战线拉得过长，开始调整战略，以区域市场为主，逐步推进。2013 年后，美国、日本、韩国、俄罗斯等市场进出口同比均呈现下降的态势，潮州卫浴出口也呈现下降趋势。而到了 2014 年，整个卫浴行业低迷，潮州卫浴企业感到巨大的压力，开始在市场份额有限的国内市场打阵地战。

转战国内市场，潮州卫浴面对诸多挑战。佛山、南安等产区品牌占优，这几年渠道下沉，对潮州卫浴市场冲击严重，而近年迅速崛起的河南长葛产区，握有规模和价格利器，因此，潮州产区整体处于"前

有堵截，后有追兵"的困境。

二、启动卫生陶瓷质量提升行动

2014 年 6 月 12 日，省质监局联合潮州市人民政府召开卫生陶瓷产品质量提升行动暨创建全国知名品牌示范区动员大会。会议要求，着力推动卫生陶瓷产业结构进一步优化、行业转型进一步升级、产品质量进一步提升、规模效益进一步改善，实现"质"与"量"的双重跨越。

会议还要求，各级各有关部门把卫生陶瓷产品质量提升行动暨全国知名品牌示范区活动作为一项促进产业转型升级、提质增效的重点工作，加强完善发展规划，强化质量监管和行业自律，提高创新能力，培育品牌企业，推进创建全国知名品牌示范区，力争将古巷镇打造成为潮州市特色产业推进和公共服务平台建设示范基地。

会议指出，潮州将启动卫生陶瓷产品质量提升行动暨创建全国知名品牌示范区活动，力争到 2015 年，古巷镇等一批专业镇检测技术服务平台初步建立，卫生陶瓷不合格产品发现率下降至 5% 以内。

按照行动方案，潮州将力争到 2014 年建立及配套企业质量信用档案，实施生产企业分类监管；完成古巷镇知名品牌创建示范区文审论证、筹建规划编制等前期工作；到 2016 年，在全市范围内初步形成产业配套更加完善、质量意识明显增强，自主创新能力、质量管理水平、品牌意识明显提升的行业发展格局，古巷镇知名品牌创建示范区筹建工作基本完成。

三、出口保持稳定增长

根据潮州市商务局的统计，2014 年潮州陶瓷产业出口保持稳定增长，1 ~ 9 月累计出口增长 7.2%。其中卫生陶瓷出口增势喜人，出口额超 1 亿美元，前三季度同比增长约 20%。

近年来由于受全球金融危机及后续冲击、国外反倾销调查和技术壁垒等因素的影响，潮州市陶瓷产业出口曾出现较大幅度下降。2014 年以来，受欧美房市复苏、中东海湾国家建筑业增长等利好因素影响，潮州市陶瓷产业出口呈现回升的良好态势。

作为"中国卫生陶瓷第一镇"的古巷镇，现有自营出口企业 42 家，通过委托出口的企业约 200 家，有注册商标近千个，专利产品 454 项，有 30 多家企业获得国家节水认证，占全国节水认证企业的 60%。有 20 多家企业获得省和国家部级以上奖项和推广证书。

四、智能坐便器标准讨论会召开

2014 年 8 月 26 日，由潮州市建筑卫生陶瓷行业协会协办，广东梦佳陶瓷实业有限公司赞助的全国第三次《卫生洁具 智能坐便器》标准工作会议在潮州迎宾馆会议厅举行。

本次会议主要对《卫生洁具 智能坐便器》标准进行进一步的审议和讨论，通过智能坐便器国家标准的编制订立引导、规范智能坐便器产业和企业，使其健康、有序、协调发展，提升智能坐便器产业在国内的价值和影响力，促进智能坐便器产业发展与人们生活方式转型接轨。

与发展潜力巨大的智能卫浴产品相比，作为规范生产、协调行业有序发展的智能坐便器国家标准却一直缺位。国内智能坐便器行业目前执行的是关于坐便器、气压式坐便器的国家标准和"智能盖板"的行业标准。这导致智能坐便器需要分成两个部分来检测，包括上半部分的"家电"和下半部分的"陶瓷卫浴"，统一的智能坐便器行业标准并未形成，给消费者的选购与售后服务造成了不小的困扰。

而由于国内还没有一个统一的智能坐便器行业标准，使得每个企业生产智能坐便器时，都有自己的一套标准。这就造成了智能坐便器零件的不可通用性，在维修方面造成了一定的阻碍。

2013 年 10 月，《卫生洁具 智能坐便器》国家标准第一次工作会议在西安召开。会议首次讨论了《卫生洁具 智能坐便器》的工作方案，对下一步的标准起草作出了安排。在 2014 年 5 月举行的全国建筑卫生陶瓷标委会三届五次年会上，咸阳陶瓷研究院常务副院长、标委会主任委员李转表示，《卫生洁具 智能坐便器》国家标准制定已获得立项。

在本次会议上，全体代表按照程序对标准内容进行了逐条逐句的审查。与会专家对个别条款的参数及文字表述进行了适当修改，对于某些指标及表述方法等也提出了进一步的修改意见，从而使该项标准更加完善。

五、五家卫浴企业荣获"省著名商标"称号

2014 年，潮州市共有 37 件商标获得"2014 年度广东省著名商标"称号，其中有五家卫浴企业，分别是欧贝尔卫浴、都龙卫浴、欧美尔卫浴、泰陶卫浴、建厦卫浴。

2014 年度，潮州市参与评选广东省著名商标的申报和认定数量相较以往有了明显的增加，企业争创名牌意识和热情明显增强，而严格的认定程序为著名商标的质量提供了有力保障。

潮州卫浴行业作为潮州的支撑产业之一，近几年来在原有的基础上，积极推动创建区域国际品牌，从扎扎实实的工作中向先进地区奋起直追，进一步创新服务潮州经济的发展。这一次，潮州五家卫浴企业从竞争激烈的申创广东省著名商标的大潮中脱颖而出，将更坚定其生产更好质量的卫浴产品的信心。

潮州市商标管理部门希望整个卫浴行业以欧贝尔卫浴、欧美尔卫浴、都龙卫浴、泰陶卫浴、建厦卫浴等几家卫浴企业为榜样，提高潮州市卫浴品牌的知名度，把潮州卫浴商标战略的实施推向新的台阶。

六、潮安卫浴组团第五次亮相广州建博会

第十六届广州建博会于 2014 年 7 月 8 ～ 11 日在广州·中国进出口交易展馆盛大举行。与上年一样，本届广州建博会设立了"潮安卫浴专区"，展出面积达 4000 多平方米。其中梦佳卫浴、欧美尔卫浴、安彼卫浴、牧野卫浴、尚磁卫浴、马岛卫浴、统用卫浴、居易卫浴、鹰陶卫浴、美隆卫浴、艾高卫浴、恒通达等 20 多家潮安知名品牌参展。

智能卫浴是本次广州建博会的焦点，梦佳卫浴在 2012 年建博会就首推智能坐便器。本届展会，梦佳卫浴继续呈现最专业的专门坐便器产品，并呈现出今年最新的彩花智能坐便器，为智能卫浴增添了五彩缤纷的视觉享受。鹰陶卫浴则展示出"全球首创——可升降智能坐便器"，即可通过手动遥控调整坐便器的高度，从而，最大限度地满足人体功能设计的需要。

除了智能坐便器之类的卫浴产品外，还有卡尔丹卫浴品牌的自动感应智能水箱。卡尔丹卫浴，从水箱的外观设计，到水箱配件，都有独家自主研发的专利。

差异化产品是本次展会上各个企业所重点展示的。金丝丽卫浴此次在展会上以"瓷分子"、"一键式盖板"等工艺创新产品吸引了许多经销商及同行业的关注。以往盖板在与坐便器进行配套的时候，都会在颜色、整体视觉上有所偏差，缺乏陶瓷的通透感和色泽感。同时，在不同的光线下，盖板的颜色也会有所变化，会影响整个坐便器的美观度。金丝丽卫浴独创的瓷分子技术解决了这一难题，全面优化盖板的制作流程，弱化盖板的塑料感，让盖板更接近陶瓷的质感，色泽、光泽度、耐色变度与坐便器更加同步，提升坐便器的整体美感。而"一键式盖板"更是改变了盖板以往的安装模式，更加便捷、更加稳固耐用。

柏扉步卫浴所生产的卫浴产品则摆脱了以往单一的白色或简单的色彩，采用先进的珍珠贝母漆工艺，使产品表面花纹呈现贝壳般的如玉光泽以及贝壳表面凸显的立体感，同时手感又非常光滑，如繁花，如海浪，层层叠叠。

七、改善生产环境，留住员工

潮州卫浴企业生产环境"脏、乱、差"，前几年曾经被中国建筑卫生陶瓷协会领导在考察时公开批评。生产、交通环境问题也是造成企业"用工荒"的主要原因之一。

但近几年，随着潮州卫浴企业的发展，很多企业纷纷抛弃了旧有的生产模式，掀起了新的一轮改革升级潮。通过技术改造、工厂的重新布局、先进设备的采购运用，实现了环境、人与生活的和谐共处。

这种转型升级带来的收益，不仅是资本的收益，而是收获了一线工人的人心。

近几年，潮州卫浴企业工厂的生产模式慢慢转变，工人们的劳动强度逐年减轻。这一方面为企业留住了工人；另一方面，采用先进的生产设备，也大大提高了产品的质量。

为了让员工缓解工作压力，放松心情，安彼卫浴每年组织员工出外旅游。为了留住工人，潮州很多企业都不同程度地为员工们增加福利，如提高工资待遇、提供带空调等家电的员工宿舍，甚至连工资都在赶超珠三角地区。

八、海西三城联盟，互补发展

2014年3月26～27日，第三届海西卫浴论坛暨区域经济协作卫浴产业对接会在潮州举行，标志着潮州、厦门、南安三大卫浴产区合作升级。

会上，三地四协会——潮州市潮安县古巷陶瓷协会、福建省水暖卫浴阀门行业协会、厦门市卫厨行业协会、潮州市建筑卫生陶瓷行业协会共同签署了《海西卫浴产业协会联盟缔约书》，共同打造卫浴行业"2小时经济圈"。

潮州作为目前国内卫生陶瓷产值最大的生产基地，占据国内洁具半壁江山。厦门依靠出口型企业多年来沉淀出多家行业隐形冠军，其在水龙头、水箱配件、花洒、软管、橡胶垫圈等卫浴配件的研发生产上独树一帜。泉州南安借助其五金制造能力和营销优势，造就了一批国内知名品牌。海西地区卫浴三个生产基地可谓优势互补。而且，三地不仅地缘相近，而且文化相通，语言和风俗习惯相近，这更为三地间的合作奠定了人文基础。

这次论坛活动，将厦门、南安在潮州市原有的商贸活动提升为三地市政府、企业之间深层次交流的区域经济合作平台。未来，三地卫浴企业将从单纯的产品营销对接，上升到产品设计、新技术交流、新材料推广、电子商务平台、物流园区建设等更深层次的对接，共同推动海西地区经济的发展。

九、出口优势逐渐减弱

近年来，长葛卫生陶瓷的产量虽与潮州卫生陶瓷的产量接近，但潮州产区依靠之前多年积累的其他优势仍然还存在。潮州的产品在质量、功能、工艺和细节上都占优势；潮州卫浴企业在渠道建设和品牌建设、中高端市场上也处于优势。

潮州和长葛卫浴产区对比，较乐观地还表现在出口上的优势。长葛离港口比较远，所以运输成本比较高。而潮州的出口在总份额里占有70%，这正是优势的一种体现。因此，潮州卫浴产业要发展，一定要稳住现有出口优势，在地利上压制竞争对手。

而品牌化路线将是潮州卫浴发展的方向，但就潮州卫浴行业现状而言，贴牌还是其主要模式。潮州卫浴企业这几年都在努力发展品牌，但做品牌不是一朝一夕的事情，需要一个长期的过程。

当下，虽然潮州产业链健全，但是整个产区"家庭作坊"大量存在，产品质量良莠不齐，从而拉低了潮州卫浴的整体层次。未来潮州企业的出路在于政府提高进入门槛，同时降低原材料成本，采用大生产模式，引进先进设备，提高产能。其中重要的一点，就是利用设备代替人工。

目前国内经济放缓，加上原材料、用工等因素的影响，潮州陶卫行业发展面临新的挑战，如何破解制约陶卫产业的发展瓶颈，成为很多企业代表关注的话题。受原材料、燃气成本较高等因素影响，枫溪陶卫企业在与其他产区企业的竞争中已逐渐失去价格优势，这也导致了一些大订单的外流。

到目前为止，潮州仍然没有一个大型的陶卫综合性材料市场，也缺乏大规模的机械设备市场，天然气市场也缺乏，这才导致企业燃料成本一直很高。

而企业希望政府从推进"燃气一张网"建设、建立陶瓷原料供应市场等方面入手，帮助企业降低生产成本、缓解招工难等问题，提高产品的竞争力。

第三节 江门

一、开平

1. 水龙头产品出口占全国近三成

水暖卫浴产业是开平市三大经济支柱产业之一，历经30年的发展，目前集聚了1100多家水暖卫浴生产企业及销售企业，从业人员7万多人，2013年开平水暖卫浴总产值突破了93亿元，出口额11.87亿美元，占全国水龙头产品出口额的28.8%，是国内三大水暖卫浴产业集群外销比例中最高的，产品远销欧洲、南美洲及中国香港等多个国家和地区。

在全球经济复苏缓慢，国内房地产市场疲软的情况下，开平水暖卫浴产业能获得优异的成绩，与当地政府给水暖卫浴行业提供强大的支持分不开。政府建立公共服务检测平台并且为企业提供更快捷的服务，降低企业在产品出口方面所花费的费用，并且加快产品出口的速度，从而为企业争取更多的时间且降低企业出口成本。

目前，开平水暖卫浴行业已经拥有完善的工业园区、交易展示平台、电子商务平台、研发检测平台等。开平市水口镇从原材料供应、零部件和专业配套加工，到成品装配，再扩展到技术研发、产品设计、质量检测、物流配送、进出口代理、金融服务、专业电子商务等，形成了一个集生产、研发、销售为一体的庞大的产业集群，并凭借得天独厚的集群优势，先后获得一系列荣誉称号，包括"中国（水口）水龙头生产基地"、"中国水暖卫浴五金出口基地"、"江门开平水口水暖卫浴产业集群升级示范区"、"国家外贸转型升级专业型示范基地"等。

2. 骨干企业继续增资扩产

2014年，尽管进入少有的经济"寒冬"，但开平依然有不少水暖卫浴企业逆流而上，增资扩产和建设新厂房，上马新项目。开平水暖卫浴行业的龙头企业——华艺卫浴集团，在沙冈工业园新建厂房，新上了浴室柜、陶瓷马桶、浴缸等项目，让企业的产品类型更加丰富。

此外，预发卫浴有限公司（新厂）总投资3000万元，建筑面积约2万平方米，主要生产各种高档水龙头产品，项目从2014年3月动工，预计年底实现投产；金牌洁具有限公司（新厂）总投资1.9亿元，年初全部完成第一期工程建设，并已全面投产，该项目主要产品涵盖陶瓷洁具、五金龙头等。

3. 申请水暖卫浴产品示范区

为进一步培育水口水暖卫浴这一传统品牌，2014年开平检验检疫局向市政府提出建设开平水口出口水暖卫浴质量安全示范区，开平市政府在4月份制订并出台了《开平市水口出口水暖卫浴产品质量安全示范区建设实施方案》，并成立了示范区建设领导小组。

2014年8月7日，开平市政府召开水口出口水暖卫浴产品质量安全示范区建设推进会。会上，开平检验检疫局介绍了出口水暖卫浴产品质量安全示范区建设的进展情况和考核要求，并对示范区内出口水暖卫浴生产企业可以享受的检验检疫优惠政策进行了详细说明。

开平检验检疫局将积极提高通关便利化水平，落实好各项检验检疫优惠政策，大力帮扶水暖卫浴出口企业，进一步提升出口产品质量控制能力，全面推进示范区创建各项工作；同时与政府多部门联手，发挥"质量示范区"的质量引领作用，共同培育开平水口出口水暖卫浴产品的质量、技术、品牌的竞争新优势。

4. 推动外贸转型升级

2014年10月31日下午，开平市水口水暖卫浴行业协会第三次换届选举大会暨就职典礼召开，选举产生了新一届理事会，华艺卫浴集团董事长冯松展连任会长。中国五金制品协会理事长石僧兰、中国五矿化工进出口商会副会长于毅、中国建筑卫生陶瓷协会常务副会长兼秘书长缪斌、国家级质量监督检验检测中心主任朱双四等参加了会议。

当天会议期间还举行了国家外贸转型升级基地揭牌仪式，标志着开平市水口镇正式成为"国家外贸转型升级的示范基地"，这将进一步推进水暖卫浴产业外贸转型升级。

此外，开平市水暖卫浴行业协会第三届理事会会长冯松展代表协会，与中国银行开平支行行长叶志荣签订了支持协议，携手共建行业金融服务平台支持企业发展。这是协会首次以行业为平台为企业提供金融服务，推进银企合作。

二、鹤山

1. "安蒙倒闭事件"引发集体反思

2014年4月28日，因传闻安蒙卫浴资金链断裂倒闭，老板携款"跑路"，上百名员工和供应商聚集在安蒙卫浴位于鹤山市址山镇的生产基地，追讨欠薪与拖欠货款。

鹤山劳动仲裁机构在认真核实劳动者的身份和实际拖欠工资数额的情况下，优先组织劳资双方进行调解，促成双方就欠薪数额达成调解协议，并通过当地政府垫付，提前为鹤山安蒙卫浴115名员工追回3个月的欠薪款共计80多万元，保障了劳动者的基本生活所需。

安蒙卫浴科技有限公司，是一家专业从事卫浴产品研发、生产和销售的企业，生产基地位于鹤山市址山镇。案发后，媒体与行业人士纷纷就安蒙卫浴倒闭的原因等进行反思。

"安蒙倒闭事件"受到鹤山各方强烈关注。2014年5月6日，鹤山市经信局、工商局联合鹤山市水暖行业协会举办"互促·共赢——加快鹤山水暖卫浴产业发展政企座谈会"。来自全市水暖卫浴行业的代表围绕企业"做大还是做强"、"贴牌还是创牌"、"如何破解用工难题"、"资金链如何安全"等问题，结合安蒙事件展开了深刻反思。

2. 水暖卫浴企业有了自己的"家"

鹤山是国内四大水暖卫浴五金生产基地之一。目前,鹤山水暖卫浴五金产业配套企业达到1000多家，规模以上企业250多家，已经形成"原材料供应—核心部件生产—卫浴机械制造—龙头企业引领—名牌产品产销"这一完备的产业链。

2013年，全市水暖卫浴五金产业企业多数聚集在"全国重点镇"、"广东省重点镇"址山镇，该镇分别于2009年11月、2011年8月被中国五金制品协会、中国五矿化工商会授予"中国水暖卫浴五金产业基地"、"中国水暖卫浴五金出口基地"等称号。

2014年1月8日，鹤山市水暖卫浴五金行业协会第一次会员代表大会暨成立大会在鹤山市雁山酒店隆重举行。会议由鹤山市三合五金董事长邝沃扶主持。经过选举，鹤山市水暖卫浴五金行业协会第一届会长由广东省伟强铜业科技有限公司董事长阮伟光担任。鹤山市水暖卫浴五金行业协会现有会员企业160多家。涌润厨卫设计总经理林津、中洁网总裁刘伟艺受聘为协会顾问。

3. 东溪村成为江门首个"淘宝村"

在阿里巴巴集团发布的《中国淘宝村研究报告（2014年）》中,鹤山市址山镇东溪村被评选为"2014年中国淘宝村"。根据阿里巴巴研究院的核准，东溪村网店卖家数量、交易额都达到了"淘宝村"标准。

据估算，东溪村聚集了址山 80% 以上的规模以上企业，而其中上淘宝交易的大多为水暖卫浴企业。

址山镇有水暖卫浴及相关配套企业 580 多家，47 家规模以上企业有 41 家在东溪 A、B 园区，这些企业纷纷开设网店，其中在东溪村有 200 多家淘宝店和天猫店，去年的成交额超过千万元。

据初步核查，淘宝、天猫上有 10 多家四钻级或五钻级大卖家发货地点显示在址山。其中，康立源旗舰网店、欧帝龙泷卫浴网店、家家乐高端卫浴、嘉泰卫浴、PYDER 莱德卫浴、舒曼卫浴、帝福卫浴、沃泰卫浴、赛朗卫浴等大卖家均显示发货地是江门鹤山。

4. 政府推动"四个方面"转型升级

江门鹤山是国内重要的水暖卫浴产业基地，水暖卫浴企业 330 家左右，已经形成"原材料供应—核心部件生产—卫浴机械制造—龙头企业引领—名牌产品产销"较为完备的产业链。

水暖卫浴产业的出路在于转型升级。2014 年鹤山市政府着力搭建三大平台：一是加快省产业园大平台建设。整合工业城和址山龙湾工业园，积极申报省产业园，争取尽早享受省的扶持政策。二是加快打造网上办事大厅和政企通服务平台。打造 24 小时服务政府，进一步密切与企业沟通联系，方便企业办事。充分发挥网络信息交流等平台作用。三是加快完善融资帮扶平台。用好用足市委市政府新设立的融资担保基金，帮助中小企业解决融资难问题。四是积极运用股权出质、动产抵押物登记和商标专用权质押等手段，主动搭建银企对接平台，大力支持企业多渠道融资。五是大力实施商标强企战略，竭尽全力帮助企业申报省著名商标和中国驰名商标。

水暖卫浴产业要做强做大，实现可持续发展，必须完成四个方面的工作，即提升工业设计和创新水平；提升企业管理水平特别是信息化应用水平；提升电子商务水平；坚持品牌化、规模化、集团化发展。

5. 亚洲厨卫城打造全球商贸平台

2014 年 2 月 16 日，广东鹤山亚洲厨卫城项目正式开盘销售，喜迎八方宾客。截至 2 月 17 日总计销售额近 5 亿多元。中宇、高仪、申鹭达、欧联、辉煌、申旺、汉歌、安科、亚伟特、广益、金益、雅洁、汉特等几十个知名品牌抢先入驻。

亚洲厨卫城是广东省重点项目，地处鹤山市址山镇 325 国道与佛山高速交会处，地理位置优越，交通便利。项目建设共分三期，主要建设功能有中国水暖卫浴五金产品会展中心、水暖卫浴五金产品交易中心、水暖卫浴五金产品研发中心、水暖卫浴五金配件及原材料交易市场、产品检测检验中心、仓储物流区、酒店、酒店式公寓等配套设施，实现一条龙购物、一站式服务、一体化生活。

亚洲厨卫城是中宇集团投资继中国水暖城之后在广东地区的又一个核心项目。亚洲厨卫城总规划占地 1530 亩，总建筑面积超过 100 万平方米，总投资超过 50 亿元人民币，整个开发周期分为三期，一期规划用地 165 亩，于 2013 年 3 月 18 日开工，总建筑面积 19 万平方米，由 13 万平方米的综合交易市场和 6 万平方米的综合物业组成，当天开盘的为亚洲厨卫城一期 B 区共 12 栋 294 间铺面，以经营成品和零配件为主。

鹤山有大量的五金卫浴企业，又集中在址山镇，址山的卫浴企业和开平水口的五金卫浴企业联在一起，形成强大的产业基地。这一产业密集地区原本有水口的水暖卫浴城，也有当地卫浴产品街，但它明显已落后于卫浴产业的时代大潮。因此，址山——开平产区需要一个新的上档次的厨卫城。

鹤山、开平卫浴企业以代工、外销为主，国内市场做得不理想。鹤山亚洲厨卫城的建造对于当地水暖卫浴企业的信息传播、观念更新、团队打造、品牌建设等都具有积极的意义。

6. 鹤山与佛山强化产业协作

为了加强鹤山与佛山两大产区水暖卫浴五金企业之间的联系和沟通，2014 年 11 月 8 日，在鹤山市水暖卫浴五金行业协会会长阮伟光的带领下，共 30 多位协会企业代表前往佛山，与佛山市卫浴洁具行业协会成员组成考察团，一同参观考察了箭牌卫浴、佛山市卫浴洁具行业协会、中国陶瓷产业总部基地、浪鲸卫浴、品卫洁具、OXO洁具、海洋卫浴，并举行了鹤山、佛山两大产区卫浴企业交流会。

此次活动由鹤山市水暖卫浴五金行业协会、佛山市卫浴洁具行业协会主办，鹤山市伟强、旭浪、金洲、泰林、佳好家、汉歌等协会成员企业代表参加了本次活动。

两地企业对双方的合作前景均非常看好。鹤山有汉特科技、伟强铜业等知名水暖卫浴配套企业，还有新建的亚洲厨卫城。鹤山五金卫浴发达，佛山陶瓷洁具、休闲卫浴、浴室柜、淋浴房产业发达，企业品牌化运作经验丰富，两地在卫浴产业链中有很强的互补性，合作空间巨大。

第四节　中山

一、淋浴房区域品牌价值提升

中山是国内三大淋浴房生产基地之一。中山上规模的淋浴房生产企业就有130多家，约占全国市场的三分之一，产品份额占全国的接近70%。

中山作为淋浴房的集散地，拥有国内淋浴房知名品牌朗斯、福瑞、莱博顿、凯立、雅立、伟莎、圣莉亚、德莉玛、爱沐村、飞涛、精度、玛莎等。中山以其中高端定位的产区特色，让淋浴房这个细分产业不断做大做强。

在马桶、五金等产品一致降价的趋势下，中山淋浴房这两年却带头作整体价位的跃升。在几年前，德立就带头提升淋浴房价格，有些产品甚至高达上万元一平方米，德立也成为很多高端精英人士指定的品牌。

中山一批领军企业专注中高端市场，不断提升淋浴房产品价值，努力践行"好浴房，中山造"，带领中国淋浴房在近几年整体升级。

二、淋浴房产业积淀"三大优势"

经过十多年的发展，中山淋浴房产业积淀的优势主要有以下三点：首先是品牌优势。中山已经被授予"中国淋浴房生产基地"的称号，这么多年来，中山淋浴房产业一直坚持走中高端路线，产品品质得到了消费者的认可，"好浴房 中山造"的区域品牌已在全世界打响。其次是交通便利，产品配套优势。中山产业园区交通便利，周围集中了完善的产品链，"一小时经济圈"解决所有的产业配套，有利于淋浴房企业做大做强。再次是得到政府的大力支持，把淋浴房产业作为主推产业。中山阜沙镇作为"中国淋浴房生产基地"，政府拨地、拨款重点扶持淋浴房产业的发展。

中国淋浴房产业制造基地落户中山阜沙后，按照市镇两级共建的模式运作，五年来走出了一条内涵式转型升级的路子。先后建成"一站五中心"（广东省质量监督淋浴房检验站、淋浴房产品研发中心、招商信息中心、商务展览中心、交易中心、人才培训中心）等基础配套，形成淋浴房产、学、研、展、销一体化的服务体系。

三、外来和本土产业文化相互融合

中山淋浴房老板多以外来的新中山人为主，这给行业带来了一种海纳百川、自由开放、拼搏进取的文化氛围。

俗话说"一方水土，养育一方人"，来自不同区域的人们思维方式不同，这为整个行业带来源源不断的崭新的发展思路。中山一批淋浴房领军人物，比如，朗斯总经理向伟昌来自四川遂宁，玫瑰岛岛主徐伟和肖杉来自四川达州，而福瑞的领军人物张海锋、张海涛两兄弟则来自湖北随州，莱博顿的总经理段军会来自湖南株洲，圣莉亚的总经理邓国兴来自江西赣州，只有德立、凯立等的高层基本本土化。

来自五湖四海的老板们要在异地生存发展，必然更加积极向上，相互协作。而本土老板的务实、诚信也影响着外来的老板们。外来和本土两种异质文化相互融合，创造出一种新型的高端大气的中山卫浴文化。

四、抱团参加上海厨卫展

2014 年 5 月 28 日，为期 4 天的 2014 年中国上海厨卫展，在上海新国际博览中心拉开序幕。由中山市淋浴房行业协会主办的"2014 中国中山淋浴房展览会暨中山·潮州产业合作交流会"，以包下上海新国际博览中心 E7 馆的"展中有展"形式同时举行，来自中山阜沙镇和潮州古巷镇的淋浴房生产企业、陶瓷卫浴企业共 56 家抱团参展。这是中山市淋浴房行业首次以整体的形象亮相上海厨卫展，也是中山·潮州产业合作交流的最新举措之一。

上海厨卫展 E7 展馆面积达 8000 平方米，朗斯、雅立等几十家出自中山的中国淋浴房知名品牌，以及欧美尔、安彼等十几家出自潮州的知名卫浴陶瓷品牌，携最新产品亮相。

五、中山和潮州产区紧密协作

根据广东省委部署，为加快粤东西两翼经济发展，在 2013 年 11 月 7 日广东省启动新一轮帮扶工作报告中，因为中山、潮州产业结构具有高度相似性和互补性，中山和潮州将在 2014 ~ 2017 年期间结成帮扶新对子。

当年底，由中山市委书记薛晓峰、市长陈良贤带领的中山市党政代表团到潮州考察调研，并与潮州签订对口帮扶合作框架协议。两市初步确定 10 项合作事项，包括将合作共建中山（潮州）示范产业园区，合资筹建创新大厦等。

2014 年 2 月 25 日，中山淋浴房协会与古巷陶瓷协会签订《友好协会缔约书》，开展企业"相亲"对接交流活动。到 3 月 24 日，已促成 14 家中山企业与潮州企业达成合作协议，在信息共享、技术支撑、产品研发和客户资源共享等方面展开深层次经贸合作。比如，广东洁百士卫浴有限公司已在潮州古巷镇寻找到合作加工生产企业，分别与古巷镇美迪佳陶瓷有限公司、金鹿陶瓷有限公司签订合作生产协议。

此外，两地政府、行业协会正与北京一家互联网科技公司合作，利用 3D 高新技术开发建设全国首家淋浴房、卫浴产品网络展览馆——中国卫浴网络展馆，计划 6 月份完成开发建设，首期计划展示两地企业 20 家，二期计划于今年底完成，可展示企业 200 家左右。

两地协会通过整合阜沙镇淋浴房省级检测中心资源，成功改造古巷镇生产力促进中心，成功设立古巷镇电子商务中心、卫浴生产研发中心、检测中心、生产技术委员会、人才培训中心、特色产品展览馆等六大平台，促进卫浴产业"产学研展贸"一体化发展。

2014 年 4 月，中山与潮州两地共同组织 15 家潮州企业、8 家中山企业赴俄罗斯参观莫斯科建材展，考察莲花城商品批发中心，开拓西亚等新兴市场。

第五节　唐山

一、卫生陶瓷产量下滑

河北唐山是我国陶瓷的著名生产基地，在近期公布的战略实施方案中，提出"到 2017 年，全市卫生陶瓷产量达 2800 万件，产值约 64.4 亿元，打造全国最大的卫浴家装配套生产基地"的发展目标，重点扶持惠达、梦牌、中陶卫浴等企业做大做强。

《唐山市 2014 年国民经济和社会发展统计公报》显示，2014 年共生产卫生陶瓷 2292 万件，同比下降 5.1%，占全省总量的 96%。卫生陶瓷销售额 32994 万美元，同比增长 5.5%。

唐山陶瓷行业面对宏观经济下行压力加大、市场竞争日益激烈等不利局面，积极创新发展，坚持做大做强。相关职能部门积极制订措施，支持陶瓷产业发展。市工商局近日提出加大对陶瓷等传统产业企业的品牌支持力度，帮助申办驰、著名商标，利用商标的无形资产增加效益，开拓市场；支持出口企业通过马德里商标国际注册体系申请商标国际注册，拓展国际市场等。

为配合提升城市品位，打造"京津冀城市群东北部副中心城市"，将重点建设弯道山陶瓷文化城，建设陶瓷文化博览区、陶瓷交易体验区等，打造振兴"北方瓷都"的文化产业园和体现唐山城市记忆的历史文化展示区。

二、实施"五大转型"和"六大升级"战略

经过32年的发展，唐山本土卫浴企业惠达从一个28万元起家的乡镇小企业，成长为全球第五，亚洲最大规模的综合性卫浴企业之一，产品远销美国、英国、德国、韩国、俄罗斯等100多个国家和地区，并在60多个国家和地区以自主品牌运营。

但是到2014年，卫浴行业遭遇最严酷的寒冷，部分中小企业因资金链问题经营陷入困顿，然而低调的惠达却逆势增长了30%。这首先归功于惠达30多年以来积累的"扎实的基础"，也得益于近年惠达卫浴全面启动的五大转型、六大升级战略。

所谓"五大转型"，即经营理念，从价格营销向价值营销转变；品牌战略，从行业品牌向消费者品牌转变；渠道战略，从粗放经营向深度营销转变；产业模式，从单一陶瓷卫浴制造商向以设计为核心的整体家居解决方案提供商转变；商业模式，从传统思维向互联网思维转变。

而"六大升级"，即生产规模升级、产品研发升级、质量管理升级、渠道模式升级、客户服务升级，以及品牌形象升级。

三、自主创新成为企业发展驱动力

惠达一直把创新作为企业发展的主动力，每年都拿出大量资金，用于新工艺、新设备、新材料、新产品的研发，每一个阶段都会有一批新产品问世。惠达先后获得了第二届W3世界卫浴设计大奖赛中国创新设计"红星奖"和广交会出口产品设计CF大奖，并且成为"河北省卫生陶瓷工程技术研究中心"和"国家认定企业技术中心"。

惠达近年来以集团研发中心为平台，整合企业内外、国内国外的一切资源来提升研发能力和产品竞争力。对于内部创新，一旦被采纳，公司便会提供相应的资源支持，并给予一定的奖励。惠达的纳米自洁釉技术、6001型3.4升节水坐便器等自主研发的先进技术更是得到温家宝总理的肯定。

惠达深知中国虽然已经成为世界卫浴制造大国，产量占世界的70%以上，但却不是卫浴强国，在核心技术、产品设计、消费趋势引领上还有很长一段路要走。为此，惠达多次组织管理人员到日本、德国、意大利、西班牙等国家的相关卫浴企业进行参观学习。另外，惠达还十分注重尖端人才的引进，空降的多位人才为惠达的发展注入了新的活力。

四、好产品为企业护航

30多年来，惠达始终如一地坚守品质卫浴的理念，视产品质量为惠达的生命。而这种坚持正成为今天化解经济下行压力最重要的支撑力量。

惠达深谙产品质量在市场竞争中的重要性，因此"宁砸千万件，不留一件残"是创始人王惠文执掌企业时留下的传统，一直被延续至今。

从2000年便开始严格执行高于国标的内控质量标准，全部产品一个等级出厂，残次品全部砸掉。在惠达，质量管理现在已经升级为系统的工程，水龙头、柜子、浴缸等产品质量都实行高于国标的标准。

无论商业模式怎样变换、互联网对传统卫浴行业的影响有多大，惠达都要始终不渝地坚守一个原则

和底线，那就是老老实实做好产品，在设计上、质量上下狠功夫、下硬功夫。无论市场上炒作什么概念，产品依然是惠达营销工作的原点。

五、丰富产品线，拓展赢利点

惠达原先的主打产品是陶瓷卫浴，近年来不断延伸产品线、价值链，通过打组合拳加宽销售面，拓展赢利点，增强抵御市场风险的能力。

惠达将自身定位为"以设计为核心的整体家居解决方案提供商"，向上延伸产业链，逐步开拓了瓷砖、五金配件、浴缸浴房、橱柜、木门等配套产品，并投资 6 亿元建设了亚洲第一大规模的现代化卫浴生产基地——惠达国际家居园，为未来的快速发展布局好产能基础。

六、生产系统改造不惜重金

从 2010 年开始，惠达便投入十几亿元分 4 期对公司原有的 7 条低效、高耗能隧道窑炉及配套设施进行机械化改造，改建成 4 条宽断面节能隧道窑。目前已有 3 期竣工投入使用，第四期于今年动工。

惠达按高标准建设新建厂房，启用后 30 年内都不用再改造。最重要的是，新建生产线利用当前最先进节能技术，一条窑的产量是原有三条窑的总产量，却只用了三条窑一半的燃气。

而新工厂机械化运作也降低了员工的劳动强度，并最大化地提升了生产效率。新厂房改造还帮惠达减少了近 3000 名员工，大大节省了人工成本。

七、内外销均保持高速增长

惠达过去是外销导向型企业，2005 年才开始关注国内市场，并在 2008 年实现了内外销并举的转型。在国际市场，惠达不再单一地以贴牌生产的方式输出产品，而是同时加大力度在马来西亚、印度、韩国、希腊等国际市场输出自有品牌产品。

目前，惠达自有品牌海外市场销量占出口总额的 40%，并以 25% 的速度增长。国家出口援建工程更是大部分采用惠达品牌产品。

长期和国外企业合作，造就了惠达一门心思把产品品质做好的风格。这使得惠达在进军国内市场的时候在业界有了不错的口碑。

如今，惠达的产品被广泛应用于星级酒店、商业地产、高档住宅、大专院校等建设领域。经典项目包括 2008 年北京奥运会、2010 年上海世博会、中国外交部、香格里拉酒店、万达广场、上海虹桥交通枢纽等标志性工程和高等级酒店。

惠达还紧跟精装房和国家住宅产业化潮流，成为卫浴行业唯一的国家住宅产业化基地，与碧桂园、万达等大的房地产商和政府保障房机构形成战略合作，带动了惠达国内市场的快速发展。惠达以前工程业务占国内销售的 70%，经过这几年的发展，正好调了个头，零售占 65% 左右了。由此可知，惠达的市场的活力、品牌的知名度都在提升。

2014 年，惠达继续国内终端的升级改造，在 VI 系统、品牌表现、专卖店升级改造、终端营销上做了大量工作，逐步从以工程为主，转变为工程、零售均衡发展。

2014 年 6 月，惠达北方营销中心在北京落成。8 月 18 日，惠达卫浴南方运营中心在佛山落成。此举对惠达具有三方面重要意义：一是从"北方惠达"走向"中国惠达"的重要里程碑；二是推动惠达从"中国惠达"走向"世界惠达"的窗口与桥梁；三是打造惠达向服务型企业转型的重要平台。南方运营中心的成立将极大地推动惠达在南方市场的崛起，实现南北均衡发展，同时推动惠达在东南亚等国际市场的拓展。

目前惠达有 2600 多个终端店。惠达计划在此基础上精耕细作，在一线城市建 300 家高端定制店，扩大高端市场占有率，往下则以"水保姆"系列产品下沉到乡镇市场，抢夺国家城镇化建设市场蛋糕。而与此对应的客户服务、品牌形象等方面也会相应升级。

八、加强对节能环保的投入

陶瓷生产企业是建材行业中的耗能大户，从原材料到成品几十道工艺流程，消耗大量燃料和电能，排放大量废气、废渣和废水，因此，惠达近年来不惜花巨资进行生产系统改造，节约了能源、减少了排污、降低了成本，实现了经济效益、社会效益、生态效益"一箭三雕"。

惠达工厂原来烧的是煤气，现在用的燃料是天然气，虽然成本增加了，但是污染降低了，也减少了资源浪费。另外，隧道窑会产生大量热气，惠达将这些废气循环利用用于干燥系统，无须再耗用其他能源资源对成品进行干燥。而且，惠达附近的小区用的暖气全部是废气利用而来的。而在家居园的电镀车间，惠达投资700万元用于一个污水处理项目。

电镀，这个一直被视为重污染的工艺环节所排放的污水，在经过相关设备处理之后，其水质达到了中级以上的标准，甚至可以灌溉农田。以前工人操作这套工艺需要"全副武装"，因为电镀的重金属污染很严重，如果处理不当对人的健康危害很大。现在污水处理通过机械化电镀操作，避免了人与污染物的直接接触。

九、意中陶从"唐山大兄"到"猛龙过海"

2014年5月28日，上海厨卫展意中陶（IMEX）卫浴展馆首日成为上海展为数不多的超高人气展馆之一。在此次展会上，意中陶卫浴设计与风格各具特色的七大套系产品依然成为全场目光的焦点。尤其是展示的研发技术与现场功能检测体验，是展位人气居高不下的亮点之一。

意中陶不仅推出与世界发达国家同步先进的同层排水系统，更有让意中陶引以为豪的，通过全球坐便器最佳性能测试（MAP）的海格力斯系列超强功能卫浴产品。现场冲水体验和同层排水模拟演示，吸引了不少人驻足观赏并亲身参与。

意中陶同层排水系统，理念来自欧美，它通过建筑物每层内的管道合理布局，彻底摆脱了相邻楼层间的束缚，避免了由于排水横管侵占下层空间而造成的一系列麻烦和隐患，包括产权不明晰、噪声干扰、渗漏隐患、空间局限等。

意中陶具有20年海外创业的履历。迄今，意中陶的品牌标志旗帜插到了132个国家楼台馆舍的卫浴空间。2010年前后，意中陶回归国内市场后，把唐山京唐港基地作为整体卫浴研发与生产基地。目前已完成前期建设工作。不久的将来，京唐港基地就将成为意中陶升级版的精工卫浴产品孵化中心。

未来，意中陶卫浴还将充分发挥环渤海及京津地区的区位优势，建立更加迅捷的扁平化的服务渠道。除了传统的线下实体专卖店渠道，意中陶卫浴的线上网店会与线下专卖店互动协作，线上网店通过各地线下专卖店走货，线下网点给用户提供线下服务。

十、杜菲尼卫浴产品与市场双突破

在2014年建材行业遇冷的情况下，杜菲尼卫浴在市场开发方面不断取得新突破，10月中旬以来相继签订了四川绵阳、自贡、西昌，重庆，安徽芜湖，湖北武汉等6座城市的合作客户。

2007年，DOFINY团队携手亚洲第一大卫浴生产商合资成立艾尔斯卫浴有限公司，共同打造"杜菲尼卫浴"品牌，坚持简约、时尚、舒适的设计风格，深入洞察中国消费者的生活需求，为中国市场进行产品设计时，注入了来自北欧的感性人文关怀。

公司集多元化、系列化、全配套设计、开发、生产、销售、服务于一体，定位为一家以陶瓷为主导，同步生产卫生陶瓷、浴室家具、五金洁具、休闲卫浴等整体卫浴空间产品的制造商。

2014年12月19日，主题为"坐便由此定义"的杜菲尼卫浴汉奥斯新品推介会在常州百盛大酒店成功举办。会上发布了杜菲尼卫浴研发团队历时2年，引入D-BOX技术打造的原创核心产品——汉奥斯。

汉奥斯所采用的APG生物发酵洁净液，其99%的成分是由玉米发酵而来。APG是具有出色洁净功能的非化学、中性洁净液，绿色环保，杜绝对环境的二次污染。

第六节 长葛

一、"卫生陶瓷时代"到"大卫浴时代"

长葛卫浴起步于 1974 年，经过 30 多年的发展，已成为中原最大的卫生洁具产区。2009 年，长葛市被中国建筑卫生陶瓷协会授予"中国中部卫浴产业基地"称号，基于该市卫生陶瓷产量占据全国总产量的 30%、全国中低档卫生陶瓷产量的 70%、河南建筑卫生陶瓷总量 80% 的态势，广受行业关注。

在 2013 年，河南卫生陶瓷年产量为 6425 万件，位居国内各省份之首。伴随着企业实力的提升，更多的企业开始注重先进设备的引进与生产技术的改进，为产品质量的提升提供了有力保障，进一步巩固了长葛卫浴的市场地位。

被称为"中部卫浴产业基地"的长葛，近年实现了从坐商式生产、技术全面抓到规范化、集约化、现代化企业管理的巨大转变。长葛产区不仅出现了浴室柜产品，陶瓷面盆、淋浴房等产品也纷纷上线生产，改变了原来产品单一的陶瓷产业格局。

长葛从"卫生陶瓷时代"进入到了"大卫浴时代"。首先是浴室柜逐渐成为长葛卫浴的主角。近三年，仅长葛地区的浴室柜品牌，就由不足 30 个发展成为 200 多个。浴室柜产业的兴起大大推动了当地卫浴企业的配套能力和品牌的包装，如智能感应器、龙头、花洒、毛巾架、角阀等浴室空间配件都在长葛都有配套销售。

二、卫浴产品制造建立成本优势

由于地处发展中的中原地区，人力资源丰厚，各种要素成本也相对较低，加上长葛卫浴最近几年通过引进大设备，走上了规模化发展之路，使得长葛相对其他卫浴产区具有明显的成本优势。

同样的生产线，河南长葛仅工资和天然气成本一年就能比潮州省下 600 万元。长葛和潮州虽然同是使用隧道窑，但是在同样的产能上，潮州企业要比长葛多 30% 的成本，也就意味着潮州的生产成本一年要比长葛多 300 万元。

长葛使用的是西气东输，潮州使用的是海洋运输，潮州成本比长葛高。长葛的人均工资是 3200 ~ 3500 元，但潮州要 4000 多元。单是潮州和长葛的人均工资一年就相差 300 万元。从生产成本到工资，长葛企业与潮州企业相比，直接就省了 600 万元。

如果接到大单，潮州需要多家卫浴企业合作共同完成。但在河南，多大的订单都不成问题，长葛一个普通隧道窑的马桶日产量也在千件，最大的企业年产量能够高达 300 万件。

高性价比一直是推动河南卫浴产品销售的主要动力之一。也正因为要维持高性价比的优势，长葛卫浴企业不会轻易放过一次能控制经营成本、降低劳动强度、提高劳动生产率的机会。蓝鲸公司的窑炉车间，原本窑车上下坯是由两个人合力完成，现在通过采用电动控制技术，一个普通工人就可轻松完成。

三、"品牌化"成为产业转型升级抓手

2013 年年底，河南卫浴坐便器类产品的工人工资已占到总成本的 37%。伴随着工人工资的增加，原料、天然气价格也随之上涨，长葛卫浴企业经营日益艰难。

长葛卫浴产品由于以量销为主，一直以"高质低价"徘徊在国内各大批发市场，没有渠道、品牌缺乏影响力、产品附加值上不去，销售价格难以正常上调，利润一再被压缩，如果不转型升级，企业经营将难以为继。因此，面对中部卫浴发展优势渐失的危局，2014 年长葛卫浴企业升级转型的呼声日高。

产业升级一个重要的方向就是品牌化经营。如今长葛的主流卫浴企业基本已经重新定位市场，调整

产品结构，优化工程类产品、零售家装类产品；重新筛选客户，剔除阻碍企业品牌化发展、销售模式固化的代理商；升级品牌形象，将专卖店面的选址、大小、辐射范围等进行综合考量，鼓励并扶持做专卖店销售的代理商。

四、大力引进新工艺和新设备

产业升级的另一个方向是新工艺、新设备的引进。长葛卫浴开启的"升级模式"既源于市场的倒逼，也是政府推动所致。在促进企业设备、工艺更新方面，长葛市政府、行业协会嗅觉敏锐、动作迅速。

2014 年 6 月，长葛市卫生陶瓷行业协会在潮州陶瓷协会的帮助下，参观了潮州当时正在推广的循环施釉线。该设备以喷头淋釉的方式规避了喷釉的粉尘，连续化作业提高了施釉工序的整体作业效率，受到了参观者一致认同。回到长葛后，企业马上与该设备生产商开始了实质性合作。

截至 2014 年，河南卫浴行业先后有金惠达、嘉陶、汇迎、白特引进四条高压注浆生产线，以及循环施釉线、半自动检包线、机械手上下坯等设备工艺。预计到 2015 年上半年，河南卫浴行业还将有东宏、浪迪、白特、汇迎、冠玛、远东、上佳等企业引进循环施釉线，并实现正常生产。

2014 年引进高压注浆线、循环施釉线，对汇迎陶瓷来说是一项破釜沉舟式的改革。高压注浆，以机器替代人，可以保证产品质量稳定，还能够节省成型面积，能改善车间的作业环境。循环施釉线同样不仅节省占地、提高效率，也能够节省用电。

产业的提升需要人才的配套。河南浪迪瓷业公司董事长侯万福经过两年的努力，引进曾就职于科勒的高级生产管理人才王飞。2014 年，更多来自佛山、潮州、唐山等地的优秀技术、管理人才落户长葛。

五、从卖货到营销

凭借着过硬的产品质量、完整的产业链条、不断提升的区域品牌影响力和竞争力，长葛卫浴品牌化经营时代已经来临。如果说过去长葛卫浴是在卖货，那么今天的长葛卫浴已经走上营销之路了。

2013 年，席尔美卫浴首度在经销商伙伴中开展专卖店合作，以升级渠道、变革营销的方式对该品牌的市场推广进行大胆尝试，仅在河南地区就有数家席尔美卫浴专营店开业。

继 2013 年富田卫浴、美迪雅卫浴参展后，2014 年，长葛市白特、壹陶卫浴再度跻身上海厨卫展。从参展学习到布展交流，河南卫浴企业经过了七年的磨砺。

2014 年，好亿家卫浴开始酝酿整体卫浴空间的发展思路，企业在做优做强卫浴空间产品配套和服务时，适时提出走整体卫浴发展思路，很大程度上契合了多数经销商单靠批发难以为继的局面，走整体、专营带动品牌升级和渠道升级。

2013 年，禹州市富田瓷业洛阳美迪雅卫浴参加上海厨卫展。2014 年长葛市白特瓷业毅然加入上海厨卫展参展队伍。

从富田瓷业签约童星李汉成到壹陶牵手汪峰、白特签约邵兵等，在河南卫浴品牌突围的角逐中，各大品牌都在大展身手。

六、"大生产模式"为产区注入活力

长葛卫浴产区从 2006 年的年产 2300 万件，发展到 2013 年的 5000 多万件，产量快速增长背后是因为"大生产模式"的建立。而这其中，是远东陶瓷、蓝鲸卫浴、蓝健陶瓷、白特瓷业、东宏陶瓷、浪迪卫浴、贝浪卫浴、冠玛陶瓷、尚典卫浴、恒尔瓷业等新兴卫浴企业立下了汗马功劳。

新兴企业高起点、高投入、重管理、重规模效益的做法，为整个地区的发展注入了新的活力，使得长葛卫浴不仅保持了产销两旺的良好发展态势，也在快速推动着一个产区的华丽转身。

过去，长葛卫浴企业连给大品牌贴牌的机会都没有。现在贝浪瓷业一款自己开发，为其他企业贴牌生产的踏便器，出厂价是 60 元左右。但给国内三个大品牌做贴牌，出厂价要比平时售价还高。

市场不景气往往意味着更需要投入。2014年4月,河南东宏陶瓷正式投产,宽体隧道窑炉以156米长、4.09米宽刷新了河南卫浴窑炉设备的新纪录。东宏公司不仅在窑炉方面展示了新建企业的实力,而且配备高压注浆生产线、循环施釉线、半自动检包线、污水处理、机械手等设备,以降低劳动强度、提高生产效率,倍受产区企业关注。

第七节 南安

一、创建全国水暖卫浴知名品牌示范区

2013年1月,南安市获批筹建"全国水暖卫浴知名品牌创建示范区",成立了以市长王春金为组长的创建工作领导小组,并从财政、技术、人才等方面给予保障,积极引导示范区水暖企业拧成一股绳,联建联创区域品牌。

南安市委市政府对水暖产业的带动作用十分看重,不仅出台了一系列激励政策,而且还引导水暖厨卫企业积极参与"万家企业手拉手"3年行动,加快扶持建设水头五金配套区、扶茂工业园水暖加工配套产业项目以及恒坂美宇阀门基地,吸引一批中小型水暖厨卫配套企业进驻,推动集群内龙头企业、配套企业合作协同发展。

南安市质监局除了推动建立质量安全倒逼机制,形成质量区域整治工作机制外,还自主开发了质量信息管理系统,并协同经贸局、行业协会等联创协作平台,包括:鼓励中小厨卫企业组成产业技术创新联盟,共同开展技术研发;由政府牵头搭建国际化产业和技术交流合作平台,积极筹建国家水暖洁具产品质量监督检验中心,推动水暖厨卫产业与各优势企业、科研机构建立广泛深入的联系;完善工业设计知识产权交易平台建设,有效提升南安水暖卫浴行业的品牌"含金量"。

2013年,南安市五金制品(水暖厨卫)福建南安经济开发区被工信部确定为"国家新型工业化产业示范基地",形成了集技术研发、铸造、机械加工、抛光、电镀、装配、包装、物流、金融到市场销售等为一体的完整产业链,成为全国水暖产业发展潜力最大、配套最为完整、水暖名牌企业最为集中的区域。

目前,南安市水暖厨卫产业中已有4家企业获中国名牌产品称号,7家被认定为国家高新技术企业,16家获中国驰名商标称号,2家设国家级实验室,中宇、九牧、申鹭达及辉煌4家龙头企业建立了省级企业技术中心,并参与了各级标准的制定,使南安市"水暖之都"的品牌影响力不断提高。而南安市以特瓷、福泉、宏浪等为代表的二线品牌发展势头强劲,以仑苍、英都两镇为核心的水暖企业正形成连片发展的蓬勃态势。

据统计,2013年,南安市水暖卫浴产值2266.89亿元,占全国的40%以上和福建省的90%以上,产销量和出口额均居全国第一位,成为全国最大的水暖卫浴产业基地,预计2015年将达到450亿元。

二、九牧2.45亿元高居纳税榜首

2014年度南安最新一批纳税超300万元的企业名单新鲜出炉,330家企业榜上有名,总纳税额426868万元。其中,卫浴企业有10家榜上有名,纳税额51309万元,九牧集团有限公司、辉煌水暖集团有限公司、中宇建材集团有限公司、申鹭达股份有限公司排名前四,九牧集团有限公司表现最为突出,纳税金额达到2.45亿元,高居榜首。

从纳税额来看,前10家企业纳税额12.64亿元,其中前10家企业中有九牧、辉煌、中宇3家水暖企业,纳税额约为4.5亿元,水暖厨卫行业一直是南安纳税的重点大户。

九牧集团2013年纳税额1.9亿元,居于南安市第二,2014年年纳税额高达2.45亿元,获得"状元"。2013年辉煌水暖集团以高达1.98亿元的纳税总额位居南安市第一,今年纳税额1.24亿元,跌落至南安市第四名。中宇建材集团从2013年的第五名跌落至今年南安市第八名。

三、九牧继续领军国内卫浴电商

当新兴的电子商务发展模式横空出世，南安水暖企业家们敏锐地捕捉到线下销售市场蕴涵的风险，并不失时机地进军线上市场，一批水暖厨卫企业率先设立电子商务事业部或设立独立电子商务公司，大力实施"触网"工程，积极引进专业营销团队，迅速在淘宝、天猫、京东等网上商城取得较大的市场占有率，实现线上和线下市场良性互动。

2013年上半年，素有水暖厨卫"四大家族"之称的辉煌水暖、九牧厨卫、中宇卫浴、申鹭达股份共实现网上销售额3.07亿元，电子商务以其裂变式的发展模式，日益成为南安水暖厨卫产业发展的新增长点。

2014年"淘宝双十一"以571亿元的销售额再次刷新2013年350亿元的销售成绩，增幅达50%。卫浴行业"双十一"中，九牧、箭牌延续2013年的销售成绩，继续蝉联卫浴行业排行榜的冠、亚军。其中九牧以7015万元的成交金额排名第一，同比去年7363万元的销售成绩略有下降。

厦门的强项不仅只在高端卫浴五金生产上得到体现，厦门的IT也非常发达，因为也集聚了一大批电商人才。厦门网罗电商人才更为便利，已经成为南安企业家的共识。据不完全统计，目前南安约有10余家企业将营销、品牌部门设在厦门。

2014年4月29日，南安市水暖厨卫电子商务协会成立大会在南安市举行。经过选举，中宇建材集团总裁蔡吉林当选会长，元谷卫浴总经理阮志总当选秘书长，中宇、申鹭达、辉煌、宏浪、华盛等当选为副会长单位。辉煌水暖董事长王建业、申鹭达股份总裁洪光明被特聘为名誉会长。

四、卫浴电商整体发展缓慢

2011年5月，九牧淘宝商城官方旗舰店开始运营，一年后又启动O2O项目，将线下商务的机会与互联网结合起来，让互联网成为线下交易前台。O2O项目发展至2014年，已有数百家网商，近5万个密集销售点，实现了线上购买线下服务。

除九牧外，中宇、辉煌、申鹭达、元谷、宏浪等水暖龙头企业，也依托淘宝、天猫、京东等互联网平台积极开拓线上市场，建立网络官方旗舰店。到2014年，南安进军电商平台的卫浴企业就有不少于30家。元谷旗下的道新信息科技是一家专业建材电商公司，不到一年时间销售额便突破千万元。

不过，尽管发展电商已成南安卫浴企业的共识，但"触电"仍面临诸多问题：参与企业数量少，网络销售占比小；选择平台单一、运营成本高，多数企业处于亏本状态。

南安卫浴具有供应链，即产品优势，此外还有强大的经销商渠道及落地服务优势，以及依托厦门的人才优势。但从线上形势看，南安参与网络销售的卫浴企业不足60家，而温州已超过750家，在阿里体系卫浴品类销售数据中，南安产品占比仅4.99%，而温州接近25%。

南安卫浴电商发展之缓慢，原因还在于南安卫浴电商配套服务商缺乏，网页处理、摄影等服务企业、人员供应不足；再者就是对政府的相关扶持政策不了解，不能充分利用政策红利。

五、C2B 私人订制电商模式率先实践

C2B模式是未来引领电商的方向，由消费者来决定你的生产、产品研发方式、销售方式，买家想要什么由他决定，而不是店铺。越是标准化的产品，竞争力越大，水暖则是半标准化产品，通常能与消费者更好地互动。

2013年双十一期间，天猫试水整体家装定制，通过联合卫浴、壁纸、灯饰等产品，消费者提供平面图、装修风格，天猫为其做软装的装修方案，实现跨店打折。

在南安水暖卫浴界，九牧厨卫已先行一步，在2013年提出"五星卫浴定制空间"概念。九牧免费为客户设计，画出户型平面图后，电脑可自动转化为三维空间，进行具体卫浴产品摆设。店面的电脑图

库内存放了几万种产品图片。客户根据喜好选好产品，制作出三维电子样板房。目前九牧可为客户提供设计咨询、定制咨询、上门量尺、免费安装、延保、会员活动等服务。

而宏浪卫浴另辟蹊径，在浴室柜上做文章，于今年推出 DIY 浴室柜。也就是以主柜、副柜、镜片、陶瓷盆作标准化产品，通过设计整合实现产品的自由组合。这种打破传统的产品私人定制技术，使标准定制变为非标准组合，实现了用户在购买产品时进行不同规格、尺寸、颜色的混搭。

六、在反思中"浴火重生"

2014 年 2 月份，央视新闻播出了《高息存款探秘：辉煌村存钱记》及《民间借贷还是非法集资》的新闻，报道了福建南安辉煌水暖疑似存在非法吸收公众存款问题。

此新闻一出，辉煌水暖立马发布声明表示，涉嫌"吸收公众存款"的是泉州恒欣投资有限公司，该公司在辉煌水暖厂区旁边租赁场地作为办事窗口，导致相关信息传递混淆。泉州恒欣投资有限公司的行为与辉煌水暖无关。

业内人士分析，辉煌水暖等南安卫浴的几大企业在 2014 年被传经营困难，与最近四五年一味"做大、做全、做强"，扩大融资规模，过度品牌化运营有关。加上人力成本连年上升，又遇上 30 多年来建材市场最低迷的市场环境，方造成资金链异常紧张。事实上，2014 年只有九牧卫浴能够正常发挥，以 2.45 亿元的纳税额高居南安卫浴全行业第一。

经历了本年度资金困难的几家大企业老板，开始对前几年的企业扩张规划、品牌运营方针、市场营销手段、融资渠道方式等一系列战略进行深刻反省，同时在政府和相关部门的支持下，迎难而上，积极应对，踯躅而行，力求突围。

七、智能数控机器人进军水暖卫浴业

2013 年 11 月，泉州市在全省率先启动实施了国家"数控一代"示范工程，得到省委、省政府和国家科技部、工信部以及中国工程院的高度重视和大力支持。

2014 年以来，中国工程院的院士、专家 3 次莅临泉州指导工作，推动泉州实施国家"数控一代"示范工程，将泉州市作为"中国制造 2025"首个地方试点给予大力支持。同时，科技部把泉州列入"数控一代"区域建设试点并给予国家科技支撑计划立项支持。

2014 年 7 月 21 日下午，来自国家工信部、中国工程院、省、各地级市的嘉宾与代表现场走访了福建瑜鼎机械有限公司等地企业。在位于南安的机械抛光机器人生产企业——福建瑜鼎机械有限公司，12 台等候发货的抛光机器人吸引人侧目。

南安是我省最大的水暖卫浴生产基地，在水暖和卫浴产品的生产环节中，抛光是一道十分重要的工序。过去，这道工序一直依赖人工来进行，又脏又累，而且有金属粉尘污染。如今，由瑜鼎公司生产的抛光机器人，正大规模地在南安水暖卫浴行业推广。

如今，瑜鼎机械的名气，已经在业界传开。上月的上海厨卫展上，瑜鼎机械收获了 300 多家意向客户。卫浴国际知名品牌科勒的北京生产基地负责人不久前也慕名来考察瑜鼎抛光机，并初步定下合作事宜。

第八节 厦门

一、打造世界级 ODM 加工生产中心

厦门卫浴在我国卫浴产业中具有重要地位，几乎占据了我国卫浴出口的半壁江山，其中大多数企业为日本 TOTO、和成、美国 Masco 和科勒等国际品牌做 ODM 加工。

在卫浴 ODM 加工生产领域，厦门本土不乏世界级卫浴企业，如路达集团——世界无铅铜水龙头的

最大制造商，2014年完成工业产值47.4亿元，比增22.6%；建霖工业——世界健康厨卫领域的最大制造商，2014年完成工业产值15.50亿元，比增30.3%；松霖科技——全球最大的花洒制造商。

厦门依靠出口型企业多年来的沉淀，培育了多家卫浴行业隐形冠军，其水龙头、水箱配件、花洒、软管、橡胶垫圈等卫浴配件的研发能力、生产规模、产品质量在行业独树一帜。

厦门卫浴企业在五金、工业设计、塑胶、研发、大批量生产方面具有优势。同时，不遗余力地在原材料、核心元器件、核心生产工艺等方面进行技术研发，拥有中国卫浴行业最多的专利，技术实力已达到国际领先水平，也斩获多项国家级技术荣誉，如路达公司被认定为国内卫浴行业首家"国家企业技术中心"。

通过加大研发创新，近年来厦门市卫厨行业每年以30%的速度增长，打造了传统产业转型升级的标杆。日前，厦门共有300多家卫浴企业，2014年实现产值突破240亿元，出口额达20亿美元，其中年产值上亿元企业近20家。

二、迈向国家级创新研发基地

长期的出口型经济倒逼厦门代工企业严格技术标准，重视创新研发，经过20多年的发展，厦门目前已经成为国内公认的技术创新中心。

在技术创新方面，一向注重研发创新的厦门卫浴行业，拥有国家级企业技术中心1家、省级企业技术中心3家和市级企业技术中心3家，研发创新能力获得国际著名企业的认可。比如，路达集团拥有国家级企业技术中心、中国卫浴工业设计中心、国家外贸转型升级专业型示范基地等多个技术创新平台；松霖科技获得国内外知识产权近2600件，其中发明专利近1000件，占我国花洒制造行业专利的63%，是福建省专利数量最多的企业之一。

厦门卫浴企业重视产品质量，企业制定的标准高，检测设备先进，对产品把关严格，因而成为国家标准制修订工作的重要参与者。如路达集团、松霖科技和建霖工业3家企业参加了我国国家标准《陶瓷片密封水嘴》（GB 18145—2014）的起草及修订；威迪亚和瑞尔特参加了水箱配件、马桶盖板及入墙水箱国家标准GB 26730—2011和GB/T 26750—2011的制定。

为开拓国内外市场，厦门卫浴企业已获得全球目标市场所要求的认证，其中包括美国卫浴工程协会的优良品质认证（ASSE）、英国的优良品质认证（WARS）和德国的优良品质认证（LGA）等，这也为国内卫浴打开世界市场提供了有力的保证。

三、"向内转"取得阶段性成果

厦门卫浴过去给人的印象是清一色水龙头及配件，这几年开始走全产品路线：从水龙头到花洒、面盆、坐便器、浴缸、淋浴房、浴室柜样样都有。

过去，厦门卫浴的几巨头，路达工业、威迪亚、建霖、瑞尔特、松霖等都是代工企业，2006、2007年，铜价飙升及人民币升值，这些代工企业开始向国内市场转移。2008年全球金融危机爆发后，厦门卫浴企业更加坚定了"向内转"的信心。

2008年年底，路达工业与和成卫浴成立优达公司，在国内市场经营和成卫浴品牌。而几乎同一时期，南安的四大家族却选择自建陶瓷洁具生产线的重资产的经营模式，这些企业由此背负了很大的成本压力。

近年来，厦门卫浴一直寻求能"墙内墙外一起香"，但需要指出的是，与在国际上声名远播相比，厦门高端卫浴在国内却有种"养在深闺人未识"的尴尬。但这依然没有改变企业将重心转向国内，尤其是向国内家庭推广智能卫浴。而事实上，厦门卫浴已经成功进入中南海总理办公楼、国务院综合楼、北京奥运会、上海世博会、央视新大楼、公安部、厦门机场新航站楼等。

四、日产马桶盖10万套

厦门是当前全球最主要的马桶盖（包括智能与非智能）生产基地之一。一年能出产马桶盖2600多万套。据不完全统计，世界上的马桶盖，近五分之一产自厦门。

据厦门市注塑工业协会统计，当前，厦门有 500 多家注塑工厂，涉及马桶及其配件生产的有数百家。而这其中，上规模的相关企业达到近百家，比较知名的公司有威迪亚、路达、建霖、瑞尔特、松霖等。

而其中，建霖卫浴也被认为是厦门生产智能马桶及马桶盖的"先驱者"。1989 年，台湾仕霖集团在厦门何厝成立了厦门建霖卫浴公司。在大陆的工厂还很少用塑料来生产卫浴产品的情况下，建霖为厦门带来了第一台注塑机，厦门首个塑料马桶就是建霖生产的。此后，厦门的卫浴产品就开始采用塑料代替其他材质。

瑞尔特是厦门马桶及马桶盖产量最大的企业，年产值高达 30 多亿元，其中绝大多数都是靠生产马桶及马桶盖等带来的。而另一家知名企业威迪亚，成立于 1995 年，目前是"亚洲第一，世界前三"的专业卫浴配件提供商。在厦门总部，这家企业占地面积 9 万多平方米，有员工人数约 1500 人。而厦门路达集团则是一家年收入超过 50 亿元、员工超过 7000 人的中国十佳创新企业。

据厦门市注塑工业协会统计，当前，厦门有专门生产马桶盖的大型注塑机近 100 台、相关产业工人上万名。每台注塑机，每 2 分钟就能生产一套马桶盖，这也意味着，一天内，厦门就能出产 7 万～ 10 万套马桶盖，一年能出产 2600 多万套。

五、突破两项世界性技术难题

2014 年 9 月 19 日，香港英国特许水务学会香港分会、香港屋宇设备运行及维修行政人员学会、香港持牌水喉匠协会、香港工程师协会、香港水务技术同学会等几大协会组成 50 多人的福建厦门智能卫浴设备技术及生产交流团，参观在厦门智能卫浴领域颇具代表性的两家企业：厦门惠尔洁卫浴科技有限公司及厦门欧立通电子科技开发有限公司。而早在 2014 年 3 月，惠尔洁就与香港建艺舍公司签订了香港市场独家代理合作协议。

惠尔洁是一家典型的"以产品打天下"的企业，其主营产品——除臭马桶芯是惠尔洁创始人郑翔骥先生耗时多年潜心研发的，克服了诸多除臭产品弊端，终于开发出了"人无我有、人有我优"的极具竞争力的产品。

在当天的除臭马桶芯技术交流会上，惠尔洁总经理郑翔骥作了以"人类马桶芯第四次变革"为主题的报告，解析了惠尔洁除臭马桶芯的技术原理。郑翔骥认为，惠尔洁马桶芯解决了几十年来卫浴界一直未攻克的如厕时产生的臭味困扰这一世界性难题，被认为是引发了"马桶水箱配件的第四次革命"。

福建厦门智能卫浴设备技术及生产参观交流团参观的另一家企业是，在卫浴智能感应领域技术领先的厦门欧立通电子科技开发有限公司——TCK 为欧立通公司产品的品牌名称，其寓意为"技术创新王国"。

TCK 产品涵盖触摸感应、红外感应、手扬感应、微波感应等多种世界领先的感应技术，特别是手扬感应开关出水技术，是跨行业的智能感应理念的突破。开与关，只需挥一挥手——手扬感应方式时尚而新颖，一定是未来家装市场，尤其是智能家居的宠儿。

六、从 OEM 到 ODM 的换档升级

近年来，经过给国外客户代工多年经验的积累，厦门整条卫浴产业链已经发生变化——本土企业已经开始从简单生产的 OEM，进化为拥有知识产权和专利的 ODM。

尽管品牌方仍将高端款式从技术到外形甚至生产都牢牢掌握，但在各大卖场可见的中端主卖款，即品牌方们最重要的稳定现金流产品，其产研重心，已经悄悄地转移到代工方，即厦门本土卫浴企业。如松霖的研发投入为每年营业额的 4.5% 左右，专利累积至今，已有 2000 多个。

如今，厦门企业在卫浴产品设计和趋势方面，越来越具有话语权。不管是松下、伊奈、TOTO 还是科勒等品牌，现在每年都需要做同一件事：到长年合作的厦门代工厂看产品的最新款式，他们需要通过这一形式，观察全球卫浴来年的产品新趋势。

更为重要的是，厦门卫浴代工企业，如今还往产业链更高一环OBM——代工厂经营自有品牌晋级。建霖2013年开始了自主品牌的计划，每年至少投入1000万美元。而且，2008年世界金融危机爆发后，厦门卫浴企业从主战美国、欧洲等市场转向国内，不仅是马桶盖，他们还推出了净水器、空气净化器等新产品。

七、"巨头＋小企业"的行业格局

1989年，台湾仕霖集团初到厦门时，这里的卫浴产业链还是一片空白。台湾仕霖集团早期成立的厦门建霖公司，是厦门第一家卫浴企业。26年间，台湾卫浴行业在厦门落地生根，越来越多的本土企业从台企中延伸而出，成就了如今厦门卫浴产业年产值百亿元的财富奇迹。

建霖的第一任总经理出走后建立了威迪亚，而威迪亚走出的团队又成立了瑞尔特；松霖，则是建霖原美国客户卫斯蒙的团队所建，如今，这些都是当地响当当的品牌。

厦门卫浴"巨头＋小企业"的行业格局早在2008年就已确定，五金、电镀、包材、模具等产业生态链如今也相当完备。截至2014年年底，厦门卫浴企业已达150家，整体销售额达300亿元。

厦门是全球卫浴配件重要的生产基地，水暖、卫浴产品主要销往国际市场，但不影响其在塑料卫浴配件产值全国第一的宝座。厦门有近百家从事水暖及卫生洁具产品生产的企业，建霖、威迪亚、瑞尔特等企业成为国内塑料卫浴配件领头羊。

八、瑞尔特卫浴拟在深交所中小板上市

2014年5月12日，证监会再发第十六批6家IPO预披露企业名单，其中包括厦门瑞尔特卫浴科技股份有限公司。

招股说明书显示，厦门瑞尔特卫浴本次拟发行不超过4000万股新股，发行后总股本不超过16000万股，拟在深交所中小板上市。

厦门瑞尔特卫浴位于海沧新阳工业区，成立于1999年，是一家致力于节约水资源的卫浴产品的研发、生产和销售的高新技术企业。经过十多年的发展，目前公司55%的节水产品远销东南亚、欧洲、美国、南美、中东、非洲等60多个国家和地区，占中国卫浴节水产品市场15%以上的份额，占有全球卫浴节水产品市场9%以上的份额。

财报显示，瑞尔特卫浴最近三年间的营业收入从2011年的4.86亿元增长至2013年的6.80亿元，净利润则从7680.37万元增长至1.34亿元，国内外市场的销售收入平分秋色。

此次瑞尔特卫浴的募集资金计划中，新建年产1120万套卫浴配件生产基地项目是其唯一投资项目，拟投资金额达到3.27亿元，剩下1.4亿元则用于补充流动资金和偿还银行贷款。

九、智能马桶盖九成出口

厦门是全球最主要的马桶盖（智能与非智能）生产基地之一，年产量在2600多万套，占世界马桶盖总产量的近五分之一。

据专家分析，所有在日本销售的马桶盖都在中国代工，而其他世界知名品牌，也有20%~30%的售量在福建、广东和浙江等地代工。而仅在厦门一地，就有国际排名前20的知名马桶盖中的80%放单生产过。但即便如此，厦门卫浴行业制造智能马桶盖的产能仅仅发挥了10%~20%。

但在过去相当长时间里，马桶盖没有在国内形成内销风气，"厦门造"马桶盖大多是代工产品，贴上国外的品牌销往全球——外销的份额至今高达90%。当前国内智能马桶盖的市场还不到2%。国内民众使用智能马桶盖的比例很小，不少国内生产智能马桶盖的品牌企业，早几年都曾折戟而归。这种现象也影响到厦门智能马桶盖在国内的推广。

十、智能卫浴自主开发实力强劲

在智能产品的研发方面，厦门相较于国内其他区域更是具有强大的竞争力。

10 年前厦门的卫浴企业就已经开始研发智能马桶盖，现能自主开发智能产品的企业就有 12 家，产值更是高达 10 亿元。其中有 7 家生产智能马桶盖，而瑞尔特、威迪亚和艾特瑞 3 家均为骨干企业。而更重要的是，这些企业的智能马桶盖均为自主开发、自主品牌，未做任何代工，每年共计有 50 万台的生产能力，占 2014 年全国自主品牌产品内销量的 50%。

厦门智能马桶的研发设计实力较强的企业当中，建霖工业是智能马桶核心部件过滤器的研发制造基地；瑞尔特自主开发了智能马桶，涉及智能盖板、粪便感应器、智能隐藏式水箱等产品；优胜公司研发的"AXENT ONE"系列智能马桶，荣获"红点奖"和 DESIGN PLUS 两项世界顶级工业设计大奖；卫鹰科技拥有全球大多数公共马桶智能换 坐垫专利技术，近期还发明了在公共场所使用的集换垫、冲洗、加温、烘干、灭菌于一体的智能系统。

第九节　浙江地区

一、萧山

1. 试水跨境电商 B2B 出口业务

1980 年代以来，萧山卫浴在以党山为中心的区块得到了快速发展。"中国制镜之乡"、"中国卫浴配件基地"、"中国门业之乡"、"中国淋浴房之乡"等诸多国字号招牌先后落户萧山。

但近年来，金融危机导致国际市场需求刚性下降，各国技术性贸易措施频繁更替，加之萧山卫浴企业大多走的是传统外贸出口路子，对接的往往是作为中间环节的进出口商。由于中间环节多，出口利润少之又少，使萧山卫浴产品出口面临越来越大的压力。

2014 年，萧山 13 家卫浴企业酝酿对接阿里巴巴国际站，在英文版的卫浴产品区新开萧山 B2B 专区，尝试搞 B2B 跨境电商出口，以增加出口订单。

目前，跨境电商基本的形态就有 B2B、B2C、C2C 进出口。其中，跨境零售进出口（即 B2C、C2C）以一个个包裹或快件进出境，而跨境 B2B 进出口采取的是整个集装箱进出，货值远远超过跨境零售进出口，其对产业链的带动性也强。

2. 浴室柜出口申请归类改为"家具类"

萧山还是浴室柜的主要出口产品生产地。萧山浴室柜产业主要集聚区为瓜沥镇，装饰卫浴行业起步于 1980 年代。经过 30 多年的发展，已从过去的单一制镜业发展到现在装饰门业、淋浴房、浴柜、台盆、镜艺加工和五金挂件等配套较为齐全的产业。

截至 2014 年 12 月底，瓜沥装饰卫浴行业共有企业 325 家，其中加工淋浴房的企业达 70 多家，美容镜生产企业 90 多家，亿元产值以上企业 15 家。全年实现工业总产值 79.38 亿元，实现利润 5.7 亿元，提交税金 3.93 亿元。

2014 年，萧山所有出口的浴室柜在瓜沥装饰卫浴行业协会的推动下，申请全部按照整体报关，归类由"卫生陶瓷类"改为"家具类"。按照目前的出口退税规则，卫生陶瓷的退税率为 9%，而浴室柜家具为 15%。而在目前的浴室柜中，柜体占货值的 80%，卫生陶瓷只占货值的 20%。可见，归类的变化将大大增强企业的赢利能力。

二、温州

1. 水暖五金卫浴出口增长 6%

温州水暖五金卫浴产业经过近 40 年积累和发展，已形成研发设计、模具制造、重力铸造、机械加工、表面处理、装配流水的完整产业链。据海关数据统计，2014 年温州水暖卫浴和五金共计出口 15 亿美元，同比增长 6%。

2004 年 2 月，温州被中国建筑卫生陶瓷协会授予"中国五金洁具之都"称号。目前基地生产经营单位达到 3000 余家，从业人员 15 万余人。可生产 5000 多个品种，8000 多个规格的产品。在国内共设立了 3000 余家销售门店，并出口到 100 多个国家和地区。五金卫浴产业已成为温州经济技术开发区的支柱产业。

目前，温州水暖卫浴五金基地拥有高新技术企业 5 家，省、市科技型企业 20 家，区科技型企业 30 家，并拥有浙江省最具规模五金卫浴专业园区、专业电镀中心。2014 年新增 1000 亩五金卫浴小微企业创业园。园区多家企业工业技术改造实现"机器换人"。51 家天猫水暖卫浴旗舰店的大力发展实现"电商换市"。2014 年温州市五金卫浴行业协会顺利举办"中国建筑卫生陶瓷协会卫浴分会"和"淋浴房分会"，进一步提升了行业地位和影响。

2. 反倾销应诉抗辩不积极

温州市的卫浴洁具生产企业主要集中在龙湾与瑞安两地，其中龙湾区海城街道于 2004 年 2 月被中国建筑卫生陶瓷协会命名为"中国五金洁具之都"。

统计数据显示，海城街道有卫浴洁具等水暖产品生产企业 600 来家，年出口额三四十亿元。其中出口额在 100 万美元左右的企业有 10 来家。光海霸洁具 2014 年出口欧盟总额就达 100 多万美元。

中国五矿化工进出口商会 2014 年 1 月在温州召开相关的卫浴产品反倾销预警会。温州市去年出口的卫浴洁具、龙头等产品中，可能涉及此次反倾销的产品出口额近 8000 万美元。

按以往情况看，年出口额在 100 万美元的卫浴洁具、龙头等产品企业应该参会，准备应诉抗辩。但相关的 10 来家企业中，明确表态参与应诉的只有海霸洁具。

3. 央视曝光海城"毒"水龙头

2014 年 3 月 21 日晚，央视二套《经济半小时》3·15 特别节目以"水龙头里的秘密"为题，报到温州经济技术开发区海城街道水龙头锌铅含量严重超标一事。当地相关部门迅速对无证无照、贴牌伪劣水暖洁具非法加工经营点开展联合执法。

对于此次水龙头锌含量、铅含量严重超标一事，温州质量技术监督局认为，开发区质检分局 2013 年对开发区内的水暖洁具等 26 家企业 26 批次产品实施了省级、区级专项执法抽查。其中，省级质量专项对比监督抽查，共抽查了 9 家企业 9 批次水嘴产品，合格 8 批次，质量抽查合格率为 88.8%。

温州质量技术监督局表示，报道中提到的锌超标 10 倍、铅超标达 81 倍是依据即将于 2014 年 9 月份开始实施的国标。新国标对铅等重金属含量限量作出了强制要求。今后，温州质量技术监督局将会对辖区的企业进行新国标的宣传和贯彻，通过"抓两头、促中间"的做法，以推动当地水暖洁具产业的转型和升级。

4. 研制智能卫浴核心部件

星星集团旗下的便洁宝公司，成立于 1998 年，主营业务就是生产智能坐便器。公司最早是和日本一家企业合资的，引进日本的智能坐便器技术进行生产。经过十几年发展，现在已经能够自主生产一流的智能坐便器设备。

早期的智能坐便器功能比较单一，价格又不便宜，而现在单个的坐便器就能集智能冲水、温水坐圈、温水冲洗屁股、烘干、按摩等多重功能于一体。

目前，便洁宝公司的最新型智能坐便器除了拥有杀菌除臭、智能冲洗、温水冲洗、坐圈加热等功能外，还配备了遥控器、液晶显示屏，而且还能选择播放音乐。

除了星星集团旗下的便洁宝公司，温州市还有其他一些生产智能坐便器的公司。目前，国内决定马桶盖性能的核心技术部件——马桶盖微电脑控制器，乃苏州路之遥科技股份有限公司生产，该企业总部位于温州乐清。

路之遥科技是国内专业化的微电脑控制器整体解决方案供应商，先后已成功推出了 8 代智能马桶盖控制器，全球市场占有率超过 90%，除日本松下外，科勒、伊奈、美标、杜拉维特等都是路之遥科技的战略合作伙伴，其卫浴产品的核心部件也全部由路之遥公司提供。

5. 景岗卫浴成功挂牌"上股交"

2014 年，温州市景岗卫浴有限公司（股权代码：202497）成功登陆"上股交"。今后可以在上海股权托管交易中心进行定向增发、股权质押或者发企业债。

温州市景岗卫浴有限公司集产品开发、生产、销售为一体，目前企业主要产品有景岗卫浴及水嘴、挂件、陶瓷等。

景岗卫浴进入股权报价系统有利于企业调整债务结构，拓宽融资渠道，同时有利于规范企业运作、更好地实行股权激励。

三、台州

1. 智能卫浴产业潜力巨大

台州市境内辖椒江、黄岩、路桥 3 个市辖区，临海、温岭 2 个县级市和玉环、天台、仙居、三门 4 个县。台州水暖卫浴生产基地主要集中在椒江、路桥、黄岩、玉环，主要生产水龙头、软管、阀门、铜件、浴室柜、淋浴房、下水器。近年来，水暖卫浴产业在玉环、路桥等地迅速发展，产值达 300 多亿元。

台州是全国智能坐便器生产最集中的地区之一，其中椒江、黄岩、路桥三区比较集中，有近 20 家生产智能马桶的企业。成立于 1998 年的欧路莎洁具公司是台州最早一批"吃螃蟹"的卫浴企业之一。早在十多年前，公司已经向"智能卫浴"发展，并开发出智能马桶盖以及更为高端的智能马桶一体机产品。每年公司都会投入大量资金对新品进行研发、推广，产品使用进口的元件，外观好、功能多，更适应个性化需求，一个月能卖出 1000 多只。

台州的智能坐便器行业已经发展了十多年，但就市场推广方面而言，智能坐便器还是一个"刚起步的、被低估的行业"。这几年，台州的卫浴行业正面临洗牌期，智能化可以说是转型升级的重要发展方向之一。智能马桶平均每年以 50% 的增长速度在发展。2014 年，欧路莎智能卫浴产品上涨了 20% ~ 30%，而智能马桶则翻了一番。

相比于普通坐便器，智能马桶的门槛要高得多。其中，芯片相当重要，台州本地企业很多都是从国外进口芯片，另外一套模具就得 100 来万元，再加上电子设备、编程设计和其他的配套投入，生产成本很高。而且智能马桶从投入研发到后期的改良，再到投放市场，一般需要三四年的时间。所以，整体上智能卫浴的进入门槛比普通卫浴要高很多。

2. 玉环阀门城项目助推产业转型升级

目前世界水暖阀门泵类行业的制造基地正在向台州转移，其中玉环最为集中。台州玉环作为国内的

"中国水暖、阀门精品生产（采购）基地"，行业区位优势十分明显。而且，玉环阀门水暖产品目前正逐步从中高档往高档方向发展，发展空间较大。

近年来，我国水暖阀门行业的增长速度一般在15%左右，而玉环前几年连续处于20%～35%的增长，扣除黄铜价格上涨因素，仍平均以9%左右的速度增长。

2014年，玉环水暖阀门行业占玉环县工业总产值的25.55%，产品90%以上出口。在全国水暖阀门行业中的地位仍然得到巩固。

玉环县是中国阀门之都，阀门产业基础雄厚。经过30多年的发展，玉环作为"中国阀门之都"，已成为全国最大的中低压铜制阀门生产和出口基地。然而，长期以来玉环却没有一个专业的阀门市场。

亿联集团是温州商人严立淼创立的，一家投资专业市场、城市综合地产、休闲地产、工业地产四大领域的综合性大型集团企业。2013年6月18日，玉环经济开发区与亿联集团正式签署了《中国·玉环国际阀门城项目合作意向书》。整个项目从签约到落地开工仅用了3个多月。

中国·玉环国际阀门城总用地约200亩，总建筑面积25万平方米，总投资约15亿元，是玉环县去年引进的投资规模最大的浙商回归项目。项目包括产品展示交易中心、电子商务中心、产品研发中心、总部商务办公中心、工业创意设计中心等五大功能区。

位于浙江玉环经济开发区南区的阀门城一期工程地上主体结构共有14栋，2014年1月开工建设，8月底主体结构能全部完成。项目建成后将成为中国最大的阀门水暖五金商贸物流总部基地，填补了玉环只有产品生产，没有专业市场的空白。

作为生产性服务业，国际阀门城项目与玉环的支柱产业高度关联，从生产到销售再到研发，都实现有机结合。借助这个平台，玉环县水暖阀门企业可以实时捕捉到全球最新市场资讯、技术走势，更好地实现转型升级。

亿联控股集团将采取"统一规划、统一招商、统一推广、统一经营、统一管理"的模式，对阀门城进行整体运营。整个项目完工之后，将引进1500多家企业进驻经营，预计年交易额可达60亿元以上，实现创业和就业岗位5000个以上。

未来，阀门城计划通过与阿里巴巴以及各跨境电商平台合作，将营销渠道辐射到全球，使玉环国际阀门城成为真正的全球阀门水暖产品的展销中心、采购中心、研发基地。

3. 路桥打造"中国卫浴洁具出口基地"

路桥区隶属台州市，位于浙江沿海中部，中国黄金海岸中段，境域东濒东海，南接温岭，西邻黄岩，北连椒江。内陆总面积274平方千米，建成区面积29.25平方千米。辖4镇6街道，总人口41.3万。

路桥是中国水暖卫浴五金出口基地。路桥的水暖卫浴五金产业目前已经打造出了一条完整的产业链。截至2014年10月底，该区已有水暖卫浴五金生产企业150多家，规模以上企业的总出口交货值约15.7亿元。

2014年6月，路桥提交了"中国卫浴洁具出口基地"的申请，经过半年的努力，中国五矿化工进出口商会计划在2015年年初正式与路桥签订合作协议，由此拉开了出口基地建设的序幕。与此同时，全区17家卫浴洁具出口企业将被命名为"中国水暖卫浴五金出口基地（浙江路桥）企业"。

面对行业成本的上涨和利润空间的不断缩小，产品档次偏低、品牌建设落后等都成为路桥水暖卫浴五金行业发展的阻碍。出口基地计划在对路桥卫浴洁具相关资源进行充分开发与利用的基础上，培育出企业更多在技术、品牌、服务等方面的竞争优势，从而促进行业结构的优化升级。

出口基地成立后，在德国法兰克福国际卫浴空调展，意大利米兰供暖、制冷、空调及再生能源展等国际展览会上，参展企业将统一参展标识，打响打造路桥水暖卫浴行业的"中国金名片"。

第十二章　2014 年世界瓷砖发展报告

第一节　世界瓷砖生产、消费、进出口概况

2014 年世界瓷砖生产消费增长放缓，相对 2013 年生产、消费分别增长 3.6%、4.2%。进出口增速减缓更加明显，增长仅 1%，而 2012 年是 7.4%，2013 年是 5.4%（表 12-1 ～表 12-3）。

世界各地区瓷砖生产制造状况[注1]　　　　　　　　　　表12-1

地区	2014年（亿平方米）	占世界总量比例	相对2013年的变化幅度
欧盟（28国）	11.92	9.6%	0.6%
欧洲其他区域（含土耳其）	5.70	4.6%	−5.9%
北美（含墨西哥）	3.08	2.5%	0.7%
中南美洲地区	11.91	9.6%	2.8%
亚洲	87.47	70.5%	4.8%
非洲	3.96	3.2%	7.6%
大洋洲	0.05	0.0	0.0
总量	124.09	100.0%	3.6%

世界各地区瓷砖消费状况　　　　　　　　　　表12-2

地区	2014年（亿平方米）	占世界消费比例	相对2013年的变化幅度
欧盟（28国）	8.48	7.0%	−0.8%
欧洲其他区域（含土耳其）	5.43	4.5%	−6.1%
北美（含墨西哥）	4.62	3.8%	2.9%
中南美洲地区	12.82	10.6%	0.4%
亚洲	81.66	67.5%	6.1%
非洲	7.46	6.2%	6.4%
大洋洲	0.48	0.4%	20.0%
总量	120.95	100.0%	4.2%

[注 1]　这是认为 2014 年中国瓷砖的产量只有 60 亿平方米的结果，事实上中国建筑卫生陶瓷协会的统计数据是 2014 年 102.3 亿平方米，2013 年 96.90 亿平方米，增长 5.57%。

世界各地区瓷砖出口状况 　　　　　　　　　　表12-3

地区	2014年（亿平方米）	占世界出口比例	相对2013年的变化幅度
欧盟（28国）	8.19	30.5%	3.9%
欧洲其他区域（含土耳其）	1.50	5.6%	−3.2%
北美（含墨西哥）	0.66	2.5%	−2.9%
中南美洲地区	1.20	4.5%	2.6%
亚洲	14.88	55.4%	0.6%
非洲	0.40	1.5%	−16.7%
大洋洲	0	0	—
总量	26.83	100.0%	1.1%

第二节　世界瓷砖生产制造

2014 年全球瓷砖产量达到 124.09 亿平方米[注1]，相对 2013 年的 119.73 亿平方米增长了 3.6%。全球几乎所有的地区瓷砖产量都报告有所增长，10 个最主要的瓷砖生产制造国家有 8 个报告有增长。亚洲 87.47 亿平方米[注1]，较 2013 年增长 4 亿平方米，增长 4.8%，占全球产量的 70.5%。欧盟 28 国产量 11.92 亿平方米，较 2013 年增长 0.6%。欧盟以外的欧洲地区瓷砖产量从 6.06 亿平方米下降到 5.70 亿平方米，下降 5.9%，主要由于土耳其与乌克兰的产量下降。美洲大陆的瓷砖总产量达到 14.99 亿平方米，占全球产量的 12%，中南美洲地区增长 3300 万平方米，产量达到 11.91 亿平方米，增长 2.8%。而北美地区瓷砖产量继续保持稳定，产量达 3.08 亿平方米的水平。非洲地区瓷砖产量从 3.68 亿平方米增长到 396 亿平方米，相对 2013 年增长 7.6%（表 12-4）。

2010~2014年世界瓷砖生产制造国（地区）10强（百万平方米） 　　　表12-4

国家（地区）	2010年	2011年	2012年	2013年	2014年	占世界总量比例	相对2013年的变化幅度
1.中国[注2]	4200	4800	5200	5700	6000	48.4	5.3
2.巴西	754	844	866	871	903	7.3	3.7
3.印度	550	617	691	750	825	6.6	10.0
4.西班牙	366	392	404	420	425	3.4	1.2
5.印尼	287	320	360	390	420	3.4	7.7
6.伊朗	400	475	500	500	410	3.3	−18.0
7.意大利	387	400	367	363	382	3.1	5.2
8.越南	375	380	290	300	360	2.9	20.0
9.土耳其	245	260	280	340	340	2.9	21.4

[注1]　这是认为 2014 年中国瓷砖的产量只有 60 亿平方米的结果，事实上中国建筑卫生陶瓷协会的统计数据是 2014 年 102.3 亿平方米，2013 年 96.90 亿平方米，增长 5.57%。

[注2]　表中统计数据出自于 Paola Giacomini. World Production and Consumption of Ceramic Tiles[J]. Ceramic World Review, 2015（8-10）：48-60.

续表

国家（地区）	2010年	2011年	2012年	2013年	2014年	占世界总量比例	相对2013年的变化幅度
10.墨西哥	210	221	231	230	230	1.9	0.0
总量	7774	8709	9189	9864	10273	82.8	4.1
世界总量	9644	10630	11230	11973	12409	100.0	3.6

表中关于中国的数据与中国实际情况差别很大，此处将中国建筑卫生陶瓷协会的统计数据与原文的数据对比列出如下（表12-5）：

中国建筑卫生陶瓷协会的统计数据与Paola Giacomini的原文数据对比一（百万平方米）　　表12-5

国家	2010年	2011年	2012年	2013年	2014年
中国（中国建筑卫生陶瓷协会）	7576	8701	8993	9690	10230
中国（Paola Giacomini）	4200	4800	5200	5700	6000

第三节 世界瓷砖消费

2014年世界瓷砖消费从2013年的116.042亿平方米上升到120.95亿平方米，增长4.2%。亚洲地区保持全球67.5%的市场份额，瓷砖消费从2013年的76.96亿平方米上升到2014年81.66亿平方米，增长6.1%，消费高过产量的增长。中国、印度、印尼与越南这些国家是这一瓷砖消费增长最大的贡献者。欧盟地区的瓷砖消费持续下降到最低点，由8.55亿平方米下降到8.48亿平方米，下降0.8%。波兰、英国有较强增长，德国小幅增长，西班牙、葡萄牙、意大利持续下滑。

非欧盟欧洲国家市场需求下降，瓷砖消费从5.78亿平方米下降到5.43亿平方米，下降6.1%。主要由于乌克兰、俄罗斯与土耳其的瓷砖消费下降；像2012、2013年一样，2014年增长幅度最大的是非洲，增长6.4%（虽然低于先前的13%），从7.01亿平方米增长到7.46亿平方米。非洲主要瓷砖消费国（埃及、尼日利亚、摩洛哥、阿尔及利亚、南非、坦桑尼亚、安哥拉、肯尼亚）的消费都保持着增长，仅有利比亚例外，下降33%。中南美洲瓷砖消费基本保持稳定，维持着2013年12.82亿平方米的水平，巴西消费的增长基本被委内瑞拉与阿根廷的下降所抵消。北美地区瓷砖消费增长2.9%，达4.62亿平方米（表12-6）。

2010～2014年世界瓷砖消费国前10强（百万平方米）　　表12-6

国家	2010年	2011年	2012年	2013年	2014年	占世界总量比例	相对2013年变化幅度
1.中国[注1]	3500	4000	4250	4556	4894	40.5%	7.4%
2.巴西	700	775	803	837	853	7.1%	1.9%
3.印度	557	625	681	718	756	6.3%	5.3%
4.印尼	277	312	340	360	407	3.4%	13.1%
5.越南	330	360	254	251	310	2.6%	23.5%

[注 1]　表中统计数据出自于 Paola Giacomini. World Production and Consumption of Ceramic Tiles[J]. Ceramic World Review, 2015（8-10）:48-60.

续表

国家	2010年	2011年	2012年	2013年	2014年	占世界总量比例	相对2013年变化幅度
6.伊朗	335	395	375	350	280	2.3%	−20.0%
7.沙特	182	203	230	235	244	2.0%	3.8%
8.美国	186	194	204	230	231	1.9%	0.4%
9.俄罗斯	158	181	213	231	219	1.8%	−5.2%
10.土耳其	155	169	184	226	215	1.8%	−4.5%
总量	6380	7214	7534	7994	8409	69.5%	5.2%
世界总量	9543	10486	10978	11604	12095	100.0%	4.2%

表中关于中国的数据与中国实际情况差别很大，此处将中国建筑卫生陶瓷协会的统计数据与原文的数据对比列出如下（表12-7）：

中国建筑卫生陶瓷协会的统计数据与Paola Giacomini的原文数据对比二（百万平方米）　　　表12-7

国家	2010年	2011年	2012年	2013年	2013年
中国（中国建筑卫生陶瓷协会）	6708	7686	7906	—	—
中国（Paola Giacomini）	3030	3500	4000	4250	4556

第四节　世界瓷砖出口

2014年世界瓷砖出口相对2013年增长1.05%，出口量从26.55亿平方米增长到26.83亿平方米。相对此前四年，2014年是增长速率最低的一年。全球最大的瓷砖出口增速在欧盟地区，无论增速还是总增量都是如此，在2013年7.88亿平方米的基础上增长3.9%，达到8.19亿平方米，主要原因是西班牙、意大利瓷砖行业的进一步复苏。亚洲地区陶瓷砖出口近年来第一次出现几乎没有增长，实质上保持了14.88亿平方米的出口水平（增长0.6%），但占了世界出口总量的55.4%。中南美洲地区陶瓷砖出口增长2.6%，从1.16亿平方米增长到1.20亿平方米。2014年陶瓷砖出口出现下降的地区是非欧盟欧洲地区、北美地区与非洲地区，非欧盟欧洲地区出口从1.55下降到1.50亿平方米，下降3.2%。北美地区出口从0.68下降到0.66亿平方米，下降2.9%。非洲地区出口从0.48下降到0.40亿平方米，下降16.7%（表12-8）。

2011~2014年世界瓷砖出口国前10强（百万平方米）　　　表12-8

国家	2011年	2012年	2013年	2014年	占国内产量比例	占世界出口总量比例	相对2013年变化幅度	出口额 百万欧元	平均单价欧元（平方米）
1.中国[注1]	1015	1086	1148	1110	18.5%	41.4%	−3.3%	5530	5.0
2.西班牙	263	296	318	339	82.7%	12.6%	6.6%	2328	6.9
3.意大利	298	289	303	314	82.2%	11.7%	3.6%	4109	13.1
4.伊朗	65	93	114	109	26.6%	4.1%	−4.4%	364	3.3
5.印度	30	33	52	92	11.1%	3.4%	80.4%	325	3.5

[注1]　表中统计数据出自于 Paola Giacomini. World Production and Consumption of Ceramic Tiles[J].Ceramic World Review, 2015（8-10）：48-60.

续表

国家	2011年	2012年	2013年	2014年	占国内产量比例	占世界出口总量比例	相对2013年变化幅度	出口额 百万欧元	平均单价欧元（平方米）
6.土耳其	87	92	88	85	27.0%	3.2%	−3.4%	450	5.3
7.巴西	60	59	63	69	7.6%	2.6%	9.5%	232	3.4
8.墨西哥	59	63	64	62	27.0%	2.3%	−3.1%	296	4.7
9.阿联酋	48	50	51	53	54.1%	2.0%	3.9%	—	—
10.波兰	36	42	48	42	31.3%	1.6%	−12.5%	200	5.2
总量	1961	2103	2248	2275	23.4%	84.8%	1.5%	—	—
世界总量	2346	2520	2655	2683	21.6%	100.0%	1.1%	—	—

近年来，瓷砖进出口贸易发展趋势，与我们长期坚信的瓷砖作为一种材料生产越来越趋向靠近消费区域的观点并完全一致。尽管瓷砖出口占了全球生产制造的21.6%、全球消费的22.2%，这其中超过一半的出口是船运到与生产制造处于同一个地理区域，如：87%的南美瓷砖出口到南美；75%的北美瓷砖出口保留在北美自由贸易区；60%的亚洲瓷砖出口船运到亚洲其他国家。欧盟是一个小小的例外，50%的瓷砖出口是在非欧盟国家。各大洲的生产制造数据与消费数据（见表12-1与表12-2的数据）比较接近地从侧面证实了这一分析。换句话说，亚洲生产了全球70.5%的瓷砖，消费了全球67.4%的瓷砖；对应的数据是，欧洲（欧盟＋非欧盟）是14.2%与12.1%；美洲是12.1%与14.4%；非洲是3%与6%。

第五节　世界生产消费、出口瓷砖的主要国家

一、中国

中国是世界最大的瓷砖生产制造国、消费国及出口国。15年以来中国瓷砖的生产制造、消费、出口推动着全球瓷砖的发展。由于不同途径来源的数据差别很大，准确的中国瓷砖产量总是一个问题，但这里根据估计，2014年中国瓷砖生产增长5.3%，达到60亿平方米，相当于全球产量的48.4%。中国官方的产能数据是，大约1400家陶企、3500条生产线、100亿平方米瓷砖的生产能力。中国国内瓷砖消费估计是48.94亿平方米，占全球瓷砖消费的40.4%。

中国瓷砖在高速发展之后，2012、2013年发展速度明显减缓，2014年中国瓷砖出口经历了一次实实在在的下挫，瓷砖出口从2013年的11.48亿平方米下降到11.10亿平方米，下降3.3%。相当于世界瓷砖出口量的41.4%。尼日利亚成为中国瓷砖出口的最大市场，7400万平方米，增长3.9%；其后是韩国，6800万平方米，增长25%；沙特，6300万平方米，增长-22%；菲律宾、美国、印尼。中国瓷砖出口额也有所下降，从78亿美元下降到77亿美元，下降2.2%。

二、巴西

巴西2014年继续保持着世界第二大瓷砖生产国、第二大瓷砖消费国的位置。巴西的瓷砖生产制造保持连续20多年的稳定增长，2014年的瓷砖产量达到9.03亿平方米，较2013年增长3.7%。国内消费从8.37亿平方米增长到8.53亿平方米，增长1.9%。另一方面，出口基本都集中在拉丁美洲与美国市场，数据显示，巴西瓷砖出口增长9.5%，达到6900万平方米；而瓷砖进口明显下滑，从5000万平方米下降到3800万平方米，其中2950万平方米来自中国（2013年，巴西从中国进口4900万平方米）。由于2014年年底反倾销关税的最终确定并实施，预计从中国进口的瓷砖量将进一步下降。

巴西瓷砖制造商协会预测 2015 年在出口方面增长 9% 左右，到 2015 年年底，预计已安装设备的生产能力将达到 11.06 亿平方米，但总产量与国内销售预计仅能保持小幅增长（1% ~ 1.5%）。

三、印度

2014 年，印度再次继续保持着世界第三大瓷砖生产制造国与消费国的地位。印度瓷砖产量从 7.5 亿增长到 8.25 亿平方米，增长 10%；印度国内瓷砖消费上升到 7.56 亿平方米，增长 5.3%；出口快速增长，从 5100 万增长到 9200 万平方米，增长 80%，印度现在已经从世界第十一大瓷砖出口国上升到第五大瓷砖出口国。

四、西班牙

2014 年西班牙瓷砖出口进一步增长 6.6%，达到 3.39 亿平方米，继续巩固了世界瓷砖第二大出口国的地位。西班牙瓷砖行业整体进一步复苏，2014 年产量小幅增长 1.2%，达到 4.25 亿平方米，上升到全球第四大瓷砖生产制造国。国内需求进一步下滑，由 1.08 亿平方米下降到 0.92 亿平方米，下降 14.8%。尽管西班牙瓷砖出口的主要市场沙特萎缩 15%，2014 年沙特仍然是西班牙瓷砖最大的出口地，出口量 2850 万平方米；紧随其后的是法国，2800 万平方米，增长 14%；安哥拉，2400 万平方米，增长 39.6%；约旦，1720 万平方米，增长 30.7%；英国，1530 万平方米，增长 27.8%。在以色列与利比亚分别下降 19.6% 与 29%，但俄罗斯市场保持稳定，大约 1300 万平方米。以出口金额计，西班牙瓷砖三大出口地分别是：法国（2.235 亿欧元）、俄罗斯与沙特。

2014 年西班牙瓷砖出口目的地分布，分别是：欧洲占总量的 37%（金额占 46%）、亚洲占 29%（金额占 24%）、非洲占 25%（金额占 18%）、美洲占 9%（金额占 10.6%）。出口中金额达到 23.28 亿欧元，增长 4%，平均单价保持在 6.9 欧元/平方米。2014 年西班牙瓷砖工业国内外整体达到 29 亿欧元，增长 3.7%。

五、意大利

2014 年，意大利瓷砖生产制造表现了强劲的复苏趋势，产量达到 2012 年以来最高，达 3.817 亿平方米，增长 5%，但整个销售达到 3.946 亿平方米，增长 1.4%，进一步消化库存。国内市场持续下滑，瓷砖销量由 8650 万平方米下降到 8080 万平方米，下降 6.6%，销值下降 6.0%，达 8.04 亿欧元。国内市场计入进口瓷砖，也不会超过 9600 万平方米。作为世界第三大瓷砖出口国，意大利瓷砖出口方面，2014 年是量价齐升，出口量增长 3.6%，从 3.027 亿平方米增长到 3.137 亿平方米；出口金额增长 6.2%，从 38.70 亿欧元增长到 41.09 亿欧元；平均单价从每平方米 12.6 欧元上升到 13.1 欧元。总值达到 49.1 亿欧元，增长 4%。西欧地区是意大利瓷砖出口的最大市场，占整个出口量的 49.7%，2014 年增长到 1.56 亿平方米（增长 5.3%）。随着出口德国有 10% 的增长，德国成为意大利瓷砖最大的海外市场，4820 万平方米；紧随其后的是法国，4650 万平方米，增长 -0.5%；其他主要市场是：英国（增长 19.7%）、希腊（增长 11%）、比利时、瑞典、荷兰、克罗地亚与匈牙利。在北美自由贸易区（NAFTA）也有所增长 2.5%（4200 万平方米，占意大利瓷砖出口的 13.4%）；其中美国是意大利瓷砖的第三大出口目的地国家，计 3430 万平方米，增长 2.2%。远东地区增长 8.5%，达 1600 万平方米。巴尔干地区增长 4.9%（1500 万平方米）。相反，在中、东欧下降 2.2%；海湾地区下降 1.3%；非洲与中东地区下降 4.2%；拉丁美洲地区下降 5.4%。

中国、西班牙与意大利，世界上三个最大的瓷砖出口国，2014 年三国的出口总量占全球瓷砖出口的 65.7%。在所有的瓷砖出口国中，意大利与西班牙保持着出口占生产很高的比例，都超过了 82%（见表 12-8）。相对来讲，阿联酋出口占产量的比例是 44%，中国是 18.5%。意大利瓷砖出口真真处于领先地位的是：出口单价，意大利瓷砖产品出口的平均单价是每平方米 13 欧元，西班牙是 7 欧元，波兰、土耳其与中国是 5 欧元。

六、印尼、越南及伊朗

在东南亚的瓷砖生产消费国家，经常提到印尼与越南拥有特别强劲的表现。2014年印尼瓷砖消费增长了13%，达到4.07亿平方米，这也触发了相应的瓷砖生产增长7.7%，达到4.20亿平方米，同时推动出口4600万平方米。越南则更强劲，市场需求增长23.5%，达到3.10亿平方米；产量达3.60亿平方米，增长20%；进出口两方面大约3000万平方米。在另一方面，伊朗是一个重要瓷砖生产制造国而又经历了大规模下挫的起伏发展，与拥有6.80亿平方米装备能力相比较，2014年，伊朗瓷砖产量从5亿平方米下降到4.1亿平方米，主要原因是房地产建设大幅收缩，2014年，第一季度，新楼开工许可在全国下降了30%，在德黑兰下降了50%，国内瓷砖需求估计已经下降了20%，仅2.8亿平方米，尽管官方数据现实销售量更低而库存量更大。出口也下降到1.09亿平方米，下降4%，其中7700万平方米是出口到伊拉克（下降了1.5%），其余的基本都是出口到周边市场。

七、土耳其

2014年，土耳其的瓷砖生产与消费都出现了一定程度的下滑。继2013年土耳其瓷砖超过20%增长之后，2014年，土耳其瓷砖产量从3.4亿平方米减少到3.15亿平方米，下滑7.4%。瓷砖消费从2.26亿平方米下降到2.15亿平方米，下降4.5%。本地制造完全满足了消费需求的增加。瓷砖出口也从8800万平方米下降到8500万平方米，下降3.4%。相应的出口金额约6亿美元（4.5亿欧元）。土耳其瓷砖的主要出口市场（以出口金额计）分别是：德国（6600万美元，增长8.2%）、以色列（6100万美元，增长3.3%）、英国（5700万美元，增长21.3%）。如果以出口量计，土耳其瓷砖出口以色列已达1100万平方米，出口总量最大，其后是德国、英国。

第六节 世界瓷砖进口与消费

一、世界瓷砖进口

2014年世界瓷砖10大进口国的瓷砖进口总量达到9.5亿平方米，占全球进出口总量的35.4%。如表12-9的数据所示，10大瓷砖进口国，除俄罗斯外（俄罗斯1/3的瓷砖消费依赖进口），其他国家的瓷砖消费一半以上都是来自于进口，其中最大比例的数据是伊拉克99%，尼日利亚是89%，法国是86%，德国是79%。

2010～2014年世界瓷砖进口国前10强（百万平方米）　　　表12-9

国家	2010	2011	2012	2013	2014	占国内总消费比例	占世界进口总量比例	相对2013年变化幅度
1.美国	130	131	139	160	159	68.8%	5.9%	−0.6%
2.沙特	117	134	155	155	149	61.0%	5.6%	−3.9%
3.伊拉克	66	80	105	121	102	99.0%	3.8%	−15.7%
4.法国	104	110	107	96	99	86.1%	3.7%	3.1%
5.德国	86	90	89	89	95	79.2%	3.5%	6.7%
6.尼日利亚	36	47	61	84	90	89.1%	3.4%	7.1%
7.韩国	59	63	61	65	76	63.3%	2.8%	16.9%
8.俄罗斯	51	63	72	80	73	33.3%	2.7%	−8.8%

国家	2010	2011	2012	2013	2014	占国内总消费比例	占世界进口总量比例	相对2013年变化幅度
9.阿联酋	51	50	52	53	54	54.5%	2.0%	1.9%
10.菲律宾	31	31	38	46	53	63.1%	2.0%	15.2%
总量	731	799	879	949	950	66.2%	35.4%	0.1%
世界总量	2128	2346	2520	2655	2683	22.2%	100.0%	1.1%

二、美国瓷砖消费与进口

2014 年美国瓷砖进口继续保持全球进口量最大的趋势，进口 1.59 亿平方米，下降 0.6%，这相当于美国全年消费的 69%。美国国内瓷砖消费在前几年两位数增长之后，2014 年增长 0.4%，达 2.31 亿平方米。美国本土的瓷砖生产制造已经达到 7630 万平方米（增长 3.4%），并且新的投资仍在田纳西州进行中。2014 年从两个最大的瓷砖供应国家墨西哥与中国进口的瓷砖总量有所下降，而从意大利、西班牙、土耳其进口的瓷砖有所增长。意大利（也是美国瓷砖生产制造的主要掌控方）在美国瓷砖市场上维持着它的主导地位，以瓷砖进口金额来记，CIF 值：意大利瓷砖 6.35 亿美元（在 2013 年增长 18% 的基础上增长 8.7%），相当于美国瓷砖进口总值的 35%。

三、沙特瓷砖消费与进口

沙特是世界上第二大瓷砖进口国。国内需求持续增长，2014 年达到 2.44 亿平方米，增长 3.8%；因此瓷砖产量也进一步增长，2014 年从 0.9 亿平方米增长到 1 亿平方米，其中 6100 万平方米瓷砖是由沙特陶瓷（Saudi Ceramics）生产，相应地，瓷砖进口下降到 1.49 亿平方米，下降 3.9%。相关分析表明从中国进口减少的 1800 万平方米瓷砖几乎就是从印度进口的增加。

【注】全文根据 Paola Giacomini. World Production and Consumption of Ceramic Tiles[J].Ceramic World Review, 2015（8-10）：48-60 一文编译而成，文中的标题由译者根据内容而编排。文中关于中国的数据与中国的相关统计出入太大，必要处作了相关说明，由于上下文的数据计算问题，文章保持了原作者关于中国的数据。原文中有些明显的笔误，译者根据其他相应的文章作了相应的修正，没有一一说明。

附　录

附录 1　2014 年中国建筑卫生陶瓷协会组织架构

中国建筑卫生陶瓷协会第六届理事会

会长：

叶向阳，中国建筑材料联合会，副会长

名誉会长：

丁卫东，中国建筑卫生陶瓷协会

副会长：

王兴农，山东耿瓷集团总公司，董事长

王彦庆，唐山惠达陶瓷集团股份有限公司，总裁

卢伟坚，上海福祥陶瓷有限公司，董事长

叶荣恒，广东博德精工建材有限公司，董事长

叶德林，广东新明珠陶瓷有限公司，董事长

边　程，广东科达机电股份有限公司，总经理

刘纪明，四川省新万兴瓷业有限公司，董事长

刘爱林，佛山大宇新型材料有限公司，董事长

孙守年，山东淄博城东企业集团有限公司，董事长

许传凯，路达（厦门）工业有限公司，总经理

闫开放，咸阳陶瓷研究设计院，院长

何　乾，佛山金意陶陶瓷有限公司，董事长

何新明，广东东鹏陶瓷股份有限公司，董事长

吴声团，福建晋江市矿建釉面砖厂，董事长

吴国良，福建省华泰集团公司，董事长

张剑光，山东地王集团，董事长

杨宝贵，福建南安协进建材有限公司，总经理

苏国川，福建晋江豪山建材公司，董事长

苏锡波，广东梦佳陶瓷实业有限公司，总经理

陈　环，广东陶瓷协会，常务副会长

陈克俭，上海斯米克建筑陶瓷股份有限公司，总经理

孟令来，唐山梦牌瓷业有限公司，董事长

肖智勇，漳州万佳陶瓷工业有限公司，董事长兼总经理

林　伟，佛山鹰牌陶瓷有限公司，总裁

林孝发，九牧集团有限公司，董事长

武庆涛，北京国建联信认证中心有限公司，总经理

骆水根，杭州诺贝尔集团有限公司，董事长

徐胜昔，华窑中亚窑炉责任有限公司，董事长

贾 锋，华耐集团公司，董事长

梁桐灿，广东宏陶陶瓷有限公司，董事长

萧 华，广东蒙娜丽莎陶瓷有限公司，董事长

黄建平，广东唯美陶瓷工业有限公司，董事长

黄英明，珠海市斗门区旭日陶瓷有限公司，董事长

温建德，四川白塔新联兴陶瓷有限责任公司，董事长

谢伟藩，广东恒洁卫浴有限公司，总经理

鲍杰军，佛山欧神诺陶瓷有限公司，董事长

缪 斌，中国建筑卫生陶瓷协会，秘书长

霍镰泉，广东新中源（集团）有限公司，总裁

中国建筑卫生陶瓷协会各办事机 构及分支机构负责人

秘 书 长：缪 斌（兼）

副秘书长：何 峰、夏高生、王 巍、尹 虹、宫 卫、徐熙武

行业工作部：何 峰（兼）

联 络 部：夏高生（兼）

信 息 部：宫 卫（兼）

市场展贸部：宫 卫（兼）

财 务 部：何 峰（兼）

培 训 部：缪 斌（兼）

外商企业联谊会：陈丁荣、夏高生

职业经理人俱乐部：张旗康（兼）、余 敏（兼）

青年企业家俱乐部：林 津（兼）

《中国建筑卫生陶瓷》杂志编辑部：陶马龙

《中国建筑卫生陶瓷年鉴》编辑部：尹 虹（兼）、刘小明

卫 浴 配 件 分 会：王 巍（兼）

建筑琉璃制品分会：徐 波

色釉料原辅材料分会：刘爱林（兼）

淋 浴 房 分 会：邓贵智

装饰艺术陶瓷专业委员会：夏高生（兼）

精细陶瓷制品专业委员会：缪 斌（兼）

流 通 分 会：刘 勇（兼）

窑炉暨节能技术装备分会：管火金（兼）

陶 瓷 板 分 会：徐 波、刘继武

高级顾问：陈丁荣、陈 帆、史哲民

附录2　2014年全国各省市建筑卫生陶瓷产量统计

地区名称	卫生陶瓷		陶瓷砖	
	产量（万件）	增长	产量（万平方米）	增长
总　计	21508.6	4.30%	1022954	5.57%
北　京	171.9	2.85%	—	—
天　津	59.0	-2.51%	7	−27.62%
河　北	2386.4	-4.62%	22315	5.75%
山　西	—	—	1327	24.50%
内蒙古	—	—	543	−36.04%
辽　宁	10.0	—	68457	−1.91%
吉　林	—	—	—	—
黑龙江	—	—	957	2918.62%
上　海	130.8	-28.38%	961	7.52%
江　苏	66.0	23.43%	661	14.56%
浙　江	—	—	12942	11.63%
安　徽	36.4	-3.94%	3251	5.62%
福　建	457.8	-6.94%	222414	−2.96%
江　西	24.9	—	91836	19.76%
山　东	384.0	16.36%	82184	−2.12%
河　南	7016.0	9.20%	40230	16.73%
湖　北	1761.9	4.35%	37680	−1.30%
湖　南	758.3	-22.20%	13350	3.86%
广　东	7265.8	16.77%	250380	6.98%
广　西	406.1	-4.30%	41332	45.76%
海　南	—	—	—	—
重　庆	299.2	-14.20%	8462	−27.53%
四　川	216.5	-69.62%	67889	5.19%
贵　州	28.5	—	7876	8.77%
云　南	29.3	—	4599	10.02%
西　藏	—	—	—	—
陕　西	—	—	34358	34.24%
甘　肃	—	—	3068	−6.18%
青　海	—	—	—	—
宁　夏	—	—	2083	−25.00%
新　疆	—	—	2794	−5.95%

附录3 2014年全国建筑卫生陶瓷进出口统计

商品名称	数量单位	出口商品数量				出口商品金额			
		本月实际	本月增长率	本年累计	累计增长率	本月实际	本月增长率	本年累计	累计增长率
出口									
卫生陶瓷	万件	737.76	15.1%	7681.146	26.1%	33205.0	-1.0%	320472.5	61.2%
1.瓷制固定卫生设备	万件	728.16	15.2%	7588.02	26.0%	32057.2	-2.8%	313755.2	60.2%
2.陶制固定卫生设备	万件	9.6	4.2%	93.126	33.9%	1147.8	110.2%	6717.3	126.3%
陶瓷砖	万平方米	10670.084	-4.5%	112810.578	-2.0%	98651.5	13.5%	781384.8	-1.0%
1.上釉的陶瓷砖	万平方米	6650.709	-0.4%	70559.208	-1.6%	41613.3	-23.2%	434019.3	-8.9%
①上釉的陶瓷砖、瓦、块等	万平方米	44.004	-39.4%	561.84	3.8%	517.7	-52.0%	7352.1	52.4%
②其他上釉的陶瓷砖、瓦、块等	万平方米	6606.705	-0.1%	69997.368	-1.6%	41095.6	-22.6%	426667.2	-9.5%
2.未上釉的陶瓷砖	万平方米	4019.375	-9.1%	42251.37	-2.6%	57038.2	74.3%	347365.5	11.0%
①未上釉的陶瓷砖、瓦、块等	万平方米	157.76	1896.4%	588.15	696.3%	14296.4	3571.7%	46721.0	4164.4%
②其他未上釉的陶瓷砖、瓦、块等	万平方米	3861.615	-10.8%	41663.22	-3.2%	42741.8	32.2%	300644.5	-3.6%
其他建筑陶瓷	吨	37816	-30.7%	574021	13.1%	13587.0	32.7%	87884.9	49.8%
1.陶瓷建筑用砖	吨	30610	-32.0%	499249	11.3%	13080.0	37.0%	83636.0	54.5%
①陶瓷制建筑用砖	吨	9147	-46.4%	196646	-5.5%	400.1	155.5%	11398.4	462.7%
②陶瓷制铺地砖、支撑或填充等用砖	吨	21464	-23.2%	302603	25.8%	12679.9	35.0%	72237.7	38.6%
2.陶瓷瓦	吨	7142	-17.8%	73540	35.1%	478.2	-17.1%	3936.9	4.9%
3.其他建筑用陶瓷制品	吨	64	-92.9%	1231	-73.8%	28.8	-74.2%	312.0	-59.5%
进口									

续表

商品名称	数量单位	出口商品数量				出口商品金额			
		本月实际	本月增长率	本年累计	累计增长率	本月实际	本月增长率	本年累计	累计增长率
卫生陶瓷	万件	5.634	26.0%	58.998	-4.8%	393.3	8.9%	4646.9	-1.6%
1.瓷制固定卫生设备	万件	4.698	15.3%	51.378	-9.0%	343.7	2.2%	4193.7	-4.0%
2.陶制固定卫生设备	万件	0.936	136.8%	7.62	38.1%	49.6	100.5%	453.2	28.1%
陶瓷砖	万平方米	38.149	-8.8%	536.145	4.6%	763.6	26.4%	9248.9	14.7%
1.上釉的陶瓷砖	万平方米	35.654	4.4%	475.155	11.8%	612.8	25.9%	7382.6	15.4%
①上釉的陶瓷砖、瓦、块等	万平方米	0.192	-39.2%	4.188	150.4%	11.2	194.3%	80.3	23.3%
②其他上釉的陶瓷砖、瓦、块等	万平方米	35.462	4.6%	470.967	11.5%	601.6	24.6%	7302.2	15.3%
2.未上釉的陶瓷砖	万平方米	2.495	-60.3%	60.99	-23.1%	150.9	28.3%	1866.4	11.8%
①未上釉的陶瓷砖、瓦、块等	万平方米	0.04	-85.2%	0.47	-50.8%	4.5	16.0%	45.5	-23.1%
②其他未上釉的陶瓷砖、瓦、块等	万平方米	2.455	-59.7%	60.52	-23.0%	146.4	28.8%	1820.9	13.1%
其他建筑陶瓷	吨	1754	15.5%	16963	-35.4%	63.2	9.4%	979.5	-16.8%
1.陶瓷建筑用砖	吨	445	-31.8%	4682	-53.5%	13.2	-29.9%	227.9	-50.0%
①陶瓷制建筑用砖	吨	442	-31.8%	4376	-54.4%	12.3	-31.4%	125.3	-55.2%
②陶瓷制铺地砖、支撑或填充等用砖	吨	2	-22.5%	306	-37.1%	0.9	1.0%	102.6	-41.8%
2.陶瓷瓦	吨	1309	51.0%	11592	-27.8%	44.9	15.3%	444.0	-37.9%
3.其他建筑用陶瓷制品	吨	0	0.0	689	498.4%	5.1	0.0	307.6	4940.7%

附录4 2014年中国大陆水龙头进出口

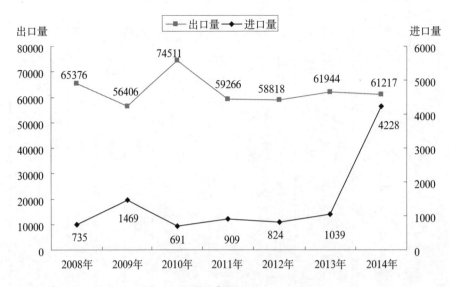

2008~2014年水龙头进出口量（万套）

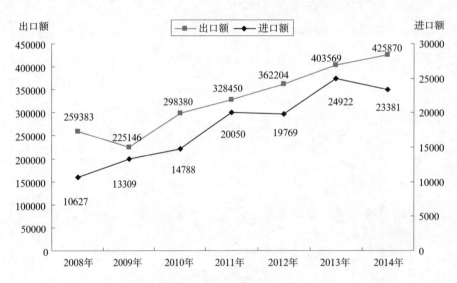

2008~2014年水龙头进出口额（万美元）

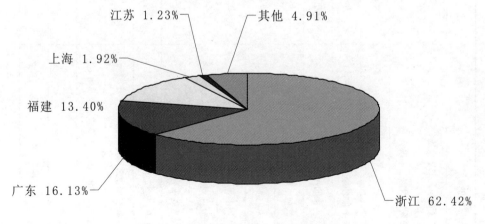

2014年各省市水龙头（出口量）所占比例

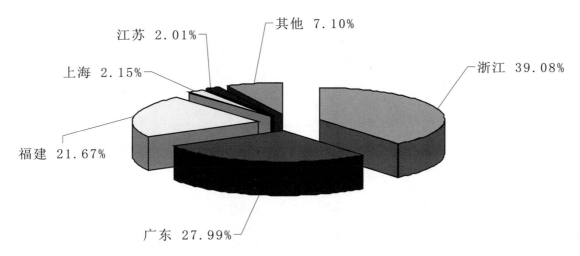

2014 年各省市水龙头（出口额）所占比例

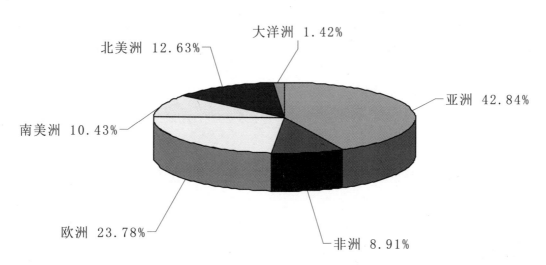

2014 年水龙头（出口量）流向各大洲所占比例

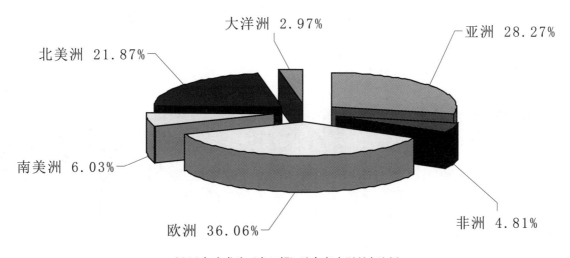

2014 年水龙头（出口额）流向各大洲所占比例

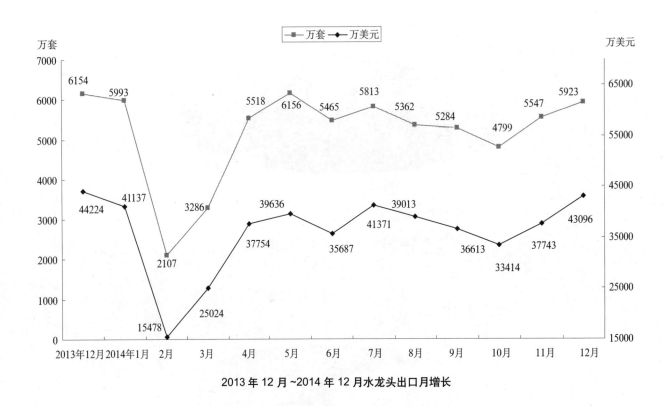

2013 年 12 月 ~2014 年 12 月水龙头出口月增长

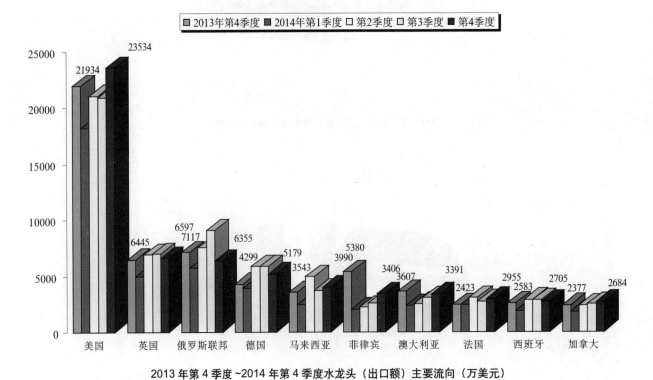

2013 年第 4 季度 ~2014 年第 4 季度水龙头（出口额）主要流向（万美元）

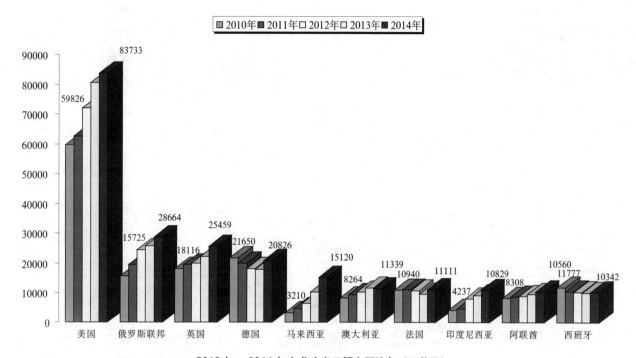

2010 年 – 2014 年水龙头出口额主要流向（万美元）

附录 5 2014 年中国塑料浴缸进出口

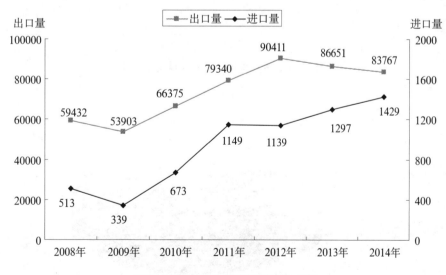

2008~2014 年塑料浴缸进出口量（吨）

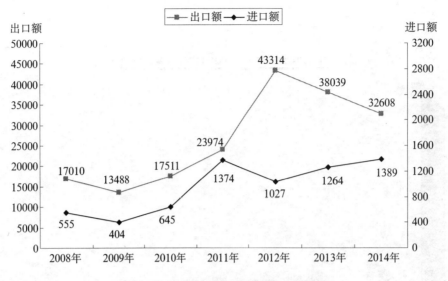

2008~2014年塑料浴缸进出口额（万美元）

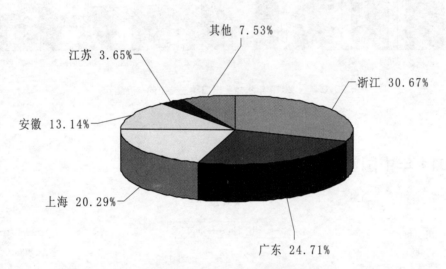

2014年各省市塑料浴缸（出口量）所占比例

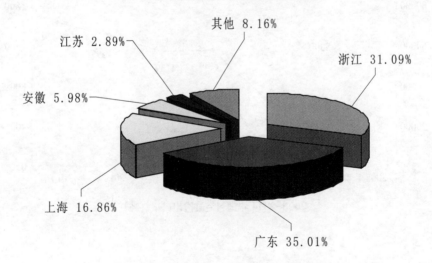

2014年各省市塑料浴缸（出口额）所占比例

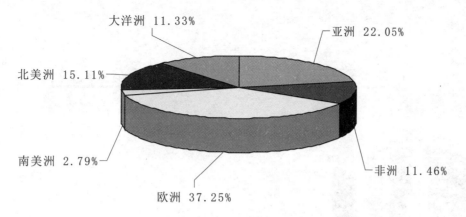

2014 年塑料浴缸（出口量）流向各大洲所占比例

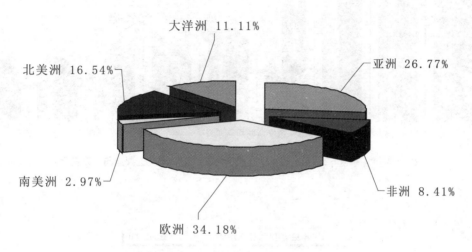

2014 年塑料浴缸（出口额）流向各大洲所占比例

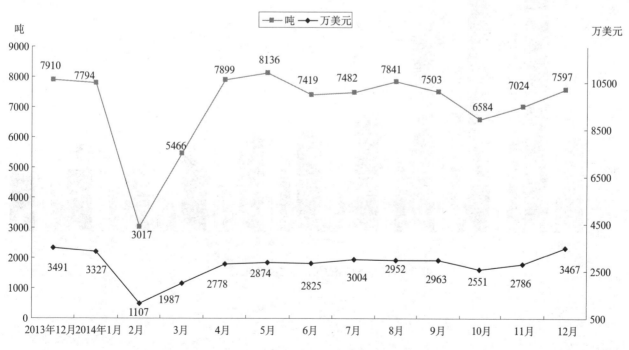

2013 年 12 月 ~2014 年 12 月塑料浴缸出口月增长

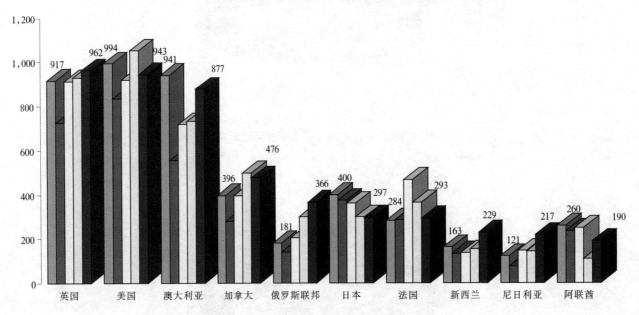

2013 年第 4 季度~2014 年第 4 季度塑料浴缸（出口额）主要流向（万美元）

2010~2014 年塑料浴缸出口额主要流向（万美元）

附录 6　2014 年中国淋浴房进出口

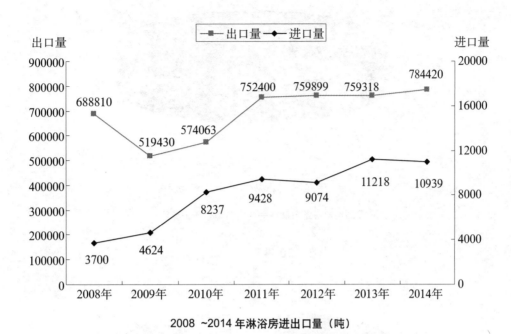

2008 ~2014 年淋浴房进出口量（吨）

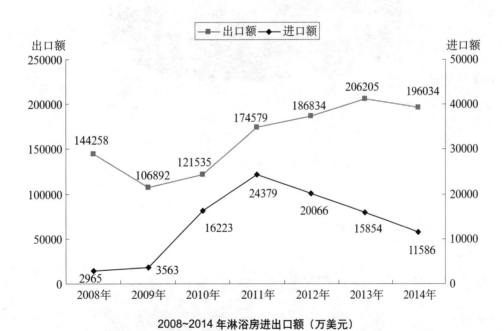

2008~2014 年淋浴房进出口额（万美元）

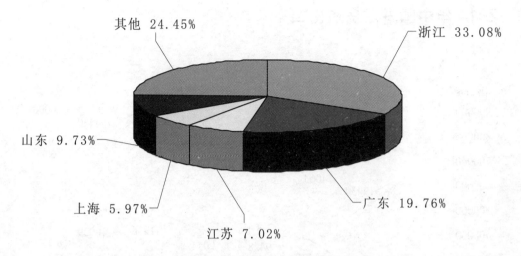

2014 年各省市淋浴房（出口量）所占比例

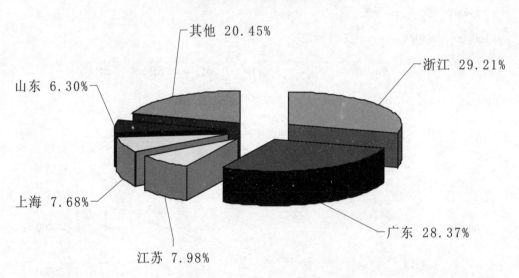

2014 年各省市淋浴房（出口额）所占比例

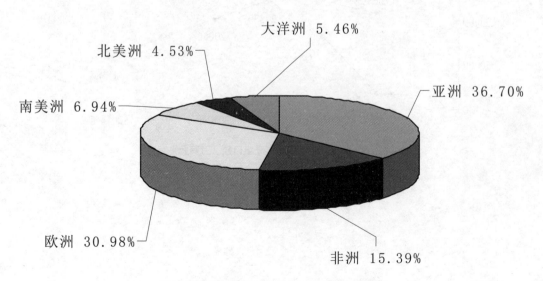

2014 年淋浴房（出口量）流向各大洲所占比例

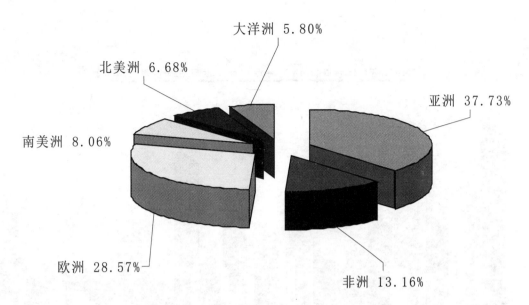

2014 年淋浴房（出口额）流向各大洲所占比例

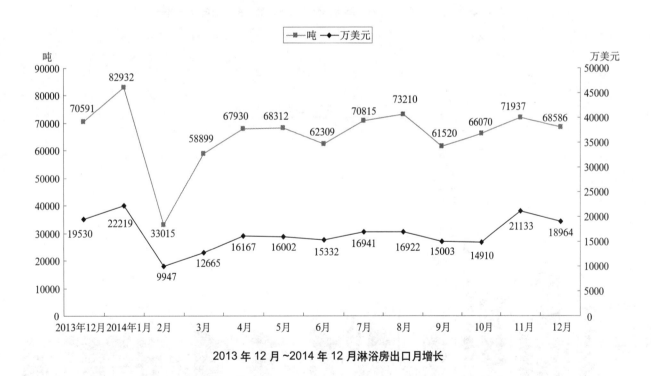

2013 年 12 月~2014 年 12 月淋浴房出口月增长

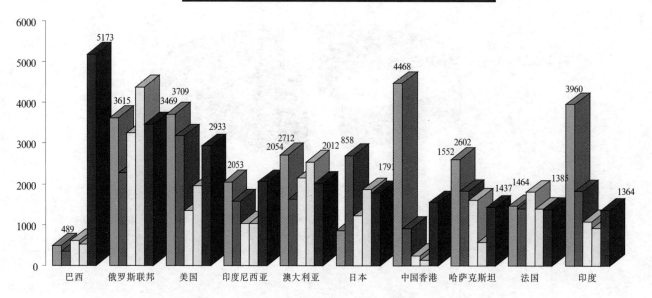

2013 年第 4 季度 ~2014 年第 4 季度淋浴房（出口额）主要流向（万美元）

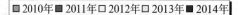

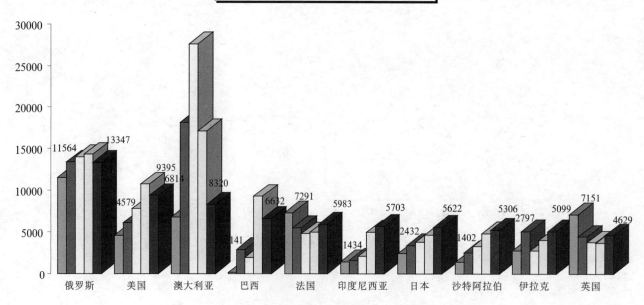

2010~2014 年淋浴房出口额主要流向（万美元）

附录7　2014年中国坐便器盖圈进出口

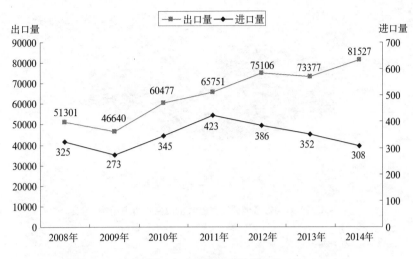

2008~2014年坐便器盖圈进出口量（吨）

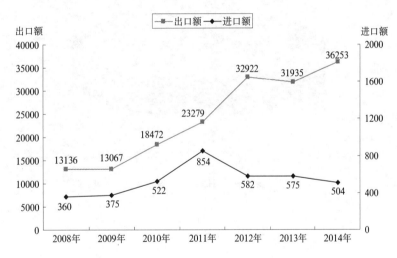

2008~2014年坐便器盖圈进出口额（万美元）

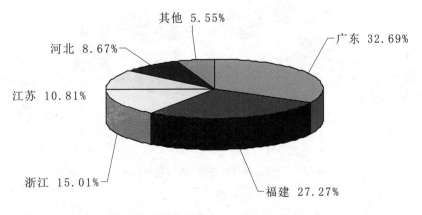

2014年各省市坐便器盖圈（出口量）所占比例

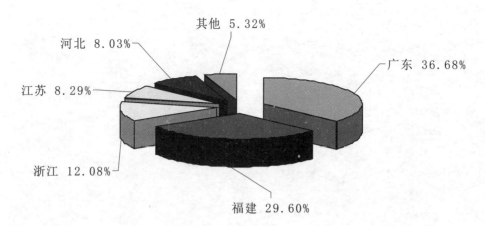

2014年各省市坐便器盖圈（出口额）所占比例

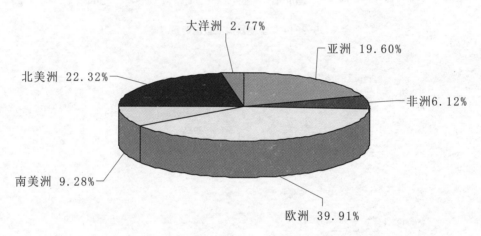

2014年坐便器盖圈（出口量）流向各大洲所占比例

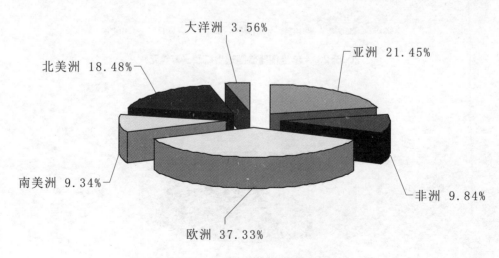

2014年坐便器盖圈（出口额）流向各大洲所占比例

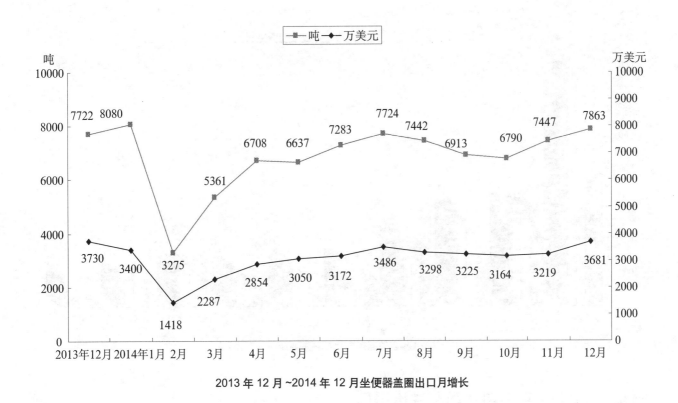

2013 年 12 月 ~2014 年 12 月坐便器盖圈出口月增长

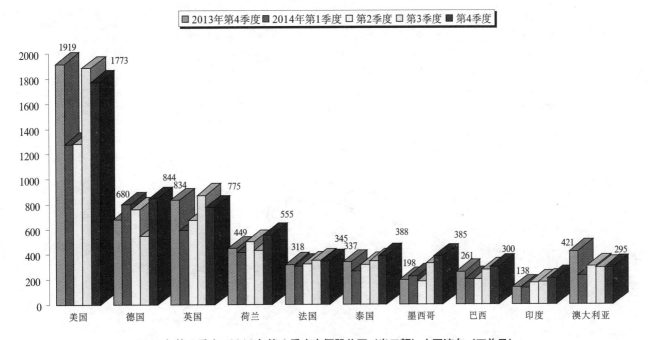

2013 年第 4 季度 ~2014 年第 4 季度坐便器盖圈（出口额）主要流向（万美元）

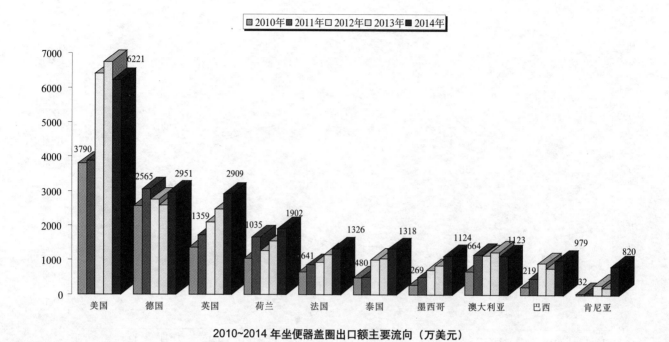

2010~2014年坐便器盖圈出口额主要流向（万美元）

附录8 2014年中国水箱配件进出口

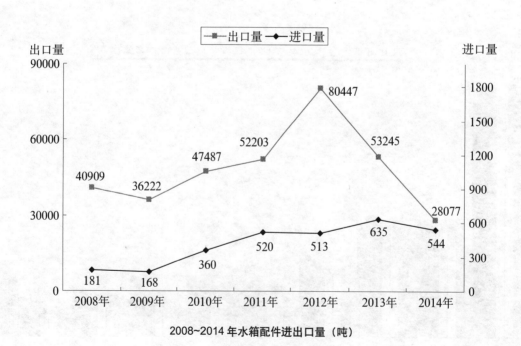

2008~2014年水箱配件进出口量（吨）

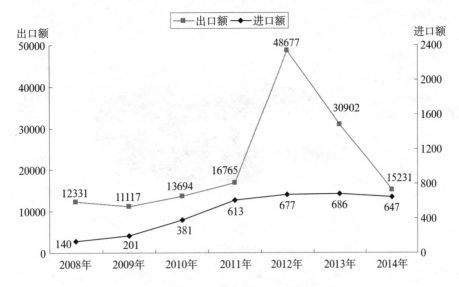

2008～2014年水箱配件进出口额（万美元）

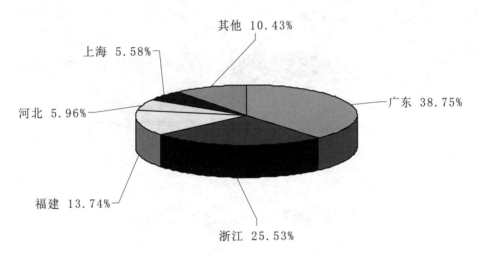

2014年各省市水箱配件（出口量）所占比例

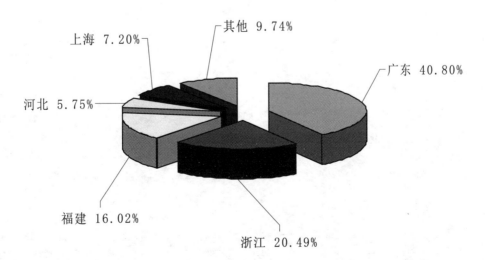

2014年各省市水箱配件（出口额）所占比例

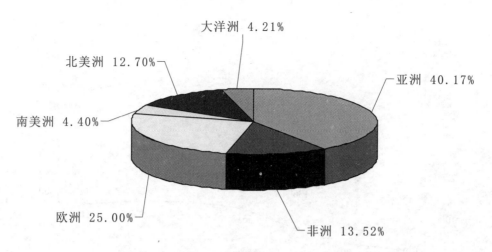

2014年水箱配件（出口量）流向各大洲所占比例

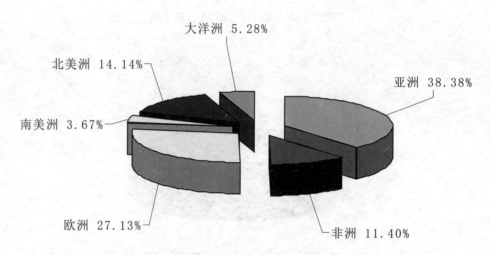

2014年水箱配件（出口额）流向各大洲所占比例

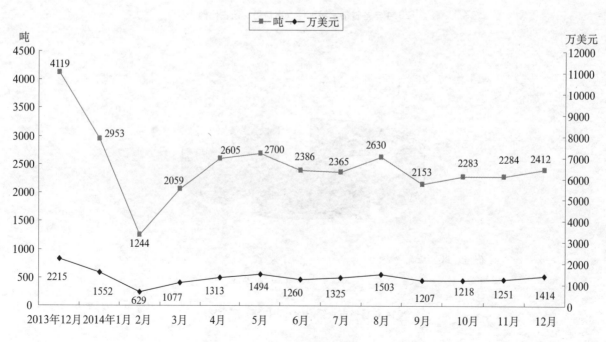

2013年12月~2014年12月水箱配件出口月增长

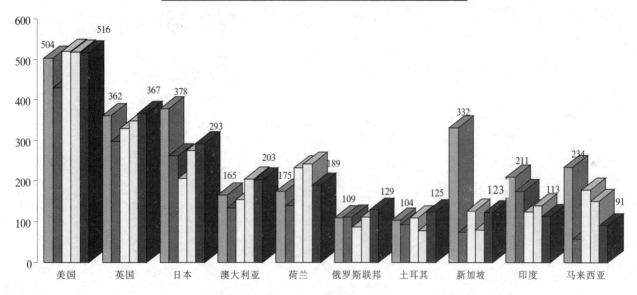

2013 年第 4 季度 ~2014 年第 4 季度水箱配件（出口额）主要流向（万美元）

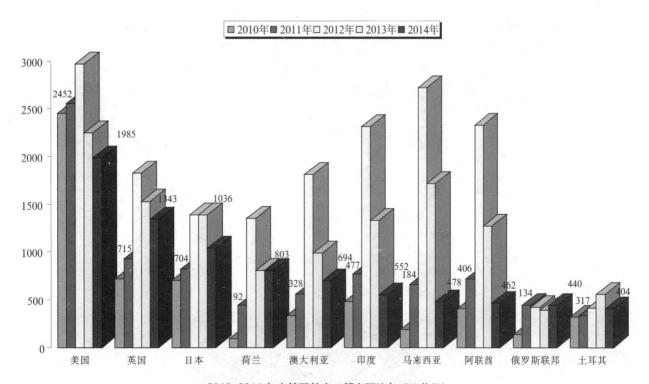

2010~2014 年水箱配件出口额主要流向（万美元）

附录9 2014年中国色釉料进出口

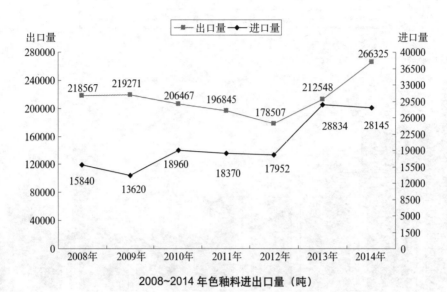

2008~2014年色釉料进出口量（吨）

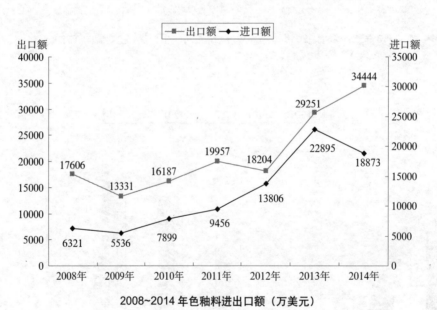

2008~2014年色釉料进出口额（万美元）

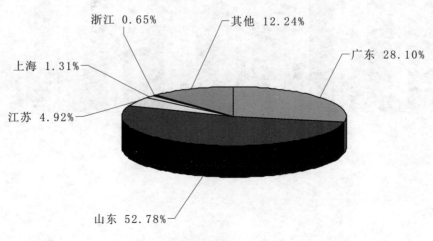

2014年各省市陶瓷色釉料（出口量）所占比例

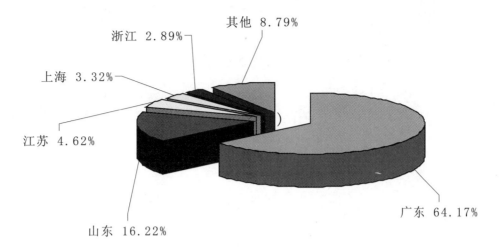

浙江 2.89%
其他 8.79%
上海 3.32%
江苏 4.62%
山东 16.22%
广东 64.17%

2014 年各省市陶瓷色釉料（出口额）所占比例

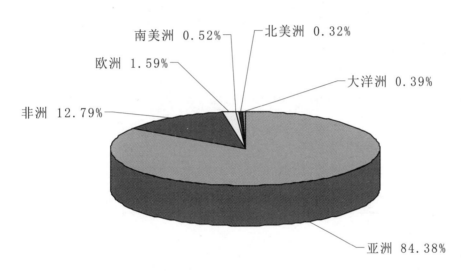

南美洲 0.52%
北美洲 0.32%
欧洲 1.59%
大洋洲 0.39%
非洲 12.79%
亚洲 84.38%

2014 年陶瓷色釉料（出口量）流向各大洲所占比例

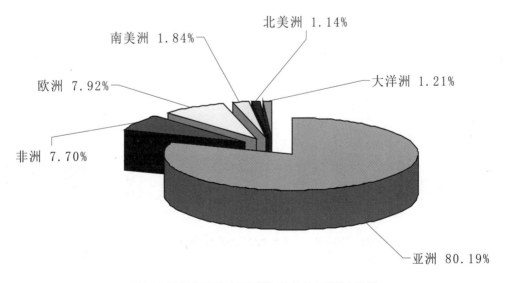

南美洲 1.84%
北美洲 1.14%
欧洲 7.92%
大洋洲 1.21%
非洲 7.70%
亚洲 80.19%

2014 年陶瓷色釉料（出口额）流向各大洲所占比例

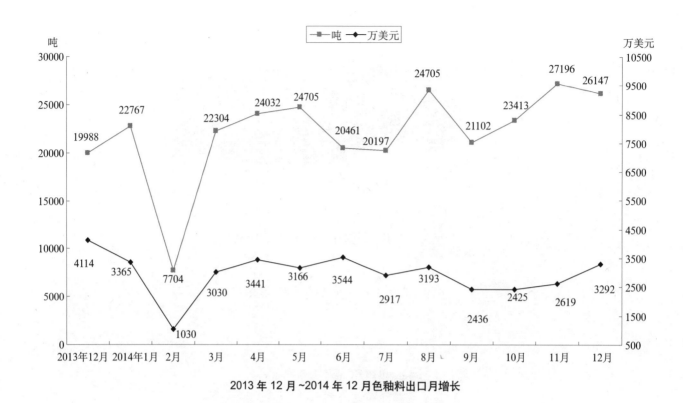

2013 年 12 月~2014 年 12 月色釉料出口月增长

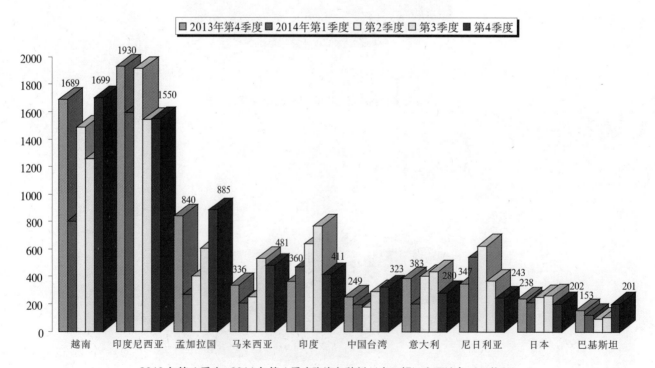

2013 年第 4 季度~2014 年第 4 季度陶瓷色釉料（出口额）主要流向（万美元）

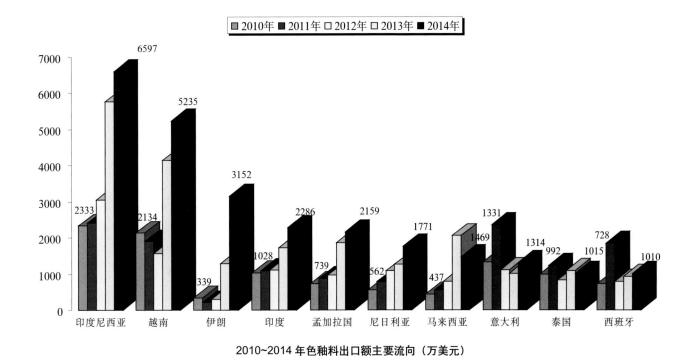

2010~2014年色釉料出口额主要流向（万美元）

附录 10　2014 年中国大陆其他建筑陶瓷制品出口

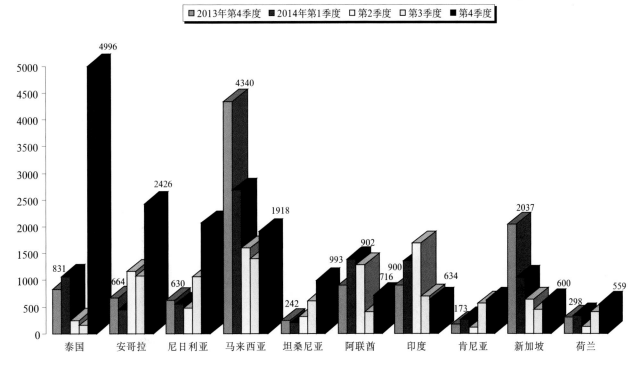

2013 年第 4 季度 – 2014 年第 4 季度其他建筑陶瓷制品（出口额）主要流向（万美元）

后 记

《中国建筑卫生陶瓷年鉴》（建筑陶瓷·卫生洁具 2014）是继《中国建筑卫生陶瓷年鉴》（建筑陶瓷·卫生洁具 2008 首卷）的连续第七部建筑卫生陶瓷行业的综合性年鉴。

《中国建筑卫生陶瓷年鉴》（建筑陶瓷·卫生洁具 2014）的编纂准备工作得到了各级协会、相关政府部门、编委会成员、各个产区、相关媒体以及众多企业的大力支持，他们提供了大量信息和稿件，使年鉴的资料不断得到补充和完善，提高了年鉴中所收录信息的准确性及权威性，从而使年鉴更贴近行业、贴近企业、贴近实际。

中国建筑卫生陶瓷协会领导高度重视年鉴的编纂出版工作，协会领导多次亲临年鉴编辑部，并提供国家、协会的相关统计数据，关心指导年鉴的编写工作。

《中国建筑卫生陶瓷年鉴》（建筑陶瓷·卫生洁具 2014）采用分类编排法，主要内容包括行业综述、大事记、政策与法规、技术进步、产品、产区等，全书共分十二章，约 50 万字，全面、系统地记述了过去一年中，中国建筑卫生陶瓷行业发展的新举措、新发展、新成就和新情况，是集资料、数据、情报、文献为一体的多元化信息载体和大型工具书，具有重要的史料价值、实用价值和收藏价值。

《中国建筑卫生陶瓷年鉴》（建筑陶瓷·卫生洁具 2014）在总目录的编排上基本延续了《中国建筑卫生陶瓷年鉴》（建筑陶瓷·卫生洁具 2008 首卷）至今的目录编排，在个别章节略作调整。第一章 2014 年全国建筑卫生陶瓷发展综述由尹虹负责，黄宾、胡飞参加部分撰写；第二章 2014 年中国建筑卫生陶瓷大事记由尹虹负责，尹虹、吴春梅、陈冰雪、张扬等参加编写，其中第六节协会工作大事记，由中国建筑卫生陶瓷协会编写提供；第三章政策与法规由尹虹、杨敏媛、吴春梅负责；第四章建筑卫生陶瓷产品质量与标准由尹虹、区卓琨、王博、刘亚民负责编写；第五章建筑卫生陶瓷生产制造由尹虹负责，尹虹、黄宾、张柏清、胡飞编写；第六章 2014 年建筑卫生陶瓷专利由鄢春根指导，尹虹、吴春梅编写，今年的年鉴仅收录了 2014 年与建筑卫生陶瓷相关的发明专利；第七章建筑陶瓷产品由刘小明、乔富东负责并编写；第八章卫浴洁具产品由韩燕伟负责编写；第九章营销与卖场由刘小明负责并编写；第十章建筑陶瓷产区由刘婷根据《2014 年陶业长征》报告负责编写；第十一章卫生洁具产区由刘小明负责并编写；第十二章 2014 年世界瓷砖发展报告由尹虹负责并根据相关资料编译完成；附录由尹虹负责，附录 1～10 的资料由中国建筑卫生陶瓷协会提供，尹虹、吴春梅整理；目录的英文翻译由胡飞负责；《中国建筑卫生陶瓷年鉴》中的彩页图片由中国建筑卫生陶瓷协会及相关企业提供，尹虹、刘小明、陈冰雪、吴春梅整理。

在《中国建筑卫生陶瓷年鉴》编纂资料的收集过程中，具体得到中国陶瓷产业信息中心、中国陶瓷知识产权信息中心、国家建筑卫生陶瓷质量监督检验中心、全国建筑卫生陶瓷标准化技术委员会、咸阳陶瓷研究设计院、华南理工大学材料学院、景德镇陶瓷学院、佛山市禅城区科技局、各地陶瓷协会及各产瓷区政府等有关单位的鼎力协助，特别感谢《陶瓷信息》、《陶城报》、《创新陶业》等专业平面媒体及"中国建筑卫生陶瓷网"、"华夏陶瓷网"、"中国陶瓷网"、"中洁网"等网站提供的资料记录。编辑部在此衷心感谢为《中国建筑卫生陶瓷年鉴》编纂、出版付出辛勤劳动的各级领导和参编人员，衷心感谢所有关心、支持《中国建筑卫生陶瓷年鉴》编纂、出版的行业人士。

《中国建筑卫生陶瓷年鉴》（建筑陶瓷·卫生洁具 2008 首卷）出版以来，得到行业大众的普遍支持，《中国建筑卫生陶瓷年鉴》（建筑陶瓷·卫生洁具 2014）的问世，希望能得到大家一如既往的支持。同时编者由于经验、水平所限，文中数据采集难免挂一漏万，错漏之处在所难免，敬请读者批评、指正，以便《中国建筑卫生陶瓷年鉴》的编写工作不断改进、提高。

《中国建筑卫生陶瓷年鉴》编辑部
2015 年 10 月 8 日

泡沫陶瓷保温墙板设备
Equipments for Foam Ceramic Insulating Wallboard

最近几年,一些极具前瞻性的厂商投入很多精力开发出了一种新型的泡沫陶瓷保温墙板。

它是一种保温与防火皆备的新型建筑材料,市场应用前景非常巨大和广阔。摩德娜专门为这个行业量身定做了全新的设备,其中的代表就是双子星窑炉和多层装载隧道窑。与传统隧道窑炉相比,它可以节约30%以上的燃气以及20%以上的电耗,非常显著地降低了生产成本,为客户带来了巨大经济效益。

不仅如此,摩德娜还为这个行业整合了一些新的设备,比如自动布料设备、自动卸板设备、自动切割线等等,提高了整线的自动化水平。

In recent years, some forward-looking manufacturers invest lots of efforts to develop a new type of foam ceramic insulating wallboard.

It is a new type building material for insulation and fire prevention with gigantic and vast market application prospect. Modena specially designs brand new equipments for this industry, two representatives of which are GEMINI Kiln and Multilayer Loading Tunnel Kiln. Compared to traditional tunnel kiln, it can save more than 30% of gas consumption and 20% of power consumption which obviously reduce the cost of production and bring great economic benefits for customers.

Furthermore, Modena also integrates several new equipments for this industry, such as automatic feeding equipment, automatic discharge equipment and automatic cutting line and so on, improving the automation level of the complete line.

MODENA 摩德娜™
广东摩德娜科技股份有限公司
www.modena.com.cn

止滑釉 Anti-slip Glaze
绿色环保系列

根據相关研究調查：

有众多的摔伤事件皆因地面湿滑造成的，其中超过五成的人曾在家里发生跌倒或意外滑倒。此类意外却造成病患本身及家属之痛苦及健保每年数十亿元的支出。目前一些先進國家針對各場所，已有相關規定與標準。

为配合市场需求，大鸿已潜心研發出一系列符合国际规范的特殊防污耐磨止滑釉产品，依精湛的专业技术为行业提供全套服务。

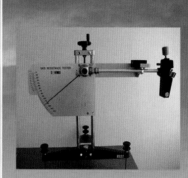

Pendulum 钟摆测试仪 (ISO 10545-17)

Ramp Slipperiness Tester
(DIN 51130) 斜坡防滑测试器

XL VIT 可变角度防滑测试仪

ASTM C 1028 ISO 10545-17 Value	<0.3	0.3~0.4	0.4~0.5	0.5~0.6	0.6~0.8	0.8~1.0	>1.0
DIN 51130 R class	R9		R10		R11	R12	R13
等级 Grade	极度危险 Extremely Dangerous	非常危险 Very Dangerous	危险 Dangerous	相对安全 Relatively Safe	安全 Safe	非常安全 Very Safe	极度安全 Exeremely Safe

中國制釉集團
大鴻制釉

诚信 卓越 创新 共享
Sincerity Excellence Innovation Sharing

中国制釉股份有限公司
CHINA GLAZE CO.,LTD
TEL：+886-3-5824128
VIP@mail.china-glaze.com.tw

印尼中國制釉股份有限公司
PT CHINA GLAZE INDONESIA
TEL：+62-267-440938
E-Mail:LowenTing@china-glaze.co.id

廣東三水大鴻制釉有限公司
GUANGDONG SANSHUI T&H GLAZE CO.,LTD.
TEL：+86-757-87279999 87293010

廣東大鴻佛山營業部
TEL：+86-757-8386999
http://www.china-glaze.com.cn

上海大鴻制釉有限公司
SHANGHAI T&H GLAZE CO.,LTD.
TEL：+86-21-64975566

廣東大鴻夾江分公司
TEL：+86-833-5654177
E-mail:service@china-glaze.com.cn

山東大鴻制釉有限公司
SHANDONG T&H GLAZE CO.,LTD.
TEL：+86-533-6258888

廣東大鴻廈門分公司
TEL：+86-592-7271751

陶瓷与家居商业的开发、服务运营商

Developer and Operator Specializing in Ceramic and Home Furnishing Businessz

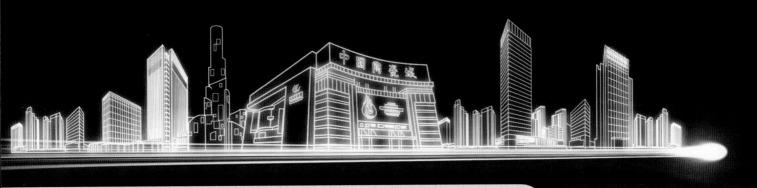

公司及项目简介 / Company and Projects Introduction

远见改变人居

佛山中国陶瓷城集团有限公司
Foshan China Ceramics City Group Co.,Ltd.

佛山中国陶瓷城集团有限公司——陶瓷与家居商业的开发、服务运营商。

佛山中国陶瓷城集团有限公司成立于2001年8月23日，是由广东东鹏陶瓷股份有限公司、广东星星投资控股有限公司共同投资组建，位于有"中国陶瓷之都"与"中国陶瓷商贸之都"之称的广东省佛山市，是集产业地产开发与运营、物业管理、商业管理、资产管理、广告经营、展览组织、电子商务于一体的投资开发与运营管理集团公司。

集团致力于打造以陶瓷为核心业态的家居文化综合服务平台，旗下项目先后被认定为"中国建筑卫生陶瓷出口基地"、"国家级诚信市场"及"广东省建筑卫生陶瓷国际采购中心"。

集团旗下现有中国陶瓷城、中国陶瓷产业总部基地、华夏中央广场、常德东星家居广场、中国（淄博）陶瓷产业总部基地等项目，同时积极投资开发新项目。

地址：广东省佛山市季华西路68号
网址：www.eccc.com.cn

中国陶瓷城集团旗下项目

华夏中央广场
—— 中国陶瓷产业的中央商务区

中国陶瓷城
—— 中国陶瓷卫浴精尖的交易窗口

东星家居广场（常德国际陶瓷交易中心）
—— 家居文化新体验基地

中国陶瓷产业总部基地
—— 陶瓷卫浴·高端品牌·总部聚集

中国（淄博）陶瓷产业总部基地
—— 中国陶瓷产业的北方腹地

佛山中国陶瓷城集团有限公司
FOSHAN CHINA CERAMICS CITY GROUP CO., LTD.

Tel : 0757-8252 5666
Fax : 0757-8252 5996

佛山市季华西路68号中区中国陶瓷剧场5楼
5/F,China Ceramics Theater,Central Area,CCIH,No.68,West Jihua
Road, Chancheng District,Foshan,Guangdong,China

博晖
BOFFIN
MAGICAL GRINDING

进磨原料粒径：≤60mm

成品粒径标准：≤10目

进磨原料最佳水分：5%~7%（要求≤8%）

单位加工能力：　40~60T/H

单位电耗节省：　20%~40%

单位磨耗节省：　25%~45%

球磨时间节省：　40%~60%

广东博晖机电有限公司
GUANGDONG BOFFIN MECHANICAL & ELECTRICAL CO.,LTD
www.foshan-boffin.com
E-mail:wintopforever@vip.163.com,
Tel.:+86 758 6639926, Fax:+86 758 6639927

广东中鹏热能科技有限公司

全自动辊棒涂布机

KOHSTA

Made in Jumper

高铁时代系列窑炉 · KOHSTA

JUMPER

中鹏热能科技

地址：广东省佛山市南海区丹灶镇金沙华南五金产业基地盘金路9号　邮编：528223　电话：0757-6682677　|
商务邮箱：sales@jumpergroup.net　网址：http://www.jumpergroup.net　传真：0757-66826689

Add：No.9 Panjin Road HuaNan West Area in Hardware Industry Base, Jinsha area, Foshan City, Guangdong Province, PRC.　Postcode：528223
Business E-mail：sales@jumpergroup.net　Http://www.jumpergroup.net　Tel：+86(757)6682677　|　Fax：+86(757)66826689